Meeresbiologische Exkursion

Peter Emschermann • Odwin Hoffrichter
Helge Körner • Dieter Zissler (Hrsg.)

Meeresbiologische Exkursion

Beobachtung und Experiment

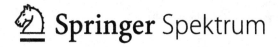 Springer Spektrum

Herausgeber

Peter Emschermann
Merzhausen, Deutschland

Helge Körner
Freiburg, Deutschland

Odwin Hoffrichter
Freiburg, Deutschland

Dieter Zissler
Freiburg, Deutschland

ISBN 978-3-642-39395-2
DOI 10.1007/978-3-642-39396-9

ISBN 978-3-642-39396-9 (eBook)

Die Deutsche Nationalbibliothek verzeichnet diese Publikation in der Deutschen Nationalbibliografie; detaillierte bibliografische Daten sind im Internet über http://dnb.d-nb.de abrufbar.

Springer Spektrum
© Springer Berlin Heidelberg 1992. Unveränd. Nachdruck 2013

Gedruckt auf säurefreiem und chlorfrei gebleichtem Papier

Springer Spektrum ist eine Marke von Springer DE.
Springer DE ist Teil der Fachverlagsgruppe Springer Science+Business Media.
www.springer-spektrum.de

Verzeichnis der Mitarbeiter

Dr. K. Anger
Biologische Anstalt Helgoland
Meeresstation
D-2192 Helgoland

Dr. W. Armonies
Biologische Anstalt Helgoland
Litoralstation
D-2282 List/Sylt

Dr. D. Bellan-Santini
Station Marine d'Endoume
Rue de la Batterie des Lions
F-13007 Marseille

Dr. M. Bhaud
Université Pierre et Marie Curie
Laboratoire Arago
F-66650 Banyuls-sur-Mer

Dr. S. v. Boletzky
C.N.R.S. U.A. 117
Laboratoire Arago
F-66650 Banyuls-sur-Mer

Dr. R. Diesel
Lehrstuhl für Verhaltensforschung
Universität Bielefeld
Morgenbreede 45
4800 Bielefeld

Dr. G. Drebes
Biologische Anstalt Helgoland
Litoralstation
D-2282 List/Sylt

Prof. Dr. D. Eichelberg
Institut für Allgemeine und Spezielle Zoologie
Justus-Liebig-Universität
Stephanstr. 24
D-6300 Giessen

Dr. C. Emig
Station Marine d'Endoume
Rue de la Batterie des Lions
F-13007 Marseille

Dr. P. Emschermann
Fakultät für Biologie
Albert-Ludwigs-Universität
Schänzlestr. 1
D-7800 Freiburg i. Br.

Dr. H. D. Frey
Institut für Allgem. Botanik und
Pflanzenphysiologie
Eberhard-Karls-Universität
Auf der Morgenstelle 1
D-7400 Tübingen

Prof. Dr. W. Funke
Abt. Ökologie u. Morphologie d. Tiere
Oberer Eselsberg M 25
D-7900 Ulm

Dipl. Biol. J. Gerber
Zoologische Staatssammlung
Münchhausenstr. 21
D-8000 München 60

Prof. Dr. K. J. Götting
Institut für Allgemeine und Spezielle Zoologie
Justus-Liebig-Universität
Stephanstr. 24
D-6300 Giessen

Prof. Dr. P. Götz
Institut für Allgemeine Zoologie
Freie Universtität Berlin
Königin-Luise-Str. 1–3
D-1000 Berlin 33

Dipl. Biol. T. Gröhsler
BFA für Fischerei
Institut für Seefischerei
Palmaille 9
D-2000 Hamburg 50

Dr. P. Heil
Institut für Allgemeine und Spezielle Zoologie
Justus-Liebig-Universität
Stephanstr. 24
D-6300 Giessen

Dr. O. Hoffrichter
Institut für Biologie I
Albert-Ludwigs-Universität
Albertstr. 21 a
D-7800 Freiburg i. Br.

Dr. K. Janke
Biologische Anstalt Helgoland
– Zentrale –
Notkestr. 31
D-2000 Hamburg 52

Prof. Dr. L. Kies
Institut für Allgemeine Botanik
Ohnhorststr. 18
D-2000 Hamburg 52

Dr. H. Körner
Institut für Biologie I
Albert-Ludwigs-Universität
Albertstr. 21 a
D-7800 Freiburg i. Br.

Dr. F. Lafargue
C.N.R.S. U.A. 117
Laboratoire Arago
F-66650 Banyuls-sur-Mer

Dr. G. Lauckner
Biologische Anstalt Helgoland
Wattenmeerstation Sylt
D-2282 List/Sylt

Dr. K. Lüning
Biologische Anstalt Helgoland
Zentrale
Notkestr. 31
D-2000 Hamburg

Dr. H. Möller
Institut für Meereskunde
Universität Kiel
Düsternbrooker Weg 20
D-2300 Kiel

A. Mühlhäusler
Maximilianstr. 19
D-7800 Freiburg i. Br.

Prof. Dr. W. Nellen
Institut für Hydrobiologie und
Fischereiwissenschaft
Universität Hamburg
Olbersweg 24
D-2000 Hamburg 50

Prof. Dr. H.-D. Pfannenstiel
Institut für Allgemeine Zoologie
Freie Universtität Berlin
Königin-Luise-Str. 1–3
D-1000 Berlin 33

Prof. Dr. K. Reise
Biologische Anstalt Helgoland
Wattenmeerstation Sylt
D-2282 List/Sylt

Dr. U. Saint-Paul
Max-Planck-Institut für Limnologie
Postfach 165
D-2320 Plön

Dr. G. Schneider
Institut für Meereskunde
Universität Kiel
Düsternbrooker Weg 20
D-2300 Kiel

Prof. Dr. U. Schöttler
Zoologisches Institut
Hindenburgplatz 55
D-4400 Münster

Prof. Dr. R. Schuster
Institut für Zoologie
Karl-Franzens-Universität
Universitätsplatz 2
A-8010 Graz

Dr. D. Siebers
Biologische Anstalt Helgoland
Zentrale
Notkestr. 31
D-2000 Hamburg

Dr. C. Stienen
Institut für Meereskunde
Universität Kiel
Düsternbrooker Weg 20
D-2300 Kiel

Dr. C. D. Todd
University of St. Andrews
Gatty Marine Laboratory
GB-St. Andrews, KY16 8LB, Scotland

Dipl. Biol. A. Tovornik
Niedersachsenring 90
D-4400 Münster

Dr. G. Uhlig
Biologische Anstalt Helgoland
Meeresstation
D-2192 Helgoland

Prof. Dr. G. Vauk
Norddeutsche Naturschutzakademie
Hof Möhr
D-3043 Schneverdingen

Dr. H. Vollmar
Institut für Biologie I
Albert-Ludwigs-Universität
Albertstr. 21 a
D-7800 Freiburg i. Br.

Dr. M. Wahl
c/o Prof. W. Fenical
Marine Research Division
Scripps Institution of Oceanography
La Jolla, San Diego, Mail Code A-028
California 92093, USA

Dipl. Biol. F. Wenzel
Institut für Biologie I
Albert-Ludwigs-Universität
Albertstr. 21 a
D-7800 Freiburg i. Br.

Dr. B. Werding
Institut für Allgemeine und Spezielle Zoologie
Justus-Liebig-Universität
Stephanstr. 24
D-6300 Giessen

Dr. A. Winkler
Biologische Anstalt Helgoland
Zentrale
Notkestr. 31
D-2000 Hamburg

Prof. Dr. P. Wirtz
Universidade de Madeira
Largo do Colegio
P-9000 Funchal

Prof. Dr. C. D. Zander
Zoologisches Institut und Zoologisches Museum
Martin-Luther-King-Platz 3
D-2000 Hamburg 13

Dr. D. Zissler
Institut für Biologie I
Albert-Ludwigs-Universität
Schänzlestr. 1
D-7800 Freiburg i. Br.

Inhalt

Einführung

Meeresbiologische Exkursionen sind an vielen Universitäten und Pädagogischen Hochschulen fester Bestandteil des Lehrplans; mitunter werden sie auch schon in der gymnasialen Oberstufe durchgeführt. Für die meisten Teilnehmer gehören sie zu den eindrucksvollsten Erlebnissen ihrer biologischen Ausbildung, da, wie bei keiner anderen Lehrveranstaltung, hier in relativ kurzer Zeit eine überwältigende Vielzahl und Vielfalt von Organismen unterschiedlicher systematischer Zuordnung – meist erstmals, lebend und in ihrem Lebensraum – zur Anschauung kommen.

Anders als bei einer terrestrischen Geländeexkursion arbeiten Teilnehmer einer meeresbiologischen Exkursion überwiegend stationär, weil sie die meisten ihrer Beobachtungsobjekte erst aus dem Meer gewinnen, an Land hältern und zudem häufig optische Geräte einsetzen müssen. Im Idealfall (be)nutzen sie als Basis hierfür eine küstennahe meeresbiologische Station, wenigstens aber eine günstig gelegene feste Unterkunft (Jugendherberge, Schule) oder auch nur einen Zeltplatz. Damit gewinnt eine meeresbiologische Exkursion den Charakter eines Praktikums mit entsprechender Strukturierung und vorausgehender Planung. Es muß ein Programm ausgearbeitet werden, und technische Vorbereitungen sind erforderlich.

Der zeitliche Rahmen eines meeresbiologischen Praktikums wird in der Regel zwei Wochen nicht überschreiten. Während dieser Zeit steht fast immer weit mehr Anschauungsmaterial zur Verfügung als hinreichend bearbeitet werden kann, und sein Erhaltungszustand könnte kaum besser sein. Planung und Verlauf des Praktikums hängen dabei von vielen und recht verschiedenen Faktoren ab, von den besonderen Standortbedingungen (Atlantik/Mittelmeer; Flachstrand/Felsküste), der Jahreszeit und dem Witterungsverlauf, den zur Verfügung stehenden Einrichtungen (Kursraum, Geräte, Meerwasser-Hälterung, Schiffsausfahrten) und nicht zuletzt auch von den Teilnehmern selbst. Von unschätzbarem Vorteil ist, wenn die Exkursionsleitung über einschlägige Erfahrung am betreffenden Ort verfügt, da auch häufig Unvorhergesehenes den Programmverlauf bestimmt. – Die Herausgeber

hatten selbst Gelegenheit, als Exkursionsleiter über viele Jahre und an verschiedenen meeresbiologischen Stationen praktische Erfahrungen zu sammeln. Dies und die Feststellung, daß es Vergleichbares bislang nicht gab, haben zu diesem Buch ermutigt, dessen Ziel es ist, anzuregen und anzuleiten zum Beobachten, Aufsammeln, Messen, Experimentieren und Protokollieren dessen, was im marinen Küstenbereich und/oder an meeresbiologischen Stationen in dem genannten Zeitraum mit relativ einfacher Ausrüstung möglich ist.

Diese Vorgaben sowie der Umfang des Buches verlangten eine strenge Stoffauswahl. Dabei wurde Wert darauf gelegt, daß die Versuche ein breites Spektrum biologischer Themenbereiche umfassen und mit in der Regel häufig vorkommenden Organismenarten durchzuführen sind. Weiterhin haben wir, um Enttäuschungen möglichst gering zu halten, nur solche Beobachtungs- und Versuchsanleitungen aufgenommen, welche sich bereits in mehrmaliger Erprobung bewährt haben. Dennoch wird nicht jeder Versuch an jedem Ort durchführbar sein, sei es aus Mangel an geeigneten Versuchstieren oder -pflanzen oder wegen unzureichender technischer Ausstattung. – Obwohl heute auch schon ferner gelegene marine Exkursionsziele aufgesucht werden, handeln die Beschreibungen von Beobachtungen und Versuchen, welche an den europäischen Meeresküsten, an Nord- und Ostsee, Atlantik oder Mittelmeer erprobt wurden. Dabei gilt jedoch, daß viele der Untersuchungen, welche z.B. von der Nordseeküste beschrieben werden, sich auch am Mittelmeer vornehmen lassen, und umgekehrt – selbstverständlich unter Berücksichtigung der anderen ökologischen Bedingungen und mit den dort vorkommenden entsprechenden Arten; dies möge als Anregung verstanden werden.

Es war ein Anliegen der Herausgeber, so viele Beobachtungs- und Versuchsanleitungen wie nur möglich von den Kollegen beschreiben zu lassen, welche diese im Rahmen ihrer Forschungs- oder Lehrtätigkeit selbst entwickelt haben. In anderen Fällen verfügen die Autoren zumindest über die einschlägige praktische Erfahrung zu den von ihnen bearbeiteten Themen. Jeder Beitrag stellt somit eine in sich geschlossene Anleitung zu einem Projekt dar und nennt auch die in direktem Zusammenhang damit stehenden Literaturstellen. Weiterführende Literatur aus dem theoretischen Umfeld kann man einer im Anhangsteil befindlichen Zusammenstellung entnehmen.

Die Gliederung des Buches folgt zunächst den drei großen marinen Lebensgemeinschaften Benthos, Plankton und Nekton. Aufgrund der hohen Artenzahl und der leichteren Zugänglichkeit der Organismen ist das Benthos-Kapitel das umfangreichste; bei einem nicht speziell ausgerichteten meeresbiologischen Praktikum wird die überwiegende Mehrzahl der Objekte zwangsläufig dem Benthal entstammen. Innerhalb eines jeden Hauptkapitels folgen den sich mit den Lebensräumen oder Lebensgemeinschaften befassenden Projekten diejeni-

gen, welche verschiedene Aspekte der Lebensweise bestimmter Organismen untersuchen. Letztere sind gemäß der systematischen Zuordnung der Versuchsobjekte angeordnet, da die Entscheidung für ein Projekt häufig vom Angebot der Objekte bestimmt werden dürfte.

Mit der «Meeresbiologischen Exkursion» sollen die von zahlreichen Kollegen verschiedener in- und ausländischer Institutionen sowie unterschiedlicher biologischer Fachrichtungen in jahrelanger Praxis gesammelten Erfahrungen einem größeren Interessentenkreis zugänglich gemacht werden. Mögen Leiter und Teilnehmer zukünftiger meeresbiologischer Exkursionen diese Gelegenheit nutzen und sich zu neuen Beobachtungen und Versuchen anregen lassen.

Freiburg, im Sommer 1991   Die Herausgeber

Lebensraum Meer

Die tieferen Einsenkungen der von großen Reliefunterschieden gekennzeichneten Erdoberfläche füllt, der Schwere folgend, ein riesiger zusammenhängender Wasserkörper: das **Weltmeer**. Mit einer geschätzten Wassermenge von 1375 Millionen km^3 enthält es 94% des gesamten Wassers auf der Erde und bedeckt gegenwärtig fast 71% (362 Millionen km^2) der Erdoberfläche. Die mittlere Wassertiefe des Meeres beträgt um 3700 m; die bislang größte Tiefe hat man im Marianen-Graben östlich der Philippinen, in der Vitiaz-Tiefe, mit 11033 m gemessen. – Die **Entstehung** des «Urmeeres» wird vor 3,8 bis 3,5 Milliarden Jahren angenommen, zu einer Zeit, als die Erdkruste bereits abgekühlt und verfestigt war; erst danach konnten sich Wasser und Wasserdampf in flüssiger Form erhalten und allmählich die Hohlformen der Erdoberfläche auffüllen.

Das Verteilungsmuster von Meer und Land hat zu allen Zeiten der Erdgeschichte durch die ständigen Bewegungen der kontinentalen und der ozeanischen Platten der Erdkruste (Plattentektonik) sowie durch einschneidende Klimaveränderungen (Wechsel von Kalt- und Warmzeiten) weiträumige Veränderungen erfahren. So ist das gegenwärtige Bild der Erdoberfläche erdgeschichtlich betrachtet vergleichsweise jung. Erst während der Trias, vor etwa 200 Millionen Jahren, begann der Urkontinent «Pangaea» sich in einzelne Kontinente aufzuteilen, die sich dann allmählich mehr und mehr voneinander entfernten. Als Folge davon wird heute das Weltmeer durch die Kontinente in drei, miteinander in Verbindung stehende große Becken, die **Ozeane** (Atlantik, Indik, Pazifik) unterteilt. Im Bereich der Antarktis fehlen natürliche Abgrenzungen; hier gelten die durch die Südspitzen der Kontinente verlaufenden Meridiane übereinkunftsmäßig als «Grenzen» zwischen den Ozeanen. Ebenfalls künstlich ist die übliche Zweiteilung der Ozeane durch den Äquator, z.B. in einen Nord- und einen Süd-Atlantik. – Die durch Landmassen oder Inselketten vom offenen Ozean abgetrennten Teile nennt man **Nebenmeere**: Diese können entweder als sog. **Randmeere** (z.B. Nordsee, Bering-Meer, Irische See) dem Festland nur teilweise angelagert oder aber als **Mittelmeere** von diesem weitgehend umschlossen sein. Die großen interkontinentalen Mittelmeere werden von verschiedenen Kontinenten umgeben, wie das Europäische Mittelmeer; die kleineren intrakontinentalen umgibt die Landmasse eines Kontinents (z.B. Ostsee, Rotes Meer). Als **Schelf-** oder **Kontinentalmeere** bezeichnet man Meere, die in ihrer gesamten Ausdehnung dem Kontinentalsockel (= Schelf) aufliegen und daher nur an wenigen Stellen tiefer als 200 m sind (z.B.: Nordsee, Ostsee). Obwohl nur 7,5% der gesamten Meeresoberfläche dem Schelfbereich angehören, findet – aufgrund des Lichteinflusses und der besonderen Bedingungen des Wärme- und Wasserumsatzes in Kontinentnähe – in der Hauptsache hier die organische Produktion des Weltmeeres statt.

Für das Meer als Lebensraum ist wichtig, daß es zu allen Zeiten einen zusammenhängenden Wasserkörper darstellte, obwohl es seit seiner Entstehung seine Gestalt im Verlauf der Erdgeschichte immer wieder verändert hat. Damit weist kein anderer Lebensraum der Erde ein dem Meer auch nur annähernd ähnliches zeitliches und räumliches **Kontinuum** auf. Alle limnischen Gewässer sind vergleichsweise nur kurzlebige «Inselbiotope» auf dem Festland.

Ein weiteres typisches Merkmal des Meeres ist der **Salzgehalt** des Wassers. Meerwasser enthält zwar die meisten Elemente des Periodischen Systems in gelöstem Zustand – sie wurden im Laufe der Erdgeschichte aus den Gesteinen ausgewaschen, sowohl im Meer selbst als auch auf dem Festland und durch die Flüsse ins Meer gespült –, doch überwiegen mengenmäßig unter ihnen die in Anionen und Kationen dissoziierten Salze. Weltweit beträgt der durchschnittliche Salzgehalt (= Salinität) annähernd 35 Gramm pro Liter Meerwasser oder 35‰ (Ostseewasser: unter 30‰, Rotes Meer: um 39‰). Erstaunlich ist dabei die Konstanz der relativen Häufigkeiten der im Meerwasser enthaltenen Ionen, unabhängig vom jeweiligen Salzgehalt. – Alle drei Eigenschaften, das enorme zeitliche und räumliche Kontinuum sowie das konstante Angebot an verschiedenartigen Elektrolyten, begünstigen das Meer als Lebensraum und waren sicher wesentliche Voraussetzungen für die Anfänge der organismischen Evolution. Noch heute verhalten sich vor allem die wirbellosen Meerestiere weitgehend isosmotisch zu dem sie umgebenden Milieu, und die Zusammensetzung des Blutserums, auch der Landwirbeltiere, zeigt noch große Ähnlichkeit mit der Zusammensetzung des Meerwassers.

Bei der **Gliederung** des marinen Lebensraumes nach ökologischen Gesichtspunkten kommt dem weltweit in 150 bis 200 m Tiefe verlaufenden Kontinental- oder Schelfrand, der Grenzlinie zwischen dem Kontinentalsockel (= Schelf) und dem Kontinentalabhang, besondere Bedeutung zu. Die Küstenzone, das heißt den kontinentalen (= neritischen) Bereich, von der Grenze Land/Meer bis zum Kontinentalrand, nennt man das **Litoral** (= Littoral) im weitesten Sinne; es gehört zu der dem Licht ausgesetzten (= euphotischen) Zone des Meeres und bietet somit Lebensmöglichkeiten für photoautotrophe Organismen. Unterhalb des Kontinentalrandes, in der weitgehend lichtfreien (= aphotischen) Zone, unterscheidet man das vom Kontinentalabhang umgrenzte **Bathyal** von dem über dem ozeanischen Meeresgrund gelegenen **Abyssal** und dem **Hadal** der Tiefseegräben (Abb. 1).

Wie kein anderer Lebensraum der Erde ist der an das Festland grenzende Litoralbereich von periodi-schen Veränderungen des Wasserstandes geprägt. Die durch Gravitations- (Mond, Sonne) und Zentrifugalkräfte hervorgerufenen und durch geomorphologische Faktoren beeinflußten Gezeiten (= Tiden) schaffen hier einen amphibischen Lebensraum. Diese Gezeitenzone, das **Eulitoral** (= Mesolitoral, = Mediolitoral, = Litoral i. e. S.) wird definiert als die Zone zwischen der mittleren Hochwasserlinie (MHWL) und der mittleren Niedrigwasserlinie (MNWL). Weitreichende morphologische und physiologische Anpassungen an die ökologischen Besonderheiten dieses Lebensraumes kennzeichnen die hier lebenden Pflanzen und Tiere. Oberhalb des ständigen Wasserstandsschwankungen ausgesetzten Eulitorals schließt das **Supralitoral** (= Epilitoral) an, die nur unregelmäßig von Meerwasser befeuchtete Spritzwasserzone. Die hier vorkommenden Organismen müssen an zum Teil langandauernde terrestrische und atmosphärische Einflüsse angepaßt sein. Unterhalb des Eulitorals erstreckt sich bis zum Kontinentalrand das **Sublitoral**, wegen seiner weiten Ausdehnung von manchen Autoren in Infralitoral (= oberes Sublitoral) und Circalitoral (= unteres Sublitoral) unterteilt. Dieser Bereich ist rein marin, da ständig von Meerwasser bedeckt; er weist im Meer die größte Artenvielfalt auf.

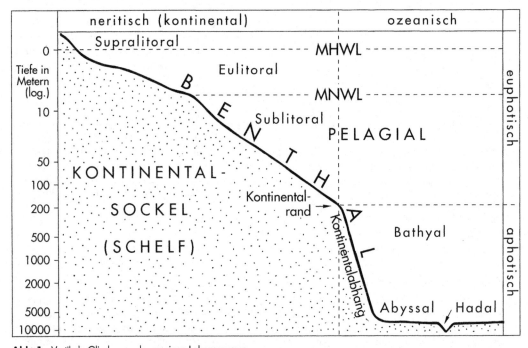

Abb. 1: Vertikale Gliederung des marinen Lebensraumes.
(MHWL = Mittlere Hochwasserlinie, MNWL = Mittlere Niedrigwasserlinie)

Ungeachtet der Tiefenzonierung unterscheidet man im Meer zwei große Lebensbereiche: das Benthal und das Pelagial. Das **Benthal** ist der Lebensraum des Meeresbodens. Die auf, im oder über dem Meeresboden lebenden Pflanzen und Tiere ergeben in ihrer Gesamtheit das **Benthos** (= Benthon) als Lebensgemeinschaft. Über dem Benthal befindet sich der Freiwasserraum oder das **Pelagial**. Zu seiner Lebensgemeinschaft, dem **Pelagos**, zählen sowohl die kleinsten, mitunter nur einzelligen marinen Lebewesen, die zu keiner oder nur unzureichender Eigenbewegung befähigten **Plankton**-Organismen, die als Primärproduzenten und Primär-konsumenten die wesentliche Basis des Stoffhaushaltes im Meer bilden, als auch die großen, aktiv schwimmenden Meerestiere (Meeressäuger, Fische, Kopffüßer), das **Nekton**.

Obwohl nicht wenige marine Organismen im Verlauf ihrer Ontogenese zwei verschiedenen Lebensbereichen angehören – viele adult dem Benthos oder dem Nekton zuzurechnende Formen haben planktonische Larven – hat sich die Einteilung der marinen Flora und Fauna in die drei großen Lebensgemeinschaften **Benthos**, **Plankton** und **Nekton** bewährt.

Allgemeine Methoden

Im Rahmen der Durchführung eines Meeresbiologischen Praktikums ist es nicht möglich, auch nicht notwendig, das gesamte Arsenal verfügbarer Methoden der Ozeanographie oder Geophysik, aber auch spezifischer biologischer Arbeitsweisen, einzusetzen. Da man es in der Regel mit der ufernahen Flachwasserzone bis zum Schelfrand zu tun hat, können Belange der Tiefwasserforschung außer Betracht bleiben. Im übrigen sind viele Methoden in Limnologie und Ozeanologie ähnlich oder sogar identisch; zuweilen sind die Gerätschaften nur unterschiedlich groß. Dennoch wird man im Süßwasser zu verwendende Geräte selten auf eine Exkursion ans Meer mitnehmen, wenn sie nicht gegen Schäden durch Meerwasser geschützt sind. Statt dessen wird man auf Material zurückgreifen, das die Institute oder Stationen bereithalten, oder entsprechend den eigenen Aufgaben selbst anschaffen.

A. Methoden der Hydrographie

Im folgenden wird nur eine kurze Übersicht über die für eine Exkursion wichtigsten physikalischen und chemischen Parameter des Meerwassers gegeben. Darin sind keine Anleitungen zur genauen Durchführung einzelner Messungen und Bestimmungen enthalten; für Einzelheiten des praktischen Vorgehens sei beispielsweise auf Schlieper (1968) verwiesen.

Es dürfte in den meisten Fällen hinreichend sein, von den physikalischen Eigenschaften des Wassers Temperatur und Lichtdurchlässigkeit zu bestimmen sowie Strömungsverhältnisse – auch im Zusammenhang mit Gezeiten – zu erfassen.

Temperatur: Ein handelsübliches, zur Stoßsicherung in bewegtem Wasser möglichst in korrosionsbeständige, unzerbrechliche Hülle gekleidetes Thermometer mit Zehntelgradeinteilung ist für Messungen der Wassertemperatur an der Oberfläche wie in geringen Tiefen, in denen man es deponieren und in situ ablesen kann, geeignet. Bei größerer Entfernung vom Ufer bzw. für die Temperaturmessung von Wasser in größerer Tiefe bedient

man sich eines Kippthermometers, das mit einem Kippwasserschöpfer (etwa nach Nansen-Petterson) kombiniert sein kann. Ganze Meßserien lassen sich durch an einer Leine untereinander angebrachte Kombinationsgeräte gewinnen, die ein Temperaturprofil der Wassersäule ergeben. Wenn man ein entsprechend ausgerüstetes Schiff benutzen kann, läßt sich die Temperatur auch durch festinstallierte Bathythermographen oder mit Thermosonden ermitteln, die über Kabel Meßwerte auf Schreiber geben können. In ähnlicher Weise lassen sich auch Drucke in der Wassersäule erfassen. Die Meßgenauigkeit solcher Geräte ist sicherlich für Exkursionsbedarf in jedem Fall hinreichend.

Licht: Man kann sowohl die Gesamtlichtintensität im Wasser als auch die spektrale Zusammensetzung des Lichtes auf einfache Weise ermitteln. Für die Bestimmung der Sichttiefe genügt die Secchi-Scheibe, die man an einer markierten Leine langsam bis zum Punkt des beginnenden Verschwimmens des Umrisses absenkt. Hier ist die Lichtintensität auf etwa 10% des Wertes unmittelbar unter der Wasseroberfläche reduziert. Die Kompensationsebene zwischen Assimilation und Dissimilation mit einer Extinktion auf 1% läßt sich hieraus durch eine Faustformel schätzen. Für genauere Messungen der Lichtextinktion unter Wasser, besonders auch bei Berücksichtigung des unterschiedlichen Verhaltens der einzelnen spektralen Anteile des Lichtes, benötigt man Photometer, mit denen man die Extinktion von geschöpften Wasserproben (Wasserfarbe) wie auch durch Versenken des Photoelements insgesamt in der Wassersäule bestimmen kann.

Strömungen: Die Bewegungen des Wasserkörpers im Meer sind hochkompliziert (Ott 1988). Horizontale Strömungen an der Oberfläche oder in der Tiefe überlagern sich mit Vertikalkomponenten und Gezeitenbewegungen sowohl im großen Maßstab wie auf der Ebene der Teilchen. Von Exkursionsbelang dürften im wesentlichen Fragen der kleinräumigen Wellen- oder Strömungsexposition sein. Strömungsrichtungen von oberflächennah horizontal strömendem Wasser, wofern sie nicht einfach senkrecht zur Küste verlaufen, lassen sich durch leicht zu verfertigende Driftkörper (Kork, Kunststoff) grob ermitteln. Dabei ist jedoch darauf zu achten, daß diese dem Wind keine besonders große Angriffsfläche bieten dürfen, da sonst Fehldeutungen naheliegen. Austarierte, nur wenig aus dem Wasser ragende Körper sind zu verwenden, mit denen auch überschlagsweise die Strömungsgeschwindigkeit geschätzt werden kann. Wenn ein Schiff mit Strömungsmessern ausgestattet ist, läßt sich Richtung und Geschwindigkeit des strömenden Wassers gut aufnehmen und ggf. aufzeichnen. Auch die lineare Bewegung eines Farbstoffs im Wasser eignet sich zur Bestimmung der gewünschten Parameter.

In Meeresgebieten mit stärkerem Tidenhub (Atlantik, Nordsee) ist die Kenntnis der Gezeiten für Arbeiten im ufernahen Bereich unbedingt erforderlich. Sie können den leicht zugänglichen lokalen Gezeitentabellen entnommen werden (meist Angabe von MHW und MNW). Der Tidenhub läßt sich an Steilküsten durch unmittelbares Abmessen der beiden letzten Wasserstandslinien (ggf. HWL in situ markieren), bei Flachküsten mit etwas Nivellieren gewinnen.

Im Meer ist eine große Anzahl gelöster Stoffe vorhanden. Doch ist es auf einer allgemeinen Meeresbiologischen Exkursion nicht möglich oder üblich, in größerem Umfang chemische Bestimmungen vorzunehmen. Daher soll hier nur auf die wichtigsten chemischen Faktoren eingegangen werden. Für Einzelheiten der Durchführung von Titrationen oder anderer Messungen sei auf Schlieper (1968) oder Patzner (1989) verwiesen.

Salzgehalt: Charakteristischerweise unterscheidet sich Meerwasser von Süßwasser durch seinen Salzgehalt. Hiervon entfallen ca. 85% auf Na^+- und Cl^--Ionen; diese sind mit weiteren neun An- und Kationen für 99,9% der gelösten Salze im Meerwasser verantwortlich. Die Bestimmung des Salzgehalts erfolgt im allgemeinen durch Messen der **Chlorinität** mit der Silbernitratmethode, aus der sich durch Multiplikation mit einem Faktor der Gesamtsalzgehalt (**Salinität**) errechnet. Zu Vergleichszwecken ist standardisiertes Meerwasser zu verwenden. Statt auf titrimetrischem Weg läßt sich die Salzkonzentration aus der Dichte des Meerwassers auch mittels Aräometer bestimmen, wobei man die hydrographischen Tabellen von Knudsen heranzieht. Da auch der Brechungsindex des Wassers vom Salzgehalt abhängt, läßt er sich ebenfalls mit einem Refraktometer (nach Pulfrich) messen. Entsprechend besteht dank der Abhängigkeit des elektrolytischen Leitfähigkeit vom Salzgehalt auch die Möglichkeit, ihn mit einem Leitfähigkeitsmesser zu ermitteln.

Schließlich kann man auch noch die konzentrationsabhängige Gefrierpunktserniedrigung messen.

Sauerstoffgehalt: Nach der Winkler-Methode läßt sich der O_2-Gehalt des Meerwassers bestimmen, der mit steigender Temperatur und steigendem Salzgehalt proportional absinkt; hierzu existieren graphische Tabellen (Tardent 1979, Abb. 80), die überschlagsweise eine Bestimmung ermöglichen. Besondere Sorgfalt muß man bei der Probennahme walten lassen, die ohne Eintrag von atmosphärischem Sauerstoff vorzunehmen ist. Statt dieser etwas arbeitsaufwendigen Methode setzt man oft elektrische Anzeigegeräte ein.

Alkalinität: Das gebundene Kohlendioxid wird titrimetrisch nach Wattenberg und Griepenberg bestimmt (Schlieper 1968).

Wasserstoffionenkonzentration (pH-Wert): Zur Messung des pH verwendet man am einfachsten ein elektrisches pH-Meßgerät.

Ob man sich mit den erwähnten chemischen Parametern begnügt, hängt von der praktischen Zielsetzung und apparativen Ausstattung einer Exkursion ab. Im Bedarfsfall geben auch die einzelnen Versuchsanleitungen nähere Auskunft.

B. Methoden der Biologie

Die spezifischen biologischen Arbeitsmethoden zur Erforschung der Großlebensräume des Meeres werden eingangs der drei Hauptkapitel und im Zuge der einzelnen Untersuchungsanleitungen besprochen. Desungeachtet sei eine Reihe allgemeinerer Arbeitstechniken und praktischer Hinweise namentlich zur **Lebendbeobachtung** größerer Tiere in ihrer natürlichen Umwelt, zur Behandlung und **Auslese** gewonnenen Probenmaterials, zur **Photographie** und zu **Hälterung** und **Transport** lebender Tiere den spezielleren Arbeitsanleitungen vorangestellt.

Jeder Exkursionsteilnehmer sollte sich dessen bewußt sein, daß die Beobachtung lebender Tiere unter möglichst natürlichen Bedingungen – sei es am ursprünglichen Lebensort oder im Labor, in Aquarium und Kulturschale – unvergleichlich viel mehr Kenntnisse über Formenmannigfaltigkeit und Lebensweisen vermittelt als das Auseinanderklauben fixierter oder abgestorbener Probenmaterials. Nicht die Masse eingebrachter Proben also, sondern deren Beschränkung und sorgfältige Auslese gleich am Fangort bieten meistens mehr an Anschauung und ein breiteres Formenspektrum als wahlloses «Einsacken». Bei sorgfältigem **Protokollieren** bereits während der Schiffsausfahrt oder

Arbeit an der Küste ist – selbst für eine annähernd quantitative Bestandsaufnahme im Untersuchungsgebiet – das unkontrollierte «Abgrasen» überflüssig. Einige Blatt etwas **feuchtigkeitsfesten Protokollpapiers**, ein **weicher Bleistift** und, für Arbeiten im Wasser, mit Scheuerpulver zu säubernde **Notiztafeln aus weißem Polystyrol** sollten zur Exkursionsausrüstung jedes einzelnen gehören.

a) Freiwasserbeobachtung

Wichtigste Beobachtungsmethode im klaren Litoral atlantischer und vor allem mediterraner Küsten ist das Schwimmtauchen mit Tauchmaske und Schnorchel, das «Schnorcheln». Es vermittelt bei nur geringem technischem Aufwand das am meisten beeindruckende und lebendigste Bild von der Struktur der Unterwasserbiotope und von den in ihnen heimischen Lebensgemeinschaften. Jeder Exkursionsteilnehmer sollte über eine Schnorchelausrüstung verfügen und mit den Grundtechniken des Schwimmtauchens vertraut sein, sofern er gesundheitlich dazu in der Lage ist.

Schnorchelausrüstung: Man benötigt eine dicht sitzende Tauchmaske, einen Schnorchel und ein Paar Schwimmflossen.

Die Maske, am haltbarsten aus Silikon und zweckmäßigerweise dunkel gefärbt, muß ein Fenster aus splitterfreiem Sicherheitsglas besitzen; zu empfehlen ist eine Maske mit dicht auf der Haut anliegendem Doppelrand und – zu bequemem Druckausgleich beim Tauchen – einem gut greifbaren Nasenerker. Sie sollte möglichst klein sein, das Fenster augennah; sie muß jedoch bequem sitzen, ohne Druckstellen an Stirn und Nase. Für Brillenträger gibt es einsetzbare Brillengläser jeder Stärke. Hält man die Maske bei geneigtem Kopf in ihren richtigen Sitz, ohne den Gurt überzustreifen (Haare aus der Stirn streichen!), und zieht Luft durch die Nase ein, so muß sie dicht sitzen ohne herabzufallen. Zweckmäßig ist eine Lasche am Maskengurt zum Einstecken des Schnorchels.

Das Schnorchelrohr, am besten in leuchtender Farbe, darf nicht mehr als 30 mm lichter Weite haben, sonst ist das Luftvolumen beim Ausblasen von Wasser nach dem Tauchen zu hoch. Der Schnorchel soll, je nach Kopfgröße, möglichst kurz sein. Auf keinen Fall darf er 38 cm Länge überschreiten, da sonst der hohe Wasserdruck das Atmen durch den Schnorchel unmöglich macht. Je weicher das Schnorchel-Mundstück, desto schonender für das Zahnfleisch. **Schnorchel mit Kugelventilen am Oberende** zum Schutz vor einschwappendem Wasser, wie man sie zuweilen noch angeboten findet, sind **lebensgefährlich** und im deutschen Handel nicht zugelassen.

Die Schwimmflossen wähle man möglichst klein zur Verminderung des Kraftaufwandes und Schonung der Hüftgelenke beim Schwimmen. Flossen mit geschlossenem Fußteil sind solchen vorzuziehen, die die Ferse freilassen. Schwimmfähige Flossen können recht praktisch sein. Sie schützen vor Verlust, erhöhen aber den Auftrieb beim Tauchen.

Schnorcheltechnik: Vor dem Anlegen der Maske auf die Innenseite der Sichtscheibe zu spucken und den Speichel gut zu verreiben, schützt vor Beschlagen. Beim Schnorcheln ruhig an der Wasseroberfläche schwimmen, den Kopf gerade unter Wasser – er kann wegen des Luftvolumens in der Maske nicht über Schnorcheltiefe absinken – und ruhig in normaler Frequenz atmen. Die Arme legt man an den Körper an und rudert mit leichtem Flossenschlag bei völlig gestreckten Knie- und Fußgelenken mit den ganzen Beinen aus der Hüfte heraus. In den Schnorchel schwappendes Wasser kann man mit einem kräftigen Atemstoß ausblasen. Allein diese Beobachtungsweise unter Wasser bringt schon großen Gewinn.

Vor einem Tauchstoß atme man nicht übermäßig beschleunigt und tief, da Sauerstoff nicht über das normale Aufnahmevermögen unseres Blutes gespeichert wird, eine Hyperventilation aber den CO_2-Druck in der Lunge zu stark verringert, den normalen Atemreflex beeinträchtigt und krampfauslösend wirken kann. Einige Male tief einatmen und dann aus der Schwimmlage bei vorgestreckten Armen den Oberkörper rechtwinklig abknicken, die Beine senkrecht aus dem Wasser strecken und mit einem kräftigen Armzug abtauchen. Erst wenn die Flossen ganz ins Wasser eintauchen, durch Flossenschlag weiter abwärts schwimmen. Zum Ausgleich der schmerzhaften Druckdifferenz an den Trommelfellen bei zunehmender Tiefe mehrfach die Nase mit Daumen und Zeigefinger zusammenpressen und kräftig schneuzen, bis das Druckgefühl im Mittelohr nachläßt. Diese Druckausgleichtechnik muß man unbedingt beherrschen, bevor man ans Tauchen geht.

Folgende Sicherheitsregeln sind strikt zu beachten: Man sollte nur in Gruppen, mindestens zu zweit schnorcheln und tauchen, nie allein. Jegliche Beeinträchtigung im Nasen-Rachenraum – ein Schnupfen genügt – verhindert einen freien Druckausgleich und verbietet das Tauchen unter allen Umständen.

Auch für den Schnorchler an der Wasseroberfläche bieten sich – bereits im Flachwasser bis zu 2–3 m Tiefe – trotz solcher Behinderung weitaus reichere Beobachtungsmöglichkeiten als ohne Schnorchelausrüstung.

Das Erleben einer reichen Unterwasserfauna läßt den Schnorchler allzuleicht die Zeit vergessen. Die Gefahr einer unmerklichen, aber gefährlichen Auskühlung des Körpers bei zu langem ruhigen Schnorcheln ist (selbst bei heißem Wetter an Mittelmeerküsten) weit größer als bei normalem Schwimmen. So sollte man beim Schnorcheln ohne Tauchanzug 20–30 min Dauer auf keinen Fall überschreiten.

Weitere Beobachtungsmöglichkeiten bietet das Preßlufttauchen. Es erfordert aber in jedem Fall eine umfassende Ausbildung in einer guten Tauchschule. Um Auskünfte hierzu wende man sich an den Verband deutscher Sporttaucher (Schloßstr. 14, 2000 Hamburg 70).

b) Materialsammeln und Auslese

Die Auslese des Materials beginnt bereits am Probenahmeort mit der Entscheidung, was an Lebendmaterial zu weiterer Bearbeitung zum Exkursionsstandquartier mitgenommen werden soll. Die Hälterungsmöglichkeiten dort, möglichst Becken mit fließendem, zumindest aber kühlem Meerwasser, bestimmen die Probenmenge.

Bei Schiffsausfahrten bereitet der Transport i.d.R. keine Schwierigkeiten. Bei Küstenexkursionen zu Schnorchelplätzen oder Wattwanderungen kann man sperrige Plastikwannen und -eimer großenteils ersetzen durch eine ausreichende Menge kräftiger Kunststoffbeutel von 2–3 l Fassungsvermögen (Gummiringe!) – vor allem für Fische, größere Einzeltiere und Planktonproben – und durch selbstgenähte zusammenfaltbare Säcke aus dichtem, quellfähigem Segeltuch (kein Nylon oder Perlongewebe!) mit rundem eingenähtem Boden, einem steif umgenähten oberen Rand und einem Traghenkel. Außer feuchtem Probengut wie Tang, Strandanwurf, Grobsedimentproben etc. läßt sich in ihnen selbst Wasser über längere Zeit problemlos transportieren. Zudem bieten solche Segeltuchsäcke Schutz vor Sonneneinstrahlung und halten ihren Inhalt durch Verdunstungskälte kühler, als dies in Plastikbeuteln und Kannen möglich ist. Solche Segeltuchsäcke lassen sich auch gut ins Watt mitnehmen, da sie steif und vollgesogen im Wasser sicher stehen und nicht fortschwimmen wie Plastikgefäße.

Die meisten Bodentiere überstehen eingehüllt in reichlich tropfnassen Tang selbst einen längeren Transport besser als in Wasser; Tiere aber, die auf jeden Fall untergetaucht bleiben müssen, etwa Substratbrocken mit reichlichem Aufwuchs, die meisten Tunicaten und Echinodermen, Polychaeten etc., transportiere man möglichst nur gerade mit Wasser bedeckt.

Verschlossene Plastikbeutel sollten ebenfalls nur zu $\frac{1}{3}$ mit Wasser gefüllt werden, mit großem Luftraum darüber. Lediglich gegen Turbulenzen empfindliche Tiere, Medusen etwa oder Substratstücke mit *Clavelina*-Kolonien u. ä., sollte man in luftfrei und prall gefüllte Kunststoffbeutel einsetzen. Es empfiehlt sich, größere Crustaceen gleich von allen übrigen Tieren zu trennen, da sie sich gewöhnlich sofort über alles Freßbare hermachen.

Ein Zettel aus wasserfestem Papier mit Funddaten (Bleistift!) gehört in jedes Probengefäß. Zu Demonstrationen am Fangort wird man immer einige möglichst helle Plastikwannen mitnehmen.

Probenauslese im Exkursionsraum: Gleich nach der Heimkehr zum Standquartier (nicht erst nach dem Mittag- oder Abendessen!) versorge man alles mitgebrachte Probenmaterial, möglichst in Becken mit fließendem Meerwasser – größere Decapoden getrennt von allem übrigen. Wo kein fließendes Meerwasser vorhanden, verteile man das Material auf möglichst viele Wannen mit frischem kühlem Meerwasser (belüften, sofern Gelegenheit!) und stelle diese sonnengeschützt und fern von Wärmequellen ab. Alle bereits stark geschädigten oder gar abgestorbenen Tiere entferne man sogleich oder setze sie getrennt in eine eigene Schale. Je niedriger die Wasserschicht, desto besser die Sauerstoffversorgung.

Nach 1–2 Stunden haben sich alle Tiere meist so gut erholt und sind wieder so aktiv, daß man mit Erfolg an die Durchmusterung des Materials in flachen Schalen (Fotoschalen) und unter dem Stereomikroskop in kleineren Schalen (hochrandige Petri-Schalen, rundbödige Kristallisierungsschalen) auf bisher noch nicht entdeckte Tiere und an die Lebendbeobachtung gehen kann. Bei der Untersuchung namentlich von Substratstücken oder Muschelschalen mit reichem Aufwuchs unter dem Stereomikroskop ist eine flache, streifende Beleuchtung von der Seite besonders günstig.

Auf einer *Pecten*-Schale mit reichlich Bewuchs oder einem *Posidonia*-Strunk wird man bei geduldiger Beobachtung in der Regel Vertreter von mindestens 5–6 Tierstämmen, oft von mehr als zehn lebend entdecken, wenn man das Material schonend behandelt hat.

Aus jeglicher Art von **Sedimenten**, vom Strandanwurf bis zu Proben submerser Bodengründe, lassen sich kleinere Organismen bis hinab zur Meiofauna, die nicht durch Aussieben der Probe auf gröberen Drahtsieben zu isolieren sind, am besten durch Schaffung eines Klimagradienten anreichern und auslesen, indem man durch graduelle Klimaverschlechterung (Temperaturerhöhung oder -erniedrigung, O_2-Mangel, Salinitätsänderung) die Tiere aus der Probe in ein Sammelgefäß treibt. Solche Verfahren richten sich in erster Linie nach der Beschaffenheit und Korngröße des Sediments.

Entsprechend kann man auch manche Planktonorganismen, namentlich verschiedene planktische Larven, nach ihrer negativen oder positiven Phototaxis durch einseitige Beleuchtung der Hälterungsschalen selektiv anreichern (z.B. *Polydora*-Larven, s. Abschn. 4.9).

Aus **Strandanwurf** und groberen Trockensedimenten läßt sich die Kleinfauna nahezu quantitativ in einem Berlese-Trichter austreiben, wie er auch in der terrestrischen Ökologie gebräuchlich ist: Das auszulesende Material, etwa Tang oder Seegras aus dem Spülsaum, füllt man in einen weithalsigen und steilwandigen Trichter, dessen Auslaufstutzen (∅ ca. 5–7 cm) mit einem groben Sieb (2–6 mm) aus Maschendraht verschlossen ist. Die Tiere flüchten vor Trockenheit und Wärme abwärts und sammeln sich in einer unter den Trichter gestellten Wasserschale.

Als Trichter eignet sich gut das umgekehrte abgeschnittene Oberteil einer weithalsigen Chemikalienflasche aus Kunststoff.

Aus **sandigen Sedimenten mittlerer Korngröße** oder feinerem Schill kann man die Kleinfauna entweder auswaschen, indem man eine Hand voll Sediment wiederholt für wenige Sekunden in einem Becherglas mit Süßwasser umschüttelt, um die Tiere zu schocken und zum Loslassen von Substratpartikeln zu veranlassen, den Überstand dann rasch durch ein Stück 50–100 μm Planktongaze filtriert und dieses in wenig frischem Meerwasser auswäscht (Kristensen 1983).

Etwas schonender ist die **Extraktionsmethode nach Uhlig** *(1964, 1968)*: Etwa 50–70 ml Sediment werden in ein kurzes Plexiglas- oder Kunststoff-Rohr (Länge ca. 10 cm, ∅ ca. 5 cm) eingefüllt, über dessen Unterende ein Stück Planktongaze (Maschenweite je nach Körnung der Probe 100–500 μm) mit einem Gummiring oder einem satt sitzenden Überwurfring straff gespannt ist. Die Sedimentprobe deckt man mit etwas Filterwatte ab und füllt darauf Meerwassereis. Dieses Extraktionsgefäß hängt man an einem Stativ so in eine randvoll mit frischem Meerwasser gefüllte Boverischale ein, daß die Planktongaze gerade vom Meniskus der Wasseroberfläche benetzt wird. Allmählich überströmendes Wasser fängt man in einer untergestellten größeren Petrischale auf. Die interstitielle Fauna flieht vor der allmählich vordringenden Front von Schmelzwasser erhöhter Salinität und wird von der langsamen Abwärtsströmung nach unten geschwemmt und fällt schließlich durch das Gazesieb in die Sammelschale. Etwa alle halbe Stunde kann man die Sammelschale wechseln. Nach ca. 2 Stunden ist die Extraktion abgeschlossen.

Feinen Schlick setzt man in dünner Schicht (ca. 3–4 cm), überdeckt von etwa 4–5 cm Wasser, in flachen Schalen an. Allmählich eintretender Sauerstoffmangel im Sediment treibt die Tiere nach und nach an die Schlickoberfläche. Dort können sie durch ihre Kriechbahnen leicht entdeckt und mit einer Pipette nach etwa einem halben Tag in Stundenabständen abgesaugt werden.

c) Morphologische Auswertung von Proben – Zeichnen und Photographie

Meeresbiologische Exkursionen sollen einerseits mit Arbeitsmethoden und produktionsbiologischen wie allgemein ökologischen Zusammenhängen vertraut machen, ebenso aber auch eine möglichst breite Formenkenntnis, vergleichend-morphologisches Wissen sowie verhaltensbiologisches Vorstellungsvermögen vermitteln. Neben der unausweichlichen Bestimmungsarbeit ist das Abbilden des Beobachteten, Zeichnen ebenso wie Photographie, eine sinnvolle Ergänzung. Dabei kommen beiden Darstellungstechniken ganz verschiedene Aufgaben zu:

Zeichnen und Skizzieren zwingt – weit mehr als die Photographie – dazu, sich Gesehenes bewußt zu machen, und man benötigt hierfür keine zusätzliche Zeit; eine Zeichnung ist das beste Beobachtungsprotokoll. Namentlich Verhaltensabläufe, typische Bewegungsweisen lassen sich in einer Zeichnung besser darstellen als im Photo. Weißes rauhes Papier, ein mittelweicher Bleistift (keine Buntstifte, Filz- oder Kugelschreiber!) und ein Radiergummi sind dazu notwendig. Jede Zeichnung muß hinreichend beschriftet werden: Art, Situation, Fundort, Funddatum.

Mikroskopieren: Einige Mikroskope und – wichtiger noch – Stereomikroskope gehören zur Exkursionsausrüstung. Bei letzteren sind Geräte mit möglichst flacher, großer Grundplatte (Kippsicherheit beim Durchmustern größerer Probenschalen) und der Möglichkeit zur **Auflichtbeleuchtung** (notfalls Lichtleiterlampe oder anklemmbare Schwanenhalslampe) Geräten mit höherem (evtl. Durchlicht-) Tisch und im Fuß eingebautem Transformator vorzuziehen (notfalls Fußfläche durch aufgelegte und beidseits durch untergeleimte Holzleisten von Fußhöhe unterstützte Holz- oder Kunststoffplatte vergrößern). Zuweilen ist es vorteilhaft, bei schwächerer Vergrößerung unmittelbar in kleinen Petrischälchen mikroskopieren zu können. Hierzu fertige man sich aus einem Stück satt auf die betr. Objektive aufschiebbarem Kunststoffrohr und einem mit Silikonkautschuk oder anderem Polymerisationskleber wasserdicht über dessen untere Öffnung geklebten Deckglas Eintauchhülsen für die betr. Objektive an, einerseits zur Verhütung von Korrosion der Objektive und ebenso zur optischen Adaptation der Trockenobjektive an die Benutzung unter Wasserimmersion.

Photographie im Rahmen einer meeresbiologischen Exkursion beschränkt sich wohl im wesentlichen darauf, charakteristische Aspekte der untersuchten Biocönosen und der typischen Pflanzen und Tiere in möglichst naturgetreuer Umgebung oder morphologisch-anatomische und systematische Merkmale so exakt und detailliert wie möglich im Bild festzuhalten. Einige Vorschläge zu zweckmäßiger Ausrüstung und einfachen Techniken für Aufnahmen von Objekten namentlich unter Wasser scheinen hier angebracht.

Dabei beschränkt sich die «Unterwasserphotographie» hier notgedrungen auf Makroaufnahmen im Flachwasser des Watts sowie in Kulturschalen, Aquarien und Photoküvetten, denn echte Unterwasserphotographie erfordert neben einer aufwendigen Spezialausrüstung auch Kenntnisse im Preßlufttauchen, die allgemeine Exkursionsratschläge überschreiten (s. Frei 1988; Weiß 1979).

Photoausrüstung: Spiegelreflexkamera mit Automatikzwischenringen oder (besser) einem guten Makroobjektiv; Meßmöglichkeit durch das Objektiv (TTL-Messung) und (möglichst) Zeitautomatik. Cave Autofocus!

Polarisationsfilter zur Unterdrückung von Reflexen an Wasser- oder Küvettenoberflächen. Bei manchen Kameras mit Lichtmessung durch einen halbdurchlässigen Spiegel ist ein Zirkulärpolarisator erforderlich, sonst genügt ein billigeres linearpolarisierendes Filter.

TTL-Blitzgerät mit Adapterkabel zur Verwendung der Blitzautomatik auch fern der Kamera. Solche Kabel sind im Handel erhältlich oder mit etwas Geschick selbst zu basteln aus einem käuflichen Blitzadapterfuß für das betr. Blitzgerät, einem von der Kamerafirma zu beziehenden Blitzschuh und einem mehrpoligen Telefon-Spiralkabel.

Ein Weitwinkelobjektiv (f 28–20 mm), mit einem Umkehrring verkehrt herum (Frontlinse zum Apparat) an die Kamera angesetzt, erlaubt stark vergrößerte Aufnahmen von sehr kleinen Objekten (etwa Bryozoen- oder Hydroidenkolonien) bei einem erheblichen Gewinn an Lichtstärke sowie bei größerem Arbeitsabstand als bei Verwendung von Normalobjektiv und Zwischenringen oder Balgengerät und bei sehr guter optischer Qualität. Je kürzer die Brennweite, desto stärker die – allerdings starre – Vergrößerung.

Ein stabiles Tischstativ, an dem man die Kamera auch senkrecht nach unten ausrichten kann, für die Photographie in Kulturschalen.

Eine Kaltlichtlampe mit zweiarmigem Lichtleiter eignet sich bei kleinen sessilen oder nicht zu rasch beweglichen Objekten und unter Verwendung eines hochempfindlichen Films (400 ASA, evtl. auf 800 ASA belichtet und entwickelt) oft besser zu guter Ausleuchtung als der großflächige Leuchtkegel eines Blitzgeräts (bei Tageslichtfilm Blaufilter, evtl. mikrosk. Blaugläser, vor die Lichtleiter setzen). Gute Ergebnisse, namentlich bei Makroaufnahmen bewegter kleiner Objekte, bringt auch die indirekte Beleuchtung mit einem Ringblitz. Dazu hängt man ein zylindrisches Glasschälchen (abgeschnittenes Becherglas o. ä.) mit dem Objekt in einen unterseits mit geknitterter Aluminiumfolie beklebten, breiten Reflektorring aus dicker Pappe und schiebt von unten den Ringblitz, Leuchtrichtung nach oben, soweit über das Photoschälchen, daß das

Objekt sich unterhalb des Blitzabstrahlwinkels befindet und nur indirekt durch reflektiertes Licht vom Reflektorring beleuchtet wird.

Einige Photoküvetten, je nach Größe aus 2–3 oder 5–6 mm Spiegelglas geklebt. Klebstoff: Silikonkautschuk. Beim Kleben achte man darauf, daß Vorder- und Hinterwand auf die Seitenwände, nicht zwischen diese geklebt werden, und die Bodenplatte nicht unter sondern zwischen die vier Wände eingesetzt wird. Ratsame Maße, jeweils Breite × Höhe × Tiefe: 25 × 20 × 11 cm; 15 × 15 × 4 cm und 10 × 10 × 4 cm. Ein etwas größeres Photoaquarium mit schräg nach hinten geneigter Vorderwand erlaubt Aufnahmen größerer Objekte (Fische, Krebse, Substratbrocken mit Aufwuchs) von schräg oben. Störende Reflexe und harte Schatten an den Bodenkanten lassen sich vermeiden, indem man eine unten sanft gebogene, nicht rechtwinklig abgeknickte Rückwand-Bodenplatte aus grauem Kunststoff in die Photoküvetten einsetzt (evtl. mit einer dünnen Sandschicht bekleben).

Arbeitshinweise: Zu Aufnahmen in Küvetten und Kulturschalen fülle man diese möglichst mit reinem, filtriertem Meerwasser und warte nach dem Einsetzen der Objekte, bis sich alle Trübungen abgesetzt haben. Ebenso wische man sorgfältig die Frontscheibe von allen anhaftenden Partikeln sauber, denn beides mindert die Farbkraft des Bildes und erzeugt störende Lichthöfe. Aus frischem unabgestandenem Wasser perlen bei Erwärmung unter der Beleuchtung Luftblasen aus, die später im Bild als helle Lichtpunkte stören. Man entferne sie geduldig mit Pinsel und Pipette immer wieder, oder verwende abgekochtes und gekühltes Meerwasser. Je dunkler der Raum vor der Küvette (hell reflektierende Gegenstände vermeiden!) desto geringer die Gefahr von Spiegelungen im Bild. Bei Arbeiten mit einem Blitz in größeren Becken empfiehlt es sich, harte Schatten durch einen mit geknitterter Alu-Folie beklebten Pappreflektor an der Gegenseite aufzuhellen. Kamera durch Pappschirm gegen unmittelbar einfallendes Blitzlicht abdecken! Gute Dunkelfeldwirkung ohne störende Bodenreflexe und Schattenwurf läßt sich bei Aufnahmen kleinerer Objekte in Kulturschalen durch schräges Auflicht und Einhängen der Photoschale in ein Becherglas über dunklem Untergrund erzielen.

d) Tiertransport auf der Heimfahrt

Grundvoraussetzung für den schonenden Transport lebender Tiere für das heimische Institutsaquarium ist es, so wenig wie möglich sauerstoffzehrendes organisches Material in die Transportgefäße zu bringen, und den Sauerstoffverbrauch der verpackten Tiere durch Kühlung so niedrig wie möglich zu halten. Nahezu alle Wirbellosen – ausgenommen Tintenfische – lassen sich bei Temperaturen zwischen 0 und 10° C schadlos über mehrere Tage transportieren. Fische und Tintenfische aus unseren gemäßigten Meeren sollte man i. d. R. nicht unter 8–10° abkühlen. Als Transportbehälter eignen sich am besten kräftige Plastikbeutel, zu mehreren nebeneinander (nie übereinander!) in einem Styroporkasten verpackt und mit reichlich Meerwassereis überstreut. Jeder Beutel sollte nur maximal zur Hälfte mit Meerwasser gefüllt sein und wird vor dem Verschließen am besten mit reinem Sauerstoff prall aufgefüllt, dann mit einem Gummiring fest verschnürt, einmal umgefaltet und mit einem zweiten Gummiring zur sicheren Abdichtung verschlossen.

Tiere, die kurzes Trockenfallen vertragen (benthische Krebse, Seeigel, und die meisten Muscheln und Schnecken) lassen sich eingehüllt in Braunalgen mit nur einem kleinen Guß Meerwasser gut transportieren. Solche Tiere, die untergetaucht bleiben müssen, verpacke man in so wenig Meerwasser wie möglich, im Boden grabende Tiere (Polychaeten, Priapuliden, Echiuriden, Sipunculiden Amphioxus etc.) zudem in ein wenig feinem detritusarmem Sand, nie in Schlick. Wichtig ist es, immer nur wenige Tiere in einen Beutel einzusetzen; in einen Beutel mit etwa 700 ml Meerwasser nur 1–2 Fische von 5–7 cm Größe, 1–2 Aphroditen oder 1–2 Hände Muschelschill mit Aufwuchs. Wie schon zuvor betont, sollte man Krebse wegen ihrer hemmungslosen Freßlust immer getrennt von anderen Proben, möglichst sogar einzeln transportieren und ihnen einige saubere Muschelschalen zur Deckung in den Beutel geben. Lediglich mechanisch empfindliche Tiere, etwa Crinoiden oder Medusen, sollte man in prall mit frischem, sauerstoffgesättigtem Meerwasser gefüllte Beutel einsetzen, da sie sonst durch Turbulenzen beim Bewegen des Gepäcks mechanisch geschädigt werden.

Da an Exkursionsstationen nicht immer reiner Sauerstoff zu erhalten ist, ist es ratsam, eine kleine **1 oder 2 l-Sauerstoffflasche** mit Reduzierventil im Exkursionsgepäck mitzuführen. Um unliebsame Überraschungen zu vermeiden, wenn irgendwann einmal die Flasche nicht fest genug zugedreht wurde und sich bei Gebrauch als leer erweist, lasse man sich einen Füllstutzen aus einem Messingrohr mit Manometer und beidseitigen Sauerstoffflaschen-Anschlüssen anfertigen; so kann man die Flasche notfalls in jeder Schlosserei oder Autowerkstätte wieder auffüllen lassen.

e) Betäuben, Abtöten, Fixieren und Konservieren

Die meisten mikroskopisch kleinen Tiere können unmittelbar in ein Fixiergemisch gebracht werden, das sie sofort abtötet und in guter Form erhält. Andere reagieren auf das Fixiermittel mit Kontraktion bis zur Unkenntlichkeit. Zur Vermeidung dessen werden solche Tiere (etwa Bryozoen) zuvor betäubt. Für alle größeren Tiere, etwa Schauobjekte oder zu späterer Präparation, sind Betäubung, Abtötung und Fixierung und – nicht selten auch – eine nachfolgende Konservierung unumgänglich.

Betäuben und Abtöten geschieht meist durch allmähliche Zugabe eines Betäubungsmittels zum Hälterungswasser, bis die Tiere an einer Überdosis so schonend wie möglich sterben. Sobald die Tiere völlig reizunempfindlich geworden sind oder sich voll expandiert haben (z.B. Hydrozoen oder Tentaculaten), kann man die Betäubungsmittelkonzentration rasch auf die Letaldosis erhöhen. Die hierzu notwendige Zeit muß man von Fall zu Fall experimentell ermitteln; bei kleineren Tieren können dies 3–4 min sein, bei größeren (Krebsen, Kopffüßern, Fischen, u.a.) 15 min und mehr. Dann kann man sie in das Fixiermittel geben und meist auch zur Konservierung darin belassen. Sofern es das Untersuchungsziel nicht beeinträchtigt, kann man Krebse, Kopffüßer und Fische auch durch einen Stich in das Zentralganglion töten.

Als **Betäubungsmittel** haben sich folgende Stoffe bewährt: MS 222 (Sandoz, Serva), in Deutschland auch als 3-Aminobenzoesäureäthylester-Methansulfat im Handel (geeignet für die meisten Wirbellosen und alle Wirbeltiere); Stovain (Amylein-Hydrochlorid Rhone Poulenc, Benzoyl-(bis-dimethylaminomethyl)-äthylcarbinol-chlorhydrat) ein im deutschen Handel nicht erhältliches, in Frankreich aber unter dem Namen EUCALYPTOSPIRIN® erhältliches Lokalanästhetikum, eignet sich hervorragend zur Narkotisierung der meisten Wirbellosen. Beide Narkotica gibt man körnchenweise dem Hälterungswasser zu, je nach Größe der Tiere bis zu einer Endkonzentration von 0,1–1%. Auch meerwasserisotonische 5–10%ige Lösungen von $MgCl_2$ oder $MgSO_4$ sind wirkungsvolle und schonende Betäubungsmittel für die meisten Wirbellosen, töten die Tiere allerdings nicht ab. In einer solchen Lösung vorbehandelte und relaxierte Tiere (Mollusken, Tentaculaten, Polychaeten) lassen sich gewöhnlich aber besonders gut in natürlicher Haltung und ohne zu starke Schleimabsonderung durch anschließende Zugabe von MS 222 oder Stovain abtöten. Außer den genannten Narkotica werden begrenzt auch Urethan (0,5–1%), Äthyläther (10–20%) und Chloralhydrat (0,1–0,5%) zur Betäubung verwandt.

Als **Fixierungs-** und im allgemeinen auch als **Konservierungsflüssigkeit** bringt eine ca. 4%ige Formaldehydlösung in Meerwasser (käufliches 40%iges Formol im Verhältnis 1:9 mit frischem Meerwasser gemischt) i.d.R. sehr gute Ergebnisse. Für eine ausreichende Gewebeerhaltung im Innern muß man sie größeren Tieren von mehr als 10 cm Körperlänge vor dem Einlegen in das Fixiergemisch injizieren, oder die Tiere müssen – wenn es die Untersuchungen erlauben – durch einen dorsalen (bei Krebsen z.B. zwischen Cephalothorax und Pleon) oder ventralen bis lateralen (Fische) Schnitt eröffnet werden.

Formol entzieht den Objekten im Gegensatz zu Alkohol kein Wasser und läßt sie weniger stark schrumpfen, zudem erhält es vor allem fettlösliche Pigmente besser als jener; allerdings bildet sich durch Oxidation in Formollösungen auf die Dauer Ameisensäure, die zarte Kalkstrukturen (dünne Mollusken- oder Foraminiferenschalen) anlöst. Um dies zu verhindern, kann man dem Fixiergemisch etwas Borax zusetzen (20 ml gesätt. Borax-Lösung/ 1 l Fixiergemisch) oder das durchfixierte Material nach 1–2 Tagen in 70% Aethanol übertragen. Zur Konservierung sollte die Flüssigkeitsmenge etwa das Vierfache des Tiervolumens betragen.

Zur Fixierung und Konservierung mariner Algen hat sich 4%iges Formol-Meerwassergemisch ebenfalls gut bewährt. Je nach Objektgröße liegen die Fixierungszeiten auch hier zwischen 1 (fädige Algen) und 24 Stunden (Stücke von *Fucus* oder *Laminaria*).

Formol – obgleich als Fixier- und Konservierungsmittel dem Alkohol in jedem Falle vorzuziehen – birgt gewisse gesundheitliche Gefahren (zuweilen auftretende Formolallergien und heftige Hautreaktionen, Reizung der Atemwege). Darum lasse man beim Umgang namentlich mit konzentriertem Formaldehyd Vorsicht walten: Verdünnungen unter dem Abzug, in gut gelüftetem Raum oder im Freien herstellen; Gefäße mit Formolmaterial verschlossen halten; vor dem Arbeiten mit Formolmaterial dieses in reichlich frischem Wasser spülen, zum Aufbewahren jedoch unbedingt wieder in 4% Formol einlegen. Hautkontakte auch mit verdünntem Formol vermeiden (evtl. Schutzhandschuhe).

Literatur

Lincoln, R.J. und J.G. Sheals (1985): Invertebrate Animals. Collection and Preservation. British Museum London & Cambridge University Press, 150 pp.

Bové, F.H.: MS 222 Sandoz, 24 pp., Sandoz, Basel.

1 Das Benthos

Zu der Lebensgemeinschaft des marinen **Benthos** (griech. = Tiefe) gehören alle pflanzlichen und tierischen Organismen, die unmittelbar über, auf oder im Meeresgrund vorkommen. Sie leben überwiegend sessil oder halbsessil; vagile Arten verhalten sich zumindest ortstreu. Nun ist aber das Auffinden eines geeigneten Lebensraumes durch die Nachkommen und damit auch die räumliche Ausbreitung der Art nur durch aktive oder passive Ortsveränderung möglich. Viele Benthos-Organismen lösen dieses Problem mit Hilfe pelagisch lebender Entwicklungsstadien (z.B. Gameten und Sporen bei Algen, Larven bei Metazoen), andere verfügen über frei bewegliche Formen im Rahmen eines Generationswechsels (z.B. Medusen der Cnidarier). Die meisten Benthos-Arten verbringen somit einen Teil ihrer Ontogenese außerhalb des Benthals, sie sind **merobenthisch** mit einer Planktonphase. – Während die Mehrzahl aller marinen Pflanzen- und Tiergruppen sowohl Vertreter im Benthos als auch in einer der beiden anderen großen Lebensgemeinschaften aufweisen, gibt es einige, die ihren Schwerpunkt eindeutig im Benthal haben; dazu gehören die makroskopischen Algen (Ausnahme: *Sargassum*) und einige Wirbellose (z.B. Kamptozoa, Priapulida, Echiurida, Sipunculida, Tentaculata, Pogonophora), von denen man keine adult pelagisch lebende Arten kennt. – Aus methodischen Gründen hat es sich als zweckmäßig erwiesen, über systematische Grenzen hinweg eine Grobeinteilung der Benthos-Organismen vorzunehmen. Je nach Körpergröße unterscheidet man drei Größenkategorien, das **Makrobenthos** (>2 mm), das **Meiobenthos** (2,0–0,2 mm) und das **Mikrobenthos** (<0,2 mm).*

Im Gegensatz zu den Lebensgemeinschaften des Freiwassers, des Pelagials, (Pankton, Nekton) spielt für das Benthos die Bodenbeschaffenheit eine bedeutende Rolle. Sogenannte primäre **Hartböden** bestehen entweder aus anstehendem Gestein (Felsböden) oder aber aus Einzelkomponenten unterschiedlicher Größe (Blöcke, Geschiebe, Kies, Sand),

die je nach den herrschenden hydrodynamischen Gegebenheiten mehr oder weniger beweglich sind. Vor allem die durch Steilheit oder ständige Wasserbewegung von Sedimentation verschonten Felsböden bieten stabile, verläßliche Substrate zum Festsetzen von sessilen oder halbsessilen Organismen. Bedecken Einzelkomponenten den Boden, so bestimmen die vielgestaltigen Zwischenräume die Bodenstruktur. Ein festes Substrat können auch biogene Kalkablagerungen ergeben, wie z.B. die Korallenriffe, das «Coralligène» und das «Kalkalgen-Trottoir»; diese nennt man sekundäre Hartböden. Die aus feinsten Sedimenten (Feinsand, Schlick, Schlamm, Mudd) bestehenden **Weichböden** bieten hingegen nur dort einen stabilen Untergrund, wo keine Wasserbewegung stattfindet (z.B. geschützte Buchten, Tiefsee). Oft treten auch **Mischböden** auf, die teils aus hartem und teils aus weichem Substrat bestehen. Durch seine abwechslungsreiche Bodenbeschaffenheit und die Vielfalt der physikalischen und biologischen Bedingungen ist das marine Benthal wesentlich artenreicher als das Pelagial.

Im küstennahen Benthal wachsen an geeigneten Stellen dichte Pflanzenbestände: Dieses **Phytobenthos** besteht überwiegend aus zum Teil mächtige Thalli ausbildenden «Großalgen» (Grün-, Braun- und Rotalgen), anderenorts aus «Seegräsern», marinen Vertretern der Laichkrautgewächse (Potamogetonaceae). Während die Seegräser *(Posidonia, Zostera)* dank ihrer Rhizome in lockerem Boden Fuß fassen können, sind die benthischen Großalgen auf festen Untergrund (Hartböden) zur Verankerung angewiesen. Durch den Bedarf an Licht zur Photosynthese liegt die Verbreitungsgrenze für die Pflanzen meist schon bei 50–60 m Meerestiefe; nur gelegentlich findet man noch Algen bis in 200 m Tiefe. Von dem gesamten marinen Benthal kommt daher für das Phytobenthos nur ein schmaler Küstengürtel als geeigneter Lebensraum in Betracht, der ganze 4–5% der Bodenfläche des Meeres ausmacht. Hier leben weltweit etwa 16 000 (im Mittelmeer 600, auf dem Helgoländer Felssockel 150) makroskopische Algen – sowie 18 (im Mittelmeer und in der Nordsee 4) Seegrasarten.

---

* Größeneinteilung nach Tardent (1979); manche Autoren verwenden auch andere Grenzwerte, siehe z.B. Abschn. 1.2.5

Obwohl der von Pflanzen besiedelte Meeresboden nur einen relativ kleinen Flächeninhalt einnimmt, bildet das **Phytal** den hauptsächlichen Lebensraum für die benthische Fauna. Man schätzt den Anteil der Tiere an der Benthos-Gemeinschaft, das **Zoobenthos**, weltweit auf rund 157000 Arten, überwiegend Wirbellose. Die Mehrzahl davon lebt über dem Kontinentalsockel, vor allem im Felslitoral und in den tropischen Korallenriffen; nur etwa 370 Arten kennt man aus den Tiefen des bathyalen, abyssalen und hadalen Benthals. – Vier Fünftel des marinen Zoobenthos rechnen zur **Epifauna**, da sie entweder auf oder nur wenig über dem Meeresgrund leben. Sessile oder halbsessile Tiere dieser Faunengruppe schützen sich zumeist durch Ausbildung einer robusten, oft verkalkten Hülle (Schale, Gehäuse, Röhre), in die sie ihren Weichkörper zurückziehen können (z.B. Bivalvia, Polychaeta, Cirripedia, Bryozoa), oder aber mit Hilfe von Nesselzellen (Cnidaria); ihre Nahrung besteht aus winzigen Plankton-Organismen und aus Detritus. Räuberisch lebende Arten bewegen sich in der Regel kriechend oder schwimmend auf oder über dem Meeresgrund fort (z.B. Seesterne, benthische Fische) und ernähren sich von sessilen und halbsessilen Wirbellosen.

Nur ein Fünftel des gesamten Zoobenthos lebt als **Endofauna** (= Infauna), vorwiegend halbsessil oder vagil im Innern von lockeren Hart- und Weichböden und ernährt sich filtrierend oder strudelnd von herabsinkendem oder als Substratfresser von bereits sedimentiertem organischem Feinmaterial. Besonders die küstennahen Sand-, Schlick- und Schlammböden sind aufgrund von Wasserströmungen und Wellengang recht instabil und daher kein verläßliches Substrat für die epibenthische Lebensweise kleinerer oder wenig beweglicher Tiere. Hier bewohnen zahlreiche Vertreter aus sehr unterschiedlichen systematischen Gruppen die tieferen, geschützten Schichten des wasserhaltigen Sediments, das sogenannte **Psammal**. Kleinere, zum Teil hochspezialisierte Formen dieser Infauna leben **mesopsammal**, das heißt als Sandlückenfauna (= Interstitialfauna) in den Zwischenräumen der Sedimentpartikel, größere Arten verschaffen sich aktiv Raum durch Verdrängung des Sediment und leben **endopsammal**; beide zusammen bilden die Lebensgemeinschaft des **Psammon**. Besondere ökologische Bedeutung gewinnen auf Sedimentböden im lichtdurchfluteten Bereich die **Seegraswiesen**, da sie inselartige Ruhezonen darstellen, in deren Schutz eine reichhaltige Epifauna aus sessilen und vagilen Arten geeignete Lebensbedingungen findet.

1.1 Methoden

Die Methoden der Benthoserfassung richten sich nach der speziellen Zone des Benthals, in der die gewünschten Organismen beheimatet sind, sowie nach der Frage, ob man sich im wesentlichen mit der Artenzusammensetzung einer Biozönose befassen oder Auskunft über ihre quantitative Verteilung auf der Fläche gewinnen will. Die Probennahme kann daher vom einfachen Auflesen bis zum Einsatz schwerer Geräte reichen, kann ein zufälliges Ansammeln von Material oder ein planmäßiges Gewinnen einer bestimmten Menge an Substrat bedeuten. Welche Methoden im Einzelfall anzuwenden sind, entscheidet die Ausrichtung der Exkursion, der Bedarf oder die Verfügbarkeit von Hilfsmitteln. Die nachstehende Auswahl grundsätzlich verwendbarer Methoden ergänzt die in den einzelnen Versuchen genauer beschriebenen speziellen Anweisungen.

Im **Supralitoral** und **Eulitoral** sollte man zunächst eine Erfassung der Struktur des zu bearbeitenden Uferbereichs vornehmen, bevor man sich dem Material zuwendet, das zumeist mit der Hand aufsammeln kann. Leere Molluskenschalen (Conchylien) sind häufig nach der Größe sortiert (die

großen werden von den stärkeren Wellen weiter oben abgelagert) und bei geringem Gewicht und betonter Längsachse mit dieser parallel zum Uferverlauf «eingerichtet». Der Spülsaum aus abgerissenen Algenthalli (oft vermischt mit Kunststoffprodukten und manch anderem Abfall) ist ein lohnendes Substrat. Sehr mobile Tiere (Crustacea, Insecta) müssen gekäschert, stationäre (Polychaeta Sedentaria, Bivalvia) ausgegraben oder mit etwas Kraftanstrengung vom Hartsubstrat gelöst werden *(Patella)*. Sorgfältig sind Fundort und Datum sowie eine Zuordnung (nach Möglichkeit) zu einer Kleinlebensgemeinschaft (Choriozönose) zu notieren (z.B. *Laminaria*-Rhizoid; Spritzwassertümpel). Den Aufwuchs an vertikalen Hartstrukturen (z.B. Kaimauer) beschafft man sich, soweit er unter Wasser wächst, am besten mit einem Handkäscher mit festem Rahmen, der auch gezähnt sein kann (**Pfahlkratzer**).

Nachdem man sich einen qualitativen Überblick über den Artenbestand verschafft hat, kann man an die Bestimmung der Besiedlungsdichte gehen. Hierzu bedient man sich bei festsitzenden Formen (Seepocken, Seeanemonen) eines quadratischen

Metall- oder Kunststoff-Rahmens von 20, 25 oder 50 cm Seitenlänge, über den evtl. in 5 oder 10 cm-Abständen noch Perlonfäden gespannt sind. Durch Auflegen des Rahmens auf den Untergrund und Auszählen (in wenigstens 4 Teilquadraten) der Exemplare darin erhält man Stichproben, die sich durch entsprechende Multiplikation auf die Anzahl Expl./m² hochrechnen und z.B. zwischen verschieden exponierten Standorten statistisch verrechnen lassen. Zonierungsabfolgen (Transekte) von Biozönosen vom Supra- bis zum oberen Sublitoral lassen sich leicht bei Niedrigwasser längs einer in Meterabständen markierten Leine gewinnen; in flachem Wasser ist die Verwendung markierter Stäbe zum Messen der Eintauchtiefe nötig. Im Litoral des Mittelmeeres kann man diese Erhebungen bei ruhigem Wasser bis in ca. 2 m Wassertiefe auch schnorchelnd durchführen.

Materialgewinnung oder Probennahme aus dem tiefer beheimateten Benthos – vom Sublitoral abwärts – erfordert Geräte, die nur vom Schiff aus zu verwenden sind. Hierbei sind einige grundsätzliche Typen zu unterscheiden, mit denen man entweder punktförmig Material aufnimmt oder aber über eine größere Strecke fahrend gewissermaßen einen integralen Querschnitt durch die Benthosgesellschaften erhält.

Vor allem für die quantitative Bestimmung der Besiedlungsdichtem in Weichböden kommen **Bodengreifer** zum Einsatz, von denen in der Meereskunde eine ganze Anzahl Konstruktionstypen existiert. Vom ursprünglichen Petersen-Greifer bis zum van-Veen-Greifer, um nur zwei häufig verwendete zu nennen, werden sie je nach Sedimenttyp und Anspruch an Effektivität eingesetzt. **Senk-, Fall-** und **Rammlote** (auch hier gibt es verschiedene Bauprinzipien) stechen eine zylindrische Sedimentprobe mit ungestörter Schichtenfolge heraus, die sich fraktioniert auf ihre Besiedler analysieren läßt. Der **Kastengreifer** von Reineck ist ebenfalls für quantitative Sedimentanalysen zu empfehlen; ein einfacheres Bauprinzip hat der **Stechkasten** (Näheres zu diesen Geräten vgl. z.B. Schlieper (1968)).

Andere Fanggeräte eignen sich mehr zur qualitativen Erfassung von Bodenbesiedlern oder bodennah lebenden Tieren. Hier ist durchaus ein fließender Übergang zur Erfassung von Nektonten gegeben, wie auch der Ausdruck Nektobenthos (s. Abschn. 3.2) andeutet. Echte Bodenfische oder zum Boden hin sich orientierende Arten werden in ähnlicher Weise gefangen wie Freiwassernektonten. Verschiedene Formen von **Schleppnetzen** oder **Trawls** sind gebräuchlich. Das Beam-Trawl (Baumkurre) wird durch einen Baum oben offen gehalten, das Agassiz-Trawl besteht aus einem Metallrahmen mit anhängendem Netzbeutel, das Otter-Trawl (Scherbrettnetz) nutzt den Wasserwiderstand der bodenläufigen Scherbretter zum Offenhalten aus, wobei noch Vorrichtungen zum Aufscheuchen von Fischen angebracht sein können (Näheres vgl. Tait (1981)).

Während man mit Netzen vorwiegend die vagile Fauna erbeutet, setzt man zur Gewinnung der mehr oder weniger sedimentverhafteten Benthonten **Dredschen** ein. Auch von diesem Gerätetyp sind verschiedene Bauformen in Gebrauch. Sie bestehen in der Regel aus einem schweren Metallrahmen, der gezähnt oder geschliffen sein kann, um entweder Grobmaterial aufzunehmen oder in die obersten Schichten von Feinsediment eindringen zu können, und einem Sackbeutel aus Netzwerk. Für bestimmte Zwecke verwendet man auf Schlittenkufen montierte Dredschen, deren Einsatzfelder Epibenthos, Detritus oder auch bodennah verweilendes Plankton sind, wonach sich u.a. die Art des verwendeten Netzes (Länge, Maschenweite) bestimmt (Näheres z.B. in Holme & McIntyre (1984)). Die gewonnenen Boden- oder Organismenproben werden auf den Schiffsboden oder in Bottiche mit angeschlossener Meerwasser-Durchströmung gegeben – sofern man keine Klimaverschlechterung anstrebt – und danach entweder von Hand ausgelesen oder durch Siebsätze geschüttet oder unausgesucht insgesamt an Land gebracht. In manchen Fällen ist beim Aussortieren die Verwendung von Handschuhen (Gummi, zuweilen auch derbe Arbeitshandschuhe) zu empfehlen, wenn es sich z.B. um scharfkantige Brocken, (gift-)stacheltragende, nesselnde oder stark schleimende Tiere handelt.

Material, das in fixiertem Zustand untersucht oder seziert werden soll, wird in eine 4–5%-Formalinlösung (in Meerwasser) eingelegt (s. Kap. Allgemeine Methoden S. 12).

Im übrigen dürfte auf Exkursionen die Hälterung lebender Tiere im Vordergrund stehen. Nur an ihnen kann man typisches Verhalten beobachten (Beispiele: Rankenfußbewegungen der Cirripedia; Eingraben von *Branchiostoma* (Amphioxus); Kämpfe zwischen Einsiedlerkrebsen). Nicht wenige Tiere entfalten sich erst, nachdem sie eine Weile in Ruhe gelassen wurden (Polychaeta Sedentaria, Sipunculida u.a.), oder sie sind erst durch vorsichtiges Zerteilen des Substrats (z.B. Coralligène) zugänglich. Lebendhaltung bedeutet auch, die natürlichen Ressourcen zu schonen, da man die nicht mehr benötigten Organismen wieder ins Meer zurückgeben kann. Beim Wiedereinbringen sollte man auf geeignete Habitate achten.

1.2 Analysen und Experimente zur Erfassung des Biotops

1.2.1 Helgoland: Flora des Felswatts

Ludwig Kies und Klaus Lüning

Die meisten marinen Makroalgen sind auf felsigen Untergrund angewiesen, kommen daher im Bereich der südlichen Nordsee nur bei Helgoland vor und weisen eine charakteristische Zonierung auf. Im Bereich von Supra- und Eulitoral sind die oberen Vorkommensgrenzen in erster Linie durch physikochemische Umweltfaktoren bestimmt (Austrocknungs-, osmotischer und Temperaturstreß), die unteren Vorkommensgrenzen durch die biologische Konkurrenzkraft der jeweilig zoniert auftretenden Arten (Näheres s. Lüning (1985, 1990)).

Die Helgoländer Meeresalgenflora stellt einen reduzierten Bestand der kaltgemäßigten nordatlantischen Algenflora dar, die man weitaus artenreicher an den benachbarten Felsküsten von Nordfrankreich, Großbritannien und Norwegen findet (z.B. 17–18 Arten der Rotalgengattung *Ceramium* an britischen und nordfranzösischen Küsten, 2 bei Helgoland). In einem Kurs von zwei Wochen auf Helgoland sollte es gelingen, zunächst die häufigeren Arten mit Hilfe der ausführlich illustrierten Algenflora von Kornmann & Sahling (1977, 1983) sowie des Arten-Bestimmungsschlüssels (s.u.) unterscheiden zu lernen. Das Arbeiten mit dem Bestimmungsschlüssel führt zu genauer, vor allem mikroskopischer Untersuchung der Arten und sollte dem Herbarisieren vorausgehen.

1.2.1.1 Versuchsanleitungen

A. Algenexkursionen, Anlegen eines Algenherbars und Präparation von Großalgen

Algenexkursionen: Die ersten beiden Algenexkursionen können in das Nordostwatt sowie in das artenreichere, aber tiefergelegene Westwatt («gutes Niedrigwasser» bei Helgoland in den Vormittagsstunden) führen und dienen dem Kennenlernen sowie der Beschaffung der Algen aus dem Gezeitenzonenbereich. Es obliegt dem Kursleiter, ein übermäßiges Sammeln einzudämmen und darauf hinzuweisen, daß umgedrehte Steine nach der Beobachtung wieder in ihre Lage zurückgebracht werden sollten, um die schatten- und feuchteliebende Kleinlebewelt zu schonen. Der ganze Helgoländer Felssockel ist Naturschutzgebiet. Sublitorales Algenmaterial wird angetrieben aus dem Spülsaum gesammelt und kann zusätzlich durch die Tauchgruppe der Biologischen Anstalt Helgoland beschafft werden. Eine weitere Algenexkursion,

etwa zum Westwatt, kann zur Erarbeitung von Zonierung und Vegetationsstruktur benutzt werden, und zwar durch die Aufnahme von Vegetationsprofilen (s.u.). Ferner kann man an den Molen des Vorhafens die Gemeinschaften an Vertikalstandorten sowie die Zonierung bei unterschiedlicher Wellenexposition untersuchen.

Algenherbar: Zum Herbarisieren («Algenauflegen») verwendet man dickeres Schreibmaschinenpapier (110 g m^{-2}) von DIN A 4-Format. Jeder Herbarbogen soll nur eine Art enthalten. Die Beschriftung (rechts unten) soll folgende Informationen enthalten: (1) Artname, (2) Name des Autors oder der Autoren, (3) Fundort, (4) Funddatum, (5) Sammler («leg.N.N.»). Die Beschriftung mit Bleistift erfolgt vor dem Algenauflegen. In einer mit Wasser gefüllten Plastikwanne bringt man die zuvor saubergespülten Algen auf. Bei feiner verzweigten Thalli ist es zweckmäßig, das Papierblatt auf einem Plastikbrett, etwas größer als DIN A 4-Format (weißer Kunststoff, 4–6 mm stark), in das Meerwasser zu tauchen, langsam herauszuziehen und dabei die Zweige der aufzulegenden Alge an der «Niedrigwasserlinie» fein mit Nadel, Pinzette, Pinsel oder Klistierspritze zu ordnen. Die nassen Papierbögen mit anhaftenden Algen trocknet man horizontal zwischen Filtrierpapier (z.B. MN 818; Macherey-Nagel, Düren), bedeckt jedoch die feineren Algen zuvor mit Faservlies (MN 100-20) oder Nylongaze, um das Festkleben der trocknenden Algen am Filtrierpapier zu verhindern. Der Trocknungsvorgang dauert bei Zimmertemperatur etwa 1 Woche. Das Filtrierpapier wird täglich gewechselt, was man sich sparen kann, wenn man die Algen von vornherein vertikal in einer Pflanzenpresse über einer linden Wärmequelle (Tischlampe oder Warmluftgebläse) trocknet.

Präparation: Die großen Brauntange (*Laminaria* spp.) lassen sich wie folgt präparieren: Fixierung in einem verschließbaren Bottich mit verdünntem Formalin (3%ig) – zur Verwendung von Formalin s. Kap. Allgemeine Methoden S. 12 f. – oder vergälltem 96%igem Alkohol (in beiden Fixiermitteln sofortiger Verlust der natürlichen Braunfärbung); Färbung während einiger Tage freihängend im Bottich in wässeriger Lösung von Vesuvin (Bismarckbraun; Merck 1297; wässerig konzentrierte Lösung etwa auf 5% mit Süßwasser verdünnen); Auswaschen mit Süßwasser; einige Tage lang in konzentriertes technisches Glyzerin (mit etwas Formalin oder Kampfer vergiftet) einlegen; in enganliegender und auf Umriß geschnittener Kunststoffolie einschweißen. Die Braunfärbung der so präparierten *Laminaria*-Exemplare sieht der natürlichen Farbe täuschend ähnlich, Konsistenz und Flexibilität der Alge bleiben infolge des Glyzeringehaltes jahrelang erhalten, und man kann das Präparat jederzeit zusammen- oder auseinanderrollen.

B. Aufnahme von Vegetationsprofilen

Eine günstige Möglichkeit zur Aufnahme eines kombinierten Vertikal- und Horizontalprofils bietet sich im Helgoländer Westwatt an jener Stelle, an der die Uferschutzmauer auf den gewachsenen Fels trifft (südöstlich des Lummenfelsens).

Für die Bearbeitung des Vertikalprofils befestigt man seitlich an den Stufen der letzten Leiter vor dem Felsdurchbruch eine in 10-cm-Abständen markierte, 2–3 m lange Holzstange. Für das Horizontalprofil verlegt man bei gutem Niedrigwasser (in den Tagen mit Springniedrigwasser), bei der Leiter beginnend, seewärts eine Perlonleine von 100 m Länge (auf 5 m markiert). Die Mauer trifft hier bei + 0,5 m über mittlerem Springniedrigwasser (MSNW = deutsches Seekartennull) auf den Felsuntergrund, die Höhe am unteren Mauerabsatz beträgt + 0,1 m (vgl. Lüning 1985, S. 9, zur Ermittlung der absoluten Wassertiefe mit Hilfe von Relativablesung, Uhrzeit und Pegelablesung des Wasserschiffahrtsamtes; s. auch Hagmeier 1930). Die Tiefen längs der Leine kann man selbst mit Hilfe von 2 Peilstöcken nach der Methode von Emery (1969) ermitteln. Dafür benötigt man 2 Holzstäbe (Besenstiele, z.B. 1,5 m lang), deren obere Enden zentimeterweise gekerbt sind. Der Beobachter setzt seinen Stab auf dem Boden auf, ein Helfer seewärts den zweiten Stab in 1,5 m Abstand. Der Beobachter peilt über die Spitze seines Stabes den Horizont an und liest – bei ansteigendem Felsboden die überstehenden Kerben am Stab des Helfers in cm Tiefendifferenz ab. Bei abfallendem Felsboden peilt der Beobachter über die Spitze des Stabes seines Helfers den Horizont an und liest an seinem eigenen Stab die Tiefendifferenz ab. Man beginnt am Fuß der Uferschutzmauer mit dem Absolutwert + 0,5 m (s. o.) und ermittelt das Bodenprofil relativ von diesem Punkt aus fortlaufend in Abständen von 1,5 m.

Zur Vegetationsaufnahme kann man die Abundanzskala von Braun-Blanquet verwenden:
+ vereinzelte Exemplare
1 mehrere Exemplare
2 viele Exemplare, Deckungsgrad 5–25%
3 viele Exemplare, Deckungsgrad 25–50%
4 viele Exemplare, Deckungsgrad 50–75%
5 viele Exemplare, Deckungsgrad 75–100%

Die Vegetationaufnahme erfolgt (1) als Vertikalprofil an der Uferschutzmauer, (2) in Kleinquadraten (4 Kunststoff-Stäbe, je 50 cm lang), die man in verschiedenen Tiefenstufen und Vegetationstypen auslegt (z.B. «*Fucus serratus*-Gemeinschaft, «*Ulva*-Wiese» als frühes Sukzessionsstadium, «*Laminaria digitata*-Gemeinschaft», «*Fabricia*-Rasen», vom Polychaeten *Fabricia sabella* dominiert und im verfestigten Sand von der Rotalge *Audouinella floridula* durchzogen), (3) kontinuierlich entlang der Profilleine durch Registrierung der vegetationsbestimmenden Arten. Diese Arbeiten verteilt man von vornherein auf kleine Arbeitsgruppen (2–3 Personen), weil das auflaufende Wasser bald zur Eile drängt. Die Auswertung erfolgt gemeinsam und kann durch einschlägige Darstellungen der Algenvegetation im oberen Phytalbereich ergänzt werden (z.B. Nienburg (1925); den Hartog (1959), mit einer pflanzensoziologischen Bearbeitung auch der Helgoländer Klippen; Lüning (1985); Markham & Munda (1980) als Sukzessionstudie im Helgoländer Felswatt, auch mit jahreszeitlichen Angaben über das Vorkommen einzelner Arten; Munda & Markham (1982) mit Angaben über die Biomasse in verschiedenen Vegetationstypen im Helgoländer Felswatt, auch im Jahresgang).

Fragen:
1. Welche Vegetationstypen lassen sich im Supralitoral, Eulitoral und oberen Sublitoral erkennen? Welche Arten dominieren jeweils, welche Begleitalgen und Tierarten treten auf?
2. Läßt sich der für höhere Pflanzen geprägte Begriff «Pflanzenassoziation» sinnvoll auf Vegetationstypen von Algen übertragen?
3. Welche physiko-chemischen Umweltfaktoren bestimmen die Vorkommensgrenzen von Algen und Tieren in der Gezeitenzone sowie im Sublitoral?
4. Welche Tiere bestimmen als Herbivore und Räuber in den verschiedenen Tiefenhorizonten die Dynamik der Lebensgemeinschaft?

1.2.1.2 Bestimmungsschlüssel der Makroalgen von Helgoland

In diesem Schlüssel sind wohl die meisten Algenarten von Helgoland erfaßt, die den Kursen zu Gesicht kommen dürften. Die Nomenklatur richtet sich nach South & Tittley (1986).

Parallel zur Arbeit mit dem Artenschlüssel sollten morphologische und entwicklungsgeschichtliche Details mit Hilfe von Kornmann & Sahling (1977; Nachträge: 1983), biogeographische, ökologische und physiologische Besonderheiten der Arten mit Hilfe von Lüning (1985, 1990) erarbeitet werden. Zur systematischen Einordnung der Algen können das Taschenbuch von van den Hoek (1978) sowie das Lehrbuch von Bold & Wynne (1985) herangezogen werden. Weiterhin wertvolle, ältere Werke, vor allem zu Fragen der Anatomie und Morphologie der

Algen, sind die Lehrbücher von Oltmanns (1922–23) und Fritsch (1959–1961).

In manchen Fällen ist die Anfertigung von Handschnitten für die Bestimmung sowie für anatomische Studien unerläßlich. Man kann sehr leicht dünne Querschnitte herstellen, wenn man das Objekt auf einen Objektträger bringt, einen zweiten kreuzweise so darüberlegt, daß das Objekt etwas vorsteht. Man schneidet mit einer Rasierklinge an dieser Kante das Objekt, wobei durch Druck mit einem Finger der gewünschte Vorschub erreicht wird.

Abteilung Chlorophyta (Grünalgen)

1. Thallus flächig (1 oder 2 Zellagen dick) oder röhrenförmig. Röhrenwände aus vielen kleinen Zellen bestehend 2
1. Thallus als ein- oder mehrreihiger Faden ausgebildet 8
1. Thallus aus querwandlosen Schläuchen aufgebaut, die zu kompakten Thalli vereint sein können . 16
   2. Thallus flach, 1 Zellage dick 3
   2. Thallus flach, 2 Zellagen dick 5
   2. Thallus röhrenförmig, verzweigt oder unverzweigt, zylindrisch oder leicht abgeflacht 6
3. Thallus wenige mm lang, deutlich gestielt. Zellen in rechtwinklig angeordneten Gruppen. Supralitoral . . . . *Prasiola stipitata* Suhr in Jessen
   Vgl. Kornmann & Sahling (1974) zu weiteren *Prasiola* spp.
3. Thallus im ausgewachsenen Zustand größer. Vorkommen im unteren Eulitoral. Zellen ungeordnet 4
   4. Thallus am Rande gewellt . . . . *Monostroma undulatum* Wittr.
   4. Thallus am Rande glatt, kleiner als bei obiger Art, in der Jugend blasenförmig, später tütenartig aufreißend . . . . *Monostroma grevillei* (Thuret) Wittr.
   (Bei dieser Art werden von den tütenartigen Thalli Gameten entlassen, dagegen Zoosporen bei der morphologisch ähnlichen Art *M. arcticum* Wittr.)
5. Thallus breit, im ganzen flach. Querschnitt auch am äußersten Rande nicht hohl
   . . . . *Ulva* spp.
   Mehrere, äußerlich schwer zu unterscheidende Arten. Nach Koeman & van den Hoek (1981) findet man in der Thallusbasis bei *U. pseudocurvata* Koeman et Hoek neben normalen vegetativen Zellen ähnlich gestaltete, aber dunklere Rhizoidalzellen. Die letzteren sind größer als vegetative Zellen bei *U. curvata* (Kuetz.) De Toni (Basalteil im Querschnitt mit Höhlung) und *U. lactuca* L.
5. Thallus viel länger als breit, an der untersten Basis röhrenförmig. Thallus schraubig gedreht, bei schmalen Formen gewellt. Thallusquerschnitt am äußersten Rande hohl
   . . . . *Enteromorpha linza* (L.) J. Ag.
   6. Zellen deutlich in longitudinalen Reihen, diese gedreht. Zellen innerhalb einer Reihe in Gruppen von zwei bis vier angeordnet . . . . *Capsosiphon fulvescens* (C. Ag.) Setch. et N. Gardn.
   6. Zellen polygonal, ungeordnet oder in Längsreihen geordnet. Thallus groß (bis mehrere dm lang), Zellen 10–30 μm lang. Verzweigt oder unverzweigt, zylindrisch oder leicht abgeflacht
   . . . . *Enteromorpha* ssp.
   Mehrere, äußerlich schwer zu unterscheidende Arten. Exemplare mit spiralig gewundener Basis: wahrscheinlich *E. prolifera* (O. F. Muell.) J. Ag. Eine Auswahl weiterer Arten ist bei Kornmann & Sahling (1977) zu finden, eine detaillierte Bearbeitung der Artenkomplexe von *Enteromorpha* bei Koeman & van den Hoek (1982a, 1982b, 1984).
   6. Zellen rundlich, ungeordnet, zumindest in der oberen Thalluspartie. Vorkommen im Supralitoral oder oberen Eulitoral 7
7. Zellen in der unteren Thalluspartie in Reihen. Vorkommen im Supralitoral
   . . . . *Blidingia marginata* (J. Ag.) P. Dang.
7. Zellen im ganzen Thallus ungeordnet. Vorkommen im oberen Eulitoral (als Gürtel an der Hochwasserlinie). Thallus oft mit Gasblasen gefüllt . . . . . *Blidingia minima* (Naeg. ex Kuetz.) Kylin
   Vgl. Kornmann & Sahling (1978) zu weiteren Arten von *Blidingia*.
8. Fäden mit bloßem Auge kaum erkennbar, einreihig, unverzweigt, u. U. schleimig anzufassen. 1 wandständiger Chloroplast pro Zelle . . . . *Ulothrix* spp.
   Mehrere, schwer zu unterscheidende Arten.
8. Fäden mit bloßem Auge kaum erkennbar, einreihig, auch mit 2–5-reihigen Fadenabschnitten
   . . . . *Rosenvingiella polyrhiza* (Rosenv.) Silva

8. Fäden mit bloßem Auge kaum erkennbar, zu zähen und gummiartigen Strängen und Watten zusammengedreht. Zweireihiger Thallus durch longitudinale Teilung der Zellen eines zunächst einreihigen Fadens entstanden. Zellen daher paarweise gegenüber
. . . . *Percursaria percursa* (C. Ag.) Bory.

8. Fäden mit bloßem Auge gut erkennbar, einreihig, verzweigt oder unverzweigt. Chloroplast netzförmig. Zellwand deutlich geschichtet, wobei die äußerste Schicht nicht an der Querwand- bildung teilnimmt 9

9. Fäden sehr spärlich verzweigt. Zweige wenigzellig, rhizoidartig und chlorophyllarm
. . . . *Rhizoclonium riparium* (Roth) Kuetz. ex Harvey
Vgl. Kornmann & Sahling (1978) zu weiteren Arten von *Rhizoclonium*.

9. Fäden reichlicher verzweigt 10

9. Fäden unverzweigt 13

10. Winzige, feine Büschel, höchstens einige cm lang. Wachstum apikal, Zellen einkernig
. . . . *Spongomorpha aeruginosa* (L.) Hoek

10. Größere Büschel. Derbwandige Zellen an den Querwänden eingeschnürt, vielkernig. Häufig im Unterwuchs von *Fucus serratus*, ganzjährig vorhanden. Wachstum apikal und interkalar
. . . . *Cladophora rupestris* (L.) Kuetz.
Vgl. Kornmann & Sahling (1978) zu weiteren Arten von *Cladophora*.

10. Größere Büschel, weich, hellgrün, nur von Frühjahr bis Frühsommer, Wachstum nur apikal . 11

11. Zweige einseitswendig . . . . *Spongomorpha sonderi* Kuetz.
(= *Acrosiphonia sonderi*)

11. Zweige allseitswendig 12

12. Im erwachsenen Zustand mit hakenartigen, kurzen Zweigen. Entwicklung der Haken beginnt ab 1,5 – 2 cm Länge. Im Spätfrühling Büschel zottig
. . . . *Spongomorpha arcta* (Dillw.) Kuetz.
(= *Acrosiphonia arcta*)

12. Im erwachsenen Zustand ohne hakenartige, kurze Zweige.
Nicht zottig . . . . *Spongomorpha centralis* (Lyngb.) Kuetz.
(= *Acrosiphonia centralis*)

13. Feine Fäden, weich anzufassen. Zellen unregelmäßig lang . . . . *Urospora* spp.
Mehrere, schwer zu unterscheidende Arten. Die häufige Art *U. penicilliformis* (Roth) Aresch. zeigt im Kulturexperiment an der Basis Adventivrhizoiden. *U. neglecta* (Kornm.) Lokhorst et Trask besitzt in Kultur nur ein kleines
unscheinbares Haftorgan (Kornmann 1961). Zu dieser Art gehört als Sporophyt «*Codiolum gregarium*».

13. Gröbere Fäden, fester anzufassen. Zellen unregelmäßig lang, oft mit bloßem Auge erkennbar . . 14

14. Fäden miteinander verknäuelt, als wollige Massen an anderen Algen hängend
. . . . *Chaetomorpha capillaris* (Kuetz.) Boerg.
(= *C. tortuosa*)

14. Fäden einzeln dem Substrat aufsitzend 15

15. Zellen mehrfach länger als breit . . . . . . *Chaetomorpha melagonium* (F. Weber et Mohr) Kuetz.

15. Zellen nur wenig länger als breit . . . . *Chaetomorpha aerea* (Dillw.) Kuetz.

16. Kompakter, schwammartiger, gabelig verzweigter Thallus. Aus querwandlosen Schläuchen aufgebaut, deren keulenförmige Enden in dichter Packung die Außenschicht des Thallus bilden . . . . *Codium fragile* (Sur.) Hariot

16. Thallus fädig, nicht kompakt 17

17. Thallus reichlich verzweigt 18

17. Thallus spärlich verzweigt . . . . *Vaucheria* spp.
Kein Vertreter der Chlorophyceae, sondern der Xanthophyceae; mehrere, nur in fertilem Zustand zu unterscheidende Arten.

18. Verzweigung fiederartig, mit gegenständigen Zweigen in einer Ebene
. . . . *Bryopsis lyngbyei* Hornem.

18. Verzweigung alternierend und nicht in einer Ebene
. . . . *Bryopsis hypnoides* Lamour.

Abteilung Phaeophyta (Braunalgen)

1. Thallus krustenförmig 12

1. Thallus von fädigem Aufbau. Mikroskopischer Thallusaufbau ohne Schnitte erkennbar 2

1. Thallus nicht von fädigem Aufbau. Mikroskopischer Thallusaufbau nur anhand von Schnitten erkennbar 15

2. Fäden entspringen von einem vielschichtigen Basallager. Epiphyt, häufig auf *Fucus*-Arten
. . . . *Elachista fucicola* (Velley) Aresch.

2. Fäden entspringen nicht von einem vielschichtigen Basallager 3

3. Hauptachse mit auffallender Scheitelzelle und durch Längsteilung der nach unten angegebenen Segmente mehrreihig (im Querschnitt vielzellig) 9

3. Hauptachse ohne auffallende Scheitelzelle. Fäden in älteren Fadenpartien mehrreihig, sonst einreihig. Vorkommen oft auf Phylloiden von *Laminaria*-Arten
. . . . *Litosiphon pusillus* (Carmich. ex Hook.) Harv.

3. Hauptachse ohne auffallende Scheitelzelle. Fäden einreihig, verzweigt 4

4. Plurilokuläre und unilokuläre Zoidangien interkalar. Seitenäste oft gegenständig und starr abstehend . . . . *Pilayella littoralis* (L.) Kjellm.
Daneben gibt es eine *Pilayella* spec. ohne gegenständige Verzweigung, mit einseitig gereihten, jeweils 2–5 Seitenzweigen
(Vgl. Kornmann & Sahling 1977).

4. Sporangien seitenständig 5
Falls ohne Zoidangien, Fäden aber mit kurzen Seitenzweigen zu wolligen Strängen verwoben, siehe unter 8 (*Spongonema*)

5. Chromatophoren scheibenförmig, mehrere je Zelle 6

5. Chromatophoren bandförmig, 1 bis mehrere je Zelle 8

6. Pflanzen klein (2–5 cm lang), Zoidangien sägeblattartig angeordnet
. . . . *Giffordia hincksiae* (Harv.) Hamel

6. Pflanzen größer (5–30 cm lang) 7

7. Äste meist gegenständig, Thallus gelblich . . . . *Giffordia granulosa* (Sm.) Hamel

7. Äste alternierend . . . . *Giffordia sandriana* (Zanard.) Hamel

8. 1 Chromatophor je Zelle. Fäden miteinander verwoben und durch gekrümmte Seitenzweige zu wolligen Strängen verwoben . . . . *Spongonema tomentosum* (Huds.) Kuetz.

8. Mehrere Chromatophoren je Zelle. Plurilokuläre Zoidangien lang, schotenförmig
. . . .*Ectocarpus siliculosus* (Dillw.) Lyngb.

8. Mehrere Chromatophoren je Zelle. Plurilokuläre Zoidangien kürzer
. . . . *Ectocarpus fasciculatus* Harv.

9. Zweige quirlig angeordnet. Thallus wie eine dünne Flaschenbürste aussehend (etwa 1–2 mm Durchmesser) 10

9. Zweige nicht quirlig angeordnet 11

10. Quirle deutlich voneinander abgesetzt. Vorkommen sublitoral
. . . . *Cladostephus verticillatus* (Lightf.) C. Ag.

10. Quirle dicht aufeinanderfolgend. Vorkommen eulitoral
. . . . *Cladostephus spongiosus* (Huds.) C. Ag.

11. Thallus gefiedert, verzweigt. Zweige gegenständig. Hauptachsen und größere Seitenäste berindet
. . . . *Sphacelaria plumosa* Lyngb.

11. Verzweigung unregelmäßig. Zweige alternierend . . . . *Sphacelaria* spp.
Mehrere, im vegetativen Zustand schwer zu unterscheidende Arten. Mit Brutknospen. Nahe der Niedrigwassergrenze, bevorzugt in Wasserbecken von Betonblöcken: *S. rigidula* Kuetz. (= *S. furcigera* Kuetz.); unilokuläre ungestielte Zoidangien von November bis Februar, Vorkommen als kurzer Rasenpelz im unteren Eulitoral, Hauptachsen meist dicker als 30 μm: *S. radicans* (Dillw.) C. Ag.; plurilokuläre Zoidangien im Winter, Vorkommen im Sublitoral, Hauptachsen meist dünner als 30 μm: *S. caespitula* Lyngb.
(Vgl. Kornmann & Sahling 1977 sowie die Monographie von Prud'homme van Reine 1982).

12. 1 Chromatophor je Zelle. Aufrechte Fäden dicht geschlossen
. . . .*Pseudolithoderma extensum* (Crouan Frat.) S. Lund

12. Mehrere Chromatophoren je Zelle 13

13. Zoidangien endständig. Aufrechte Fäden nicht dicht geschlossen
. . . . *Petroderma maculiforme* (Wollny) Kuck.

13. Zoidangien an der Basis der aufrechten Fäden 14

14. Ausgedehnte Krusten (bis 10 cm Durchmesser), dick, höckerig, nur im Supralitoral und oberen Eulitoral . . . . *Ralfsia verrucosa* (Aresch.) J. Ag.

14. Kleinere Krusten (1–2 cm Durchmesser) . . . . . . Krustenphase von *Petalonia fascia* (s. unter 24) früher als «*Ralfsia clavata*» geführt).

Abteilung Rhodophyta (Rotalgen)

1. Thallus krustenförmig 2
1. Thallus nicht krustenförmig 7
   2. Kruste verkalkt 3
   2. Kruste unverkalkt 4
3. Schon im oberen Eulitoral anzutreffen. Thallus grau-violett, mit körnig-schuppiger Oberfläche
   . . . . *Phymatolithon lenormandii* (Aresch. in J. Ag.) Adey
3. Häufig im unteren Eulitoral. Thallus kräftig-rosa bis bräunlich-rot, mit dicker, weißer Kante, die
   sich hochkräuselt, wo sich 2 Individuen treffen
   . . . . *Phymatolithon polymorphum* (L.) Foslie
3. Im unteren Eulitoral und Sublitoral. Thallus rötlich-violett, mit ebener Oberfläche und randnahen
   Graten . . . . *Phymatolithon laevigatum* (Foslie) Foslie
3. Im Sublitoral. Thallus rosenrot, dünn. Konzeptakeln erheben sich weit über die Thallusfläche
   . . . . *Lithothamnion sonderi* Hauck
   (= *Lithothamnium sonderi*). Bei den Gattungen *Lithothamnion* und *Phymatolithon* haben ungeschlechtliche Konzeptakeln ein porig durchlöchertes Dach, die geschlechtlichen Konzeptakeln nur einen Porus im Dach. Die bei Helgoland seltene Gattung *Lithophyllum* (*L. orbiculatum* (Foslie) Foslie; grauviolett, sublitoral) besitzt auch im Falle der ungeschlechtlichen Konzeptakeln nur einen Porus.
3. Auf Stielen und Haftkrallen von *Laminaria hyperborea*. Dünne, violette Krusten
   . . . . *Dermatolithon litorale* (Suneson) Lemoine
   (= *D. pustulatum*; vgl. Chamberlain, 1978)
3. Auf den Haftkrallen von *Laminaria hyperborea* und auf kleineren Algen. Sehr zarter, rötlicher
   Thallus.
   . . . . *Melobesia membranacea* (Esper) Lamour.
   4. Vorkommen im Sublitoral 5
   4. Vorkommen im Eulitoral und oberen Sublitoral 6
5. Kruste fest, Aufbau pseudoparenchymatisch (Zellen eng gepackt). Thalli dunkel-purpurrot, dünn.
   Tetrasporangien und Karposporen in erhabenen Lagern (Nemathecien)
   . . . . *Peyssonnelia dubyi* Crouan Frat.
5. Kruste locker aufgebaut. In Gallerte liegende Fäden leicht durch Deckglasdruck zu trennen. Thalli
   dunkel-weinrot, dick. Tetrasporangien zwischen den aufrechten Fäden angelegt
   . . . . *Cruoria pellita* (Lyngb.) Fries
   6. Kruste dick, schwärzlich. In Gallerte liegende Fäden leicht durch Deckglasdruck zu trennen.
   Zwischen den Fäden oft grüne Codiolumstadien
   . . . . *Petrocelis hennedyi* (Harv.) Batt.
   6. Kruste dünn, leuchtend rot, auf Hartgestein. Aufbau pseudoparenchymatisch (Zellen eng gepackt). Sporangien eingesenkt in Konzeptakeln
   . . . . *Hildenbrandia rubra* (Sommerf.) Menegh.
   6. Kruste dünn, weinrot bis schwärzlich. Aufbau pseudoparenchymatisch. Sporangien in erhabenen Lagern (Nemathecien). Unteres Eulitoral und Sublitoral
   . . . . *Rhodophysema elegans* (Crouan Frat. ex J. Ag.) P. Dixon
7. Thallus verkalkt, gefiedert verzweigt . . . . *Corallina officinalis* L.
7. Thallus unverkalkt 8
   8. Thallus mit flachen, blattartigen Partien 9
   8. Thallus solide, mit zylindrischen Achsen (derb oder weichfädig) 19
   8. Thallus hohl (wenigstens in Abschnitten) 40
9. Thallus ohne Mittelrippe 10
9. Thallus mit Mittelrippe 17
   10. Thallus in einer Ebene fein verzweigt, an den Enden kammartig
   . . . . *Plocamium cartilagineum* (L.) P. Dixon
   10. Thallus ungeteilt und lappig (u.U. eingerissen) 11
   10. Thallus geteilt 14
11. Thallus mehrschichtig, als fleischroter, gefranster Lappen ausgebildet. Sublitoral
   . . . . *Halarachnion ligulatum* (Woodw.) Kuetz.
11. Thallus einschichtig 12
   12. Vorkommen sublitoral, nur im Sommer. Rosarote Lappen, wenige Zentimeter lang, sehr zart
   . . . . *Porphyropsis coccinea* (J. Ag. ex Aresch.) Rosenv.

12. Vorkommen eulitoral. Lappen braunrot 13
13. Beim Trockenfallen gekräuselt dem Substrat aufliegend. Haftansatz nabelartig
. . . . *Porphyra umbilicalis* (L.) J. Ag.
13. Beim Trockenfallen glatt dem Substrat anliegend. Haftansatz endständig
. . . . *Porphyra purpurea* (Roth) C. Ag.
13. Spermatangien mosaikartig in den äußeren Thalluspartien angeordnet. Noch nicht fertile Exemplare sind durch rosafarbenen und schwach muldenartigen Thallus gekennzeichnet
. . . . *Porphyra leucosticta* Thur. in Le Jolis
13. Vorkommen im obersten Eulitoral, nur im Winter und zeitigen Frühjahr. Thallus schmal linealisch, wenige Zentimeter lang . . . . *Porphyra linearis* Grev.
14. Thallus nur bis zu 2 cm groß, kurzgestielt und an der Basis geteilt oder ungeteilt. Sublitoral
. . . . *Phyllophora traillii* Holmes ex Batters
14. Verzweigung durch jüngere Thalluspartien, die von älteren Thalluspartien keilförmig (proliferierend) auswachsen
. . . . *Phyllophora truncata* (Passas) A. Zinova
    (= *P. brodiaei*)
14. Dichotom verzweigt 15
15. Dichotome Zweige schmal, mit parallelen Seiten. Vorkommen im Sublitoral
. . . . *Gymnogongrus crenulatus* (Turn.) J. Ag.
15. Dichotome Zweige distal verbreitert 16
16. Vorkommen eulitoral. Thallus schwärzlich, Thallusenden warzig.
. . . . *Mastocarpus stellatus* (Stackh. in With.) Guiry in Guiry, West, Kim et Masuda.
    (= *Gigartina stellata*)
16. Vorkommen eulitoral und im oberen Sublitoral. Stiel flach. Thallus violett. Mark fädig
. . . . *Chondrus crispus* Stackh.
16. Vorkommen sublitoral. Stiel rund. Thallus dunkelrot. Markzellen kubisch
. . . . *Phyllophora pseudoceranoides* (S. Gmel.) Newr. et A. Tayl.
    (= *P. membranifolia*)
17. Blattartige, der Mittelrippe anliegende Thalluspartien nur wenige Millimeter breit
. . . . *Membranoptera alata* (Huds.) Stackh.
17. Blattartige Thalluspartien breiter 18
18. «Blatt»-Umriß nicht gebuchtet, nicht gezähnt. Verzweigung aus der Mittelrippe
. . . . *Delesseria sanguinea* (Huds.) Lamour.
18. «Blatt»-Umriß gebuchtet, gezähnt. Verzweigung aus den Thallusrändern
. . . . *Phycodrys rubens* (L.) Batt.
19. Thallus aus derben, knorpeligen Ästen bestehend 20
19. Thallus weich und fädig 22
20. Zweige starr, wirr angeordnet, fast schwarz . . . . *Ahnfeltia plicata* (Huds.) Fries
20. Verzweigung regelmäßig, dichotom 21
21. Im durchscheinenden Licht rötlich. Thallus mit Haftscheibe . . . *Polyides rotundus* (Huds.) Grev.
21. Im durchscheinenden Licht bräunlich. Thallus mit klauenartigem Haftorgan
. . . . *Furcellaria lumbricalis* (Huds.) Lamour.
    (= *F. fastigiata*)
22. Fäden mikroskopisch klein und unverzweigt 23
22. Fäden größer, verzweigt 25
23. Vorkommen im oberen Eulitoral als rostbrauner Gürtel beim Hochwasserniveau. Fäden ein- oder mehrreihig . . . . *Bangia atropurpurea* (Roth) C. Ag.
    (= *B. fuscopurpurea*)
23. Vorkommen im unteren Eulitoral und Sublitoral, epiphytisch 24
24. Fäden einreihig . . . . *Erythrotrichia carnea* (Dillw.) J. Ag.
24. Fäden mehrreihig. . . . . *Erythrotrichia reflexa* (Crouan Frat.) Thur. ex De Toni
25. Thallus in der ganzen Länge einreihig (monosiphon), verzweigt 26
25. Thallus mehrreihig (polysiphon; im Querschnitt vielzellig), höchstens Seitenäste einreihig 31
26. Fäden spärlich und unregelmäßig verzweigt 27
26. Fäden reichlich und regelmäßig verzweigt 30

27. Ein Chromatophor je Zelle. Sehr kleine (millimeterlange) Pflanzen, epiphytisch oder endophytisch
     . . . . *Audouinella* spp.
     (= *Acrochaetium* spp.) Mehrere, schwer zu unterscheidende Arten (vgl. Kornmann & Sahling 1977).
27. Mehrere Chromatophoren je Zelle 28
     28. Mit Blasenzellen (= farblose, winkelig ansitzende Zellen) . . *Bonnemaisonia hamifera* Hariot
          (*Trailliella*-Phase = Tetrasporophyt)
     28. Ohne Blasenzellen 29
29. Freilebend, Chromatophoren sternförmig, mit je einem Pyrenoid. Vorkommen im unteren Eulito-
     ral . . . . *Audouinella floridula* (Dillwyn) Woelk.
     (= *Rhodochorton floridulum*)
29. Freilebend, Chromatophoren scheibenförmig, ohne Pyrenoid. Sublitoral
     . . . . *Audouinella purpurea* (Lightf.) Woelk.
     (= *Rhodochorton purpureum*)
29. Endozoisch in Hydroidpolypen. Chromatophoren bandförmig, ohne Pyrenoid
     . . . . *Audouinella membranacea* (Magn.) Papenf.
     (= *Rhodochorton membranaceum*)
     30. Seitenäste gegenständig. Mit Blasenzellen
          . . . . *Antithamnion plumula* (Ellis) Thur. in Le Jol.
     30. Seitenäste alternierend. Ohne Blasenzellen
          . . . . *Callithamnion hookeri* (Dillwyn) S. F. Gray
31. Thallus dünnfädig und zart. Segmentartiger Aufbau mikroskopisch längs des ganzen Thallus gut
     zu erkennen 32
31. Thallus dickfädig oder derb. Segmentartiger Aufbau durch kleinzellige Berindung schwer erkenn-
     bar (gut erkennbar nur an den Thallusspitzen) oder nicht vorhanden 38
     32. Seitenäste gefiedert verzweigt. Hauptachse berindet. Seitenäste einreihig
          . . . . *Plumaria elegans* (Bonnem.) Schmitz
     32. Seitenäste nicht gefiedert verzweigt 33
33. Zangenartige Einkrümmung der Endzweige und perlschnurartiger, segmentierter Aufbau des
     Fadenthallus, mit bloßem Auge erkennbar. Wechsel von stark berindeten und weniger oder nicht
     berindeten Zonen 34
33. Keine zangenartige Einkrümmung der Endzweige mit bloßem Auge erkennbar. Segmentierter
     Aufbau des Fadenthallus nicht vorhanden oder nur im Mikroskop erkennbar. Aufeinanderfolge
     von gleichhohen Außenzellen (Perizentralen), die jeweils eine Innenzelle (Zentralzelle) umgeben . 35
     34. Thallus rötlich. Perlschnurartiger Aufbau nur schwach erkennbar (Wechsel von stark und
          weniger berindeten Zonen) . . . . *Ceramium rubrum* (Huds.) C. Ag.
     34. Thallus schwärzlich. Perlschnurartiger Aufbau gut erkennbar (Wechsel von stark und nicht
          berindeten Zonen) . . . . *Ceramium deslongchampii* Chauv. in Duby
35. 12–20 Perizentralen. Thallus nach dem Auflegen schwärzlich *Polysiphonia nigrescens* (Huds.) Grev.
35. 4 Perizentralen 36
     36. Perizentralen auch im unteren Thallusbereich unberindet. Thallus mit kriechenden Grundfä-
          den, von denen die aufrechten Fäden abzweigen *Polysiphonia urceolata* (Lightf. ex Dillw.) Grev.
     36. Perizentralen kleinzellig berindet, zumindest im unteren Thallusbereich 37
37. Perizentralen nur im unteren Thallusbereich berindet. Thallus mit rhizoidalem Haftorgan. Thallus
     bis 15 cm lang . . . . *Polysiphonia violacea* (Roth) Spreng.
37. Perizentralen im gesamten Thallusbereich berindet. Zwischen den Perizentralen sekundäre und
     tertiäre Perizentralen. Thallus 15–30 cm lang . . . . *Polysiphonia elongata* (Huds.) Spreng.
     38. Hauptachse etwa 3 mm dick. Thallus violettrot. Klauenartige Triebe an der Basis
          . . . . *Cystoclonium purpureum* (Huds.) Batt.
     38. Hauptachse unten bis 1 mm dick 39
39. Tetrasporangien und Spermatangien in büschelig gedrängten, pinselförmigen Endzweigen. Cysto-
     karpien an Seitenzweigen in oberen Thalluspartien. Vorkommen im unteren Eulitoral und Sublito-
     ral . . . . *Rhodomela confervoides* (Huds.) Silva
39. Tetrasporangien, Spermatangien und Cystokarpien büschelig aus den Hauptästen entspringend,
     auch an alten (unteren) Thalluspartien. Vorkommen nur im Sublitoral   *Rhodomela virgata* Kjellm.
     40. Braunrote, bis 30 cm lange und verzweigte Schläuche. Vorkommen nur im Frühling bis Früh-
          sommer im Eulitoral und obersten Sublitoral . . . . . . *Dumontia contorta* (S. Gmelin) Rupr.
          (= *D. incrassata*)

Literatur

Bold, H.C. and M.J. Wynne (1985): Introduction to the algae. Structure and reproduction. Second edition. Prentice Hall Inc., Englewood Cliffs, New Jersey, 720 pp.

Chamberlain, Y.M. (1978): *Dermatolithon litorale* (Suneson) Hamel & Lemoine (Rhodophyta, Corallinaceae) in the British Isles. Phycologia 17, 396–402.

Emery, K.O. (1969): A simple method of measuring beach profiles. Limnol. Oceanogr. 6, 90–93.

Fritsch, F.E. (1959–1961): The structure and reproduction of the algae. Volumes I and II. University Press, Cambridge, 791 pp., 939 pp.

Hagmeier, A. (1930): Die Besiedelung des Felsstrandes und der Klippen von Helgoland. Teil I. Der Lebensraum. Wiss. Meeresunters. (Abt. Helgoland) 15 (18a), 1–35.

Hartog, C. den (1959: The epilithic algal communities occurring along the coast of the Netherlands. Wentia 1, 3–241.

Hoek, C. van den (1978): Algen. Eine Einführung in die Phykologie. Georg Thieme Verlag, Stuttgart, 481 pp.

Koeman, R.T.P. and C. van den Hoek (1980): The taxonomy of *Ulva* (Chlorophyceae) in the Netherlands. Br. phycol. J. 16, 9–53.

Koeman, R.T.P. and C. van den Hoek (1982a): The taxonomy of *Enteromorpha* (Chlorophyceae) in the Netherlands. 1. The section *Enteromorpha*. Arch. Hydrobiol. Supp. 63 (Algological Studies 32), 279–330.

Koeman, R.T.P. and C. van den Hoek (1982b): The taxonomy of *Enteromorpha* (Chlorophyceae) in the Netherlands. 2. The section Proliferae. Cryptogam. Algol. 3, 37–70.

Koeman, R.T.P. and C. van den Hoek (1984): The taxonomy of *Enteromorpha* (Chlorophyceae) in the Netherlands. 3. The section Flexuosae and Clathratae and an addition to the section Proliferae. Cryptogam. Algol. 5, 21–61.

Kornmann, P. (1961): Über *Codiolum* und *Urospora*. Helgoländer wiss. Meeresunters. 8, 42–57.

Kornmann, P. und P.-H. Sahling (1974): Prasiolales (Chlorophyta) von Helgoland. Helgoländer wiss. Meeresunters. 26, 99–133.

Kornmann, P. und P.-H. Sahling (1977): Meeresalgen von Helgoland. Benthische Grün-, Braun- und Rotalgen. Helgoländer wiss. Meeresunters. 29, 1–289.

Kornmann, P. und P.-H. Sahling (1978): Die *Blidingia*-Arten von Helgoland (Ulvales, Chlorophyta). Helgoländer wiss. Meeresunters. 31, 391–413.

Kornmann, P. und P.-H. Sahling (1983): Meeresalgen von Helgoland: Ergänzung. Helgoländer Meeresunters. 36, 1–65.

Lüning, K. (1985): Meeresbotanik. Verbreitung, Ökophysiologie und wirtschaftliche Bedeutung der marinen Makroalgen. Georg Thieme Verlag, Stuttgart, 364 pp.

Lüning, K. (1990): Seaweeds. Their environment, biogeography and ecophysiology. John Wiley, New York, 527 pp.

Markham, J.W. and Munda, I.M. (1980): Algal recolonization in the rocky eulittoral at Helgoland, Germany. Aqu. Bot. 9, 33–71.

Munda, I.M. and Markham, J.W. (1982): Seasonal variations of vegetation patterns and biomass constituents in the rocky eulittoral of Helgoland. Helgoländer Meeresunters. 35, 131–151.

Nienburg, W. (1925): Die Besiedelung des Felsstrandes und der Klippen von Helgoland. 2. Die Algen. Wiss. Meeresunters. (Helgoland) 15 (19), 1–15.

Oltmanns, F. (1922–1923): Morphologie und Biologie der Algen. 2. Auflage (3 Bände; 1. Auflage 1905), Gustav Fischer, Jena.

Prud'homme van Reine, W.F. (1982): A taxonomic revision of the European Sphacelariaceae (Sphacelariales, Phaeophyceae). E.J. Brill, Leiden University Press, Leiden, 293 pp.

South, G.R. and I. Tittley (1986): A checklist and distributional index of the benthic marine algae of the North Atlantic Ocean. Huntsman Marine Laboratory and British Museum (Natural History), St. Andrews and London, 76 pp.

1.2.2 Helgoland: Fauna des Felswatts

Klaus Janke

Die Felseninsel Helgoland bietet an der deutschen Küste die einzige Möglichkeit, eine natürliche Hartbodengemeinschaft im Übergang von Land und Meer zu untersuchen. In Höhe der Gezeitenzone steht hier eine bis zu etwa 300 m seewärts reichende und flach zum Meer abfallende Abrasionsterrasse an, die als Restsockel einen Teil der ehemaligen Inselgröße widerspiegelt. Einen ausführlichen Einblick in ihre Entstehung und Morphologie geben z.B. Binot (1988), Hillmer et al. (1979) und Wurster (1962). Die große, weit hinausführende Mole an der Nordspitze der Insel teilt diese Brandungsterrasse – das «Felswatt», wie es von den Helgoländern genannt wird (Hagmeier 1930) – in das Westwatt und das Nordostwatt, welches geschützt im Wellenschatten der langen Mauer liegt. Nur das

Nordostwatt fällt regelmäßig trocken und ist deshalb als Exkursionsziel gut geeignet. Das tiefer gelegene Plateau auf der Westseite kann dagegen nur bei günstigen Süd- bis Südostwinden und bei Springtide sicher betreten werden.

Wie an den meisten von den Gezeiten beeinflußten Felsenküsten weist auch die Lebensgemeinschaft im Helgoländer Felswatt eine deutliche vertikale Zonierung auf, die auf den ersten Blick besonders augenscheinlich an der Algenbesiedlung nachzuvollziehen ist (s. Abschn. 1.2.1). Wie die Pflanzen so haben sich auch die Tiere an den im Mittel 12 Std. 40 Min. betragenden Gezeitenrhythmus angepaßt und bestimmte Litoralniveaus bevorzugt besetzt. Im folgenden werden die Tiere dieses Lebensraumes und ihre Verteilung im Übergangsbereich von Meer und Land vorgestellt. Dabei werden nur solche Arten erwähnt, die relativ leicht aufzufinden und zu erkennen sind. Eine ausführliche Faunenliste für das Helgoländer Nordost-Felswatt findet man bei Janke (1986).

1.2.2.1 Beobachtungen

A. Die Spritzwasserzone: das Supralitoral

Dieser Bereich, der nur bei schweren Stürmen überspült wird, bleibt am Buntsandsteinfelsen fast ohne jegliche festsitzende Besiedlung, denn die an anderen Felsküsten in diesem Bereich typischen Flechtensäume können sich auf Helgoland nicht ausbilden. Der Hauptgrund dafür ist die starke Erosion, der der weiche Buntsandsteinfelsen unterliegt. Langsam wachsende Flechten haben hier keine Möglichkeit, sich zu etablieren. In den von oben herabgestürzten Geröllhalden leben allerdings einige terrestrische Asseln (Gatt. *Oniscus*), Tausendfüßer (Gatt. *Scolioplanes*) und der für diesen Bereich besonders typische Thysanure *Petrobius brevistylis*. Dieser Felsenspringer dringt während der Ebbe auch in tiefer gelegene Bereiche vor.

B. Die Gezeitenzone: das Eulitoral

Die Gezeitenzone i. e. S. (engl. Intertidal) wird nach oben durch die mittlere Hochwasserlinie (MHWL) und nach unten durch die mittlere Niedrigwasserlinie (MNWL) begrenzt. Der mittlere Tidenhub beträgt auf Helgoland etwa 2,4 m. Das Eulitoral läßt sich anhand der sich deutlich wandelnden Besiedlung in drei verschiedene Bereiche untergliedern: das obere, mittlere und untere Eulitoral. Im folgenden wird die Makrofauna in diesen drei vertikalen Zonen getrennt behandelt.

Das obere Eulitoral, die *Enteromorpha*-Zone: Die obere Gezeitenzone wird in ihrer Algenbesiedlung durch die grünen Rasen von *Enteromorpha* spp. bestimmt. An den Molen und einigen höher gelegenen Stellen wird sie ersetzt durch *Blidingia* spp., die sich häufig mit Hauttangen der Gattung *Porphyra* mischen. Die Zönose in diesem Litoralniveau läßt sich als eine extrem artenarme marine Lebensgemeinschaft charakterisieren, die von einigen terrestrischen Formen, zumindest während der Zeit des Trockenfallens, begleitet wird. Neben *Petrobius* erscheint hier bei Niedrigwasser der Collembole *Anurida maritima*, der sich in kleinen Gruppen auf der Wasseroberfläche zurückgebliebener Pfützen aufhält. Als weitere semiterrestrische Komponente gilt die Klippenassel *Ligia oceanica*, die ein echtes Zwischenglied zwischen den marinen und terrestrischen Asseln darstellt. Typische marine Vertreter der oberen Gezeitenzone sind die Strandschnecke *Littorina saxatilis* (auf Felsen), die Gammariden *Gammarus salinus*, *Chaetogammarus marinus* (unter Steinen) und *Hyale nilssonii* (im Algengeflecht) sowie an stärker wind- und wellenexponierten Stellen (z. B. an Molen) auch die Balaniden *Semibalanus balanoides* und *Elminius modestus*. Als einzige terrestrische Komponente hat sich die Chironomide *Clunio marinus*, deren Larven im Grünalgengeflecht leben, an ein ständiges Leben im marinen Milieu angepaßt. Die Gezeitentümpel in der *Enteromorpha*-Zone werden lediglich von wenigen Grünalgen besiedelt. Die Makrofauna meidet die Tümpel, weil sich darin durch die intensive Sonneneinstrahlung zeitweilig erhebliche Schwankungen der Salinität und Wassertemperatur einstellen können und zusätzlich durch eingespülte Algen, die bakteriell zersetzt werden, eine starke Sauerstoffzehrung auftreten kann.

Das mittlere Eulitoral, die *Mytilus*-Zone: Die Muschelzone weicht in ihrer Besiedlung deutlich von der *Enteromorpha*-Zone ab. Die weit versprengten Algenvorkommen bestehen hauptsächlich aus *Fucus spiralis*, *F. vesiculosus* und *F. serratus*. Die Hauptbesiedler der Makrofauna sind *Littorina littorea* (bis zu 1000 Ind./m²) und *Mytilus edulis* (bis zu 2000 Ind./m²). Außerdem siedeln hier auf hartem Untergrund und auch auf Muschelschalen weiterhin *Semibalanus balanoides* und *Elminius modestus*. Charakteristisch, wenn auch selten geworden, ist in diesem Bereich auch die einzige räuberisch lebende Gehäuseschnecke *Nucella lapillus*, die sich von den Seepocken- und Muschelbeständen ernährt. Im Schutz der Muscheln und unter Steinen bleiben die Gammariden (*Chaetogammarus marinus*, *Gammarus salinus*) erhalten. Direkt an die *Fucus*-Arten gebunden sind *Hyale nilssonii* und *Littorina mariae*. Bei allen Arten handelt es sich um solche Formen, die bei Helgoland in ihrer Verbreitung im wesentlichen auf die Gezeitenzone beschränkt bleiben. Die Besiedlung in diesem Bereich wird somit ganz überwiegend von typischen eulitoralen Formen geprägt. Alle anderen Formen bleiben in ihrer Häufigkeit und ihrem Anteil an der Biomasse weit hinter diesen zurück.

Das untere Eulitoral, die *Fucus serratus*-Zone: Ganz im Gegensatz zu den höher gelegenen Bereichen ist diese Zone in ihrer Besiedlung durch eine artenarme sublitorale Lebensgemeinschaft charakterisiert, in der allerdings charakteristische eulitorale Formen auch weiterhin vertreten bleiben. Der Grund für das weite Vordringen solcher auf ständige Wasserumspülung angewiesener Makrofauna-Arten liegt zum einen in der vollständigen Bedeckung des Bodens durch *Fucus serratus* und zum anderen in der heterogenen Untergrundbeschaffenheit (Abb. 1.1), wie sie in dem höher gelegenen Bereich nicht so deutlich ausgeprägt ist. Das dichte Algendach über dem Boden hält während der Zeit des Trockenfallens ein feuchtes Mikroklima, das vielen Formen über kürzere Zeit schon zum Überleben reicht. Fädige Grünalgen, wie z.B. *Cladophora rupestris*, halten im Schutz der Großalgen sogar ein kleines Wasserreservoir zurück, so daß einige sublitorale Kleinformen (z.B. athecate Hydrozoa, Rissoacea, ctenostome Bryozoa, Kamptozoa) einen geeigneten Standort vorfinden. Typische Siedler am Boden sind Porifera *(Halichondria panicea)*, Bryozoa *(Electra pilosa, Cryptosula pallasiana)*, Polyplacophora *(Lepidochitona cinerea)*, Prosobranchia *(Littorina littorea,* selten auch *Nucella lapillus)*, Polychaeta *(Lepidonotus squamatus, Harmothoe* spp., *Nereis pelagica, Spirorbis tridentatus, Janua pagenstecheri)* und Cirripedia *(Balanus crenatus)*.

Besonders bemerkenswert ist in diesem Bereich auch die Phytalfauna. So sind beispielsweise einige Formen in ihrer Verbreitung fast ausschließlich an *Fucus*, insbesondere an *F. serratus*, gebunden (Abb. 1.2). Besonders die am Rand zum Sublitoral angesiedelten *Fucus*-Thalli werden von *Flustrellidra hispida* und *Spirorbis spirorbis* als Substrat angenommen. Als spezialisierte Weidegänger besiedeln *Littorina mariae, Lacuna pallidula* und adulte *Idotea granulosa* diese Großalge. Schon in der unteren Gezeitenzone ist also eine zwar artenarme, aber doch durch bestimmte Charakterformen ausgewiesene Phytalfauna ausgebildet. Die im mittleren Eulitoral

bestandsbildenden Formen *Mytilus edulis, Semibalanus balanoides* und *Elminius modestus* kommen in der *Fucus serratus*-Zone nur noch in geringer Dichte vor.

C. Der Übergang vom Eulitoral zum Sublitoral: die Priele

Die in Richtung N/NW auf die offene See zuführenden flachen Priele bilden den Übergang zum Sublitoral. Nur bei extremen Niedrigwasserständen fällt das gesamte Prielbett trocken; in der Regel bleibt es jedoch überspült, oder es bleiben zumindest große Wasserlachen zurück. Die Leitform des mannigfaltigen Algenbewuchses dieses Bereiches ist die aufrecht wachsende Kalkrotalge *Corallina officinalis*. Die am Fuß ständig untergetauchten Schichtköpfe und Unterseiten der eingespülten, flachen Buntsandsteinschollen bieten vor Wasserbewegung und Licht geschützte Standorte, die die Besiedlung durch weitere sublitorale Formen ermöglichen. Ihre obere Verbreitungsgrenze finden hier die Porifera *Sycon* spp. und *Halisarca dujardini*. Auffällig ist das plötzliche Auftreten weichhäutiger Formen, wie z.B. der Scyphozoa *(Craterolophus convolvulus)*, Anthozoa *(Metridium senile, Urticina felina, Sagartiogeton undatus)*, Nudibranchia *(Archidoris pseudoargus)* und Ascidiae *(Clavelina lepadiformis, Sidnyum turbinatum, Didemnum maculosum, Botryllus schlosseri* und *Molgula citrina)*.

Auch das Artenspektrum der Prosobranchia wird durch einige Formen erweitert *(Gibbula cineraria, Lacuna divaricata,* diverse Rissoacea). Als charakteristischer Zugang bei den Polychaeten ist *Pomatoceros triqueter* zu nennen, dessen Kalkröhren einen festen Bestandteil der geschützt liegenden Buntsandsteinflächen ausmachen. In seiner direkten Nähe siedeln häufig auch Spirorbiden und der Cirripedier *Verruca stroemia*. Zu den vagilen Formen am Boden gehören, neben den Echinodermen *Asterias rubens* und *Psammechinus miliaris*, vor allem juvenile dekapode Krebse *(Galathea squamifera, Cancer pagurus, Hyas araneus)*. Fische ziehen sich mit ablaufendem Wasser in tiefere Bereiche zurück. Nur gelegentlich bleiben in abgeschlossenen Wasserlachen kleinere Grundfische wie *Pholis gunnellus, Myoxocephalus scorpius, Zoarces viviparus* und *Ciliata mustela* zurück.

Abb. 1.1: Die *Fucus serratus*-Zone im Nordost-Felswatt von Helgoland (schematisch). Zeitliche und räumliche Verteilung der ▷ Makrofauna

▬ = nachgewiesene Arten; ▰ = höchste Besiedlungsdichte; ⌐⌐ = nur Juvenilpopulationen. 1. Schichtfläche; Schichtkopf; 3a. Prielpfütze; 3b. Gezeitentümpel; 4. Schillfeld; 5a. Buntsandsteinscholle (Aufseite); 5b. Buntsandsteinstolle (Unterseite); 6a. *Fucus serratus*; 6b. *Cladophora rupestris*; 6c. *Cladophora sericea*; 6d. *Chondrus crispus*; 6e. *Corallina officinalis*. (verändert n. Janke 1986)

Fucus serratus-Zone

Legende:
- Schillfeld
- Buntsandsteinschollen
- Prielpfütze
- Buntsandsteinsockel

Species	Monat (März–September) III IV V VI VII VIII IX	Kleinhabitat 1	2	3a	3b	4	5a	5b	6a	6b	6c	6d	6e
Halichondria panicea		•	•										
Clava multicornis													
Dynamena pumila		•	•	•	•		•		•	•			•
Laomedea flexuosa		•	•	•		•	•		•				
Urticina felina			•	•									
Metridium senile			•										
Electra pilosa		•	•	•		•	•		•				•
Cryptosula pallasiana		•	•	•		•							
Alcyonidium gelatinosum				•									
Flustrellidra hispida									•				
Bowerbankia imbricata									•				
Bowerbankia pustulosa									•				
Walkeria uva									•				
Lepidochitona cinerea		•	•	•		•			•				
Lacuna divaricata (□= juv.)									•				
Lacuna pallidula (□= juv.)									•				
Littorina mariae/obtusata		•	•	•			•		•				
Littorina littorea		•	•	•			•		•				
Mytilus edulis		•	•	•			•						
Harmothoë impar		•	•	•									
Microphthalmus sczelkowii						•							
Nereis pelagica			•	•		•							
Ophryotrocha gracilis			•	•		•							
Polydora ciliata		•	•	•			•		•				•
Fabricia sabella		•	•	•			•		•				
Spirorbis spirorbis		•	•	•			•		•				
Balanus crenatus			•	•			•		•				
Semibalanus balanoides		•	•	•			•		•				
Verruca stroemia			•	•			•		•				
Corophium insidiosum			•	•			•		•	•	•		•
Jassa falcata				•		•	•		•				
Idotea granulosa				•		•	•		•				
Jaera albifrons		•	•	•		•			•				
Pagurus bernhardus		•	•	•		•							
Carcinus maenas		•	•	•		•	•		•	•	•	•	•
Didemnum maculosum			•	•					•				
Botryllus schlosseri			•						•				•

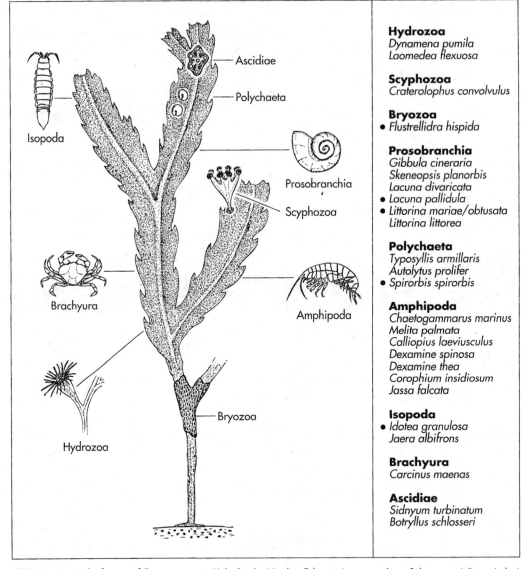

Hydrozoa
Dynamena pumila
Laomedea flexuosa

Scyphozoa
Craterolophus convolvulus

Bryozoa
● *Flustrellidra hispida*

Prosobranchia
Gibbula cineraria
Skeneopsis planorbis
Lacuna divaricata
● *Lacuna pallidula*
● *Littorina mariae/obtusata*
Littorina littorea

Polychaeta
Typosyllis armillaris
Autolytus prolifer
● *Spirorbis spirorbis*

Amphipoda
Chaetogammarus marinus
Melita palmata
Calliopius laeviusculus
Dexamine spinosa
Dexamine thea
Corophium insidiosum
Jassa falcata

Isopoda
● *Idotea granulosa*
Jaera albifrons

Brachyura
Carcinus maenas

Ascidiae
Sidnyum turbinatum
Botryllus schlosseri

Abb. 1.2: Die Makrofauna auf *Fucus serratus* im Helgoländer Nordost-Felswatt. Ausgesprochene Substratspezialisten sind mit einem ● versehen. (verändert n. Janke 1986)

D. Das obere Sublitoral: die *Laminaria*-Zone

Im oberen Sublitoral fällt nur bei sehr extremen Springtiden (ca. dreimal im Jahr) der Untergrund für kurze Zeit trocken. Bei normalen Springtiden ragen dagegen nur die Phylloide und Cauloide der bestandsbildenden Laminarienwälder *(L. digitata/ L. saccharina)* aus dem Wasser heraus. Mit Gummistiefeln ist dieser Bereich bei günstigem Niedrigwasser bequem zu erreichen.

Die *Laminaria*-Zone wird durch eine sublitorale Lebensgemeinschaft besiedelt. Charakteristische eulitorale Formen treten in ihrer Häufigkeit deutlich zurück oder fehlen gänzlich. Ein markantes Beispiel für diese Erscheinung sind die Littorinen, die von *Lacuna divaricata* (besonders im Frühjahr) und *Gibbula cineraria* als Weidegänger auf den Algen und am Boden abgelöst werden. Die Häufigkeit der schon in den Prielen neu hinzugetretenen

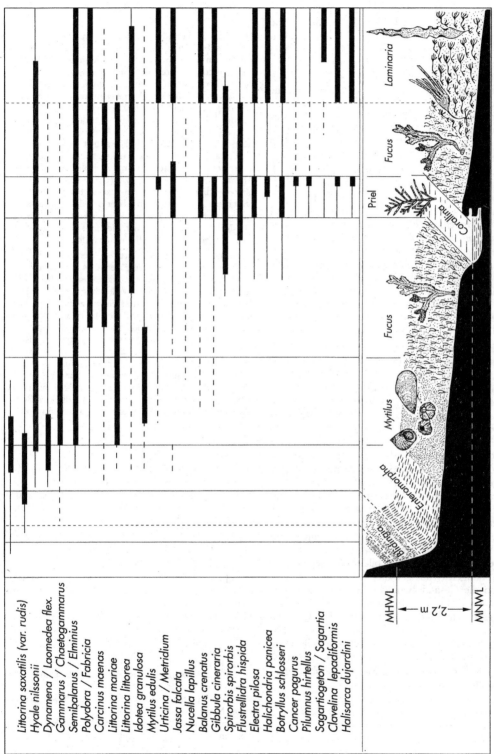

Abb. 1.3: Vertikale Verteilung der Makrofauna auf der Abrasionsterrasse im Helgoländer Nordost-Felswatt (schematisch). Die Darstellung berücksichtigt nur einen Ausschnitt des Artenspektrums. – – sporadische Vorkommen; —— regelmäßige Vorkommen; ▬ höchste Besiedlungsdichte. (verändert n. Janke 1986)

Arten nimmt schnell zu und drängt deshalb Formen wie *Mytilus, Semibalanus* und *Elminius* zurück. Während die Phylloide und Cauloide der Laminarien nur von wenigen Organismen regelmäßig besiedelt werden *(Gibbula, Lacuna)*, bilden die Rhizoide ein sehr individuen- und artenreiches Kleinhabitat. Auffällige Charakterarten sind die Polychaeten *Harmothoe* spp., *Lepidonotus squamatus, Nereis pelagica* und *Eulalia viridis* sowie die Borstenkrabbe *Pilumnus hirtellus.* Weitere vagile Formen gehören zu den Nemertini (*Lineus* spp.) und höheren Krebsen (*Carcinus maenas, Cancer pagurus,* beide juv.). Die sessile Fauna wird vertreten durch Porifera *(Halichondria panicea),* Hydrozoen (*Clava, Coryne, Laomedea* spp.), einer reichen Bryozoenfauna (z.B. *Callopora* spp., *Celleporella, Conopeum)* und einigen charakteristischen Ascidien *(Botryllus, Didemnum, Sidnyum, Clavelina).* Zwischen den einzelnen Krallenfüßchen sitzen zudem auch Anthozoen, besonders *Metridium senile* und *Sagartia elegans.* Besonders charakteristisch aber sind die Wohnröhrenpolster, die von sedentären Polychaeten *(Fabricia sabella, Polydora ciliata)* und Amphipoden (*Jassa* spp., *Corophium insidiosum)* gebildet werden.

Neben der Besiedlung, die ganz überwiegend bestimmte Gezeitenniveaus und/oder Substraten folgt, leben im Felswatt auch einige wenige Formen, die über den gesamten vertikalen Bereich siedeln. Es handelt sich dabei entweder um vagile Formen wie z.B. *Carcinus maenas* oder den Isopoden *Jaera albifrons*, beide sehr aktive Formen, die sich während der Ebbe in geeignete Ritzen und Höhlen zurückziehen können, oder um solche festsitzenden Arten, die sich entweder feste, verkalkte Wohngänge (z.B. *Spirorbis tridentatus*) oder zumindest verstärkte Pergamentröhren bauen *(Fabricia sabella, Polydora ciliata). Polydora ciliata* ist neben den Bohrmuscheln (*Hiatella* spp.) eine der wenigen Formen, die sich aktiv in den Buntsandstein einbohren und so Schutz vor der drohenden Austrocknung suchen. *Fabricia* dagegen bildet besonders zwischen fädigen Grünalgen dichte Röhren-«Polster», um so die Gesamtoberfläche zu verkleinern und die Austrocknungsgefahr zu mindern. Die überall an geschützten Stellen vorkommenden thekaten Hydrozoenkolonien von *Laomedea flexuosa* und *Dynamena pumila* können ihre Weichteile vollständig zurückziehen und kleben die aufrechten Äste während des Trockenfallens zu kleinen herabhängenden Bärten zusammen.

1.2.2.2 Abschließende Betrachtung

Die Makrofauna im Helgoländer Felswatt weist wie auch die Algenbesiedlung eine deutliche vertikale Zonierung auf. Neben wenigen Formen, die die gesamte Gezeitenzone besiedeln, bevorzugen die weitaus meisten der über 200 nachgewiesenen Arten bestimmte, definierte Gezeitenniveaus und/oder sind an bestimmte Substrate, z.B. Algen, gebunden. Die ständige Bedeckung des Untergrundes durch derbe Tange ermöglicht in der unteren Gezeitenzone die Etablierung einer Arten verarmten sublitoralen Fauna. Im mittleren Eulitoral tritt dagegen ein Faunenbestand auf, der durch wenige, aber individuenreich auftretende Charakterformen des Eulitorals *(Littorina, Mytilus, Semibalanus, Elminius)* repräsentiert wird. Zum oberen Eulitoral verarmt die marine Fauna zusehends. Statt dessen wandern während der Zeit des Trockenfallens wenige terrestrische Formen in die obere Gezeitenzone ein. Mit steigendem Wasser ziehen sich diese jedoch wieder in höher gelegene Bereiche zurück.

Die Lebensgemeinschaft in der Gezeitenzone Helgolands zeigt beispielhaft, wie wenig verzahnt die Zönosen im Übergang Meer – Land trotz auffallender räumlicher Enge sein können. Zwar sind bei vielen marinen Organismen Mechanismen entwickelt, um einem zeitweiligen Trockenfallen standzuhalten, aber die für die Besiedlung des Landes notwendigen physiologischen Anpassungen besitzen sie nicht. In diesem Sinne ist die Gezeitenzone als eine «phylogenetische Sackgasse» aufzufassen. Die Besiedlung des Landes erfolgte, von wenigen Ausnahmen abgesehen, über den Weg durch die Ästuare und Süßgewässer. Die einzige auf Helgoland vertretene Ausnahme bildet die Klippenassel *Ligia oceanica.* Sie stellt ein direktes Bindeglied zwischen den marinen und terrestrischen Isopoden dar.

Literatur

Binot, F. (1988): Strukturenentwicklung des Salzkissens Helgoland. – Z. dt. geol. Ges. **139**, 51–62.

Dörjes, J. (1968): Zur Ökologie der Acoela (Turbellaria) in der Deutschen Bucht. – Helgoländer wiss. Meeresunters. **18**, 78–115.

Gillandt, L. (1979): Zur Ökologie der Polychaeten des Helgoländer Felslitorals. – Helgoländer wiss. Meeresunters. **32**, 1–35.*

Hagmeier, A. (1930): Die Besiedelung des Felsstrandes und der Klippen von Helgoland. Teil 1. Der Lebensraum. – Wiss. Meeresunters. (Abt. Helgoland) **15** (18 a), 1–35.

Hillmer, G., Spaeth, Chr. & Weitschat, W. (1979): Helgoland – Portrait einer Felseninsel (Führer zur Helgoland-Ausstellung des Geol.-Paläontolog. Inst. der Univ. Hamburg). Rasch, Bramsche, 40 pp.*

Janke, K. (1986): Die Makrofauna und ihre Verteilung im Nordost-Felswatt von Helgoland. – Helgoländer Meeresunters. **40**, 1–55.*

Wurster, P. (1962): Geologisches Portrait Helgolands. – Die Natur **70**, 1–56.

Ziegelmeier, E. (1957): Die Muscheln (Bivalvia) der deutschen Meeresgebiete. – Helgoländer wiss. Meeresunters. **6**, 1–64 (veränderter Sonderdruck, 1974).*

Ziegelmeier, E. (1966): Die Schnecken (Gastropoda, Prosobranchia) der deutschen Meeresgebiete und der brakigen Küstengewässer. – Helgoländer wiss. Meeresunters. **13**, 1–66 (veränderter Sonderdruck, 1973).*

---

* Als Sonderdruck an der Biologischen Anstalt Helgoland erhältlich.

1.2.3 Zonierung der Nordseewatten

Karsten Reise

An seicht abfallenden Schwemmlandküsten erweitern die Gezeiten einen sonst schmalen Ufersaum zu kilometerweiten, periodisch auf- und abtauchenden Watten. Im Gegensatz zum Felslitoral liegt hier eine Zonierung in der Verteilung der Organismen nicht so offen dar und erweist sich als weniger regelhaft. Die meisten Tierarten leben verborgen in den teils sandigen, teils schlickigen Sedimenten. Die wechselnde Beschaffenheit der Wattböden drückt dem Vorkommen der Arten ebenso einen Stempel auf wie die mittlere Überflutungsdauer.

Zwischen mittlerer Niedrigwasserlinie (MNWL) und mittlerer Hochwasserlinie (MHWL) bewirkt die Dauer der Überflutung durch den Wechsel der Gezeiten einen Gradienten von marinen bis hin zu terrestrischen Lebensbedingungen. Dabei ist zu beachten, daß die Veränderungen der Wasserstände einem sigmoiden Zeitverlauf folgen. Das Wasser steigt zunächst langsam, erreicht seine maximale Steiggeschwindigkeit auf halbem Wege zwischen Niedrigwasser- und Hochwasserstand und steigt dann wieder langsamer werdend weiter an. Der Verlauf der Ebbe erfolgt symmetrisch in umgekehrter Richtung. Folglich bedingen geringe Niveauunterschiede nahe der MNWL und MHWL größere Unterschiede in der Überflutungsdauer als ebensolche im mittleren Gezeitenbereich.

Trotz des amphibischen Charakters der Watten können sie nicht als semi-terrestrisch bezeichnet werden. Die Sedimente halten auch während der Auftauchphase Meerwasser zurück und werden im wesentlichen von marinen Organismen bewohnt. Ein reiches Nahrungsangebot gestaltet die Watten als attraktiven Lebensraum. Andererseits führen die zunehmend terrestrischen Bedingungen zu einer Auslese unter den marinen Bewohnern. Wir können diesen durch abnehmende Überflutungsdauer gekennzeichneten Gradienten wie ein Experiment betrachten und die Veränderungen in der Organismenbesiedlung studieren. Die Beobachtungen werden zeigen, daß ein zunächst einfacher Sachverhalt zu einer sehr komplexen Situation in der Natur führen kann.

Mit der Dauer der Überflutung und der mittleren Wassertiefe gehen weitere Faktoren einher, z.B. Strömung und Welleneinwirkung, Sedimentation und Erosion, Lichtmenge und Austrocknung, Verweildauer von Fischen bzw. Watvögeln. Je nach Küstenverlauf und Topographie stellt sich eine etwas andere Faktorensequenz ein. Um singuläre Phänomene nicht irrtümlicherweise zu generalisieren, sind wenigstens zwei parallele Gradienten zwischen MNWL und MHWL zu analysieren. Vergleiche zwischen ihnen erlauben oft Entscheidungen, ob ein bestimmtes Gezeitenniveau für das Vorkommen einer Art maßgeblich ist oder ob andere Faktoren wie Sedimentbeschaffenheit, Strömung, Freßfeinde oder Konkurrenten wichtiger sind.

1.2.3.1 Materialbedarf

Die Niedrigwasserphase vergeht oft schneller als erwartet. Jede Arbeitsgruppe sollte daher komplett ausgerüstet sein, damit Proben gleichzeitig an mehreren Entnahmeorten gewonnen werden können. Für eine Analyse der benthischen Makrofauna sind folgende Materialien geeignet:

- Markierungsstäbe und Zollstöcke, Spaten und Eimer
- Stechrohre: mindestens in zwei Größen (11–16 cm ∅, 40 cm Länge; 3,5 cm ∅, 20 cm Länge), die großen Rohre aus PVC, die kleinen aus Plexiglas
- Siebe: herzustellen aus PVC-Kanalisationsrohren (ca. 25 cm ∅ und 7 cm Randhöhe). Aus den etwas weiteren Muffenabschnitten dieser Rohre kann ein schmaler Ring gesägt werden, der über das Rohr geschoben wird. Dabei wird passend zugeschnittene Gaze (Maschenweite 0,5 und 1 mm) zwischen Rohr und Ring eingeklemmt. Zum besseren Halt ist vorher ein PVC-Kleber aufzutragen.
- beschriftete Plastiktüten für den Probentransport zum Labor
- weiße Sortierschalen, gerundete Federstahlpinzetten
- Stereomikroskop und gute Lichtquellen
- Lineal (Millimeterpapier) und Schublehre für Größenmessungen
- verschiedene Meßzylindergrößen (10 bis 500 ml) zur Bestimmung der Biovolumina.

1.2.3.2 Versuchsanleitung

Die senkrecht zur Wasserlinie auszurichtenden Untersuchungsprofile und die Lage und Anzahl der darauf gelegenen Probenentnahmeorte sollten auf einer Vorexkursion sorgfältig ausgewählt werden. Dabei ist zu beachten, daß die Analyse von Benthosproben viel Zeit verlangt. An exponierten Küsten ist die Biotopsequenz zwischen MNWL und MHWL meist einförmig, an geschützten Küsten kann sie sehr vielfältig sein (s. Abb. 1.4) und der Untersuchungsaufwand nimmt entsprechend zu.

Überflutungsdauer und die Niveauverhältnisse entlang des Gradienten werden mit Hilfe von Markierungsstäben ermittelt. Statt einer Probenentnahme in regelmäßigen Abständen sollte sich diese nach erkennbaren Unterschieden in Sediment und Besiedlung richten.

Das Probenentnahmeverfahren entlang der Gradienten ist wegen der Vergleiche zu standardisieren, sollte sich aber möglichst an den Besiedlungsverhältnissen orientieren. Einige Arten sind am besten durch Absuchen von Arealen der Bodenoberfläche zu erfassen (z.B. *Littorina*, *Mytilus*, Algen und Seegras). Vom Pierwurm *Arenicola* können die Kot-

schnurhäufchen gezählt werden. Die Dicke der Kotschnüre ist mit der Wurmgröße korreliert.

Die im Boden lebende Fauna wird aus Sedimentkernen gesiebt, die mit Stechrohren gewonnen wurden. Für große Tiere geringer Siedlungsdichte ist ein weites Stechrohr angemessen (bis 200 cm² Grundfläche). Für kleine Tiere hoher Individuenzahl reicht ein Stechrohr von 10 cm² Grundfläche. Große Tiere graben je nach Sediment 15 bis 30 cm tief, entsprechend weit muß das Stechrohr in den Boden gedrückt werden. Die kleinen Formen siedeln fast alle an oder dicht unter der Bodenoberfläche und das Stechrohr muß nur 5 bis 10 cm tief eindringen.

Für die großen Tiere eignet sich ein Sieb mit 1 mm Maschenweite. Die kleinere Makrofauna wird bei 0,5 mm Maschenweite gesiebt. Meist gelingt dies in Wattpfützen oder Prielen. Fester Schlick muß in einem Eimer mit Wasser erst zerteilt und gelöst werden. Dabei ist unter Schwenken der Überstand

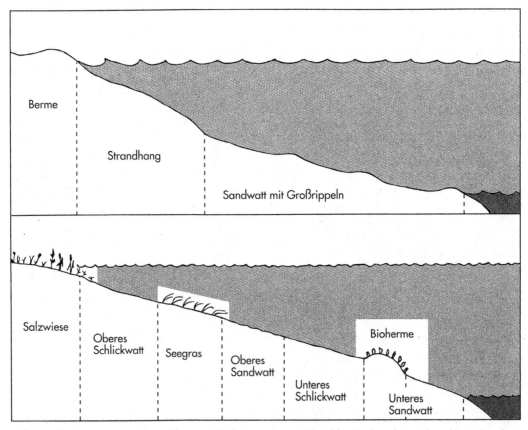

Abb. 1.4: Biotopzonierung an Gezeitenküsten mit Sedimenten in exponierter (oben) und geschützter (unten) Lage. Die obere Böschung des Strandes wird Berme genannt. Bioherme sind biogene Riffe, in der Nordsee meist Miesmuschelbänke

wiederholt durch das Sieb zu gießen, bis keine Tiere mehr gefunden werden. Die Siebreste sollten in Plastiktüten verpackt zum Labor gebracht werden und dort in flachen Schalen unter Zugabe von Meerwasser aussortiert werden. Die Biomasse wird am besten näherungsweise als Biovolumen angegeben, das mit Meßzylindern bestimmt wird.

Die kleinere Bodenfauna kann Siedlungsdichten von > 1 Individuum pro cm² erreichen. Damit das Sortieren und Zählen nicht zuviel Zeit in Anspruch nimmt, müssen für diese Tiere kleine Proben bzw. Unterproben genommen werden. Die Entnahme von Parallelproben ist sehr lehrreich. Sie verdeutlicht, daß nicht exakte Individuenzahlen sondern nur Größenordnungen bei diesen Untersuchungen relevant sind.

1.2.3.3 Auswertung

Bevor die Untersuchung beginnt, sollten prüfbare Hypothesen zur Verteilung der Bodenorganismen zwischen MNWL und MHWL aufgestellt werden. Die folgenden Beispiele mögen dazu anregen.

Artenspektrum:
1. Von den Arten an der MNWL fallen nach und nach mehr aus, bis sie alle an der MHWL verschwunden sind.
2. Von der MNWL zur MHWL fallen nicht nur Arten aus, sondern andere kommen hinzu. Die Artenzahl unterliegt keiner regelhaften Veränderung.

Menge (Abundanz, Biomasse) der Organismen:
1. Zur MHWL hin nimmt die Organismenmenge kontinuierlich ab.
2. Von der MNWL zur MHWL werden ausfallende Arten durch zunehmende Individuenzahl der verbliebenen kompensiert.
3. Zur MHWL nimmt die Organismenmenge zu. Dieses könnte durch eine abnehmende Zahl von Freßfeinden (Krebse, Fische) verursacht sein.

Vorherrschende Lebensformen:
1. Während nahe der MNWL größere, langlebige und nur einmal im Jahr reproduzierende Organismenarten überwiegen, können im oberen Gezeitenbereich nur noch kleine, kurzlebige und schnell reproduzierende (r-adaptierte) Arten vorkommen.
2. Von der MNWL in Richtung MHWL bleiben zuerst Suspensionsfresser und auf dem Boden weidende und jagende Formen zurück. Nahe der MHWL leben nur noch im Boden verborgene Arten, die sedimentgebundene Nahrung aufnehmen.

In der Ökologie rivalisiert seit langem das Konzept von den individuell verteilten Arten mit dem Konzept der

Lebensgemeinschaften:
1. Über den Gezeitengradienten sind die einzelnen Arten unabhängig voneinander verteilt. Jede findet ihre individuellen Besiedlungsgrenzen.
2. Auf dem Gradienten zwischen MNWL und MHWL fallen oft die Besiedlungsgrenzen mehrerer Arten zusammen, so daß von konkreten, abgrenzbaren Lebensgemeinschaften gesprochen werden kann.

Populationsstrukturen:
1. Jüngere Individuen siedeln zunächst im gesamten Gezeitenbereich, können sich aber nicht überall behaupten. Ältere Individuen werden folglich nur in einer begrenzten Zone gefunden.
2. Der Siedlungsbereich von jüngeren und älteren Individuen ist deckungsgleich. Ein «Testen» der benachbarten Regionen durch mobile Jugendstadien erfolgt nicht. Die Art ist auf eine bestimmte Zone festgelegt.
3. Der Siedlungsbereich der älteren Individuen ist für die jüngeren ungeeignet (Konkurrenz durch die älteren, zu viele Freßfeinde, andere Ansprüche an Nahrung, Sediment usw.). Letztere siedeln oberhalb oder unterhalb im Gezeitenbereich und wandern erst später in das Gebiet der Altindividuen ein.

Für Vergleiche zwischen Probenentnahmeorten entlang der Profile eignen sich graphische Darstellungen und numerische Indizes. Die Verteilung der Individuen (Biomasse) über die Arten kann durch Dominanzkurven abgebildet werden. Die Anteile der Arten werden in Prozenten ausgedrückt und von der häufigsten zur seltensten Art graphisch aufgetragen. Steil abfallende Kurven stehen meist für extreme, langsam abnehmende für moderate Lebensbedingungen. Der einfache Index: häufigste Art/Rest, zeigt in der Regel die gleichen Tendenzen.

Der Artenwechsel (W) von einer Entnahmestelle zur nächsten kann wie folgt definiert werden: $W = (A + B)/(S_A + S_B)$. A ist die Anzahl der Arten, die nur an der ersten und nicht an der zweiten Entnahmestelle vorkommen. B ist die entsprechende Zahl für die zweite Stelle. S_A und S_B sind die jeweiligen Artensummen der beiden Stellen.

Vergleichende Betrachtungen entlang der Gradienten müssen nicht auf die Artebene beschränkt bleiben. Taxa höherer Ordnung oder funktionelle Gruppen (s. Abschn. 1.2.4) können weitere Einsichten ermöglichen. Klare Entsprechungen zu den oben genannten Hypothesen wird es selten geben. Die Zusammenstellung der Ergebnisse wirft oft mehr neue Fragen auf als Antworten gefunden werden. Jede Besiedlung ist nicht nur Produkt der momentan im Lebensraum erkennbaren Faktoren, sondern sie spiegelt auch die Auswirkungen vorhergehender Ereignisse (z. B. Sturm- und Wintereffekte) wider.

Vergleichende Untersuchungen können nur zu korrelativen Aussagen führen, und ist der Umfang der Probenentnahme gering, bleibt es bei Vermutungen. In dieser Situation gilt es zu den aufgeworfenen Fragen Freilandexperimente zu formulieren, die Kausalantworten ermöglichen. Dazu gehört das Verpflanzen von Sedimentkernen und Organismen zwischen den Gezeitenniveaus. Konkurrenzeffekte werden durch manipulierte Besiedlungsdichten erkannt. Freß- und Weideeffekte sind mit Aussperrungskäfigen zu ermitteln. Solche Experimente erfordern indessen längere Zeiträume als sie einer Exkursion zur Verfügung stehen.

Literatur

Beukema J.J. (1976): Biomass and species richness of the macrobenthic animals living on the tidal flats of the Dutch Wadden Sea. Neth. J. Sea Res. **10**, 236–261.

Dörjes, J. (1970): Das Watt als Lebensraum. In: Das Watt, H.-E. Reineck. Waldemar Kramer, Frankfurt: 107–143.

Eltringham, S.K. (1971):Life in mud and sand. Crane, Russak & Comp., New York.

McIntyre, A.D. & Eleftheriou, A. (1968): The bottom fauna of a flatfish nursery ground. J.mar. biol. Ass. U.K. **48**, 113–142.

Reise, K. (1985): Tidal flat ecology. Springer, Berlin Heidelberg.

1.2.4 Analyse von Weichböden: Sand und Schlick

Karsten Reise

Dreiviertel der Erdoberfläche sind von Meeren bedeckt und wenigstens dreiviertel aller Meeresböden von Sedimenten. Die auffälligsten Organismen sind hier die Bodentiere (Abb. 1.5). Sie verteilen sich vor allem in Abhängigkeit von Wassertiefe und Sedimentbeschaffenheit, gestalten aber auch oft selbst die Sedimente um (Bioturbation). Wir wollen die Fauna eines Sand- und eines Schlickbodens vergleichend gegenüberstellen. Welches Sediment beherbergt mehr Arten, Individuen und Biomasse? Welche Lebensformen treten auf, wie verteilen sie sich in den Sedimenten und wie leben sie miteinander?

1.2.4.1 Materialbedarf

Für eine kurze Kennzeichnung des Lebensraumes (Wassertiefe, Strömung, Sediment) und eine Beschreibung der auf und im Boden lebenden Makrofauna sind notwendig:
– Markierungsstäbe, Zollstöcke, Stoppuhr und Kondensmilch

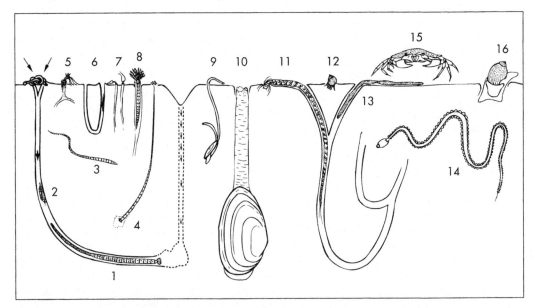

Abb. 1.5: Sedimentbewohner: **1** *Arenicola* (kleine Pfeile: Sediment der Oberfläche rutscht in die Tiefe, große Pfeile: Ventilationsstrom), **2** *Harmothoe* (Untermieter), **3** *Scoloplos* (freigrabender, selektiver Substratfresser), **4** *Heteromastus* (frißt in anoxischem Sediment), **5** *Ampharete* (röhrenbewohnender Partikelsammler), **6** *Corophium* (wie 5, zusätzlich Filtrierer), **7** Spionidae (wie 6), **8** Sabeloidae (Suspensionsfresser), **9** *Macoma* (Pipettierer), **10** *Mya* (wie 8), **11** *Nereis* (omnivor), **12** *Littorina* (Weider), **13** *Lineus* (erbeutet 11), **14** *Nephtys* (erbeutet 3 und 4), **15** *Carcinus* (Räuber), **16** *Natica* (erbeutet Muscheln)

– Spaten und mehrere große Eimer
– Kelle oder Spachtel
– Stechrohre, möglichst in verschiedenen Größen (∅ von 3,5 bis 16 cm, Länge von 20 bis 40 cm); die kleineren sollten aus transparentem Material sein. Brauchbar sind auch Stechkästen, bei denen nach dem Herausziehen aus dem Sediment eine Wand entfernt werden kann. Entsprechend kann auch ein PVC-Rohr in zwei Hälften gesägt werden; beim Einstechen in das Sediment werden sie von straffen Gummiringen zusammengehalten. Dadurch sind die Sedimentkerne von der Seite her zugänglich und können besser in horizontale Schichten unterteilt werden.
– Meßzylinder verschiedener Größen (10 bis 500 ml) und kalibrierte Bechergläser, Lineal, Millimeterpapier
– Siebe: zur Herstellung s. Abschn. 1.2.3; für die Sedimentanalyse werden kleine Siebe (∅ bis 15 cm) mit Gaze der Maschenweiten 1/0,5/0,25/0,125/0,063 mm bespannt. Für die Bodenfauna sind größere Siebe günstiger (∅ 19 bis 25 cm); die Maschenweiten 1/0,5/0,25 mm sind üblich.
– Spritzflasche zum Säubern der Siebe
– Plastiktüten und kleinere Transportbehälter, Stifte zur wasserfesten Beschriftung
– weiße Sortierschalen, Petri-Schalen, gerundete Federstahlpinzetten, Pasteur-Pipetten
– Stereomikroskop (möglichst mit Meßskala im Okular), gute Lichtquellen, Mikroskop
– Ethanol (70 %).

1.2.4.2 Versuchsanleitung

Aufzusuchen ist ein sandiges und ein schlickiges Sediment, möglichst im Gezeitenbereich oder im begehbaren Flachwasser. Mit Einschränkungen läßt sich die folgende Analyse auch durch Taucheinsätze oder mit Hilfe von Bodengreifern vom Schiff aus durchführen. Liegen die Sedimente im Gezeitenbereich, dann sollte ein Priel oder eine Pfütze in der Nähe sein, um Wasser schöpfen zu können.

Sedimentbeschreibung: Zuerst ist eine Beschreibung der Bodentopographie vorzunehmen. Treten Rippelmarken auf? Ist die Oberfläche plan oder mit Vertiefungen, Schlicktafeln oder Wühlspuren von Bodentieren durchsetzt? Mit Tropfen von Kondensmilch können bei Überflutung Strömungsgeschwindigkeiten und Turbulenzen am Boden und darüber gemessen werden. Wieviel cm/sec legt die Milchwolke zurück? Steigt sie auf und ab, wird sie schnell verteilt oder fließt sie gerichtet? Wird die Milchwolke von Bodentieren eingestrudelt?

Die Sedimente sind meist im oberen Teil gelblichbraun, darunter schwarz und noch tiefer oft grau. Eisenhydroxide färben die obere Schicht so lange wenigstens zeitweise Sauerstoff vorhanden ist. In Abwesenheit von Sauerstoff bildet sich schwarzes Schwefeleisen. Dieses kann weiter in graues Eisenpolysulfid übergehen. Mischfärbungen sind häufig.

Die Beschaffenheit der Sedimente ändert sich meist von oben nach unten. Zur Analyse sollte entweder eine Mischprobe aus dem ganzen, von Tieren besiedelten Horizont hergestellt werden oder besser eine Trennung in obere 0–2 cm-Schicht, mittlere 2–10 cm und untere 10–20 cm erfolgen.

Mikroskopische Sediment-Analyse: Eine Pinzettenspitze voll Sediment wird in einem Wassertropfen auf dem Objektträger ausgestrichen. Entlang einer vorgezeichneten Linie werden alle Partikel determiniert, gezählt und in Größenklassen eingeteilt. Am häufigsten sind mineral-organische Aggregate und Sandkörner. Bei großen Sandkörnern kann vermerkt werden, ob sie Verkrustungen durch Mikroorganismen aufweisen. Als weitere Partikel treten oft Kotpillen, Fragmente von Blütenpflanzen und Makroalgen, Mikroalgen (Diatomeen, Cyanobakterien) und kalkige Fragmente auf.

Sediment-Fraktionierung nach Partikelgrößen: Etwa 200 ml Sediment werden in einem Gefäß mit Wasser überschichtet, geschüttelt und der Überstand wird wiederholt in ein zweites Gefäß dekantiert. Im Meßzylinder oder kalibriertem Becherglas wird die Menge des sich – nach einer festzulegenden Zeit – abgesetzten Silts (< 0,063 mm) bestimmt. Das übrige Sediment wird durch Siebe mit den Maschenweiten 1/0,5/0,25/0,125/0,063 mm in dieser Reihenfolge gespült. Die Siebreste werden volumetrisch bestimmt. Muschelschill ist gegebenenfalls gesondert zu quantifizieren. Für jedes Sediment kann so eine Größenklassenverteilung der Partikel ermittelt werden.

Erfassung der Bodenfauna durch Sieben: Die Bodenfauna umfaßt ein weites Größenspektrum. Die Extraktion der kleinen Meiofauna ist in Abschn. 1.2.5 beschrieben. Zur Unterteilung der Makrofauna in Größenklassen sind Siebe der Maschenweiten 1/0,5/0,25 mm sinnvoll. Das zu untersuchende Sediment (nicht mehr als 1000 ml gleichzeitig) wird in einem Eimer mit Wasser überschichtet, zerteilt, geschwenkt und der Überstand wird mehrmals durch das 1 mm-Sieb gespült. Das zurückbleibende Sediment kann ausgebreitet und direkt auf nicht ausgespülte, große Tiere durchsucht werden. Alles was durch die 1 mm-Maschen ging, wird in einem zweiten Gefäß aufgefangen. Dieser Inhalt wird durch das 0,5 mm-Sieb gespült. Was auch hier noch die Maschen passiert, wird abschließend durch das 0,25 mm-Sieb gespült. Die Siebreste werden getrennt verpackt ins Labor gebracht.

Erfassung der Bodenfauna durch Untersuchen der Sedimentkerne: Üblich sind Stechrohre von 10 bis 200 cm² Grundfläche. Die engen sind für kleine Tiere, mittlere für die Gesamtfauna und die weiten sind speziell für größere Formen. Mit dem engen Rohr können gezielt Sonderstrukturen beprobt werden, z.B. Freßtrichter und Kotschnurhaufen der Pierwürmer; so kann ein Einblick in die horizontale Aufteilung des Lebensraumes gewonnen werden. Die Sedimentkerne lassen sich bei vorsichtigem Herausgleiten aus den Rohren scheibenweise in Tiefenfraktionen unterteilen; man ermittelt so die Vertikalverteilung der Fauna. Andere Sedimentkerne werden vertikal aufgeschnitten oder aufgebrochen, um den Verlauf von Wohnröhren und Gängen zu verfolgen. Wer lebt in welchen Röhren und Gängen? Sind sie von oxidiertem Sediment umgeben?; dies deutet auf hohe Pumptätigkeit der Bewohner hin. Wie ist die Position einzelner Arten im Sediment?

Beschreibung der Bodenfauna: Die Siebreste werden in weißen Sortierschalen ausgebreitet und mit Meerwasser überschichtet. Die Tiere beginnen sich zu bewegen. Einige verknäulen sich, weil ihnen das umgebende Sediment fehlt. Einige setzen Tentakel in Bewegung oder strecken Siphonen aus. Muscheln mit weiten Einstromöffnungen sind Suspensionsfresser, solche mit engen überwiegend Pipettierer von sedimentgebundenen Partikeln. Polychaeten, die beständig ihren Pharynx ausstülpen, sind Sedimentschlinger. Schnell kriechende und zeitweise schwimmende Polychaeten leben meist räuberisch. Einige stecken noch in ihren Wohnröhren; wie ist die Röhre konstruiert? Oberflächenkriecher schleimen sehr stark. Zur genaueren Beobachtung lohnt es, einzelne Individuen in kleinere Schalen mit etwas Sediment und Wasser einzusetzen. So läßt sich manches über die Lebensweise erfahren.

Kotpillen können Aufschluß über die Nahrung geben. Dazu sind Individuen in sedimentfreie Schalen zu setzen. Nach kurzer Zeit können Kotpillen mit einer Pipette entnommen und im Quetschpräparat unter dem Mikroskop betrachtet werden. Räuber produzieren wenig Kot; hier führen Darminhaltsanalysen weiter. Individuen müssen gleich nach der Entnahme aus dem Sediment in 70%igem Ethanol fixiert werden. Bei Krebsen sind einfache Beutewahlversuche vorzuziehen.

Aus den Siebresten wird die Bodenfauna getrennt nach Arten sortiert, gezählt und vermessen (linear oder volumetrisch). Bei Würmern nur die Vorderenden zählen! Eine vollständige Identifizierung bei

Anneliden und Amphipoden kann sehr zeitaufwendig sein. Die sorgfältige Betrachtung mit einem Stereomikroskop erlaubt aber fast immer eine Trennung der Individuen nach Arten. Die Färbung ist allerdings oft innerhalb der Arten variabel. Bei Amphipoden sind die Geschlechter sehr verschieden (besonders 2. Antenne und Gnathopoden).

1.2.4.3 Auswertung

Schlick und Sand können zunächst quantitativ bezüglich der Artenzahl, Abundanz und Biomasse (Biovolumen) verglichen werden. Wo kommen mehr kleine Formen vor (Index aus Individuenzahl/Biovolumen, Siebreste bei unterschiedlicher Maschenweite)? – Ein zweiter Schritt betrifft die horizontale und vertikale Verteilung dieser Parameter in den Sedimenten. Ist die Besiedlung im Sandboden heterogener? Ist im Schlick die Besiedlung zur Oberfläche hin dichter? Ist in der obersten Bodenschicht die Individuenzahl am höchsten, während in tieferen Schichten mehr Biomasse steckt?

Im dritten Auswertungsschritt werden die Artenspektren verglichen. Wieviele Arten sind trotz des unterschiedlichen Sedimentes gemeinsam? Die Arten können unter mehreren Kategorien gruppiert werden: Epifauna und Endofauna; mobile und sedentäre Arten; Suspensionsfresser, Substratfresser und Räuber; die Nahrungsaufnahme erfolgt über dem Boden, an der Bodenoberfläche oder im Boden; phylogenetische Gruppen (Bivalvia, Gastropoda, Polychaeta, Amphipoda, Nemertini u.a.). Mit diesen Zuordnungen kann der Vergleich zwischen Sand und Schlick vertieft werden.

Nicht alle Arten lassen sich eindeutig den genannten Kategorien zuordnen; sie sind flexibel in ihrer Lebensweise. In welchem Sediment gibt es mehr solcher pluripotenten Arten? Welches Sediment birgt mehr funktionell unterscheidbare Gruppen? Wo herrscht diesbezüglich mehr Redundanz (Index aus Anzahl funktioneller Gruppen/Artenzahl)? Dieser Vergleich setzt gleichen Probenumfang voraus.

Für Arten, die sedimentgebundene Nahrung suchen, ist der Tisch im Schlick reichhaltiger gedeckt als im Sand. Über Sandböden ist die Strömung meist stärker und damit wird mehr Nahrung für Suspensionsfresser herangetragen. Im Schlick kann resuspendiertes Material die Filter der Suspensionsfresser verstopfen. In Sandböden erfolgt eine bessere Sauerstoffdiffusion, während im Schlick hohe Konzentrationen von toxischem Schwefelwasserstoff auftreten.

Mobile Sände können nur von wenigen Arten dauerhaft besiedelt werden; lagebeständige Sandböden mit geringen Schlickbeimengungen weisen eine sehr vielfältige Fauna auf. Während halbflüssiger Schlick von den meisten Arten gemieden wird, ist fest gepackter Schlick mit Sandanteilen oder mit Muschelschill dagegen meist sehr individuenreich besiedelt.

Literatur

Gray, J. S. (1984): Ökologie mariner Sedimente. Springer, Berlin.

Johnson, R. G. (1974): Particulate matter at the sediment-water interface in coastal environments. J. mar. Res. 32, 313–330.

Linke, O. (1939): Die Biota des Jadebusens. Helgoländer wiss. Meeresunters. 1, 201–348.

Reise, K. (1985): Tidal flat ecology. Springer, Berlin, Heidelberg.

Whitlatch, R. B. (1980): Patterns of resource utilization and coexistence in marine intertidal deposit-feeding communities. J. mar. Res. 38, 743–765.

Wohlenberg, E. (1937): Die Wattenmeer-Lebensgemeinschaften im Königshafen von Sylt. Helgoländer wiss. Meeresunters. 1, 1–92.

1.2.5 Erfassung des Meiobenthos

Werner Armonies

Unter dem Begriff «Meiobenthos» werden Organismen zusammengefaßt, die klein genug sind, um ein Sieb der Maschenweite 0,5 mm zu passieren, die aber von 60 μm weiten Maschen zurückgehalten werden. Größere Tiere werden Makrofauna, kleinere Mikrofauna genannt. Dieser methodischen Unterteilung des Benthos in drei Größenklassen können in sandigen Meeresböden drei Lebensformtypen zugeordnet werden. Makrofauna gräbt frei im Sediment oder bildet feste Wohnröhren – aktives Graben begünstigt größere, kräftig gebaute Tiere. Das Meiobenthos bewegt sich im Porensystem zwischen den einzelnen Sandkörnern, ohne die Sandkörner zu verschieben (daher die Synonyme «Sandlückenfauna», «interstitielle Fauna», «Mesopsammon»). Nur kleine Tiere finden hier ausreichende Bewegungsfreiheit – schlanke bis fadenförmig gestreckte Körpergestalt dominiert, auch bei den Vertretern von Taxa, die aus gänzlich anderen Lebensräumen stammen (z. B. die Meduse *Halammohydra*). Das Mikrobenthos (vor allem Bakterien) besiedelt schließlich die Oberfläche einzelner Sandkörner.

Die Dreiteilung der benthischen Fauna zeigt sich auch bei Analyse der Biomasseverteilung über logarithmische Größenklassen: die Verteilung ist dreigipfelig mit Maximalwerten in den Größenklassen von Bakterien + Flagellaten, Meiofauna und Makrofauna. In den Größenklassen zwischen Bakterien und Meiofauna können Kieselalgen ein

saisonales Maximum ausbilden und zwischen Meio- und Makrofauna vermitteln saisonal die Larven der Makrofauna. Meiofauna-Organismen bilden typischerweise keine pelagischen Larven aus. In dieser holobenthischen Entwicklung (mit vielfach konvergentem Übergang zu innerer Befruchtung) ist eine weitere Anpassung an das Leben im Sandlückensystem zu sehen.

In dichter gepackten Feinsand- und Schlickböden sind die Poren zwischen den Sedimentpartikeln enger. Hier lebende Meiofauna muß besonders schlank und im Verhältnis zur Körperlänge dünn sein, wie z. B. die Nematoden, die in Feinsandbiotopen meist dominieren. Meiofauna mit gedrungener Körpergestalt muß in Feinsand und Schlick bereits aktiv wühlen; größere, kräftig gebaute Organismen sind dann im Vorteil. Dadurch wird die in Sand klare Trennung der Körpergrößen von Meio- und Makrofauna verwischt: in Schlick und Feinsand gibt es Zwischengrößen, besonders unter den Anneliden.

Die Meiofauna des Meeresbodens setzt sich aus Vertretern zahlreicher Taxa zusammen (Abb. 1.6): Protozoa (Foraminifera, Ciliata), Hydrozoa (*Protohydra, Halammohydra* u. a.), Bryozoa *(Monobryozoon)*, Plathelminthes, Gnathostomulida, Nematoda, Gastrotricha, Kinorhyncha, Polychaeta (*Trilobodrilus, Protodrilus, Hesionides, Stygocapitella* u. a.), Oligochaeta (v. a. Enchytraeidae, Tubificidae), Tardigrada, Acari (Halacaridae), Copepoda, Ostracoda. Die Artbestimmung ist nur mit umfangreicher Spezialliteratur möglich. Einen Überblick über die Ökologie der Meiofauna geben McIntyre (1969) und Fenchel (1978).

In allen Meeresböden sind Meiofauna-Organismen häufiger als Makrofauna, in einigen Habitaten (z. B. exponierte Strände) kann sogar ihre Biomasse die der Makrofauna übertreffen. Aufgrund der höheren Stoffwechselintensitäten und Vermehrungsraten kleiner Tiere ist der Anteil der Meiofauna am gesamten Stoffumsatz des Benthos höher als es dem Biomasseanteil entspricht (Kuipers et al. 1981).

Die mittlere Abundanz der Meiofauna liegt meist bei 1 bis 2 Millionen Individuen je m^2 Bodenoberfläche, gelegentlich wird diese Zahl noch weit übertroffen. Es ist daher üblich, Abundanzangaben auf eine Fläche von 10 cm^2 zu beziehen. Entsprechend liefern Bodenproben von 1–10 cm^3 ausreichend viele Tiere zur Bewertung eines Untersuchungsgebietes. In der Regel schwanken Abundanzen und Artenbestand kleinräumig stark. Für quantitative Untersuchungen sind daher möglichst viele kleine Proben (Standard meist 10) wenigen großen vorzuziehen.

1.2.5.1 Materialbedarf

Stereomikroskope und Mikroskope sind unerläßliche Hilfsmittel für die Bearbeitung der Meiofauna. Weiteres Zubehör: Petri-Schalen (6–8 cm $\emptyset$, Pas-

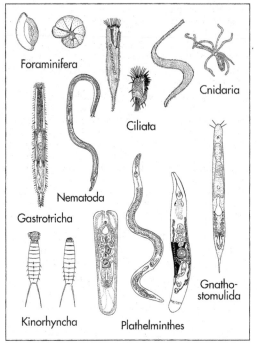
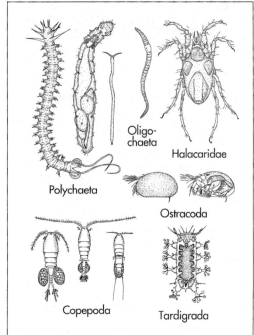

Abb. 1.6: Meiofauna-Taxa des Sandlückensystems

teur-Pipetten (Spitze ggf. ausziehen) mit Gummi-saugern, Objektträger und Deckgläser, Schnapp-deckelgläser (ca. 10 ml Volumen; Transport der Proben), Stechrohre (Glas oder Kunststoff, 1–2 cm² Querschnittsfläche), Spritzflaschen, Bechergläser (ca. 500 ml aus Kunststoff), kleine Gazesiebe können durch Umspannen eines Endes eines Kunst-stoffrohres (2–4 cm Ø) mit Gaze (ca. 60 μm Ma-schenweite) selbst hergestellt werden; auf das an-dere Ende des Rohres wird ein Trichter passender Größe gesteckt.

1.2.5.2 Versuchsanleitungen

Probennahme

In Schlick und Schlicksand konzentriert sich die Meiofauna auf die obersten aeroben Zentimeter des Sediments. Nur Tiere mit hoher Toleranz anaero-ben Bedingungen gegenüber besiedeln die schwar-zen und grauen Bodenhorizonte. In reinem Sand sind diese Farbschichten häufig nicht ausgebildet und Meiofauna kann ggf. bis mehrere Meter tief siedeln (exponierte Sandstrände). Während die Probennahme in flach besiedelten Sedimenten di-rekt mittels Stechrohren erfolgen kann, empfiehlt es sich in Stränden, die Proben aus der Wanderung größerer gegrabener Löcher zu entnehmen. Schlickproben sollten nicht größer als 1 cm³, Sand-proben nicht größer als 10 cm³ Sediment sein. Pro-ben aus sublitoralem Sediment können aus Kasten-greifern entnommen werden.

Extraktion

Kleine Sedimentproben können mit Meerwasser auf mehrere Petri-Schalen verteilt werden und di-rekt unter dem Binokular auf Meiofauna untersucht werden. In diesen Schalen sind auch die natürlichen Bewegungs- und Verhaltensweisen der Tiere gut zu beobachten. Kleine Tiere und Vertreter seltenerer Taxa werden aber leicht übersehen und Schlickbei-mengungen stören die Durchsicht der Schalen sehr. Für schlickige Böden und zur Anreicherung selte-ner Taxa empfiehlt sich daher die Extraktion der Fauna (Abb. 1.7).

Sieben (Abb. 1.8): Wird sehr feines Sediment (Korngrößen unter 60 μm) untersucht, so kann die Meiofauna durch Auswaschen der Bodenprobe vom Sediment getrennt werden. Die Probe wird dazu in einen Kescher gespült (Maschenweite ca. 60 μm) und in einem Gefäß mit Meerwasser ge-schwenkt, bis keine Trübe mehr austritt. Rückstand anschließend in eine Petri-Schale überführen.

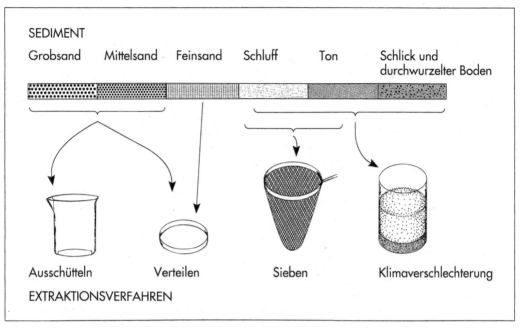

Abb. 1.7: Sedimentzusammensetzung und passende Extraktionsverfahren

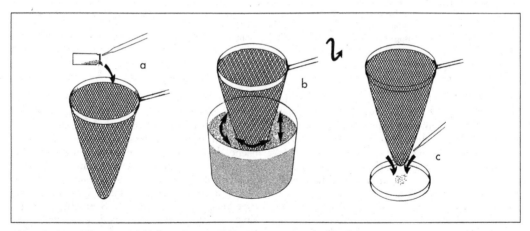

Abb. 1.8: Auswaschen feiner Schluff- und Tonpartikel zur Konzentration der Meiofauna

Ausschütteln: Aus Sand kann die Meiofauna durch Auswaschen extrahiert werden (Abb. 1.9). Da Feinsand und Detrituspartikel mit ausgewaschen werden, ist das Verfahren nicht für schlickreiche Proben geeignet. Sand mit mäßigem Schlickgehalt kann aber durch Ausschütteln vorbehandelt werden: 2–3mal mit Meerwasser ausspülen und dekantieren, um feine Schwebstoffe zu entfernen; restlichen Sand und durch 60 μm-Gaze gefiltertes De-

kantat untersuchen. Auf mechanisches Umrühren des Sediments sollte wegen der Empfindlichkeit einiger Arten verzichtet werden.

Ausschütteln mit Betäubung: Die Fauna in Brandungsstränden ist an starke Wasserströmung und intensive Sedimentumlagerung gewöhnt und weist entsprechende Anpassungen auf. Einfaches Ausschütteln ist in diesem Falle ineffizient. Die Effi-

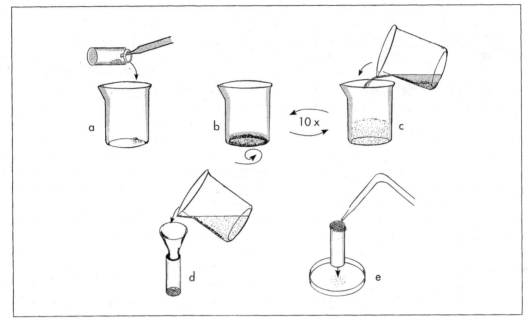

Abb. 1.9: Extraktion der Fauna aus Sandproben durch Ausschütteln
(a) Die Probe (maximal 10 cm³) mit Meerwasser in ein Becherglas (ca. 500 cm³) spülen (Spritzflasche). (b) ca. 50 cm³ Meerwasser zugeben, umschwenken und den Überstand in ein zweites Becherglas dekantieren (c). Diesen Vorgang mit jeweils frischem Meerwasser etwa 10mal wiederholen, dabei zunehmend kräftiger schütteln (gesamtes Sediment in Kreisbewegung versetzen). Bei den beiden letzten Auswaschvorgängen kann Süßwasser anstelle Meerwasser verwandt werden; an Sandkörnern festgeheftete Tiere lösen sich dann leichter ab. (d) Die gesammelten Dekantate durch ein Gazesieb (ca. 60 μm Maschenweite) spülen, Becherglas und Trichter nachspülen. (e) Rückstand auf der Gaze mit einer Spritzflasche in eine Petri-Schale überführen (Austrocknungsgefahr)

zienz kann aber durch Betäuben der Fauna mit MgCl₂-Lösung und Ethanol wesentlich gesteigert werden. Empfohlen wird folgende Prozedur: Zunächst 4mal mit Meerwasser ausschütteln, dann MgCl₂-Lösung (Konzentration wie Meerwasser) zufügen und 15 Minuten wirken lassen. Anschließend die betäubten Tiere 2mal mit Meerwasser ausschütteln. Schließlich wird noch 3mal mit Ethanol/Meerwasser betäubt und gespült: $1 \times 5\%$ Ethanol, 1 Minute; $1 \times 5\%$ Ethanol, 10 Minuten; $1 \times 10\%$ Ethanol, 10 Minuten. Die Ethanolbetäubung erhöht die Effizienz nur noch geringfügig und kann bei nicht-quantitativen Untersuchungen weggelassen werden. Die MgCl₂-Lösung kann separat aufgefangen und wiederverwandt werden (ggf. filtrieren). Dekantate von Meerwasser, MgCl₂-Lösung und Ethanol/Meerwasser getrennt sammeln und bearbeiten!

Klimaverschlechterung: Die Mehrzahl der Meiofauna-Organismen ist auf freien Sauerstoff angewiesen. Dies ist der Grund dafür, daß in schlick- und detritusreichen Substraten die Bodenoberfläche am stärksten und die anaeroben (schwarzen bzw. grauen) Sedimentschichten nur gering besiedelt sind. Sauerstoffdefizit bewirkt bei obligat aerob lebenden Tieren eine Vertikalwanderung zur Oberfläche, die zur Konzentration dieser Fauna an der Oberfläche ausgenutzt werden kann (Abb. 1.10). Als Variante kann die Probe mit einer Schicht aus sauberem, groben Sand bedeckt werden. Die aerobe Meiofauna wandert in die Sandschicht ein und kann von dort bequem extrahiert werden. Diese Variante kann auch auf Algenbüschel, Seegras und Salzwiesenboden angewandt werden.

1.2.5.3 Auswertung

1. **Mesopsammon-Faunenprofil:** Nimmt die Abundanz der Meiofauna zur Niedrigwasserlinie hin zu?
2. **Sedimentabhängigkeit der Besiedlung:** Sind alle Meiofauna-Taxa in allen Sedimenttypen anzutreffen? Sind sie überall gleich häufig?

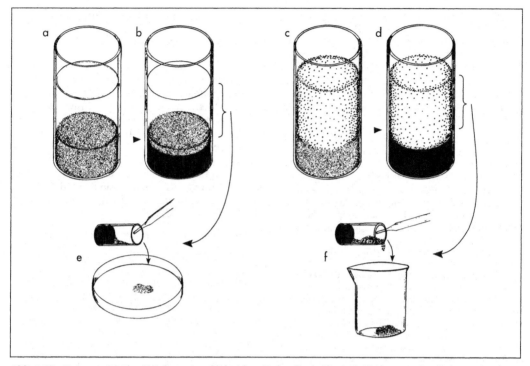

Abb. 1.10: Konzentration der Meiofauna in schlickreichen Böden durch Klimaverschlechterung. Die Probe wird in einem durchsichtigen Gefäß mit Wasser überschichtet (a) und dunkel gelagert. In Abhängigkeit von Temperatur und dem Gehalt an organischen Stoffen reichert sich die aerobe Meiofauna im Laufe einiger Tage an der Oberfläche an, die sauerstoffarme Tiefenschicht der Probe verfärbt sich schwarz (b). Nur die obere aerobe Bodenschicht wird abgetrennt und bearbeitet (e). Als Variante kann die Probe mit einer 2 cm dicken Lage aus sauberem, grobem Sand überschichtet werden (c). Anschließend wird Meerwasser zugegeben, bis die Probe vollständig naß, die Sandschicht aber nur feucht ist. Fortschreitende Sauerstoffzehrung bewirkt nun Einwanderung der Meiofauna aus der Schlickprobe in die Sandschicht. Wenn die gesamte Schlickprobe grau oder schwarz verfärbt ist (d) wird die Sandschicht vorsichtig abgetrennt (f) und wie oben beschrieben ausgeschüttelt

3. **Vertikalverteilung:** Nimmt die Abundanz der Meiofauna von der Oberfläche zu größerer Bodentiefe hin ab?
Sind alle Taxa in gleicher Weise von der Abnahme betroffen?
Welche Taxa sind besonders resistent gegenüber Sauerstoffmangel? (Klimaverschlechterung mit Sandüberschichtung; Sandschicht periodisch wechseln)

4. **Besiedlung biotischer Strukturen:** In Wohnröhren von Polychaeten und in der Umgebung von Muscheln ist das Sediment häufig heller (stärker oxidiert) als ohne diese Tiere. Beeinflußt dies das Auftreten von Meiofauna?

5. **Morphologische Anpassungen:** Welche Anpassungen an das Leben im Sandlückensystem zeigen die Meiofauna-Organismen? (Ax 1966) Sind die Organismen aus mittelfeinem Sand ebenso resistent gegenüber Auswaschung durch die Wasserströmung wie Tiere aus Grob-sand? (Sediment ausschütteln: Anzahl ausgewaschener Tiere nach 1 ×, 2 ×, ... Meerwasser, $MgCl_2$-Betäubung, Ethanolanwendung, Durchsicht des restlichen Sandes)

6. **Experimentelle Untersuchungen:** Wiederbesiedlung gestörter Habitate: Führt mechanische Störung der Bodenoberfläche (z.B. Durchwühlen als Simulation der Nahrungssuche von Epifauna – Trittspuren im Watt/Schädigung der Meiofauna durch Wattwanderer) zu einer Veränderung der Meiofauna? Sind alle Taxa gleichermaßen betroffen? Wird die Störung kurzfristig wieder ausgeglichen?
Einfluß von Makrobenthos auf Meiobenthos: Führt veränderte Abundanz von Makrofauna (z.B. *Littorina, Nereis, Corophium*) zu (kurzfristigen) Veränderungen der Meiofauna? (Käfigversuche, vgl. Reise 1985)
Ist das «Meiobenthos» wirklich auf ein Leben im Sandlückensystem beschränkt oder können die

Tiere den Boden auch aktiv verlassen? (Sedimentproben in offenen Schnappdeckelgläsern in ein Aquarium mit filtriertem Meerwasser versenken; nach etwa 2 h die Bodenprobe entfernen, das umgebende Wasser durch 60 μm-Gaze filtrieren und auf Meiofauna untersuchen). Welche Faktoren beeinflussen die Emigration? (Temperatur, Wasserstand, Licht (!) etc.; s. Armonies 1988).

Wegen starker kleinräumiger Verteilungsunterschiede sind quantitative Untersuchungen nur sinnvoll, wenn mit mehreren Parallelproben gearbeitet wird. Bei experimentellen Untersuchungen Kontrollflächen anlegen!

Statistische Auswertung quantitativer Untersuchungen: Die Meiofauna ist in der Regel stark geklumpt über die Parallelproben verteilt: auch in makroskopisch homogenem Sediment sind die Lebensbedingungen uneinheitlich. Statistische Verfahren, die Normalverteilung der Daten voraussetzen (wie Mittelwert und Standardabweichung, Konfidenzintervalle, Varianzanalyse) sind daher ungeeignet. Als Test auf signifikante Abweichung der Daten von Normalverteilung kann das Verhältnis von Varianz zu Mittelwert (s^2/m) herangezogen werden. s^2/m wird mit den kritischen Werten der χ^2-Verteilung verglichen. Für n = 10 Parallelen und eine Irrtumswahrscheinlichkeit von p = 5% gilt als Grenzwert $\chi^2/(n-1) = 16.92/9 = 1,88$. Bei s^2/m $\geq$ 1,88 muß der Annahme, die Daten seien normalverteilt, auf 5%-Niveau verworfen werden. Da dies die Regel ist, eignen sich Untersuchungen von Meiofauna gut zur Demonstration verteilungsfreier statistischer Verfahren (z.B. U-Test nach Wilcoxon).

Literatur

Armonies, W. (1988): Active emergence of meiofauna from intertidal sediment. Mar. Ecol. Prog. Ser. **43**, 151–159.

Ax, P. (1966): Die Bedeutung der interstitiellen Sandfauna für allgemeine Probleme der Systematik, Ökologie und Biologie. Veröff. Inst. Meeresforsch. Bremerh. **10**, 15–65.

Fenchel, T.M. (1978): The ecology of micro- and meiobenthos. Ann. Rev. Ecol. Syst. **9**, 99–121.

Kuipers, B.R., Wilde, P.A.W. de F. Creutzberg (1981): Energy flow in a tidal flat ecosystem. Mar. Ecol. Prog. Ser. **5**, 215–221.

McIntyre, A.D. (1969): Ecology of marine benthos. Biol. Rev. **44**, 245–290.

Reise, K. (1985): Tidal flat ecology. Springer, Berlin, 191 pp.

1.2.6 Mittelmeer: Flora der Felsküste

Hans Dieter Frey

Die Bearbeitung und Einteilung der Algenvegetation im Mittelmeergebiet wurde fast ausschließlich mit den Methoden und nach der Terminologie der terrestrischen Pflanzensoziologie vorgenommen. Entsprechend erfolgt die Benennung der marinen Lebensgemeinschaften in Anlehnung an Biozönosegruppen auf dem Land. Die Phytalzonen sind im folgenden nach dem klassischen System eingeteilt, wobei in Klammern jeweils die in französischen Publikationen benutzten Begriffe des Genua-Systems angegeben sind (Abb. 1.11).

Das **Supralitoral** (étage supralittoral): Aufgrund der geringen Wasserstandsschwankungen und der extremen sommerlichen Sonneneinstrahlung ist das Supralitoral im Mittelmeergebiet nur schwach ausgeprägt. Nur an den Stellen, an denen durch auflaufende Wellen Salzwasser und Aerosole durch den Wind verdriftet werden, steigen die Meeresorganismen weiter ans Land. Als typische Pflanzen findet man die schwarze Krustenflechte *Verrucaria amphibia* und einige Cyanobakterien-Arten *(Placoma vesiculosa, Schizothrix calcicola)*. Die Schnecke *Melaraphe (= Littorina) neritoides* und die Assel *Ligia italica* sind charakteristische Tiere dieser Spritzwasserzone. Außerdem trifft man die Seepocke *Chthamalus depressus* an wellen- und windexponierten flachgeneigten Felsen. Die Biozönose wird nach den Leitarten *Verrucaria* und *Melaraphe* als Verrucario-Melaraphetum neritoidis (RS) bezeichnet.

Das **Eulitoral** (étage médiolittoral): Die Zone, die unregelmäßig oder periodisch vom Meer überspült wird und wieder trockenfällt, hat am Mittelmeer meist nur eine Ausdehnung von wenigen Dezimetern. Die geringen Schwankungen des Meeresspiegels werden durch die kaum bemerkbaren Gezeiten, insbesondere aber durch Windstau und atmosphärische Druckänderungen (Hochdruck bedingt niedrigeren Wasserstand) verursacht.

Das obere Eulitoral wird von der Schnecke *Patella* und der großen Seepocke *Chthamalus stellatus* besiedelt. In wellenexponierter Lage findet man einen schmalen Gürtel der derben Rotalge *Rissoëlla verruculosa*, eine für das westliche Mittelmeer und die Südadria endemische Art. Aus einem krustenförmigen Thallus entstehen im Herbst derbe Lappen, die Austrocknung gut ertragen und nach einer Vegetationsperiode wieder verschwinden. Außerdem sind die Rotalgen *Nemalion helminthoides, Bangia atropurpurea* sowie *Porphyra*-Arten und die Braunalge *Scytopsiphon lomentaria* anzutreffen. Eine charakteristische, krustenförmige Braunalge des oberen Eulitorals ist die schokoladenbraune *Mesospora macrocarpa*. Eutrophierte und geschützte Standorte bevorzugt die Grünalge *Enteromorpha compressa*. Der Name dieser Lebensgemeinschaft ist Nemalio-Rissoëlletum verruculosae (RM).

Das untere (tiefere) Eulitoral wird an wellenexponierten Küsten durch die Kalkrotalge *Lithophyllum tortuosum* markiert, die einen überhängenden Sims bildet («encorbelle-

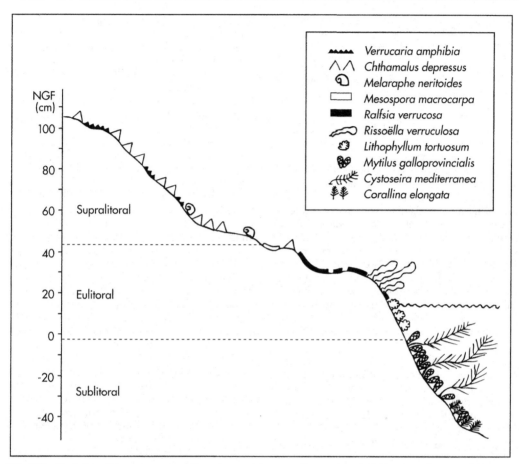

Abb. 1.11: Vertikalverteilung von marinen Organismen an einer nordostexponierten Felsküste an der Côte des Albères (Banyuls, Frankreich)

ment»), der z. B. in Korsika bei einer Amplitude von bis zu 1 m über 2 m breit werden kann. Dieses *Lithophyllum*-«Trottoir» stellt aufgrund der zahlreichen Hohlräume und Einschlüsse einen eigenen charakteristischen Lebensraum dar (s. Abschn. 1.2.12). Begleitorganismen sind die Rotalgen *Laurencia undulata, Gastroclonium clavatum* und die Grünalge *Bryopsis muscosa*. Zwei Krustenbraunalgen sind vor allem in geschützteren Lagen vorherrschend: die tiefschwarze *Ralfsia verrucosa* und die milchkaffeebraune, velourartige *Nemoderma tingitanum* (Biozönose: Neogoniolitho-Lithophylletum tortuosi, EM).

Das **Sublitoral**: Diese Zone reicht vom Niveau des mittleren Niedrigwassers (MNWL) bis zum tiefsten Vorkommen von Algen. Sie wird eingeteilt in einen oberen Bereich (étage infralittoral) bis zur Untergrenze mariner Phanerogamen (Seegräser) in 20 bis 45 m Tiefe und in das untere Sublitoral (étage circalittoral) mit Tiefenalgen wie *Laminaria rodriguezii* (100 bis 150 m) und weiteren an die Lichtarmut angepaßten Arten (Biozönose: Rodriguezelletum starfforellii, CC). Das obere Sublitoral wird gegliedert in

stark besonnte (photophile) und schattige (sciaphile) Lebensräume sowie in wellenexponierte (battu) und ruhige (calme) Lagen. Daraus ergeben sich vier Biozönosegruppen, die meist noch weiter aufgeteilt werden. Zu den lichtliebenden Arten an wellenexponierten Felsen gehören *Cystoseira stricta* (bzw. die vikariierende *Cystoseira mediterranea*), *Laurencia pinnatifida* und *Ceramium rubrum*. Regelmäßig wächst hier auch die Miesmuschel *Mytilus galloprovincialis* (Cystoseiretum strictae, PhIB). An ruhigen, aber stark besonnten Stellen dominieren *Cystoseira crinita* und *Cystoseira barbata* sowie eine Begleitflora mit zahlreichen Arten wie *Dictyota dichotoma, Padina pavonica, Jania rubens* u. a. (Cystoseiretum crinitae, PhIC). An schattigen, aber wellenexponierten Standorten (nordostexponierte Steilküsten und Höhlungen) findet man u. a. Arten des atlantischen Florenelements: *Plocamium cartilagineum, Lomentaria articulata, Valonia utricularis, Schottera nicaeensis* (Lomentario-Plocamietum cartilaginei, SSB). An schattigen und ruhigen Orten dominieren die Grünalge *Udotea petiolata* und die Rotalge *Peyssonnelia squamaria*, die auch bis in das untere Sublitoral vordringen (Udoteo-Aglaothamnietum tripinnati, SCI). An der Côte des Albères in Südfrankreich (Banyuls) liegt die Tiefengrenze von Algen bei 40 m, weil dort das felsige Substrat in reine Sandböden übergeht. Viele schattenliebende Arten, die mit zunehmender Tiefe zu finden sind, wachsen auch in Meeresgrotten des Eulitorals in entsprechender Entfernung zum Höhleneingang.

1.2.6.1 Standortwahl und Arbeitsmethode

Aufgrund der geringen Meeresspiegelschwankungen muß die Analyse der Lebensgemeinschaften am Mittelmeer vom Land und aus dem Wasser (Tauchuntersuchungen) erfolgen. Am besten wählt man sich eine vorgelagerte, vom Labor aus leicht erreichbare kleine Insel, die verschiedene Kriterien erfüllt: Steilabfälle und flachgeneigte Küstenteile, wellenexponierte und geschützte Lagen, stark besonnte Süd- und schattige Nordstellen. Bestimmt werden jeweils die Individuenanzahl (Abundanz) und ihr Deckungsgrad (Dominanz). Das Ziel der Untersuchung ist die Darstellung der Ergebnisse in Profilskizzen und Diagrammen und ihre Diskussion in Abhängigkeit von abiotischen und biotischen Faktoren.

Die Arbeiten werden am besten in Gruppenarbeit durchgeführt. Folgende Ausrüstungsgegenstände sind erforderlich: Protokollheft, wasserfeste Schreibgeräte, Sammelbehälter für nachzubestimmende Arten, Perlonschnur, Meßstangen (2 m mit Markierungen im Abstand von 10 cm), Meterstab, Wasserwaage, Kompaß, Hammer und Meißel, Quadrat mit Seitenlänge 20 cm, Schnorchelausrüstung. Bereitzustellen sind möglichst genaue Karten bzw. Skizzen des Untersuchungsgebietes, eine Darstellung der vorherrschenden Windrichtungen und Windgeschwindigkeiten sowie nach Abschluß der Arbeiten eine Kopie des Protokolls der aktuellen Pegelstände.

1.2.6.2 Versuchsanleitung und Auswertung

Die Untersuchung gliedert sich in praktische Arbeiten im Freiland und in die Auswertung und Diskussion der gewonnenen Daten im Labor. Zuerst wird am gewählten Ort die Lage des Profils mit einer Perlonschnur in der gesamten Längsausdehnung vom Land bis ins Meer markiert. Auf dem Profil wird an geeigneter Stelle ein Bezugspunkt festgelegt. Mit Meßstangen und Wasserwaage bestimmt man seine Höhendifferenz zum aktuellen Meeresspiegel und notiert Tag und Uhrzeit. Aus dem amtlichen Pegelstand zur Meßzeit errechnet man die Differenz bezogen auf Normal Null (NN bzw. NGF, Nivellement Général de la France). Die Ergebnisse

werden auf diese Weise nicht auf den aktuellen Gezeitenwasserstand, sondern auf NN bzw. NGF bezogen und dadurch vergleichbar. Vom Bezugspunkt aus bestimmt man nun die Koordinaten des Profils, um später im Labor seine Form nachzeichnen zu können. Ebenfalls ausgehend vom gewählten Referenzpunkt werden im Abstand von jeweils 20 cm in einem Quadrat mit der Seitenlänge 20 cm die vorkommenden Arten protokolliert, sowie deren Deckungsgrad abgeschätzt (Deckung mehr als $\frac{3}{4} = 5$, $\frac{1}{2}$-$\frac{3}{4} = 4$, $\frac{1}{4}$-$\frac{1}{2} = 3$, $\frac{1}{20}$-$\frac{1}{4} = 2$, weniger als $\frac{1}{20} = 1$, einzelne Individuen $= +$). Die gewählten Zahlen (5 bis 1) entsprechen in der später anzulegenden Darstellung der Breite der Balken im Diagramm.

Zur Darstellung und Auswertung der Ergebnisse im Labor zeichnet man zuerst nach den ermittelten Koordinaten das Profil im Maßstab 1:10 und gibt die Lage von NN bzw. NGF an. Durch Skizzen, die den Habitus der Organismen symbolisieren, werden Höhenverteilung und Häufigkeit auf dem Profil markiert (Abb. 1.11). Die genaue Wiedergabe der Daten ist in einem parallel anzuordnenden Diagramm möglich. Aufgetragen werden für die einzelnen Arten das höchste und das tiefste Vorkommen sowie deren Deckungsgrad als Breite der Streifen (Normskala 5 bis 1 = 5 bis 1 mm). Eingezeichnet werden auch der aktuelle Gezeitenwasserstand zum Untersuchungszeitpunkt, das Niveau, das von den höchsten Wellen erreicht wird (z.B. Banyuls + 110 cm NGF) sowie beobachtete extreme Hoch- und Niedrigwasserstände (z.B. Banyuls + 28 cm NGF bzw. − 22 cm NGF).

Die an verschiedenen Stellen ermittelten Profile und Diagramme werden in Abhängigkeit von abiotischen und biotischen Faktoren (Neigung und Ausrichtung, Sonnen-, Wind- und Wellenexposition, Konkurrenz, Fraßfeinde, Epiphyten usw.) diskutiert. Als Zusammenfassung bietet sich die Darstellung in einer Kartenskizze (Aufsicht) für einzelne charakteristische Arten mit Angabe der wirksamen Parameter an. Falls zahlreiche Profile um eine kleine Insel aufgenommen wurden, kann für einzelne Organismen ein Diagramm für alle Himmelsrichtungen (Expositionen) angefertigt werden.

1.2.6.3 Fragen und weitere Aufgaben

1. Welchen Einfluß hat ein regelmäßig wehender Nordostwind (z.B. Banyuls: Tramontane an 74% aller Tage) auf den Wasserstand, die Amplitude des Eulitorals und die Ausbildung des *Lithophyllum*-Trottoirs?
2. Bis zu welchen maximalen Höhen über NN (NGF) findet man die Seepocke *Chthamalus depressus* und die

Flechte *Verrucaria amphibia* a) an wellenexponierten Stellen und b) an ruhigeren Standorten?
3. Vergleichen Sie das Vorkommen der nahe verwandten Krustenbraunalgen *Nemoderma, Ralfsia* und *Mesospora*. Welchen Phytalzonen sind diese Arten zuzuordnen, und welche Faktoren sind für ihren Lebensraum entscheidend?
4. Wie unterscheiden sich Vertikalverteilung, Amplitude und Deckungsgrad von *Lithophyllum tortuosum* und *Mytilus galloprovincialis* an unterschiedlich exponierten Standorten?

Literatur

Boudouresque, C.F. (1985): Groupes écologiques d'algues marines et phytocenoses benthiques en Méditerranée nord-occidentale: Une revue. Laboratoire Arago, Laboratoire d'Ecologie du Benthos, Banyuls/Luminy.
Boudouresque, C.F., M. Perret-Boudouresque et M. Knoepffler-Peguy (1984): Inventaire des algues marines benthiques dans les Pyrénées-Orientales (Méditerranée, France). Vie Milieu **34**, 41–59.
Cinelli, F. and E. Fresi (1979): Deep algal vegetation of the western mediterranean. Giorn. Bot. Ital. **113**, 173–188.
Lüning, K. (1985): Meeresbotanik. Verbreitung, Ökophysiologie und Nutzung der marinen Makroalgen. Thieme, Stuttgart/New York.
Marcot-Coqueugniot, J., C.F. Boudouresque et M. Knoepffler-Peguy (1983): Le phytobenthos de la frange infralittorale dans le port de Port-Vendres (Pyrénées-Orientales, France): Première partie. Vie Milieu **33**, 161–169.

1.2.7 Mittelmeer: Faunenprofil des Felslitorals

Denise Bellan-Santini und Christan C. Emig

Das Felslitoral beherbergt eine ebenso reiche Fauna, vor allem an Invertebraten, wie auch mannigfaltige Algenflora. Das Besiedlungsmuster all dieser Tier- und Pflanzenformen richtet sich einerseits nach den generellen Lebensbedingungen in den verschiedenen Klimastufen, den einzelnen Tiefenzonen, wird innerhalb dieser aber auch von lokalen Faktoren bestimmt, namentlich der Wasserbewegung und – im oberen Küstenbereich – auch der Wasserretention in Spalten und Löchern, im Algenbewuchs oder in «Rockpools» (s. Abschn. 1.2.10) des periodisch trockenfallenden Küstenstreifens. An einem Küstenprofil einer typischen mediterranen Kalksteinküste sollen Faunen- und Florenzonierung qualitativ und halb-quantitativ in ihrer Abhängigkeit von der Meeresexposition und örtlicher Biotopstruktur (Steilheit der Küste und Neigung des Untergrundes, Brandungsstärke, Sonneneinstrahlung und Windexposition etc.) untersucht werden. Aus all diesen Angaben soll ein Diagramm der Faunen- und Florenzonierung im Untersuchungsgebiet erarbeitet werden.

1.2.7.1 Materialbedarf

Mehrere kräftige Hämmer und Meißel, einige grobe Messer, Eimer oder Kunststoffwannen, Handnetze oder Käscher von etwa 1–2 mm Maschenweite, feste Kunststoffbeutel und wasserfeste Filzstifte zur Beschriftung, mehrere möglichst zusammenlegbare Steckrahmen, flache weiße Sortierschalen, Tauch- oder Schnorchelausrüstung, Flasche mit 10% Formol/Meerwasser oder 70–80% Alkohol zum Fixieren, Stereomikroskop mit Auflichtbeleuchtung, Bestimmungstabellen für die wichtigsten Tier- und Pflanzenformen.

1.2.7.2 Versuchsanleitung und Beobachtungen

Entlang eines Vertikalschnittes einer Kalkküste mittlerer Hangneigung stecke man ein Profil vom Supra- bis zum Sublitoral ab und sammle und bestimme in den einzelnen Stufen die jeweils vorherrschenden Pflanzen und Tiere, wobei über die jeweilige Biotopstruktur (Bodentopographie, Wind-, Wellen- und Sonnenexposition etc.) der einzelnen Untersuchungsfelder (zur Erlangung vergleichbarer Ergebnisse jeweils mit gleich großem Rahmen abstecken) sorgfältig Protokoll zu führen ist. Das Einsammeln der Proben und deren Hälterung zum Rücktransport ins Labor nehme man wie in Abschn. 1.2.9 beschrieben vor. Probenbeutel mit lebenden Tieren an geschützter schattiger Stelle (Rockpool) in Wasser schwimmend (Kühlung) hältern. Aufwuchs und festsitzende Tiere (z.B. *Patella*) müssen mit scharfem Messer vorsichtig vom Substrat abgehoben werden; zur Erhaltung der Feinzonierung sedentärer Tiere für die spätere Untersuchung unter dem Stereomikroskop sollte man auch kleinere Substratbrocken mitsamt Aufwuchs abschlagen. Zur Gewinnung der endolithischen Fauna und Flora in Kalksteinbrocken zerschlage man diese, am besten erst im Labor, mit Hammer und Meißel. Auch Schwämme bergen oft eine reiche Infauna, die man durch deren Zerschneiden oder besser Auseinanderbrechen freilegt. Die vagile Makrofauna im Sublitoral (Fische, Garnelen) entzieht sich zumeist dem Einsammeln; Beobachtung beim Schnorcheln; Protokoll führen in Gruppenarbeit. Topographische und faunistisch-floristische Ergebnisse sollten in ein maßstabgerechtes (Profil grob vermessen) Schema des untersuchten Küstenprofils entspr. der Abb. 1.12 eingetragen werden. Folgende Zonen lassen sich küstenabwärts verfolgen:

A. Die Spritzwasserzone: das Supralitoral

Das Supralitoral besteht überwiegend aus nacktem Gestein, zerfurcht und spaltenreich aufgrund oberflächlicher Verwitterung durch die gemeinsame Einwirkung von endolithischen Algen und Tieren, welche die Oberflächen abweiden, namentlich

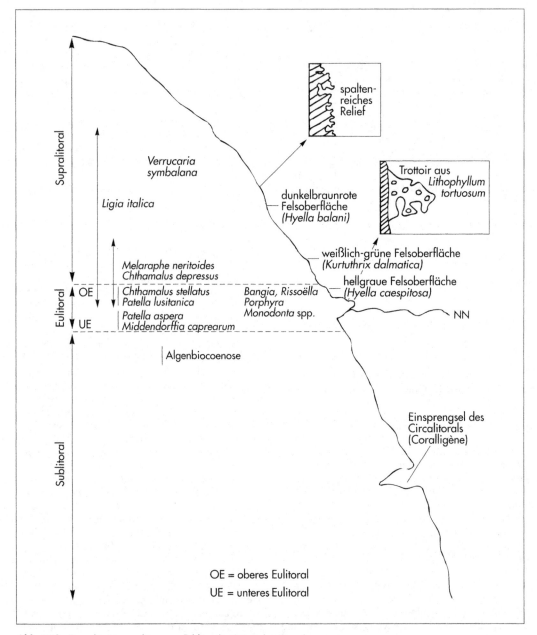

Abb. 1.12: Transekt eines mediterranen Felslitorals mit typischen Bewohnern

Schnecken. In zahllosen z. T. mit Verwitterungsmaterial gefüllten Kuhlen und Löchern, sammelt sich Spritz- und Regenwasser zu temporären Pfützen. So entsteht ein dichtes Mosaik unterschiedlicher Kleinbiotope. Die Gesteinsoberflächen sind großenteils dunkelbraunrot gefärbt vom Cyanobakterienaufwuchs (vielfach *Hyella balani*); dazwischen graubraune Flechtenkrusten aus *Verrucaria symbalana*. Beide werden abgeweidet vor allem von dem Prosobranchier *Melaraphe(= Littorina) neritoides* und der detritusfressenden Klippenassel *Ligia italica*. Im tieferen Bereich der Spritzwasserzone bis ins obere Eulitoral besiedeln dann in zunehmender Dichte Seepocken die Gesteinsoberflächen, in der Regel *Chthamalus depressus*. Dichter Bewuchs mit dem Cyanobakterium *Kurtuthrix dalmatica*, wie man ihn auch bereits weiter oben an den Wänden feuchter Spalten und Löcher finden kann, verleiht den Gesteinsoberflächen hier eine schmutzig weißlich-grüne Farbe.

B. Die Gezeitenzone: das Eulitoral

Das Eulitoral (Medio- oder Mesolitoral), die Brandung und Wellengang ausgesetzte Zone, ebenfalls durch die ständige Welleneinwirkung zerklüftet und voller kleiner Höhlen, Spalten und Auswaschungen, erreicht je nach Brandungshöhe eine ganz unterschiedliche Tiefenausdehnung, innerhalb derer sich bei genügender Brandungsstärke zwei Stufen abgrenzen lassen:

Im **oberen Eulitoral**, welches nicht von jeder Welle erreicht wird, ist die vorherrschende Färbung ein helles Grau dichter Cyanobakterienrasen, vor allem von *Hyella caespitosa*. An Tieren trifft man hier auf einen dichten Besatz mit Seepocken, vor allem *Chthamalus stellatus*, ebenso auf Scharen von *Patella lusitanica*, zuweilen vermischt mit *Patella ferruginea*, die beide die Cyanobakterienrasen abweiden. Auch *Melaraphe neritoides* und *Ligia italica* ziehen sich bei sonnigem Wetter und ruhiger See in das feuchtere Eulitoral zurück, wenn es in der Spritzwasserzone zu trocken wird. Im unteren, stets genügend feuchten Bereich können mehrere Rotalgengürtel ausgebildet sein, zuoberst eine Zone mit *Bangia fuscopurpurea*, darunter folgend *Porphyra leucosticta* und – auf kristallinem Gestein – *Rissoella verruculosa*. Kann sich genug Wasser zwischen ihren Thalli halten, so findet man dort Amphipoden der Gattung *Hyale*. Hartböden im periodisch von auflaufenden Wellen überspülten **unteren Eulitoral** sind im wesentlichen von krustenförmigen Kalkrotalgen überwachsen, vor allem *Lithophyllum lichenoides (=Lithophyllum tortuosum)*, das bis zu 1 m breite und mehrere Meter lange Trottoirs bilden kann (s.

Abschn. 1.2.12), daneben *Lithophyllum papillosum*, mancherorts auch *Neogoniolithon notarisii*. Auf ihnen weidet in Mengen die Napfschnecke *Patella aspera*, auch *Middendorffia caprearum* (Polyplacophora), und die Kreiselschnecken *Monodonta turbinata* und *Monodonta tubiformis*. Wuchsform und Größe der *Lithophyllum*-Thalli, von kleinen Plaques bis zu großflächig schuppig gegliederten Trottoirs, sind abhängig von der Brandungsstärke. Die Spalten und Lücken der Kalkalgenkrusten bergen eine typische Kleinfauna. Charakteristische Bewohner dieser Mikrobiotope sind der Nemertine *Nemertopsis peronea*, die Gehäuseschnecken *Fossarus ambiguus* und *Gadinia garnoti*, die Nacktschnecke *Onchidella (= Oncidiella) celtica* und die Muschel *Lasaea rubra*, alle überwiegend von Diatomeen lebend, ebenso die kleine Assel *Campecopea hirsuta* und die winzige, überwiegend von Milben lebende Spinne *Desidiopsis rakovitzai* (Agelenidae). Unter günstigen Bedingungen bei hohem Wasserstand können auch Formen aus dem oberen Sublitoral bis hier heraufsteigen.

C. Das Sublitoral

Das ständig überflutete Sublitoral (oder Infralitoral) ist von solchen Arten bewohnt, die ein längeres Trockenfallen nicht überstehen würden. Der gesamte Raum ist geprägt von reichem Bewuchs mit dichten Tangwäldern. Zusammen mit den Seegraswiesen der Sandstrände beherbergt diese Zone nach Artenreichtum und Individuenzahl wohl die reichste Lebensgemeinschaft des mediterranen Benthals überhaupt. Diese Algenbiocoenose (Biocoenose des Algues Photophiles = A.P.) ist überaus komplex und kann in mehrere Tiefenschichten und Gesellschaften untergliedert werden, die sich je nach lokalen Bedingungen zudem noch von Ort zu Ort unterscheiden.

Die wichtigsten dieser sublitoralen Gesellschaften sind:
die *Cystoseira stricta*-Gesellschaft (oder mit ihr vikariierende Arten) in klarem, stark bewegtem Wasser,
die *Cystoseira crinita*-Gesellschaft in ruhigerem, klarem Wasser geschützter Standorte,
die *Corallina*-Gesellschaft in ruhigem, leicht verschmutztem Wasser,
die *Lithophyllum incrustans*-Gesellschaft, deren krustenartige Flächen vor allem von Seeigeln abgeweidet werden und einer starken Erosion unterliegen,
die *Mytilus galloprovincialis*-Gesellschaft in schwebstoff- und detritusreichem Wasser
und die *Vermetus*-Gesellschaft, die sich nur dort ausbilden kann, wo die winterlichen Temperaturen nicht zu stark absinken.

In all diesen Gesellschaften der Tang- und Algenzone trifft man auf eine überaus formen- und individuenreiche Begleitfauna sessiler wie erranter Tiere, die ein ungewöhnlich komplexes synökologisches Gefüge bilden.

Die unterste Sublitoralzone, das **Circalitoral**, gewöhnlich geprägt durch die Faunengesellschaft des Coralligène (s. Abschn. 1.2.11), soll hier außer acht gelassen werden, da sie der Erfassung von der Küste aus ohnehin kaum zugänglich ist. Allerdings muß man darauf hinweisen, daß derartige Lebensräume als Einsprengsel auch im oberen Sublitoral auftreten können, etwa in Grotten, unter schattigen Felsüberhängen oder am Grund der Bewuchsschicht in der Zone der Tangwälder.

1.2.7.3 Auswertung und Fragen

Aufgrund der eigenen Untersuchungsergebnisse an einem Küstenprofil sollte man sich folgende Fragen beantworten.

Gibt es größere Wasserlöcher oder Pfützen im Supra- oder Eulitoral, zu welcher Zone gehört die Fauna? (Sublitoralenklaven mit veränderlichem Salzgehalt.)

Stellen Sie zusammen, wo überall *Patella, Melaraphe, Ligia* und *Monodonta* gefunden wurden. Traf man diese Arten ausschließlich in den für sie typischen Zonen an? Wenn nicht, warum?

Bei ruhigem Meer steigt *Patella* ins Supralitoral auf und weidet dort die Felsflächen ab. *Melaraphe* und *Ligia* dagegen fliehen bei ruhigem Meer vor der Trockenheit des Supralitorals hinab ins feuchtere Eulitoral. *Monodonta turbinata* wandert bei bewegter See aufwärts, *Monodonta tubiformis* bei ruhiger See.

Untersuchen Sie die relative Verteilung der Seepocken *Chthamalus* und *Balanus* und beobachten Sie ihre Lebensweise, ihre Atembewegungen, ihre Ernährung und ihre Trockenheitsresistenz, ebenso die Zonierung der Cyanobakterien. Was läßt sich daraus schließen?

Welche Umweltbedingungen veranlassen Ihrer Beobachtung nach Arten des unteren Eulitoral, ins obere Eulitoral aufzusteigen? Der Anstieg der Feuchtigkeit.

Wachsen im Eulitoral Grünalgen der Gattungen *Ulva* und *Enteromorpha*? Unter welchen Bedingungen?

Beide weisen auf anthropogene oder natürliche Eutrophierung hin. Stellen Sie die Quelle fest.

Welche verschiedenen Untergesellschaften (Fazies) ließen sich im Eulitoral entdecken? Welche ökologischen Gründe hat dies?

Welche Ursachen und Auswirkungen hat es, wenn Tiere von einer in die nächsthöhere Strandzone aufsteigen?

Welche Unterschiede im Felslitoral gibt es zwischen Kalk- und kristallinem Gestein? Beachten Sie die Oberflächenstruktur, das Auftreten calciphober Arten, das Fehlen von Lithophagen, die Probleme von biogenem Gesteinsauf- und -abbau.

Welche Unterschiede in der Wasserführung gibt es zwischen Hartböden und mobilen Weichsubstraten? Welchen Einfluß hat das für die Tiefenausdehnung der einzelnen Strandzonen?

Literatur

Bellan-Santini, D. (1969): Contribution à l'étude des peuplements infralittoraux sur substrat rocheux (Étude qualitative et quantitative de la frange supérieure.) Rec. Trav. Sta. mar. Endoume 63 (47), 1–294.

Bellan-Santini, D. (1985): The Mediterranean Benthos: Reflection and Problems Raised by a Classification of the Benthic Assemblages. In: Mediterranean Marine Ecosystems, M. Moraitou-Apostolopoulou and V. Kiortsis (Eds.), Plenum Press, New York.

Margaleff, R. (Ed.) (1985): Western Mediterranean. 363 pp. Pergamon Press, Oxford.

Pérès, J.M. (1967): The Mediterranean Benthos. Oceanogr. mar. Biol. Ann. Rev. 5, 449–553.

Pérès, J.M. (1982): Ocean Management. In «Marine Ecology», vol. 5, (Part 1), Ed. O. Kinne. Wiley & Sons, Chichester.

Pérès, J.M. et Picard, J. (1964): Nouveau manuel de bionomie benthique de la mer Méditerranée. Rec. Trav. Sta. Mar. Endoume 47, 1–137.

1.2.8 Mittelmeer: Flora der Sandküste

Hans Dieter Frey

Vor Sandküsten sind festgewachsene photoautotrophe Organismen im Meer selten, weil sich auf den mobilen Sand- und Schlickböden des Litorals nur wenige, dafür spezialisierte Arten festsetzen können. Ab einem Meter Tiefe findet man gelegentlich die Grünalge *Caulerpa prolifera* zusammen mit Seegräsern (z. B. *Cymodocea nodosa*). In größeren Tiefen wachsen direkt auf Sandböden wenige Braunalgen (z. B. *Arthrocladia villosa, Sporochnus pedunculatus*) sowie Kalkrotalgen (z. B. *Lithothamnium*-Arten). Im Gegensatz zu den dicht bewachsenen Felsküsten sind litorale Sande aufgrund ihrer besonderen Struktur artenarm. Der direkt an das Meer grenzende Vorstrand ist stark durchfeuchtet, salzreich und besonders im Frühjahr und Herbst überschwemmt. Es ist ein pflanzenfeindlicher vegetationsloser Bereich, der durch den Spülsaum des letzten Hochwassers begrenzt wird. Daran schließen sich drei Dünenzonen an, die am Beispiel der Situation östlich von Perpignan (Südfrankreich) beschrieben werden.

Die **litorale Flugsandzone**: Durch angespültes Material (Algen, Phanerogamen, organischer Abfall) kann der nährstoffarme Sand lokal organische Stoffe anreichern. Hier gedeihen spärlich in lockeren Beständen einjährige Halophyten mit fleischigen Stengeln und Blättern: *Cakile maritima, Salsola kali* sowie *Atriplex*-Arten. Sand wird von ihren zahlreichen Verzweigungen gut festgehalten und rasch durchwachsen, so daß kleine ephemere Dünenwälle entstehen, die nach Absterben der Pflanzen im Herbst wieder verwehen. Derartige Sandakkumulationen bilden sich auch durch *Honkenya peploides, Matricaria maritima* sowie *Beta maritima* (Spülsaumgesellschaft).

Die **Primärdüne** (Vordüne): Trockene Flugsandgebiete, die nicht oder nur sehr selten vom Meer erreicht werden, besitzen keine nennenswerten organischen Anteile. Ein charakteristischer Erstbesiedler ist *Agropyron junceum*, der noch extrem hohe Salzgehalte im Boden ertragen kann und an dieses mobile Areal mit starker Windexposition und hohen Temperaturschwankungen gut angepaßt ist. Die Pflanze treibt zahlreiche bogenförmige Ausläufer, mit denen sie bei Übersandung immer wieder die Oberfläche erreicht. *Agropyron* bildet dadurch lockere Rasen, durch die der Wind hindurchstreicht und den Flugsand hinter den Trieben absetzt. Auf diese Weise erhöhen sich die Primärdünen allmählich, bis sie über den Zugriff der salzigen Hochfluten hinauswachsen. Neben *Euphorbia paralias, Anthemis maritima* und *Calystegia soldanella* tritt *Cakile* nur noch vereinzelt auf. Die charakteristische Leitart *Crucianella maritima* fehlt am Strand von Perpignan.

Die **Sekundärdüne** (Weißdüne): Mit dem Anwachsen der Düne nimmt der Einfluß des Salzwassers von der Meerseite her ab, und brackiges Grundwasser sowie Niederschläge beeinflussen die Vegetation. Besonders gut angepaßt ist *Ammophila arenaria*: Die Pflanze reagiert bei Übersandung der Halmknoten mit aufwärts gerichteter Bestockung. Sie bildet dichte Horste, die Flugsand sammeln und durch Streckungswachstum und Ausläuferbildung die Weißdünen anwachsen lassen. Zusätzlich bietet ein weitverzweigtes Wurzelsystem Gewähr für eine ausreichende Wasserversorgung. Die Verdunstung wird durch Einrollen der Blattflächen stark reduziert. Einen wirksamen Verdunstungsschutz besitzen auch *Echinophora spinosa* und *Eryngium maritimum*, beides Umbelliferen mit dickledrigen, stacheligen Blättern, deren Epidermen durch reflektierende wachsartige Überzüge geschützt sind. Beide Arten versorgen sich über tiefreichende Pfahlwurzeln. Hinzu kommen weitere Arten wie *Rumex tingitanus, Malcolmia littorea* und *Euphorbia paralias* mit dickfleischigen bzw. behaarten Blättern.

Die **Graudüne**: Auf der windabgewandten Leeseite geht die lichte Pflanzengesellschaft der Weißdünen zunehmend in einen geschlosseneren Bewuchs mit gegen Übersandung und Trockenheit wenig empfindlichen Arten über. Neben typischen Küsten- und Sandbesiedlern findet man auch Pflanzen anderer Biotope, die extreme edaphische und klimatische Faktoren ertragen. Einige Gräser sind besonders auffällig: *Lagurus ovatus* und *Corynephorus canescens* geben der Graudüne ein charakteristisches Aussehen (Silbergrasflur). Dazwischen stehen dickblättrige, stachelige und behaarte Vertreter, wie *Echium vulgare, Dianthus catalaunicus, Matthiola sinuata, Ruta graveolens* (mit lysigenen Sekretbehältern), *Helichrysum stoechas, Glaucium flavum, Medicago marina* u.a., deren Blütenfarben je nach Jahreszeit dominieren. Im Hochsommer blühen z.B. die weißen dekorativen Meeresnarzissen *(Pancratium maritimum)*, deren Zwiebeln mit Zugwurzeln tief im feuchten Untergrund verankert sind. *Ephedra distachya* ist ein xerophytischer Rutenstrauch mit schuppenförmigen Blättern, der im Spätsommer zahlreiche rote «Früchte» trägt (Alkaloid Ephedrin). Die zu den Gnetatae (Cycadophytina) gehörende Art erträgt Übersandung und stabilisiert die Düne besonders gut. Aufgrund des anthropogenen Einflusses (Badetourismus) spielen hier zunehmend auch Ruderalpflanzen eine wichtige Rolle.

Am Rand der verlandenden Lagune (Etang) mit variablem Salzgehalt findet man einige sukkulente Halophyten der Salzmarschen: *Arthrocnemum glaucum* und *Salicornia*-Arten sowie *Salsola kali, Suaeda maritima, Halimione portulacoides* und *Atriplex*-Arten. An Stellen mit ausreichender Süßwasserzufuhr wachsen breite Bestände von *Phragmites* aber auch *Juncus acutus* sowie *Inula crithmoides* und *Limonium*-Arten. Regelmäßig trifft man auch die mit zwei bis fünf Metern höchste Monokotyle Europas, *Arundo donax* sowie *Cyperus aegyptiacus* und Tamariskenbäume *(Tamarix gallica)*.

1.2.8.1 Standortwahl und Arbeitsmethode

Besonders geeignete Objekte für die Untersuchung eines Sandstrandgebietes finden sich an schmalen Ausgleichsküsten, wie man sie z.B. am westlichen Mittelmeer antrifft. Dort wurden durch Anlandung von Sand ursprüngliche Buchten abgeschnitten, die meist über künstlich offengehaltene Kanäle mit dem Meer in Verbindung stehen (Etang). Aufgrund des jahreszeitlich wechselnden Süßwasserzuflusses, der starken Verdunstung und des Eindringens von Meerwasser bei auflandigen Winden enthält der Etang Salzmengen zwischen 0,9 und 4,2%. Der von Meer und Etang beeinflußte Grundwasserspiegel der Dünen sowie weitere edaphische und klimatische Faktoren beeinflussen die Vegetation. Die unterschiedliche Zonierung in den einzelnen Dünenabschnitten kann auf engstem Raum studiert und untersucht werden. Ausgehend von der Kenntnis bestimmter Leitarten bieten sich die semiquantitative Erfassung von Individuenanzahl (Abundanz) sowie Deckungsgrad (Dominanz) und die Darstellung in einem Geländeschnitt (Profil) an. Zur Interpretation der gewonnenen Daten werden zusätzlich abiotische Faktoren bestimmt. Interessant sind auch mikroskopische Untersuchungen von ökologischen Anpassungen an extreme Standorte: spezielle Einrichtungen zum Schutz vor starker Verdunstung, Mechanismen zur Erhöhung von Wasseraufnahme und Wasserspeicherung (Sukkulenz), Anpassungen an stark salzhaltige Böden (Halophyten) sowie Strategien zum dauerhaften Überleben auf mobilen Sanden.

1.2.8.2 Versuchsanleitung und Auswertung

Zur Aufnahme des Geländeschnitts werden die charakteristischen Leitarten einzelner Zonen zwischen Meer und Etang auf einem kurzen Gang durch das Untersuchungsgebiet vorgestellt. Als Hilfsmittel dienen Artenlisten, Bestimmungsbücher und Musterprofile mit eingezeichneten Charakterpflanzen. Bereitgestellt werden topographische Karten oder Kartenskizzen, ein Klimadiagramm der Region sowie eine Darstellung der vorherrschenden Windrichtungen und Windgeschwindigkeiten. Zur Erfassung der Arten schätzt man für jede Dünenzone Abundanz bzw. Dominanz nach einer normierten Skala (Deckung mehr als $\frac{3}{4}$ = 5, $\frac{1}{2}$–$\frac{3}{4}$ = 4, $\frac{1}{4}$–$\frac{1}{2}$ = 3, $\frac{1}{20}$–$\frac{1}{4}$ = 2, weniger als $\frac{1}{20}$ = 1, einzelne Individuen = +). Die Ergebnisse werden als Diagramm dargestellt, das für jede Art die gewonnenen Daten in Abhängigkeit von der Vegetationszone zeigt. Zusätzlich wird in die Profilskizze das Hauptvorkommen charakteristischer Arten eingetragen (Abb. 1.13).

Abiotische Faktoren sind leicht zu bestimmen: Korngröße der Sande, Beleuchtungsstärken, Luft- und Bodentemperaturen (interessant ist die sommerliche Überhitzung von trockenen Sanden um 10–15° C über Lufttemperatur in einer Tiefe von 10 mm), pH-Werte sowie Salzgehalte. Verwendet werden für diese Untersuchungen handelsübliche Meßgeräte und Testsätze oder sogenannte Öko-Koffer (z.B. Fa. Merck, Fa. Phywe).

Einfache Untersuchungen zur physiologischen Ökologie der Dünenvegetation können durchgeführt werden: Zur Analyse der Anpassung des Wurzelsystems (Bodentrockenheit, tiefliegender Grundwasserspiegel, Mobilität des Sandes) werden Pflanzen ausgegraben und das Wurzelwerk skizziert *(Ammophila arenaria, Medicago marina, Pancratium maritimum)*. Interessante Untersuchungsobjekte sind die Halophyten: *Limonium* und *Tamarix*, die durch Drüsen Salz ausscheiden sowie *Atriplex*-Arten, die ganze salzhaltige Pflanzenteile abwerfen

(Blasenhaare), aber auch *Salicornia* und andere Arten, die in den Vakuolen erhebliche Salzmengen speichern. Viele Pflanzen der Dünen sind dicht behaart. Dadurch wird ein wirksamer Transpirationsschutz durch das Schaffen von windberuhigten Räumen um die Spaltöffnungen erreicht. Da die Behaarung meist weißfilzig und hell ist, wird Strahlung reflektiert und auf diese Weise einer zu starken Erwärmung und Überhitzung des Gewebes entgegengewirkt. Gute Beispiele sind *Medicago marina* und *Hippophae rhamnoides* (Schildhaare). Die Herabsetzung der Transpiration wird auch durch Wachsausscheidungen aus der Epidermis erreicht *(Crambe maritima, Eryngium maritimum)*. Ein weiterer wirksamer Schutz gegen übermäßigen Wasserverlust sind Rollblätter, die bei fast allen Dünengräsern zu finden sind. Hier müssen, wie bei den übrigen ökologischen Anpassungen, die Untersuchungen mit dem Mikroskop durchgeführt werden.

1.2.8.3 Fragen und weitere Aufgaben

1. Gibt es Unterschiede in der Art der Sandakkumulation durch *Ammophila, Ephedra* und *Corynephorus*(Korngröße, Ablagerung bezogen auf die Windrichtung usw.)?
2. Wie reagieren verschiedene Organismen auf die laufende Neuüberdeckung mit Sand: a) am Beispiel von *Pancratium maritimum?*, b) am Beispiel von *Medicago marina?*
3. Stellen Sie eine Liste von Strategien und Einrichtungen zusammen, die verwirklicht sind, um ein Überleben unter extremen Bedingungen im Bereich der Sanddünen zu gewährleisten: a) bei Wassermangel, b) bei starker Sonneneinstrahlung, c) bei heftigem Wind, d) auf Böden mit hohem Salzgehalt.

Literatur

Brun, G. (1968): Quelques données sur la température dans le sable d'une dune du littoral méditerranéen. Bul. Mus. Hist. Nat. **40**, 652–656.

Coineau, Y. (1969): Les peuplements des sables littoraux et souterrains. Introduction à une excursion sur la côte sableuse et dans la Plaine du Roussillon. Laboratoire Arago, Banyuls-sur-mer.

Harant, H. et D. Jarry (1967): Guide du naturaliste dans le Midi de la France. I. La mer, le littoral. Delachaux/Niestlé, Neuchâtel.

Laurent, G. (1932): La végétation des terres salées du Roussillon. Librairie Paul Lechevalier.

Rioux, J.A. (1966): Milieu dunaire et sols salés. Annales du C.R.D.P. **4**, 75–85.

Vanden-Berghen, C. (1964): La végétation terrestre du littoral de l'Europe Occidentale. Les Naturalistes Belges **45**, 198–219, 251–277, 299–337.

Abb. 1.13: Geländeschnitt (Profil) zwischen Meer und Etang östlich von Perpignan (nach Coineau, 1969)   ▷

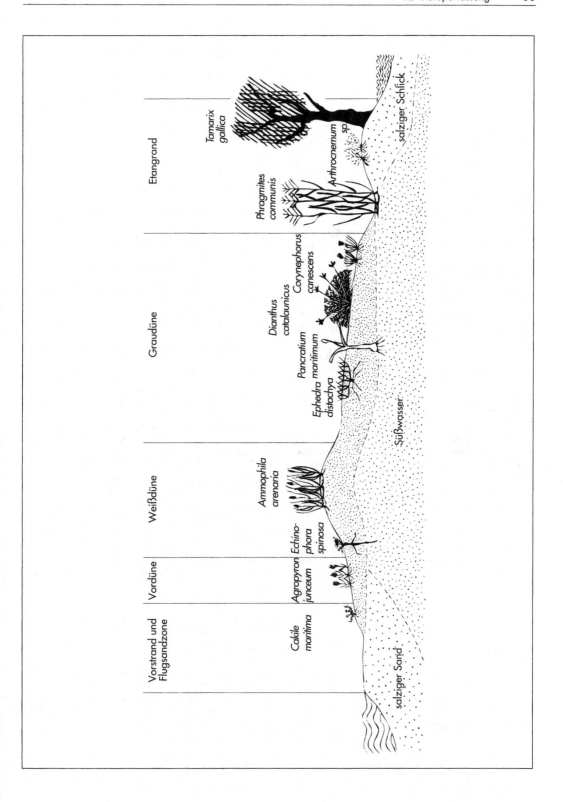

Vorstrand und Flugsandzone — Vordüne — Weißdüne — Graudüne — Etangrand

Cakile maritima
Agropyron junceum
Echinophora spinosa
Ammophila arenaria
Ephedra distachya
Pancratium maritimum
Dianthus catalaunicus
Corynephorus canescens
Phragmites communis
Arthrocnemum sp.
Tamarix gallica

salziger Sand
Süßwasser
salziger Schlick

1.2.9 Mittelmeer: Faunenprofil des Sandstrandes

Denise Bellan-Santini und
Christian C. Emig

In und auf den mediterranen Sandstränden lebt eine insgesamt vielfältige Fauna freibeweglicher Wirbelloser. Ihre lokale Zusammensetzung und Individuendichte schwankt allerdings in weiten Grenzen je nach dem Großklima in den einzelnen küstenabwärts aufeinanderfolgenden Lebensräumen, und innerhalb dieser auch je nach örtlicher Bodenbeschaffenheit (Wasserbewegung, Korngröße, allgemeine Konsistenz, Sauerstoffangebot). Namentlich im Supra- und Eulitoral sind das Wasserangebot (Spritzwasseranfall, Grundwasserspiegel und Schwankungen der Wasserlinie, Regenmenge und oberflächliche Austrocknung durch Sonne und Wind), der Temperaturgang (Tag-, Nacht- und Jahreszeitenschwankungen) und das Nahrungsangebot (Anfall organischer Materie im Strandanwurf, als Treibholz und angeschwemmte Baumstämme oder auch als fein verteilt angeschwemmter und angewehter Detrius) floren- und faunenbestimmende Faktoren. Abhängig vor allem von der Amplitude der Wasserbewegungen kann die Breitenausdehnung der Biozönosen von wenigen Metern bis über 100 m betragen.

An den Mittelmeerküsten sind die Klimaunterschiede zwischen Sommer (hohe Temperaturen, ruhiger Wasserstand, Trockenheit) und im Winter (niedrige Temperaturen, feuchtes Klima, starke Winde) besonders groß, was sich in erheblichem Maße auf die jahreszeitliche Verteilung der mobilen Fauna auswirkt.

Eine gute Vorstellung der Faunenzonierung entlang der Küstenböschung gewinnt man aus einem Küstenprofil des Sandstrandes von der oberen Strandböschung bis ins Sublitoral, wobei es sich empfiehlt, die jeweils festgestellten ökologischen Bedingungen wie die faunistischen Befunde in ein Schemadiagramm einzuzeichnen.

1.2.9.1 Materialbedarf

Spaten, mehrere flache Siebe von etwa 0,5 und 1 mm Maschenweite, 1 Harke, kleine Glasfläschchen, mehrere Eimer oder Kunststoffwannen, feste Kunststoffbeutel, wasserfeste Filzschreiber zum Be-

schriften der Kunststoffbeutel, Schnorchelausrüstung, Protokollpapier, Millimeterpapier, Bleistifte, flache möglichst weiße Sortierschalen, einige möglichst zusammenlegbare weiße Kunststoffrahmen von 0,25 m² Fläche (50 × 50 cm) zum Abstecken einheitlicher Probennahmeflächen, 1 Fl. 10 % Formol oder besser 70–80 % Alkohol zum Fixieren von Proben, Stereomikroskope.

1.2.9.2 Versuchsanleitung und Beobachtung

Man wähle eine geeignete, dem Wellen- und Gezeitengang ausgesetzte Strandzone aus, markiere dort ein Profil vom Supralitoral bis zum Sublitoral und sammle bzw. beobachte entlang dieser Linie sorgfältig sowohl die auf wie im Boden lebenden Tiere und Pflanzen. Um bei einer halb-quantitativen Auswertung der Untersuchungsergebnisse lokale Faunendifferenzen nicht überzuwerten, empfiehlt es sich, in jeder Tiefenstufe mehrere parallele Probennahmefelder abzusammeln. Dazu stecke man jeweils mit einem Rahmen ein Untersuchungsfeld ab und sammle repräsentative Proben aller vorgefundenen Organismen zuerst von der Oberfläche ab. Die im Boden lebende Fauna gewinnt man durch mehrmaliges Absieben von Grabeproben im abgesteckten Feld, möglichst fraktioniert in zwei bis drei Tiefenstufen, 1–10 cm, 10–20 cm und 20–30 cm. Alle gewonnenen Proben sind getrennt und sorgfältig beschriftet in festen Kunststoffbeuteln zum Rücktransport ins Labor zu hältern (Proben aus dem Supra- und Eulitoral in Beuteln mit wenig, gut durchfeuchtetem Sand, Proben unterhalb der Wasserlinie in halb mit Meerwasser gefüllten Beuteln im Schatten aufbewahren). Über alle Biotopbedingungen (Wasserstand, Wind, Sonneneinstrahlung, Wellenexposition und Bodentopographie) führe man sorgfältig Protokoll. Einige Sedimentproben, deren Korngrößen im Labor ausgemessen werden können, lassen auch Schlüsse auf die Präferenzen bodenbewohnender Arten für bestimmte Bodentypen zu.

Im Labor können die einzelnen Proben in Sortierschalen ausgelesen und das Artenspektrum bestimmt werden; Auslese von Boden- und Schillproben auch unter dem Stereomikroskop. Gradienten der verschiedenen Artenspektren und Individuendichten sind zusammen mit den ermittelten topographischen Angaben in ein Schema des Küstenprofils entspr. Abb. 1.14 einzutragen. In der Regel wird man folgende Zonierung antreffen:

Abb. 1.14: Blockdiagramm eines mediterranen Sandstrandes mit typischen Bewohnern   ▷

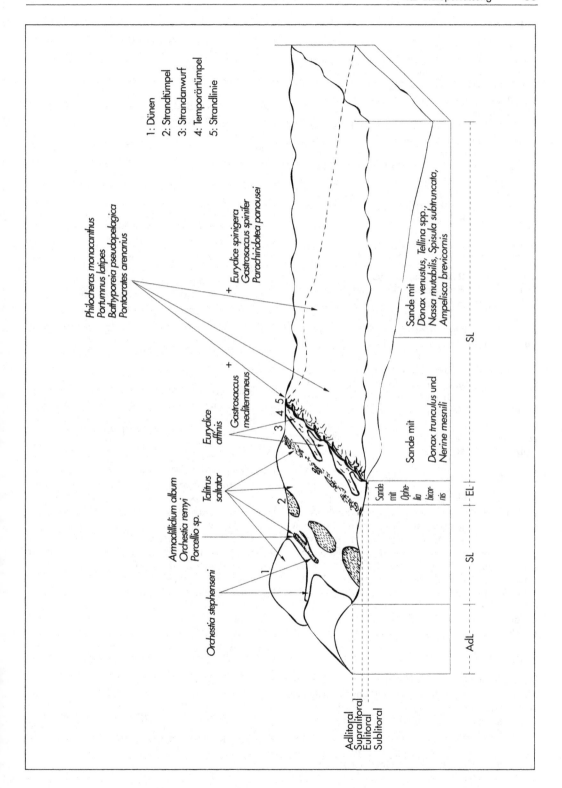

Philocheras monacanthus
Portumus latipes
Bathyporeia pseudopelagica
Pontocrates arenarius

+ Eurydice spinigera
  Gastrosaccus spinifer
  Parachiridotea panousei

Eurydice
affinis

Gastrosaccus +
mediterraneus

3 4 5

Sande mit
Donax venustus, Tellina spp.;
Nassa mutabilis, Spisula subtruncata,
Ampelisca brevicornis

Sande mit
Donax trunculus und
Nerine mesnili

Sande
mit
Ophe-
lia
bicor-
nis

Amadillidium album
Orchestia remyi
Porcellio sp.

Talitrus
saltator

2

1

Orchestia stephenseni

1: Dünen
2: Strandtümpel
3: Strandanwurf
4: Temporärtümpel
5: Strandlinie

Adlitoral
Supralitoral
Eulitoral
Sublitoral

AdL   SL   EL   SL   SL

A. Das Adlitoral

Im Adlitoral, dem eigentlich noch rein terrestrischen Lebensraum der obersten Strandböschung, eventuell auch der Dünenhänge, begegnet man – zumindest im Sommerhalbjahr – einer reinen Landflora und -fauna aus Spinnen und Insekten. Gleichwohl sollten wir diese Zone in unser Strandprofil mit einbeziehen, denn im Spätherbst und Winter flüchten sich manche Arten, so z.B. *Talitrus*, aus dem Supralitoral vor dem hohen Wellengang der mediterranen Herbst- und Winterstürme bis dort hinauf und überwintern dort auch. *Talitrus saltator* ist bis zum Frühjahr in Massen dort anzutreffen und bildet eine wichtige Nahrungskomponente für viele dort lebende Vögel.

B. Die Spritzwasserzone: das Supralitoral

Das Supralitoral wird namentlich bei windigem Wetter durch Gischt und Wellen ständig feucht gehalten. Charaktertier für diese obere Strandzone ist *Talitrus*. Er lebt in selbstgegrabenen Gängen und ist an deren zuweilen dicht an dicht beieinanderliegenden Eingangsöffnungen im feuchten Sand leicht zu entdecken. An weiteren Crustaceen trifft man hier die Strandassel *Armadillidium*. Unter reicherem Strandanwurf findet man zahllose Amphipoden, neben *Talitrus* auch mehrere *Orchestia*-Arten, Isopoden, *Armadillidium album*, und Arten der Gattung *Porcellio*, zuweilen auch Diplopoden und einige Coleopteren, dies vor allem unter angespültem Holz.

C. Die Gezeitenzone: das Eulitoral

Das Eulitoral, der Spülsaum im Bereich der auflaufenden Wellen mit namentlich bei stärkerem Wellengang stets durchnäßtem Boden, wird bereits von verschiedenen sedimentfressenden, im Sand wühlenden Polychaeten bewohnt, z.B.: *Ophelia bicornis radiata*, daneben von der Assel *Eurydice affinis*, einem Detritus- und Aasfresser. Vereinzelt trifft man hier die Schnecke *Mesodesma corneum* und im tieferen Bereich den Polychaeten *Nerine cirratulus* an, der in Schleimröhren in den obersten Bodenschichten lebt.

D. Das Sublitoral

Das Sublitoral (oder Infralitoral) beginnt unter der MNWL, wenngleich bei sehr starkem Wellengang in stürmischem Wetter oder bei Hochdruckwetterlagen sein oberer Saum durchaus einmal kurzfristig trockenfallen kann.

Das **obere Sublitoral** entspricht praktisch der untersten Strandzone; bis zu einer Tiefe von etwa 5 m besteht der Grund aus oberflächlich stark bewegten Feinsanden (Biocoenose des Sables fins de haut niveau = S.F.H.N.) mit der Charakterfauna: *Donax trunculus* und *Mactra lutea* (Bivalvia) sowie *Nerine mesnili* (Polychaeta). Hinzukommen kann in wechselnder Verteilung, je nach feineren Unterschieden in der Bodenbeschaffenheit, ob lockerer oder kompakter, eine Reihe weiterer Arten, so die Garnele *Philocheras monacanthus*, die Schwimmkrabbe *Portumnus latipes*, verschiedene Mysidaceen der Gattung *Gastrosaccus*, Amphipoden der Gattungen *Bathyporeia* und *Pontocrates* und die Schwimmasseln *Eurydice spinigera* und *Parachiridotea* sp.; an Mollusken neben *Donax trunculus* weitere *Donax*-Arten, dazu *Tellina tenuis* und *Lentidium mediterraneum* (Bivalvia), und *Cyclonassa donovani* (Gastropoda); an Polychaeten der sedentäre *Scolelepis cantabra* (= *Nerinides cantabra*) und errante Arten der Gattungen *Glycera* und *Eteone*, und schließlich als Vertreter der Echinodermen der Mittelmeerherzseeigel *Echinocardium mediterraneum*.

Im **unteren Sublitoral**, etwa bis zur unteren Verbreitungsgrenze der submarinen Gefäßpflanzengesellschaften (Seegraswiesen mit *Cymodocea*-, *Halophila*- und *Posidonia*-Beständen) herrschen Feinsande (Biocoenose des Sables fins bien calibrés = S.F.B.C.) vor. Diese Zone reicht im allgemeinen bis in Tiefen von 20–30 m. In der entsprechend der Vielzahl ganz unterschiedlicher Kleinlebensräume formenreicheren Fauna dieser Zone sind nun die meisten Gruppen benthischer Tiere vertreten; charakteristischerweise setzt sie sich zusammen aus Hydrozoen *(Hydractinia echinata)*, vielen erranten und sedentären Polychaten *(Sigalion mathildae, Exogone hebes, Onuphis eremita, Diopatra neapolitana, Spiophanes bombyx, Prionospio malmgreni)* einem größeren Spektrum auf und im Boden lebender Muscheln *(Donax venustus, Cardium tuberculatum, Mactra corallina, Spisula subtruncata,* verschiedenen *Tellina*-Arten und *Venus gallina)*, Gastropoden *(Nassa mutabilis, Nassa pygmaea, Acteon tornatilis, Neverita josephinia)*, verschiedensten Crustaceen, so typischerweise der Schwimmassel *Idotea linearis*, bodenlebender Amphipoden *(Ampelisca brevicornis)* und Cumaceen *(Eocuma ferox, Iphinoë trispinosa, Pseudocuma longicornis)*, Schwimmkrabben, vornehmlich *Macropipus barbarus* und von den Fischen hauptsächlich *Callionymus belenus* und *Gobius microps*.

Zusätzlich zu diesen regelmäßig vorkommenden Formen trifft man je nach lokalen Milieugegebenheiten noch auf eine Fülle weiterer Arten, deren einzelne jahreszeitenabhängig vorübergehend in Massen auftreten können und dann auch Räuber aus tieferen Bereichen, z.B. junge Seezungen oder andere Plattfische, anlocken.

1.2.9.3 Auswertung und Fragen

Zur Auswertung der Untersuchung skizziere man das untersuchte Küstenprofil und trage alle gewonnenen Ergebnisse in das Schema (Abb. 1.14) ein. Mit seiner Hilfe versuche man folgende Fragen zu beantworten:

Welche Unterschiede lassen sich beim Vergleich der Biocoenosen in einem verschmutzten Strandtümpel, unter angeschwemmten Treibholz, in sonstigem Strandanwurf und im Sand rundum feststellen?

Welchen Anteil haben die Reste submariner Blütenpflanzen *(Posidonia, Halophila, Cymodocea, Zostera)* an der Zusammensetzung des Strandanwurfs im Untersuchungsgebiet? Sie geben Auskunft über die submarinen Pflanzengesellschaften im weiteren Umkreis und zeigen dort vorkommende Seegraswiesen an. Gerade Posidonienreste können in großen Mengen angeschwemmt und an der Spülsaumgrenze zu hohen Banketten aufgehäuft werden. Auch aus der Zusammensetzung des restlichen Strandanwurfs lassen sich Rückschlüsse auf die Großgliederung des weiteren Umkreises des untersuchten Küstenabschnitts ziehen (anlandige oder küstenparallele Strömungen, Anhäufung von «Kulturmüll» oder Pflanzen- und Tierresten terrestrischer Herkunft etc.)

Was läßt sich über die Fauna kleiner temporärer Strandtümpel, Lachen und Löcher im Eulitoral sagen? Welche Bewohner der oberen Feinsande des Sublitorals trifft man auch hier an und warum?

Vergleichen Sie die relativen Anteile an Epi- und Infauna der Sand- und Schlickböden in den einzelnen Küstenbiocoenosen der verschiedenen Tiefenbereiche, und überlegen Sie, welche Lebensraumbedingungen für die festgestellten Unterschiede verantwortlich sind.

In welchen Bodentiefen trifft man welche Bodenbewohner bevorzugt an, aus welchen Tiergruppen stammen sie, und wie sind sie an ihren jeweiligen Lebensraum angepaßt?

Welche Ernährungsweisen (Strudler und Filtrierer, Detritus- und Aasfresser, Räuber) herrschen in den einzelnen Benthosbiocoenosen vor, und welche Umweltfaktoren begünstigen oder behindern diese oder jene Art des Nahrungserwerbs?

Vergleichen Sie die Besiedlung von kompakterem und lockerem Sandgrund in der gleichen Zone. Welche Unterschiede kann man feststellen?

Versuchen Sie die verschiedenen Arten von *Orchestia* (*O. remy* und *O. stephenseni*) morphologisch und nach ihrem bevorzugten Lebensraum zu unterscheiden, desgleichen von *Tellina* (*T. fabuloides, T. pulchella* und *T. nitida*) und von *Donax* (*D. trunculus, D. multistriatus, D. venustus*). In welchen Lebensansprüchen unterscheiden sich die Arten?

Wie verändert sich die Faunenzonierung, wenn der Strand nicht wellenexponiert ist, etwa in einer ruhigen Bucht?

Literatur

Bellan-Santini, D., J. Picard et M.L. Roman (1984): Contribution à l'étude des peuplements des invertébrés des milieux extrêmes. II: Distribution des Crustacés de la macrofauna des plages du delta du Rhône. Ecol. Medit. 10 (3/4), 1–7.

Bigot, L., J. Picard et M.L. Roman (1984): Signification des peuplements d'invertébrés des plages des dunes du delta du Rhône; délimitations des domaines marins et terrestres. C.R. Acad. Sci. Paris 298, sér. III (1), 5–7.

Massé, H. (1972): Contribution à l'étude de la macrofaune des peuplements de sables fins infralittoraux des côtes de Provence, V.: La côte de Camargue. Tethys 3 (3), 539–568.

Pérès, J.M. (1967): The Mediterranean Benthos. Oceanogr. mar. Biol. Ann. Rev. 5, 449–553.

Pérès, J.M. (1982): Ocean Management. In «Marine Ecology», vol. 5, (Part 1), Ed. O. Kinne. Wiley & Sons, Chichester.

Pérès, J.M. et Picard, J. (1964): Nouveau manuel de bionomie benthique de la mer Méditerranée. Rec. Trav. Sta. Mar. Endoume 47, 1–137.

1.2.10 Analyse eines primären Hartbodens: Rockpools

Peter Götz

An allen felsigen Küsten existieren im Bereich der Spritzwasserzone sog. Rockpools (Lithotelmen), Tümpel, deren Wasser durch Wellenschlag, Regen und Verdunstung in unterschiedlicher Weise beeinflußt wird. Temperatur und Salzgehalt des Tümpelwassers sind starken Schwankungen ausgesetzt, die um so größer sind, je weiter die Tümpel von der mittleren Hochwasserlinie (MHWL) entfernt sind. Manche Tümpel werden nur noch bei extremer Brandung vom Spritzwasser erreicht. Erstaunlicherweise sind diese Tümpel trotzdem – allerdings in unterschiedlichem Maße – von (überwiegend marinen) Tieren und Pflanzen besiedelt. Ihre Bewohner müssen also in der Lage sein, Schwankungen der Temperatur und des Salzgehaltes, mitunter auch Austrocknung, sowie hohe Intensitäten der Sonneneinstrahlung zu überstehen.

Rockpools stellen deshalb einen beachtenswerten Lebensraum dar; sie sind natürliche Freilandaquarien, in denen viele marine Organismen bequem beobachtet und Experimente leicht durchgeführt werden können. Bei ihrer Untersuchung mit dem Ziel, die dort herrschenden Lebensbedingungen zu analysieren und Zusammenhänge zwischen Organismen und bestimmten Umweltfaktoren zu erfassen, stößt man allerdings rasch auf erhebliche Schwierigkeiten. Das Mikroklima der einzelnen Tümpel wird durch eine Vielzahl von Faktoren in komplexer Weise bestimmt. Bereits die unterschiedliche Morphologie des felsigen Untergrundes eines Tümpels und seiner Umgebung bedingt, daß jeder Tümpel individuell verschieden ist. Die Parameter «Höhe über dem Meer» und «Entfernung von der Wasserlinie» werden in ihrer Bedeutung für die Salzwasserzufuhr überlagert durch die jeweilige Geländestruktur mit ihren Buchten, Spalten und Felsriegeln. Von starkem Einfluß ist ferner die Exposition eines Tümpels gegenüber der Sonneneinstrahlung und dem Wind. Auch innerhalb eines Tümpels wechseln nackter Fels, Geröll und grobes oder feines Sediment auf engstem Raum einander ab. Der Vielfalt der Lebensmöglichkeiten entsprechend treffen wir in manchen Rockpools eine erstaunliche Artenfülle an. Am größten ist der Artenreichtum in jenen Tümpeln, die dicht an der Wasserlinie liegen. Dort sind die Lebensbedingungen relativ geringen Schwankungen unterworfen. Größere Anforderungen an seine Bewohner stellen dagegen jene Tümpel, die seltener vom Meerwasser erreicht werden. Den wirksamsten lebensfeindlichen Faktor stellt dabei offensichtlich die Austrocknungsgefahr dar, während Aussüßung und Temperaturwechsel leichter ertragen werden können. Ähnlich wie die Bewohner offener Felswände der Spritzwasserzone verfügen daher die charakteristischen Besiedler extrem gelegener Rockpools v.a. über Schutzmechanismen gegen Austrocknung (Schleimproduktion, Bildung derber Hüllen oder Schalen, Verschließen der Körperöffnungen, Aktivitätswechsel, Wanderverhalten).

Für die Untersuchung von Rockpools sollten folgende Ziele gesetzt werden:

1. Kennzeichnung der abiotischen Bedingungen in einigen ausgewählten Rockpools.
2. Erfassen der darin vorkommenden Pflanzen und Tiere.
3. Vergleich von Flora und Fauna der untersuchten Rockpools mit der des angrenzenden Eulitorals bzw. der Felswände der Spritzwasserzone.
4. Ermitteln der ökologischen Potenz einiger Charakterarten der Rockpools durch einfache Versuche zu Habitatselektion, Aktivitätswechsel und Toleranz.

Die Untersuchung kann als Projektarbeit von 2–4 Exkursionsteilnehmern durchgeführt werden. Für die kontinuierlichen Messungen werden täglich 2–3 Arbeitsstunden benötigt; für Artbestimmungen und Experimente sollten 4–5 Arbeitstage ganz zur Verfügung stehen.

1.2.10.1 Untersuchungsobjekte und Materialbedarf

Material:
- Meßlatte zum Peilen der Höhe über dem Meeresspiegel (bzw. der MHWL),
- Meßband zur Entfernungsmessung,
- Thermometer in bruchsicherer Hülle,
- Aräometer oder Silbernitrat (17 g) und Kaliumchromat (10 ml einer 5 %igen wässrigen Lösung) zur Bestimmung des Salzgehaltes durch Titration,
- Bestimmungsliteratur, Stereomikroskop, Lupe, Pinzette,
- Messer zum Ablösen von festsitzenden Tieren und Pflanzen,
- Meißel zum Aufbrechen von Hartsubstrat,
- Kescher und kleines Planktonnetz,
- Glasschalen oder Plastikgefäße unterschiedlichen Durchmessers,
- Meßbecher oder Meßzylinder (100 ml, 1 l; möglichst aus Kunststoff),
- Pipetten (z.B. Pasteur-Pipetten) und Pipettenhütchen,
- Farben zum individuellen Markieren (z.B. Tipp-Ex fluid, verschiedenfarbige Filzschreiber, farbloser Nackellack).

Auswahl der zu untersuchenden Rockpools: Die Untersuchung erfordert zuerst die Auswahl einiger geeigneter Felstümpel. Das Untersuchungsgebiet sollte sich, wenn möglich, in der Nähe des Kursgebäudes befinden, da tägliche Messungen vorgesehen sind. Empfohlen wird, Tümpel unterschiedlicher Bedingungen auszuwählen, von «normal» bis «extrem», am besten je 2 aus drei verschiedenen Zonen:

Zone 1: Tümpel (oder Nischen), die durch Wellenschlag in ständigem Kontakt mit dem Meer stehen (also eigentlich dem obersten Eulitoral zugehören).

Zone 2: Tümpel mit häufiger Spritzwasserzufuhr, die aber durch Sonnenexposition und Regenwasserzufluß bereits unter eigenen Bedingungen stehen (dem Supralitoral angehören).

Zone 3: Tümpel, die nur bei extremen Bedingungen (Sturm) Meerwasserzufuhr erhalten.

Es ist darauf zu achten, daß die Tümpel hinsichtlich Größe und Tiefe sowie ihrer Exposition zu Sonne, Wind und Wellenschlag soweit wie möglich übereinstimmen. Die ausgewählten Tümpel sind zu markieren, ihre Lage zu vermessen und in eine maßstabsgetreue Skizze in Grund- und Aufrißzeichnung einzutragen.

1.2.10.2 Versuchsanleitungen und Beobachtungen

A. Erfassen der abiotischen Faktoren

Temperatur und Salzgehalt an der Oberfläche und an der tiefsten Stelle jedes Tümpels sollten über einen Zeitraum von mehreren Tagen regelmäßig gemessen werden. Parallel dazu sind die Temperatur der Luft (im Schatten in etwa 1 m Höhe über dem Boden) und des Meerwassers sowie die Wetterverhältnisse (Bewölkung und Niederschlag der letzten 24 Std.) zu erfassen. Nach Möglichkeit sollte auch einmal der Temperaturverlauf des Meerwassers und des Wassers in den Tümpeln sowie der Luft in 2 Stunden-Abständen über 24 Std. hinweg erfaßt werden. Die Ergebnisse aller Messungen sind graphisch (als Temperatur- und Salinitätsverlaufskurven) darzustellen. (Zu erwartendes Ergebnis: Die Wassertemperatur in den Rockpools folgt stärker dem Tagesverlauf der Lufttemperatur als die Temperatur des Meerwassers.)

Salinitätsbestimmung durch Titrieren: Die Salinitätsbestimmung kann durch Titration der Chlor-Ionen mittels Silbernitrat ($AgNO_3$) mit Kaliumchromat ($KCrO_4$) als Indikator erfolgen (Thiess 1985). 17 g Silbernitrat werden mit Aqua dest. auf 620 ml aufgefüllt. 10 ml der zu untersuchenden Wasserprobe werden mit 3–5 Tropfen Kaliumchromat (5 %) als Indikator versetzt. Dann wird Silbernitratlösung in kleinen Mengen unter Umrühren in die Wasserprobe gegeben. Wenn alle Chlor-Ionen als Silberchlorid ausgefällt sind, bildet sich rotes Silberchromat. Der Farbumschlag von gelb nach rot zeigt daher das Ende der Titration an. Unter den angegebenen Verhältnissen entspricht der Verbrauch von je 1 ml Silbernitrat einer Salinität von 1‰; wurden z.B. 20 ml Silbernitrat verbraucht, so beträgt die Salinität der Wasserprobe 20‰.

B. Qualitative und quantitative Erfassung der Flora und Fauna der Rockpools

Eine Artenliste der pflanzlichen und tierischen Bewohner der ausgewählten Tümpel sowie der Felswände der Spritzwasserzone und der angrenzenden Eulitorals ist zu erstellen. Für eine genaue Artbestimmung sowie zur Ermittlung quantitativer Daten müssen evtl. weitere Tümpel des gleichen Typs herangezogen werden, da diese Arbeiten eine intensive Störung des Lebensraumes verursachen können.

Die in den Tümpeln nachgewiesenen Arten sollten in einer Liste zusammengestellt werden unter Berücksichtigung ihres Auftretens in den verschiedenen Tümpeln, geordnet nach steigendem Grad der Extrembedingungen. Die folgende Tab. gibt eine kleine Auswahl aus einer derartigen Artenliste von Rockpools der Mittelmeerküste bei Villefranche/ Frankreich:

	Tümpel Zone 1	Tümpel Zone 2	Tümpel Zone 3
Patella coerulea		+	+ +
Littorina neritoides		+	+ +
Pachygrapsus marmoratus	+	+	+
Chthamalus stellatus		+	– –
Paracentrotus lividus		+	+ –
Chironomiden-Larven	–	+	–
Culiciden-Larven	–		+ +

C. Versuche zur ökologischen Potenz von typischen Bewohnern der Rockpools

Filtrieraktivität in Abhängigkeit vom Salzgehalt: In Aquarien oder Kunststoffwannen werden mindestens 2 l Fassungsvermögen werden 0,5/1,0/1,5 bzw. 2,0 l Meerwasser (36‰ Salzgehalt) eingefüllt und Süßwasser bis zu einem Endvolumen von 2 l dazugegeben. Damit stehen Salinitätsstufen von 9, 18, 27 und 36‰ zur Verfügung. In die Gefäße werden je mindestens 10 Miesmuscheln (bzw. Seepocken) gelegt (Thiess 1985). – Nach jeweils 15 min ist der Prozentsatz der geöffneten (= filtrierenden) Miesmuscheln (Seepocken) auszuzählen. Durch Zugabe von abgewogenen Mengen von Meersalz zu Meerwasser können auch höhere Salinitätsstufen hergestellt und die Toleranz der Muscheln in diesem Bereich bestimmt werden.

Habitatwahl bei Schnecken: Ein kleines Gefäß wird randvoll mit Meerwasser gefüllt und ins Zentrum eines größeren Gefäßes gestellt. In das größere Gefäß wird nacheinander Meerwasser unterschiedlicher Verdünnung (s.o.) eingefüllt. Das Wasser im äußeren Gefäß sollte bis an den oberen Rand des kleineren Gefäßes reichen. Dann werden in das kleinere Gefäß je 10 Schnecken der zu untersuchenden Art (z.B. *Littorina* spp.) gegeben (Thiess 1985). – Notieren Sie, wieviele Schnecken in jedem der Versuchsansätze im Verlauf von 15 min in das äußere Gefäß ausgewandert sind. Welche Salinitätsstufen werden bevorzugt?

1.2.10.3 Auswertung

Die vorgeschlagenen Untersuchungen sollen Daten liefern, welche die extremen Lebensbedingungen in den Rockpools, v.a. die starken Schwankungen von Temperatur und Salzgehalt, belegen. Aus dem Vergleich der Artenlisten der unterschiedlichen Tümpel müßte eine Abnahme der Artenvielfalt bei zunehmenden Extrembedingungen erkennbar sein; in

Tümpeln mit den höchsten Schwankungen der Lebensbedingungen bleiben nur Arten übrig, die sich dem Salzgehalt und der Temperatur gegenüber weitgehend euryök verhalten. Dabei ist aber auf eventuelles Auswandern aus den Tümpeln beim Auftreten von besonders extremen Bedingungen zu achten; hierzu sind individuelle Markierungen der Schneckenpopulationen einzelner Tümpel vor Eintritt von Extrembedingungen hilfreich. Es ist ferner zu beachten, daß es in den Tümpeln bei Zufluß von Regenwasser zu einer Schichtung des Wasserkörpers kommen kann, wobei das leichtere Süßwasser über dem Salzwasser verbleibt. Die halophilen Bewohner des Tümpels können in der tieferen Salzwasserschicht Zuflucht finden. Eine «oberflächliche» Messung des Salzgehaltes würde also nicht die tatsächlichen Lebensbedingungen im Tümpel widerspiegeln. Falls der aktuelle Witterungsverlauf nicht von sich aus für Extrembedingungen sorgt (Aussüßen durch Regen bzw. Salinitätszunahme durch starke Sonneneinstrahlung und Wind), könnten durch Zugabe von Süß- bzw. Meerwasser die Verhältnisse in den Tümpeln experimentell verändert werden.

Die Bestimmung der Filteraktivität von Muscheln (s. Abschn. 1.3.12) oder Seepocken bzw. die Habitatwahlversuche an Schnecken bei Verwendung unterschiedlicher Meerwasser-Konzentrationen sollen schließlich über die ökologische Potenz einzelner Faunenelemente der Rockpools Auskunft geben.

Bei der Ermittlung der Flora und Fauna der Tümpel muß behutsam vorgegangen werden, damit die Biocoenose dabei möglichst wenig gestört wird. Im allgemeinen sind die Sichtmöglichkeiten in den Tümpeln jedoch sehr gut und erlauben den direkte Beobachtungen zu Nahrungsaufnahme, Beutefang, Fluchtverhalten und zur Fortbewegung seiner tierischen Bewohner, ohne daß diese aus ihrem Lebensraum entfernt werden müssen. – Versuche zur Ortstreue und zum Heimfindevermögen von Schnecken: s. Abschn. 1.3.5.

Literatur

Kremer, B.P. (1985): Felstümpel in der Gezeitenzone. Natur u. Museum **115**/4, 110–119.

Lewis, J.R. (1964): The ecology of rocky shores. The English University Press, London, 323 pp.

Nevall, R.C. (1979): Biology of intertidal animals. Marine ecological surveys Ltd., Faversham, Kent, 781 pp.

Thiess, M. (1985): Biologie des Wattenmeeres. Praxis Schriftenreihe Biologie, Band **32**. Aulis Verlag, Köln.

1.2.11 Analyse eines sekundären Hartbodens: Coralligène

Arnold Tovornik

Dieses Kapitel soll dazu anregen, einen aufgrund seiner Entstehungsweise reich strukturierten und daher besonders artenreichen Lebensraum näher zu untersuchen.

Mit dem französischen Wort **Coralligène** bezeichnet man Hartböden, welche ihre Entstehung der Absonderung von Kalk durch verschiedene marine Organismen, Pflanzen und Tiere, verdanken. Die Bezeichnung geht auf die Tatsache zurück, daß man früher häufig die Edelkoralle *(Corallium rubrum)* auf diesem Untergrund fand; der deutsche Name «Corallinenböden» ist weniger gebräuchlich. Die Kalkproduzenten sind hauptsächlich Rotalgen (Rhodophyceae) aus der Familie Corallinaceae, von denen einige Arten auch am Aufbau tropischer Korallenriffe beteiligt sind. Im Mittelmeer wird das Coralligène vor allem von folgenden Kalkrotalgen gebildet: *Pseudolithophyllum expansum, Mesophyllum lichenoides, Neogoniolithon mammillosum* und *Lithothamnion philippii* (Corallinaceae) sowie *Peyssonnelia polymorpha* (Sqamariaceae). An der Oberfläche befinden sich lebende Algenthalli, die darunter gelegenen Schichten bestehen aus dem Kalk abgestorbener Thalli. Mit einem Anteil von kaum 20% der Kalkmasse kommen noch die Schalen und Gehäuse zahlreicher wirbelloser Tiere hinzu (Mollusken, Polychaeten, Bryozoen etc.), die durch das Wachstum der Algen zu einem Hartsubstrat verfestigt werden, das zahlreiche Höhlen, Lücken und Spalten aufweist, die den verschiedensten Tieren Lebensraum bieten. Die am Zustandekommen des Coralligène beteiligten Organismen leben im oberen Sublitoral von Felsküsten – unter günstigen Strömungs- und Sedimentationsbedingungen siedeln sie auch auf Lockersubstraten – und bauen im Laufe der Zeit «sekundäre» (d.h. im Gegensatz zu den Felsböden **biogen** gebildete) Hartböden auf. Derartige Meeresböden ähneln mitunter einem Geröllfeld aus Kalkkonglomeraten von einigen Dezimetern bis zu vier Metern Durchmesser. Coralligène-Böden bedecken oft weite Flächen und werden von zahlreichen Rinnen durchzogen, in denen sich Lockermaterial ansammelt, welches von typischen Vertretern der Weichbodenfauna besiedelt wird.

Ein wesentlicher Faktor für die Entstehung des Coralligène ist das Licht. Die Kalkrotalgen sind «Schwachlicht-Pflanzen», die meist erst in größerer Tiefe gedeihen, wo das Lichtspektrum für Grünalgen nicht mehr so geeignet ist. Je nach der Durchlichtung des Wassers findet man im Mittelmeer das Coralligène zwischen 15 und 120 Metern Tiefe, im westlichen Mittelmeer (z.B. Banyuls-sur-Mer) schon bei 15–35 m, im östlichen Teil (Ägäis) erst zwischen 70 und 120 m. Sein Vorkommen ist jeweils auf etwa 20 Tiefenmeter begrenzt, die Ausdehnung somit vom Gefälle des Meeresbodens abhängig. Oberhalb, unter stärkerer Lichteinwirkung, entwickelt sich eine als **Précoralligène** bezeichnete Formation aus nur wenig Kalk einlagernden Grün- und Rotalgen (z.B. *Udotea petiolata, Halimeda tuna, Peyssonnelia squamaria*).

1.2.11.1 Materialgewinnung

Coralligène-Böden sind im Mittelmeer weit verbreitet; sie befinden sich in der Regel vor den Kaps. Da umfassende Kartierungen noch fehlen, wird empfohlen, sich direkt am Exkursionsstandort nach Coralligène-Vorkommen zu erkundigen.

Coralligène-ähnliche Hartböden werden auch von außerhalb des Mittelmeeres beschrieben, so z.B. aus dem Ärmelkanal und der Nordsee. Hier sind die Lebensgemeinschaften aber deutlich artenärmer als im Mittelmeer.

Wegen seines Vorkommens in größerer Tiefe kann das Coralligène kaum – es sei denn durch Gerätetauchen – direkt am Standort untersucht werden. In der Regel werden daher Coralligène-Proben von Bord eines Schiffes aus mit Hilfe einer Dredge oder eines Bodengreifers gewonnen, eventuell vorsortiert und in Meerwasser transportiert. – Im Labor werden die Proben am besten in ständig von frischem Meerwasser durchströmten Becken gehältert, andernfalls ist für häufigen Wasserwechsel zu sorgen, da insbesondere verletzte Schwämme rasch in Verwesung übergehen und hierdurch empfindliche Organismen geschädigt werden. Coralligène-Proben lassen sich mehrere Tage aufbewahren und enthalten auch danach noch zahlreiche faunistische Überraschungen.

1.2.11.2 Auswertung

Zur genaueren Untersuchung werden die Coralligène-Brocken zerkleinert, ggf. mit Hammer und Meißel. Die so freigelegten Algen, Tiere, Gehäuse und Schalen werden, je nach Größe, unter Zuhilfenahme von Lupe, Stereomikroskop oder Mikroskop betrachtet und bestimmt. Zeitbedarf: mindestens 1 ganzer Tag – wenn möglich, länger.

Aufgrund seiner strukturellen Vielfalt bildet das Coralligène einen von zahlreichen Tierarten dicht besiedelten Lebensraum. So konnte Laubier (1966) vor Banyuls-sur-Mer über 530 Arten nachweisen; davon waren allerdings nur 7 Arten bisher ausschließlich im Coralligène gefunden

worden, alle anderen auch auf Hart- und Weichböden der Umgebung. Die Untersuchung von Coralligène-Proben erweitert deshalb vor allem die faunistischen Kenntnisse, weil hier auf relativ engem Raum Vertreter sehr vieler Gruppen des Tierreiches anzutreffen sind. – Obwohl das Beziehungsgefüge in den Coralligène-Brocken durch die Art der Bearbeitung zum Teil stark gestört wird, lassen sich dennoch über das reine Bestimmen hinaus auch lohnende Beobachtungen zur Lebensweise der Tiere machen.

Vor und während des Zerkleinerns der Coralligène-Stücke achte man möglichst genau auf den Aufenthaltsort der Tiere und ihre Beziehungen zum Substrat. Danach lassen sich die Coralligène-Bewohner in drei Gruppen einteilen:

1. Die **Exolithen**, die auf der Substratoberfläche leben, entweder dem Licht zu- oder abgewandt.
2. Die **Mesolithen** leben im Substrat eingegraben, haben aber Beziehung nach außen – sei es, daß sie teilweise aus dem Substrat herausragen, sei es, daß sie einen ständigen Atem- und/oder Nahrungswasserstrom aufrechterhalten.
3. Die **Endolithen**, die im Inneren des Substrats ohne direkte Beziehung nach außen leben; hierher gehören sowohl mesopsammische Formen als auch Bewohner kleiner wassergefüllter Hohlräume.

Neben den zu erwartenden Hartbodenbewohnern enthalten die Coralligène-Proben meist auch einige typische Arten der Weichbodenfauna; sie stammen vor allem aus den das Coralligène durchziehenden Sedimentrinnen. – Eine ausführliche Faunenliste des Coralligène findet man bei Laubier (1966).

1.2.11.3 Weitere Beobachtungen

In einem dicht besiedelten Lebensraum wie dem Coralligène lassen sich auch zahlreiche Wechselbeziehungen zwischen verschiedenen Tierarten beobachten. So findet man:

1. **Epibionten**, die auf anderen Organismen siedeln, wie z.B. viele Bryozoen. Ihre Standortwahl ist meist unspezifisch bezüglich des besiedelten Organismus, sondern mehr von abiotischen Faktoren (z.B. Licht) abhängig; anders bei der Lederkoralle *Parerythropodium coralloides*, welche fast ausschließlich auf der Hornkoralle *Eunicella stricta* siedelt.
2. **Endobionten**, die in den Körperhöhlen anderer Tiere leben, sind beispielsweise der Polychaet *Eunice siciliensis* und die Garnelen *Typton spongicola* und *Alpheus dentipes*, welche die Kanalsysteme von Schwämmen bewohnen.
3. **Kommensalen**, d.h. Vergesellschaftungen, bei denen ein Partner am Nahrungserwerb des anderen teilhat, sind im Coralligène nicht selten. So findet sich z.B. der Polychaet *Lepidasthenia elegans* meist in den Wohnröhren größerer Terebelliden.

4. **Ekto-** und **Endoparasiten,** vor allem Copepoden, kann man ebenfalls entdecken.

Literatur

Laubier, L. (1966): Le Coralligène des Albères. Monographie biocénotique. – Ann. Inst. Océan. **43,** 137–316.

1.2.12 Analyse eines sekundären Hartbodens: Kalkalgen-Trottoir

Reinhart Schuster

Vor allem im Westlichen Mittelmeer findet sich in der Gezeitenzone mancher Felsküsten ein längs der Wasserlinie verlaufender, einige Dezimeter breiter Kalkwulst, der stellenweise sogar eine Breite von mehr als einem Meter erreichen kann. Dafür hat sich in der meeresbiologischen Literatur die treffende Bezeichnung **Trottoir** eingebürgert. Diese auffällige Litoralformation wird von *Lithophyllum tortuosum* (Esper)Foslie (= *Tenarea tortuosa* (Esper) Lemoine), einem Vertreter der Kalkrotalgen, Corallinaceae, gebildet (Zimmermann 1982).

Das für das Trottoir typische, aus Kalklamellen gebildete Hohlraumsystem gleicht dem Spaltensystem eines Felsbodens. Im Gegensatz zu diesem, wo in vielen Fällen wegen der Härte des Gesteins keine geeignete Substratentnahme möglich ist, läßt sich die Lamellenschicht des Trottoirs verhältnismäßig leicht abtragen. Aus den so gewonnenen Substratstücken können dann mittels bodenzoologischer Ausleseverfahren Kleinarthropoden extrahiert werden. Damit bietet sich eine günstige Gelegenheit, die Lückenfauna des marinen Felslitorals, speziell die für die Gezeitenzone typische terrestrische Faunenkomponente (Schuster 1962), auf relativ einfache Weise zu studieren.

1.2.12.1 Untersuchungsobjekt und Materialbedarf

Untersuchungsobjekt: Der von *Lithophyllum tortuosum* gebildete Aufwuchs besteht aus unregelmäßig gefalteten Kalklamellen, die meist senkrecht aufragen. Dadurch entsteht ein sehr stabiles, krustenförmig das Substrat überziehendes Hohlraumsystem, das einige Zentimeter Dicke erreichen kann. Im einfachsten Fall werden isolierte «Kalkkissen» ausgebildet. Diese können sich zu größeren Aufwuchsflächen vereinigen und dann zum typi-

schen Trottoir verbreitern. Das Hohlraumsystem stellt nur die äußere Trottoirschicht dar; das Innere des Trottoirs besteht aus einem soliden Kalksockel (Abb. 1.15). Der untere (meernahe) Trottoirbereich wird ständig vom Meerwasser umspült, der obere (felsnahe) hingegen erst bei Hochwasser bzw. Wellengang. Dementsprechend nimmt die Durchtränkung des Hohlraumsystems von oben nach unten hin zu.

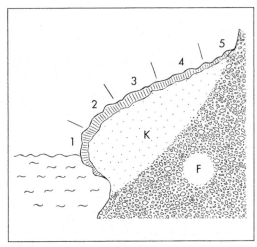

Abb. 1.15: Schematischer Querschnitt durch ein Kalkalgen-Trottoir bei mittlerem Wasserstand: Außen befindliche Hohlraumschicht (schraffiert); solider Kalksockel (K); Uferfels (F); Serie von Profilproben (1–5)

Materialbedarf: Hammer und Meißel zum Abschlagen der Substratproben; dickwandige Plastiksäcke für den Probentransport in das Labor; die in der Bodenzoologie üblichen Berlese-Tullgren-Apparate zur Tiergewinnung (Austreiben der in den Trottoirhohlräumen befindlichen Kleinarthropoden terrestrischer Herkunft); Blockschälchen und Petri-Schalen für das Aussortieren des Tiermaterials; Handlupen sowie Stereomikroskope und Mikroskope für die morphologische Untersuchung des Substrates und des Tiermaterials; Objektträger, teils mit Hohlschliff, und Deckgläschen; 70%iger Alkohol als Konservierungsflüssigkeit; konzentrierte Milchsäure zum Aufhellen der Arthropoden für die mikroskopische Untersuchung.

Zeitaufwand: Die Einhängedauer der Substratproben in den Berlese-Tullgren-Apparaten beträgt je nach Wassergehalt der Proben und Intensität der Beleuchtung ca. 48 bis 60 Stunden. Das Aufhellen der Tiere kann durch Erwärmung des Milchsäurepräparates (unter Verwendung eines Hohlschliffobjektträgers) bis auf wenige Minuten verkürzt werden. Für die qualitative und quantitative Auswertung des extrahierten Tiermaterials ist ein Zeitraum von einigen Stunden vorzusehen, bei weitergehenden Bestimmungsversuchen und Einbeziehung der marinen Faunenkomponente entsprechend mehr Zeit.

1.2.12.2 Versuchsanleitung

Am Trottoir wird durch Abtragen der Hohlraumschicht, und zwar bis zum soliden Untergrund hin, eine Profilproben-Serie entnommen (Abb. 1.15); die Zahl der Proben ist von der Breite und Ausgestaltung des Trottoirs abhängig. Es empfiehlt sich, möglichst große Stücke zu entnehmen. Aus den unteren, stärker durchnäßten Proben läßt man vor dem Transport das Wasser kurz abrinnen. Im Labor werden die Trottoirstücke – mit der Lamellenoberseite nach unten – in die Auslesetrichter eingehängt (40 W-Lampe, bei nassen Proben 60 W, in ca. 25 cm Entfernung); vor dem Einhängen sollte das Substrat in etwa aprikosengroße Stücke, maximal bis zur Größe eines halben Handtellers, zerteilt werden. Die Unterstellgefäße sind mit Alkohol (70%) gefüllt, so daß die aus den Proben ausgetriebenen terrestrischen Kleinarthropoden sogleich nach dem Durchfallen konserviert werden; will man die Tiere lebend gewinnen, sind die Gefäße mit Meerwasser (!) zu füllen.

1.2.12.3 Auswertung

Durch die entsprechende Auswertung des gewonnenen Tiermaterials können u.a. folgende Fragen beantwortet werden: Welche Tiergruppen sind neben den Meerestieren als äußerste Vorposten der Festlandsfauna in der Gezeitenzone des Felslitorals vertreten? Wie hoch ist deren Artenzahl? Welches Ausmaß erreicht die Individuendichte? Prägt sich der ökologische Faktor Meerwasserüberflutung in den Besiedlungsverhältnissen aus? – Die zu erwartenden Ergebnisse sollen nun in der Folge kurz interpretiert werden.

Tiergruppen-Analyse: Die terrestrische Komponente der Fauna der Gezeitenzone setzt sich aus verschiedenen Tiergruppen zusammen. Im Trottoir dominieren von der Artenzahl her die Milben, daneben finden sich Vertreter der Pseudoskorpione (z.B. *Pselaphochernes littoralis*), Spinnen (z.B. *Mizaga racovitzai = Desidiopsis r.*), Tausendfüßler (z.B. *Hydroschendyla submarina*); aber auch Insekten sind repräsentiert, wie z.B. Collembolen (u.a. *Axelsonia littoralis*) und Dipteren (z.B. *Clunio* sp. sowie v.a. Larven, und zwar vorwiegend von Chironomiden und Dolichopodiden).

Artenspektrum: Die genaue artliche Zuordnung verlangt Spezialliteratur. Als erste Orientierungshilfe können der Mittelmeerführer von Riedl (1983) sowie zwei weitere Publikationen (Schuster 1958, 1963) herangezogen werden. Ergänzend sei darauf hingewiesen, daß die terrestrische Litoralfauna von zwei Milbenarten dominiert wird, die jedoch in der genannten Literatur morphologisch nicht charakterisiert sind. Es handelt sich um die beiden Gamasinen *Hydrogamasus salinus* und *H. giardi*. Sie sind an folgenden auffälligen Merkmalen zu erkennen und unterscheidbar: Adulti gelbbraun, Körperlänge (ohne Gnathosoma) der Art *salinus* 0,77–0,83 mm, der Art *giardi* hingegen nur 0,54–0,58 mm; Jugendstadien weiß bzw. gelblich. Beide Arten besiedeln das Trottoir in überaus hoher Individuendichte.

Kleinräumige Verteilung: Aus der Profilserie läßt sich im typischen Fall ablesen, daß es vom oberen zum unteren Trottoirbereich hin eine Faunenverschiebung im Sinne einer unterschiedlichen kleinräumigen Verteilung gibt, die sich sowohl im Artenspektrum als auch in der Individuendichte einzelner Arten deutlich widerspiegelt. Eine besondere Rolle kommt dabei den beiden *Hydrogamasus*-Arten als Beispiele für verschiedene ökologische Ansprüche zu.

Es liegt nahe, die sich abzeichnende Vertikalzonierung als Auswirkung der verschieden langen Überflutungsdauer anzusehen. Die Ergebnisse von Resistenzversuchen stützen diese Vermutung; sie weisen außerdem auf die generell stark ausgeprägte Überflutungsresistenz luftatmender Litoralarten hin (Schuster 1979).

Lebendbeobachtung: An lebendem Tiermaterial kann nicht nur die Vagilität der verschiedenen Arten studiert werden, es lassen sich beispielsweise auch Fütterungsversuche durchführen – was allerdings längere Zeit beansprucht –, um so einen Einblick in die Rolle der terrestrischen Litoralbewohner im biozönotischen Konnex (Schuster 1962) zu gewinnen.

Begleitfauna: Soweit genügend Zeit zur Verfügung steht, lohnt es sich, parallel zur geschilderten Gewinnung und Auswertung der terrestrischen Arthropoden zusätzliche Trottoirproben zu entnehmen und auf die darin befindliche Meeresfauna hin zu analysieren. Dies kann sowohl makroskopisch, durch manuelles Aufsammeln der Tiere, als auch durch Klimaverschlechtern (s. Riedl 1983) erfolgen. Die enge Verzahnung von terrestrischer und mariner Faunenkomponente im Eulitoral kommt dabei ebenso wie das mengenmäßige Überwiegen der Meeresfauna deutlich zum Ausdruck. Auffällig sind z.B. die Massenvorkommen kleiner Muscheln (*Mytilaster minimus = Mytilus m.*, *Lasaea rubra*) sowie die ebenfalls zahlreichen Würmer, v.a. Polychaeten. Wie bei den terrestrischen Kleinarthropoden des Trottoirs ist auch bei marinen Trottoirbewohnern eine teils arten-, teils gruppenspezifische kleinräumige Verteilung ausgeprägt (Delamare-Deboutteville & Bougis 1951).

Literatur

Delamare-Deboutteville, C. & P. Bougis (1951): Recherches sur le trottoir d'algues calcaires effectuées à Banyuls pendant le stage d'été 1950. – Vie et Milieu 2, 161–181.

Schuster, R. (1958): Neue terrestrische Milben aus dem Mediterranen Litoral. – Vie et Milieu 9, 88–109.

Schuster, R. (1962): Das marine Litoral als Lebensraum terrestrischer Kleinarthropoden. – Int. Revue ges. Hydrobiol. 47, 359–412.

Schuster, R. (1963): *Thalassozetes riparius* n. gen., n. sp., eine litoralbewohnende Oribatide von bemerkenswerter morphologischer Variabilität (Oribatei – Acari). – Zool. Anz. 171, 391–403.

Schuster, R. (1979): Soil mites in the marine environment. – In: Recent Advances in Acarology 1, 593–602 (Academic Press).

Zimmermann, L. (1982): Anmerkungen zur Verbreitung, Bionomie und taxonomischen Stellung von *Lithophyllum tortuosum* (Esper)Foslie und anderen biogenen Gesteinsbildern im Mittelmeer. – Senckenbergiana marit. 14, 9–21.

1.2.13 Analyse eines Phytal-Bestands: Seegraswiese

Helge Körner

Das Neptunsgras, *Posidonia oceanica* (L.)Del., ist weder ein Gras noch wächst es im Ozean. Es ist, wie auch die anderen «Seegräser», ein Vertreter der Laichkrautgewächse (Potamogetonaceae) und kommt endemisch im gesamten Mittelmeer vor. Wegen seiner Lichtabhängigkeit kann *Posidonia* nur einen schmalen Schelfstreifen besiedeln, von dicht unterhalb der MNWL bis in 20–25 m Tiefe, bei sehr hoher Lichtdurchlässigkeit des Meerwassers sogar bis 40 m. Der Untergrund muß jedoch, gleich ob es sich um einen Hartboden oder Weichboden handelt, zuerst von anderen Pflanzen, Algen- *(Caulerpa)* oder anderen Seegrasarten *(Cymodocea, Zostera)* besiedelt sein, damit *Posidonia* Fuß fassen kann. *Posidonia* erträgt keine starke Wasserbewegung (z.B. Brandung). Die Sedimentationsrate darf nur wenige mm im Jahr betragen, damit das Wachstum Schritt halten und ein Bestand sich längere Zeit halten kann. Viele Bedingungen müssen somit zusammentreffen, damit ein Standort für *Posidonia* geeignet ist.

Die «Seegraswiese» entsteht durch das überwiegend horizontale Auswachsen der Wurzelstöcke (Rhizome); es geschieht sehr langsam, nur 5–10 cm pro Jahr. Bei zu dichtem Wuchs, zu hoher Sedimentation oder bei Lichtmangel wachsen die Rhizome in vertikaler Richtung, um danach eventuell wieder horizontal weiterzuwachsen; auf diese Weise entstehen allmählich dicke Rhizom-Matten. Aus den Vegetationspunkten der Sproßachsen wachsen Blattbündel mit jeweils 4–8 bandförmigen Blättern von 20–80 cm Länge. Das ganze Jahr über werden Blätter abgeworfen, wenn auch bevorzugt in den Herbst- und Wintermonaten; sie reißen an einer Sollbruchstelle an der Blattbasis ab. Durch den Blattwechsel wird ein Ersticken der Pflanzen aufgrund des dichten Epiphyten-Bewuchses verhindert. An den Strand gespült, bilden die *Posidonia*-Blätter mitunter mächtige Wälle; sie verrotten allmählich oder werden abtransportiert. Bei ihrem natürlichen Abbau entstehen aus den harten Faseranteilen durch Wasserbewegung die bekannten «Strandbälle» (an der Nordsee aus *Zostera*).

Nur selten bildet *Posidonia* im nördlichen Mittelmeer Blüten aus – und dann auch nur lokal begrenzt; die Ausbreitung geschieht hier in der Regel durch Verdriften und Einwurzeln abgerissener Rhizomteile. Regelmäßiger kommt das Neptunsgras nur in den wärmeren südlichen Teilen des Mittelmeers im Herbst zum Blühen. Die erst nach 6–9 Monaten ausgereiften Früchte, «Meeroliven» genannt, gelangen auf dem Wasser treibend an neue, für die Samenkeimung geeignete Standorte.

Seit einigen Jahren beobachtet man eine alarmierende Gefährdung der Seegraswiesen des Mittelmeeres. Vor Marseille, Toulon und vor der Côte d'Azur liegen bereits abgestorbene Seegraswiesen von mehreren Hundert ha Fläche. *Posidonia* reagiert empfindlich auf die rapide Zunahme der Verschmutzung im küstennahen Bereich. Versuche der künstlichen Wiederansiedlung sind wirkungslos, solange der aufgrund natürlicher Standortbedingungen geeignete Lebensraum weiterhin von lebensfeindlichen Immissionen bedroht bleibt.

Die ökologische Bedeutung der *Posidonia*-Bestände kann man nicht hoch genug bewerten. Ihre jährliche Primärproduktion wird (einschl. der Epiphyten) auf etwa 20 Tonnen (Trockengewicht) pro ha Fläche geschätzt. Ein nicht weniger wichtiger Faktor ist die Sauerstoffproduktion; in 10 m Wassertiefe konnte man über einer *Posidonia*-Wiese eine tägliche O_2-Abgabe von 14 l/m² (Juni-Maximum) messen. Seegraswiesen leisten auch einen Beitrag zur Befestigung von Sedimentböden. Und betrachtet man die dichte Besiedlung der Seegraswiesen mit Pflanzen und Tieren, so kann man mit Recht von «Oasen» in der vergleichsweise organismenarmen «Wüste» des Meeresbodens sprechen.

Für viele Tierarten sind Seegraswiesen Schutzzonen gegen Wasserbewegung und bieten ihnen Deckung vor Feinden; Fische nutzen sie deshalb als «Kinderstube». Blätter und Rhizome dienen zahlreichen vagilen und sessilen Benthosorganismen als Substrat. Blattenden und Epiphyten liefern die

Nahrung für manche Fische (*Boops* spp.) und Krebse (*Pisa* spp.). Von abgestorbenen Blättern ernähren sich Seeigel *(Sphaerechinus granularis, Psammechinus multitubercularis)*. Ihre Ausscheidungsprodukte werden von Holothurien als Nahrung verwertet. Ein ganzes Nahrungsnetz baut auf der Existenz von *Posidonia* auf. – Gründe genug, um sich mit der Lebensgemeinschaft der Seegraswiesen näher zu befassen. Hinzu kommt die Möglichkeit, hier besonders eindrucksvoll erleben zu kön-

nen, wie sehr einige Tierarten in Form- und/oder Farbgebung (grüne Garnelen, grüne Lippfische!) sowie in ihrem Verhalten an ihren Lebensraum angepaßt sind (Abb. 1.16).

1.2.13.1 Materialgewinnung

Um einen annähernd repräsentativen Eindruck von der vielfältigen Lebensgemeinschaft einer Seegras-

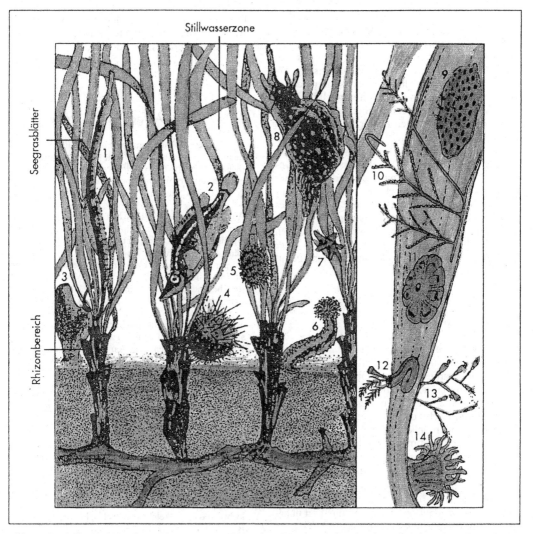

Abb. 1.16: Mediterrane *Posidonia*-Wiese mit einigen typischen Tierarten. Links: die drei Lebensbereiche Stillwasserzone, Seegrasblätter, Rhizombereich. Rechts: einzelnes Seegrasblatt (vergr.) mit epiphytischen Invertebraten. – **1** Seenadel *(Syngnathus acus)*, **2** Lippfisch *(Crenilabrus scina)*, **3** Seescheide *(Ascidiella aspersa)*, **4** Steinseeigel *(Paracentrotus lividus)*, **5** Kletterseeigel *(Psammechinus multituberculatus)*, **6** Seewalze *(Cucumaria planci)*, **7** Seestern *(Asterina* sp.), **8** Seehase *(Aplysia punctata)*, **9** Moostierchen *(Microporella johannae)*, **10** Hydropolyp *(Aglaophenia* sp.), **11** Koloniale Seescheide *(Botryllus schlosseri)*, **12** Röhrenwurm *(Spirorbis* sp.), **13** Hydropolyp *(Obelia geniculata)*, **14** Aktinie *(Paractinia striata)*. (n. Tardent 1979)

wiese zu erhalten, muß man sowohl die mobile Fauna an Land bringen als auch die sessilen und die an den Pflanzen herumkletternden Organismen. Für die freischwimmenden Arten empfiehlt sich, eine abendliche Schiffsausfahrt vorzusehen; Tagfänge sind weit weniger ergiebig. Als Fanggerät hat sich ein als «Gangui» bezeichnetes Fangnetz bewährt, das an der spanischen und französischen Mittelmeerküste seit altersher für den Fang von Garnelen (als Fischköder) über Seegraswiesen Verwendung findet. Das Netz wird erst nach Sonnenuntergang zu Wasser gelassen und bei langsamer Fahrt (1–2 Knoten) 10–15 min lang über die Seegraswiese geschleppt. Nach Bergung des Netzes muß der Fang, vorwiegend Fische und Garnelen, an Deck sogleich in mit Meerwasser durchströmte Behälter gebracht werden. Einzelne abgerissene *Posidonia*-Blätter, welche für Aufwuchsuntersuchungen geeignet sind, befinden sich stets auch im Netz. Nach Ankunft an der Meeresstation sollte der Fang sofort in die vorbereiteten Hälterbecken kommen; dabei sind tote Tiere gleich aus dem Becken zu entfernen und getrennt aufzubewahren (Kühlschrank). Da Garnelen leicht herausspringen können, darf der Beckenrand nicht zu niedrig bzw. der Wasserspiegel nicht zu hoch bemessen sein. – Für die eingehendere Untersuchung der Bereiche des Blattgrundes und der Rhizome genügt die gezielte Entnahme einiger weniger Pflanzen am folgenden Tage durch Taucher, da bei Verwendung einer Dredsche die Seegraswiese aufgerissen und damit partiell zerstört würde.

1.2.13.2 Auswertung

Für die sorgfältige Auswertung des *Posidonia*-Materials sollte wenigstens 1 ganzer Tag zur Verfügung stehen. Die Bearbeitung der mobilen Fauna muß gleich an dem der abendlichen Schiffsausfahrt folgenden Vormittag begonnen werden, da manche Garnelen und Fische eine längere Hälterung nicht überstehen und möglichst viele Tiere nach dem Beobachten und Bestimmen wieder im Phytal ausgesetzt werden sollten.

Bei der näheren Untersuchung des Pflanzenmaterials stößt man bereits mit bloßem Auge auf epiphytische Algen – sowohl einige Makroalgen als auch auf die wegen ihrer Häufigkeit nicht zu übersehende krustenförmige Kalkrotalge *Fosliella* (= *Melobesia*) *farinosa* – und auf verschiedene Makroinvertebraten, vor allem Mollusken und Crustaceen. – Das Stereomikroskop erschließt an den Blättern und im Rhizombereich eine reichhaltige Mikrofauna aus vagilen (Nemertinen, Nematoden,

Anneliden) und sessilen Organismen (Schwämmen, Hydrozoen, Bryozoen, Ascidien). Lassen sich auf den Blättern wegen des Blattwechsels nur kurzlebige sessile Arten entdecken, so findet man im Rhizombereich auch mehrjährige. Da im Rhizombereich durch die ständige Zersetzung von Pflanzen- und Tierresten Sauerstoffarmut herrscht (Faulschlammbildung), handelt es sich hier um Arten mit geringem Sauerstoffbedarf.

Für das Protokollieren der aufgefundenen Tierarten empfiehlt sich, entsprechend dem Fundort, eine Unterteilung in 3 Kategorien vorzunehmen:
1. Freischwimmende Arten der **Stillwasserzone**,
2. Auf den **Seegrasblättern** lebende Arten,
3. Im **Rhizombereich** lebende Arten.

Eine ausführliche Faunaliste findet man bei Kerneïs (1960).

1.2.13.3 Weitere Aufgaben und Fragen

1. In ein größeres Aquarium mit *Posidonia*-Pflanzen setze man einige kleinere Lippfische oder Syngnathiden, (falls vorhanden: *Cepola rubescens*!). Nach einiger Zeit beobachte man, welche Körperhaltung die Fische gegenüber dem Substrat (Seegrasblätter) eingenommen haben.
2. Auf den *Posidonia*-Blättern lebt die Meerassel, *Idotea hectica*, in zwei Farbmorphen: grün und braun (Polyphänismus); grün gefärbte Individuen findet man häufiger. Durch ihren stark dorsoventral abgeplatteten Körper und ihre dem Untergrund angepaßte Färbung ist *Idotea* hervorragend getarnt. Die Meerassel eignet sich besonders gut, um in einem Hälterbecken mit unterschiedlich gefärbten Pappstreifen sowie mit grünen und braunen (abgestorbenen) *Posidonia*-Blättern einfache Wahlversuche durchzuführen, welche die Substratbevorzugung anschaulich zeigen.
3. Unter den Garnelen befinden sich stets auch einige Exemplare mit der parasitischen Garnelenassel, *Bopyrus squillarum*, in der Kiemenhöhle. Man suche mit Hilfe des Stereomikroskops nach dem Zwergmännchen.
4. Auch Fischasseln, meist *Anilocra physodes*, findet man nicht selten in einem Gangui-Fang über einer *Posidonia*-Wiese. Oft klammern sie an Lippfischen (aber auch an Meerbrassen) und sind wegen ihrer Größe (2–3 cm) nicht zu übersehen. Man achte auf ihre Pigmentierung in bezug auf die Seite ihrer Anheftung (links/rechts) am Fisch (Gegenschattierung!).
5. Jeder nächtliche Gangui-Fang enthält auch einige Syngnathiden (Seenadeln, Schlangennadeln). Man achte auf Individuen, welche Eier an der Bauchseite angeklebt tragen. Welches Geschlecht betreibt hier Brutpflege?
6. Wie läßt sich anhand der vorherrschenden Verteilung der Aufwuchsorganismen nachträglich die dem Licht zugewandte und die beschattete Seite der *Posidonia*-Blätter ermitteln?

Literatur

Bauer, V. (1929): Über das Tierleben auf den Seegraswiesen des Mittelmeeres. Zool. Jahrb. 56, Abt. f. Syst., 1–42.

Bell, J. D. & Harmelin-Vivien, M.-L. (1982, 1983): Fish fauna of French mediterranean *Posidonia oceanica* seagrass meadows. 1. Community structure. Tethys 10/4, 337–347; 2. Feeding habits. Tethys 11/1, 1–14.

Boudouresque, Ch.-F. & Meinesz, A. (1982): Découverte de l'herbier de posidonie. Parc National de Port-Cros, No. 4, 80 S.

Kerneïs, A. (1960): Contribution à l'étude faunistique et écologique des herbiers de Posidonies de la région de Banyuls. Vie et Milieu 11/2, 145–187.

Mc Roy, C. P. & Helfferich, C. (Hrsg.) (1977): Seagrass ecosystems. Marine Science Vol. 4, Dekker, New York, 314 S.

1.3 Beobachtungen und Experimente zur Lebensweise von Benthosorganismen

1.3.1 Algen: Isolierung von Photosynthesepigmenten

Hans Dieter Frey

Die klassische Einteilung der Algen geht im wesentlichen von ihrer Färbung und von ihrem charakteristischen Pigmentmuster aus. Man trennt phylogenetische Entwicklungslinien, die sich durch den Gehalt an bestimmten Photosynthesepigmenten, an Chlorophyllen und an akzessorischen Pigmenten, unterscheiden: Grünalgen besitzen neben Chlorophyll a und Chlorophyll b unter anderem das gelbe Carotinoid Lutein. Braunalgen enthalten außer Chlorophyll a noch Chlorophyll c und das braune Hauptcarotinoid Fucoxanthin. Rotalgen sind gekennzeichnet durch Chlorophyll a und d sowie durch blaurote Phycobiliproteide. Diese Einteilung geht bereits auf das 18. Jahrhundert zurück und wurde später durch biochemische Analysen der Photosynthesepigmente unter Einbeziehung der prokaryotischen Cyanobakterien (Blaualgen) eindrucksvoll bestätigt.

Von der einfallenden Sonnenstrahlung wird durch Meerwasser ein kleiner Teil reflektiert (bis zu 6% bei Sonnenhöhen über 30°), die Hauptmenge durch die Wassersäule absorbiert (Umwandlung in Wärme bzw. Absorption durch Primärproduzenten) sowie durch Streuung an Partikeln verringert. Außer der Intensität nehmen auch die spektralen Anteile der Strahlung mit zunehmende Tiefe unterschiedlich ab: In klarem Wasser wird Rot und Ultraviolett am stärksten, Grün weniger und Blau am geringsten abgeschwächt. Blau von 465 nm wird erst in 140 m Wassertiefe (klares Wasser) auf 1% des Oberflächenwertes abgeschwächt. Der Rotbereich ab 640 nm ist in 15 m, Orange (ab 600 nm) schon in 20 m Tiefe praktisch ausgelöscht. Das in Küstennähe häufige schwebstoff- und partikelreiche Wasser schwächt durch zusätzliche Streuung den blauen Spektralbereich ebenso stark ab wie das Rotlicht, so daß hier in der Tiefe Grünlicht dominiert. Man kann deshalb blaues Ozeanwasser von grünem Küstenwasser unterscheiden. Eine Einteilung der optischen Wassertypen wird nach dem sogenannten Jerlov-System vorgenommen.

Alle Algengruppen besitzen als Hauptphotosynthesepigment Chlorophyll a mit Absorptionsmaxima im Blau bei etwa 440 nm und im Rotbereich bei etwa 675 nm. Sie können deshalb im klaren Wasser das kurzwellige blaue Tiefenlicht nutzen. Das grüne Licht des tiefen, schwebstoffreichen Küstenwassers wird besonders bei Braunalgen durch das braune Carotinoid Fucoxanthin, bei Rotalgen durch rötliche bzw. bläuliche Phycobiliproteide sowie bei einigen Tiefengrünalgen durch spezifische Carotinoide absorbiert. Dies zeigt sich auch in den Wirkungsspektren der Photosyntheseleistung (Lüning 1985). Hinsichtlich der Vorstellung einer Tiefenverteilung von Algen aufgrund der Übereinstimmung zwischen Wirkungsspektren und tiefenabhängigen Lichtqualitäten, also der klassischen Annahme, daß Grünalgen im oberen, Braunalgen im mittleren und Rotalgen im untersten Phytal dominieren (z. B. noch Wilhelm et al. 1987), ist Vorsicht geboten. Fest steht, daß alle drei Algengruppen in allen Tiefenstufen des Phytals anzutreffen sind, weil die «Grünlücke» von Chlorophyll a im Laufe der Evolution durch unterschiedliche akzessorische Pigmente sowie durch Erhöhung des Chlorophyllgehaltes kompensiert worden ist. Außerdem spielen neben dem Faktor Licht z. B. Energieverluste durch Atmung, Wuchsformen, Schutzanpassungen gegen Tierfraß und weitere Strategien für die Tiefenverteilung der Algen eine Rolle.

Grünalgen besitzen neben Chlorophyll a und b auch Carotinoide (u. a. Lutein, Tab. 1.1). Ihre Photosynthese verläuft optimal im Blau- und im Rotbereich. Sie wachsen

Tabelle 1.1: Verteilung der Pigmente bei einigen Algenlinien (xxxx = Hauptpigmente, xx = Pigmentanteil weniger als die Hälfte der Gesamtpigmente, x = Pigment nur in geringen Mengen vorhanden). Zusammengestellt nach verschiedenen Autoren aus Round (1975).

Pigmente	Algenlinie Grün	Braun	Rot	Blau
Chlorophylle				
Chlorophyll a	xxxx	xxxx	xxxx	xxxx
Chlorophyll b	xx	–	–	–
Chlorophyll c	–	x	–	–
Chlorophyll d	–	–	x	–
Carotine				
α-Carotin	x	x	x	–
β-Carotin	xxxx	xxxx	xxxx	xxxx
Flavacen	–	–	–	x
Xanthophylle				
Lutein	xxxx	x	xx	x
Zeaxanthin	x	–	x	x
Violaxanthin	x	x	x	–
Flavoxanthin	–	x	–	–
Neoxanthin	x	x	–	–
Siphonaxanthin	x	–	–	–
Fucoxanthin	–	xxxx	–	–
Neofucoxanthin	–	x	–	–
Myxoxanthin	–	–	–	xx
Myxoxanthophyll	–	–	–	xx
Oscilloxanthin	–	–	–	x
Phycobiliproteide				
R-Phycoerythrin	–	–	xxxx	–
R-Phycocyanin	–	–	x	–
C-Phycoerythrin	–	–	–	x
C-Phycocyanin	–	–	–	xxxx
Allophycocyanin	–	–	x	–

auch in klarem blaulichtreichem Tiefenwasser, dem der Rotanteil fehlt. Um die «Grünlücke» zu schließen wird bei Tiefengrünalgen der Gesamtgehalt an Chlorophyll vermehrt oder der Aufbau kompakter und dicker (z.B. *Codium*), um durch Streuung im Thallus mehr Photonen zu absorbieren («schwarze Algen»). Einige Tiefengrünalgen enthalten zusätzlich das Carotinoid Siphonaxanthin, das maximal im Grünbereich bei 540 nm absorbiert (z.B. Caulerpales).

Braunalgen zeichnen sich durch das neben Chlorphyll a vorkommende Chlorophyll c aus (Tab. 1.1). Das Mengenverhältnis von Chlorphyll a:c variiert zwischen 1:1 und 5:1. Die Farbe der Braunalgen wird durch das dominierende Carotinoid Fucoxanthin bestimmt, das in vivo um 550 nm, also im Grünbereich, vorzüglich absorbiert und durch Übertragung zu einer entsprechend hohen Photosyntheseleistung führt. Im übrigen gilt auch hier, daß optisch dicke Thalli als «schwarze Algen» alle Wellenlängen nutzen.

Rotalgen weisen außer Chlorophyll a auch Chlorophyll d auf (Tab. 1.1), dessen Rolle bei der photosynthetischen Absorption noch unklar ist. Gruppenspezifisch sind die wasserlöslichen Phycobiliproteide, die nicht wie Chlorophylle und Carotinoide in die Thylakoide integriert sind, sondern als Phycobilisomen auf den Thylakoiden liegen. Man unterscheidet rote Phycoerythrine mit einer Absorption im Grün bei 500–570 nm, blaue Phycocyanine (Hauptabsorption bei 615–620 nm) und Allophycocyanin (Hauptabsorption im Hellrot bei 650 nm). Viele Tiefenrotalgen (z.B. *Delesseria sanguinea*) besitzen einen hohen Gehalt an Phycoerythrinen. Bei den violett-bläulichen Rotalgen des oberen Sublitorals dominiert der Phycocyanin-Anteil.

Grün-, Braun- und Rotalgen enthalten die Photosynthesepigmente, wie auch die höheren Pflanzen, in den Plastiden, die aufgrund ihrer besonderen Struktur und ihrer photosynthetischen Ausstattung als Chloro-, Phaeo- und Rhodoplasten bezeichnet werden.

1.3.1.1 Untersuchungsobjekte

Die chromatographische Auftrennung der Pigmente ist im Prinzip bei allen Algenarten möglich.

Aufgrund der Löslichkeit der einzelnen Komponenten (fettlösliche Chlorophylle und Carotinoide sowie wasserlösliche Phycobiliproteide) muß mit einem geeigneten Medium nach sorgfältiger Homogenisation der Zellen extrahiert werden. Bei vielen Braun- und Rotalgen erschweren allerdings Reservepolysaccharide (Laminaran bzw. Florideenstärke) und Strukturpolysaccharide (Phycokolloide) die Arbeit. Bei Braunalgen sind dies Alginate und Fucane, die zwischen 15 und 40% des Trockengewichts ausmachen. Sogar bis zu 70% des Trockengewichts besteht bei Rotalgen aus Galaktanen (Agar, Carrageenan). Außer den Phycokolloiden kommen häufig flüssige Schleimsubstanzen vor, die z.B. in den Rezeptakeln von *Ascophyllum nodosum* bis zu 97% aus Polymanuronsäure bestehen. Auch bei einigen Grünalgen stören oft gelartige Polysaccharide aus dem Zellwandbereich.

Aus den genannten Gründen ist es vorteilhaft, für die ersten Extraktionsversuche zarte Algen mit dünnwandigen Thalli auszuwählen, die sich nicht gelartig oder schleimig anfühlen. Folgende Gattungen eignen sich für die Isolierung der Photosynthesepigmente besonders gut: *Enteromorpha, Ulva* (Grünalgen); *Dictyota, Dictyopteris, Cutleria* (Braunalgen); *Membranoptera, Delesseria, Porphyra* (Rotalgen).

1.3.1.2 Versuchsanleitung

Die Thalli werden grob zerkleinert und nach gründlicher Homogenisation mit organischen Lösungsmitteln extrahiert. Zur Auftrennung und Charakterisierung eignen sich rasch durchzuführende Halbmikromethoden zur dünnschichtchromatographischen Auftrennung (DC) an Fertigfolien. Anhand des Verteilungsmusters, der Laufstrecken im Verhältnis zur Start-Frontentfernung (Rf-Werte)

und der charakteristischen Färbung der Banden im normalen und im UV-Licht kann die Zuordnung der einzelnen Pigmente erfolgen.

Eine kleine Glasküvette oder ein Färbetrog für Mikropräparate wird 0,5 cm hoch mit Laufmittel, einer Mischung aus 70 ml Petrolbenzin (50–70° C), 30 ml Dioxan und 10 ml Isopropanol, gefüllt. Je nach verwendeter DC-Fertigfolie muß das Laufmittel entsprechend variiert werden. Um eine gute Kammersättigung zu erreichen, werden Seiten und Rückwand mit Filtrierpapier ausgekleidet; bei geschlossenem Deckel wird kurz umgeschüttelt.

Beschichtete Kieselgelfertigplatten (DC-Fertigfolien, z.B. Merck Nr. 5721 oder Nr. 5554) werden auf die passende Größe zugeschnitten und 1 cm vom unteren Rand entfernt mit einem dünnen Bleistiftstrich (Startlinie) versehen. Weitere Beschriftungen dürfen nur am äußersten oberen Rand erfolgen.

Zur Vorbereitung der Pigmentextraktion werden die Algen in Süßwasser abgewaschen, getrocknet und 2 bis 3 g mit der Schere zerkleinert. Mit etwas Quarzsand und wenig Extraktionsmedium (90%iges wässriges Aceton oder Petrolbenzin) wird im Mörser kräftig zerrieben. Nach Zugabe von 2 bis 5 ml Extraktionsmedium wird weiter homogenisiert bis ein grüner Algenbrei entsteht. Der Pigmentextrakt kann über eine Glasfilterfritte (G4) oder über ein Faltenfilter als kräftig gefärbte Lösung abgetrennt werden.

Der Extrakt wird sofort mit einer Kapillare mehrmals strichförmig auf die Startlinie aufgetragen. Nachdem das Extraktionsmedium vollständig verdampft ist, wird die Platte zur Entwicklung in die vorbereitete Trennkammer gestellt. Die Pigmente wandern in folgender Reihenfolge (Abb. 1.17): gelb-orange Carotine (Front), hellgrünes Chlorophyll a, olivgrünes Chlorophyll b, gelbe Xanthophylle: Lutein, Violaxanthin, Neoxanthin; Fuco-

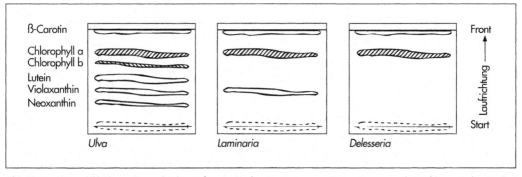

Abb. 1.17: Dünnschichtchromatographische Auftrennung der Pigmente von Grün-, Braun- und Rotalgen mit der im Text angegebenen Methode. Braunalgen enthalten als Hauptxanthophyll Fucoxanthin. Bei Rotalgen bleiben die wasserlöslichen Phycobiliproteide am Start zurück

xanthin bei Braunalgen. Die wasserlöslichen Pigmente der Rotalgen bleiben an der Startlinie zurück. Zwischen der Carotinlinie und Chlorophyll a finden sich, wenn nicht sehr rasch gearbeitet wird, schmutzig graue Banden von Chlorophyllabbauprodukten (Phaeophytine). Es empfiehlt sich, die Arbeitsschritte im abgedunkelten Raum durchzuführen, um Photooxidation zu vermeiden.

1.3.1.3 Fragen und weitere Aufgaben

1. Wie unterscheiden sich die Pigmentausstattungen der verschiedenen Algengruppen hinsichtlich der Chlorophylle, Carotinoide und der wasserlöslichen Pigmente?
2. Mit Hilfe eines Prismas projizierte Engelmann bereits 1884 ein Lichtspektrum auf Algenzellen und benutzte als Maß für die Photosyntheseleistung die Ansammlung von aerotaktischen Bakterien. Aus diesen Wirkungsspektren entwickelte er eine Hypothese, wonach aufgrund der im Meer vorherrschenden Spektralverteilung Grünalgen im oberen, Braunalgen im mittleren und Rotalgen im unteren Phytal dominieren sollen. Beurteilen Sie Engelmanns Hypothese nach der tatsächlich gefundenen Vertikalverteilung.
3. Notieren Sie anhand der chemischen Formeln verschiedener Photosynthesepigmente deren relative Löslichkeit (hydrophil-hydrophob). Vergleichen Sie die Absorptionsspektren (in vivo und in vitro) mit den Wirkungsspektren der Bruttophotosynthese bei Grün-, Braun- und Rotalgen.
4. Welche Strategien zur optimalen Nutzung der Sonnenstrahlung wurden von Algen entwickelt?

Falls ein Spektralphotometer zur Verfügung steht, können die Banden der DC-Folie abgeschabt und nach Extraktion mit Aceton, Diethylether oder Ethanol Absorptionsspektren der einzelnen reinen Pigmente aufgenommen werden. Außerdem lassen sich die Absorptionsspektren von Rohextrakten der verschiedenen Algengruppen vergleichen. Unter Berücksichtigung der molaren Extinktionskoeffizienten ist außerdem eine quantitative Bestimmung des Pigmentgehalts sowie die Ermittlung des Chlorophyll a/b- bzw. des Chlorophyll/Carotinoid-Verhältnisses möglich. Um die wasserlöslichen Phycobiliproteide zu trennen, müssen allerdings säulenchromatographische Methoden (Gelfiltration) benutzt werden.

Im Supralitoral findet man gelegentlich auch Cyanobakterienarten (z.B. *Rivularia*). Man kann diese prokaryotischen Blaualgen in die vorgeschlagenen Untersuchungen einbeziehen und mit der Pigmentausstattung von eukaryotischen Grün-, Braun- und Rotalgen vergleichen (Tab. 1.1).

Literatur

Engelmann, T.W. (1884): Untersuchungen über die quantitativen Beziehungen zwischen Absorption des Lichtes und Assimilation in Pflanzenzellen. Bot. Ztg. 42, 81–110.

Jerlov, N.G. (1976): Marine optics. Elsevier, Amsterdam.

Kornmann, P. & P.-H. Sahling (1977): Meeresalgen von Helgoland. Benthische Grün-, Braun- und Rotalgen. Biol. Anst. Helgoland, Hamburg.

Lichtenthaler, H. & K. Pfister (1978): Praktikum der Photosynthese. Quelle & Meyer, Heidelberg.

Lüning, K. (1985): Meeresbotanik. Verbreitung, Ökophysiologie und Nutzung der marinen Makroalgen. Thieme, Stuttgart/New York.

Ragan, M.A. (1981): Chemical constituents of seaweeds. In: Lobban, C.S. und M.H. Wynne (Eds.): The biology of seaweeds. Blackwell, Oxford.

Round, F.E. (1975): Biologie der Algen. Thieme, Stuttgart.

Wilhelm, C., P. Krämer & I. Wiedemann (1987): Die Lichtsammelkomplexe der verschiedenen Algenstämme. Biologie in unserer Zeit 5, 138–143.

1.3.2 Algen: Gaszusammensetzung in Schwimmblasen

Hans Dieter Frey

Einige der großen und auffälligen Makroalgen besitzen in ihrem Thallus Gasblasen, die als «Schwimmbojen» für Auftrieb sorgen. Diese strukturelle Besonderheit dient häufig als Bestimmungsmerkmal zur Erkennung der Art im Freiland. Gasblasen kommen vorzugsweise bei Braunalgen der Ordnungen Laminariales und Fucales vor.

Zu ihnen zählen auch die größten und am höchsten entwickelten Riesentange der nordamerikanischen Pazifikküste (Lessoniaceae): *Macrocystis pyrifera* (ein bis zu 50 m langer Tang mit Gasblasen an jedem der zahlreichen Phylloide), *Pelagophycus porra* (mit einer einzigen 15–20 cm großen harten Schwimmblase, die auch als Trinkgefäß benutzt werden kann) und *Nereocystis luetkeana*.

An den europäischen Atlantikküsten fallen Schwimmblasen beim Blasentang *Fucus vesiculosus* und beim Knotentang *Ascophyllum nodosum* als namengebende Merkmale auf. *Fucus vesiculosus* trägt in der Regel neben der Mittelrippe paarige Gasblasen. *Ascophyllum nodosum* bildet ab dem dritten Jahr jährlich an Langtrieben jeweils eine ovale gasgefüllte Verdickung, wodurch leicht das Alter der Pflanze bestimmt werden kann. *Halidrys siliquosa* besitzt gekammerte Blasen an Seitenzweigen. Als Neophyt breitet sich an der französischen und englischen Atlantikküste *Sargassum muticum* aus. Dieses aus Japan stammende schnellwüchsige «Unkraut» wurde mit Saataustern eingeschleppt. Wie die pelagisch lebenden *Sargassum*-Arten erhält *Sargassum muticum* durch viele gestielte Schwimmblasen Auftrieb. Gasgefüllte Thallusinnenräume kommen bei *Scytosiphon lomentaria* und bei *Colpomenia*-Arten (Braunalgen), bei der Grünalgengattung *Enteromorpha* und bei manchen Rotalgen, z.B. bei *Dumontia*, vor. Die konzeptakeltragenden fertilen Thallusenden von *Fucus spiralis* enthalten kein Gas, sondern eine schleimige Masse. Nach Trockenfallen und starker Besonnung füllen sich aber oft wie bei *Fucus ceranoides* die vegetativen Thallusstücke mit Gasen.

Durch Schwimmblasen und Gasräume im Thallus erheben sich die photosynthetisch aktiven Pflanzenteile im Meerwasser. Dadurch wird eine günstigere Anordnung der Pflanze zum Licht, ein verbesserter Gasaustausch und eine optimale Versorgung mit Nährstoffen erreicht. Die Zusammensetzung der Gase weicht i.d.R. vom Mischungsverhältnis normaler Luft ab. Bei den Fucaceen enthalten die Gasblasen $\frac{1}{3}$ Sauerstoff, $\frac{2}{3}$ Stickstoff und etwa 1% Kohlendioxid (Dromgoole 1981). Die Gase der Lessoniaceen-Blasen bestehen bis zu 10% aus Kohlenmonoxid, dessen physiologische Bedeutung als hochgiftige Substanz allerdings noch unklar ist (Chapman & Tocher 1966).

1.3.2.1 Untersuchungsobjekte

Zur Untersuchung von Gasen in Schwimmblasen und Thallusinnenräumen eignen sich besonders die großen Auftriebskörper von *Ascophyllum nodosum* und *Fucus vesiculosus* sowie die aufgeblähten Thalli von *Fucus ceranoides*, *Scytosiphon lomentaria*, *Colpomenia*- und *Enteromorpha*-Arten.

Die beschriebene Methode geht von der spezifischen Absorption des Kohlendioxids durch stark alkalische Lösungen und der differentiellen Bindung von Sauerstoff an Pyrogallol aus. Die quantitative Bestimmung des Anteils von Kohlendioxid bzw. Sauerstoff ergibt sich aus Volumenänderungen von in Kapillaren eingeschlossenen Gasabschnitten nach Zugabe der absorbierenden Testlösungen. Das verbleibende Restvolumen entspricht dann der Summe von Stickstoff, Kohlenmonoxid sowie anderen nicht absorbierbaren Gasen. Kohlenmonoxid kann mit einem qualitativen Test durch reduktive Fällung von Palladium aus $PdCl_2$-Lösungen nachgewiesen werden.

1.3.2.2 Versuchsanleitung

Eine flache Plastikbox erhält auf beiden Längsseiten knapp unterhalb des oberen Randes jeweils 10–15 Bohrungen, in die Kapillaren oder kalibrierte Mikropipetten (micro caps, 10, 20, 50 bzw. 100 μl) so eingepaßt werden, daß sie rechts und links überstehen (Abb. 1.18). Eine Wasserfüllung der Box dient zum Schutz vor temperaturbedingten Volumenänderungen. Alle Mikropipetten werden mit 1 M Zitronensäure gefüllt. Mit gasdichten Spritzen (100–200 μl) wird Gas als Vorrat aus den Algenthalli entnommen. Jeweils 10–30 μl davon (bei kleinkalibrierten Mikropipetten entsprechend weniger) werden vorsichtig in jede Kapillare gedrückt. Zwei Mikropipetten werden als Kontrollen mit gleichen Volumina gewöhnlicher Luft gefüllt.

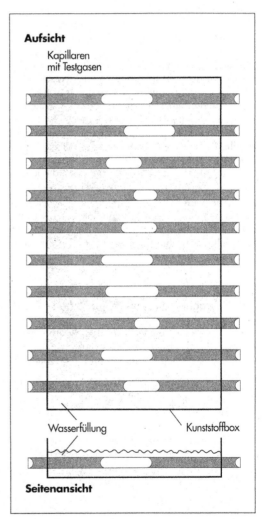

Aufsicht

Kapillaren mit Testgasen

Wasserfüllung

Kunststoffbox

Seitenansicht

Abb. 1.18: Versuchsanordnung zur Bestimmung der Zusammensetzung von Gasen aus Algen. Die Kunststoffbox ist mit Wasser gefüllt, um temperaturbedingte Volumenänderungen zu vermindern (nach Kirst 1988)

Nachdem die Ansätze 2–3 Minuten durch leichte Schüttel- und Kippbewegungen äquilibriert wurden, kann unter dem Mikroskop bzw. Stereomikroskop ausgemessen werden. Bestimmt wird die Länge der Gasblasen in absoluten bzw. relativen Einheiten, wobei die zu bestimmenden Werte als Ausgangsgrößen für jede Kapillare gleich 100 % gesetzt werden. Jetzt wird die Zitronensäure in kleinen Schritten von beiden Seiten abgesaugt und sofort durch 4 M KOH ersetzt. Dabei muß die Begrenzung der Gasblase durch Flüssigkeit erhalten bleiben. Nach Äquilibrieren werden die Blasenlängen erneut gemessen und in Prozenten der Ausgangswerte protokolliert. Im Gegensatz zu den sich kaum verändernden Luftkontrollen (CO_2-Gehalt etwa 0,03 %) reduzieren sich die Volumina der Gase aus Algen aufgrund ihres höheren CO_2-Anteils meßbar.

Nun wird die 4 M KOH durch eine Lösung von 5 % Pyrogallol in 2 M KOH ersetzt, wobei wie oben beschrieben verfahren wird. Aus den sich weiter verkleinernden Gasblasen läßt sich der O_2-Gehalt der einzelnen Gasmischungen bestimmen. Die Länge des verbleibenden Restgases ist ein Maß für den jeweiligen Anteil, der nicht mit den zugegebenen Lösungen absorbiert werden kann (hauptsächlich N_2- und CO-Anteile). Die Luftkontrollen dienen als Probe für die Zuverlässigkeit der Methode.

Zum Nachweis von Kohlenmonoxid schüttelt man jeweils 2–3 ml der entnommenen Gasproben mit etwas $PdCl_2$-Lösung (0,1 %). Ausgefallenes elementares Palladium gibt Hinweise auf den Kohlenmonoxidgehalt.

1.3.2.3 Fragen und weitere Aufgaben

1. Gibt es Unterschiede in der Gaszusammensetzung: a) in Schwimmblasen verschiedener Arten?, b) zwischen Gasblasen und Thallusaufblähungen?
2. Lassen sich tageszeitliche Schwankungen in der Zusammensetzung der Gase feststellen (Tag-Nacht-Unterschiede): a) im Sauerstoffgehalt?, b) im Kohlendioxidgehalt?
3. Ändert sich der Anteil der einzelnen Gase bei untergetauchten Pflanzen (Hochwasser) und bei längere Zeit trockengefallenen Exemplaren (Niedrigwasser, Sonneneinstrahlung)?

Um die Funktion von Gasblasen im Thallus von Algen zu erklären, kann das Auftriebsverhalten bei nahe verwandten Arten oder bei Arten mit und ohne Schwimmblasen aus demselben Biotop verglichen werden: z.B. *Fucus serratus* und *Fucus vesiculosus* bzw. *Laminaria saccharina* und *Halidrys siliquosa*. Die Stärke des Auftriebs läßt sich durch

sukzessives Abschneiden oder Ausdrücken von Gasblasen bestimmen. Will man den Auftrieb quantitativ ermitteln, kann man eine Federwaage mit entsprechend gebogenem Drahtstück benutzen.

Fucus vesiculosus entwickelt je nach Standort (ruhige bzw. wellenexponierte Stellen) sehr viele große bzw. wenige und dann oft sehr kleine Gasblasen. Versuchen Sie diese Aussagen nachzuprüfen und zu erklären.

Literatur

Chapman, D.J. & R.D. Tocher (1966): Occurence and production of carbon monoxide in some brown algae. Can. J. Bot. 44, 1438–1442.

Dromgoole, F.I. (1981): Form and function of the pneumatocysts of marin algae. I. Variations in the pressure and composition of internal gases. Botanica mar. 24, 257–266.

Foreman, R.E. (1976): Physiological aspects of carbon monoxide production by the brown alga *Nereocystis luetkeana*. Can. J. Bot. 4, 252–360.

Haldemann, C. & R. Brändle (1983): Avoidance of oxygen deficit stress and release of oxygen by stalked rhizomes of *Schoenoplectus lacustris*. Physiol. Veg. 21, 103–113.

Kirst, G.O. (1988): Relative gas composition of the air bladders (pneumatocysts) of kelps and fucoids. In: Lobban, C.S., D.J. Chapmann & B.P. Kremer (eds.): Experimental Phycology: A Laboratory Manual. University Press, Cambridge.

Kirst, G.O. & B.P. Kremer (1987): Das Experiment: Aerenchyme und ihre Gasfüllung. Biologie in unserer Zeit 3, 90–93.

1.3.3 Braunalgen: Wirkung von Sexuallockstoffen

Hans Dieter Frey

Befruchtungsvorgänge im Pflanzenreich sind im allgemeinen nicht leicht zu beobachten. Man kann zwar bei einigen Algen je nach Jahreszeit Entwicklungsstadien der ungeschlechtlichen und geschlechtlichen Fortpflanzung antreffen, hat aber meist keine Gelegenheit, Vorgänge der Sporen- bzw. Gametenfreisetzung, der Befruchtung und der Zygotenbildung zu studieren. Man weicht deshalb meist auf Dauerpräparate und Schnittserien oder auf zoologische Objekte aus, z.B. auf die Beobachtung von Seeigeleiern. Trotzdem lassen sich ohne großen Aufwand und ohne ausgefeilte Präparationstechniken bei Braunalgen Befruchtungsvorgänge von Eizellen durch Spermatozoiden und die Wirkung von Sexuallockstoffen (Pheromonen) untersuchen.

Braunalgen haben in der Regel einen heteromorphen Generationswechsel. Als ursprüngliches

Merkmal werden gleichgroße Generationen angesehen, die sich in ihrer Gestalt nur wenig unterscheiden (Beispiel *Ectocarpus*). Gelegentlich kommen auch gut ausgebildete große Gametophyten und kleine krustenförmige Sporophyten vor (Generationswechsel *Cutleria/Aglaozonia*). Durch die verschiedenen Braunalgenordnungen läßt sich eine Progression zu großen, stark differenzierten Sporophyten (Makroalgen, Tange) feststellen, wobei die Gametophyten mikroskopisch klein oder wie im Falle der Fucaceen auf eine oder wenige mitotische Teilungen reduziert sind. Als weitere Progression ist ein Aufstieg von der Isogamie über die Anisogamie zur Oogamie zu verfolgen.

Braunalgen entlassen ihre Fortpflanzungszellen direkt in das Meerwasser. Die einzelligen Gameten müssen dann in einer makroskopischen Umwelt aufeinandertreffen, um zur Zygote verschmelzen zu können. Zur Erhöhung der Befruchtungswahrscheinlichkeit haben sich deshalb im Laufe der Evolution eine Reihe von Strategien entwickelt.

Gleichzeitige Freisetzung von männlichen und weiblichen Gameten: Eine «innere Uhr», die auch sonst im ganzen Organismenreich verbreitet ist, mit einer Spontanperiode von ungefähr 24 Stunden wird durch den Zeitgeber Licht gestellt. Bereits ein kurzer Lichtpuls von sehr geringer Intensität, die auch z. B. durch Mondlicht erreicht wird, führt bei *Dictyota dichotoma* zur synchronen Entlassung der Eier. Andere Gametophyten (z. B. *Laminaria*) geben ihre Gameten in den ersten Nachtstunden an einigen aufeinanderfolgenden Tagen ab. Weitere synchronisierende Faktoren sind Temperatur und Austrocknung bzw. Wiederbefeuchtung durch den Wechsel von Niedrig- und Hochwasser.

Gezielte Freisetzung der Spermatozoiden: Eier von Braunalgenarten geben Stoffe (z. B. Lamoxiren bei *Laminaria*) an das Meerwasser ab, die innerhalb von wenigen Sekunden zu einer explosionsartigen Ausschüttung der Spermatozoiden führen.

Chemotaktische Anlockung der Spermatozoiden: Die von Braunalgen-Eizellen abgegebenen Stoffe locken auch Spermatozoiden spezifisch an. Die wirksame Konzentration dieser flüchtigen chemischen Verbindungen ist sehr gering und entspricht der von Sexuallockstoffen bei Insekten. Man spricht deshalb auch hier von Pheromonen als Grundlage eines effektiven Gameten-Kommunikationssystems.

Aufgrund dieser Strategien kann man sich gut vorstellen, daß die Befruchtung auf einen kurzen Zeitraum eingeengt und die Wahrscheinlichkeit der Zygotenbildung von im Meer schwimmenden Eizellen und Spermatozoiden ganz erheblich gesteigert wird.

Die Isolierung und Strukturaufklärung von Pheromonen bei marinen Braunalgen ging von der Tatsache aus, daß männliche Pflanzen in Kulturschalen anders duften als weibliche. Fertile weibliche Gametophyten von *Ectocarpus*

strömen einen Gin-artigen Geruch aus. Mit einer eleganten Analytik wurden die in ganz geringen Mengen abgegebenen flüchtigen Substanzen isoliert. Dazu benutzte man ein Extraktionssystem mit geschlossenem Kreislauf, in dem kontinuierlich Luft durch das Kulturmedium geleitet wurde. Die flüchtigen Stoffe wurden durch Kältefallen bzw. Aktivkohlefilter angereichert. Nach Extraktion war ausreichend reine Substanz vorhanden, um die fragliche Struktur aufzuklären. Gaschromatographie, Massenspektrographie, Hochdruckflüssigkeitschromatographie sowie chemische Reaktionen wie Hydrierung usw. ergaben Strukturformeln, die im Vergleich mit synthetisch gewonnenen Stoffen durch biologische Aktivitätstests abgesichert wurden.

Auf diese Weise wurden bei zahlreichen Braunalgenarten hochwirksame Pheromone isoliert und strukturell aufgeklärt. Es handelt sich um flüchtige, mehrfach ungesättigte Kohlenwasserstoffe mit meist 11 Kohlenstoffatomen. Unter den C_{11}-Pheromonen sind bisher 3 offenkettige Pheromone (Finavarren, Gifforden und Cystophoren) sowie Ringstrukturen mit einem 7er-Ring (Ectocarpen, Desmaresten und Dictyoten), mit einem 5er-Ring (Multifiden und Viridien) und einem 3er-Ring (Hormosiren und Dictyopteren A) beschrieben worden. Ein C_{11}-Pheromon, das bei den meisten Laminariales (Laminariaceae, Alariaceae, Lessoniaceae) vorkommt, das Lamoxiren, besitzt außer dem 7er-Ring eine Epoxidgruppe. Nur bei *Fucus*-Arten kommt ein offenkettiger chemotaktisch wirksamer Signalstoff mit 8 Kohlenstoffatomen (1,3-trans-5-cis-Octatrien), das Fucoserraten, vor.

Die Effektivität des Gameten-Kommunikationssystems wurde von Boland (1987) berechnet: Bei *Cutleria multifida* genügen bereits 100 Multifidenmoleküle (Grenzkonzentration 2×10^{-11} mol/l), um einen männlichen Gameten zur Kurskorrektur zu bewegen. Andere Autoren vermuten, daß ein einziges Pheromonmolekül ausreicht, um eine Reaktion des Gameten zu bewirken. Erstaunlich ist auch die Beobachtung, daß die chemischen Signalstoffe der Braunalgen meist gattungs-, nicht aber artspezifisch sind. Um Bastardierung zu vermeiden, müssen dann allerdings zusätzliche spezifische Oberflächen-Erkennungssysteme wirksam sein.

1.3.3.1 Untersuchungsobjekte

Für die Gewinnung von Eizellen und Spermatozoiden eignen sich die diözischen Arten *Fucus serratus, Fucus vesiculosus* und *Ascophyllum nodosum* besonders gut. Männliche und weibliche Pflanzen unterscheiden sich: Männliche Rezeptakel sind in reifem Zustand intensiv orangegelb gefärbt, weibliche dagegen graugrün. Mit einiger Übung und nach mikroskopischer Kontrolle von Schnitten kann man die beiden Geschlechter leicht unterscheiden. Die Reifezeit von *Fucus serratus* und *Fucus vesiculosus* fällt z. B. in Helgoland in die Zeit von Februar bis Mai. Bei *Ascophyllum nodosum* entstehen im August aus Randspalten des Thallus büschelige Kurztriebe, an denen sich im Laufe der Vegetationsperiode keulige Rezeptakel bilden.

1.3.3.2 Versuchsanleitung

Zur Isolierung der Gametangien nutzt man die Tatsache, daß bei Niedrigwasser Oogonien und Antheridien in kleinen Schleimpaketen durch die Konzeptakelöffnungen nach außen geschoben werden. Erst bei auflaufender Flut brechen die Gametangien auf und entleeren ihren Inhalt in das Meer. Gesammelte Thallusstücke mit reifen Konzeptakeln werden abgespült und in einer feuchten Kammer über Nacht kühl aufbewahrt bzw. mehrere Stunden auf Fließpapier ausgelegt. Die dabei austretenden Schleimtropfen mit Antheridien bzw. Oogonien werden für die Versuche verwendet.

Die Aktivität von natürlichen und von synthetisch hergestellten Pheromonen kann durch einen spezifischen biologischen Aktivitätstest überprüft werden. Dazu bindet man die fraglichen Substanzen an wasserlösliche inerte Fluorkohlenwasserstoffe mit hohem spezifischem Gewicht. Durch Überschichtung mit einer Suspension von männlichen Gameten sammeln sich die Spermatozoiden über den Tropfen, die das wirksame Pheromon enthalten.

Zur Isolierung der Oogonien spült man reife, fertile Rezeptakel von *Fucus*- oder *Ascophyllum*-Arten mit Meerwasser ab und legt sie in einer Petri-Schale zwischen meerwasserfeuchtes Filtrierpapier in einen Kühlschrank. Die nach wenigen Stunden oder spätestens über Nacht ausgetretenen Schleimpakete werden mit Meerwasser vorsichtig in ein kleines Gefäß gespült. Die Oogonien kann man bereits mit bloßem Auge als dunkle, gerade sichtbare Punkte erkennen.

Die Konzeptakelentleerung von männlichen Pflanzen erfolgt in gleicher Weise. Ebenso bewährt hat sich, wenn man die reifen Rezeptakel mit Süßwasser abspült und in einer offenen Petri-Schale auf Filtrierpapier antrocknen läßt. Die austretenden Schleimtropfen können dann mit einer Pipette oder einem Pinsel aufgenommen und in Meerwasser suspendiert werden. Wichtig ist, daß die Untersuchung sofort nach der Übertragung der Gametangien in Meerwasser beginnt.

Die Präparate von männlichen Pflanzen enthalten zahlreiche längliche Antheridien. Ihre Wand platzt nach wenigen Minuten auf und läßt jeweils 64 ausdifferenzierte Spermatozoiden frei, die sofort mit lebhaften Schwimmbewegungen beginnen. Neben den leeren Hüllen kann man verschieden weit fortgeschrittene Entleerungsstadien beobachten. Die Spermatozoiden stellen nach einiger Zeit ihr

Schwärmen ein und sterben ab. Die Entleerung der Oogonien dauert bis zu 20 Minuten und kann gut verfolgt werden. Bei *Fucus*-Arten werden nach und nach 8 Eizellen freigesetzt. *Ascophyllum nodosum* enthält in einem Oogonium nur 4 Eizellen.

Zur Beobachtung und zum Nachweis der chemotaktischen Anlockung der Spermatozoiden (wirksames Pheromon bei *Fucus*-Arten: Fucoserraten; bei *Ascophyllum nodosum*: Finavarren) pipettiert man frisch geschlüpfte Spermatozoiden zu Eizellen. Diese werden sofort von zahlreichen Spermatozoiden umschwärmt und mit ihren Geißeln berührt. Dadurch kommt eine leicht zu beobachtende kreisende Bewegung der Eizellen zustande. Nach kurzer Zeit ist es jeweils einem männlichen Gameten gelungen, in eine Eizelle einzudringen. Die Bewegung kommt zum Stillstand, und die Eizelle umgibt sich mit einer kräftigen Zellwand.

Der biologische Aktivitätstest zum Nachweis der Spezifität von natürlichen und synthetischen Pheromonen läßt sich mit einfachen Mitteln schnell durchführen (Abb. 1.19). Dazu bereitet man einige

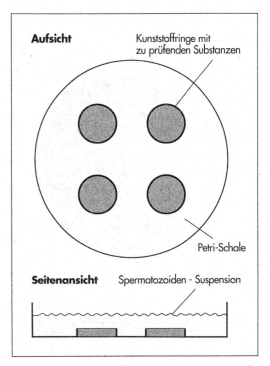

Abb. 1.19: Biologischer Aktivitätstest zum Nachweis der Pheromonwirksamkeit. Die Kunststoffringe auf dem Boden der Petri-Schale enthalten die zu prüfenden Stoffe in Fluorkohlenwasserstoff (FC 78, FC 72). Sie werden mit einer Spermatozoiden-Suspension überschichtet. Bei vorhandener Pheromonaktivität sammeln sich die Spermatozoiden über dem entsprechenden Ring (n. Boland et al. 1984)

Petri-Schalen so vor, daß je vier Kunststoffringe (∅ 12 mm, Höhe 1 mm) auf dem Schalenboden mit etwas Vaseline festgeklebt werden. In diese Ringe pipettiert man inerte Fluorkohlenwasserstoffe (z.B. FC 78 oder FC 72, 3 M Company, Düsseldorf) mit den darin gelösten, zu prüfenden Stoffen (z.B. künstliche Pheromone). Ein Ring wird als Kontrolle mit reinem Fluorkohlenwasserstoff gefüllt. Der gesamte Ansatz muß vorsichtig mit einer Suspension von frisch gewonnenen Spermatozoiden überschichtet werden. Man beobachtet die Ansammlung der Spermatozoiden über den Kunststoffringen mit dem Stereomikroskop oder wertet Photographien aus. Ausgezählt werden die Gameten innerhalb einer Einheitsfläche und mit der Anzahl der Spermatozoiden über der Kontrolle verglichen. Der Quotient ist ein quantitatives Maß für die biologische Aktivität. Wenn kein synthetisches Pheromon zur Verfügung steht, kann auch das Filtrat einer frisch gewonnenen Suspension von Eizellen benutzt werden.

1.3.3.3 Fragen und weitere Aufgaben

1. Beschreiben Sie das Verhalten (Bewegungstyp) von Spermatozoiden, die in den Einzugsbereich einer Eizelle als Pheromonsender gekommen sind?
2. Untersuchen Sie Kreuzreaktionen zwischen Gameten verschiedener Arten *(Fucus serratus, Fucus vesiculosus, Ascophyllum nodosum)*. Wie reagieren die Spermatozoiden auf die unterschiedlichen Pheromonquellen?
3. Welche Probleme ergeben sich aus der Tatsache, daß Pheromone bei Braunalgen nur gattungs-, nicht aber artspezifisch wirken? Welche Strategien können eine interspezifische Bastardierung von Braunalgen verhindern, die im gleichen Biotop vorkommen?
4. Eizellen von Braunalgen geben häufig eine Vielzahl verschiedener Pheromone ab (Pheromonbuketts), von denen nur eine Komponente die volle Wirksamkeit entfaltet. Wie kann man sich daraus die stammesgeschichtliche Entwicklung von effektiven Kommunikationssystemen erklären?

Silikatpartikel können mit synthetisch hergestellten Pheromonen oder anderen zu testenden Substanzen beladen werden. Gibt man zu einer Suspension von frisch gewonnenen Antheridien derartig beladene Partikel, kann der Vorgang der Freisetzung von Spermatozoiden und die chemotaktische Wanderung zur Pheromonquelle unter dem Mikroskop beobachtet werden. Für *Laminaria digitata* zeigte Boland (1987), daß bereits 60 Sekunden nach Zugabe von beladenen Silikatpartikeln sich zahlreiche

Spermatozoiden gezielt auf diese zubewegen. Da man den Weg des männlichen Kerns in der lebenden Eizelle nur schwer beobachten kann, fixiert man jeweils 5, 10, 15 … 30 Minuten nach dem Zusammenpipettieren von Eizellen und Spermatozoiden und untersucht die verschiedenen Stadien unter dem Mikroskop.

Bei *Dictyota dichotoma* erfolgt die Eientleerung in ungefähr 15tägigem Rhythmus, der durch das Mondlicht gesteuert wird (semilunare Rhythmik). Diese Art verfügt neben einer «inneren Uhr» mit einer Spontanperiode von ungefähr 24 Stunden auch über eine biologische Langzeituhr. Welche Vorteile hat *Dictyota* durch die optimale Anpassung der Gametenfreisetzung an den Spring-Nipptiden-Zyklus?

Literatur

Boland, W. (1987): Chemische Kommunikation bei der sexuellen Fortpflanzung mariner Braunalgen. Biologie in unserer Zeit **6**, 176–185.

Jaenicke, L. (1977): Sex hormones of brown algae. Naturwissensch. **64**, 69–75.

Jaenicke, L. & W. Boland (1982): Signalstoffe und ihre Reception im Sexualcyclus mariner Braunalgen. Angew. Chemie **94**, 659–670.

Kremer, B.P. (1984): Braunalgenpheromone. Naturw. Rundsch. **37**, 232–233.

Müller, D.G. (1976): Quantitative evaluation of sexual chemotaxis in two marine brown algae. Z.Pflanzenphysiol. **80**, 120–130.

Müller, D.G., M.N. Clayton, G. Gassmann, W. Boland F.-J. Marner, T. Schotten & L. Jaenicke (1985): Cystophorene and hormosirene, sperm attractants in Australian brown algae. Naturwissensch. **72**, 97–99.

1.3.4 Hydractinia echinata: Embryogenese, Larvalentwicklung und Metamorphose

Hans-Dieter Pfannenstiel

Die bei vielen Cnidariern als Polypen und Medusen auftretenden Formen sind gewöhnlich durch einen metagenetischen Generationswechsel miteinander verbunden. Im charakteristischen Fall pflanzen sich die Medusen geschlechtlich fort. Die dabei entstehenden Planula-Larven wandeln sich im Zuge einer Metamorphose in Polypen um, die ihrerseits durch Knospung Medusen erzeugen. Die Entstehungsweise der Medusen (z.B. Strobilation bei Scyphozoen) sowie der gesamte Ablauf der Metagenese können bei einzelnen Cnidariergruppen recht unterschiedlich sein. Auch der Ausfall der einen oder anderen Generation mit nahezu allen denkbaren Reduktionsstufen der Metagenese wird bei den

Gruppen der Cnidarier (Hydrozoa, Scyphozoa, Cubozoa, Anthozoa) beobachtet. So fehlt z.B. allen Anthozoen die Medusengeneration.

Die Embryonalentwicklung der Hydrozoen ist durch eine außerordentlich späte Determination der Blastomeren gekennzeichnet. Entsprechend wird der Verlust einzelner Furchungszellen bis zur Entwicklung der Planula ohne Entwicklungsdefekt regulativ ausgeglichen. Oft findet man innerhalb einer Art hinsichtlich der Anordnung der Furchungszellen von Individuum zu Individuum unterschiedliche Verhältnisse. Bei den im folgenden beschriebenen Versuchen an *Hydractinia echinata* (Cnidaria, Hydrozoa) lassen sich diese anscheinend regellose Anordnung der Blastomeren und die regulativen Kapazitäten des Keims leicht beobachten. Zudem bietet *Hydractinia* die Möglichkeit, die Gametenabgabe, die Embryonal- und Larvenentwicklung, sowie die larvale Metamorphose zum jungen Polypen in kurzer Zeit zu studieren, was in Praktika meist nur an fixiertem Material oder gar nur in der Theorie abgehandelt werden kann.

1.3.4.1 Untersuchungsobjekt und Materialbedarf

Hydractinia zeigt keinen Generationswechsel; die Medusengeneration fehlt vollständig (s. Abb. 1.20). Aus der Planula-Larve (j) geht ein Primärpolyp hervor (n), der basal Stolonen austreibt, aus denen weitere Polypen, Sekundärpolypen, hervorknospen. Die so entstehenden Kolonien (e) findet man in der Nordsee oft auf Gehäusen der Wellhornschnecke *(Buccinum undatum)*, die vom Einsiedler *Eupagurus bernhardus* bewohnt werden. Häufig wird das *Buccinum*-Gehäuse außerdem noch von einem Polychaeten *(Nereis fucata)* als Wohnung genutzt, der ebenso wie *Hydractinia* als Kommensale bezeichnet werden kann.

In einem *Hydractinia*-Stock findet man verschiedene Polypenformen. Die Freßpolypen (a) oder **Trophozooide** sind die häufigste Form. Über die stolonialen Verbindungen versorgen sie den ganzen Stock mit Nahrung. Die Stolonen eines Stockes bilden eine kompakte Stolonenplatte, deren Emergenzen die namengebenden Stacheln bilden. **Tentaculozooide** (c) enden apikal in einem stark verlängerten Tentakel, der den Fangbereich der Kolonie vergrößert. Am Mündungsrand der Schneckenschale findet man **Spiralzooide** (d), die den Freßpolypen ähnlich sind; doch sind sie stark verlängert und können sich bei Berührungsreizen spiralig aufwinden. Ihre Bedeutung ist nicht völlig klar. Die entrollten Spiralzooide schützen möglicherweise den Eingang der Schneckenschale, wenn sich der Einsiedler zurückgezogen hat (Symbiose?). Eine auffällige Polypenform stellen die **Gonozooide** oder Bla-

stostyle dar, die Geschlechtspolypen (b). In einem Stock findet man entweder nur männliche oder nur weibliche Blastostyle; die Kolonien sind also getrenntgeschlechtlich. Die rötlich gefärbten Oozyten geben den weiblichen Blastostylen eine entsprechende Färbung. Männliche Blastostyle haben ein weißliches Aussehen. Stöcke mit vielen reifen Blastostylen sind deshalb bereits an der Färbung zu erkennen.

Hydractinia ist über einen weiten Bereich des Jahres geschlechtsreif. Die jeweils reifen Geschlechtsprodukte werden morgens nach dem Hellwerden spontan abgegeben. Die Zygoten sinken zu Boden und können leicht abgesammelt und weiter beobachtet werden. Die Metamorphose der entstehenden Planula-Larven kann auch unter experimentellen Bedingungen leicht ausgelöst und beobachtet werden.

Materialbedarf: Stereomikroskop; einfaches Kursmikroskop; Objektträger; Deckgläser; Petri-Schalen (Glas) oder andere Glasschalen; kleinere Aquarien; Pasteur-Pipetten; Pipettenhütchen; Plastilin; wasserfester Stift zum Beschriften von Glas; Meerwasser (sollte pH 8,4 besitzen, evtl. mit konz. Na_2CO_3-Lösung auf diesen Wert einstellen), durch einmaliges Erhitzen auf 80° C pasteurisieren oder zumindest durch Faltenfilter von groben Schwebstoffen befreien; Aqua dest.; CsCl; Penicillin; Streptomycin; Waage (vorsichtshalber sollten bereits zu Hause die Substanzen für die Lösungen eingewogen werden: 9,76 g CsCl; je 100 mg Penicillin und Streptomycin für 1 l Meerwasser; Beißzange; «Eier» des Salinenkrebschens *Artemia salina* (übergießt man die Zysten von *Artemia* mit Meerwasser, schlüpfen bei guter Belüftung innerhalb von 2 Tagen die Nauplien, die nach weiteren 5 Tagen verfüttert werden können; zu junge Nauplien sind zu fettreich und bekommen den *Hydractinia*-Polypen nicht).

Zeitbedarf: *Hydractinia*-Stöcke evtl. 2 Tage anfüttern, um ausreichende Menge an Eiern ernten zu können; Präplanula nach 24 Std.; Planula nach 48 Std.; Larven sind nach weiteren 4 Tagen metamorphosebereit; Metamorphoserate wird besser, wenn Larven noch älter sind; Metamorphoseinduktion dauert max. 4 Std.; Metamorphose selbst ist nach 24 Std. abgelaufen; Gesamtdauer im ungünstigsten Fall 9 Tage. Da die Planulae leicht in gut verschlossenen und gekühlten (nicht über 16° C) Kunststoffgefäßen mit nach Hause genommen werden können, lohnt es sich, die Auslösung der Metamorphose erst später durchzuführen. Die Metamorphosebereitschaft der Larven hat dann noch zugenommen.

1.3.4.2 Versuchsanleitung und Beobachtungen

Hälterung: Die vorhandenen Polypenstöcke werden gemeinsam in belüfteten Aquarien gehalten. Aus den Schneckengehäusen müssen zuvor unbedingt die Einsiedlerkrebse und die Polychaeten entfernt worden sein; dazu hintere Gehäusewindungen mit einer Zange abbrechen. Die Stöcke werden täglich zur Fütterung für 1–2 Std. in Plankton gestellt (belüften!) und danach in Meerwasser gut abgespült und in frisches Meerwasser überführt. Bereits vor der Fütterung können nach dem Abstellen der Belüftung die Zygoten um die *Buccinum*-Schalen herum mit einer Pipette abgesammelt werden. Aus der Schale, in der die Stöcke über Nacht

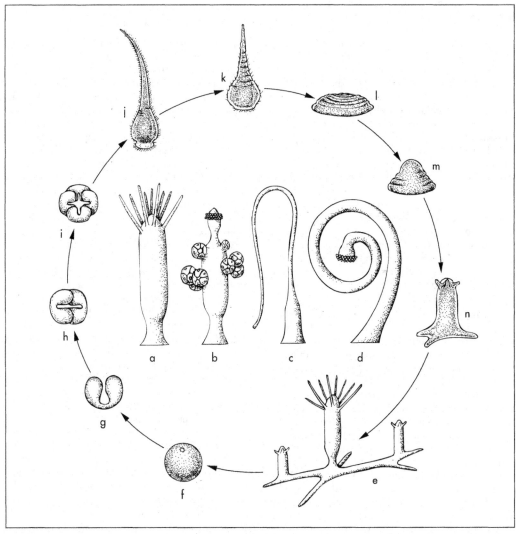

Abb. 1.20: *Hydractinia echinata,* Polypenformen und Entwicklung

a Trophozooid (Freßpolyp); **b** Gonozooid (Geschlechtspolyp, weiblich, Oozyten mit Kern erkennbar); **c** Tentaculozooid, **d** Spiralzooid; **e** junge Kolonie mit großem Primärpolypen und 2 Polypenknospen auf den Stolonen; **f** abgelegtes Ei; **g** 2-Zellstadium (Hantelform), schemat.; **h** 4-Zellstadium, schemat.; **i** 8-Zellstadium, andere Blastomerenanordnungen sind möglich, schemat.; **j** Planulalarve (hat sich zur Metamorphose mit stumpfem Vorderpol auf Substrat festgeheftet); **k** schlanker Larvenhinterpol wird eingezogen; **l** Scheibenstadium; **m** Scheibenstadium wächst zum jungen Polypen aus; **n** junger Polyp mit Tentakelknospen und ersten stolonialen Ausläufern, der sich zur Kolonie (e) entwickelt

saßen, sammelt man während des Fütterns die restlichen befruchteten Eier bzw. sich entwickelnden
Keime ab. Die Entwicklungsstadien werden in antibiotisches Meerwasser (100 mg Penicillin und
100 mg Streptomycin pro l Meerwasser) überführt.

A. Embryonalentwicklung

Da die Gametenabgabe bei *Hydractinia* etwa
1–2 Std. nach dem Beginn der morgendlichen Belichtung einsetzt, kann man die ersten Zygoten
kurz darauf erwarten. Die zur Beobachtung der
Embryonalentwicklung benötigten Keime in einem
zentralen Ansatz in antibiotischem Meerwasser
sammeln und daraus in ca. 30minütigem Abstand
Proben zur mikroskopischen Beobachtung entnehmen. Dazu werden mit den Ecken eines Deckglases
aus einem erwärmten Plastilinkügelchen (Plastilin
dazu in der Hand kneten) sehr kleine Füßchen ausgestochen. Ein Tröpfchen Meerwasser mit darin
enthaltenen Keimen wird auf das Deckglas pipettiert. Der Objektträger kann nun auf das Deckglas
gedrückt werden, wobei jeweils unter dem Mikroskop zu kontrollieren ist, ob die Keime gerade eben
festliegen. Diese Prozedur erfordert einige Übung.
Es lohnt sich, im 2-Zellstadium, das eine charakteristische Hantelform aufweist (Abb.: 1. 20 g), die beiden ersten Blastomeren mit einer feinen Nadel zu
trennen und ihr Entwicklungsschicksal zu verfolgen. Ebenso können vielzellige Keime bis nach der
Gastrulation oder auch fertige Planulae in 2 Teile
zerschnitten werden, um die enorme Regulationsfähigkeit zu beobachten.

Beobachtungen: Die Oozyten werden mit ca.
160 μm Durchmesser abgegeben. Sie besitzen eine
äußerst zarte Dotterhülle, aus der keine Befruch-
tungshülle hervorgeht. Polkörperchen sind nur sehr
schwer zu beobachten. Die 1. Mitose der Zygote
setzt ca. 1 Std. nach der Befruchtung ein. Die
total-äquale Furchung folgt offenbar keinem festgelegten Muster. Die Anordnung der Blastomeren ist
von Keim zu Keim unterschiedlich; gelegentlich beobachtet man sogar, daß einzelne Blastomeren
während der Entwicklung den Kontakt zum Keim
verlieren. Es resultieren jedoch stets normale Larven, die je nach Verlust an Masse kleiner sind. Nach
wenigen Stunden ist ein Blastula-Stadium erreicht.
Die Blastula besitzt keine Furchungshöhle sondern
ist massiv. Sie kann leicht mit einem ungefurchten
Ei verwechselt werden. Die Gastrulation besteht
lediglich in einer Sonderung der epithelialen Ekto-
derms von den Zellen im Inneren des Keims, die
später das Entoderm bilden. Nach einem Tag hat
sich der Keim zur Präplanula gestreckt. Deutlich
sind jetzt die transparenter erscheinenden ektobla-
stischen Zellen von den dunklen entoblastischen

Zellen zu unterscheiden. Nach 2 Tagen ist die bewimperte Planula fertig ausgebildet. Sie besitzt an
ihrem stumpfen Vorderpol Klebdrüsen. Der Hinterpol ist zu einer konischen Spitze ausgezogen.
Neben der Cilienbewegung ist die Larve auch zu
Kontraktionsbewegungen fähig. Aus abgetrennten
Blastomeren gehen ebenfalls vollständige, jedoch
sehr kleine Larven hervor. Larvenfragmente ordnen sich innerhalb kurzer Zeit zu normal propor-
tionierten verkleinerten Larven um.

B. Metamorphose der Planulae zu Primärpolypen

Je nach Menge der abgelegten Eier über 1 oder
2 Tage Keime in der oben beschriebenen Weise absammeln. Zur Aufbewahrung der Keime sollen
Glasgefäße und antibiotisches Meerwasser benutzt
werden. Erst die fertigen Planulae vertragen Plastikgefäße. Einmal täglich anomale und zerfallende
Keime aussortieren. Die so gesammelten Planulae
können im Kühlschrank für viele Wochen aufbewahrt werden. Nach 4 oder besser 5 Tagen kann
die Metamorphose ausgelöst werden. Unter natürlichen Bedingungen sind offenbar Bakterien für die
Auslösung der Metamorphose verantwortlich. Larven in antibiotischem Meerwasser sollten also keine
Metamorphose zeigen. Mit verschiedenen «Nach-
schlüsseln» kann die Metamorphose ebenfalls indu-
ziert werden, so z.B. durch Cs^+, Rb^+, Li^+ und K^+. Die
Wirkweise dieser Ionen ist noch unbekannt. Da Cs^+
die Metamorphose über einen weiten Bereich seiner molaren Konzentration sicher auslöst, soll hier
nur mit Cs-Lösungen gearbeitet werden. Cs^+-
Stammlösung: 9,76 g CsCl auf 100 ml Aqua dest.;
Lösung ist dem Meerwasser isoosmolar. Diese
Stammlösung kann in beliebigen Volumenverhält-
nissen mit Meerwasser gemischt werden, wobei
zwar die Cs^+-Konzentration in der Gebrauchslö-
sung variiert wird, nicht aber die Osmolarität. Eine
Mischung 1:5 der Stammlösung mit Meerwasser
(also 1 Teil Stammlösung + 4 Teile Meerwasser)
löst sicher die Metamorphose aus. In der Ge-
brauchslösung werden die Larven für 3 Std. inkubiert. Danach wird die Cs^+-Lösung abgegossen, die
Larven werden gründlich in Meerwasser gewaschen und in frisches Meerwasser überführt. Während der Induktion der Metamorphose sollen die
Larven dunkel stehen. Die Metamorphose selbst
läuft auch am Licht ab.

Beobachtungen: In der CsCl-Induktionslösung
hört der Cilienschlag der Larven auf, und sie heften
sich mit dem Vorderpol am Substrat fest (Abb.:
1. 20 j). Der Hinterpol wird eingezogen (k, l). Während der weiteren Metamorphose wird der larvale
Schwanz soweit eingezogen, daß die Larve ca.
9 Std. nach Induktionsbeginn in das sogenannte

Scheibenstadium übergeht (l). Aus dieser Scheibe wächst im Verlauf der nächsten 6 Stunden ein junger Polyp hervor, der bereits deutlich sichtbare Tentakelknospen trägt (m, n). Etwa 27 Std. nach Induktionsbeginn ist der fertig ausgebildete Primärpolyp zu beobachten, der bereits basale Stolonen austreibt. Diesen jungen Polypen kann man bereits füttern. Wenn man die Larven in größeren (Plastik-) Petri-Schalen metamorphosieren läßt, kann man das Entstehen eines kleinen Stockes aus dem Primärpolypen beobachten (e). Die jungen Stücke müssen dazu jedoch täglich mit Plankton gefüttert werden. Sollen die jungen Kolonien nach Hause mitgenommen werden, kann man als Futter auch ca. 5 Tage alte Nauplien des Salinenkrebschens *Artemia salina* verwenden.

Literatur

Berking, S. (1984): Metamorphosis of *Hydractinia echinata*. Insights into pattern formation in Hydroids. Roux's Arch. Dev. Biol. **193**, 370–378.

Müller, W. A. (1973): Metamorphoseinduktion bei Planulalarven. I. Der bakterielle Induktor. Wilhelm Roux's Arch. **173**, 107–121.

Müller, W. A., Buchal, G. (1973): Metamorphoseinduktion bei Planulalarven. II. Induktion durch monovalente Kationen: Die Bedeutung des Gibbs-Donnan-Verhältnisses und der Na$^+$/K$^+$-ATPase. Wilhelm Roux's Arch. **173**, 122–135.

Müller, W. A. (1974): *Hydractinia echinata* (Hydrozoa). Organisation des Stockes, Nahrungsaufnahme. Begleitveröffentlichung zu Film E 2079 des IWF, Göttingen.

Müller, W. A. (1975): *Hydractinia echinata* (Hydrozoa). Ablaichen, Embryonalentwicklung, Metamorphose. Begleitveröffentlichung zu Film E 2080 des IWF, Göttingen.

Place, J. (1917): The morphology, structure, and development of *Hydractinia echinata*. Trans. amer. Micr. Soc. **36**, 83–91.

1.3.5 *Patella*: Heimfindevermögen und Ortstreue

Werner Funke

Napfschnecken der Gattungen *Patella* L., *Acmaea* Eschscholtz (Prosobranchia) und *Siphonaria* Sowerby (Pulmonata) besiedeln in zahlreichen Arten und in hoher Individuenzahl die Felsküsten der Meere. In der Gezeitenzone und in den oberen Schichten des Sublitorals besitzen sie fest umrissene Heimatplätze, an deren Unebenheiten sie mit ihrem Schalenrand exakt angepaßt sind. Von hier aus unternehmen sie Wanderungen in die nähere Umgebung, auf denen sie mit ihrer Radula den immer wieder nachwachsenden Algenrasen vom Substrat abweiden. Über Wochen und Monate kehren sie nach jedem Fraßgang genau zum Ausgangspunkt zurück, dem einzigen Ort, an dem ihr Schalenrand in einer einzigen Position formschlüssig in die Unebenheiten des Substrats paßt. Napfschnecken sind damit die einzigen Tiere, bei denen Heimfindevermögen nicht nur auf einen bestimmten Ort, sondern an diesem auch auf eine ganz bestimmte Position ausgerichtet ist. Die bemerkenswerte Präzision des «homing» ist gemeinsam mit einer Fülle struktureller und funktioneller «Merkmale», z. B. der napfförmigen Schale, dem hohen Haftvermögen des Fußes auf dem Substrat und den tages- und gezeitenperiodischen Wanderungen (s. Abschn. 1.3.6) als außerordentlich wirkungsvolle Anpassung an die extrem wechselhaften Bedingungen der Gezeitenzone zu werten.

Bei Napfschnecken der Gattung *Patella* lassen sich bereits im natürlichen Lebensraum eine ganze Reihe lehrreicher Beobachtungen durchführen. Diese sollten der experimentellen Analyse von Heimfindevermögen und Ortstreue im Labor möglichst vorangestellt werden. – Die Haltung der Schnecken im Aquarium ist problemlos. *Patella* gründet auch hier fest umrissene Heimatplätze, so daß das gesamte Verhalten am Platz und auf den Wanderungen gut faßbar und einfachen Experimenten ohne weiteres zugänglich ist.

1.3.5.1 Untersuchungsobjekte und Materialbedarf

Geeignete Versuchstiere sind vor allem *Patella vulgata* L. von der französischen Atlantikküste und *Patella caerulea* L. von den Küsten des Mittelmeeres. Die Schnecken werden am natürlichen Standort mit einem Stechbeitel oder mit einem kräftigen Messer vom Substrat gelöst. Dabei ist ihre außerordentlich hohe Haftfähigkeit zu beachten. Zum Transport werden die Tiere je nach ihrer Herkunft innerhalb der Gezeitenzone (bei *P. caerulea* teilweise aus dem oberen Sublitoral) und nach ihrer Position auf vertikalen oder horizontalen Flächen getrennt in Kunststoffbeuteln zur Anheftung gebracht. Für Laboruntersuchungen besonders geeignet sind mittelgroße Tiere von ca. 2 cm Schalenlänge. Die Beutel werden in Kühlbehältern bei Temperaturen von max. 20° C verpackt. Zweimal täglich sollten die Beutel mit Meerwasser mehrere Minuten lang ausgespült werden. Am Zielort können die Tiere bei regelmäßiger Spülung und bei niedrigen Temperaturen in den Beuteln mehrere Wochen am Leben gehalten werden. Das gleiche gelingt bei Schnecken, die in einem gut belüfteten Meerwasseraquarium auf den Rücken gelegt werden, bzw. die – auf dem Rücken liegend – mit der Schalenspitze in ein Stück Aquarienkitt gedrückt werden. In dieser Stellung lassen sich Kopf, Fuß und Pallialtentakel (am Mantelrand) in ihren Bewegungen und in ihrer Ruheposition gut beobachten.

1.3.5.2 Versuchsanleitungen und Beobachtungen

Zur Analyse von lokomotorischer Aktivität, Heimfindevermögen und Ortstreue werden die Tiere teilweise einzeln in kleine Aquarien oder flache Schalen, teilweise in größerer Zahl in große Aquarien oder große flache Schalen (in jedem Fall ohne Bodensubstrat) gebracht. Die Aquarienwände sind lückenlos mit Glasscheiben (Breite 6 cm) ausgelegt, die i.d.R. eine ebene Oberfläche besitzen sollen (Ankleben mit einem kleinen Tupfen Silikonkautschuk oder Glasstreifen von der Länge der Wandhöhe am oberen Rand mit aufgeschnittenem Schlauchstück festklemmen). Einzelne kleine Aquarien sollten mit Preßglasscheiben von unterschiedlichem Relief ausgelegt sein. Auch der Boden der Aquarien ist mit Glasscheiben lückenlos zu bedecken. Die flachen Schalen sollten mit kleinen Glasscheiben, z.B. Diagläsern, ausgelegt werden. – Tiere, die auf Glaswände gebracht werden, lassen sich dort i.d.R. nicht mehr unbeschädigt ablösen. Das für manche Versuche erforderliche Versetzen der Schnecken erfolgt also stets mit der Scheibe, auf der sie sich gerade befinden.

Die Glasscheiben sollten stets mit Algen bewachsen sein. Ein gutes Algenwachstum erfordert eine intensive Beleuchtung z.B. am Laborfenster (Nordseite!) bzw. (besonders in Dunkelräumen) mit leistungsstarken Leuchtstoffröhren. Bei ausgewogenem Tierbesatz stellt sich bald ein gewisses Gleichgewicht zwischen dem Fraß der Schnecken und dem Neuzuwachs an Algen ein. Ein gutes Algenwachstum wird oft erreicht, wenn verbrauchtes Meerwasser gegen Meerwasser ausgetauscht wird, in dem zuvor über längere Zeit andere Tiere (z.B. Anneliden oder Crustaceen) gelebt hatten. Die Wassertemperatur sollte 22° C, die Salinität 35‰ nicht überschreiten. Eine Belüftung ist i.d.R. nur in den hohen Aquarien erforderlich. Eine Filterung des Wassers kann unterbleiben.

Für zahlreiche Beobachtungen sind Aquarien z.B. von 80 cm Länge, 25 cm Breite und 35 cm Höhe besonders gut geeignet. Schräg eingestellte Glasscheiben verhindern, daß die Versuchstiere an die gegenüberliegende Aquarienwand gelangen. Zwei Becken werden möglichst übereinander aufgestellt (Abb. 1.21). Zwischen beiden kann für Gezeiten-Versuche über eine Schlauchpumpe (mit elastischem Siliconschlauch), die über einen elektronischen Timer gesteuert wird, jeder beliebige Wasser-

wechsel durchgeführt werden. In Dunkelräumen wird auch der Licht/Dunkel-Wechsel schaltuhrgesteuert. Die Registrierung der Wanderwege von *Patella* erfolgt entweder über Direktbeobachtungen oder mit Hilfe automatischer Kameras bzw. mit einer Video-Kamera mit (für Versuche bei Rotlicht) hochempfindlicher Bildröhre und automatischer Blendeneinstellung und einem Time-Lapse-Recorder mit bis zu 80-facher Zeitraffung (ausreichend für 240 Std. bei einer 3 Std.-Kassette). Die automatische Registrierung sollte nur bei Untersuchungen zur lokomotorischen Aktivität im Langzeitversuch (s. Abschn. 1.3.6) eingesetzt werden. Bei allen detaillierten Analysen von Heimfindevermögen und Ortstreue sollte auf (zeitaufwendige) Direktbeobachtungen (nachts bei Rotlicht) nicht verzichtet werden.

A. Beobachtungen im Freiland

Für Freilandbeobachtungen eignet sich vor allem *P. vulgata*. Die meisten Individuen sitzen am Tage bei Niedrigwasser inaktiv auf ihren Heimatplätzen.
- Prüfen Sie die Präzision der Paßform Schale – Substrat und vergleichen Sie den Schalenumriß verschiedener Individuen.
- Testen Sie die Haftfähigkeit der Tiere mit bloßen Händen.
- Lösen Sie einzelne Tiere mit einem scharfen Gegenstand vom Substrat. Betrachten Sie die Tiere von der Unterseite und prüfen Sie die Haftfähigkeit der Fußsohle mit dem Finger.
- Setzen Sie die Tiere dann auf eine ebene Glasscheibe und kontrollieren Sie die Lücken zwischen Schalenrand und Unterlage.
- Beschreiben Sie die Beschaffenheit des Substrats auf den Heimatplätzen der Schnecken. Lassen sich auf weichem Gestein (z.B. auf hellem Kalkstein) spezifische Verfärbungen der Platzstelle erkennen?
- Vergleichen Sie Tiere gleicher Schalenlänge aus verschiedenen Bereichen des Eulitorals und bestimmen Sie Schalenhöhe und -dicke. Diskutieren Sie die Unterschiede und deren mögliche Ursachen. Bestimmen Sie ggf. den Aufwuchs der Schneckenschalen aus verschiedenen Tiefenzonen.

Napfschnecken zeigen eine recht unterschiedliche Siedlungsweise. An manchen Stellen siedeln die Tiere dicht nebeneinander, an anderen leben sie mehr isoliert. Wie ist das zu erklären?
- Welche Bedeutung haben
  a) das Nahrungsangebot, der Bewuchs von Kleinalgen auf dem Substrat, die Existenz von Großalgen (insbesondere der Braunalge *Ascophyllum nodosum*) in unmittelbarer Nachbarschaft der Heimatplätze?

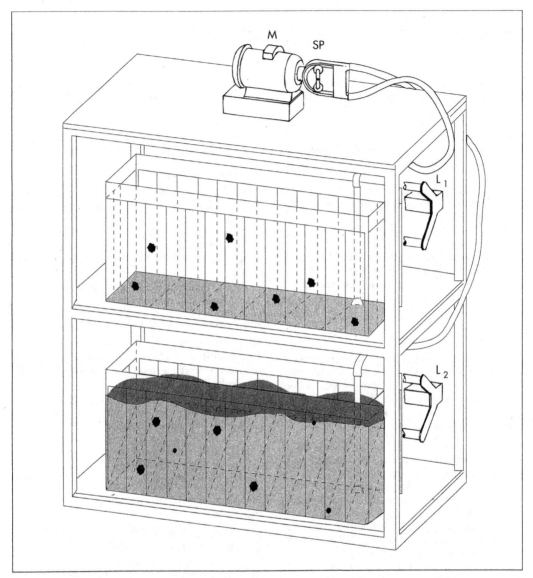

Abb. 1.21: Beobachtungsstand zur Analyse von Heimfindevermögen, Ortstreue und lokomotorischer Aktivität von *Patella* unter künstlichen Tag/Nacht- und Ebbe/Flut-Wechseln. Oben – «Niedrigwasser», unten – «Hochwasser».
L_1 u. L_2 – Leuchtstoffröhren, M – Motor für Schlauchpumpe SP. Beide Aquarien sind mit auswechselbaren Glasscheiben ausgelegt. Nicht eingezeichnet sind: die Belüftungen, die Deckscheiben der Aquarien, die schräggestellten Scheiben oben, die Bodenscheiben unten, die Dauerrotlicht-Beleuchtung von vorn und die auf die Vorderfront der Aquarien ausgerichteten Registriereinrichtungen (s. Text)

b) die Neigung des Substrats und seine Oberflächenstruktur, die Position im Eulitoral, die Exposition gegenüber Sonneneinstrahlung, auf- und ablaufendem Wasser?

c) Raumkonkurrenten auf dem Substrat (z.B. *Chthamalus stellatus*)?

– Bevorzugt *Patella vulgata* brandungsreiche oder brandungsarme Areale? Bestehen hier Unterschiede zwischen verschieden großen Tieren?

– Markieren Sie eine größere Zahl von Tieren und deren Heimatplätze mit unterschiedlichen meerwasserstabilen Farben. Beachten Sie dabei die

Position der Kopfstelle. Kontrollieren Sie die Ruhestellung der Schnecken an mehreren aufeinanderfolgenden Tagen. Kehren alle Individuen stets auf ihren Heimatplatz zurück?

- Versetzen Sie einige markierte Tiere unmittelbar nach dem Abmarsch (leichtere Ablösbarkeit!) in unterschiedlichen Richtungen um 5–50 cm von ihren Heimatplätzen entfernt. Kontrollieren Sie an den folgenden Tagen die Positionen der Schnecken.

Auf weichem Kalkstein und besonders auf Kreide sind die Heimatplätze oft tief in das Substrat eingesenkt.

- Scheidet *Patella* saure Substanzen aus oder verändert sie das Substrat mechanisch mit ihrer Radula oder mit ihrem Schalenrand?
- Testen Sie Fuß, Mantelrand und Kopf mit einem pH-Indikator.
- Überführen Sie einzelne Tiere in ein Kunststoffaquarium. Prüfen Sie an den folgenden Tagen die abgegebenen Exkremente auf Gesteinssplitter und achten Sie auf Radulaspuren an der Aquarienwand.

B. Beobachtungen im Labor

Für Untersuchungen im Labor sind *P. vulgata* und *P. caerulea* gleich gut geeignet. Nach Möglichkeit sollten beide Arten zur Verfügung stehen. Ebbe/Flut-Wechsel sind nicht unbedingt erforderlich.

Gründung eines Heimatplatzes

Mehrere Schnecken werden jeweils einzeln an den Seitenwänden von kleinen mit Meerwasser gefüllten Aquarien zur Anheftung gebracht.

- Beschreiben Sie den Anheftungsprozeß.
- An den folgenden Tagen werden unter möglichst störungsfreien Bedingungen (keine Veränderung der Lichteinfallrichtung, keine Beschattungen, keine Erschütterungen etc.) die Ruheplätze der Tiere morgens und nachmittags kontrolliert. Schalenumrisse und Kopfpositionen werden auf der Aquarienwand von außen mit verschiedenfarbigen wasserfesten Filzstiften markiert. Auch die Anpassung der Schale an die plane Aquarienwand (das Schalenrandwachstum) wird bei Tieren mit unregelmäßig geformtem Schalenrand täglich registriert.
- Wieviel Ruheplätze werden innerhalb einer Woche eingenommen bzw. wiederholt benutzt?
- In welchem Umfang stimmen die Ruheplätze in ihren Abständen zu Wasserlinie, Boden und Seitenwänden und in ihren Kopfpositionen überein?
- Welche Kopfpositionen (im Schwerefeld) werden bevorzugt?
- Welche Unterschiede bestehen zwischen *P. vulgata* und *P. caerulea* oder zwischen Individuen verschiedener Größe?
- Wann werden die Tiere ortstreu?
- Welche Bedeutung hat dabei die Paßform Schale – Substrat?
- Welche Unterschiede bestehen zwischen Tieren in Aquarien ohne, mit schwachem, mit starkem Algenbewuchs?
- Siedeln alle Tiere nur auf den Seitenwänden?
- Wie verhalten sich Tiere von horizontalen und vertikalen Flächen der Gezeitenküste?

Verhalten am Heimatplatz vor einem Weidegang

Patella führt vor jedem Weidegang auf dem Heimatplatz charakteristische Bewegungen aus.

- Skizzieren Sie die Stellungen des Kopfes, die Verformungen des Fußes und die Drehungen von Fuß und Schale.
- Beschreiben Sie die Bewegungen der Pallialtentakel.
- Welche Bedeutung dürfte den verschiedenen Bewegungen zukommen?

Verhalten am Heimatplatz nach einem Weidegang

Nach der Rückkehr zum Heimatplatz dreht sich *Patella* i.d.R. sehr schnell in die Ausgangslage. Anschließend führt sie hier recht verschiedenartige Schalenbewegungen aus.

- Beschreiben Sie den gesamten Bewegungsablauf beim Eindrehen. Prüfen Sie die Präzision des Einpassens in die Ausgangslange.
- Welche Orientierungsleistungen dürften dem Eindrehen in die Ausgangslage zugrunde liegen?
- Welche Bedeutung könnte den Schalenbewegungen zukommen?

Wanderungen – Weidegänge und Rückkehr zum Heimatplatz

Patella führt täglich wenigstens ein oder zwei Weidegänge durch. Bei der Rückkehr zum Heimatplatz folgt sie i.d.R. exakt der letzten Ausgangsspur. Manchmal erreicht sie ihren Platz – zumindest teilweise – auch auf einem anderen Weg.

- Markieren Sie an mehreren aufeinanderfolgenden Tagen die Wanderungen mehrerer ortstreuer Schnecken auf der Aquarienwand.
- Beschreiben Sie die Fraßspuren im Algenrasen beim Geradeauskriechen, bei Drehungen und nach Fraßende.
- Bestimmen Sie die Wegstrecken der einzelnen Individuen und die Dauer von Weidegang und Rückmarsch zum Heimatplatz.
- Prüfen Sie den Zusammenhang zwischen Wegstrecke und Nahrungsangebot.
- Äußern Sie sich zu den denkbaren Orientierungsmechanismen.

C. Experimentelle Analyse im Labor

Wie bereits bei den «Beobachtungen» deutlich geworden sein dürfte, folgt *Patella* bei der Rückkehr zum Heimatplatz meist ihrer Ausgangsspur. Diese Kriechspur ist durch Fußsekrete individuenspezifisch markiert. Damit besitzt jede Spur also nur für deren Produzenten selbst Orientierungswert. Jedes Individuum gelangt so nur zum eigenen Heimatplatz zurück. In der Natur ist das (s. o.) der einzige Ort, an dem in einer einzigen Position der Schalenrand exakt in die Unebenheiten des Substrats paßt. Auch der Heimatplatz ist durch Fußsekrete markiert.

Zwischen den Epithelzellen der Fußsohle von *Patella* liegen Schleimzellen und die Ausführgänge subepithelialer Drüsenzellen. Beide sezernieren Mucopolysaccharide oder eiweißhaltige Sekrete. Diese Substanzen sind von hoher Viskosität. Am Heimatplatz dienen sie vor allem der Bildung einer Schleimschicht, die alle Hohlräume zwischen Fußsohle und Substrat ausfüllt und so eine außerordentlich wirkungsvolle Adhäsion zustande bringt. Diese Adhäsion wird verstärkt durch die Muskulatur des Fußes und durch Muskelfasern, die dorsoventral von der Schale

zum Fußepithel ziehen und bei ihrer Kontraktion (saugnapfartig) die hohe Haftung der Fußsohle mitbestimmen. Am Vorderrand der Fußsohle münden sog. Marginaldrüsen, deren Sekrete halbkreisförmig im Fußabdruck imprägniert werden und so seine Polarität bestimmen.

Bei der Rückkehr zum Heimatplatz orientiert sich *Patella* wahrscheinlich überwiegend nach dieser Markierung. Auch für platzfremde Individuen besitzt die Kennzeichnung der Vorderfußstelle Orientierungswert. Die fremde individuenspezifische Markierung wird beim Eindrehen in die Platzgrenzen also gelegentlich toleriert.

Die Ortstreue von *Patella* wird durch verschiedene Faktoren bestimmt. Entscheidend sind in erster Linie die Platzmarkierung und die Paßform Schale – Substrat. Von großer Bedeutung sind daneben aber auch das Nahrungsangebot, die am Heimatplatz «gewohnte» Position im Schwerefeld, zur Lichteinfallsrichtung und zu benachbarten Geländemarken. *Patella* ist also auf ihrem Heimatplatz an eine insgesamt sehr komplexe Reizsituation angepaßt.

In Aquarien mit auswechselbaren Glasscheiben lassen sich zur Klärung der Orientierungsleistungen von *Patella* eine Reihe einfacher Experimente

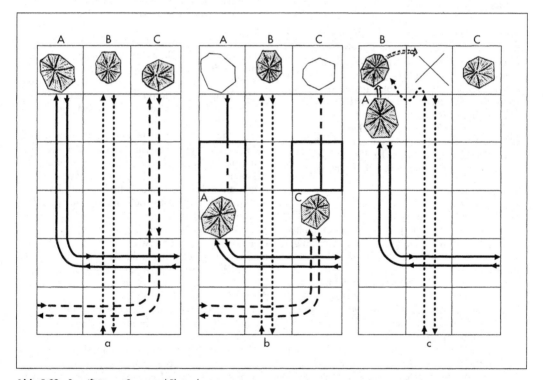

Abb. 1.22: Spezifität von Spur- und Platzsekret
a) Heimkehr der Tiere A, B, C trotz Kreuzen fremder Spuren nur zum eigenen Platz
b) Austausch von Spurenteilen der Tiere A und C (durch dicke Umrißlinien hervorgehoben). Tiere kriechen nicht über fremde Spur
c) Platzscheibe von B entfernt (X); B besetzt Platz von A, A verdrängt B (offener Pfeil)

durchführen (Abb. 1.22). Diese Experimente sind i. d. R. allerdings recht zeitaufwendig. Sie führen nur dann zu eindeutigen Ergebnissen, wenn alle erforderlichen Manipulationen so störungsfrei wie möglich vorgenommen werden.

Orientierung auf dem Heimatplatz

– Drehen Sie mehrere Platzscheiben (in flachen Schalen) nach dem Abmarsch ihrer Besitzer um 90° oder um 180°.
– Tauschen Sie die Platzscheiben verschiedener Individuen mit gleichgroßen oder mit unterschiedlich großen Fußabdrücken gegeneinander aus.
– Tauschen Sie die Platzscheiben gegen neue unberührte Scheiben ohne oder mit Algenbewuchs aus.
– Wiederholen Sie diesen Versuch mit formgleichen Scheiben von unregelmäßigem Oberflächenrelief (Preßglas).
– Trocknen Sie die Platzscheiben mehrerer Individuen und kratzen Sie verschiedene Regionen der Platzstelle, insbesondere des Fußabdrucks, mit einem Glasfaserstift sauber ab. Legen Sie die Scheiben nach sorgfältigem Spülen mit Meerwasser in ihre ursprüngliche Position zurück.
– Prüfen Sie die Attraktivität der Platzmarkierung nach mehrtägigem Trocknen (evtl. bei unterschiedlichen Temperaturen) oder nach Spülen in Säuren und anderen Flüssigkeiten. Tauschen Sie die so behandelten Scheiben gegen die neuen Ruheplatz-Scheiben der Versuchstiere aus.
– Vertauschen Sie die Heimatplätze mehrerer dicht nebeneinander siedelnder Tiere.
– Beschreiben Sie bei allen Versuchen das Verhalten der Schnecken nach der Rückkehr von einem Fraßgang und diskutieren Sie die Ergebnisse.

Orientierung auf der Kriechspur

– Drehen Sie einzelne Spurenscheiben um 180° oder tauschen Sie Spurenscheiben aus Platznähe und Spurenscheiben aus platzfernen Arealen gegeneinander aus. Prüfen Sie also die «Polarität» der Kriechspuren.
– Wiederholen Sie den Versuch mit Spurenscheiben von unterschiedlichem Oberflächenrelief. Prüfen Sie also i.S. von Piéron (1909) das «topographische Gedächtnis» von *Patella*.
– Tauschen Sie Spurenscheiben vom letzten Fraßgang gegen ältere Spurenscheiben aus. Trocknen Sie einzelne Spurenscheiben oder waschen Sie diese mit Wasser, mit Säuren oder anderen Flüssigkeiten. Bringen Sie diese Scheiben nach sorgfältigem Spülen mit Meerwasser wieder in ihre ursprüngliche Position zurück. Prüfen Sie also die «Haltbarkeit» des Spurensekrets.

– Tauschen Sie einzelne oder mehrere Spurenscheiben gegen unberührte veraltete Scheiben aus. Prüfen Sie also, ob neben der Kontaktchemorezeption auch andere Orientierungsleistungen (z. B. eine idiothetische Orientierung bezogen auf die Weglänge) für den Heimweg von Bedeutung sein können. Verändern Sie u. U. gleichzeitig durch Scheibentausch den Verlauf der Kriechspuren in den Schalen. Tauschen Sie die Platzscheibe gegen eine Spurenscheibe aus. Verkürzen Sie auf diese Weise die Strecke, die Ihr Versuchstier bei der Rückkehr zum Heimatplatz zurückzulegen hätte. Verlängern Sie durch Aneinanderlegen von Spurenscheiben, die beim Heimmarsch bereits begangen worden waren, die Weglänge.
– Tauschen Sie Spurenscheiben verschiedener möglichst gleichgroßer Individuen gegeneinander aus. Prüfen Sie auf diese Weise die «Individualität» der Kriechspuren.
– Legen Sie leicht verschiebbare Hindernisse auf die Spur.
– Beschreiben Sie bei allen Versuchen das Verhalten der Schnecken beim Rückmarsch und diskutieren Sie die Ergebnisse.

Ortstreue

– Prüfen Sie die Ortstreue von *Patella* bei Abnahme des Algenbewuchses.
– Verändern Sie die Lichteinfallsrichtung in einigen Aquarien, während die Schnecken auf ihrem Heimatplatz sitzen oder wenn sie sich gerade auf einem Fraßgang befinden.
– Verändern Sie bei Schnecken, die etwa in der Mitte zwischen Wasserlinie und Boden ihre Heimatplätze besitzen, durch Scheibendrehen die Position der Heimatplätze im Schwerefeld. Legen Sie eine vertikale Scheibe, auf der eine Schnecke bodennah beheimatet ist, auf den Aquarienboden.

Manche Schnecken sind im Aquarium auf ihrem Heimatplatz einer Querwand mit ihrem Schalenrand einseitig gut angepaßt. Andere sitzen ohne eine solche Anpassung in engem Kontakt zu einer Querwand oder besitzen Heimatplätze in geringem Abstand zu einer Querwand.

– Verschieben Sie solche Querwände um wenige mm, 1–2 cm, oder nehmen Sie die Querwände ganz heraus.
– Verändern Sie durch Scheibendrehen den Abstand der Heimatplätze zu Aquarienboden und Wasserlinie. Verändern Sie bei Tieren, die an der Wasserlinie siedeln durch Wasserzugabe den Abstand zur Wasserlinie.
– Brechen Sie mehreren Schnecken auf ihrem Heimatplatz einseitig kleine Schalenrandstücke (bis

zu ca. $\frac{1}{4}$ des gesamten Schalenrandes) heraus. Verändern Sie also die Paßform Schale – Substrat bzw. den Abstand von «Geländemarken».

– Verfolgen Sie an mehreren aufeinanderfolgenden Tagen die Wanderwege der Versuchstiere und klären Sie, ob und ggf. in welchem Umfang die einzelnen Manipulationen die Ortstreue beeinträchtigen. Prüfen Sie auf diese Weise den möglichen «Konflikt» zwischen dem durch die chemische Platzmarkierung gegebenen Platzbeharrungsvermögen und der Suche nach einer «gewohnten» Reizsituation gegenüber Lichteinfall, im Schwerefeld, gegenüber Geländemarken, Wasserlinie und der Passung von Schale – Substrat.

– Diskutieren Sie die Orientierungsleistungen.

1.3.5.3 Weitere Aufgaben

Im Rahmen eines *Patella*-Praktikums könnten zusätzlich auch andere Untersuchungen durchgeführt werden, welche für das Verständnis der Anpassungen an den Lebensraum von großer Bedeutung sind (z.B. Respirationsmessungen an Tieren aus unterschiedlichen Höhenzonen im Eulitoral oder Messungen zum Haftvermögen). Von besonderem Interesse sind in diesem Zusammenhang auch anatomische Studien sowie Untersuchungen über Feinstruktur und Funktion vor allem der Sinnesorgane am Kopf, in der Mantelhöhle und an den Pallialtentakeln. Auch zum Schalenwachstum sind eingehende Untersuchungen denkbar.

Literatur

Branch, G.M. (1981): The biology of limpets: physical factors, energy flow, and ecological interactions. Oceanogr. Mar. Biol. Ann. Rev. **19**, 235–380.

Funke, W. (1968): Heimfindevermögen und Ortstreue bei Patella (Gastropoda, Prosobranchia). Oecologia 2, 19–142.

Funke, W. und R. Stützel (1985): Napfschnecken der Gezeitenzone – Anpassungen an den Lebensraum. Verh. Ges. Ökol. **13**, 593–604.

Newell, R.C. (1979): Biology of intertidal animals. Marine Ecological Surveys Ltd., Faversham Kent U.K., 781 pp.

Piéron, H. (1909): Contribution à la biologie de la Patelle et de la Calyptrée. Le sens du retour et la mémoire topographique. Arch. Zool. exp. gén. Sér. V. **41**, 18–29.

Stützel, R. (1984): Anatomische und ultrastrukturelle Untersuchungen an der Napfschnecke *Patella* L. unter besonderer Berücksichtigung der Anpassung an den Lebensraum. Zoologica **46**, 1–54.

1.3.6 *Patella*: Lokomotorische Aktivität

Werner Funke

Ruhe und Aktivität sind bei *Patella* in ihrem zeitlichen Ablauf in recht unterschiedlicher Weise in den periodischen Wechsel von Tag und Nacht, Ebbe und Flut eingepaßt. Das läßt sich auch unter Laborbedingungen beobachten. *P. caerulea* von der jugoslawischen Mittelmeerküste ist vorwiegend flutaktiv. Manche Individuen wandern nur nachts; andere sind bei Hochwasser nacht- und tagaktiv. *P. vulgata* von der französischen Atlantikküste ist vorwiegend nacht- und ebbeaktiv. Manche Individuen wandern aber, vor allem nachts, zusätzlich auch bei Hochwasser. Tagaktivität ist i.d.R. nur schwach ausgeprägt. Aktivitätsmuster und Reaktionsweisen gegenüber Ebbe und Flut, Tag und Nacht sind im Detail in hohem Maße individuenspezifisch. Sie bleiben i.d.R. auch bei Simulation unterschiedlicher, auch unnatürlicher, Wasserbedeckungszeiten ebenso wie bei unterschiedlichen Tageslängen erhalten und noch Monate später unter naturnahen Bedingungen neu auslösbar. Alle Arten und Individuen sind im zeitlichen Ablauf ihrer Aktivität in die Bedingungen des Eulitorals so eingepaßt, daß sie auf ihren Heimatplätzen bei Niedrigwasser vor Austrocknung – z.B. an heißen Sommertagen – weitgehend geschützt sind. *P. vulgata* meidet darüber hinaus mit dem Vorherrschen von Ebbeaktivität die heftigen Wasserbewegungen im Gezeitenstrom.

1.3.6.1 Untersuchungsobjekte und Materialbedarf

Als Versuchstiere eignen sich auch hier *P. vulgata* L. und *P. caerulea* L. (s. Abschn. 1.3.5). – Bei Laboruntersuchungen können in den Versuchsaquarien stets mehrere Individuen mittlerer Größe (von 2–3 cm Länge) beobachtet, photographisch registriert bzw. über Film- oder Videoaufnahmen fortlaufend kontrolliert werden (s. Abschn. 1.3.5). Die Versuchstiere sollten sich in ihren Schalenumrissen deutlich voneinander unterscheiden. Bei der in Abb. 1.21 (Abschn. 1.3.5) gegebenen Anordnung der Aquarien können Ebbe- und Flutaktivität gleichzeitig verfolgt werden. Vor Versuchsbeginn sollten die Aquarienwände bzw. die auswechselbaren Glasscheiben starken Algenbewuchs aufweisen. Ferner sollten möglichst viele Individuen feste Heimatplätze besitzen. Auf der lichtzugekehrten

Aquarienwand sollten auf auswechselbaren Glasscheiben ebenfalls 5–10 Individuen angesiedelt worden sein. Sie könnten notfalls, bei Ausfall von Tieren, auf die dem Betrachter zugekehrte Seite umgesetzt werden. Die Versuche sollten mit Aquarien durchgeführt werden, die in einem möglichst kühlen Raum (18–22° C) an einem hellen Nordfenster (gutes Algenwachstum bei Schutz vor direkten Sonnenstrahlen) bzw. in einer Thermokammer vor einer Serie von Leuchtstoffröhren aufgestellt sind. Die Versuchstiere sollten bei aufeinanderfolgenden Experimenten nicht ausgewechselt werden (s. Abb. 1.23).

1.3.6.2 Versuchsanleitungen

Im folgenden sind mehrere Versuchsserien angegeben, die in unterschiedlicher Weise kombiniert, reduziert oder ergänzt werden können.

1. **Aktivitätsverlauf bei natürlichen Tag/Nachtbedingungen** (am Fenster) **oder unter Kunstlichtbedingungen** (Normaltag, Kurz- und Langtag) in einer Thermokammer
   a) ohne Wasserwechsel
   b) mit Wasserwechsel 6/6 Std.-Rhythmus
   – ohne Phasendifferenz zum LD-Wechsel
   – mit unterschiedlichen Phasendifferenzen zum LD-Wechsel
   c) mit annähernd natürlichem $6\frac{1}{4}/6\frac{1}{4}$-Std. Ebbe/Flut-Rhythmus
   d) mit extrem unnatürlichen Wasserwechseln (z.B. 4/8-, 8/4-, 4/4-, 3/3-Std.-Rhythmen).

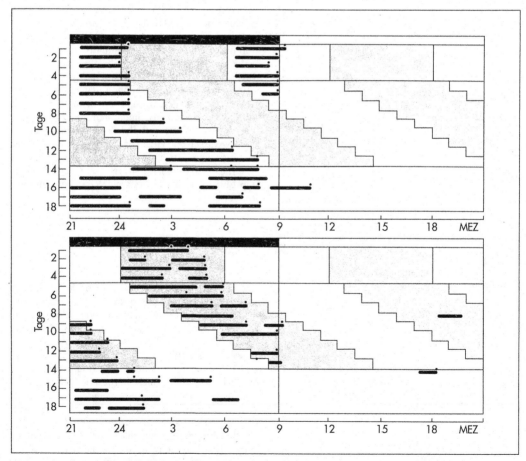

Abb. 1.23: Lokomotorische Aktivität von *P. caerulea* (oben) und *P. vulgata* (unten) an aufeinanderfolgenden Tagen im 12/12 Std.-Tag bei Ebbe/Flut-Rhythmen von 6/6, $6\frac{1}{4}/6\frac{1}{4}$ Std., konstantem Hochwasser (weiß – Hochwasser, grau – Niedrigwasser). Punkte über Aktivitätslinien – Tier am Heimatplatz

2. Aktivitätsverlauf im Dauerlicht
   a) ohne Wasserwechsel
   b) mit unterschiedlichen Wasserwechseln (s. 1 b–d).
3. Aktivitätsverlauf im Dauerdunkel (Rotlicht)
   a) ohne Wasserwechsel
   b) mit unterschiedlichen Wasserwechseln (s. 1 b–d).

Jeder Versuch sollte wenigstens 5–10 Tage dauern. Versuche mit Ebbe/Flut- und (oder) Tag/Nacht-Wechseln sollten mit Versuchen abwechseln, bei denen konstant Hochwasser und (oder) Dauerlicht (bzw. Dauerdunkel) geboten wird.

Um das inter- und intraspezifisch unterschiedliche Reaktionsvermögen gegenüber Ebbe/Flut- und Tag/Nachtwechseln möglichst zeitsparend verfolgen zu können, werden folgende Versuchsserien vorgeschlagen:
A 7 Tage 12/12 Std. – Tag, ohne Gezeiten;
  7 Tage 12/12 Std. – Tag, mit 6/6 Std.-Gezeiten, 3 Std. phasenverschoben, zu 12/12 Std.-Tag;
  10 Tage 12/12 Std. – Tag, mit $6\frac{1}{4}/6\frac{1}{4}$ Std.-Gezeiten;
  4 Tage 12/12 Std. – Tag, ohne Gezeiten.
B 7 Tage 12/12 Std. – Tag, ohne Gezeiten;
  14 Tage Dauerlicht, ohne Gezeiten;
  7 Tage Dauerlicht, mit $6\frac{1}{4}/6\frac{1}{4}$ Std.-Gezeiten;
  7 Tage 12/12 Std. – Tag, mit $6\frac{1}{4}/6\frac{1}{4}$ Std.-Gezeiten.
C 7 Tage 12/12 Std. – Tag, ohne Gezeiten;
  14 Tage Dauerlicht, ohne Gezeiten;
  7 Tage 12/12 Std. – Tag, ohne Gezeiten;
  7 Tage 12/12 Std. – Tag, mit $6\frac{1}{4}/6\frac{1}{4}$ Std.-Gezeiten.

Bestimmen Sie bei der Auswertung von Filmen bzw. Videobändern die Anteile von Tag- und Nachtaktivität bei Ebbe und Flut. Berücksichtigen Sie nur kontinuierliche Wanderungen und fassen Sie 15 bzw. 30 min-Intervalle zusammen (Abb. 1.23).

1.3.6.3 Fragen

1. Wann werden die einzelnen Individuen aktiv?
2. Wie lange sind sie unterwegs?
3. Unter welchen Bedingungen beenden sie ihre Wanderungen?
4. In welchem Umfang wirken Tag/Nacht- und Ebbe/Flut-Wechsel als Zeitgeber der Aktivität?
5. Wie verhalten sich die einzelnen Tiere unter konstanten Bedingungen?
6. Zeigen sie eine circadiane oder circatidale Rhythmik?
7. Welche Unterschiede bestehen zwischen *P. caerulea* und *P. vulgata*?

8. Verhalten sich ortstreue und heimatlose Tiere gegenüber Tag/Nacht- und Ebbe/Flut-Wechseln sowie unter konstanten Bedingungen gleich?
9. Welche Unterschiede bestehen zwischen Individuen aus verschiedenen Regionen der Gezeitenzone?
10. Wird eine freilaufende Periodik durch Wasserwechsel oder durch Licht-Dunkel-Wechsel schneller und präziser synchronisiert?
11. Erstellen Sie durch Direktbeobachtung einzelner Tiere über 24 Std. für jedes Individuum ein vollständiges Ethogramm. Nutzen Sie dabei die aus den Beobachtungen von Abschn. 1.3.5 gewonnenen Kenntnisse.

Literatur

s. Abschn. 1.3.5

1.3.7 Patella: Verteidigung gegen Seesterne

Christopher D. Todd

An vielen Meeresküsten sind die weltweit verbreiteten Napfschnecken (Mollusca, Archaeogastropoda) die häufigsten oder auffallendsten herbivoren Tiere an den Felsen der Gezeitenzone. Sie ernähren sich von Algen, die sie von den Steinen abraspeln. Im allgemeinen verhalten sich Napfschnecken eher sessil und zeigen nur wenig Bewegungsdrang. Lediglich bei der Nahrungssuche gleiten sie langsam über das Substrat und kehren – bevor die Ebbe kommt und sie möglicherweise bloßlegt – wieder an ihre individuelle Ausgangsstelle zurück (s. Abschn. 1.3.5). Viele Arten verhalten sich jedoch erstaunlich aktiv und aggressiv gegenüber möglichen Freßfeinden: Sie richten sich plötzlich auf und heben die Schale weit vom Untergrund ab; darauf folgt entweder eine verhältnismäßig rasche Flucht oder der Angriff gegen den Räuber (Literaturübersicht: s. Branch 1981). Eine außergewöhnliche Reaktion zeigen *Diodora aspera (= graeca)* (Margolin 1964). *Cellana* spp. und *Collisella strongiana*: Sie breiten ihren Mantelrand aus und stülpen ihn über die Schale. Dieses Verhalten hindert offensichtlich den Räuber am Zupacken. – Unter den Wirbellosen sind Seesterne die häufigsten Freßfeinde der Napfschnecken. Den hier vorgeschlagenen Versuchen liegen Beobachtungen des Verhaltens von *Patella vulgata* L. gegenüber dem Seestern *Asterias rubens* (L.) am Nordatlantik zugrunde. Am Mittelmeer können die gleichen Versuche mit *Pa-*

tella caerulea L., *P. lusitanica* (Gmelin) oder *Diodora italica* (Defrance) und an der Ostsee mit *Acmaea tessulata* (Müller) oder *A. virginiana* (Müller) mit den jeweils dort vorkommenden Seestern-Arten durchgeführt werden.

1.3.7.1 Untersuchungsobjekte und Materialbedarf

– Glasaquarien und kleine Glasschälchen
– Belüftungspumpen für Langzeitversuche und zur Hälterung der Tiere, falls zirkulierendes Meerwasser nicht zur Verfügung steht. (Die Tiere können auch bei Belüftung über mehrere Tage gehalten werden, sofern die Gefäße durch Abdecken vor Wasserverdunstung geschützt sind)
– Präpariernadeln und Pasteur-Pipetten mit Gummihütchen
– Zugang zu einem Gefrierschrank (−20° C) oder Gefrierfach in einem Kühlschrank
– Die zu sammelnden Napfschnecken sollten nach Möglichkeit an kleinen Steinen haften. Andernfalls müßten sie mit einem scharfen Messer (Skalpell) ganz vorsichtig vom Fels abgehoben werden, so z.B. kleinere Arten, wie *Acmaea* spp., die fast ausschließlich unter großen Felsen vorkommen. (*Acmaea* haftet zwar nicht sehr fest am Substrat, hat jedoch eine sehr zerbrechliche Schale.)
– Die Seesterne sollten in größeren, belüfteten Aquarien gehalten und nicht gefüttert werden, um ihren Hunger zu steigern.

1.3.7.2 Versuchsanleitungen

1. Man legt einen kleineren Stein mit Napfschnecken derart in ein Glasgefäß, daß man das Geschehen von der Seite beobachten kann. Die Napfschnecken läßt man zunächst 10 min in Ruhe und achtet währenddessen auf eventuelle Schalenbewegungen. In der «Ruhephase» bleibt die Schnecke mehr oder weniger regungslos, wobei die Schale ungefähr 0,5 mm über das Substrat erhoben ist, um den Atemwasserstrom entlang der Mantelhöhle aufrechtzuerhalten. Die Tentakel des Mantelrandes ragen unter der Schale hervor. (Gefäße mit Glasboden erlauben auch die Beobachtung von ventral.)
2. Mit einer stumpfen Präpariernadel berührt man nun vorsichtig die Schalenspitze und notiert jede Reaktion (eventuell auch die entsprechende Dauer). Dann wiederholt man die Berührung mit der Spitze eines Algenthallus (z.B. *Fucus* spp.). Daraufhin läßt man die Napfschnecke

etwa 1 min lang in Ruhe und wiederholt dann den Versuch mit Nadel und Alge fünfmal. Anschließend macht man den Versuch nochmals, berührt jedoch diesmal den Schalen**rand**. – Diese Versuche dienen als Kontrolle für den Vergleich mit den nun folgenden Berührungsversuchen mit einem Seestern.

3. Man nimmt einen kleinen Seestern und hält ihn so, daß eine Armspitze die Schalen**spitze** berührt: Dabei soll der Seesternarm möglichst ohne Druck mit der Schneckenschale in Berührung kommen. Dann zieht man den Seesternarm wieder zurück und protokolliert das Verhalten der Napfschnecke im zeitlichen Ablauf. Nachdem dies fünfmal wiederholt wurde, berührt man den Schalen**rand** mit dem Seesternarm und beobachtet, wie die Schnecke darauf reagiert. – Die Napfschnecke verhält sich typischerweise wie folgt (Abb. 1.24): Vor der Berührung sitzt sie regungslos auf ihrem angestammten Platz (a). Nach einem Kontakt mit dem Seestern von nur wenigen Sekunden Dauer hebt sie den Schalenrand einige Millimeter vom Untergrund (b). Das maximale Anheben der Schale hängt von der Größe der Schnecke ab; es kann mehr als 5 mm betragen, insbesondere an der Berührungsstelle (c). Bei der darauffolgenden Attacke neigt die Schnecke ihre Schale in Richtung auf den Seestern zu und zieht den Schalenrand rasch nach unten – offensichtlich, um den Arm des Seesterns einzuklemmen oder zu verletzen (d). Hält man den Seesternarm weiterhin gegen die Napfschnecke, so schnappt sie wiederholt nach ihm. (Wahrscheinlich können zumindest größere Napfschnecken auf diese Weise das empfindliche Ambulacralgefäßsystem der Seesterne verletzen.)

4. Schließlich vergleiche man die zuvor gemachten Beobachtungen mit dem Verhalten von Napfschnecken gegenüber Seesternen, die von sich aus angreifen. Am einfachsten hierfür ist es, ein paar mit Napfschnecken besetzte Steine in ein großes Aquarium zu legen und zwei oder drei Seesterne dazuzusetzen. (Bevor man die Seesterne dazugibt, sollten aber zuerst die ungestörten Schnecken beobachtet und Kontrollversuche gemacht werden: siehe 2.) – Greifen die Seesterne eine sich zur Wehr setzende Napfschnecke weiterhin an? Sind bei Seesternen, welche angegriffen wurden, äußere Verletzungen zu sehen?

Nachdem man die Verteidigungsreaktion von Napfschnecken gegenüber Seesternen durch obige Versuche etwas kennengelernt hat, kann man jetzt die Art und Weise der Auslösung der Reaktion und

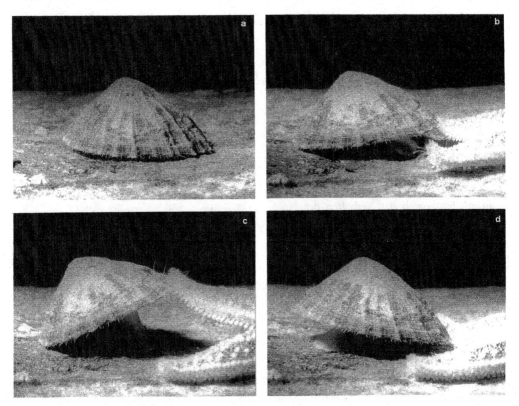

Abb. 1.24 a) *Patella vulgata* (Schalenlänge 22 mm) auf dem Substrat ruhend. Man beachte die unter dem Schalenrand herausragenden Manteltentakel. – b) Berührung mit einem potentiellen Freßfeind *(Asterias rubens)*. Die Schale wird im Moment der Berührung angehoben. – c) Maximales Anheben der Schale an der Berührungsseite. – d) Attacke. Die Napfschnecke richtet ihre Schale gegen den Seestern und drückt den Schalenrand nach unten

ihren zeitlichen Ablauf genauer untersuchen. Dabei werden sich erhebliche Unterschiede zwischen verschiedenen Napfschnecken- (vor allem zwischen *Patella*- und *Acmaea*-) und Seestern-Arten ergeben. Zum Beispiel lassen sich folgende Fragen stellen:

1. Erfolgt die Reaktion nur auf direkten Kontakt mit dem Seestern, oder kann die Napfschnecke den Seestern auch aus einer bestimmten Entfernung wahrnehmen? – Die Antwort darauf erhält man, wenn man einen zuvor eingefrorenen Seestern etwa 4–5 Stunden zum Auftauen in eine kleine Schale legt und anschließend ein wenig von der entstandenen Flüssigkeit mit einer Pasteur-Pipette gegen den Schalenrand der Schnecke spritzt. (Kontrollversuch mit reinem Meerwasser!)

2. Läßt sich die Reaktion der Napfschnecke auch durch Berühren mit einem Ambulacralfüßchen des Seesterns auslösen? – Hierzu kann man ein mit einer spitzen Schere abgetrenntes Füßchen mit einer feinen Pinzette mit dem Schalenrand und den Manteltentakeln in Berührung bringen.

3. Reagiert die Napfschnecke nur auf lebende Seesterne? – Durch Einfrieren getötete Seesterne verlieren kaum an biochemischer Wirksamkeit und die Ambulacralfüßchen eines aufgetauten Seesterns können wohl keinen Berührungsreiz mehr auf den Mantelrand der Schnecke ausüben (Mackie & Grant 1974). Es genügt aber auch, nur abgetrennte Ambulacralfüßchen einzufrieren und vor Versuchsbeginn aufzutauen.

4. Kommt es zu einer Gewöhnung? – Das läßt sich prüfen, indem man ein einzelnes Ambulacralfüßchen wiederholt mit denselben Manteltentakeln in Berührung bringt. Sofern nach mehrfacher Wiederholung eine Gewöhnung zu erkennen ist, kann man das gleiche an Tentakeln der gegenüberliegenden Seite versuchen.

5. Besteht eine Beziehung zwischen der Größe der Napfschnecke und ihrer Reaktion? Wenn ja, was sind die Gründe? – Man setzt Napfschnecken unterschiedlicher Größe in Glasgefäße und stellt diese auf ein großes Blatt Millimeterpapier, so daß die jeweilige Position der Schnecke gleich

aufgezeichnet werden kann. Nun berührt man die Schnecke mit einem einzelnen Ambulacralfüßchen und hält nach 30 sec die Position und die Ausrichtung des Tieres fest. Dieses Protokoll eignet sich auch gut für einen Vergleich von (kleinen) Acmaea-Arten mit Individuen ähnlicher Größe von Patella spp.

6. Reagieren Napfschnecken aus verschiedenen Zonen des Gezeitenbereichs desselben Küstenabschnittes ähnlich? Reagieren Napfschnecken aus derselben Gezeitenzone, aber von unterschiedlichen Küstenabschnitten, ähnlich? Wenn nicht, welche Erklärungen gibt es dafür?

7. Je nach Versuchsanordnung und -ergebnis kann man abschätzen, ob das Verhalten der Napfschnecken durch Berührung oder durch Chemorezeption hervorgerufen wurde. Was könnte der auslösende Faktor sein, auf den die Napfschnecken reagieren?

1.3.7.3 Weitere Aufgaben

Alle zuvor beschriebenen Fragestellungen lassen sich in relativ kurzer Zeit untersuchen und beziehen sich auf das Verhalten der Beute bei unmittelbarem Kontakt mit dem potentiellen Freßfeind. Für längerdauernde (5–10 Tage) Versuche benötigt man eine größere Anzahl Napfschnecken (etwa bis zu 30, die an verschiedenen Steinen festsitzen) und einen oder mehrere Seesterne in entsprechend großen Aquarien, die belüftet und an einem kühlen Ort ohne direkte Lichteinwirkung aufgestellt werden sollten. Unter derartigen Bedingungen kann man feststellen, wie wirkungsvoll die Verteidigung der Napfschnecken gegen die Angriffe von Seesternen tatsächlich ist. Dabei sollte man jedoch nicht vergessen, daß jedes Aquarium nur einen begrenzten Lebensraum darstellt. Da Räuber und Beute hier unnatürlich nahe beieinander sind, kann es vorkommen, daß die Seesterne so hungrig werden oder sich an das Abwehrverhalten der Napfschnecken so sehr gewöhnen, daß sie immer wieder angreifen. Dadurch können im Aquarium Angriffe von Seesternen für diese erfolgreich ausgehen, obwohl sie unter natürlichen Bedingungen unterlegen wären. In einem solchen Falle sollte man dann die Gelegenheit wahrnehmen, die besondere Art der Nahrungsaufnahme der Seesterne zu beobachten. – Wie gelingt es den Seesternen eigentlich dennoch, an die durch ihr wehrhaftes Verhalten und durch ihr Festhaften am Substrat so gut geschützten Napfschnecken zu gelangen?

Literatur

Branch, G.M. (1981): The biology of limpets: physical factors, energy flow, and ecological interactions. – Oceanogr. Mar. Biol. Ann. Rev. **19**, 235–380.

Mackie, A.M. & Grant, P.T. (1974): Interspecies and intraspecies chemoreception by marine invertebrates. – In: Chemoreception in marine organisms (P.T. Grant & A.M. Mackie Hrsg.), 105–141, Academic Press, London.

Margolin, A.S. (1964): The mantle response of Diodora aspera. – Anim. Behav. **12**, 187–194.

1.3.8 Littorina: Ökologische Beobachtungen an Strandschnecken-Arten

Klaus-Jürgen Götting

Die Arten der Gattung Littorina sind weltweit verbreitet. Sie besiedeln vor allem die Gezeitenzone der Felsküsten, und zwar bis in den obersten Bereich des Supralitorals. Dort gibt es nur wenige andere Organismen, mit denen die Strandschnecken in Nahrungskonkurrenz treten. Doch erfordert die Anpassung für einen aus dem marinen Bereich stammenden Prosobranchier erhebliche Veränderungen der Morphologie, Anatomie, Physiologie und Reproduktionsbiologie. Ein mehrstündiges Leben im Trocknen während der Niedrigwasserzeiten oder gar über viele Wochen, angefeuchtet nur von feinzerstäubtem Gischt und von Tau, bedingt auch eine Umstellung in der Respiration: Nicht oder nicht nur über die Kieme wird geatmet, die reduziert ist, sondern über die Wand der Mantelhöhle, die entsprechend intensiv von Blutbahnen durchzogen wird. Der Atmosphäre ausgesetzt, müssen die Schnecken dieses hoch über der MHWL gelegenen Bereichs extrem temperatur- und salzgehaltstolerant sein und eine Herabsetzung des Wassergehaltes in ihrem Gewebe überstehen können. Je näher der Lebensraum der Strandschnecken zum Wasser hin liegt, um so weniger extrem sind die Bedingungen. So sind in der Gezeitenzone eine Fülle ökologischer Nischen möglich, die an den Küsten der Kontinente jeweils von bestimmten, stellenäquivalenten Arten gebildet werden. Allen gemeinsam ist, daß sie reviertreue Weidegänger sind, die mit ihrer taenioglossen Radula den Aufwuchs an Algen und Flechten vom Substrat abraspeln. Die aufgenommenen Pflanzenarten sind je nach Habitat der Schnecken verschieden und können auch im Jahresverlauf wechseln. Strandschnecken sind getrenntgeschlechtliche Tiere mit interner Befruchtung: auch eine wichtige Voraussetzung für das Leben in Extrembiotopen. Dabei sind die Details der Reproduktionsbiologie sehr verschieden.

1.3.8.1 Untersuchungsobjekte und Materialbedarf

Die folgenden Untersuchungen lassen sich an einer Reihe von Schneckenarten der Gezeitenzone durchführen. Hier sind jedoch als Beispiel nur die 4 Arten von Strandschnecken ausgewählt, die regelmäßig und häufig auf Helgoland vorkommen: die Gemeine Strandschnecke, die Stumpfen und die Felsstrandschnecken.

Von den genannten ist nur die Gemeine Strandschnecke *Littorina littorea* (L., 1758) eine gut definierte Art. Unter dem Namen «Stumpfe Strandschnecken» verbergen sich (bei Helgoland) zwei Arten, die erst vor kurzer Zeit als solche erkannt worden sind: *L. mariae* Sacchi & Rastelli, 1966 und *L. obtusata* (L., 1758). Ähnlich werden als «Felsstrandschnecken» mehrere Populationskreise zusammengefaßt, von denen bisher nicht sicher ist, ob sie selbständige Arten oder nur Unterarten von *L. saxatilis* (Olivi, 1792) sind. Hier werden aus praktischen Gründen die Stumpfen Strandschnecken als *L. obtusata*-Gruppe und die Felsstrandschnecken als *L. saxatilis*-Gruppe zusammengefaßt.

L. littorea ist mit etwa 32 mm Gehäusehöhe und 25 mm Gehäusebreite die größte der genannten Strandschnecken. Die Umgänge im Gewindebereich sind gerade oder leicht konkav (Unterschied zu *saxatilis*). Ihr Verbreitungsschwerpunkt ist das mittlere und untere Eulitoral, so daß die Tiere regelmäßig überflutet werden. Bei Niedrigwasser sind sie in den Felstümpeln leicht zu beobachten, wo sie z. T. sehr aktiv sind. Größe und Form des Gehäuses sind abhängig vom Grad der Wellenexposition und von der Pflanzenbedeckung des Substrats.

L. littorea kopuliert zur Hochwasserzeit bei Nacht und die Weibchen legen 1–2 Std. später 1–3 Eier in eine hutförmige Gallertmasse. Jedes Weibchen produziert etwa 500 solcher Eikapseln, und das zehnmal pro Jahr, insgesamt also 5000 Kapseln. Diese sind planktisch, aus ihnen schlüpfen nach 5–6 Tagen Veliger, welche sich in 4–7 Wochen zum Kriechstadium weiterentwickeln. Die Jungtiere setzen sich gern oberhalb der mittleren Hochwasserlinie fest (wo sie oft irrtümlich für *L. neritoides* gehalten werden!), am Ende des ersten Lebensjahres finden sie sich aber in der arttypischen Zonierung.

Die Stumpfen Strandschnecken erreichen nur etwa die halbe Größe (15 × 17 mm). Sie leben bevorzugt an den *Fucus*-Thalli auf den Schichtköpfen im mittleren und unteren Gezeitenbereich.

Ihre Eier kleben sie in flachen Gallertmassen auf die Thalli, und aus den Eiern schlüpfen direkt die Kriechstadien. Die Arten sind mit Sicherheit nur an Merkmalen des Genitaltraktes zu unterscheiden; die Gehäuse- und Mündungsform kann nur einen (unzuverlässigen!) Anhaltspunkt geben. Das Männchen von *L. obtusata* hat auf dem Penis etwa 30 Drüsenpapillen in 2–3 Reihen, das von

L. mariae hat nur etwa 12 Drüsen in 1 Reihe. Die Weibchen sind an der Pigmentierung des Ovipositors zu unterscheiden, die bei *mariae* immer fehlt, bei *obtusata* im Untersuchungsgebiet vorhanden ist.

Die Felsstrandschnecken erreichen ähnliche Gehäusegröße (18 × 14 mm), doch haben sie immer ein deutlich erhobenes Gewinde, und die Umgänge sind konvex gewölbt. Sie leben von den drei genannten Arten der Strandschnecken am höchsten in der Gezeitenzone, im Bereich der Hochwasserlinie und im unteren Supralitoral.

Ihre Eier bleiben nach der Befruchtung im Oviduct, entwickeln sich in diesem und verlassen ihn in den einzelnen Populationen in sehr verschiedenen Entwicklungsstadien: sie sind also ovipar bis ovovivipar. Der Vorteil dieser Entwicklungsweise ist, daß die Kriechstadien sofort in den Lebensraum der Adulten gelangen und die Verlustrate bis zum Erreichen dieses Extremhabitats reduziert ist. Andererseits sind die *L. saxatilis*-Populationen durch diesen Entwicklungsmodus in ihrer Reproduktion stark isoliert, worin wahrscheinlich der Grund für die polytypische Erscheinung der Art und ihre Aufspaltung zu sehen ist. Im Eulitoral überschneidet sich das Verbreitungsgebiet der Felsstrandschnecken weithin mit dem von *L. littorea*, doch geht *saxatilis* nicht so tief wie die letztere.

Die Strandschnecken werden in ihrem natürlichen Lebensraum beobachtet und nur für eventuell vorgesehene quantitative Bestimmungen von Schalendicke und -masse, Geschlechterverhältnis und zur Präparation der Mantelhöhle mit ins Labor genommen. Die überlebenden Tiere sollten auf alle Fälle wieder (am Herkunftsort!) ausgesetzt werden.

Zur Festlegung der Probeflächen werden zweckmäßig eine wasserfeste Schnur von 50–100 m Länge sowie eine Reihe von Meßlatten von 0,5 und 1 m Länge benutzt. Anstelle der Meßlatten sind zwar fertig montierte Rahmen von 0,25 und 1 m² Fläche bei der Probennahme zuverlässiger, doch ist ihr Transport umständlich. Empfehlenswert sind zusammensteckbare Kunststoffrohre. Für Markierungen von Untersuchungsflächen und einzelnen Schnecken haben sich für einen kurzfristigen Versuch wasserfeste Filzschreiber bewährt, für langfristige Versuche farbige Kunststoffplättchen, die mit wasserfestem, schnellhärtendem Klebstoff auf der gut getrockneten Unterlage befestigt werden.

Die Größenmessungen der Schneckengehäuse erfolgen am besten mit einer Schublehre (Genauigkeit: 0,1 mm). Für die Bestimmung der Massen sind ein Trockenschrank (auf ca. 75° C einstellbar) und eine Waage (Meßgenauigkeit möglichst 0,1 mg) notwendig. Die Ermittlung der statistischen Daten kann mit einem Taschenrechner erfolgen.

Für die vorgeschlagenen Versuche ist ein Zeitaufwand von einem halben bis zu zwei Tagen anzusetzen, je nach Umfang der geplanten Experimente.

1.3.8.2 Versuchsanleitungen

Die Beobachtung der lebenden Tiere im Biotop sollte vorrangig sein. Schon eine Begehung des Eulitorals ermöglicht einen Einblick in die unterschiedliche Verbreitung der Strandschnecken in den Bereichen der Gezeitenzone. Besonders in der kühleren Jahreszeit suchen die Schnecken bevorzugt Spalten und Klüfte auf, in denen sie gegen den Wellenschlag besser geschützt sind. Der Aktionsradius der Arten ist vor allem in Felstümpeln gut zu beobachten.

Quantitative Erhebungen sollten entlang eines Profils senkrecht zur Hochwasserlinie gemacht werden. Von einem geeigneten Punkt im Supralitoral wird eine Schnur bis zur Niedrigwasserlinie gespannt, und an dieser Schnur werden die Untersuchungsflächen festgelegt, so daß ein repräsentativer Querschnitt ermittelt werden kann. Je nach Besatzdichte werden die Flächen von 0,25 oder von 1 m² gewählt und sämtliche Strandschnecken, nach Arten getrennt, in diesen Flächen ermittelt.

Zur Feststellung des Aktionsradius und der Lokomotionsgeschwindigkeit werden ausgewählte Schnecken zunächst mit Fließpapier, anschließend möglichst mit einem (batteriebetriebenen) Gebläse oberflächlich getrocknet und mit Filzstift farbig markiert. Alle 30 min ist die Position der Tiere zu kontrollieren, die Entfernung vom letzten Standort auszumessen.

Das Geschlecht ist im Labor unter dem Stereomikroskop zu ermitteln, bei *L. saxatilis* ab etwa 4 mm, bei den anderen Arten ab ca. 7 mm Gehäusehöhe. Die Männchen sind am großen, sichelförmigen, vorn rechts gelegenen Penis zu erkennen.

Weiterführende Untersuchungen sind an Proben im Labor durchzuführen. Die Schnecken werden durch Einwerfen in kochendes Wasser abgetötet, nach 3–5 min entnommen, und nach Abkühlen wird der Weichkörper mit Pinzette und Präpariernadel aus dem Gehäuse gelöst. Gehäuse und Weichkörper sind im Wärmeschrank bis zur Gewichtskonstanz zu trocknen, ihr Gewicht ist zu ermitteln.

1.3.8.3 Auswertung

Die Beobachtungen und die quantitativen Bestimmungen sind nach Möglichkeit graphisch auszuwerten, um die Ergebnisse anschaulich zu machen.

Als Anregung zur Auswertung und zu weiterführenden Untersuchungen können die folgenden Aufgaben und Fragen dienen.

1. Die lebenden Strandschnecken sind in einem Felstümpel leicht zu beobachten. Gibt es Unterschiede in der Aktivität und im Verhalten zwischen den Arten? Wie weit wird z.B. das Gehäuse beim Kriechen angehoben: a) bei *L. littorea* und b) bei *L. obtusata*?
2. Welche Wegstrecken legen aktiv kriechende *L. littorea* pro Zeiteinheit zurück? Wie schnell ist *L. obtusata*?
3. Warum suchen die Strandschnecken vor allem in der kalten Jahreszeit schützende Spalten auf, in denen sie dann dicht an dicht sitzen?
4. Welche Substrate bevorzugen die verschiedenen *Littorina*-Arten?
5. Wo liegen die Verbreitungsschwerpunkte der Arten im Gezeitenbereich? Dazu ist die Anzahl der Individuen pro Untersuchungsfläche und Art zu ermitteln. Die Häufigkeit der Arten bezogen auf den Abstand der Probenfläche z.B. von der Hochwasserlinie läßt sich graphisch darstellen.
6. Wie verteilen sich innerhalb der einzelnen Arten die Größen im Gezeitenbereich? Dazu werden die gemessenen Gehäusehöhen zweckmäßigerweise zu Größenklassen von 0,5 mm Breite zusammengefaßt. Die Häufigkeit wird gegen die Größenklassen für jede Untersuchungsfläche aufgetragen.
7. Unter 5. wurde nach der Individuendichte pro m² Bodenfläche gefragt. Um ein Wievielfaches wird die (vor allem für die Stumpfen Strandschnecken nutzbare) Ansatzfläche durch die *Fucus*-Thalli vergrößert? Wie groß ist die Besiedlungsdichte bezogen auf 1 m² Thallusoberfläche?
8. Die Wandstärken der Schneckengehäuse sind unterschiedlich. Sie lassen sich im «Schalendickenindex» S ausdrücken:

$$S = \frac{G}{H} \cdot 100,$$

   wenn man das Trockengewicht des Gehäuses (in mg) mit G und die Gehäusehöhe (in mm) mit H bezeichnet. Verglichen werden sollten Individuen gleicher Gehäusehöhe. Welche Unterschiede ergeben sich im Schalendickenindex an verschieden exponierten Standorten?
9. Welchen Anteil (in %) hat das Gehäuse am Gesamtgewicht? Gibt es Unterschiede zwischen Schnecken von verschiedenen Standorten?
10. Wie ist das Geschlechterverhältnis? Gibt es Größenunterschiede zwischen Männchen und Weibchen?

11. Hängt das Geschlechterverhältnis von der Gezeitenzone ab, in der die Tiere leben?
12. Gibt es eine Beziehung zwischen der Durchschnittsgröße der Adulten einer bestimmten Gezeitenzone und der Durchschnittsgröße der Weibchen?

Literatur

Ankel, W. E. (1950): Über die relative Größe und die ökologische Bedeutung des Radula-Apparates bei *Littorina*-Arten und anderen Prosobranchiern. – Zool. Anz. **145**, Ergänzungsbd.: Neue Ergebnisse und Probleme der Zoologie (Klatt-Festschr.), 19–27.

Fretter, V., & Graham, A. (1962): British Prosobranch Molluscs. London: Ray Soc., 755 S.

Fretter, V., & Graham, A. (1980): The Prosobranch Molluscs of Britain and Denmark. 5. Marine Littorinacea. – J. moll. Stud., Supp. 7, 241–284.

Gallardo, C. S., & Götting, K. J. (1985): Reproduktionsbiologische Untersuchungen an drei *Littorina*-Arten der südlichen Nordsee. – Helgoländer Meeresunters. **39**, 165–186.

Götting, K. J. (1974): Malakozoologie. Stuttgart: G. Fischer, 320 S.

Ziegelmeier, E. (1973): Die Schnecken (Gastropoda Prosobranchia) der deutschen Meeresgebiete und brackigen Küstengewässer. – Helgoländer wiss. Meeresunters. **13**, 1–61. Sonderabdruck. Hamburg: Biol. Anstalt Helgoland, 66 S.

1.3.9 Littorina littorea: Harnsäure-Bestimmung

Dieter Eichelberg und Peter Heil

Im Gegensatz zu den meisten marinen Gastropoden bilden und akkumulieren die Strandschnecken (Gattung *Littorina*) in ihrem Weichkörper auch beträchtliche Mengen an Harnsäure. Die Verteilung dieser Harnsäure im Tierkörper ist keineswegs gleichmäßig. Die höchsten Harnsäurekonzentrationen weisen die Nieren auf, die offensichtlich als Speicherorgane für Harnsäure dienen. Bezüglich der Harnsäuremengen folgen Mitteldarmdrüse und Magen. Auch Mantel, Kieme, Spindelmuskel und Fuß enthalten noch geringe, aber meßbare Mengen an Harnsäure (Heil 1982).

Das Auftreten von Harnsäure bei den verschiedenen Strandschnecken-Arten sowie die artspezifisch unterschiedlichen Harnsäurewerte von *Littorina neritoides*, *L. saxatilis*, *L. littorea* und *L. obtusata* wurden bisher – unter der Annahme, die Harnsäuremenge im Tierkörper stelle gleichzeitig ein Maß für die Harnsäureabgabe dar – als Übergang von der Ammoniotelie aquatischer Gastropoden zur Uricotelie terrestrischer Arten interpretiert (z. B. Potts 1967).

Da es uns bisher niemals gelungen ist, Harnsäure als Exkretionsprodukt bei *L. littorea* nachzuweisen, scheint es keine direkte und wassersparende Ausscheidung von Harnsäure bei dieser Art zu geben. Eine Harnsäureelimination ist erst nach Abbau dieser Substanz zu Ammonium möglich, das tatsächlich in meßbaren Mengen von den Tieren abgegeben wird. *L. littorea* zeigt also ammoniotelisches Exkretionsverhalten (Heil & Eichelberg 1983, Heil 1985). – Wenn die akkumulierte Harnsäure nicht direkt, sondern erst nach Abbau zu Ammonium ausgeschieden werden kann, so kommt der Harnsäure offensichtlich eine Speicherfunktion im Sinne eines N-Depots zu. Bei Wassermangel, wie z. B. Trockenfallen während der Ebbe, kann *L. littorea* den im Stoffwechsel anfallenden Stickstoff zu Harnsäure synthetisieren und ihn in relativ ungiftiger Form in der Niere speichern. Bei ausreichender Wasserverfügbarkeit wird dagegen der Stickstoff als Ammonium direkt abgegeben, und/oder die akkumulierte Harnsäure wird über die Uricolyse abgebaut und dann ebenfalls als Ammonium ausgeschieden. (Abb. 1.25)

Ob dem N-Depot bei *L. littorea* zudem noch eine osmoregulatorische Bedeutung zukommt, ist noch ungeklärt. Auffallend ist, daß bei einer Steigerung der Salinität des umgebenden Mediums auch die Harnsäure-Akkumulation stark zunimmt.

1.3.9.1 Materialbedarf

Für die wenig zeitaufwendigen Harnsäurebestimmungen ist folgendes technisches Zubehör notwendig:

Präparierbesteck, Rohrzange, Waage, Homogenisator (Schütt, Göttingen), Zentrifuge, Photometer, Trockenschrank sowie ein Set des Peridochrom® Harnsäuretest (Boehringer).

1.3.9.2 Versuchsanleitungen

Zum Abtöten werden die Littorinen möglichst bald nach dem Sammeln tiefgefroren und bis zur weiteren Verarbeitung in einer Tiefkühltruhe gelagert. Zum Aufbrechen der festen Gehäuse ist eine Rohrzange gut geeignet. Der Schneckenweichkörper wird anschließend von Schalenresten befreit. Zur Orientierung bei der Präparation der zu untersuchenden Organe: s. Abb. 1.26. Die Niere von *Littorina* ist als bräunlich-violettes Organ, das basal an der linken Seite des Eingeweidesackes und dorsal der weißen Aorta posterior liegt, gut zu erkennen. Die herauspräparierten Organe werden sofort gewogen (Frischgewicht). Je eine Niere wird dann 5 Min. in 100 μl 0,5% Li$_2$CO$_3$-Lösung (in der sich Harnsäure gut löst) homogenisiert. Beim Homogenisieren von größeren Gewebemengen muß mit entsprechend mehr Li$_2$CO$_3$-Lösung gearbeitet wer-

den. Das Homogenat wird anschließend in einer Zentrifuge bei 1000 g 5 Min. zentrifugiert und der klare Überstand als Probe verwendet.

Die **Harnsäurebestimmung** erfolgt mit dem Peridochrom-Harnsäuretest (Boehringer). Dieser Test

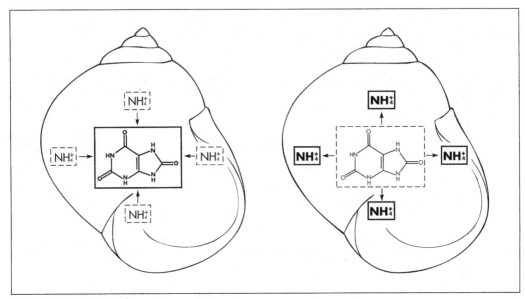

Abb. 1.25: Stickstoffmetabolismus von *Littorina littorea* bei verminderter (links) und ausreichender (rechts) Wasserverfügbarkeit

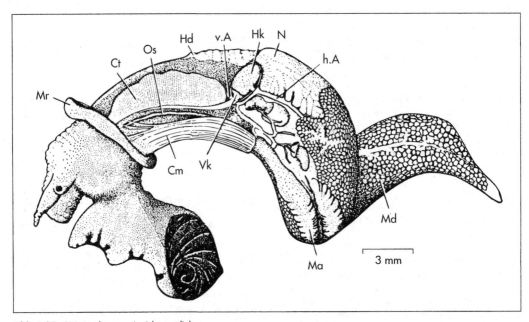

Abb. 1.26: *Littorina littorea:* Ansicht von links
Cm, Columellarmuskel; Ct, Ctenidium; h.A, hintere Aorta; Hd, Hypobranchialdrüse; Hk, Herzhauptkammer; N, Niere; Os, Osphradium; v.A, vordere Aorta; Vk, Herzvorkammer (aus Fretter & Graham 1962, verändert)

beruht auf der spezifischen Spaltung vorhandener Harnsäure durch Uricase und der anschließenden Bildung eines blau-violetten Azino-Farbstoffes, dessen Intensität spektralphotometrisch bestimmt wird (Wellenlänge: Hg 578 nm); sie stellt ein Maß für die ursprünglich vorhandene Harnsäuremenge dar.

A. Organspezifisches Verteilungsmuster

Um die unterschiedliche Verteilung der Harnsäure in den verschiedenen Organen von *Littorina littorea* zu bestimmen, werden von jeweils drei Schnecken die zu untersuchenden Organe herauspräpariert und die Harnsäurebestimmungen durchgeführt.

1.

Harnsäure   **Allantoin**

2. $H_2O_2 + H^+ + \begin{Bmatrix} \text{Chromogen A} \\ \text{Chromogen B} \end{Bmatrix} \xrightarrow{\text{Peroxidase}}$ Azino − Farbstoff + $4H_2O$

Um die Empfindlichkeit zu erhöhen, wird (abweichend zur Anleitung des Herstellers) zu 50 μl Probe 1 ml Peridochromreagenz in Halbmikroküvetten pipettiert.

Zu jeder Analysenserie wird eine Blindprobe (50 μl 0,5 % Li_2CO_3-Lösung + 1,0 ml Peridochromreagenz) sowie eine Standardprobe (50 μl Harnsäure Standardlösung 6,0 $\mu g/100 \mu l$ + 1,0 ml Peridochromreagenz) angesetzt. Gegen die Blindprobe werden nach 30 Min. Inkubationszeit die Extinktion der Probe (E_{Probe}) und des Standards ($E_{Standard}$) bei 578 nm gemessen.

Da eine lineare Abhängigkeit zwischen der Konzentration der Harnsäure und der Extinktion der Farblösung besteht, ergibt sich die Berechnung der Harnsäurekonzentration des Gewebehomogenates wie folgt:

$$C \text{ Harnsäure}_{(Homogenat)} = 6 \ \mu g/100 \ \mu l \cdot \frac{E_{(Probe)}}{E_{(Standard)}}$$

Die Harnsäurekonzentration im Gewebe beträgt dann:

$$C \text{ Harnsäure}_{(Gewebe)} = \frac{C \text{ Harnsäure}_{(Homogenat)} \cdot \text{Homogenatmenge}}{\text{Gewicht des Gewebes}}$$

Diese, auf das Frischgewicht (FG) bezogene Konzentration, kann in mg/g Trockengewicht (TG) umgerechnet werden.

Die Trockengewichtsbestimmung erfolgt durch Ermitteln des Restgewichtes verschiedener Organe bzw. des Weichkörpers nach 12 Stunden Trocknen im Wärmeschrank bei 105° C.

Als Ergebnis ist zu erwarten, daß Harnsäure in allen Geweben nachweisbar ist, die Nieren aber die weitaus höchste Harnsäurekonzentration haben. Folgende Reihung mit entsprechenden prozentualen Angaben für das Gesamtharnsäuregehalt ist beschrieben (Heil 1982): Niere 45,3 %, Mitteldarmdrüse 15,7 %, Magen 12,8 %, Herz 12,1 %, Hypobranchialdrüse 6,9 %, Mantel mit Kieme 4,2 %, Spindelmuskel 2,1 % und Fuß 0,9 %.

B. Einfluß unterschiedlicher Wasserbedeckungszeiten auf die Harnsäure-Akkumulation

Bekannt ist, daß *Littorina*-Arten aus dem Supralitoral höhere Harnsäurewerte im Körper und in den Nieren aufweisen als Arten des Eulitorals mit häufigerer Wasserbedeckung (Heil & Eichelberg 1984). Eine ähnliche Korrelation der Harnsäuremenge mit unterschiedlichen Wasserbedeckungszeiten läßt sich auch bei Tieren derselben Art feststellen: Tiere einer Population von *L. littorea* aus dem oberen Eulitoral haben in den Nieren eine ca. 30 % höhere Harnsäurekonzentration als Tiere einer Population aus dem unteren Eulitoral nahe der Springtidenniedrigwasserlinie. Interessanterweise trifft ein paralleles Verhalten für die Stickstoffmetabolite Harnstoff und Ammonium nicht zu (Heil & Eichelberg 1983, Heil 1985).

	Harnsäure (mg/g TG)	Harnstoff (mg/g TG)	NH_4^+ (mg/g TG)
L. littorea oberes Eulitoral	$2,16 \pm 0,14$	$0,21 \pm 0,04$	$0,32 \pm 0,03$
L. littorea unteres Eulitoral	$1,65 \pm 0,11$	$0,24 \pm 0,05$	$0,35 \pm 0,04$

C. Anpassung der Harnsäure-Akkumulation an veränderte Wasserbedeckungszeiten

Der Einfluß der Wasserbedeckungszeit auf die gespeicherte Harnsäuremenge läßt sich im Versuch leicht darstellen. Hierzu führt man Umsetzexperimente durch, bei denen Strandschnecken aus dem oberen Eulitoral für 48 Stunden in den Bereich der Niedrigwasserlinie und umgekehrt gebracht werden. Bei diesem Versuch werden die zu untersuchenden Tiere am besten durch Siebe so am Meeresboden fixiert, daß die Nahrungsaufnahme nicht beeinträchtigt wird. Nach 2tägigem Aufenthalt am neuen Ort werden die Harnsäurekonzentrationen der Nieren bestimmt. Das Ergebnis zeigt, daß sich die Harnsäurekonzentrationen der Nieren der neuen Wasserbedeckungszeit bzw. -verfügbarkeit angepaßt haben, ja, sie liegen nach 48 Stunden sogar noch etwas über den für Tiere dieser Region typischen Werten (Heil & Eichelberg 1983, Heil 1985).

	Harnsäure (mg/g TG)
L. littorea, umgesetzt aus oberem Eulitoral in unteres Eulitoral	$1,34 \pm 0,14$
L. littorea, umgesetzt aus unterem Eulitoral in oberes Eulitoral	$2,24 \pm 0,26$

D. Einfluß der Salinität auf die Harnsäure-Akkumulation

Da die Wasserverfügbarkeit die Harnsäurekonzentration der Nieren verändert (s.o.), ist zu erwarten, daß auch unterschiedliche Salinitäten des umgebenden Wassers eine ähnliche Wirkung auf die Harnsäurekonzentration haben sollten. Um dies zu zeigen, werden die Tiere unter verminderter ($9\%_{00}$, $17\%_{00}$) und gesteigerter Salinität ($51\%_{00}$, $68\%_{00}$) für 2 Wochen gehalten. Die anschließende Harnsäurebestimmung zeigt eine deutliche Verringerung der Harnsäuremenge unter Brackwasserbedingungen sowie eine enorme Akkumulationssteigerung bei erhöhter Außensalinität. Die unterschiedlichen Harnsäuremengen in den Nieren der Tiere nach Hälterung bei unterschiedlichen Salinitäten gleichen sich sehr bald wieder dem Normalwert an, wenn man die Strandschnecken wieder in normales Meerwasser ($34\%_{00}$) zurücksetzt.

Die Ergebnisse aller Harnsäurebestimmungen zeigen, daß innerhalb der Art *Littorina littorea* eine große Anpassungsfähigkeit bezüglich der Bildung und der Akkumulation von Harnsäure in den Nieren besteht. Wesentlicher Faktor für den Grad der Harnsäure-Akkumulation ist dabei die jeweilige Wasserverfügbarkeit.

Literatur

Boehringer Mannheim Diagnostica (1981): Testfibel zur Harnsäurebestimmung. Boehringer, Mannheim, 17 S.

Heil, K.P. (1982): Untersuchungen zum Stickstoffmetabolismus bei Littorinen. (*L. littorea* L. 1758, *L. neritoides* L. 1758). Dipl.-Arbeit, Giessen.

Heil, K.P. (1985): Exkretion bei Littorina – Charakterisierung des Harnsäuremetabolismus von *Littorina littorea* (L.), *L. obtusata* (L.), *L. saxatilis* (Olivi) und *L. neritoides* (L.). Dissertation, Giessen 1985.

Heil, K.P., Eichelberg, D. (1983): Untersuchungen zum Harnsäuremetabolismus von *Littorina littorea* (Gastropoda). Helgoländer Meeresunters. **36**, 465–472.

Heil, K.P., Eichelberg, D. (1984): Der Einfluß veränderter Umweltbedingungen auf den Stickstoffmetabolismus von *Littorina littorea* (Gastropoda). Verh. Dtsch. Zool. Ges. **77**, 292.

Potts, W.T.W. (1967): Excretion in molluscs. Biol. Rev. **42**, 1–41.

1.3.10 *Littorina littorea*: Parasiten

Bernd Werding

Digene Saugwürmer (Malacobothrii) zeichnen sich durch einen mit Generationswechsel verbundenen Wirtswechsel aus. Dabei werden mehrere morphologisch unterschiedliche Stadien durchlaufen. In Wirbeltieren parasitiert die sich zweigeschlechtlich fortpflanzende, in der Regel hermaphroditische und ovipare Adultus-Generation. Während der Wirbeltierwirt der Adulti als Endwirt bezeichnet wird, sprechen wir bei den übrigen Wirten im Zyklus von Zwischenwirten. Die im Endwirt erzeugten Eier gelangen ins Freie. Aus ihnen geht eine bewimperte Larve hervor, das Miracidium. Dieses schlüpft beim größten Teil der Arten im Wasser und erreicht aktiv einen ersten Zwischenwirt. Bei dem Rest der Arten verbleibt das Miracidium im Ei, bis dieses von einem geeigneten Zwischenwirt mit der Nahrung aufgenommen wird. Die aus dem Miracidium hervorgehenden Stadien parasitieren in der Mitteldarmdrüse, bisweilen auch in anderen Organen des 1. Zwischenwirtes, der mit wenigen Ausnahmen ein Weichtier, meist eine Schnecke ist.

Im 1. Zwischenwirt kommt es zu einer massiven Vermehrung, wobei mehrere, bei den einzelnen Arten unterschiedliche Stadien beteiligt sind. Zunächst wandelt sich das Miracidium unter Verlust des Wimperkleides in eine Sporocyste um. Dies ist ein wenig differenziertes, sack- oder schlauchförmiges Gebilde, in dessen Leibeshöhle Tochtersporocysten oder Redien erzeugt werden. Die Redien zeichnen sich durch den Besitz eines Pharynx und eines Darmes aus. Sie können autoreproduktiv sein und weitere Rediengenerationen erzeugen, wobei man dann zwischen Mutter- und Tochterredien unterscheiden kann.

Abhängig von der Trematodenart wird die erste Larve der Adultus-Generation, die Cercarie, in Sporocysten oder Redien hervorgebracht. Im Normalfall wandern die Cercarien aus dem Molluskenwirt aus und schwimmen mit Hilfe eines Ruderschwanzes für einige Zeit im Wasser. Sie können bei einigen Arten direkt einen Endwirt befallen, normalerweise wandeln sie sich aber in Metacercarien um. Meist geschieht das in einem 2. Zwischenwirt, wobei der Schwanz abgeworfen wird und die Larve sich encystiert.

Littorina littorea ist nahezu überall an der Nordseeküste und in der südlichen Ostsee in großer Zahl zu finden. Sie läßt sich zu jeder Jahreszeit problemlos sammeln und transportieren und auch über längere Zeit hältern (kurzfristig disponierbares Objekt für ein «Schlechtwetter-Programm»!). Bei vielen Populationen ist eine hohe Befallsrate zu erwarten, die vielerorts weit über 10 % der geschlechtsreifen Littorinen hinausgeht. Die Trematoden der Strandschnecke sind gut bearbeitet, die Arten lassen sich ohne Probleme bestimmen, und von der Mehrzahl der Arten sind die vollständigen Entwicklungszyklen bekannt.

Nach der hier dargestellten Vorgehensweise können auch andere Schneckenarten untersucht werden, wobei man bei der Auswahl der Untersuchungsorte die unten angeführten Gesichtspunkte, insbesondere die Präsenz potentieller Zwischenwirte, beachten sollte. In vielen Fällen wird man aber nicht die für Kurszwecke unabdingbaren hohen Befallsraten finden wie bei *L. littorea*, und man wird in den meisten Fällen auf eine systematische Zuordnung eventuell gefundener Trematodenstadien verzichten müssen. Selbst verschiedene Vertreter der Gattung *Littorina* beherbergen überwiegend unterschiedliche Trematodenarten.

1.3.10.1 Beschreibung der in *L. littorea* parasitierenden Trematoden

In Strandschnecken der Nord- und Ostsee können sechs Trematodenarten gefunden werden, die ebensoviele Familien mit unterschiedlichen Cercarientypen und Lebenszyklen repräsentieren.

Cercaria lebouri Stunkard, 1932 (Abb. 1.27a)
Redien: 600–1200 μm lange, sich nach hinten allmählich verjüngende Schläuche. Pharynx groß, Darm voluminös, über die Körpermitte reichend. Bis zu 15 Keimballen und Cercarien pro Redie. Durch gelbe und rote Granula in den Redien erscheint der Eingeweidesack der Schnecken gelborange.

Cercarien: Körperlänge 300–500 μm, Schwanzlänge 300–500 μm. Mundsaugnapf rund, Verdauungstrakt nicht entwickelt, Bauchsaugnapf fehlt. Am Hinterende, beiderseits des Schwanzansatzes zwei saugnapfähnliche Haftorgane. Hinter dem Mundsaugnapf drei Augenflecken. Cystogene Drüsen im gesamten Körper. Exkretionssystem mit ovalem Ringkanal, der mit Granula erfüllt ist; Exkretionsblase klein, queroval. Protonephridienverteilung 2 × (3+3+3)+(3+3+3). Beim Schwimmen wird der Rumpf abgerundet, der Schwanz umschreibt eine liegende Acht. Die Cercarien encystieren sich an glatten Flächen. Das Adultstadium ist unbekannt, als Endwirte werden Seevögel vermutet. Seltene Art; stärkster Befall wurde auf Muschelbänken bei Mellum und an der Nordseeküste Schleswig-Holsteins gefunden.

Himasthla elongata (Mehlis, 1831) (Abb. 1.27b, h)
Redien: bis zu 2500 μm lang mit abgewinkeltem Hinterende und zwei stumpfen Ausstülpungen (Apophysen). Pharynx groß, mit ringförmigem Muskelwulst; Darm volu-

Tabelle 1.2: Übersicht über die Lebenszyklen der *Littorina*-Parasiten

Cercarien erzeugendes Stadium	Cercarie	Metacercarie	Adultus
Cercaria lebouri (Notocotylidae)			
Redie	schwimmend	auf festem Substrat	unbekannt (Seevögel)
Himasthla elongata (Echinostomatidae)			
Redie	schwimmend	Mollusken, Anneliden	Möwen
Cryptocotyle lingua (Heterophyidae)			
Redie	schwimmend	Fische	Möwen, Warmblüter
Renicola roscovita (Renicolidae)			
Sporocyste	schwimmend	Mollusken, Crustaceen	Möwen
Microphallus pygmaeus (Microphallidae)			
Sporocyste mit Invasionsstadien			Möwen
Podocotyle atomon (Opecoelidae)			
Sporocyste	kriechend	Amphipoden	Fische

minös. 15–25 Keimballen und Cercarien pro Redie. Orangefarbene Partikel in Darm und Körper der Redie lassen den befallenen Eingeweidesack gelb-orange erscheinen.

Cercarien: Körperlänge 200–300 µm, Schwanzlänge 150–200 µm. Mund- und Bauchsaugnapf ausgebildet, letzterer bedeutend größer; Verdauungstrakt vollständig. Vorderende mit charakteristischer Kragenbildung mit 29 Stacheln. Cystogene Drüsen im gesamten hinter dem Pharynx gelegenen Körperbereich; Bohrdrüsen zahlreich, teilweise verdeckt. Exkretionssystem mit auffälliger «Re

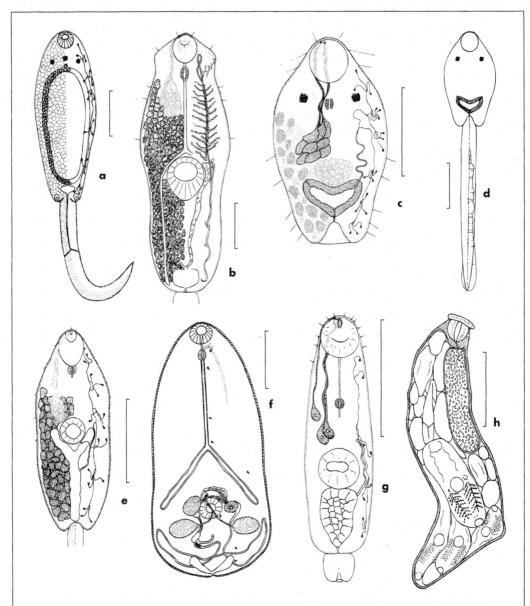

Abb. 1.27: Trematoden aus *Littorina littorea* (bei den Cercarien wurden auf einer Seite die Cystogenen Drüsen und Bohrdrüsen weggelassen, auf der anderen das Exkretionssystem)
a. Cercarie von *Cercaria lebouri*; b. Cercarie von *Himasthla elongata* (Rumpf); c. Cercarie von *Cryptocotyle lingua* (Rumpf); d. Cercarie von *C. lingua* (Übersicht); e. Cercarie von *Renicola roscovita* (Rumpf); f. Metacercarie von *Microphallus pygmaeus*; g. Cercarie von *Podocotyle atomon*; h. Redie von *Himasthla elongata*
Maßstab a–g entspricht 100 µm, h 500 µm

serveblase», die sich vor dem Bauchsaugnapf verzweigt und mit Granula erfüllt ist. Exkretionsblase queroval; 63 Wimperflammen auf jeder Seite, Protonephridien-Formel nicht bekannt.

Die Cercarien schwimmen mit abgerundetem Körper dicht über dem Boden, wobei der Schwanz eine liegende Acht umschreibt. Häufig in Wattgebieten.

Cryptocotyle lingua (Creplin, 1825) (Abb. 1.27c, d)

Redien: bis zu 1200 μm lang, wurstförmig. Pharynx und Darm sehr klein. Bis zu 70 Keimballen und Cercarien, deren Reifegrad nach vorne zunimmt, pro Redie. Der Eingeweidesack befallener Schnecken erscheint grau, bei Lupenvergrößerung sind die Augenflecken der Cercarien durch die Körperwand zu erkennen.

Cercarien: Körperlänge 220–240 μm, Schwanzlänge 400–490 μm. Schwanz mit charakteristischem Flossensaum. Mundsaugnapf groß, Bauchsaugnapf fehlt; Verdauungstrakt bis auf den Pharynx nicht ausgebildet. Zwei Augenflecken in der vorderen Körperhälfte. Cystogene Drüsen lassen das vordere Drittel frei, auf jeder Seite drei Bohrdrüsen. Exkretionsblase stumpf V-förmig. Protonephridienverteilung 2 × (3+3+3)+(3+3+3).

Die Cercarien sind ausgeprägt positiv phototaktisch und schwimmen in Intervallen von 1–2 Sekunden aufwärts, in den längeren Ruhephasen sinken sie langsam ab. Besonders häufig ist die Art im Felswatt von Helgoland und im Sylter Königshafen.

Renicola roscovita (Stunkard, 1932) (Abb. 1.27e)

Sporocysten: Länge zwischen 500 und 800 μm; bis zu 50 Keimballen und Cercarien pro Sporocyste. Der Infekt ist fest umrissen und tritt als gelbe Beule am Eingeweidesack hervor, die Farbintensität nimmt mit dem Alter der Infektion zu.

Cercarien: Körperlänge 200–300 μm, Schwanzlänge 150–200 μm. Mundsaugnapf längsoval mit einfachem Stilett. Pharynx direkt am Mundsaugnapf, Verdauungstrakt voll ausgebildet, aber schwer zu erkennen. Bauchsaugnapf kleiner als Mundsaugnapf. Cystogene Drüsen lassen das vordere Körperdrittel frei, Bohrdrüsen zahlreich, teilweise verdeckt. Exkretionsblase Y-förmig, die Schenkel umfassen den Bauchsaugnapf zur Hälfte. Protonephridien-Formel 2 × (3+3+3)+(3+3+3).

Die Cercarien schwimmen unbeholfen dicht über dem Boden, wobei der Schwanz nach vorne eingeschlagen ist, die Rückseite ist dem Boden zugewandt. Die Adulti parasitieren in den Nierenkanälchen der Endwirte, die Miracidien verlassen das Ei erst im Zwischenwirt. Die Art ist an unterschiedlichen Orten regelmäßig bis häufig.

Microphallus pygmaeus (Levinsen, 1881) (Abb. 1.27f)

Sporocysten: bis zu 1000 μm lange, plumpe Säckchen, die 30 bis 90 Metacercarien enthalten. Der befallene Eingeweidesack ist an der, durch die Sporocysten geprägten, fleischfarbenen Tönung zu erkennen.

Metacercarien: *M. pygmaeus* bildet keine Cercarien aus, sondern es entwickeln sich Metacercarien, die unencystiert in der Sporocyste verbleiben. Die Metacercarien werden bis zu 450 μm lang und haben die für adulte Microphalliden typische birnenförmige Körperform. Die Tiere sind subadult und lassen wegen des Fehlens von

Cystogenen Drüsen und Bohrdrüsen ihre innere Morphologie klar erkennen. Kurz hinter dem kreisrunden Mundsaugnapf liegt der Pharynx, von dem aus der Ösophagus bis zur Körpermitte verläuft. Dort gabelt er sich in zwei schräg nach hinten gerichtete Darmblindsäcke. Im hinteren Körperdrittel liegt der Bauchsaugnapf und der Genitaltrakt. Die Testes liegen beiderseits hinter dem Bauchsaugnapf, die Samenleiter vereinigen sich unter dem Bauchsaugnapf und münden gemeinsam in die Samenblase ein. Diese endet an der links neben dem Saugnapf liegenden Genitalpapille. Dotterstöcke sind in diesem Stadium noch nicht voll ausgebildet, ihre Anlagen sind seitlich unterhalb der Testes zu erkennen. Die Exkretionsblase ist stumpf V-förmig, die Protonephridien-Formel lautet 2 × (2+2)+(2+2).

Der Kreislauf von *M. pygmaeus* ist extrem verkürzt, die Endwirte infizieren sich, wenn sie befallene Littorinen fressen. An der Nordsee wurde nur geringer Befall gefunden, bei Littorinen aus der Kieler Bucht dagegen eine Infektionsrate von über 25%.

Podocotyle atomon (Rudolphi, 1802) (Abb. 1.27g)

Sporocysten: 560–480 μm lange, ovale Säckchen, die zwischen 20 und 60 Cercarien etwa gleicher Entwicklungsstufe enthalten. Reife Sporocysten enthalten zahlreiche gelbe Partikel.

Cercarien: Körperlänge 200 μm, Schwanz stummelförmig. Mund- und Bauchsaugnapf von gleicher Größe, kreisrund; im Vorderteil des Mundsaugnapfes liegt ein zweispitziges Stilett. Drei Bohrdrüsen an jeder Seite, vom Verdauungstrakt ist nur ein langer Präpharynx und Pharynx ausgebildet. Exkretionsblase groß, mit zelligen Wänden; Protonephridien-Formel 2 × (2+2)+(2+2).

Der kurze Schwanz dient nicht zum Schwimmen. Die Cercarien kriechen mit Hilfe von Mund- und Bauchsaugnapf am Boden und stellen sich schließlich senkrecht auf das mit einer Haftvorrichtung versehene Schwanzende. In dieser Position verharren die Tiere, bis durch eine Erschütterung eine Suchbewegung ausgelöst wird. Diese besteht in einem kreisförmigen Schwingen des Vorderkörpers und hilft der Cercarie beim Auffinden eines zweiten Zwischenwirtes, in diesem Falle eines Amphipoden. Die Art wurde in Nord- und Ostsee nur in geringen Befallsdichten gefunden.

1.3.10.2 Untersuchungsobjekte und Materialbedarf

Littorinen verschiedener Lokalitäten können einen sehr unterschiedlichen Befall mit Trematodenstadien aufweisen. So wurde bei Tieren am Lister Hafen auf Sylt ein Befall von etwa 8% registriert, bei den Schnecken aus dem benachbarten Königshafenwatt dagegen betrug die Infektionsrate zur gleichen Zeit über 33%. Auch das Artenspektrum differiert an verschiedenen Orten erheblich. Es empfiehlt sich deshalb zur Untersuchung Schnecken von unterschiedlichen Plätzen aufzusammeln. Da die besonders häufigen Arten in Möwen parasitieren, sind dort hohe Befallsraten zu erwarten, wo zahlreiche Möwen beobachtet werden. Die Befallswahrscheinlichkeit steigt mit der Größe der Schnecken; Tiere unter 15 mm Schalenhöhe sind kaum infiziert. Für einen Kurs von 10 bis 20 Teilnehmern ist mit etwa 100 Schnecken zu rechnen.

Für Ausschwärmversuche benötigt man eine große Zahl von Glas- oder Kunststoffgefäßen von etwa 100 ml Inhalt. Zum Durchmustern der Proben werden Lupen benötigt und zur Untersuchung der Stadien Mikroskope mit 400facher, möglichst auch 1000facher Vergrößerung. Zum Aufbrechen der Schneckenschalen ist ein Hammer oder besser eine Rohrzange geeignet, am besten läßt sich der ausgeübte Druck mit einem kleinen Schraubstock dosieren. Zur Präparation werden eine spitze und eine stumpfe Pinzette, Präpariernadeln, eine Schere und Pipetten benötigt.

1.3.10.3 Versuchsanleitungen und Beobachtungen

A. Ausschwärmversuche

Zur Gewinnung reifer Cercarien eignet sich diese Methode, bei der Schnecken einzeln in kleine Becher mit Meerwasser gesetzt werden. Die Gefäße werden mit einer Glasscheibe abgedeckt, um das Herauskriechen der Schnecken zu verhindern. Hochkriechende Schnecken werden von Zeit zu Zeit wieder ins Wasser befördert. Die Gefäße werden hell und warm (Zimmertemperatur) gestellt und über zwei bis drei Tage wiederholt durchgemustert. Große Cercarien sind mit bloßem Auge zu erkennen, für kleinere benötigt man schwache Lupenvergrößerung. Die als befallen ermittelten Schnecken werden aussortiert.

B. Präparation

Zur quantitativen Ermittlung des Befalls und zur Gewinnung der nicht auswandernden Stadien müssen die Schnecken präpariert werden. Dazu werden die Gehäuse mit einem geeigneten Werkzeug (s. o.) aufgebrochen, wobei darauf geachtet werden sollte, daß der Weichkörper so wenig wie möglich beschädigt wird. In den meisten Fällen liegt der Eingeweidesack nach Entfernung der hinteren Schalenteile frei, wenn nötig, muß noch der Rückziehmuskel abgelöst werden. Der Eingeweidesack wird nun unter der Lupe durchgemustert. Ein Befall läßt sich in den meisten Fällen schon an einer vom Normalbild abweichenden Färbung erkennen, einen sicheren Befund erhält man aber nur durch Freilegen der Mitteldarmdrüse. Dazu wird das Inte-

gument des Eingeweidesackes im mittleren Bereich aufgezupft, in der Mitteldarmdrüse liegende Stadien können dann sicher erkannt werden. Bei Befall mit *Renicola roscovita* oder *Himasthla elongata* können auch Metacercarien in den untersuchten Schnecken auftreten. Diese sind als kugelige Einschlüsse im Mantelbereich und in den Kiemen zu erkennen. Die befallenen Körperteile werden zur weiteren Untersuchung abgetrennt, die untersuchten Tiere in kochendem Wasser abgetötet.

C. Untersuchung der Trematoden-Stadien

Sporocysten und Redien werden mit einer Pipette entnommen, nachdem ein befallener Eingeweidesack in Meerwasser aufgezupft worden ist. Die Tiere werden unter leichtem Deckglasdruck mikroskopiert und skizziert. In den meisten Fällen ist dann schon eine Artdiagnose möglich.

Zur mikroskopischen Untersuchung der Cercarien eignen sich am besten im Ausschwärmversuch gewonnene Tiere, da diese mit Sicherheit voll ausgebildet sind. Bei aufpräparierten Tieren sind solche Cercarien zu bevorzugen, die sich aktiv bewegen. Um Cercarien zu mikroskopieren, müssen diese durch kontrollierten Deckglasdruck fixiert werden. Dazu empfehlen sich möglichst große Deckgläser, unter denen überschüssiges Wasser unter Kontrolle abgesaugt wird. Gleichzeitig ist eine Pipette mit Meerwasser bereitzuhalten, um verdunstetes Wasser zu ersetzen. Zum Studium des sich entwickelnden Exkretionssystems eignen sich unterschiedliche Entwicklungsstadien von Cercarien (Ölimmersion!).

Zur Untersuchung von Metacercarien werden die Cysten freipräpariert und mikroskopiert.

D. Lebendbeobachtung der Cercarienstadien

Ausgeschwärmte Cercarien können längere Zeit unter der Lupe beobachtet werden. Das unterschiedliche Verhalten der Larven steht in direktem Zusammenhang mit ihrem weiteren Schicksal. So schwimmen diejenigen Larven, die sich am Boden oder in bodenlebenden Tieren encystieren *(C. lebouri, H. elongata, R. roscovita)*, meist dicht über dem Substrat und kriechen auch auf dem Boden geschickt umher. Die sich in Fischen encystierende *C. lingua* dagegen ist bestrebt, im freien Wasser zu verbleiben. Dazu verhilft ihr eine ausgeprägte Phototaxis und ihr Schwimmverhalten. Hier wechselt kurzes, sehr effektives, nach oben gerichtetes Schwimmen mit Ruhephasen ab, bei denen die Cercarie langsam absinkt. Die Sinkgeschwindigkeit wird dabei durch den gekrümmt gehaltenen Schwanz gebremst. Ebenso zielgerichtet auf den nächsten Zwischenwirt ist das Verhalten der nicht schwimmenden Cercarie von *P. atomon*.

E. Encystierung

Der Vorgang der Encystierung läßt sich am besten bei der sich am Substrat festheftenden *C. lebouri* beobachten. Geeignete Zwischenwirte können auch mit den übrigen vorkommenden Cercarien infiziert werden, indem man diese mit einer Cercarien entlassenden Schnecke zusammensetzt.

1.3.10.4 Aufgaben

Man vergleiche den Befall von Littorinen an verschiedenen Orten und versuche, die Unterschiede zu erklären.

Wodurch können sich bei gleichen Wirten Unterschiede in der Verbreitung und der Befallsverteilung der Trematoden ergeben?

Wie könnte man das seltene Auftreten von *M. pygmaeus* in der Nordsee und den starken Befall in der Ostsee aus dem Zyklus erklären?

Wie ist die besondere Befallsintensität von *C. lingua* auf Helgoland aus dem Zyklusverlauf zu erklären?

In welchen Biotopen könnte sich das Verbleiben des Miracidiums im Ei bei *R. roscovita* als Vorteil bei der Wirtsfindung erweisen?

Literatur

Hunnien, A. V. & R. M. Cable (1943): The life history of *Podocotyle atomon* (Rudolphi) (Trematoda: Opoecelidae). Trans. Amer. microsc. Soc. **62**, 57–68.

James, B. L. (1968): Studies on the life cycle of *Microphallus pygmaeus* (Levinsen, 1881) (Trematoda: Microphallidae). J. nat. Hist. **2**, 155–172.

James, B. L., The Digenea of the Intertidal Prosobranch, *Littorina saxatilis* (Olivi). Z. f. zool. Systematik u. Evolutionsforschung **7**, 273–316.

Lauckner, G. (1980): Diseases of Mollusca: Gastropoda. In: Kinne, O. (Editor), Diseases of marine animals, Vol. I (12), 311–400. John Wiley & Sons, Chichester.

Lauckner, G. (1984): Impact of trematode parasitism on the fauna of a North Sea tidal flat. Helgoländer Meeresunters. **37**, 185–199.

Stunkard, H. W. (1930): The life history of *Cryptocotyle lingua* (Creplin), with notes on the physiology of the metacercariae. J. Morphol. and Physiol. **50**, 143–191.

Werding, B. (1969): Morphologie, Entwicklung und Ökologie digener Trematoden-Larven der Strandschnecke *Littorina littorea*. Marine Biology **3**, 306–333.

1.3.11 *Mytilus edulis*: Filtrationsmechanismus

Klaus-Jürgen Götting

Muscheln erzeugen einen Wasserstrom, der in die Mantelhöhle ein- und nach Passieren der Kiemen wieder austritt. Dieser Wasserstrom dient primär der Respiration, bei den meisten Muscheln auch der Ernährung, da er dem Tier zahlreiche als Nahrung geeignete Partikeln zuführt, die abfiltriert werden (s. Abschn. 1.3.12). Das Filtriersystem besteht aus der Mantelhöhle mit Ein- und Ausgängen, dem Cilienbesatz auf den Kiemen und auf der Mantelhöhlenwand zur Erzeugung des Wasserstromes und schließlich dem eigentlichen Filterapparat aus Kiemen und Schleimnetzen.

Für den folgenden Versuch, der den Filtrationsmechanismus und einige der beeinflussenden Faktoren verdeutlichen soll, sind grundsätzlich alle filibranchen und eulamellibranchen Muscheln geeignet. Hier wird als Versuchsobjekt die leicht zu beschaffende Miesmuschel (*Mytilus edulis* L.) benutzt.

Die Miesmuscheln gehören zu den Filibranchia. Ihre Kiemen sind aus einer inneren und einer äußeren Reihe von Kiemenfäden zusammengesetzt, die seitlich der Visceral-

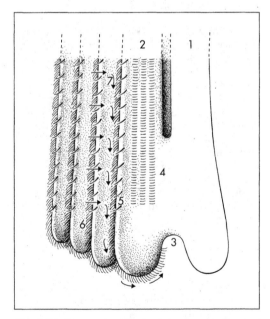

Abb. 1.28: Kiemen der Miesmuschel, quergeschnitten und unter schrägem Aufblick auf die Außenseite
1 absteigender, 2 aufsteigender Ast des Kiemenfadens; 3 Futterrinne; 4 laterale Cilien; 5 laterofrontale Cilien; 6 frontale Cilien; 7 Richtung des Partikel-Transports

masse am Dach der Mantelhöhle inserieren, nach ventral ziehen, dort haarnadelartig umbiegen (die inneren nach innen, die äußeren nach außen) und wieder dorsad verlaufen. Die Kiemenfäden stehen dicht an dicht; ihre ab- und aufsteigenden Filamente bilden Gewebsverbindungen, und benachbarte Fäden sind anterior und posterior durch Ciliengruppen untereinander befestigt, so daß die Kieme insgesamt blattartig erscheint.

Die Kiemenoberfläche trägt ein Cilienepithel und ist von einem Schleimnetz bedeckt, das die Futterpartikeln abfängt. Diese werden durch den Wimperschlag in die Futterrinnen am Ventralrand der Kieme und in diesen nach vorn zur Mundöffnung transportiert (Abb. 1.28).

Entsprechend der Doppelfunktion des Kiemenfiltersystems hängt die Aktivität der Cilien nicht nur vom O_2-Bedarf, sondern auch vom Ernährungszustand der Muscheln und dem Futterangebot ab. Die Kiemenwimpern hungernder Tiere schlagen in reinem Meerwasser nicht mit voller Leistung, es bedarf erst der Stimulation, z.B. durch Nahrungsteilchen im Wasser. Weiter üben Temperatur, Druck, p_H-Wert, Salzgehalt und ionale Zusammensetzung des Mediums einen Einfluß auf die Cilien aus.

Die folgenden Versuche veranschaulichen die Kiementätigkeit und zeigen beispielhaft die Auswirkungen von Temperatur und Salinität, lassen sich jedoch in vielerlei Richtungen erweitern.

1.3.11.1 Untersuchungsobjekte und Materialbedarf

Für die Versuche sollten eingewöhnte, aktive Miesmuscheln mittlerer Größe (ca. 5 cm lang) benutzt werden. Der Vorversuch kann im Becherglas erfolgen, für die Untersuchungen an isolierten Kiemen sind kleine, mit geschwärztem Paraffin ausgegossene Präparierschalen zu empfehlen, sowie größere, zur Verwendung als Wasserbad geeignete Wannen, in welche die Präparierschalen eingesetzt werden können. Die Beobachtung des Transportprozesses erfolgt unter dem Stereomikroskop. Im Vorversuch werden feingeriebenes Karmin oder chinesische Tusche benötigt, als auf der Kieme zu transportierendes Material dienen Stanniol-Blättchen von ca. 0,5 mm² Größe. Pro zu untersuchende Kieme werden 2 Streifen Millimeterpapier (etwa 1 × 3 cm) und 4 Stecknadeln gebraucht, zur Zeitkontrolle eine Stoppuhr. Der Zeitbedarf ist mit rund 3 Std. anzusetzen.

1.3.11.2 Versuchsanleitungen und Beobachtungen

Vorversuch: Eine Miesmuschel wird in ein Glasgefäß mit Meerwasser gesetzt. Sobald die Schalenklappen wieder geöffnet sind, gibt man mit einer Pipette suspendiertes Karmin (oder Tusche) vorsichtig etwa im Abstand von 3 cm vom Tier um den Schalenspalt ins Wasser und beobachtet, welchen Weg die Farbpartikel nehmen.

Präparation der Kieme: Durch Einführen einer Messerklinge zwischen die Schalenklappen und Durchtrennen des hinteren Schließmuskels wird die Muschel geöffnet, der Mantellappen hochgeschlagen und die Kieme der oben liegenden Seite vorsichtig herausgetrennt. Der Schnitt soll dabei nicht durch die Kieme, sondern durch das Gewebe des Mantelhöhlendaches an der Kiemenansatzstelle geführt werden. Die gelöste Kieme ist sehr schonend in die mit Meerwasser gefüllte Wachsschale zu überführen. Sie wird dort befestigt, indem quer über ihre beiden Enden jeweils ein Streifen Millimeterpapier gelegt wird, und nur diese Papierstreifen werden im Wachs festgesteckt. Die Schale wird dann in ein Wasserbad gesetzt, mit dessen Hilfe die gewünschte Temperatur eingestellt wird (Abb. 1.29).

A. Cilienaktivität bei verschiedenen Temperaturen

Die Cilienaktivität wird anhand der Transportgeschwindigkeit des vorsichtig aufgelegten Stanniol-Blättchens gemessen. Mit Pinzette und Präpariernadel wird es etwa in Kiemenmitte etwas unterhalb der Schnittfläche auf die Frontalcilien der nach oben gewandten Kiemenseite aufgelegt. Mit Hilfe der Millimeterpapier-Streifen und der Stoppuhr wird die Geschwindigkeit kontrolliert, mit der das

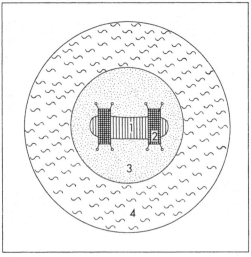

Abb. 1.29: Untersuchungen an der isolierten Kieme im Aufblick. 1 Kieme, 2 Millimeterpapier-Streifen, 3 Präparierschale, 4 Wasserbad

Stanniol zum ventralen Kiemenrand transportiert wird. Die ermittelten Werte (Mittelwert aus mindestens 10 Messungen) rechnet man in mm/min um. Wenn die technischen Voraussetzungen gegeben sind, ist die Temperatur zwischen 0° und 35° C in Schritten von 5° zu verändern und jeweils über das Wasserbad einzustellen. Steht ein solches nicht zur Verfügung, so ist beim direkten Wasserwechsel in der Versuchsschale darauf zu achten, daß kein Wasserstrahl unmittelbar die Kieme trifft, und es müssen vor neuerlichem Meßbeginn einige Minuten Anpassungszeit verstrichen sein.

Um zu kontrollieren, ob die Kieme geschädigt ist, können vor Beginn und nach Abschluß der Versuchsreihe Messungen bei 10° C gemacht werden. Wurden die Versuchsreihen über mehr als 40° C hinausgeführt, so ist die Kieme im allgemeinen irreversibel geschädigt.

B. Cilienaktivität bei verschiedenen Salzgehalten

An der isolierten Kieme ist bei konstanter Temperatur der Einfluß verschiedener Meerwasserkonzentrationen zu kontrollieren. Natürliches Meerwasser (ca. 33‰, hier: «100%») wird verdünnt z.B. auf 75% und 50% der Ausgangskonzentration. Bei Verwendung künstlich angesetzten Meerwassers können auch Konzentrationen von 150, 200 und 250% in die Versuche einbezogen werden.

Zur Messung der Cilienaktivität bei den verschiedenen Salzkonzentrationen dient auch hier die Geschwindigkeit, mit der Stanniol-Blättchen transportiert werden.

C. Anregungen für weitere Experimente

Ähnlich wie Temperatur und Salzgehalt lassen sich auch andere Faktoren variieren und ihre Einflüsse auf die Cilienaktivität überprüfen, z.B.:

1. Einfluß des p_H-Wertes

Bei konstanter Temperatur können die p_H-Werte zwischen 5,5 und 11 untersucht werden. Bei der Auswertung ist zu bedenken, daß Verschiebungen zum sauren Bereich unkontrollierte Veränderungen in der Zusammensetzung des Meerwassers verursachen, doch seien die Auswirkungen in diesem orientierenden Versuch außer acht gelassen.

2. Einfluß verschiedener, isotonischer Medien

Die Kieme wird – nach jeweils mehrmaligem Spülen – der Einwirkung von Meerwasser-isotonischen Lösungen ausgesetzt (z.B. NaCl oder KCl 0,54 m, CaCl₂ oder MgCl₂ 0,36 m). Interessant ist der Vergleich der Wirkung einer Lösung NaCl:KCl:CaCl₂ im Verhältnis 50:1:1 und einer Lösung NaCl:KCl:MgCl₂ im Verhältnis 50:1:4.

Bei diesen Versuchen ist jeweils eine Kontrolle mit einer Kieme im «normalen» Meerwasser durchzuführen. Es ist darauf zu achten, daß gleiche Temperaturbedingungen herrschen.

1.3.11.3 Auswertung

Die Mittelwerte der Messungen (in mm/min) sind gegen die variierten Bedingungen (z.B. Temperatur, Salzkonzentration) auf Millimeterpapier aufzutragen. Unter Extrembedingungen für die Kieme lassen sich Schädigungen unter dem Mikroskop auch direkt beobachten.

1.3.11.4 Fragen

1. In welchem Temperatur- oder p_H-Intervall arbeitet die Kieme von *Mytilus*?
2. Welcher Temperatur- oder p_H-Bereich ist der optimale?
3. Welche Beziehungen sind zwischen dem im Versuch ermittelten, optimalen Bereich und den Bedingungen festzustellen, die im natürlichen Lebensraum der Muscheln herrschen?
4. Jenseits welcher Grenzwerte wird die Kieme irreversibel geschädigt? Was bedeuten die Toleranzgrenzen für das Überleben im Habitat?
5. Welche Konsequenzen sind für das Wachstum der Muscheln unter natürlichen Bedingungen im Jahreslauf zu vermuten, wenn man den im Experiment ermittelten Einfluß der Temperatur berücksichtigt?

Literatur

Clark, R.B. (1966): A Practical Course in Experimental Zoology. London: Wiley, 206 S.

Flügel, H., & Schlieper, C. (1962): Der Einfluß physikalischer und chemischer Faktoren auf die Cilienaktivität und Pumprate der Miesmuschel *Mytilus edulis* L. – Kieler Meeresforsch. 18, 51–66.

Götting, K.J. (1974): Malakozoologie. Stuttgart: G. Fischer, 320 S.

Gray, J. (1922): The mechanism of ciliary movement. – Proc. Roy. Soc. (London), Ser. B 93, 104–131; 95, 6–15.

Schlieper, C., & Kowalski, R. (1958): Der Einfluß gelöster organischer stickstoffhaltiger Verbindungen auf die Cilienaktivität der isolierten Kiemen von *Mytilus edulis* L. – Kieler Meeresforsch. 14, 114–129.

Sleigh, M.A. (1962): The Biology of Cilia and Flagella. Int. Ser. Monogr. pure appl. Biol., Oxford: Pergamon, 242 S.

1.3.12 *Mytilus edulis*: Filtrationsleistung

Klaus-Jürgen Götting

Wie zahlreiche andere Tiergruppen des Meeres sind die Muscheln (Bivalvia) Filtrierer: Sie erzeugen mit Hilfe des Cilienbesatzes der Mantelhöhle und der Kiemen einen Wasserstrom, der in die Mantelhöhle eintritt, die Kiemen passiert und an einer bestimmten Stelle die Mantelhöhle wieder verläßt. Der Wasserstrom wird in doppelter Hinsicht genutzt: Er dient der Respiration, und er führt im Medium enthaltene Teilchen an die Kiemen. Mit Tast- und Chemorezeptoren werden die importierten Partikeln sortiert: Die verdaulichen werden, durch Schleim festgehalten, auf bestimmten Bahnen zur Mundöffnung geführt, die unverdaulichen dagegen – ebenfalls durch Mucus fixiert – werden als «Pseudofaeces» aus der Mantelhöhle ausgestoßen. In einer dichten Muschelpopulation können Faeces und Pseudofaeces in solchen Mengen gebildet werden, daß sie zu einer deutlichen Sediment-Erhöhung, vor allem auf den sog. Muschelbänken, führen. Entsprechend können dichte Muschelbestände wesentlich zu einer Klärung mit Partikeln verunreinigten Wassers beitragen. Der folgende Versuch kann diese Leistung eindrucksvoll veranschaulichen.

1.3.12.1 Untersuchungsobjekte und Materialbedarf

Grundsätzlich sind für die Durchführung der Versuche alle filibranchen und eulamellibranchen Muscheln geeignet. Im folgenden wird als (auch im Binnenland) leicht beschaffbares Objekt die Miesmuschel *Mytilus edulis* L. benutzt. Bei der Auswahl der Versuchstiere ist darauf zu achten, daß sie gleich groß und gleich schwer und frei von Aufsitzern sind. Auf den Schalen sitzende Organismen (z.B. Seepocken) sind zu entfernen, damit die Versuchsergebnisse nicht verfälscht werden. Es empfiehlt sich, für jeden Einzelversuch einheitlich 4 oder 5 Muscheln zu verwenden.

Für die Versuche werden benötigt: Vollglasbecken von 1,5–2 l Inhalt, Pipetten zur Entnahme des zu untersuchenden Wassers und – je nach Meßgerät – geeignete Meßküvetten. Es empfiehlt sich, für die Versuche nur filtriertes Meerwasser zu benutzen. Als zu filtrierendes Material wird den Muscheln kolloidaler Graphit (bewährt: Aquadag) angeboten. Zur Extinktionsmessung dient am besten ein

Photometer (Eppendorf), doch sind bei geringeren Ansprüchen an die Meßgenauigkeit auch kleinere handelsübliche Luxmeter, wie z.B. photographische Belichtungsmesser, brauchbar. Wichtig ist dann eine Lichtquelle mit konstanter Helligkeit. Zur Versuchsvorbereitung ist etwa 1 Std., für den Versuch selbst sind ca. 3 Std. zu veranschlagen.

1.3.12.2 Versuchsanleitung

Vorbereitung: Zunächst wird eine Stammlösung kolloidalen Graphits hergestellt, indem einem l Aqua dest. 0,2 l Meerwasser und 2 Teelöffel «Aquadag» zugesetzt werden. Die Stammlösung soll etwa 1 Tag «reifen» und wird kurz vor Verwendung nochmal aufgerührt. – Die (gleich großen) Versuchstiere sollten sich über mehrere Stunden der Labortemperatur anpassen können. Vergleiche lassen sich anstellen, wenn man eine Gruppe von Tieren zunächst in filtriertem Meerwasser ca. 24 Std. hungern läßt, eine andere für den gleichen Zeitraum trockenlegt.

Versuchsdurchführung: Filtriertem Meerwasser wird soviel Graphit-Stammlösung zugesetzt, daß die anfängliche Extinktion (bei einer Küvettenschichtdicke von 1 cm) zwischen 0,1 und 0,2 liegt. 1 l dieses Mediums wird in ein Vollglasbecken zu 4 Muscheln gegeben. Sobald die Muscheln ihre Schalenklappen wieder geöffnet haben, beginnen die Messungen, die zunächst in Abständen von 2,5 min, später von 5 min durchgeführt werden. Der jeweilige Extinktionswert E wird in eine Tabelle eingetragen und später in eine graphische Darstellung (Abszisse: Zeit; Ordinate: Extinktionswert E oder ln E) übernommen. Es empfiehlt sich, die Versuchsbecken so zu durchlüften, daß das Wasser gleichmäßig durchmischt wird. Je nach Aktivität der Muscheln wird die Suspension schneller oder langsamer geklärt: Im allgemeinen wird der Versuch etwa 3 Std. beansprucht. Dann ist das Wasser gereinigt, während der Boden des Gefäßes von zahlreichen schwarzen Pseudofaeces bedeckt ist. Zwischen den Messungen sind die Küvetten zu reinigen.

Auswertung: Hat man in der graphischen Darstellung ln E gegen t aufgetragen, so sollten die gewonnenen Meßpunkte auf einer Geraden liegen. Der Anstieg der pro Zeiteinheit filtrierten Wassermenge (f) im Verhältnis zur Gesamtmenge (V in ml) entspricht. Bezeichnet man die Extinktion zu Versuchsbeginn (t_0) als E_0, die zum Zeitpunkt t_1 (min) als E_1 und setzt das Verhältnis $f/V = k$, so gilt

$$E_1 = E_0 \times e^{-k \times t}$$

oder, wenn n die Anzahl der verwendeten Muscheln ist, als Filtrierleistung **eines** Tieres:

$$f = \frac{V\,(\ln E_0 - \ln E_1)}{n\,(t_1 - t_0)}\ ml/min$$

Anmerkung:

Da die Filtrationsleistungen von sehr vielen Faktoren abhängen, streuen die Ergebnisse zwischen mehreren Versuchsreihen stark. In der Literatur werden Werte von 11,5–27,3 ml/min angegeben (Schlieper et al. 1977). In mehrfach wiederholten Versuchen an Helgoländer Miesmuscheln haben wir Filtrationsraten zwischen 4 und 35 ml/min ermittelt.

1.3.12.3 Fragen

1. Welchen Einfluß übt die Temperatur auf die Filtrationsrate aus?
2. Wie verhält sich die Filtrationsrate von Tieren, die einige Zeit gehungert haben, im Vergleich zu der «normal» gehälterter oder frisch gesammelter Muscheln?
3. Welche Werte erreicht die Filtrationsrate von Muscheln nach Anoxybiose?
4. Unterscheiden sich die Filtrationsraten von Muscheln verschiedener Größenklassen?
5. Wie hoch ist (annähernd) die Filtrationsrate über 1 m^2 einer Muschelbank?, über der gesamten Bank?
6. Wenn man die Besatzdichte der untersuchten Muschelbank zugrundelegt und das Volumen der Nordsee mit 43 000 km^3 ansetzt, wie groß müßte dann eine Muschelbank sein, damit sie die gesamte Nordsee an einem Tag durchfiltrieren kann? (Das Zu- und Abfuhrproblem des Wassers sei hier außer acht gelassen; ferner wird unterstellt, daß die Muscheln pro Tag 12 Std. kontinuierlich filtrieren.) In welchem Verhältnis steht die ermittelte, notwendige Fläche der Muschelbank zur Gesamtfläche der Nordsee (ca. 525 000 km^2)?

Literatur

Cleffmann, G. (1987²): Stoffwechselphysiologie der Tiere. UTB 791. Stuttgart: Ulmer, 301 S.

Flügel, H., & Schlieper, C. (1962): Der Einfluß physikalischer und chemischer Faktoren auf die Cilienaktivität und Pumprate der Miesmuschel *Mytilus edulis* L. – Kieler Meeresforsch. **18**, 51–66.

Götting, K.J. (1974): Malakozoologie. Stuttgart: G. Fischer, 320 S.

Schlieper, C. (Begr.), Hanke, W., Hamdorf, K., Horn, E. (1977): Praktikum der Zoophysiologie, Stuttgart: G. Fischer, 350 S.

Theede, H. (1963): Experimentelle Untersuchungen über die Filtrationsleistung der Miesmuschel *Mytilus edulis* L. – Kieler Meeresforsch. **19**, 20–41.

1.3.13 *Nereis*: Lebensweise

Udo Schöttler

Nereis diversicolor gehört zu den typischen Bewohnern des Litorals. Seine vertikale Verbreitung reicht vom Supralitoral, das nur noch unregelmäßig überflutet wird, bis ins Sublitoral. Die bis zu 15 cm langen Tiere besiedeln im Eulitoral sämtliche Watttypen, sind aber auch unter Steinen oder in Miesmuschelbänken anzutreffen.

Nereis virens, die größte Polychaetenart der Nordseeküste, kommt ebenfalls im Litoralbereich vor. Seine vertikale Verbreitung reicht vom mittleren Eulitoral bis in über 150 m Tiefe. Ausgewachsene Tiere können 60 cm und länger werden. Im Gegensatz zu *N. diversicolor* treten bei *N. virens* zwei morphologisch verschiedene Stadien auf, das atoke und das epitoke. Atok sind die juvenilen und noch nicht geschlechtsreifen, epitok die geschlechtsreifen Tiere. Die Geschlechtsreife soll nach drei Jahren erlangt werden. Die epitoken Würmer unterscheiden sich von den atoken durch deutlich vergrößerte Parapodien. Dagegen sind die dorsalen und ventralen Längsmuskeln zurückgebildet.

Während der Reproduktionszeit, die an der Nordseeküste hauptsächlich in den April fällt, verlassen die Tiere den Wohnbau und schwimmen zur Oberfläche, wo sie leicht abgefischt werden können. Allerdings werden auf diese Weise fast ausschließlich Männchen gefunden. Es ist nicht bekannt, ob die Weibchen überhaupt den Boden verlassen und wie Spermien und Eier zueinander finden. Bei der Abgabe der Geschlechtsprodukte reißen die Tiere auf und sterben.

1.3.13.1 Beschaffung und Hälterung der Tiere

Nereis diversicolor kommt fast regelmäßig in hoher Individuenzahl im Eulitoral vor. Das Sediment muß mit einer Grabgabel oder einem Spaten ausgehoben und durchsucht werden. Da die Tiere leicht zerreißen, sollten sie nicht aus ihren Gängen gezogen, sondern vollständig freigelegt werden. Gehältert wird *N. d.* bei 10–16° C in gut belüfteten Becken, möglichst bei fließendem Meerwasser. Der Boden muß etwa 0,5 cm hoch mit Sediment – möglichst Feinsand – bedeckt sein. Die Sedimentzugabe ist notwendig, da die Tiere sich andernfalls ineinander verknäulen, dabei z. T. gegenseitig verletzen und nicht unbeschädigt aus dem Knäuel entnommen werden können.

1.3.13.2 Versuchsanleitungen

A. Volumenregulation nach osmotischem Schock

Das Eulitoral ist ein extremer Lebensraum. Verursacht durch den ständigen, semidiurnalen Wechsel zwischen Ebbe und Flut kann es zu raschen und nicht genau vorhersehbaren Veränderungen physikalischer Parameter kommen, die als Ökofaktoren wirksam werden. So können an heißen Sommertagen während des Trockenfallens die Temperaturen an der Sedimentoberfläche und in den ersten Zentimetern darunter innerhalb weniger Stunden um mehr als 10° C steigen bzw. an kalten Wintertagen in ähnlichem Ausmaß sinken. Intensive Sonneneinstrahlung im Verlauf einer Ebbe bewirkt, daß das Wasser in den verbliebenen Pfützen und in den Poren der oberen Schichten des Sediments teilweise verdunstet mit der Folge, daß die Salinität zunimmt. Heftige Regenfälle bei Niedrigwasser führen zu einer merklichen Aussüßung der Restpfützen und des Porenwassers.

Auch die Verfügbarkeit von Sauerstoff ändert sich mit dem Gezeitenstand. Zwar enthält die Atmosphäre pro Volumeneinheit deutlich mehr Sauerstoff als das Wasser, doch kann dieser von aquatischen Organismen in der Regel nicht genutzt werden.

Angesichts dieser Umstände ist es nicht verwunderlich, daß das Eulitoral nur von relativ wenigen, ausschließlich aquatischen Arten permanent besiedelt wird. Allen ist gemeinsam, daß sie sessil oder nur mäßig vagil sind und damit den beim Trockenfallen auftretenden extremen Bedingungen nicht ausweichen können. Sie verfügen aber über beachtliche physiologische Mechanismen ökologischer Anpassung, die bei Arten, die im Sublitoral vorkommen, nicht oder nur sehr beschränkt entwickelt sind.

So können alle bislang untersuchten Arten des Eulitorals mindestens 24 Stunden, meist aber deutlich länger ohne Sauerstoff leben. Sie sind **euryoxisch**. Ebenso überstehen sie größere, sprunghafte Wechsel in der Salinität. Sie sind also auch **euryhalin**.

Auf die Euryhalinität von Polychaeten aus dem Eulitoral und speziell der Nereïden soll im folgenden kurz eingegangen werden. Recht gut untersucht ist die Anpassung an hyposmotische Bedingungen. Experimentell wird dabei meistens nach der Methode des osmotischen Schocks vorgegangen, d. h. die Tiere werden aus dem Meerwasser, an das sie angepaßt sind, in verdünntes Medium umgesetzt.

Anders als z. B. bei Crustaceen ist die gesamte Körperoberfläche der Polychaeten für Wasser permeabel. Da dies aber nicht für Salze oder organische Moleküle gilt, kommt es beim Überführen in verdünntes Meerwasser zu einem Einstrom von Wasser, dessen Ausmaß von der Höhe der Salinitätsänderung abhängt. Von diesem Wassereinstrom sind Zellen und extrazelluläre Räume gleichermaßen betroffen. Die Folge ist, daß die Tiere anschwellen, was z. T. direkt zu sehen ist, auf jeden Fall aber durch Wiegen nachgewiesen werden kann.

Während **stenohaline** Arten des Sublitorals größere Salinitätsabsenkungen nicht tolerieren und platzen, finden sich bei den euryhalinen Arten des Eulitorals zwei Anpassungsmechanismen, nach deren Vorhandensein zwischen **Osmoconformern** und **Osmoregulatoren** unterschieden wird.

Bei Osmoconformern (ein typischer Vertreter ist der Wattwurm *Arenicola marina*) entspricht die Osmolalität der Körperflüssigkeiten derjenigen des Außenmediums. (Genaugenommen ist sie immer minimal höher. Dadurch wird gewährleistet, daß permanent etwas Wasser einströmt, das zur Produktion des Urins benötigt wird.) Osmoconforme Organismen zeichnen sich zunächst einmal dadurch aus, daß sie, ohne nachhaltig Schaden zu nehmen, gewaltig schwellen können. Darüber hinaus verfügen sie über die Möglichkeit zu aktiver, isosmotischer Volumenregulation. Die erste, meßbare Antwort auf ein Umsetzen in verdünntes Medium und den damit verbundenen Einstrom von Wasser ist eine vermehrte Produktion eines isosmotischen Urins. Daraus resultiert, daß das Gewicht der Tiere nach einem dramatischen Anstieg (bis zu 60%) im Umsetzen in halbverdünntes Meerwasser) bereits wieder abnimmt, bevor die Osmolalität der Körperflüssigkeiten derjenigen des neuen Außenmediums vollständig angepaßt ist.

In einer zweiten Phase, die frühestens 12 Std. nach dem Auslösen des osmotischen Schocks nachweisbar ist, kommt es zu einer partiellen isosmotischen Volumenreduktion in den Zellen, die zunächst wie ein Osmometer passiv Wasser aufgenommen haben. Grundlage dieser zellulären Volumenregulation ist der Abbau bestimmter, freier Aminosäuren, die in den Zellen als osmotisch wirksame Substanzen in hohen Konzentrationen vorliegen und für ca. 40–50% der intrazellulären Osmolalität verantwortlich sind. Dabei handelt es sich immer um nicht essentielle Aminosäuren, vor allem um Glycin und D,L-Alanin *(Arenicola marina, Nereis virens)*, hinzu kommen kann Prolin *(Nereis diversicolor)*. Durch den Abbau dieser Aminosäuren verschwinden osmotisch wirksame Moleküle aus den Zellen mit der Folge, daß auch der Wassergehalt abnimmt, da die Zellen nur isosmotisch zu den Körperflüssigkeiten sein können. Allerdings wird das Ausgangsvolumen nicht wieder erreicht, der Wassergehalt der Zellen bleibt höher als vor der Salinitätsänderung. Insgesamt ist die Anpassungsfähigkeit osmoconformer Polychaeten beschränkt. Sie können nicht in Bereiche vordringen, deren Salinität ständig geringer als 10–12 ‰ ist.

Besser als Osmoconformer kommen Osmoregulatoren mit drastischen Absenkungen der Salinität zurecht. Diese Tiere sind im Idealfall in der Lage, die Osmolalität ihrer Körperflüssigkeiten unabhängig von derjenigen des Außenmediums konstant zu halten. Dies geschieht durch die aktive Aufnahme von Ionen und die Produktion eines hypotonen Urins.

Der angesprochene Idealfall ist bei marinen Polychaeten allerdings nicht verwirklicht. Hier tritt nur eine eingeschränkte Fähigkeit zur Osmoregulation auf, d. h. reguliert wird erst ab einer kritischen unteren Salinität und dann auch nur unvollkommen. Oberhalb der kritischen Salinität reagieren solche Arten *(Nereis virens, N. diversicolor)* osmoconform. Bei ersterem setzt die Osmoregulation erst bei einer Osmolalität von ca. 300 mOsmol/kg ein (ca. 10 ‰ Salinität), bei letzterem schon bei ca. 450 mOsmol/kg.

Nereis diversicolor ist in der Lage, Brackwassergebiete, deren Salinität bei ≤ 5 ‰ liegt, dauerhaft zu besiedeln. Im Experiment können die Tiere für längere Zeit bei Salinitäten ≤ 2 ‰ gehalten werden.

Weniger gut untersucht sind die Vorgänge bei plötzlicher Erhöhung der Salinität. Im Prinzip handelt es sich dabei um eine Umkehr der Vorgänge, die bei hyposmotischem Schock auftreten. Es kommt zu einem osmotisch bedingten Wasseraustritt aus den Zellen und den extrazellulären Kompartimenten und zu einer langsamen Aufnahme von Salzen. Intrazellulär steigt im Laufe von 2–3 Tagen die Konzentration der freien Aminosäuren und damit auch wieder der Wassergehalt der Zellen.

In dem folgenden Versuch, der vier Tage dauert, wird geprüft, welche Auswirkungen eine veränderte Salinität des Inkubationsmediums auf das Gewicht von *Nereis diversicolor* hat. Die Versuchstemperatur sollte zwischen 12° und 18° C liegen und während des Versuchs möglichst konstant sein.

Untersuchungsobjekte und Materialbedarf: *Nereis diversicolor*, die mindestens 24 Std. ohne Sediment gehältert wurden; Petri-Schalen von 9 cm Durchmesser; Feinwaage, möglichst auf 0,01 g genau; Meersalz, falls auch Ansätze unter hyperosmotischen Bedingungen durchgeführt werden sollen; Kunststoffaquarien (ca. 19 × 13 × 12 cm) mit einer ca. 3 cm hohen Sedimentbeschichtung. Pro gewählter Salinität wird ein Becken eingerichtet, wobei darauf zu achten ist, daß das Sediment durch mehrfaches Waschen auf die jeweilige Salinität äquilibriert ist.

Versuchsdurchführung: Bei einer Ausgangssalinität von 28–32‰ (Nordseewasser) werden von folgenden Salinitäten jeweils 5 l zubereitet und auf Versuchstemperatur gebracht: 40; 20; 10 und 5‰. Da sich *Nereis diversicolor* bei Hälterung ohne Sediment ineinander verknäueln, ist es notwendig, die Tiere in halbgefüllten Petri-Schalen (etwa 25 ml) einzeln zu inkubieren. Pro Salinität sollten mindestens drei Tiere eingesetzt werden. Die Petri-Schalen werden verdeckelt, damit keine Tiere herauskriechen. Um eine ausreichende Sauerstoffversorgung zu gewährleisten, sollten die Deckel zwischen 24 und 96 Std. von Zeit zu Zeit entfernt und die Schalenunterteile vorsichtig geschwenkt werden. Zu Versuchsbeginn werden möglichst gleich große Tiere ausgewählt, vorsichtig abgetrocknet und gewogen. Dabei darf ein Kontrollansatz mit der Ausgangssalinität nicht vergessen werden. Die Wägungen werden in den ersten drei Stunden stündlich wiederholt, danach in größeren Zeitabständen, z.B. nach 6, 9, 12, 24, 36, 48, 72 und 96 Std. Nach 96 Std. wird geprüft, ob sich die Tiere noch in Sediment eingraben, das mit Wasser der jeweiligen Salinität gesättigt ist. Dieser Test ermöglicht eine grobe Aussage über den physiologischen Zustand der Würmer. Beobachten Sie, ob und in welcher Zeit sich die einzelnen Tiere eingraben.

Auswertung: Fertigen Sie eine Graphik an, in der die Gewichtsentwicklung bei den einzelnen Salinitäten als Funktion der Inkubationszeit dargestellt wird. Welche Beziehung besteht zwischen der Gewichtsveränderung und dem Ausmaß des Salinitätssprunges?

Damit die einzelnen Ergebnisse leichter vergleichbar sind, sollten nicht die absoluten, sondern die prozentualen Gewichtsveränderungen dargestellt werden. Dabei ist das jeweilige Ausgangsgewicht der Tiere gleich 100% zu setzen.

Ergeben sich beim Eingrabverhalten der Tiere Unterschiede, die möglicherweise in einem Zusammenhang mit der Höhe der osmotischen Veränderung stehen?

B. Fortbewegung

Der «typische» Annelidenkörper ist zylindrisch und enthält eine mit Flüssigkeit gefüllte Leibeshöhle, das Coelom, welche durch Dissepimente in Segmente unterteilt ist. Äußere und innere Skelettelemente fehlen. Die Körperwandung wird von einem flexiblen Hautmuskelschlauch gebildet, dem eine dünne Cuticula aufgelagert ist. Der Hautmuskelschlauch setzt sich aus Längs- und Ringmuskeln zusammen, die antagonistisch wirken. Bei Kontraktion der Ringmuskeln wird der Durchmesser der Segmente verringert. Gleichzeitig werden sie durch den dabei auf die Coelomflüssigkeit ausgeübten Druck gestreckt und die Längsmuskulatur gedehnt. Bei Kontraktion der Längsmuskulatur werden dagegen, ebenfalls über die Coelomflüssigkeit vermittelt, die Ringmuskeln gedehnt und die Segmente verkürzt. Über den Körper fortlaufende Kontraktionswellen stellen koordinierte Vorwärts- bzw. Rückwärtsbewegungen sicher. Ein auf der Stelle Hin- und Hergleiten wird durch Borsten verhindert, die gegen den Untergrund gepreßt werden.

Die Bewegungen der erranten Polychaeten, zu denen die Nereïden zählen, weicht z.T. erheblich von obigem Schema ab. Die Tiere besitzen relativ große Parapodien, die wie Ruder eingesetzt werden, eine nur schwach ausgebildete Ringmuskulatur, dafür aber kräftige Längsmuskeln, die dorsal und ventral in zwei Strängen neben der Körpermittellinie verlaufen und antagonistisch wirken. Die wechselseitige Kontraktion der auf der linken bzw. rechten Körperseite gelegenen Längsmuskeln bewirkt eine undulierende Fortbewegung.

An Nereïden können drei verschiedene Formen der Fortbewegung studiert werden: Schwimmen, langsames und schnelles Kriechen. Für die Beobachtungen sind 30 min bis 1 Std. anzusetzen.

Materialbedarf: Kunststoffaquarium, flache Schale, Petri-Schalen, Stereomikroskop

Langsames und schnelles Kriechen: In eine flache Schale wird ca. 0,5 cm hoch Meerwasser eingefüllt. Je nach Größe des Gefäßes werden ein oder mehrere *Nereis* eingesetzt. Wenn sich die Tiere nach kurzer Zeit beruhigt haben, kann durch das Stereo-mikroskop beobachtet werden, wie sie sich langsam kriechend fortbewegen. Sollten sie ausnahmsweise bewegungslos verharren, kann das Kriechen durch leichtes Erschüttern der Schale ausgelöst werden.

Schnelles Kriechen kann durch Berühren der Tiere mit einer Pinzette hervorgerufen werden.

Schwimmen läßt sich beobachten, wenn die Würmer in ein Aquarium gesetzt werden, das etwa 15 cm hoch mit Meerwasser gefüllt ist.

Auswertung: Prüfen Sie, welche Form der Bewegung die schnellste ist.

Beschreiben Sie den Schwimmvorgang. Werden die Parapodien aktiv eingesetzt? Da die Schwimmbewegungen sehr schnell ablaufen, achten Sie besonders auf Phasen, in denen sich die Tiere nach Anstoßen an eine Aquarienwand kurz sinken lassen und dann erneut mit dem Schwimmen beginnen.

Wodurch unterscheiden sich schnelles und langsames Kriechen?

Werden sämtliche Parapodien einer Seite synchron bewegt?

Wie arbeiten die Parapodien eines Segments zueinander?

C. Pumpbewegungen

Nereis diversicolor bewohnt verzweigte Bauten, die mehrere Öffnungen haben und bis zu 20 cm tief in das Sediment reichen können. Durch diese Öffnungen erfolgen bei Wasserbedeckung Ein- und Ausstrom des Atemwassers.

Materialbedarf: flache weiße Schüssel, 15 15–20 cm lange Stückchen eines transparenten Aquarienpumpenschlauches, die vor Versuchsbeginn 24 Std. in Meerwasser gewässert werden, Pasteur-Pipetten, Ruska-Hütchen.

Die **Pumpbewegungen**, durch die der Atemwasserstrom erzeugt wird, lassen sich gut im Kunstbau nachweisen. Zu diesem Zweck werden die Schlauchstücke auf dem Boden der mit gefiltertem oder künstlichem Meerwasser gefüllten Schale ausgelegt. In die Schale werden 10 *Nereis diversicolor* eingesetzt. Innerhalb weniger Stunden haben zumindest einige Tiere die Schläuche als Wohnbau angenommen. Die nicht besetzten Schläuche und die noch frei umherkriechenden Würmer werden entfernt. Zur besseren Beobachtung können die Würmer in den Schläuchen auf andere Schalen verteilt werden. Wie im natürlichen Bau wird durch Irrigationsbewegungen ein Wasserstrom erzeugt. Richtung und Geschwindigkeit des Stromes kann man gut verfolgen, wenn auf der Kopfseite mit einer Pipette vorsichtig eine gefärbte Lösung (z.B. Amaranth in Meerwasser) zugegeben wird.

Auswertung: Beobachten und beschreiben Sie die Irrigationsbewegungen. In welcher Richtung laufen sie über den Körper? Messen Sie an einer Körperstelle die Zahl der Irrigationsbewegungen pro Zeiteinheit.

Falls die Möglichkeit gegeben ist, kann geprüft werden, ob die Frequenz der Irrigationsbewegungen temperaturabhängig ist. (Hierzu kann die Schale mit den Tieren in eine größere, die Eiswasser enthält, gestellt werden.)

Falls gasförmiger Stickstoff zur Verfügung steht, kann geprüft werden, ob die Frequenz der Irrigationsbewegungen vom Sauerstoffgehalt des Wassers beeinflußt wird.

D. Nahrungserwerb

Bezüglich seiner Nahrungswahl ist *Nereis diversicolor* sehr flexibel. Die kräftigen Kiefer weisen ihn als Räuber aus. Er verschmäht aber auch Aas nicht und weidet Kieselalgen ab. Darüber hinaus verfügt er über die Möglichkeit, durch Filtration Partikel aufzunehmen, die im Wasser suspendiert sind.

Materialbedarf: Wie im zuvor beschriebenen Versuch; zusätzlich: Kunststoffaquarium (26 × 16 × 17 cm), etwa 10 cm hoch mit Feinsand gefüllt, Wasserhöhe über dem Sediment ca. 3 cm; vorsichtig belüften.

Die Filtration von Nahrungspartikeln läßt sich an Tieren nachweisen, die in Kunstbauten sitzen (s. Versuch C). Die Tiere sollten mindestens 24, besser aber 48 Std. akklimatisiert und ohne Nahrung sein. Setzt man dem Wasser eine konzentrierte Plankton- oder im Biotop vom Boden abgekratzte Algensuspension zu, so kann man häufig beobachten, daß die Tiere zum Vorderende ihrer Röhre wandern und aus Sekretfäden einen trichterförmigen Filter herstellen. Die Sekretfäden werden von Parapodialdrüsen in der vorderen Körperregion abgesondert und zunächst in der Nähe des Eingangs an den Wänden verklebt. Dann zieht sich der Wurm in den Bau zurück und formt mit Hilfe seiner vorderen Parapodienpaare einen Trichter. Bei diesem Vorgang vollführt der Vorderkörper zusätzlich halbkreisförmige Bewegungen. Nach Fertigstellung des Filters wird wieder Wasser durch den Bau gepumpt. Die darin suspendierten Partikel verfangen sich im Filter. Nach einigen Minuten bewegt sich das Tier in Richtung Vordereingang und verschlingt dabei Filter nebst Inhalt. Der gesamte Vorgang kann mehrfach wiederholt werden.

Aufgabe: Beobachten und protokollieren Sie den Bau des Filters und die Aufnahme der Nahrung.

Wieviel Zeit lag zwischen dem Beginn des Filterbaus und dem Verschlingen? Wurde der Bau des Filters wiederholt, wenn ja, wie oft?

Auffinden von Beute auf der Sedimentoberfläche: In das mit Feinsand gefüllte Aquarium werden zehn *Nereis diversicolor* eingesetzt. Am folgenden Tag werden kleine Stückchen von *Mytilus* oder *Arenicola* auf der Sedimentoberfläche verteilt. Über ihren Irrigationsstrom nehmen die Würmer die Nahrung durch Chemorezeptoren wahr, kriechen nach einiger Zeit aus ihren Gängen und suchen die Oberfläche ab. Sobald sie auf einen Nahrungsbrokken stoßen, stülpen sie ihren Schlund aus und ergreifen die Beute mit den Kieferzangen. Es folgt ein schneller Rückzug in den Wohnbau, wo die eigentliche Aufnahme der Nahrung stattfindet.

Aufgabe: Protokollieren Sie den Vorgang der Nahrungssuche und -erbeutung.

Wieviel Zeit lag zwischen der Zugabe der Nahrung und dem Erscheinen des ersten Tieres?

Kamen alle eingesetzten Tiere an die Oberfläche?

Haben einzelne Tiere bei der Nahrungssuche ihren Wohnbau vollständig verlassen?

Warum ist es vorteilhaft, wenn die Tiere nach Möglichkeit mit dem Hinterende im Wohnbau bleiben?

Literatur

Goerke, H. (1966): Nahrungsfiltration von *Nereis diversicolor* O.F. Müller (Nereidae, Polychaeta). Veröff. Meeresforsch. Bremerh. **10**, 49–58.

Harly, M.B. (1950): The Occurence of a Filter-feeding Mechanism in the Polychaete *Nereis diversicolor*. Nature (London) **165**, 734.

Oglesby, L.C. (1978): Salt and Water Balance. In P.J. Mill (Ed.), Physiology of Annelids, Academic Press, London, 555–658.

Trueman, E.R. (1978): Locomotion. In P.J. Mill (Ed.), Physiology of Annelids, Academic Press, London, 243–269.

1.3.14 *Arenicola marina*: Lebensweise

Udo Schöttler

Der zu den Polychaeten zählende Wattwurm *Arenicola marina* ist ein typischer Bewohner der Sedimente des Sand- und Mischwatts. Auf Sandflächen kann er in hohen Populationsstärken (50 und mehr Individuen/m²) vorkommen. Im Mischwatt nimmt die Besiedlungsdichte mit zunehmendem Anteil von Silt (= Schluff) und Ton ab.

Arenicola marina lebt in einem selbstgegrabenen U-förmigen Gang, der aus drei Abschnitten besteht: dem Einsturztrichter mit Freßtasche, der Galerie und dem Schwanzschaft.

Der Einsturztrichter führt je nach örtlicher Gegebenheit 20 bis über 30 cm in die Tiefe und mündet in der sog. Freßtasche, an die sich der Wohntrakt anschließt, der sich in einen horizontalen Bereich, die Galerie, und einen vertikal nach oben gerichteten, den Schwanzschaft, gliedert. Galerie und Schwanzschaft sind mit Schleim verfestigt.

An der Oberfläche ist das Vorkommen der Tiere an den charakteristischen Kothaufen zu erkennen, die als wurmförmige Sandstränge abgesetzt werden. Bei näherer Betrachtung kann man auch die weniger auffälligen Einsturztrichter von 1,5–2 cm ⌀ sehen.

Arenicola frißt das in die Freßtasche gesackte Sediment und nutzt die darin enthaltenen Bakterien und Algen als Nahrungsquelle. Da der Wurm bevorzugt kleinere Partikel aufnimmt, führt seine Tätigkeit zu einer Umschichtung des Sediments und zum Aufbau eines Korngrößengradienten.

Die Würmer sind i.d.R. 10–20 cm, in Extremfällen über 30 cm lang und können von hellrot über schwärzlich-grün bis tiefschwarz gefärbt sein. Der Körper ist segmentiert (sekundäre Segmentierung); zu jedem inneren Segment gehören fünf äußere. Als einzige äußere Körperanhänge fallen die segmental angeordneten Borsten und Kiemenbüschel auf; Parapodien fehlen ebenso wie irgendwelche Kopfanhänge oder sichtbare Lichtsinnesorgane am dickeren Vorderende. Vom übrigen Körper deutlich abgegrenzt ist ein dünnerer Schwanzabschnitt, der weder Borsten noch Kiemen trägt (Ashworth 1904, Krüger 1977).

1.3.14.1 Beschaffung und Hälterung der Tiere

Arenicola marina muß ausgegraben werden. Hierzu eignet sich am besten eine Grabgabel, die gegenüber einem Spaten den Vorteil hat, daß beim Ausgraben weniger Tiere beschädigt werden. Die Grabgabel muß bis zum Stiel in den Boden gestoßen werden. Beim Herausheben des Sediments sollten ruckartige Bewegungen vermieden werden, da andernfalls der Stiel leicht abbricht und die Würmer innere Verletzungen erleiden können.

Während des Sammelns und auf dem Transport zur Station sollten die Tiere in einem Eimer mit etwas feuchtem Sediment aufbewahrt werden. Auf keinen Fall sollten sie an heißen Sommertagen in Wasser transportiert werden, da es sich zu schnell erwärmt. Dies kann den Tod der Tiere zur Folge haben, die Temperaturen deutlich über 20°C nur schlecht vertragen.

Größere Mengen der Würmer sollten bei Temperaturen zwischen 10° und 16°C ohne Sediment in einer Anlage mit fließendem, gut belüftetem Meerwasser der vor Ort herrschenden Salinität gehältert werden. Die Tiere müssen täglich durchgesehen und tote Individuen entfernt werden. Falls die Zersetzung noch nicht zu weit fortgeschritten ist, können sie aber noch als Nahrung für räuberische Polychaeten, Crustaceen oder Fische genutzt werden. *Arenicola marina* neigt bei Hälterung ohne Sediment zu starker Schleimbildung. Schleim, der sich um den Körper der Tiere gelegt hat, muß entfernt werden. Andernfalls kann es vorkommen, daß einzelne Partien abgeschnürt werden, was zum Tod der Würmer führen kann.

Steht kein zirkulierendes Meerwasser zur Verfügung, so sollte pro *Arenicola marina* ein Wasservolumen von 50 bis 100 ml berechnet werden. Es empfiehlt sich, das Wasser täglich nach Durchsicht der Würmer zu wechseln.

1.3.14.2 Versuchsanleitungen (Freiland)

A. Der Wohnbau von *Arenicola marina*

Materialbedarf: Spaten, Stechkasten ($25 \times 25 \times 40$ cm), Schaber oder kräftiges Messer

Versuchsdurchführung: Um den Wohnbau eines Wattwurms auszuheben, sucht man am besten ein Mischwatt mit relativ geringer Besiedlungsdichte auf und wählt dort einen nicht zu kleinen Kothaufen aus, dem man mit Sicherheit den zugehörigen Einsturztrichter zuordnen kann.

Um Einzelheiten des Wohnbaus erkennen zu können, ist es notwendig, diesen auszugraben und **vorsichtig** freizulegen. Man benutzt nach Möglichkeit einen Stechkasten, der an jeder Meeresbiologischen Station im Gezeitenbereich vorhanden sein sollte. Dabei handelt es sich um einen kräftigen, oben und unten offenen Metallrahmen, bei dem eine Seite als Schieber ausgebildet ist.

Der Stechkasten wird über den *Arenicola*-Bau gesetzt, bis zu 30 cm tief in das Sediment gedrückt, ausgegraben und vorsichtig schräg gelegt. Dadurch kann das Porenwasser abfließen und der Aushub wird stabilisiert. Im Anschluß daran wird der Schieber entfernt und der Wohngang mit einem Schaber oder kräftigen Messer freigelegt. Bei dieser Prozedur sind vor allem Sorgfalt und Geduld vonnöten.

Falls kein Stechkasten zur Verfügung steht, kann man sich auch mit einem Spaten behelfen. Um einen Block mit einer Oberfläche von ungefähr 20×20 cm ausheben zu können, muß zunächst auf einer Seite das angrenzende Sediment in etwa 10 cm Abstand zur Verbindungslinie Kothaufen – Einsturztrichter bis zu 40 cm Tiefe entfernt werden. Dann wird auf der gegenüberliegenden Seite ebenfalls in 10 cm Entfernung der Spaten tief in das Sediment gestochen und der so erhaltene Bodenblock vollständig herausgehoben. Auch hier sollte man zunächst das Porenwasser abfließen lassen.

Aufgaben: Anfertigen einer maßstabsgerechten Skizze des Wohnbaus und der Lage des Wattwurms in ihm.

Beschreiben der verschiedenen Farbabstufungen im Wattboden. Welche Färbung findet sich im Inneren des Baues, wie sieht es in dessen unmittelbarer Umgebung aus?

B. Besiedlungsdichte und Verteilung nach Größenklassen

Die nachfolgend beschriebene Untersuchung kann nur an regenfreien Tagen durchgeführt werden! Das Ziel ist eine Kartierung von *Arenicola marina* zwischen MHWL und MNWL. Dabei soll neben einer reinen Bestandsaufnahme auch die Zusammensetzung der Population nach Alter und Geschlecht erfaßt werden. Soweit möglich, sollten an den Untersuchungsstationen zusätzlich die Korngrößenzusammensetzung und der Wassergehalt des Sediments untersucht werden.

Altersbestimmung: Hierzu werden innerhalb einer Population die Größe und das Gewicht der Tiere als Parameter verwendet. Zur Vereinfachung reicht es aber aus, wenn der Durchmesser der einzelnen Kotschnüre ermittelt wird.

Es empfiehlt sich, drei Größenklassen aufzustellen:
Größenklasse I $\leqq$ 1 mm
Größenklasse II 1–3 mm
Größenklasse III $\geqq$ 3 mm
Diese Angaben sind als Richtwerte zu verstehen, da je nach Watttyp die maximale Größe der Würmer und damit der maximale Durchmesser der Kotschnüre deutlich variieren kann.

Die Klasse I wird von den juvenilen Tieren gebildet. In Klasse II finden sich die Heranwachsenden, die z.T. schon Gameten produzieren, in Klasse III die geschlechtsreifen Würmer.

Geschlechtsbestimmung: *Arenicola marina* ist getrenntgeschlechtlich. Da keine sekundären Geschlechtsmerkmale ausgebildet werden, ist eine direkte Geschlechtsbestimmung nicht möglich. Von März/April bis September/Oktober befinden sich jedoch Eier bzw. Spermien in der Coelomflüssigkeit. Die Oocyten sind kugelförmig, der Zellkern ist deutlich zu erkennen. Ihre Größe schwankt zwischen ca. 30 μm im Frühjahr und $\geqq$ 200 μm im Spätsommer und Herbst. Die Spermien entwickeln sich angeheftet an eine Nährzelle. Den Sommer über sind sie unbeweglich, erst kurz vor dem Laichtermin, d.h. ab Ende September beginnen sie zu wedeln.

Zur Entnahme der Coelomflüssigkeit benutzt man eine 1 ml-Einwegspritze mit einer $0,4 \times 21$ mm-Kanüle. Die Würmer werden abgetrocknet und in eine flache Schale gelegt. Die Kanüle wird im zweiten Drittel des Körpers flach unter den Hautmuskelschlauch geschoben, damit das Darm-Chlorogog-Gewebe nicht getroffen wird. Ca.

0,1 ml Coelomflüssigkeit werden aufgesaugt. Danach wird die Kanüle rasch aus dem Tier gezogen, das diesen Eingriff ohne Schaden überlebt.

Materialbedarf: 6 Holzpflöcke (80 cm lang), mehrere Packungen hölzerner Schaschlikspieße (wie sie in jedem Supermarkt erhältlich sind), 1 Spaten, 2 Grabgabeln, 1 Maurerkelle (14–16 cm Blattlänge), 1 Schublehre (nach dem Benutzen mit Leitungswasser spülen und gut trocknen), Teichfolie, Gefrierbeutel, wasserfester Filzschreiber, Protokollheft, Feinwaage (auf 0,1 g genau), Mikroskop, Meßokular, Objektträger und Deckgläser, 1 ml-Einwegspritzen, Kanülen 0,4 × 21 mm (Prawaz Nr. 20)

Versuchsdurchführung: Auf der Strecke zwischen MHWL und MNWL werden in regelmäßigen Abständen **fünf Untersuchungsstationen** errichtet und durch einen eingeschlagenen Holzpflock markiert. Auf Höhe dieser Pfähle werden jeweils 12 quadratische Felder mit 50 cm Kantenlänge abgesteckt, deren Eckpunkte mit Stöckchen (Schaschlikspieße) markiert werden. Aufgrund dieser Markierungen können die Felder auch bei nachfolgenden Niedrigwasserständen wiedergefunden werden. Etwa 1 Std. nach Ablaufen des Wassers werden in den einzelnen Feldern die Kothaufen gezählt und der Durchmesser der Kotschnüre mit einer Schublehre bestimmt. Wenn möglich, sollte die Messung 1–2 Std. später wiederholt werden.

Anmerkungen: Die Zahl der Kothaufen kann nur dann als ein sicheres Maß zur Bestimmung der Besiedlungsdichte herangezogen werden, wenn:
1) die einzelnen Individuen für längere Zeit, zumindest aber während einer Niedrigwasserperiode die Lage des Schwanzschaftes nicht verändern,
2) alle Tiere oder zumindest nahezu alle während einer Niedrigwasserperiode Kot abgeben.

Ob beide Voraussetzungen erfüllt sind, kann an Orten, die mindestens 4 Std. trockenfallen, wie folgt geprüft werden:
ad 1: Die Lage mehrerer, möglichst vereinzelt liegender Kothaufen wird zu Beginn der Niedrigwasserperiode mit Stöckchen markiert (**Markierungen neben, nicht in den Ausführgang stechen!**). Die Kothaufen werden vorsichtig entfernt. In stündlichem Abstand und an nachfolgenden Niedrigwasserständen wird geprüft, ob die Würmer wieder an gleicher Stelle Kot abgeben.
ad 2: Etwa eine Stunde nach Ablaufen des Wassers werden auf einer abgesteckten Versuchsfläche die Kothaufen gezählt und vermessen. Danach wird der Boden mit einer Maurerkelle vorsichtig planiert. Kurz vor Auflaufen der Flut werden die Kothaufen erneut gezählt und vermessen. Diese Untersuchung kann gegebenenfalls bei nachfolgenden Niedrigwasserständen wiederholt werden.

Entnahme von Würmern zur Geschlechtsbestimmung: Pro Standort werden nach Auszählen und Vermessen der Kothaufen vier Felder willkürlich ausgewählt und mindestens bis zu 30 cm Tiefe aus-

gegraben. Das ausgehobene Sediment wird auf einer Teichfolie ausgebreitet und sorgfältig nach Wattwürmern durchsucht. Gleichzeitig kann auch die begleitende Makrofauna erfaßt werden. Die pro Feld gefundenen Wattwürmer werden mit etwas feuchtem Sediment, aber ohne Wasser in einem sorgfältig beschrifteten Kunststoffbeutel gesammelt und im Labor, ebenfalls nach Feldern getrennt, bei guter Durchlüftung und möglichst unter fließendem Meerwasser ca. 24 Std. ohne Sediment gehältert.

Nach 24 Std. werden die Würmer vorsichtig abgetrocknet und einzeln gewogen. Anschließend wird etwas Coelomflüssigkeit entnommen (s. o.) und bei mittlerer Vergrößerung unter dem Mikroskop bestimmt, ob die Tiere geschlechtsreif sind und wenn ja, welches Geschlecht sie haben. Nach jeder Entnahme müssen Spritze und Kanüle gründlich mit Meerwasser gespült werden. Spätestens wenn Gameten beider Geschlechter in einer Probe auftauchen, sollten Spritze und Kanüle gewechselt werden.

Auswertung: Die an den einzelnen Standorten ermittelten Populationsdichten werden in einem Histogramm dargestellt. In einer zweiten Graphik wird nach Größenklassen unterschieden.

Fragen und Anregungen: Wie hoch ist der %-Anteil der einzelnen Größenklassen a) an einem Untersuchungsort, b) in der gesamten Population?

Lassen sich Veränderungen in der Populationsdichte und in den einzelnen Größenklassen in Abhängigkeit von der Entfernung von der MNWL feststellen? Falls vorhanden, sollten auch die Ergebnisse der Sedimentanalysen in die Betrachtungen eingeschlossen werden.

Vergleichen Sie die Anzahl der Kothaufen pro Feld mit der der aus dem jeweiligen Feld ausgegrabenen *Arenicola*.

Gibt es einen Unterschied in der Besiedlungsdichte zwischen Stellen, an denen bei Niedrigwasser Restpfützen stehen bleiben, und solchen, die vollständig trocken fallen?

Wie hoch ist der Anteil geschlechtsreifer Tiere an der Population?

In welchem Zahlenverhältnis stehen die Geschlechter zueinander?

Vergleichen Sie das Vorkommen von *Arenicola marina* mit demjenigen anderer zur Makrofauna des Sediments zählenden Arten.

1.3.14.3 Versuchsanleitungen (Labor)

A. Demonstrationen der Pumptätigkeit

Der Wattwurm bezieht den Sauerstoff aus dem Oberflächenwasser, das er über den Schwanzschaft durch seinen Wohnbau pumpt. Das sauerstoffreiche Wasser fließt damit von kaudal nach cephal über den Wurm, der den Sauerstoff mit Hilfe seiner Kiemen und z. T. auch direkt über die Körperoberfläche aufnimmt. Bei Niedrigwasser kann er an Stellen, an denen keine Restpfützen zurückbleiben und an denen auch das im Wohnbau stehende Wasser versickert, gezwungen sein, für einige Stunden anaerob zu leben.

Die Pumptätigkeit von *Arenicola marina* kann in einem Kunstbau demonstriert werden. Krüger (1971) hat eine Apparatur aus Glasrohren beschrieben, die es ermöglicht, die Würmer über Wochen im Labor zu beobachten und mit ihnen zu experimentieren. Leider dürfte ein solcher Kunstbau i. d. R. nicht zur Verfügung stehen. Hier wird ein stark vereinfachter «Kunstbau» beschrieben, mit dem die Pumptätigkeit des Wattwurms ebenfalls demonstriert werden kann.

Materialbedarf: 1 Kunststoffaquarium (26 × 16 × 17 cm); ca. 40 cm Siliconschlauch (7–9 mm Durchmesser, Wandstärke 2 mm), Durchlüfterschlauch, Übergangsstück, 1 Trichter mit 4,5 cm Durchmesser, bewährt hat sich eine über der Riffelung abgeschnittene Fixanal-Ampulle (Riedel-de Haën); 1 Stativ mit Klemme; 1 Aquariumpumpe nebst Durchlüfterstein; 1 Klemme (Wäscheklammer), 1 Meßzylinder.

Versuchsdurchführung: Das Aquarium wird zu etwa ⅔ mit Meerwasser gefüllt. Auf ein Ende des Siliconschlauchs wird über ein Übergangsstück ein Durchlüfterschlauch von ca. 15 cm Länge angeschlossen. Der als Wohnröhre dienende Siliconschlauch wird luftblasenfrei mit Meerwasser gefüllt. Anschließend wird das Versuchstier unter Wasser mit dem Vorderende in den Schlauch eingeführt und dann durch vorsichtiges Saugen am Aquariumschlauch vollständig in den Kunstbau gezogen. Auf das freie Ende des Siliconschlauchs wird ein Kunststofftrichter aufgesetzt, der mittels einer Klemme so am Aquarienrand befestigt wird, daß seine Öffnung unterhalb der Wasseroberfläche liegt. Hierzu wird das Aquarium nachträglich vollständig gefüllt.

Der als Ausführgang (entspricht dem Einsturztrichter) dienende Durchlüfterschlauch wird etwa 2–4 cm oberhalb der Wasseroberfläche an einem Stativ befestigt. Austropfendes Wasser wird in einem Meßgefäß aufgefangen. Das eingesetzte Tier sollte innerhalb von 30 min mit dem Pumpen beginnen, andernfalls sollte es gegen ein anderes ausgetauscht werden.

Fragen: In welcher Weise erzeugt der Wurm einen Wasserstrom?

Wird kontinuierlich gepumpt oder wechseln sich Pump- und Ruhephasen ab?

Wie hoch ist die Pumpleistung pro Gramm Frischgewicht und Stunde?

B. Anpassung an wechselnde Salinitäten des umgebenden Wassers

Arenicola marina ist, wie alle Tiere, die permanent in der Gezeitenzone siedeln, **euryhalin.** Auf Veränderungen der Salinität des Außenmediums reagiert er als Osmoconformer, d.h. die Osmolalität seiner Körperflüssigkeiten paßt sich passiv derjenigen des Außenmediums an. Darüber hinaus verfügt er über die Fähigkeit zu begrenzter Volumenregulation.

In dem nachfolgend beschriebenen Versuch wird die Anpassung des Wattwurms an verdünntes Meerwasser verfolgt. Diese Situation kann im Biotop z. B. dann eintreten, wenn im Watt bei Niedrigwasser heftige Regenfälle niedergehen.

Materialbedarf: 6 Kunststoffaquarien (etwa 5–6 l Volumen); Aquarienpumpe mit Schlauch, Schlauchklemmen und Lüftersteinen; 1 Waage, die mindestens auf 0,1 g genau wiegt.

Als Ergänzung: 1 Osmometer, 1 Tischzentrifuge nebst Spitzgläsern

Versuchsdurchführung: Meerwasser der am jeweiligen Ort vorkommenden Salinität wird um 25 bzw. 50% mit Leitungswasser verdünnt. Von jeder Verdünnung werden 5 l hergestellt. In jeweils 2 Becken werden 2,5 l des Ausgangsmeerwassers bzw. der Verdünnungen gefüllt und bei guter Durchlüftung auf eine konstante Temperatur im Bereich zwischen 10–16° C gebracht. (Die Versuchstemperatur sollte der normalen Hälterungstemperatur der Tiere entsprechen.)

Pro Becken werden jeweils 5 möglichst gleichschwere Tiere eingesetzt, die vorher zur Entleerung des Verdauungstraktes mindestens 24 Std. ohne Sediment im Ausgangsmeerwasser gehältert wurden.

Ob die Tiere ihren Darm vollständig entleert haben, kann durch vorsichtiges Abtasten der Würmer zwischen zwei Fingern festgestellt werden (Sediment fühlt man deutlich als Verhärtung). Tiere, die noch Sediment enthalten, haben höchstwahrscheinlich innere Verletzungen und sollten nicht im Versuch eingesetzt werden. Derartige Tiere lassen sich auch dadurch identifizieren, daß sie rascher zu Boden sinken als andere.

Da die Würmer nach osmotischem Schock dazu neigen, ihre Schwänze teilweise abzustoßen, empfiehlt es sich, diese vor Beginn des Versuches nahe der Wurzel abzukneifen.

Die Würmer werden mit Labortischpapier gut abgetrocknet, jeweils in Gruppen zu fünft gewogen und in die entsprechenden Becken gesetzt. Das Wiegen (nach vorsichtigem Abtrocknen!) wird in den ersten sechs Std. stündlich wiederholt, danach nach 9, 12, 24, 36 und 48 Std.

Steht ein Osmometer zur Verfügung, so wird pro Salinität ein weiteres Becken mit jeweils 10 Tieren angesetzt. Das Ausgangsgewicht dieser Tiere sollte dem der übrigen entsprechen. Zu den jeweiligen Meßzeiten wird pro Ansatz ein Tier entnommen und durch einen kurzen dorso-lateralen Längsschnitt geöffnet. Die herausfließende Coelomflüssigkeit wird aufgefangen, das Tier sofort getötet. Aus der Coelomflüssigkeit werden die zellulären Bestandteile durch dreiminütige Zentrifugation bei höchster Umdrehungszahl entfernt. Aus dem Überstand wird die Osmolalität bestimmt (s. Betriebsanweisung für das Osmometer.)

Aufgaben: 1. Stellen Sie die Gewichtsentwicklung in Abhängigkeit von der Höhe des hypo-osmotischen Schocks und der Inkubationszeit dar. Interpretieren Sie die erhaltenen Kurven.
2. Falls die Osmolalität gemessen wurde, ist auch diese in Abhängigkeit von den oben genannten Faktoren darzustellen.
3. Vergleichen Sie die Kurven zu 1 und 2. Welche Folgerungen kann man ziehen?

C. Fortbewegung und Eingraben

Der Wattwurm unterscheidet sich vom Modell eines «typischen» Anneliden dadurch, daß die Coelomhöhle nicht durch Dissepimente unterteilt ist. Für Bewegungen hat ein solches System, das nur aus einer einzigen großen, mit Flüssigkeit gefüllten Kammer besteht, den Vorteil, daß Kräfte, die von Muskeln in einer Region des Körpers erzeugt werden, wie in einem hydraulischen System auf andere Regionen übertragen werden. Der Nachteil besteht darin, daß bei einer nur geringen Verletzung des Hautmuskelschlauchs die gesamte Coelomflüssigkeit ausläuft, was zum Tod des Tieres führt.

Auch wenn der Wattwurm in der Regel seinen Wohnbau nicht verläßt, ist er dennoch zu einem Ortswechsel und der Anlage eines neuen Baues fähig.

Schwimmen

Materialbedarf: größeres Aquarium oder Kunststoffwanne

Versuchsdurchführung: Schwimmen kann bei frisch gegrabenen Würmern mit entleertem Darm beobachtet werden. Die Tiere müssen lediglich in das Aquarium gesetzt und eventuell leicht mechanisch gereizt werden.

Auswertung: Beschreiben Sie die Schwimmbewegung. Wodurch kommt sie zustande? In welcher Richtung schwimmt der Wurm?

Eingraben
Den Eingrabvorgang kann man im Watt studieren, indem man frisch gegrabene, unverletzte Tiere auf die Sedimentoberfläche legt, besser aber noch im Labor in einem Aquarium, das mit Sediment aus dem natürlichen Lebensraum gefüllt wird.

Materialbedarf: Stoppuhr, 2 Glas- oder Plexiglasplatten 20 × 20 cm, Kunststoffschlauch von 12 mm Außendurchmesser, 4 Sperrholzleisten 1 × 20 cm, 4 kleine Zwingen, Stereomikroskop

Versuch im Biotop: Stoppen Sie die Zeit, die ein Wurm braucht, um sich vollständig einzugraben. Verändert sich die Eingrabzeit, wenn der Wurm gezwungen wird, sich mehrfach hintereinander einzugraben? Wenn ja, worin könnte die Ursache liegen?

Versuch im Labor: Zwischen zwei Glasplatten wird ein U-förmig gebogener Kunststoffschlauch mit vier Zwingen so eingeklemmt, daß ein schmales Aquarium entsteht, wobei der Schlauch Schmalseiten und Boden bildet. Damit sich der Druck der Zwingen gleichmäßig verteilt, sollten schmale Holzleisten von etwa 20 cm Länge auf beiden Seiten zwischen Platten und Zwingen eingefügt werden. Das Aquarium wird mit feuchtem Feinsand bis 4 cm unter der Oberkante gefüllt und mit Meerwasser überschichtet. Auf den Sand wird ein frisch gegrabener Wattwurm gelegt, der innerhalb weniger Minuten sich einzugraben beginnen sollte. Gegenüber einem normalen hat das schmale Aquarium den Vorteil, daß man die Grabbewegungen zumindest indirekt anhand von Sandbewegungen noch beobachten kann, wenn der Wurm bereits im Sediment verschwunden ist.

Auswertung: Beobachten und beschreiben Sie den Eingrabvorgang. Achten Sie besonders auf die Tätigkeit der Proboscis und die Kontraktion von Ring- und Längsmuskulatur. Betrachten Sie die Proboscis unter dem Stereomikroskop.

Literatur

Ashworth, J.H. (1904): *Arenicola* (The Lug-Worm). Liverpool Marine Biology Committee Memoir **11**, 1–118.
Krüger, M. (1971): Bau und Leben des Wattwurms *Arenicola marina*. Helgoländer wiss. Meeresunters. 22, 149–200.
Newell, R.C. (1979): Biology of Intertidal Animals. 3 rd. Edition, Marine Ecological Surveys LTD, Faversham.
Oglesby, L.C. (1978): Salt and Water Balance. In P.J. Mill (Ed.), Physiology of Annelids, Academic Press, London, 555–658.

Reise, K. (1981): Tierökologische Probleme in Küstengewässern. Verh. Dtsch. Zool. Ges. **74**, 1–15.

Trueman, E.R. (1978): Locomotion. In P.J. Mill (Ed.), Physiology of Annelids, Academic Press, London, 243–269.

1.3.15 Lanice conchilega: Bau der Wohnröhre

Christopher D. Todd

Der Bäumchen- oder Sandröhrenwurm, *Lanice conchilega* (Annelida, Terebellidae), ist ein in der Gezeitenzone und im oberen Sublitoral der Küsten Nordwesteuropas und des Mittelmeeres weitverbreiteter Polychaet (Sedentaria). Die Art lebt in Weichböden von ganz bestimmter Korngröße und baut charakteristische, in das freie Wasser ragende Wohnröhren mit bäumchenförmiger Krone. Typisch ist die Zusammensetzung der Röhre aus Sandkörnern und feinem Muschelschill, die durch ein erhärtendes schleimiges Sekret miteinander verkittet werden (Buhr 1976). Bereits die pelagisch lebende Larve von *Lanice* bildet eine konische Schleimröhre. Nach dem Festsetzen beginnt der junge Wurm damit, Sandkörner an die Röhrenöffnung anzubauen. An dem über das Sediment herausragenden Teil der fertigen Wohnröhre kann man morphologisch drei Abschnitte unterscheiden: das Röhrenende selbst, den «Fächer» und die «Fransenkrone». Die Wohnröhre ist an beiden Enden offen und kann bis zu 30 cm in das Sediment hineinreichen. Der «Fächer» besteht aus zwei annähernd halbkreisförmigen, flächig verkitteten Partikelansammlungen und verschließt teilweise die Röhrenöffnung. Von da aus erheben sich die zahlreich verzweigten, starren Fäden der «Fransenkrone» (Abb. 1.30).

Die Terebelliden sind typische Detritusfresser; sie sammeln die Nahrungspartikel von der sie umgebenden Bodenoberfläche ab. Kleine Partikel werden über die Wimperrinnen der Mundtentakel zur Mundöffnung transportiert (Dales 1967), größere durch Muskelkontraktion der Tentakel herangeholt (Fauchald & Jumers 1979). Terebelliden findet man deshalb kaum in stark bewegten Gebieten (wie z.B. reinen Sandstränden), wo Nahrungspartikel eher aufgewirbelt als abgelagert werden. *Lanice* verhält sich aber auch innerhalb der Terebelliden untypisch, da sie nicht nur Nahrungspartikel von der Sedimentoberfläche absammelt, sondern sich zusätzlich noch als Suspensionsfresser betätigt und den auf die in den Wasserstrom gehaltenen Tentakel herabsinkenden «Fallout» direkt abfängt (Buhr 1976) – ähnlich, wie das von einigen Spioniden bekannt ist. Obwohl das Studium des Röhrenbaus bei den Versuchen im Vordergrund steht, sollte man nebenbei

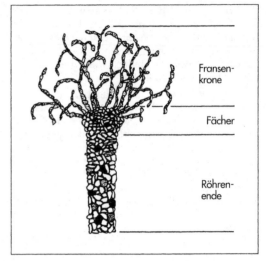

Abb. 1.30: Der über die Bodenoberfläche ragende Teil der Wohnröhre von *Lanice conchilega* (Höhe etwa 4 cm)

auch darauf achten, wie die Wohnröhre (v.a. die «Fransenkrone») in den Vorgang der Nahrungsaufnahme einbezogen wird.

1.3.15.1 Untersuchungsobjekte und Materialbedarf

Außen: Eimer, Grabgabel, scharfe und spitze Schere, Lineal, Kunststoff-Petri-Schalen und eine dünne Metall- oder Kunststoffplatte, um unter die umgedrehten Petri-Schalen in den Boden zu stechen.

Im Labor: Nylon-Siebe mit großem Durchmesser (30–40 cm) und Maschenweiten von vorzugsweise 2,4 mm und 1,0 mm, Glasaquarien von etwa 60 × 40 × 40 cm Kantenlänge. Belüftungspumpe und mehrere Belüftungssteine, 5–6 Messing- (bzw. rostfreie) Stahlsiebe (beachte: nur trockene Sedimentproben sieben), Zugang zu einem Trockenschrank (60–70° C), 10 klare Kunststoffzylinder von ca. 15 cm Höhe und 7–10 cm Innendurchmesser, Hühnereiweiß, Kunststoffolie oder -tüten, Statistik-Tabellen.

Vorbereitungen: Man suche einen geeigneten Uferstreifen mit einer möglichst dichten *Lanice*-Besiedlung aus. Mit einer Schere schneidet man von etwa 100 *Lanice*-Röhren jeweils den aus dem Boden ragenden Teil dicht über der Bodenoberfläche ab. Im Labor zählt man die Fäden einer jeden «Fransenkrone» und schneidet sie ebenfalls ab, wobei auch die Anzahl der Verzweigungen jedes Fadens und seine Länge notiert werden. Man mißt die Höhe der Röhre von der Schnittstelle über dem

Boden bis zum Ende des Fächers und trennt dann den Fächer von der Röhre ab. Das abgeschnittene Material wird getrennt (Fäden, Fächer, Röhren) aufbewahrt. Man errechnet die Mittelwerte für die Höhe der Röhren, für die Anzahl der Fäden, deren Länge und Anzahl der Verzweigungen, um sie später mit den Werten der unter Versuchsbedingungen gebauten Röhren zu vergleichen.

In demselben Gebiet gräbt man etwa 100 Wurmröhren jeweils ganz (d.h. mit Wurm) aus und bringt sie ins Labor. Nun entnimmt man Sedimentproben der Bodenoberfläche, indem man eine Kunststoff-Petri-Schale umgekehrt in den Boden drückt, das Sediment rundherum entfernt und eine dünne Kunststoff- oder Metallplatte unter die Petri-Schale schiebt. Man erhält auf diese Weise eine Probe der oberen 10 mm des betreffenden Sediments. Diesen Vorgang wiederholt man fünfmal in dem Gebiet, aus dem die Wohnröhren stammen, vermischt die Proben miteinander und bewahrt sie für spätere Analysen auf. Zusätzlich werden 4 Eimer Sediment bis zu einer Bodentiefe von etwa 20 cm für die Röhrenbau-Versuche im Labor entnommen.

1.3.15.2 Versuchsanleitungen

Im Labor werden die ganz ausgegrabenen Röhren mit einer spitzen Schere der Länge nach aufgeschnitten und der Wurm lebend entnommen. (Besetzte Röhren sind leicht von leeren zu unterscheiden, indem man sie vor eine Lampe hält: Lebende Tiere erscheinen rot.) Das Entfernen des Wurmes muß sehr vorsichtig geschehen, um die Tentakel nicht zu verletzen. Die Würmer werden, der Größe nach sortiert, in flache, mit Meerwasser gefüllte Schalen gelegt. Für die beschriebenen Versuche benötigt man etwa 40 größere Würmer von ähnlicher Körpergröße.

Aus einem der Eimer füllt man Sediment etwa 10–15 cm hoch in ein Glasaquarium. Zwei weitere Aquarien füllt man ebenso hoch, jedoch eines mit feinerem und das andere mit gröberem Sediment. Die jeweils minimale und maximale Korngröße bei diesen Versuchen hängt von der natürlichen Zusammensetzung des Sediments und den Maschenweiten der vorhandenen Siebe ab: Zu empfehlen ist für die grobe Korngröße ein Minimum von 2,4 mm und für die feine ein Maximum von 1,0 mm Durchmesser. Alle drei Aquarien werden mit Meerwasser bis etwa 15 cm über den Sand angefüllt. Mit je einem Belüftungsstein belüftet man die Aquarien vorsichtig (schwache Pumpeneinstellung) und läßt sie etwa 3–4 Stunden in Ruhe, damit das Wasser klar wird. – Dann legt man in jedes Gefäß 10 Röh-

renwürmer mit einem Abstand von mindestens 10 cm voneinander. Die Würmer werden sich zwar von alleine eingraben, sobald sie sich auf dem Substrat befinden; doch erreicht man eine bessere Verteilung und verhindert gegenseitige Störungen, wenn man sie mit etwas Oberflächensand bedeckt. Zur Eingewöhnung in den Aquarien brauchen die Würmer unterschiedlich lang. Der Röhrenbau sollte über eine Dauer von etwa 3–4 Tagen beobachtet werden.

Jeweils 100 g der drei Sedimenttypen («natürliche», kleine und große Korngröße) sowie die Oberflächensediment-Probe aus den Petri-Schalen werden im Trockenschrank auf Aluminiumfolie bei 60–70° C über Nacht getrocknet. Anschließend werden sie jeweils durch 5–6 verschiedene Maschenweiten gesiebt, um quantitative Daten über die jeweilige Größenverteilung der Partikel zu erhalten. Die mit den Petri-Schalen ausgestochene Oberflächensediment-Probe vergleicht man mit dem «natürlichen» Sediment aus 20 cm Bodentiefe. Gibt es Unterschiede? (Man beachte, daß der obere Teil der Wurmröhre nur Partikel des Oberflächensediments enthält.)

Nun trocknet man die drei Fraktionen (Fäden, Fächer, Röhren) der im Freien über der Bodenoberfläche abgetrennten Röhrenteile auf (zuvor gewogenen) Aluminiumfolien über Nacht im Trockenschrank. Beim Trocknen wird die Kittsubstanz mehr oder weniger zerstört, und die Partikel lassen sich mit den Fingern leicht voneinander trennen. Danach wird jede der drei Proben durch die schon vorher benutzten verschiedenen Siebe geschüttet. Anschließend vergleicht man die prozentualen Anteile der einzelnen Korngrößen (a) mit der «natürlichen» Sedimentprobe (aus 20 cm Bodentiefe) und (b) mit der Oberflächensediment-Probe (aus den Petri-Schalen). Der Vergleich der Proben kann mit dem x^2-Test erfolgen bei n-1 Freiheitsgraden, wobei n die Anzahl der Siebportionen jeder Probe ist.

Ist der Röhrenbau in den Aquarien beendet, dann biegt man die Röhren mit einer Schere zur Seite (damit sich der Wurm zurückzieht) und schneidet auch hier die aus dem Sediment ragenden oberen Röhrenteile ab. Die abgetrennten Röhrenteile werden, getrennt nach den drei Sedimenttypen, entsprechend den im Freien gewonnenen behandelt. An den folgenden 1–2 Tagen beobachtet und protokolliert man das Wiederaufbauen der Wurmröhren.

Welche Ähnlichkeiten und Unterschiede lassen sich bei den drei Sedimenttypen bezüglich den angebotenen und den tatsächlich verwendeten Partikeln feststellen?

Sind die Röhren und die Fäden gleichartig aufgebaut?

Wird nach bestimmten Partikelgrößen selektiert?

Für weitere Beobachtungen zum Röhrenbau von *Lanice* werden 5 Aquarien mit «natürlichem» (d. h. nicht gesiebtem) Sediment versehen.

Aquarium 1a: Nach dem Einfüllen von Sand und Meerwasser stellt man 5 Kunststoffzylinder senkrecht auf die Sedimentoberfläche und drückt sie etwa 1 cm tief ein. Man füllt etwas Sediment in die Zylinder, so daß die Sandhöhe darin ungefähr 10 cm über der Sandoberfläche im Aquarium liegt. In jeden Zylinder wird ein Röhrenwurm gelegt und mit etwas Sand bedeckt. Nun läßt man den Würmern ein paar Tage Zeit, um ihre Röhren zu bauen. – Danach werden die Zylinder entfernt, wodurch eine plötzliche «Sanderosion» – ähnlich wie unter natürlichen Bedingungen durch Wellenbewegung – ausgelöst wird. (Eventuell ist es ratsam, das Sediment um die Röhre mit einer Pasteur-Pipette zu entfernen.)

Was passiert mit den Röhren (a) direkt nach dem Entfernen der Zylinder?, (b) während der folgenden 2–3 Tage?

Aquarium 1b: Dieser Versuch ähnelt dem vorigen (Aquarium 1a), mit dem Unterschied, daß hier eine plötzliche Überschwemmung der Röhren durch Sedimentanhäufung simuliert wird. Zunächst läßt man 5 Würmern Zeit, ihre Röhren vollständig zu bauen, bevor man die Zylinder über sie stülpt. Dann fügt man soviel Sediment (ca. 10 cm) dazu, bis die Röhren vollständig bedeckt sind. Man verfolgt nun das Geschehen in den nächsten 2–3 Tagen. Danach kann man wieder (wie in Aquarium 1a) die Zylinder entfernen und eine Sanderosion auslösen. –

Wie sehen die Ergebnisse in Aquarium 1a und Aquarium 1b im Vergleich zueinander aus? Wie sind sie zu interpretieren?

Aquarium 2a: Dieses Aquarium wird mit Sediment gefüllt, mit 10 Röhrenwürmern bestückt und mit **einem** Belüftungsstein **schwach** belüftet, um die CO_2-Anhäufung gering zu halten. Das Abdecken des Aquariums mit einer Kunststoffolie mindert die Wasserverdunstung.

Aquarium 2b: Einrichten wie Aquarium 2a, jedoch belüftet man dieses Mal (mit **einem** Belüftungsstein) deutlich **stärker**, so daß eine leichte Wasserzirkulation in Gang kommt.

Aquarium 2c: Einrichten wie die Aquarien 2a und 2b, jedoch diesmal mit **zwei** Belüftungssteinen, um eine noch stärkere Zirkulation im Gefäß zu bewirken.

Die drei letzten Aquarien sollten somit ein Spektrum verschieden starker Wasserzirkulation anbieten, von so gut wie keiner Wasserbewegung bis hin zu starker Fließbewegung. – Man vergleicht die Gestalt und Struktur der Wurmröhren und beobachtet das Verhalten der Würmer beim Röhrenbau sowie ihr Freßverhalten. Die Nahrungsaufnahme kann durch Zugabe von ganz wenig denaturiertem (gekochtem) Hühnereiweiß angeregt werden, das man zum Zerkleinern durch ein feinmaschiges Sieb gedrückt hat. Dabei achte man besonders auf die Zusammenarbeit der Mundtentakel mit den Fäden der Fransenkrone.

1.3.15.3 Weitere Aufgaben

Je nach Zeit, Anzahl der verfügbaren Aquarien und Röhrenwürmer lassen sich noch weitere Beobachtungen und kleine Versuche vornehmen. So kann man z.B. die Beziehung zwischen Wurmgröße und Röhrenbau untersuchen, oder den eigentlichen Vorgang der Partikelaufnahme genauer beobachten.

Wie verhält sich *Lanice* (nachdem man nur sehr große Sandkörner um die Röhre herum verteilt hat) bei Fehlen von Sandkörnern geeigneter Größe: Werden die Tentakel weiter ausgestreckt oder tiefer in das Substrat eingeführt als üblich, um an geeignetes Baumaterial zu gelangen? Oder verläßt der Wurm seine Röhre und baut an anderer Stelle eine neue?

Es heißt, *Lanice* würde für den Bau des unterhalb der Sedimentoberfläche gelegenen Röhrenteils keine Partikelauswahl vornehmen. Stimmt das, oder besteht doch eine Bevorzugung einer bestimmten Partikelgröße? (s. Myers 1972) Ist vielleicht die eigentliche Schwierigkeit beim Röhrenbau die des Verkittens der Teilchen und erfolgt möglicherweise deshalb eine Partikelauswahl? Am ehesten läßt sich das an den Fäden der Fransenkrone mit Hilfe eines Stereomikroskops klären. Mit einem Meßokular ermittelt man jeweils die größte und die kleinste Korngröße an den Fäden und an der Röhrenmündung und untersucht, wie die Partikel miteinander verkittet sind.

Schließlich könnte man darüber spekulieren, ob die Bauweise des oberen Röhrenabschnitts auch noch andere Aufgaben wahrnehmen könnte, wie z.B. Tarnung gegenüber Freßfeinden (s. Brenchley 1976).

Literatur

Brenchley, G.A. (1976): Predation, defection, and avoidance: ornamentation of tubecaps of *Diopatra* spp. (Polychaeta: Onuphidae). Marine Biology **38**, 179–188.

Buhr, K.J. (1976): Suspension feeding and assimilation efficiency in *Lanice conchilega* (Polychaeta). Marine Biology **38**, 373–383.

Dales, R.P. (1967): «Annelids» (Second edition), Hutchinson & Co., London.

Fauchald, K. & Jumars, P.A. (1979): The diet of worms: a study of polychaete feeding guilds. Oceanography and Marine Biology: an Annual Review **17**, 193–284.

Myers, A.C. (1972): Tube-worms-sediment relationship of *Diopatra cupraea* (Polychaeta: Onuphidae). Marine Biology **17**, 350–356.

1.3.16 *Pomatoceros triqueter*: Befruchtung und Frühentwicklung eines Spiraliers

Hans-Dieter Pfannenstiel

Eine Reihe von Stämmen wirbelloser Tiere wird als **Spiralia** zusammengefaßt. Die gemeinsamen Merkmale beziehen sich, wie der Name der Stammgruppe aussagt, einmal auf den Furchungsmodus und zum anderen auch auf die im Verlauf der Embryogenese entstehende Larve, die Trochophora. Aus der weiten Verbreitung der Spiralfurchung und der Trochophora innerhalb der Spiralier wird auf das Vorhandensein dieses Merkmalskomplexes bei dem gemeinsamen Vorfahren geschlossen.

Charakteristisch für die **Spiralfurchung** ist die Bildung von Blastomerenquartetten, wobei die Mitosespindeln jeweils in einem gewissen Winkel schräg zur animal-vegetativen Achse des Keims ausgebildet werden. Die Quartette sind entsprechend stets relativ zum darunterliegenden Kranz aus Blastomeren rechts- oder links-herum verschoben. Das weitere Entwicklungsschicksal einzelner Blastomeren liegt anscheinend bereits früh fest, was sich im Isolationsexperiment für manche Blastomeren und deren Differenzierungsprodukte zeigen läßt.

Der bei verschiedenen Spiraliern beobachtete gleichförmige Furchungsverlauf gestattet die Anwendung einer Nomenklatur für diese Zellgenealogie. Das Ei bzw. die Zygote ABCD (Abb.: 1.31a, b) wird durch die meridionalen ersten beiden Furchungsteilungen in die Quadranten A, B, C und D zerlegt (Abb.: 1.31c, d). Die Benennung erfolgt bei Betrachtung vom animalen Pol aus im Uhrzeigersinn. Im Falle inäqualer Teilungen wird der größte Quadrant stets mit D bezeichnet. Eine solche Festlegung ist arbiträr, wenn die beiden ersten Furchungsteilungen äqual ablaufen, wie z. B. bei *Pomatoceros*. Die weiteren Furchungsteilungen verlaufen quer zur animal-vegetativen Achse des Keims. Die aus A, B, C und D zunächst abgeschnürten Zellen des 1. sogenannten Mikromerenquartetts liegen animalwärts und erhalten die Bezeichnungen 1 a, 1 b, 1 c und 1 d (Abb.: 1.31 e). Die Kleinbuchstaben zeigen an, daß es sich um Mikromeren handelt, die Präfixe zeigen das 1. Quartett an. Die verbleibenden Makromeren werden mit 1A, 1B, 1C und 1D bezeichnet. – Bei der nächsten, der 4. Furchungsteilung geben 1A bis 1D das 2. Mikromerenquartett (2 a bis 2 d) ab; die verbleibenden Makromeren erhalten das Präfix 2. Die sich gleichzeitig teilenden Zellen 1a bis 1d des 1. Mikromerenquartetts schnüren nach animal das Quartett (1 a^1 bis 1 d^1) ab. Das in vegetative Richtung abgegebene Quartett von Schwesterblastomeren wird als 1 a^2 bis 1 d^2 bezeichnet. Entsprechend ergibt sich für jeden Quadranten im 16-Zell-Stadium das in Abb. 1.31 f gezeigte Bild der Blastomerenanordnung. – Die Gesetzmäßigkeit dieser Nomenklatur führt dazu, daß jede weitere Makromerengeneration mit dem gleichen

Präfix versehen wird wie das entsprechende neue Mikromerenquartett. Die Tochterzellen der bereits bestehenden Mikromerenquartette erhalten jeweils zusätzlich die Exponenten 1 (animal) bzw. 2 (vegetativ). Hierbei spielt es keine Rolle, ob die entsprechenden Zellen tatsächlich am animalen oder vegetativen Pol liegen, vielmehr kommt es darauf an, ob sie in Richtung auf den einen oder anderen Pol abgeschnürt werden (Abb.:1.31g). Die Blastomere 4 d spielt bei manchen Spiraliern als Lieferant des 3. Keimblattes eine besondere Rolle. Entsprechend faßt die Bezeichnung Spiral-Quartett-4 d-Furchung den Komplex wichtiger Merkmale dieses Furchungsmodus anschaulich zusammen.

Die **Trochophora**-Larve (Abb.: 1.31 h), typisch für viele Polychaeten, findet sich als Schwimmlarve in ähnlicher Ausbildung bei verschiedenen Spiraliern, z. B. als Veliger-Larve bei Mollusken. Wimperkränze (Prototroch, Metatroch), Protonephridien und die Urmesoblastzellen als Abkömmlinge von 4 d können als typische Merkmale dieser Larve gelten. Die vor dem Prototroch gelegene Episphäre der Larve bildet das Prostomium des erwachsenen Polychaeten; die Hyposphäre bildet durch eine kaudalwärts gelegene mitotisch aktive Sprossungszone die Körpersegmente und das Pygidium. Die für ein Annelidensegment charakteristischen Coelomsäckchen werden aus Zellansammlungen gebildet, die ihrerseits von den Urmesoblastzellen proliferiert werden.

Bei *Pomatoceros triqueter* lassen sich Befruchtung und Frühentwicklung relativ leicht beobachten, da er über viele Monate des Jahres befruchtungsfähige Gameten enthält, die einfach gewonnen und leicht in ihrer weiteren Entwicklung, zumindest bis zur Trochophora-Larve, verfolgt werden können.

1.3.16.1 Untersuchungsobjekt und Materialbedarf

Der Dreikantröhrenwurm *Pomatoceros triqueter* (Polychaeta, Serpulidae) baut seine charakteristischen Kalkröhren auf verschiedensten Hartsubstraten. Die transparente Sekretröhre der metamorphosierenden Larve wird durch eine dauerhafte Röhre ersetzt, die durch Ablagerungen von Kalk aus Kragendrüsen aufbaut wird. Die mehrere Zentimeter langen Röhren der Adulten liegen meist in ganzer Länge dem Substrat auf und sind unregelmäßig gewunden. Das Lumen der Röhren ist im Querschnitt etwa kreisförmig, während der äußere Querschnitt nahezu dreieckig (Name!) ist. Auch wenn der Wurm sich völlig in seine Röhre zurückgezogen hat, erkennt man bewohnte Röhren daran, daß die vordersten 2–5 mm ohne jeglichen Bewuchs und vollkommen weiß sind. Adulte Tiere besitzen bis zu 100 borstentragende Segmente bei einer Länge von etwa 25 mm. Der Thorax umfaßt 7 Segmente. Ein weiches Operculum mit einer distalen Kalkplatte verschließt die Röhre, wenn sich der Wurm darin zurückzieht. Der Körper ist meist gelblich oder grünlich gefärbt, seltener braun oder rötlich. Die Tentakelkrone weist Querstreifen unterschiedlichster Färbung auf (blau, weiß, rötlich, gelb, braun).

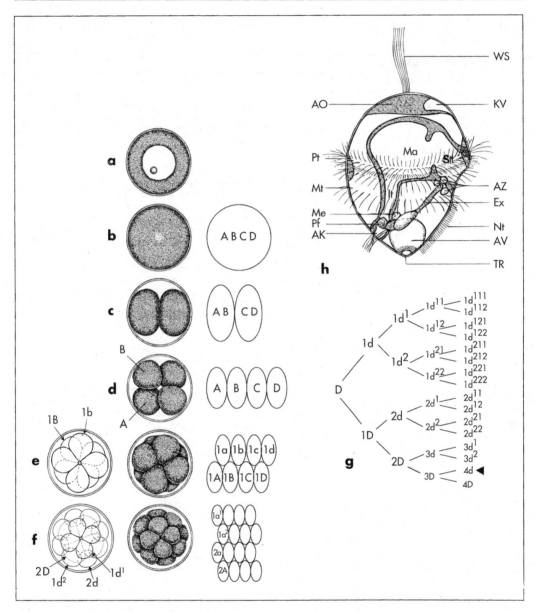

Abb. 1.31: *Pomatoceros triqueter*, Frühentwicklung

a unbefruchtete Oozyte I mit großem Keimbläschen und Nukleolus; **b** Keimbläschen verschwindet als Zeichen der erfolgten Befruchtung; **c** Zygote ABCD ist durch die 1. Furchungsteilung in gleich große Blastomeren AB und CD zerlegt, Eihülle ist zur Hülle für die Blastomeren geworden, Polkörperchen weggelassen; **d** 2. Furchungsteilung ebenfalls äqual, Benennung von D muß willkürlich erfolgen, Aufsicht vom animalen Pol, im Schema ist der Keim aufgerollt und von innen betrachtet dargestellt, animal ist oben; **e** nach der 3. Furchungsteilung liegen je 4 Zellen «auf Lücke» übereinander, linkes Schema zeigt alle Blastomeren in natürlicher Anordnung, rechtes Schema zeigt Blastomeren flächig angeordnet, wobei Dexiotropie gut sichtbar wird; **f** 16-Zellstadium nach der 4. Furchungsteilung, Läotropie im rechten Schema gut zu erkennen, Benennung der Blastomeren jeweils nur für einen Quadranten; **g** Schema der Furchung für D-Quadranten bis nach 6. Furchungsteilung, Pfeilspitze – Blastomere 4d wird als Lieferant des Mesoblastems betrachtet; **h** schematische Darstellung einer Trochophora nach 3 Tagen, WS Wimperschopf, AO Apikalorgan, KV Kopfvesikel, Pt Prototroch mit 4 Cilienreihen (teilt Larve äußerlich sichtbar in davorliegende Episphäre und dahinterliegende Hyposphäre), Mt Metatroch, AZ «Akzessorische Zellen», Ex Protonephridium, Me Mesoblastzelle der rechten Seite, Pf Pfropf unbekannter Funktion zwischen Intestinum und Proctodaeum, Nt Neurotroch, AK Analkammer (Proctodaeum) mit Anus, AV Analvesikel, TR Terminalrezeptor, St Stomadaeum, Ma Magen, It Intestinum

Pomatoceros ist ein proterandrischer Zwitter. Man findet meist wesentlich mehr Tiere in der männlichen als in der weiblichen Phase. Da die Fortpflanzung über einen weiten Bereich des Jahres mit je nach geographischer Lage unterschiedlichen Maxima stattfindet, kann man zu nahezu jeder Jahreszeit geschlechtsreife und mit befruchtungsfähigen Gameten gefüllte Männchen und Weibchen aufsammeln. Da die Tiere zudem nach Entnahme aus ihrer Röhre ihre Gameten spontan abgeben, eignet sich *Pomatoceros* sehr gut zur Beobachtung der Befruchtung und der anschließenden Furchung.

Materialbedarf: einfaches Kursmikroskop; Mikroskop mit Nomarski-Optik (= Differentialinterferenzkontrast) vorteilhaft, aber nicht unbedingt nötig; Objektträger; Deckgläser; einige Petri-Schalen (Glas) oder andere Glasschälchen; Pasteur-Pipetten; Pipettenhütchen; Plastilin; evtl. Nylongaze mit ca. 100 μm Maschenweite; feine Pinzette; grobe Pinzette zum Öffnen der Kalkröhren; wasserfester Stift zur Beschriftung von Glas; Meerwasser (sollte pH 8,4 besitzen, evtl. mit konz. Na_2CO_3-Lösung auf diesen Wert einstellen), durch einmaliges Erhitzen auf 80° C pasteurisieren oder zumindest durch Faltenfilter von groben Schwebstoffen befreien.

Zeitbedarf: Vom Beginn der Präparation bis zur 1. Furchungsteilung der Zygote ca. 2 Std.; schwimmende Blastula nach ca. 1 Tag; Trochophora nach 3 Tagen.

1.3.16.2 Versuchsanleitung

Bewohnte Röhren adulter Würmer werden vom Ende her mit einer geeigneten Pinzette Stück für Stück abpräpariert, ohne dabei den Wurm zu verletzen. Anschließend werden die Würmer nach Geschlechtern getrennt einzeln in Petri-Schalen mit Meerwasser überführt. Die am intensiv rot-violett gefärbten Abdomen erkennbaren Weibchen und die am weißen Abdomen erkennbaren Männchen geben ihre Gameten spontan ins Wasser ab. Die Oozyten sind linsenförmig und rötlich-violett (Farbe des Abdomens!) und besitzen sehr große Keimbläschen mit je einem relativ kleinen Nucleolus (Oocyte I. Ordnung, diffuses Diplotän der 1. Reifeteilung) (Abb.: 1.31 a). Die Oocyten sind linsenförmig (großer Durchmesser im Mittel 75 μm, kleiner Durchmesser im Mittel 40 μm). Die Spermien weisen den üblichen dreigliedrigen Bau (Kern, Mittelstück mit Mitochondrien und Flagellum) auf.

Einen Tropfen Spermasuspension mit einer sauberen Pipette auf einen Objektträger übertragen. Objektträger vorher mit etwas Speichel benetzen (ablecken) und trocknen lassen. Diese Beschichtung

verhindert das Festkleben der Spermien am Glas. Wenn die Spermien zum überwiegenden Teil gut beweglich sind, einen Tropfen Spermasuspension auf einem weiteren Objektträger neben einem Tropfen Oocytensuspension plazieren. Beide Tropfen dann mit Pipette unter Mikroskopkontrolle vereinen. Der Erfolg der Befruchtung ist am Zusammenbruch des Keimbläschens (nach ca. 5–10 min) zu erkennen. Falls bei dieser Testbesamung mehr als 80 % Befruchtung eintritt, sämtliche Oocyten in größerem Volumen Meerwasser mit 2 Tropfen Spermasuspension besamen. Besamungszeitpunkt auf dem Deckel der Schale notieren. Bis zum Erreichen des 16- oder 32-Zellstadiums in Zeitintervallen von ca. 30 min jeweils eine Probe aus diesem zentralen Ansatz entnehmen und unter dem Mikroskop kontrollieren. Die Entwicklungsgeschwindigkeit ist stark temperaturabhängig. Die folgenden Angaben beziehen sich auf 17° C:

0 min	Besamung;
5–10 min	Zusammenbruch des Keimbläschens; deutlich sichtbar als Beweis für eine erfolgreiche Befruchtung (Abb.: 1.31 b);
30 min	1. Richtungskörper;
45 min	2. Richtungskörper, Teilung des 1. Richtungskörpers;
100 min	2-Zellstadium, (Abb.: 1.31 c);
155 min	4-Zellstadium, (Abb.: 1.31 d);
195 min	8-Zellstadium, (Abb.: 1.31 e);
240 min	16-Zellstadium, (Abb.: 1.31 f);
310 min	32-Zellstadium;
ca. 24 Std.	bewimperte Blastula;
ca. 72 Std.	Trochophora-Larve, (Abb.: 1.31 h).

1.3.16.3 Beobachtungen

Nach der Befruchtung verringert sich der große Durchmesser des linsenförmigen Eies so weit, daß er nur noch geringfügig über dem kleineren Durchmesser liegt. Entsprechend nimmt die Oocyte fast Kugelgestalt an. Zuvor ist bereits das Keimbläschen verschwunden. Dies ist recht gut an der Einwanderung der rötlich-violett pigmentierten Granula des Ooplasmas in den Bereich des ehemaligen Keimbläschens zu erkennen. Vor der Karyogamie wird die Meiose des Oocytenkerns durch die Abschnürung des 1. Pol- oder Richtungskörperchens äußerlich sichtbar. Damit ist der animale Pol deutlich gekennzeichnet. Das 1. Polkörperchen teilt sich erneut, wenn der 2. Polkörper als Zeichen der 2. Reifeteilung ausgestoßen wird. Es folgt die Karyogamie. Diese frühen Ereignisse nach der Verschmelzung der Gameten lassen sich recht gut mit Differentialinterferenzkontrast beobachten. Die 1. Furchungsteilung verläuft wie die 2. meridional. Die Zygote wird so in 4 gleichgroße Blastomeren zerlegt. Die Benennung der Quadranten mit A, B, C und D kann hier entsprechend nur willkürlich erfolgen (Abb.: 1.31 d). Tatsächlich konnte durch Experimente an Molluskenkeimen wahrscheinlich gemacht werden, daß der D-Quadrant erst später durch Kontakt zu anderen Blastomeren determiniert wird. Bei Spiralierkeimen mit unterschiedlich großen Viertelblastomeren ist stets die D-Blastomere am größten. Die nächste Furchungsteilung zum 8-Zellstadium verläuft nicht synchron. Allerdings ist die Teilung äqual. Das 1. nach animal abgeschnürte Mikromerenquartett kann also lediglich aus vergleichenden Gründen als solches bezeichnet werden. Seine Zellen liegen um einen Winkel von ca. 40° gegenüber den Zellen des Makromerenquartetts verschoben. Beobachtet man die Teilung im Mikroskop, so ist deutlich die Drehung zu erkennen. Das dem Betrachter zugewandte Quartett wird relativ zum darunterliegenden im Uhrzeigersinn (dexiotrop) abgegeben (Abb.: 1.31 e). Vor der nächsten Furchungsteilung (der 4.) strecken sich die animalen und vegetativen Blastomeren (vegetativ – Makromerenquartett, animal – 1. Mikromerenquartett) in die Länge. Das äußerlich zunächst rundlich aussehende 8-Zellstadium wird dadurch äußerlich eher würfelförmig. Die Streckung der animalen und vegetativen Blastomeren erfolgt dabei gegensinnig.

Es folgt nun die eigentliche Teilung, wobei zwischen den Quartetten und den Zellen in den Quartetten Asynchronitäten auftreten, die von Keim zu Keim unterschiedliches Ausmaß haben können. Die Teilung des Mikromerenquartetts ist äqual. Die animal gelegenen Zellen 1 a^1 bis 1 d^1 und die darunterliegenden Zellen 1 a^2 bis 1 d^2 sind gleich groß (Abb.: 1.31 f). Die Teilung von 1 A bis 1 D verläuft hingegen inäqual. Die animalwärts abgeschnürten Mikromeren 2 a bis 2 d sind deutlich kleiner als die am vegetativen Pol verbleibenden Makromeren 2 A bis 2 D. Nach der Richtung zu urteilen, in die die neuen Quartette des 16-Zellstadiums abgegeben werden, erfolgen die Teilungen läotrop. Die Blastomeren des 16-Zell-Keimes ordnen sich nach der Teilung so an, daß an den Polen jeweils ein Quartett liegt (animal Mikromerenquartett 1 a^1 bis 1 d^1), vegetativ Makromerenquartett 2 A bis 2 D. Dazwischen ordnen sich die beiden Quartette 1 a^2 bis 1 d^2 (oberhalb des Äquators) und 2 a bis 2 d so an (Abb.: 1.31 f), daß bereits eine Furchungshöhle erkennbar wird. Die beiden folgenden Furchungsteilungen (die 5. und 6.) lassen ein 64-Zellstadium entstehen.

Die weitere Beobachtung dieser Teilungen und das Verfolgen der Zellgenealogie erfordern eine gewisse Übung sowie hervorragende mikroskopische Ausrüstung. Für das in diesem Rahmen gewünschte Verständnis der Spiralfurchung werden zudem keine weiteren Erkenntnisse gewonnen. Die folgenden Furchungsteilungen sollen hier deshalb nicht weiter beschrieben werden. Bestimmte Zellen des 64-Zellstadiums (Trochoblasten: 1 a^{211}, 1 a^{212}, 1 a^{221}, 1 a^{222} und die entsprechenden Zellen in den Quadranten B, C und D) bilden Cilienbüschel aus, mit deren Hilfe die Blastula schwimmen kann. Die Blastulae verlassen die Dotterhülle und schwimmen unter kreisenden Bewegungen umher. Innerhalb der nächsten 2 Tage bildet sich die typische birnenförmige Trochophora aus (Abb.: 1.31 h). Um die entsprechenden Entwicklungsprozesse, z. B. die Gastrulation, verfolgen zu können, müssen die Larven festgelegt werden. Dazu werden mit den Ecken eines Deckglases aus einem erwärmten Plastilinkügelchen (Plastilin dazu in der Hand kneten) sehr kleine Füßchen ausgestochen. Ein Tröpfchen Meerwasser mit darin enthaltenen Larven wird auf das Deckglas pipettiert. Der Objektträger kann nun auf das Deckglas gedrückt werden, wobei jeweils unter dem Mikroskop zu kontrollieren ist, ob der Andruck stark genug ist, um die Larven gerade eben festzulegen. Diese Prozedur erfordert einige Übung. Einfacher ist es, ein kleines Stück Nylongaze (ca. 100 μm Maschenweite) auf einen Objektträger zu plazieren und dann das Meerwasser mit den Larven auf die Gaze zu geben. Das Präparat wird mit einem Deckglas abgedeckt und ist fertig zum Mikroskopieren. Die Larven schwimmen zwischen den Maschen der Gaze wie in einem kleinen Aquarium und können so relativ leicht beobachtet werden. Da die weitere Entwicklung nach der Furchung relativ langsam abläuft, genügt es in diesem Rahmen, wenn man die Keime nach Abschluß der Furchung bzw. der Beobachtung bis zum 16- oder 32-Zellstadium in Meerwasser solange aufbewahrt, bis die Trochophorae angeschaut werden können. Die Trochophora im Alter von 3 Tagen ist in Abb.: 1.31 h dargestellt. Da die Larven erst nach einigen Wochen im Plankton auf geeignetes Substrate zur Metamorphose übergehen und mit dem Bau ihrer Wohnröhre beginnen, können diese Entwicklungsabschnitte nur schwer verfolgt werden.

Die larvale Metamorphose läßt sich jedoch leicht an Arten der verwandten Gattung *Spirorbis* beobachten. *Spirorbis spirorbis* baut in Helgoland z. B. seine eng aufgewundenen Röhren (Posthörnchenwurm) auf Thalli des Sägetangs *(Fucus serratus)*. Im Sommer enthalten die Wohnröhren meist Eischnüre. Aus den Eiern entwickeln sich Larven, die erst kurz vor der Metamorphose freigesetzt werden. Präpariert man solche Larven kurz vor dem Schlupf aus der Röhre, so kann man leicht beobachten, wie die frischgeschlüpften Larven relativ langsam dicht über die Oberfläche der *Fucus*-Thalli schwimmen, dort zumeist Längsrippen des Thallus aufsuchen, sich in langer Reihe festsetzen und innerhalb von 1–2 Minuten unter drehenden Bewegungen des Kragens eine Pergamentröhre sezernieren, die gleich anschließend verkalkt. Die anfangs gerade Röhre wird am Vorderende spiralig weitergebaut, so daß innerhalb ganz kurzer Zeit die erste Kalkröhre des Jungwurms entsteht. Im Zusammenhang mit der Abknickung der Röhre läßt sich beobachten, wie das Vorderende der Larve allmählich asymmetrisch wird. Die Metamorphose scheint fast ausschließlich auf *Fucus serratus* abzulaufen. Andere Substrate werden nicht besiedelt. Die im Mittelmeer vorkommenden *Spirorbis*-Arten bewahren ihre Eier bis zum Schlüpfen der Larven in einem Brutraum im Operculum auf. Die Larven sind in der Substratwahl nicht so kritisch wie ihre Verwandten in der Nordsee.

Literatur

Drasche, R. von (1884): Entwicklung von *Pomatoceros triqueter* L. Beiträge zur Entwicklung der Polychaeten 1, 1–10.

Groepler, W. (1984): Entwicklung von *Pomatoceros triqueter* L. BIUZ 14, 88–92.

Groepler, W. (1985): Die Entwicklung bei *Pomatoceros triqueter* L. (Polychaeta, Serpulidae) vom befruchteten Ei bis zur schwimmenden Blastula. Zool. Beitr. N. F. 29, 157–172.

Heimler, W., Kiowski, M. (1988): Zum Feinbau der Trochophora-Larve von *Pomatoceros triqueter* L. (Polychaeta, Serpulidae). Verh. Dtsch. Zool. Ges. **81**, 271–272.

Kuhl, W. (1941): Die Entwicklung des marinen Anneliden *Pomatoceros triqueter* L. Reichsanstalt für Film und Bild in Wissenschaft und Unterricht, Begleittext zum Hochschulfilm C 383, 1–20.

Segrove, F. (1941): The development of the serpulid *Pomatoceros triqueter* L. Quart. J. Micr. Sci. 82, 467–540.

1.3.17 Balaniden (Seepocken): Verhalten

Udo Schöttler

Seepocken sind überall dort im Litoralbereich in meist dicht gepackten Kolonien zu finden, wo festes Substrat vorhanden ist: z. B. auf natürlichem Gestein, auf Einrichtungen zum Küstenschutz, an Hafenanlagen aus Metall, Beton oder Holz, aber auch auf abgestorbenen oder lebenden Tieren mit fester Schale wie Schnecken und Muscheln oder auf dem Panzer von Crustaceen.

Seepocken sind Crustaceen der Unterklasse Cirripedia (Rankenfüßer). Sie sind sekundär zu sessiler Lebensweise übergegangen, besitzen aber freischwimmende Larven, wodurch ihre Verbreitung gewährleistet ist. Ihre Entwicklung führt über sechs Naupliusstadien zur Cypris-Larve, die sich auf einem geeigneten Substrat niederläßt und die Metamorphose zum zwittrigen, sessilen Adulttier durchführt.

Seepocken sind Suspensionsfresser, die sich in erster Linie von planktonischen Algen (z. B. *Semibalanus balanoides*) oder Detritus pflanzlicher und tierischer Herkunft (z. B. *Elminius modestus*) ernähren. Die Nahrung wird durch die Tätigkeit der Thoracopoden herbeigestrudelt und filtriert.

Die Kalkgehäuse der einzelnen Arten weisen artspezifische Merkmale auf, die zur Bestimmung herangezogen werden können, wenn sich die Tiere ungestört entwickeln konnten. Häufig treten aber Verformungen durch Wachstumsdruck innerhalb der Kolonie oder Erosion auf.

Für Einzelheiten zur Bestimmung, Biologie und Ökologie einzelner Arten: s. Rainbow (1984) und Luther (1987).

1.3.17.1 Versuchsanleitung (Freiland)

Richtungsorientierung

Seepocken, die im oberen Eulitoral siedeln, müssen mit raschen und z. T. drastischen Veränderungen von Umweltbedingungen fertig werden und außerdem die kurze Zeit der Wasserbedeckung zu möglichst effektiver Nahrungsbeschaffung nutzen.

Prüfen Sie im Bereich von Hafenanlagen an freistehenden Anlegepfählen oder im Watt an Lahnungspfosten, ob bei der Besiedlung eine bestimmte Himmelsrichtung bevorzugt wird.

Materialbedarf: Klebeband, Zollstock, Kompaß.

Versuchsdurchführung: An einem Anleger- oder Lahnungspfahl wird ungefähr in Höhe der MHWL ein je nach Besiedlungsdichte 15–30 cm breiter Streifen markiert. Die Fläche wird entsprechend den Himmelsrichtungen in vier gleich große Sektoren unterteilt. In den einzelnen Sektoren werden die Individuen gezählt.

Auswertung: Die Ergebnisse werden in einem Kreisdiagramm dargestellt. Gibt es bevorzugte Himmelsrichtungen? Wenn ja, welche Vorteile könnten diese bieten?

Berücksichtigen Sie die Faktoren Belichtung, vorherrschende Windrichtung, Strömungsverhältnisse.

1.3.17.2 Versuchsanleitungen (Labor)

Untersuchungsobjekte und Materialbedarf: Da sich Seepocken nicht von ihrem Substrat abnehmen lassen, ohne nachhaltig beschädigt zu werden, ist es am günstigsten, einige mit Seepocken bewachsene Miesmuscheln zu beschaffen, diese zu öffnen und den Muschelkörper gründlich zu entfernen. Die Seepocken auf den so gereinigten Muschelschalen können über längere Zeit ohne Nahrung in einem gut belüfteten und mit Meerwasser gefüllten Aquarium gehältert werden.

Gefrierschalen aus Kunststoff mit etwa 10×10 cm Grundfläche und 5–6 cm Höhe (pro gewählter Salinität ein Gefäß), Stereomikroskop, Stoppuhr, wasserfester Filzschreiber, Thermometer, 10 ml-Pipette, Pasteur-Pipetten, Amaranthlösung in Meerwasser (Amaranth kann von Serva bezogen werden).

Die nachfolgend beschriebenen Versuche sollten von mindestens 5 Gruppen zu je zwei Personen parallel durchgeführt werden. Ein exakter Zeitbedarf läßt sich nicht angeben. Die Messungen können neben anderen Tätigkeiten im Labor ausgeführt werden. Pro Messung werden maximal 10 Min. benötigt. Der Versuchsplatz sollte konstant beleuchtet sein. Störungen durch bewegliche Schatten (Wolken!) und mechanische Erschütterungen sind zu vermeiden.

A. Abhängigkeit der Aktivität von der Salinität des umgebenden Wassers

Auf einer Muschelschale werden eine kleine und eine große Seepocke derselben Art mit dem Filzschreiber markiert. Die Schale mit den markierten Seepocken wird in ein Gefriergefäß überführt, das mit Meerwasser der gleichen Salinität wie im Hälterungsbecken gefüllt ist und vorsichtig belüftet wird.

Nach 15 Min. wird unter dem Stereomikroskop pro Tier 3 × 1 Min. die Frequenz der Rankenfußschläge gemessen. Die Messung wird zweimal im Abstand von 30 Min. wiederholt. Danach werden die Tiere in ein anders Gefäß umgesetzt, das Meerwasser derselben Salinität enthält und ebenfalls vorsichtig belüftet wird. Hier ist zu beobachten, nach wieviel Minuten sich die Schlagfrequenz wieder «normalisiert» hat (Kontrolle!).

Anschließend werden die Tiere in Meerwasser der Salinität 24‰ überführt. Hier wird beobachtet, wann die Schalen wieder geöffnet werden und wann bzw. ob die Rankenfüße wieder regelmäßig schlagen. Zwei weitere Messungen werden im Abstand von jeweils 30 Min. durchgeführt.

Danach wird die Salinität bei gleichem Beobachtungsschema so lange schrittweise um 4‰ gesenkt, bis die Schalen dauerhaft verschlossen bleiben. In dieser Salinität werden die Tiere über Nacht belassen, am nächsten Tag erneut beobachtet und dann in Meerwasser mit der Ausgangssalinität zurückgesetzt. Auch hier wird geprüft, ob und wann es zu einer erneuten Aktivität der Rankenfüße kommt.

Auswertung: Tragen Sie die Ergebnisse in eine Tabelle ein und vergleichen Sie diese mit den Resultaten anderer Gruppen. Welche Rückschlüsse können Sie aus diesem Versuch zur möglichen Verbreitung der betreffenden Seepocken im Brackwasser ziehen? Vergleichen Sie ihre Ergebnisse mit Literaturangaben zur Verbreitung der einzelnen Arten (z.B. bei Luther 1987). Treten Unterschiede zwischen großen und kleinen Tieren auf? Schlagen die Rankenfüße über längere Zeit gleichmäßig oder werden Pausen eingelegt?

B. Abhängigkeit der Aktivität von der Temperatur

Ein Gefriergefäß mit «normalem» Meerwasser wird im Kühlschrank auf die Schranktemperatur (möglichst 5° C oder tiefer) gekühlt. In dieses Gefäß werden Seepocken überführt, deren Schlagfrequenz vorher bei Raumtemperatur bestimmt wurde. (Wie in Versuch A werden ein großes und ein kleines Individuum ausgesucht.) In den folgenden 30 Min. wird mehrfach geprüft, ob und mit welcher Frequenz die Tiere ihre Rankenfüße bewegen. Danach werden die Seepocken für 24 Std. in den Kühlschrank zurückgestellt. Anschließend wird erneut die Schlagfrequenz gemessen.

Besteht die Möglichkeit konstante Zwischentemperaturen zu erzeugen, so sollte zusätzlich nach obigem Schema bei 10° und 15° C gemessen werden.

Auswertung: Die Ergebnisse werden in eine Tabelle eingetragen. (Messungen der Temperatur nicht vergessen!)

Läßt sich eine Abhängigkeit der Aktivität der Rankenfüße von der Temperatur nachweisen? Unterscheidet sich der Schlagrhythmus direkt nach dem Kälteschock von dem nach 24stündiger Adaption? Falls Zwischentemperaturen gewählt wurden: In welchem Temperaturbereich ließ sich nach 24- und 48stündiger Anpassung die höchste Schlagfrequenz nachweisen? Lassen sich aus diesem Resultat Rückschlüsse auf die geographische Verbreitung der Tiere ziehen?

C. Reaktion auf die Zugabe von Plankton

In eine Gefrierschale mit Seepocken, die mehrere Tage in künstlichem oder **filtriertem** Meerwasser gehalten wurden, werden 5–10 ml einer konzentrierten Planktonlösung pipettiert. Beobachten Sie mit einer gefärbten Lösung (z.B. Amaranth in Meerwasser) die Richtung des Wasserstroms.

Auswertung: Beobachten und protokollieren Sie die Reaktionen der Seepocken auf die Zugabe des Planktons.

D. Reaktionen auf Schattenfall, mechanische Erschütterungen und «räuberischen Angriff»

Auf gleichmäßig schlagende Seepocken läßt man kurzfristig einen Schatten fallen (Handbewegung). Beobachten Sie die Reaktion der Tiere. Wiederholen Sie die Schattenbewegung mehrfach in kurzen Zeitabständen.

Wenn keine Reaktion mehr erfolgt, wird mit einer Pinzette an den Rankenfüßen eines vorher markierten Tieres gezogen. Beobachten Sie die weiteren

Reaktionen dieses Tieres auf erneuten Schatten-wurf.

Ein Gefäß, in dem sich gleichmäßig schlagende Seepocken befinden, wird kurzfristig mechanisch erschüttert, z. B. indem gegen den Tisch gestoßen wird.

Beobachten Sie die Reaktion der Tiere. Wiederholen Sie die Erschütterung mehrfach in kurzen Zeitabständen. Anschließend wird während einer Erschütterung mit einer Pinzette an den Rankenfüßen eines markierten Tieres gezogen. Beobachten Sie die Reaktionen dieses Tieres bei erneuten Erschütterungen.

Auswertung: Protokollieren Sie Ihre Beobachtungen. Warum ist es von Vorteil, daß die Tiere auf mehrfache Störungen ohne Feindeinwirkungen nicht mehr reagieren? Konnten Sie bei den «angegriffenen» Tieren eine Änderung des Verhaltens beobachten?

Literatur

Crisp, D.J. (1974): Factors influencing the settlement of marine invertebrate larvae. In P.T. Grant and A.M. Mackie (Ed.), Chemoreception in marine organisms, 177–265. Academic Press, London.

Foster, B.A. (1970): Responses and acclimation to salinity in the adults of some balanomorph barnacles. Phil. Trans. R. Soc. (B) **256**, 337–400.

Luther, G. (1987): Seepocken der deutschen Küstengewässer. Helgoländer Meeresunters. **41**, 1–43.

Newell, R.C. (1979): Biology of intertidal animals. 3 rd. Edition, Marine Ecological Survey Ltd., Faversham.

Rainbow, P.S. (1984): An introduction to the biology of British littoral barnacles. Field. Studies. **6**, 1–51.

1.3.18 Decapoda: Untersuchungen zur Larvalentwicklung

Klaus Anger

Die Larven mariner dekapoder Krebse leben als Bestandteil des Planktons im freien Wasser (Pelagial), während die Adulten in der Regel dem Leben auf dem Meeresgrund (Benthal) angepaßt sind. Zwischen dem Schlüpfen der Larve aus dem Ei und der Metamorphose zum jungen Krebs verläuft die pelagische Entwicklung über eine Reihe von Larvenstadien, die meist wenig oder gar keine Ähnlichkeit mit ihren benthischen Eltern haben.

Diese Erkenntnis wurde erst von Planktologen des vorigen Jahrhunderts gewonnen und blieb für einige Zeit noch unter diesen umstritten. Die bekannten Bezeichnungen für viele dieser Larvenformen (z.B. Nauplius, Zoea, Mega-lopa) gehen auf frühe Beschreibungen solcher Stadien als eigene planktische «Gattungen» oder «Species» zurück.

In der modernen Meeresbiologie, regelmäßig erst seit etwa drei Jahrzehnten, werden bislang unbekannte Entwicklungszyklen meist in Aufzuchtexperimenten unter kontrollierten Laborbedingungen untersucht. Obwohl bereits Hunderte von Entwicklungsreihen aufgeklärt werden konnten, zählte Gore (1985) in seiner zusammenfassenden Darstellung der Larvalentwicklung der Decapoda immerhin noch 28 Familien(!) auf, deren Larven noch vollständig unbekannt waren.

Die Entwicklung vom Schlüpfen bis zur Metamorphose unter optimalen (d.h. einen oft erheblichen experimentellen Aufwand erfordernden) Bedingungen dauert meist mehrere Wochen, kann also im Rahmen eines meeresbiologischen Kurses nur in Ausnahmefällen vollständig verfolgt werden. Dennoch muß man nicht auf das Erlebnis verzichten, lebende Larvenstadien mit ihren oft bizarren Schwebefortsätzen, ihrem von den bekannten Krabben, Einsiedlern, Garnelen oder Hummern meist erheblich abweichenden Körperbau, ihrer manchmal auffälligen Färbung und ihrem bisweilen merkwürdigen Schwimmverhalten kennenzulernen.

Dazu bedienen wir uns der recht einfachen Methode der Rekonstruktion von Entwicklungsreihen durch eine Kombination von Feld- und Laboruntersuchungen.

1.3.18.1 Untersuchungsobjekte und Materialbedarf

Von Vorteil ist die Verfügbarkeit eines Schiffes sowie eines klimatisierten Laborraumes. Ferner werden benötigt: je ein feines und ein grobmaschiges Planktonnetz (ca. 40–60 bzw. ca. 200–500 μm Maschenweite), flache Glasschalen (ca. 5–20 cm $\emptyset$, 5–10 cm Höhe), einige Glas- oder Kunststoffaquarien, mit Nylongaze (am besten jeweils mit ca. 40 und 150 μm Maschenweite) bespannte Siebe, einige Spritzflaschen, Pipetten mit weiter Öffnung, Präparierbesteck. Die Ausstattung mit optischen Geräten sollte zumindest einige Mikroskope und Stereomikroskope mit Standardzubehör umfassen. Kamera- und/oder Zeichenaufsätze sind nützlich und deshalb wünschenswert.

Wenn kein klimatisierter oder gar temperaturkonstanter Raum zur Verfügung steht, läßt sich für Aufzuchtexperimente auch ein normaler Kurssaal benutzen, falls dieser keinen allzu starken Temperaturschwankungen (über $\pm$ 5° C) ausgesetzt ist. Der Umgang mit Fixierungsmitteln (Formalin) oder anderen flüchtigen toxischen Substanzen im selben Raum sollte möglichst ganz vermieden werden.

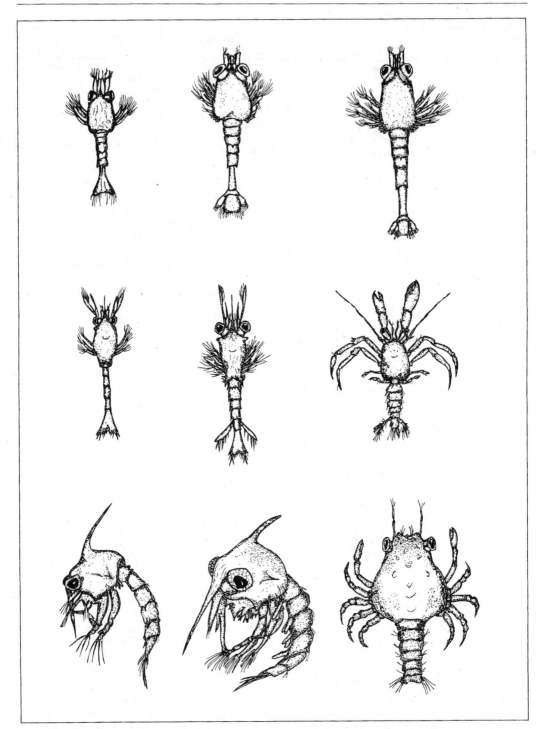

Abb. 1.32: Beispiele für Entwicklungsreihen. Obere Reihe: **Natantia** (Garnelen; z.B. Granat); mittlere Reihe: **Anomura** (z.B. Einsiedlerkrebs); untere Reihe: **Brachyura** (z.B. Strandkrabbe, Taschenkrebs). Aus der meist höheren Zahl der tatsächlich durchlaufenen Larvenstadien wurden exemplarisch herausgegriffen: frühes (1.) Zoea-Stadium (links), spätes (ungefähr 4.) Zoea-Stadium (Mitte), letztes Larvenstadium (rechts; bei den Anomura und Brachyura Megalopa genannt)

Für die Aufzucht von Dekapodenlarven kann «Wildplankton» (mit dem feinen Netz gefangen) als Futter verwendet werden. Um das Problem der schwer vorhersagbaren und kaum reproduzierbaren Qualität dieses natürlichen Futters zu umgehen, kann man auch frisch geschlüpfte Nauplien des Salinenkrebschens *(Artemia)* verfüttern. Man erhält die trockenen Cysten (Dauereier) im Aquarienhandel.

Zu ihrem Erbrüten ist allerdings unbedingt eine Belüftung (über Zentralkompressor der Meeresbiologischen Station oder mit Hilfe einer Aquarien-Belüftungspumpe) notwendig. Weiterhin muß bei der Planung beachtet werden, daß die Erbrütung – je nach Artemiensorte und Inkubationstemperatur – meist ein bis zwei Tage dauert.

Zur Kontrolle der Aufzuchtbedingungen sollte zumindest ein Thermometer zur Verfügung stehen, eventuell auch ein Gerät zur Salinitätsmessung (Refraktometer, Aräometer, Elektrode etc.).

1.3.18.2. Versuchsanleitungen

A. Gewinnung von Larven bekannter Identität und Beobachtungen zur Embryonalentwicklung

Eiertragende Dekapodenweibchen sollten gleich zu Kursbeginn besorgt werden. An Stationen, die Materialversorgung als Serviceleistung anbieten (z.B. Biologische Anstalt Helgoland), empfiehlt es sich, schon vorher solches Lebendmaterial beschaffen und bereithalten zu lassen. Ansonsten müssen lokal und jahreszeitlich verfügbare Arten im Gezeitenbereich gesammelt (z.B. Strandkrabben, *Carcinus maenas*), in Ufernähe mit Tauchmaske und Schnorchel gesucht oder vom Schiff aus mit der Dredge gefangen werden. Auch eine Beschaffung durch Berufsfischer kann in Betracht kommen (v.a. im Mittelmeerraum).

Die eiertragenden Weibchen müssen unter biotopähnlichen Bedingungen (Temperatur, Salinität), am besten mit leichter Belüftung in Aquarien gehältert werden. Falls ein Durchflußsystem (fließendes Meerwasser) zur Verfügung steht, muß der Ablauf mit einer Gaze (ca. 200–500 μm Maschenweite) versehen werden, um ein Ausschwemmen der Larven zu verhindern.

Bei Vorhandensein mehrerer Weibchen einer Art befinden sich deren Eier normalerweise in unterschiedlichen Stadien der Entwicklung, was sich meist oberflächlich in verschiedenen Färbungen der Gelege bemerkbar macht. In diesem Fall lohnt es sich, jeweils einige Eier von jedem Gelege zu entnehmen und die Stadien der Embryonalentwicklung mikroskopisch zu untersuchen. Dabei läßt sich folgende grobe Einteilung vornehmen:

– Große Dottermasse, Keim undifferenziert oder nicht erkennbar: kürzlich befruchtet
– Keim segmentiert, immer noch dotterreich, noch keine Augenflecken: frühes Stadium der Embryonalentwicklung
– Gestalt der Larve deutlich erkennbar, schwarzes Augenpigment auffällig (Augenflecken), Herzschlag noch fehlend oder sporadisch, schwach: fortgeschrittenes Stadium der Embryonalentwicklung
– Herzschlag regelmäßig, deutlich erkennbar, sporadische Bewegungen der Gliedmaßen; der Embryo ist zur Larve geworden, die bald schlüpfen wird: spätes Stadium der Embryonalentwicklung.

Eine zeitliche Einordnung dieser Stadien ist nicht ohne weiteres möglich, da die Dauer der Embryonalentwicklung sehr stark von der jeweiligen Art und der Wassertemperatur abhängt (s. Wear 1974).

B. Aufzucht der Larven

Die Larven vieler Arten schlüpfen nachts oder am frühen Morgen. Bei vielen Dekapodenarten findet dieser Vorgang schubweise über mehrere Tage verteilt statt. Die frisch geschlüpften Larven schwimmen meist an der Oberfläche (negative Geotaxis und/oder positive Phototaxis), von wo sie vorsichtig mit einer weiten Pipette abgesaugt und in bereitstehende flache Glasgefäße umgesetzt werden können. Das Meerwasser muß für die Aufzucht möglichst sauber sein, am besten wird es vorher filtriert. Dazu genügen zwei bis drei ineinandergesteckte Kaffeefilter, falls keine Glasfaserfilter verfügbar sind. Die Dichte der Larven sollte ca. 20 Individuen pro 100 ml nicht überschreiten.

Falls *Artemia* als Futter verwendet wird, müssen täglich neue Trockeneier (ca. ½ bis 1 Teelöffel Cysten) aus der Dose entnommen und bei ca. 30 (25–35)° C in ca. 1 l stark belüftetem Meerwasser inkubiert werden. Die Nauplien lassen sich nach dem Schlüpfen (meist ca. 30–50 Std. nach Inkubationsbeginn) mit einem Gazesieb (ca. 150 μm Maschenweite) abfiltrieren und mit Hilfe einer Spritzflasche resuspendieren. Nach einigen Minuten Stehenlassens in der Nähe einer Lichtquelle können die Nauplien mit einer Pipette weitgehend von leeren Cysten und ungeschlüpften Eiern getrennt weden. Da letztere oft Pilzinfektionen in die Kulturen einschleppen, sollten die Nauplien vor dem Verfüttern ggf. mehrfach auf diese Weise gereinigt werden. Die nicht verfütterten (überschüssigen) Nauplien stets bis zum nächsten Tag (mit Belüftung!) aufbewahrt werden, da sie dann notfalls immer noch als Futter angeboten werden können. – Nach Möglichkeit sollten jedoch frisch geschlüpfte Nauplien verwendet werden.

Auch ‹Wildplankton› (aus dem feinen Planktonnetz) läßt sich mit einem Sieb (ca. 40 μm Maschenweite) anreichern. Durch kurzes Stehenlassen in einer unbelüfteten Schale (ca. 5 Min.) läßt man tote Organismen und Detritus auf den Boden absinken, so daß auch hier weitgehend lebendes, gereinigtes Futter bereitgestellt werden kann.

Die Futterkonzentration muß für die Ernährung der Larven ausreichend sein, darf aber wiederum nicht so hoch sein, daß die Wasserqualität stark gemindert wird. Dies ist der schwierigste Punkt der Aufzucht! Will man nicht täglich sehr viel Zeit beim Zählen von Futtertieren verlieren, empfiehlt sich ein Vorversuch, in dem eine Konzentration von ca. 10 Nauplien (oder vergleichbaren Organismen aus dem ‹Wildplankton›) pro Milliliter hergestellt wird. Diese Futterdichte kann man sich optisch einprägen und später ungefähr durch Schätzen erreichen. Allerdings sollte dieser Schritt einige Male geübt und das Ergebnis nachgeprüft werden, bis die «nach Gefühl» eingestellte Konzentration im Bereich von ca. 5–20 Futterorganismen/ml liegt.

Das Kulturmedium wird täglich gewechselt, indem die Larven in saubere Schalen mit frischem Meerwasser und Futter umpipettiert werden. Wenn Häutungen stattfinden, empfiehlt sich eine Trennung der Stadien, damit sich in jeder Kulturschale nach Möglichkeit nur Larven mit bekanntem Entwicklungsstand (Larvenstadium, Zeitpunkt des Schlüpfens und der letzten Häutung) befinden. Die Exuvien eignen sich sehr gut zur Untersuchung morphologischer Details (s. u.).

C. Isolierung von Larven aus dem Plankton und ihre weitere Aufzucht

Da aus Zeitgründen eine vollständige Aufzucht vom Schlüpfen bis zur Metamorphose i. d. R. nicht möglich ist, soll die begonnene Entwicklungsreihe mit Hilfe von Freilandmaterial ergänzt werden. Im späten Frühjahr und den ganzen Sommer über können, v. a. in küstennahen Gewässern, mit einem groben Planktonnetz (ca. 200–500 μm) regelmäßig und manchmal in großer Zahl Dekapodenlarven gefangen werden. Von einigen sehr charakteristischen Ausnahmen abgesehen, läßt sich deren genaue Identifizierung nur nach Präparieren der Mundwerkzeuge und mit Hilfe der weit verstreuten Originalbeschreibungen durchführen. Da es hier aber nicht so sehr um bestimmte Species, sondern mehr um Larven- und Entwicklungstypen gehen soll, spielt dieser Umstand hier keine Rolle.

Die Larven werden unter dem Stereomikroskop – so gut es geht – nach systematischer Einordnung (zumindest nach den häufigsten Gruppen: Caridea, Anomura, Brachyura; s. u.) und nach Entwicklungsstadien getrennt und dann mit den oben beschriebenen Methoden weiter aufgezogen. Bei ausrei-

chendem Material kann ein Teil dieser Larven für die nähere morphologische Untersuchung geopfert werden; ansonsten sorgen eine (nie ganz vermeidbare) Mortalität sowie (bei erfolgreichem Versuchsablauf) abgestreifte Exuvien für eine hinreichende Versorgung mit Objekten zum Betrachten, Zeichnen, Sezieren und ggf. Photographieren der auf diese Weise rekonstruierten Entwicklungsreihe.

D. Systematische und entwicklungsbiologische Einordnung der Larven

Mit Ausnahme weniger, ursprünglicher Gruppen (Penaeoidea) durchlaufen die Dekapoden ihre Entwicklung über die Naupliusstadien hinaus nicht freilebend, sondern in der Eihülle. Die normalerweise anzutreffenden pelagischen Larvenformen sind die Zoea und die Megalopa (letztere wird bei den Anomura auch «Glaucothoe» genannt, weitere Bezeichnungen sind «Dekapodit», «Postlarve»; zur Terminologie s. Williamson 1969).

Bei der Zoea besitzen stets einige oder alle Thorax-Extremitäten (meist die Maxillipeden) zu Schwimmbeinen umgebildete Exopoditen. Pleopoden fehlen oder sind rudimentär, sie sind stets ohne Borsten und nicht funktionsfähig. Bei der Megalopa sind die Pleopoden stets beborstete, funktionsfähige Schwimmbeine. Davor liegende Thorax-Extremitäten sind hier zu Mundwerkzeugen (Maxillipeden) bzw. Laufbeinen (Peraeopoden) umgebildet.

Angesichts der Vielzahl und der Vielgestaltigkeit der Dekapoden können hier keine Bestimmungsschlüssel für die genaue systematische Zuordnung von Larven gegeben werden. Es sei jedoch auf die Arbeiten von Rice (1980) und Williamson (1982) verwiesen, die nicht nur eine Bestimmung zumindest bis zur Familie ermöglichen, sondern auch eine Fülle von Information und weiterführenden Literaturangaben enthalten. Weitere Bestimmungsschlüssel für Dekapodenlarven sind in den «Fiches d'Identification du Zooplancton» (herausgegeben von ICES in Charlottenlund, Dänemark) enthalten (Fiche No. 67, 68, 81, 90, 92, 109, 139, 159/160). Auch allgemeinere Bestimmungsbücher, z. B. das von Newell & Newell (1963 oder eine neuere Auflage) oder das von Smith (1977), sind dafür zu empfehlen, zumal diese über die Decapoda hinaus auch eine Vielzahl weiterer mero- und holoplanktischer Organismen vorstellen.

Da es hier nicht so sehr auf die Identifizierung bestimmter Arten als vielmehr auf das Kennenlernen der wesentlichsten Larvenformen und -stadien sowie deren grobe systematische Einordnung ankommen soll, seien hier nur die wichtigsten Merkmale genannt, auf die bei der näheren Untersuchung des aus dem Zuchtversuch oder aus Planktonproben entnommenen Materials geachtet werden sollte:

- Carapaxform und -größe: wichtig für die grobe systematische Einordnung und Abschätzung des Entwicklungsstandes innerhalb einer morphologischen Reihe
- Augen: im Zoea-I-Stadium unbeweglich, am Carapax anliegend; in allen späteren Stadien beweglich (gestielt)
- Zahl der Schwimmborsten der Maxillipeden: allgemein zunehmend innerhalb der Entwicklung der Zoea-Stadien, fehlend in der Megalopa
- Peraeopoden: in den Zoea-Stadien fehlend oder rudimentär (Knospen; falls teilweise ausdifferenziert: nicht funktionsfähig); in der Megalopa funktionierende Schreitbeine und Scheren (bei den Natantia-Larven noch mit Exopoditen, die bei der Metamorphose rückgebildet werden)
- Pleopoden: in den Zoea-Stadien fehlend oder rudimentär; ab Megalopa beborstete, funktionsfähige Schwimmbeine
- Uropoden: bei den Brachyura nur im Megalopa-Stadium (ventral verborgen) vorhanden; bei den Natantia (Garnelen) und Anomura (z.B. Einsiedlerkrebs) meist vom 3. Zoea-Stadium an vorhanden und in den folgenden Stadien schrittweise weiterentwickelt: zuerst ein-, dann zweiästig, zunehmende Größe und Beborstung, schließlich mit dem Telson einen Schwanzfächer bildend.

1.3.18.3 Auswertung

Um die Decapoda als eine mannigfaltige, in vielerlei Hinsicht interessante Crustaceen-Gruppe und als Forschungsgegenstand der Meeresbiologie zu begreifen, sollte durch begleitende Referate auf Systematik, Evolution, Ökologie, geographische Verbreitung und Larvalentwicklung ihrer wichtigsten marinen Taxa eingegangen werden. Die gängigen Lehrbücher der Zoologie bieten hierfür genügend Unterrichtsmaterial. In diese allgemeinen Informationen sollten die im Praktikum rekonstruierten Entwicklungsreihen mit ihrem Dokumentationsmaterial (Zeichnungen, Fotos) eingebettet werden. Die Teilnehmer sollten nach dem Kurs in der Lage sein, zumindest Garnelen- (Caridea-), Anomura- und Brachyura-Larven zu erkennen, sie sollten deren wichtigsten Larvenformen (Zoea, Megalopa) auf Anhieb voneinander unterscheiden und das ungefähre Stadium einer Zoea abschätzen können.

1.3.18.4 Weitere Aufgaben

Im Rahmen eines meeresbiologischen Kurses haben Aufzuchtexperimente mit Dekapodenlarven nur exemplarischen und unvollständigen Charakter. Zusätzliche Unter-

suchungen an Larven, die aus Planktonfängen isoliert wurden, erweitern den Überblick über die Vielfalt der Entwicklungswege und der Larvenformen in dieser Crustaceen-Ordnung, die ihrerseits wiederum als Beispiel für die meroplanktische Entwicklung mariner Bodentiere dienen soll. Selbstverständlich bietet das hier vorgeschlagene Grundgerüst auch die Möglichkeit, über den morphologischen Aspekt hinaus andere, z.B. ökophysiologische Fragestellungen zur Larvalentwicklung der Decapoda zu bearbeiten; z.B. kann man die Toleranz von Larven gegen verschiedene Salinitäten (im Zusammenhang mit der Problematik der potentiellen Ausbreitungsmöglichkeiten in Ästuarien) untersuchen oder den Zusammenhang zwischen Ernährung und Steuerung des Häutungszyklus (s. Abschn. 1.3.19).

Literatur

Gore, R.H. (1985): Molting and growth in Decapod larvae. In: Wenner, A.M. (ed.), Larval Growth, A.A. Balkema/Rotterdam/Boston, 1–65.

Newell, G.E. & Newell, R.C. (1963): Marine Plankton – a Practical Guide. Hutchinson Educational Ltd., London, 221 pp.

Rice, A.L. (1980): Crab zoeal morphology and its bearing on the classification of the Brachyura. Trans. zool. Soc.-Lond. 35, 271–424.

Smith, D.L. (1977): A Guide to Marine Coastal Plankton and Marine Invertebrate Larvae. Kendall/Hunt Pub. Co., Dubuque, Iowa, USA, 161 pp.

Wear, R.G. (1974): Incubation in British Decapod Crustacea, and the effects of temperature on the rate and success of embryonic development. J.mar. biol. Ass. U.K. 54, 745–762.

Williamson, D.I. (1969): Names of larvae in the Decapoda and Euphausiacea. Crustaceana 16, 210–213.

Williamson, D.I. (1982): Larval morphology and diversity. In: Abele, L.G. (ed.), The Biology of Crustacea Vol. 2, Embryology, morphology, and genetics. Academic Press, New York, 43–110.

1.3.19 Decapoda: Ablauf und Nahrungsabhängigkeit des Häutungszyklus im ersten Larvenstadium

Klaus Anger

Da die Crustaceen ein starres Exoskelett besitzen, müssen sie sich – sieht man einmal von der Embryonalentwicklung innerhalb der Eihülle ab – immer wieder häuten, solange sie wachsen und sich entwickeln. Von Häutung zu Häutung durchlaufen sie jedesmal einen überwiegend hormonell gesteuerten Zyklus histologisch-anatomischer, physiologischer und biochemischer Veränderungen. Besonders auffällig sind dabei die Umgestaltungsvorgänge in der Epidermis und in der sie überlagernden Cuticula.

Während es zum Ablauf und zur Steuerung des Häutungszyklus juveniler und adulter Krebse eine schier unübersehbare Informationsfülle gibt, weiß man über diesen Aspekt in der Larvalentwicklung der Crustaceen noch recht wenig. Es ist zwar anzunehmen, daß die wesentlichen hormonellen und die durch sie bedingten weiteren physiologischen Vorgänge bei Larven sehr ähnlich denen in späteren Lebensstadien sind, aber eindeutige Befunde liegen erst in geringer Zahl vor. Der Hauptgrund liegt in technischen Hindernissen: Die Aufzucht definierter Larvenstadien ist oft schwierig, und die Larven erschweren durch ihre geringe Körpergröße viele Untersuchungen, insbesondere solche, die größere Mengen Haemolymphe oder anderer Gewebeproben erfordern. Andererseits haben Krebslarven auch Vorteile: In der Regel häuten sie sich in kürzeren Abständen als Juvenile und Adulte, so daß man öfter Gelegenheit hat, Vorgänge des Häutungszyklus zu untersuchen. Außerdem ist ihr Exoskelett meist durchsichtig, so daß man die Umstrukturierung des Integuments ohne Anfertigung histologischer Schnitte mikroskopisch gut erkennen kann.

Es ist bekannt, daß der Häutungszyklus nicht nur durch endokrine Systeme, sondern auch durch die Ernährung und andere äußere Einflüsse reguliert wird. Die Larven der marinen Decapoda leben meist im Plankton (s. Abschn. 1.3.18), wo sie nicht nur Schwankungen abiotischer Umweltfaktoren (z.B. Temperatur, Salinität, Licht), sondern auch einer unregelmäßigen Ernährung ausgesetzt sind. Dies wird durch die sog. «Patchiness» (von patch = Flecken) verursacht, der sehr unregelmäßigen, wolkenartigen Verteilung der Planktonorganismen, also auch der Larven und ihres Futters.

Von der Frage ausgehend, wie gut Dekapodenlarven an zu erwartende Perioden des Nahrungsmangels angepaßt sind, wurden solche Phasen im Labor simuliert. Dabei zeigte sich, daß die Wirkung einer Hungerperiode nicht nur entscheidend von der Dauer, sondern auch von dem Stadium innerhalb des larvalen Häutungszyklus abhängt, in dem die Nahrung entzogen wird. Die Experimente führten zur Entdeckung eines «kritischen Punktes» innerhalb des Häutungszyklus, nach dessen Passierung die Ernährung keinen wesentlichen Einfluß mehr auf die weitere Entwicklung bis zur nächsten Häutung ausübt. Er erhielt zunächst die Bezeichnung «Point of Reserve Saturation». Diese Grenze zwischen einer anfänglichen obligaten und einer darauf folgenden fakultativen Ernährungsphase wurde bei Larven verschiedener Dekapodenarten aus unterschiedlichen taxonomischen Gruppen übereinstimmend etwa im Stadium D_0 gefunden; sie wird deshalb neuerdings als D_0-Schwelle bezeichnet.

Bei den folgenden Versuchen soll der normale Ablauf des Häutungszyklus bei ständig gefütterten Dekapodenlarven (Stadium Zoea-I) untersucht und gezielt eingesetzte Phasen der Fütterung und des Nahrungsmangels benutzt werden, um den Zusammenhang zwischen Ernährung und Häutungszyklus sowie insbesondere die D_0-Schwelle kennenzulernen.

1.3.19.1 Untersuchungsobjekte und Materialbedarf

Für Beschaffung und Aufzucht der Larven gelten die Angaben in Abschn. 1.3.18. *Artemia*-Nauplien sind als Futter gegenüber «Wildplankton» vorzuziehen, weil sie eine gleichbleibende Qualität garantieren. Die frisch geschlüpften Larven müssen von eiertragenden Weibchen (rechtzeitig besorgen!) gewonnen werden. Die Temperatur während der Experimente sollte bei Nord- oder Ostseedekapoden ca. 18°, bei Mittelmeerarten etwa 20–25° C betragen und so konstant wie möglich gehalten werden. Die im Abschn. 1.3.18 erwähnten flachen Glasschalen (am besten ca. 10–15 cm Ø u. 500 ml Volumen) müssen hier in größerer Zahl (ca. 20) vorhanden sein, zusätzlich ca. 500 Rollrandgläser (ca. 20–30 ml Volumen).

Die folgende Versuchsplanung geht von einer Dauer des 1. Larvenstadiums von etwa 5–6 Tagen (unter optimalen Bedingungen) aus. Die tatsächliche Dauer hängt von der zur Verfügung stehenden Art und v.a. von der Temperatur ab; unsere Annahme gilt (unter den o.a. Bedingungen) näherungsweise z.B. für die sowohl in Ost- und Nordsee als auch im Atlantik und Mittelmeer häufige und deshalb zu empfehlende Strandkrabbe *(Carcinus maenas)* oder andere Portunidae (z.B. *Liocarcinus* spp.), den Taschenkrebs *(Cancer pagurus)* und viele weitere Brachyuren. Seespinnen (Majidae) haben dagegen meist eine etwas zu lange Entwicklungszeit. Auch Einsiedlerkrebse *(Pagurus* spp.) oder andere Anomuren (z.B. *Galathea* spp.), Garnelen *(Crangon crangon)* oder Hummer *(Homarus gammarus)* kommen in Betracht.

1.3.19.2 Versuchsanleitungen

A. Versuchsansatz und -durchführung

Der in Abb. 1.33 enthaltene Vorschlag für einen Versuchsplan kann je nach den Möglichkeiten (Zeit, Teilnehmerzahl, Material) eines Kurses eingeschränkt oder auch ausgedehnt werden. Eine Erweiterung ist v.a. durch weitere Ansätze mit anfänglichem Nahrungsmangel (z.B. H1, H3, H4 etc.) möglich und interessant (s.u.). Für jedes Teilexperiment sollte man etwa 100 Larven bereitstellen. Grundsätzlich ist zu beachten, daß gefütterte Lar-

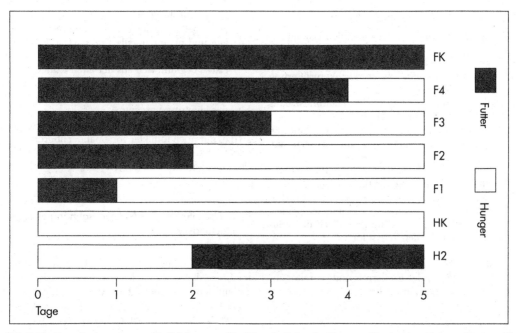

Abb. 1.33: Versuchsplan mit unterschiedlich langen anfänglichen Perioden der Fütterung (**F**) oder ohne Nahrung (Hunger, **H**); **K** = durchgängig gefütterte bzw. hungernde Kontrollansätze

ven in flachen Schalen gemeinsam aufgezogen werden. Larven ohne Futter müssen dagegen einzeln in Rollrandgläsern gehalten werden, um Kannibalismus auszuschließen. Während den gefütterten Larven täglich frisches Meerwasser und Futter anzubieten ist (zum Wasserwechsel s. Abschn. 1.3.18), benötigen die unter Hungerbedingungen gehaltenen Larven dies nicht. Hier ist allerdings wichtig, daß das Meerwasser sauber filtriert ist (am besten durch Glasfaser- oder Membranfilter). Beim Umsetzen gefütterter Larven auf Hungerbedingungen ist zu beachten, daß keine Futterorganismen in die Rollrandgläser verschleppt werden.

Pro Versuchsbedingung wird je eine Gruppe von 25 Larven in numerierte Rollrandgläser (Hunger) bzw. gemeinsam (gefütterte Larven) in eine gekennzeichnete Schale gesetzt. In diesen Kontrollansätzen werden täglich die Zahl der Überlebenden und gegebenenfalls der Häutungen (auf abgestreifte Exuvien und auffällig größere Larven achten!) protokolliert. Daraus lassen sich später der Mortalitätsverlauf, die Überlebensrate zum 2. Larvenstadium sowie die Dauer (Mittelwert, Standardabweichung) der Entwicklung berechnen.

5–10 Larven pro Versuchstag und -bedingung sind für die Probennahme zur Bestimmung des Sta-

diums im Häutungszyklus vorzusehen. Solange die bisherigen Aufzuchtbedingungen noch identisch sind (z.B. nach einem Tag in den Ansätzen F1–F4 und **FK**), genügt eine gemeinsame Probennahme für alle diese Ansätze, so daß man hier Material spart. Da auch unter günstigen Bedingungen stets eine gewisse Mortalität auftritt, sollte man, um genügend Material für diese Proben zu haben, beim Ansatz pro Versuchsbedingung eine Reserve von etwa 30–50 Larven hinzurechnen.

Zunächst verteilt man etwa 1000 Larven (angesichts der Eiproduktion der meisten Arten keine hohe Zahl!) auf Glasschalen. Besatzdichte: ca. 10–15 Larven pro 100 ml, beim vorgeschlagenen Schalenvolumen also insgesamt 20 Schalen. Gefüttert wird nach Möglichkeit *Artemia* (ca. 10 Nauplien pro ml; s. Abschn. 1.3.18). Weitere 200 Larven werden in Rollrandgläser gesetzt (Ansätze **HK** [= Hungerkontrolle] und **H2**).

An den folgenden Tagen setzt man beim Wasserwechsel entsprechend dem Versuchsplan jeweils etwa 100 Larven aus Schalen (mit Futter) in Rollrandgläser (ohne Futter) um bzw. umgekehrt (**H2**), kontrolliert auf Mortalität bzw. Häutungen und entnimmt Proben zur Untersuchung des Häutungszyklus.

B. Die Stadien des Häutungszyklus

Wir pipettieren die zu untersuchenden Larven auf Objektträger (mit wenig Wasser) und legen ein Deckglas so darauf, daß das Telson plan liegt. Dieses wird bei mittlerer bis starker Vergrößerung unter dem Mikroskop betrachtet. Wir wollen hier nur die wichtigsten Stadien des Häutungszyklus unterscheiden (vgl. dazu Abb. 1.34):

A, B: unmittelbar bzw. kurz nach der Häutung; Gewebestruktur der Epidermis schwammig; Cuticula sehr dünn und weich

C: Epidermis stark verdichtet; liegt an der Cuticula überall an; diese deutlich dicker, fester

D_0: zwischen den Ansätzen der Telsonborsten (basal) beginnt die Apolyse (Ablösung der Epidermis von der Cuticula) und setzt sich dann allmählich nach allen Seiten fort

D_1: die Apolyse ist weit fortgeschritten; an der Basis der Telsonborsten beginnt die Invagination (Einstülpung) der Epidermis und schreitet anschließend nach innen fort.

D_2–D_3: Apolyse und Invagination haben ihr maximales Ausmaß erreicht; man erkennt auf der Epidermisoberfläche erstmals eine dünne, leicht gelbliche Schicht, die neue Cuticula

D_4: alte und neue Cuticula sind weit voneinander getrennt, die Exuvie beginnt aufzureißen; die Larve beginnt, sich aus der alten Cuticula herauszuziehen, die Häutung steht unmittelbar bevor

E: der Häutungsvorgang

Diese Stadien fassen wir hier teilweise zusammen, so daß nur noch fünf klar voneinander abgrenzbare, leicht erkennbare Phasen des Häutungszyklus übrigbleiben: **A–C, D_0, D_1, D_2–D_4, E**

C. Beobachtungen zur Nahrungsabhängigkeit des Häutungszyklus: kritische Punkte der Entwicklung

Bei ständig gefütterten Larven (Ansatz **FK** = Futter-Kontrolle) läßt sich der oben kurz beschriebene Ablauf deutlich beobachten. Alle 24 Std. wird eine neue Gruppe von ihnen auf Hungerbedingungen umgesetzt, und ihre weitere Entwicklung wird mit

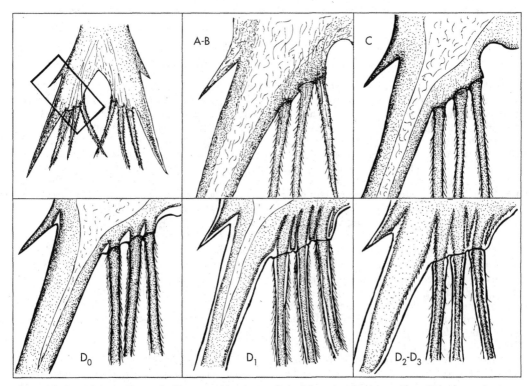

Abb. 1.34: Die wichtigsten Phasen des Häutungszyklus, dargestellt am Telson einer Brachyuren-Zoea. Links oben: zu untersuchender Ausschnitt; **A–B:** kurz nach der Häutung; **C:** Zwischenhäutungsstadium (Wachstumsphase); **D_0:** Ablösung (Apolyse) der Epidermis von der Cuticula; **D_1:** Einstülpung (Invagination) der Epidermis (Morphogenese-Phase) ; **D_2–D_3:** neue Cuticula auf der Epidermis-Oberfläche erkennbar

der **FK**-Gruppe verglichen. Wir stellen fest, daß die Larven, denen innerhalb der Phase **A–C** die Nahrung entzogen wurde, sich i.d.R. nicht über Stadium **C** hinaus weiterentwickeln und später an Hunger eingehen. Bei Beginn des Nahrungsentzugs, etwa im Übergang der Stadien **C/D₀** oder etwas später (in **D₀**), steigt die Überlebensrate drastisch an. Diese **D₀-Schwelle** ist (bei konstanter Temperatur) nach Ablauf von etwa 30–50% der gesamten Stadiendauer der Zoea-I erreicht; die Entwicklung nach diesem wichtigen kritischen Punkt verläuft weitgehend autonom (potentiell nahrungsunabhängig). Allerdings ist bei Larven, die bei Hungerbeginn die D_0-Schwelle nur sehr knapp passiert haben, die Mortalitätsrate im nächsten kritischen Punkt deutlich erhöht: kurz vor oder während der Häutung (Stadien D_4–**E**; «**Exuviationsschwelle**»). Hunger, der nach Ablauf des Stadiums D_0 beginnt, hat i.d.R. gegenüber der **FK** keinen erkennbaren Einfluß mehr auf die Überlebens- und Entwicklungsrate.

Wenn auch Versuche mit einer umgekehrten Reihenfolge der Behandlung (zuerst Hunger, dann Fütterung) angesetzt wurden (wie in **H2**), so können wir noch einen weiteren kritischen Punkt kennenlernen: den «Point of no return» (PNR). Bei mehreren Ansätzen mit gestaffelter Dauer der Hungerperiode werden wir feststellen, daß sich die Dauer der Phase **A–C** um ungefähr die Dauer der Hungerperiode verlängert (bei zunehmender Dauer des Nahrungsentzugs außerdem um eine zusätzliche Zeitspanne der «Erholung»), während die späteren Stadien des Häutungszyklus (**D₀–E**) nur wenig gegenüber der **FK** verlängert sind (**H2** kann hier als Beispiel genügen).

Die Überlebensrate innerhalb eines Ansatzes nimmt mit der Dauer des anfänglichen Nahrungsentzugs ab, wobei auffällig erhöhte tägliche Mortalitätsraten kurz nach Fütterungsbeginn (viele Larven «verkraften» die nach längerem Hunger aufgenommene Nahrung anscheinend nicht mehr) und dann wieder kurz vor der Häutung (Exuviationsschwelle) zu beobachten sind. Nimmt die Dauer der Hungerperiode noch mehr zu, dann sinken die Chancen für eine Weiterentwicklung nach späterer Fütterung drastisch: Der PNR ist überschritten, d.h. die durch Hunger verursachten Schädigungen sind irreversibel geworden. In diesem Fall bleibt die Entwicklung im Stadium **C** stehen. Der Ansatz **HK** bietet genügend Material zur Untersuchung dieser irreversiblen Gewebeveränderungen.

1.3.19.3 Auswertung

Die Versuche mit unterschiedlich langen anfänglichen Fütterungszeiten zeigen, daß in der Phase **A–C** ein Minimum an Energiereserven ange-

sammelt werden muß, um die anschließende «fakultative Freßphase» (**D₀–E**) notfalls auch ohne Futter zu überstehen.

Man nimmt an, daß essentielle Lipide (v.a. die nicht von der Larve selbst synthetisierten Sterole) dabei eine wichtige Rolle spielen, da diese eine Vorstufe der Häutungshormone (Ecdysteroide) darstellen. Sobald die Konzentration wichtiger Reservestoffe einen gewissen Schwellenwert erreicht hat, gibt das endokrine System das Startzeichen für die Häutungsvorbereitungen (D_0-Schwelle; sichtbares Merkmal: die Apolyse). Danach läuft der Rest des Häutungszyklus (immerhin 50–70%) automatisch weiter – bis zum nächsten kritischen Punkt, der Häutung. Sie wird von geschwächten Larven oft nicht lebend überstanden.

Bei anfänglichem Nahrungsentzug bleibt die Entwicklung für eine Dauer, die proportional zur Dauer der Hungerperiode ist, in Stadium **C** stehen. Kommt die Nahrungszufuhr zu spät (nach dem PNR), so sind irreversible Schädigungen in der Gewebestruktur der Epidermis zu erkennen (vgl. **HK**).

Man nimmt an, daß v.a. der Lipid-, aber auch der Proteinstoffwechsel gestört und wichtige Zellstrukturen (v.a. die Mitochondrien) in der Mitteldarmdrüse, dem wichtigsten Verdauungs- und Speicherorgan der Crustaceen, geschädigt sind.

Literatur

Anger, K. (1983): Moult cycle and morphogenesis in *Hyas araneus* larvae (Decapoda, Majidae), reared in the laboratory. Helgoländer Meeresunters. 36, 285–302.

Anger, K. (1984): Influence of starvation on moult cycle and morphogenesis of *Hyas araneus* larvae (Decapoda, Majidae). Helgoländer Meeresunters. 38, 21–33.

Christiansen, M.E. (1988): Hormonal processes in decapod crustacean larvae. Symp. zool. Soc. Lond. 59, 47–68.

Drach, P. (1939): Mue et cycle d'intermue chez les Crustacés décapodes. Annls. Inst. océanogr. Monaco 19, 103–391.

McConaugha, J.R. (1984): Nutrition and larval growth. In: Wenner, A.M. (ed.); Larval Growth, Balkema Press, Rotterdam/Boston, 127–154.

Quackenbush, L.S. (1986): Crustacean endocrinology, a review. Can. J. Fish. Aquat. Sci. 43, 2271–2282.

1.3.20 Pagurus/Clibanarius: Gehäusewahl von Einsiedlerkrebsen

Jochen Gerber

Einsiedlerkrebse sind gekennzeichnet durch ein weichhäutiges, sackartiges Pleon (Abdomen) mit stark reduzierten Extremitäten, welches sie in einer leeren Schneckenschale bergen. Die Schale gewährt dem Einsiedler, bei den Weibchen auch den am Pleon getragenen Eiern, mechanischen Schutz. Für Einsiedler der Gezeitenzone und für Landeinsiedler stellt sie außerdem einen wichtigen Verdunstungsschutz dar. Die Anpassung der Einsiedlerkrebse an das Tragen von Schneckengehäusen geht sehr weit; so ist z.B. das Pleon «rechtsgewunden», d.h. im gleichen Sinne wie die Mehrzahl der Gastropoden, welche die Schalen liefern. Dies zeigt, daß Schneckengehäuse eine notwendige Ressource für Einsiedlerkrebse darstellen. Die Krebse sind dabei auf Leerschalen angewiesen, da sie nicht in der Lage sind, gesunde Schnecken zu töten, um sich deren Gehäuse anzueignen.

In Einsiedler-Biotopen findet man in der Regel nur sehr wenige Schneckengehäuse, die weder eine Schnecke noch einen Einsiedler enthalten. Dies weist darauf hin, daß leere Schneckenschalen für Einsiedlerkrebse eine dichtebegrenzende Ressource darstellen. Tatsächlich konnte bei Einsiedlern eine Abhängigkeit der Populationsgröße von der Anzahl zur Verfügung stehender Schalen nachgewiesen werden (Vance 1972, Spight 1977). Ressourcen, die ins Minimum geraten und somit dichtebegrenzend wirken, sind eine Grundvoraussetzung für Konkurrenz. Das Gehäusewahlverhalten von Einsiedlern bietet Ansatzpunkte zum Studium intra- und interspezifischer Konkurrenzphänomene, zumal die Ressource «Schneckengehäuse» verhältnismäßig gut quantifizierbar ist.

Einsiedler sind nicht nur bestrebt, irgendeine Schneckenschale zu besetzen, sondern sie suchen sich sorgfältig ein ihnen zusagendes Gehäuse aus; dennoch beziehen sie zunächst das erstbeste Gehäuse, um sich so schnell wie möglich zu schützen. Die Prüfung von Schalen auf ihre Tauglichkeit geschieht durch intensives Manipulieren mit den Pereiopoden. Nach welchen Kriterien die Entscheidung für oder gegen den Bezug einer Schale erfolgt, ist noch ungenügend bekannt. Wahrscheinlich beeinflussen artspezifisch mehrere Faktoren die Gehäusewahl. Als Kriterien kommen z.B. in Frage: Schalenlänge, -breite, -volumen, -gewicht (jeweils im Verhältnis zueinander und zum Einsiedler), Zustand der Schale (Löcher, Färbung), andere Organismen auf oder in der Schale (Kalkalgen, Cnidaria, Bryozoa, Mollusca, Polychaeta, Crustacea). – Sind für das Gehäusewahlverhalten nur einzelne Parameter von Belang oder ein komplexes Merkmalssyndrom, das Schalen als zu einer bestimmten Gastropodenart gehörig ausweist, d.h. ziehen Einsiedler Schalen bestimmter Schneckenarten denen anderer Arten vor?

1.3.20.1 Untersuchungsobjekte und Materialbedarf

Für die Versuche bieten sich in erster Linie problemlos in größerer Zahl zu beschaffende **Einsiedlerarten** an. An den Küsten des Mittelmeeres kommt besonders der im Eu- und obersten Sublitoral von Felsküsten sehr häufige *Clibanarius erythropus* (Latr.) in Frage, an den europäischen Atlantikküsten *Pagurus bernhardus* (L.). – Das Schalenmaterial soll die am Beschaffungsort der Einsiedler am häufigsten vertretenen Schneckenarten umfassen, wobei man sich zunächst mit drei bis fünf Arten bescheiden sollte.

Um für die Versuche Einsiedler ohne Gehäuse zu erhalten, gibt es verschiedene Verfahren. Man kann die Spitze des Gehäuses mittels eines Lötkolbens oder einer Kerzenflamme erhitzen. Die Hitze treibt den Einsiedler zuerst ein Stück weit aus dem Haus. Er wird mit den Fingern ergriffen und durch sanftes Ziehen bei fortgesetzter Wärmezufuhr aus dem Gehäuse entfernt. Die Erhitzungsmethode ist zeitaufwendig; sie erfordert pro Individuum mehrere Minuten. Äußerst vorsichtiges Vorgehen ist vonnöten, damit die Tiere nicht durch zu hohe Temperaturen getötet werden. – Bequemer ist das Einsetzen der Einsiedler in etwa handwarmes Süßwasser. Viele Einsiedler verlassen bei dieser Behandlung schon nach wenigen Sekunden ihre Schalen. Allerdings wird dies oft ein Teil der Tiere nicht tun, sondern im Gegenteil sich in das Gehäuse zurückziehen. An diese Krebse ist so nicht heranzukommen, und sie müssen – wie auch die gehäuselosen – rasch wieder in Meerwasser gesetzt werden, damit sie keinen Schaden nehmen. – Schließlich ist ein probates Mittel das Zerbrechen der Schale in einem Schraubstock. Man sollte sich aber vorher überlegen ob man die Schale zerstören will, denn man benötigt für die Versuche ja auch leere Gehäuse passender Größe, und in der Natur sind wie erwähnt Leerschalen ohne Einsiedler recht selten.

Als **Versuchsgefäße** eignen sich Schüsseln aus Kunststoff oder Glas mit ebenem Boden und mindestens etwa 5 cm hohem Rand (bei kleineren Einsiedlern). Auf den Boden kann eine Schicht sauberen Kieses oder Sandes aufgebracht werden (bei sehr glattem Boden).

Für die Versuche ist einschließlich der Vorbereitung ein **Zeitbedarf** von einem Tag als Minimum anzusetzen; an zwei Tagen wird es leichterfallen, alle notwendigen Arbeiten durchzuführen. Besonders sei empfohlen, rechtzeitig mit dem Sammeln geeigneter Leerschalen zu beginnen, da diese in relativ großer Anzahl benötigt werden.

1.3.20.2 Versuchsanleitungen

A. Freilandbeobachtungen

Im allgemeinen wird man sich Versuchstiere und Leerschalen watend oder schnorchelnd aus dem Flachwasser beschaffen. Dabei sollten bereits Beobachtungen angestellt werden, die zur Beantwortung der Frage nach der Bevorzugung bestimmter Schneckenschalenarten durch Einsiedler beitragen können. Wenn sich auf der Probefläche verschiedene Habitate deutlich gegeneinander abgrenzen lassen (z.B. Felsen, Sand-, Kiesflächen, Algenbestände), sollte versucht werden, diese getrennt abzusammeln.

Zweckmäßig ist das Absammeln aller erreichbaren Schneckenschalen auf einer Probefläche, ungeachtet ob von einem Einsiedler bewohnt oder nicht. Es wird dann gezählt: a) wieviele Gehäuse von jeder Schneckenart insgesamt vorhanden sind, b) wieviele von jeder Art mit einem Krebs besetzt sind (bei mehreren Einsiedlerarten jede Art getrennt erfassen).

Die Einsiedler werden in «Reinkulturen» aufbewahrt, d.h. nur gleichartige Krebse in gleichartigen Gehäusen zusammen. Die Leerschalen werden nötigenfalls gereinigt und für die Versuche aufbewahrt. (Über den Bedarf an Einsiedlern und Leerschalen s.u.)

B. Laborversuche

Die Versuchsgruppen sollen jeweils nur Einsiedler einer Art enthalten, die in Schalen der gleichen Schneckenart gefunden wurden. Es ist wünschenswert, daß die Versuche nacheinander oder parallel mit unterschiedlichen Versuchsgruppen durchgeführt werden. Wurden z.B. Einsiedler zweier Arten A und B in Gehäusen der Schneckenarten X, Y und Z gefunden, so sind sechs unterschiedliche Versuchsgruppen möglich: A in X, A in Y, A in Z; B in X, ... Es muß selbstverständlich beachtet werden, daß den Versuchstieren Schalenarten von passender Größe angeboten werden. Eine Versuchsgruppe sollte aus wenigstens zehn Tieren bestehen, wünschenswert sind 20 bis 30 Krebse.

Die den Versuchen zugrundeliegende Fragestellung lautet: Ziehen Einsiedlerkrebse die Gehäuse bestimmter Gastropodenarten denen anderer Arten vor? Dazu werden zwei einfache Versuchsanordnungen vorgeschlagen.

1. Die Einsiedler einer Versuchsgruppe werden aus ihren Gehäusen entfernt und in ein Versuchsgefäß gegeben. Es werden dann Schalen der auf ihre Bevorzugung zu prüfenden Arten hinzugefügt. Man sollte sich auf höchstens drei Schalenarten pro Ver-

such beschränken. Die Gehäuse werden im Überschuß angeboten. Die Anzahl der Leerschalen einer jeden Art sollte eineinhalb- bis zweimal so hoch wie die der Krebse sein. Von jeder Schalenart müssen gleich viele Exemplare vorhanden sein. Sie sollen in der Größe variieren, so daß jeder Einsiedler in der Lage ist, sich ein individuell passendes, egal welcher Art, auszusuchen. Ansonsten sollten sich aber alle Leerschalen im Zustand möglichst gleichen. Die Schalen werden, stochastisch gemischt, gleichzeitig in die Mitte des Behälters gegeben (Versuchsbeginn!).

Während der ersten halben Stunde nach Versuchsbeginn ist alle fünf Minuten zu kontrollieren, wieviele Gehäuse jeder Art von Einsiedlern besetzt sind. Danach kann in Abständen von 30 min kontrolliert werden. Später als zwei Stunden nach Versuchsbeginn finden erfahrungsgemäß nur noch wenige Veränderungen statt, so daß gelegentliche Kontrollen im Abstand von mehreren Stunden genügen. Bis zum Abbruch des Versuches sollten etwa 12 bis 24 Std. vergehen.

2. Die Krebse der Versuchsgruppe werden in ihren Gehäusen belassen und in ein Versuchsgefäß gesetzt. Bei Versuchsbeginn werden Leerschalen einer anderen als der von den Einsiedlern bewohnten Art im Überschuß (siehe 1.) dazugegeben. Nun wird registriert, wieviele Einsiedler in eines der andersartigen Gehäuse umziehen. Die Kontrolle erfolgt analog zu 1. Da die Einsiedler schon zu Beginn Gehäuse tragen, sind sie i.d.R. weit weniger als gehäuselose Tiere motiviert, ein- bzw. umzuziehen. Deshalb kann von vornherein in größeren Zeitabständen kontrolliert werden.

Wurden Einsiedlern in Gehäusen der Art X Leerschalen der Art Y angeboten, so müssen nun noch im reziproken Experiment Krebsen in Y-Gehäusen X-Leerschalen angeboten werden.

Soll nicht nur die relative Bevorzugung von zwei sondern von mehreren Schalenarten getestet werden, so werden alle möglichen Paarungen von Krebsen in einer bestimmten Schalenart und Leerschalen einer anderen Art zusammengestellt (also z.B. bei drei Schalenarten X/Y, X/Z, Y/Z und jeweils reziprok).

1.3.20.3 Auswertung

A. Freilandbeobachtungen

Im allgemeinen sind unter natürlichen Bedingungen nur wenige Leerschalen nicht von einem Einsiedler besetzt. Trifft dies im speziellen Fall zu, und geht man von Gehäusen als dichtebegrenzendem

Faktor aus, so lassen sich aus den Verhältniszahlen besetzter Gehäuse verschiedener Schneckenarten noch keine Rückschlüsse auf Vorlieben der Einsiedler ziehen.

Ist jedoch der Anteil an Leerschalen ohne Einsiedler hoch, und zwar bei allen Schalenarten gleichmäßig, deutet das darauf hin, daß keine der Schalenarten bevorzugt wird. Der Befund bedeutet aber auch, daß der Faktor «Gehäuse» hier nicht dichtebegrenzend ist.

Findet man schließlich einen deutlich höheren Anteil einer bestimmten Schneckenart an den unbesetzten Leerschalen als dieser Art an den Leerschalen insgesamt (d.h. mit und ohne Einsiedler) zukommt, so kann auf eine Präferenz für die anderen Arten geschlossen werden.

Die getrennte Betrachtung unterschiedlicher Habitate kann Hinweise darauf geben, ob syntope Einsiedlerarten der interspezifischen Konkurrenz um Gehäuse durch kleinräumliche Sonderung entgehen.

B. Laborversuche

zu 1.: Aus dem Vergleich der Zahlen jeweils besetzter Schalen der einzelnen Schneckenarten bei Versuchsende ergibt sich unmittelbar, ob bestimmte und gegebenenfalls welche Arten bevorzugt werden.

zu 2.: Zunächst wird jede Kombination von Einsiedlern in einer bestimmten Gehäuseart und die reziproke Anordnung betrachtet. Wechseln deutlich mehr Krebse von X-Schalen zu Y-Schalen als umgekehrt, so zeigt das eine Bevorzugung von Schalen der Art Y.

Durch logische Verknüpfung der Einzelergebnisse erhält man eine Hierarchie der Gehäuse-Bevorzugung. Ein Vergleich der im Labor erhaltenen Ergebnisse mit den Freilandbefunden kann den Einfluß der Ressource «Schneckengehäuse» aufzeigen.

Ein Vergleich der an unterschiedlichen Einsiedlerarten gewonnenen Daten kann zeigen, ob syntop lebende Einsiedlerarten der interspezifischen Konkurrenz um Schalen – zumindest teilweise – durch Bevorzugung verschiedener Schalenarten ausweichen.

Literatur

Elwood, R.W., A. Mc Lean & L. Webb (1979): The development of shell preferences by the hermit crab *Pagurus bernhardus.* – Anim. Behav. **27**, 940–946.

Reese, E.S. (1962): Shell selection behaviour of hermit crabs. – Anim. Behav. **10**, 347–360.

Scully, E.P. (1983): The behavioural ecology of competition and resource utilisation among hermit crabs. – Studies in adaption. The behaviour of higher Crustacea. Ed.: Rebach, S. & D.W. Dunham, New York, 23–55.

Spight, T.M. (1977): Availability and use of shells by intertidal hermit crabs. – Biol. Bull. **152**, 120–133.

Vance, R.R. (1972): Competition and mechanism of coexistence of three sympatric species of intertidal hermit crabs. – Ecology **53**, 1062–1074.

1.3.21 Dardanus arrosor, Calliactis parasitica: Versuche zur Symbiose

Helge Körner

Das Zusammenleben von Einsiedlerkrebsen (Paguridae) mit Seeanemonen (Actiniaria) gilt in der Biologie als Musterbeispiel einer **Symbiose**, worunter man (im engeren Sinne) eine «gesetzmäßige Vergesellschaftung artverschiedener Organismen zu beiderseitigem Nutzen» versteht. Man kennt heute weltweit etwa 40 Pauriden-Arten, welche mit über 20 verschiedenen Seeanemonen-Arten (Actiniaria, Zoantharia) vergesellschaftet sind. Dabei ist der Grad der Abhängigkeit der Partner voneinander von Art zu Art recht unterschiedlich; er reicht vom Beziehen eines zufällig mit einer Seeanemone bewachsenen Schneckenhauses durch einen Einsiedler bis zur Unfähigkeit beider, ohne den Partner existieren zu können. – Die halbsessil lebenden Seeanemonen gewinnen durch das Eingehen einer derartigen Lebensgemeinschaft die Möglichkeit zur schnelleren Ortsveränderung und verbessern damit ihre Sauerstoffversorgung. Die zum Festsetzen auf ein hartes Substrat angewiesenen Seeanemonen erweitern durch das Besiedeln eines mobilen «sekundären Hartbodens» (Schneckenhaus mit Einsiedler) zugleich auch ihren Lebensraum auf sandige und schlammige Böden, ohne das Risiko des Zusedimentierens. Und für die Ernährung der Seeanemone ist auch gesorgt, da bei der Nahrungsaufnahme des Einsiedlers zwangsläufig auch kleine Bröckchen in den Tentakelbereich flottieren. Für die Einsiedler sind die mit Nesselzellen bewehrten Akontien (Nesselfäden) ausgestatteten Nesseltiere nachweislich ein wirksamer Schutz vor ihren hauptsächlichen Freßfeinden, den Kraken.

Am Mittelmeer lassen sich zwei Formen solcher Lebensgemeinschaften beobachten; sie unterscheiden sich deutlich im Grad der Abhängigkeit der Symbiosepartner voneinander. Auf schlammigen Sandböden in 20 bis 100 m Tiefe lebt der Anemonen-Einsiedler, *Pagurus prideauxi* Leach (= *Eupagurus p.*).

Sein Schneckenhaus ist in aller Regel überwachsen von einem Exemplar der Mantelaktinie *Adamsia palliata* (Bohadsch) (= *A. carciniopados*), das einst als Jugendstadium vom Einsiedler aufgepflanzt wurde. *Adamsia* hat die Tentakelkrone stets dicht an ihrer Nahrungsquelle, den Mundgliedmaßen des Krebses; ihre Fußscheibe überzieht mantelförmig (Name!) das Schneckenhaus. Eine an der Fußscheibe abgeschiedene, chitinartige Schicht vergrößert ständig das Schneckenhaus und erspart dem Krebs den risikoreichen Wohnungswechsel im Zuge seiner Häutung. Die Aktinie ihrerseits sichert sich auf diese Weise den Fortbestand der für sie lebensnotwendigen Gemeinschaft.

Für Praktikum-Versuche besser geeignet ist die Symbiose des Großen Einsiedlerkrebses *Dardanus arrosor* (Herbst) (= *Pagurus striatus*, = *P. arrosor*) mit der Schmarotzerrose *Calliactis parasitica* (Couch) (= *Sagartia p.*), die Brock bereits 1927 ausführlich beschrieben hat; sie ist für keinen der Partner essentiell, beide sind auch getrennt lebensfähig. Dennoch bringt aber diese Lebensgemeinschaft den Beteiligten offensichtlich so bedeutende Vorteile, daß man unter natürlichen Bedingungen keinen *Dardanus* finden wird, der nicht wenigstens **eine** *Calliactis*, meist sogar zwei oder drei mit sich herumträgt. Bei jedem wachstumsbedingten Gehäusewechsel nimmt der Einsiedler seine Aktinie(n) mit. Damit dies gelingt, verfügen beide Symbiosepartner über wohlangepaßte angeborene Erkennungsmechanismen und Verhaltensmuster, die für das gegenseitige Auffinden und Zusammenkommen sorgen. Da das Zusammenspiel der beiden Arten gleichsam zu ihrem gemeinsamen Alltag gehört – es muß sowohl bei jedem Gehäusewechsel als auch bei Auseinandersetzungen der Einsiedler untereinander (Konkurrenz um Aktinien) funktionieren –, ist diese Vergesellschaftung für Symbiose-Verhaltensstudien am Mittelmeer besonders gut geeignet.

1.3.21.1 Untersuchungsobjekte und Materialbedarf

Einsiedlerkrebse mit Seeanemonen erhält man am ehesten aus Schleppnetz-Fängen. Besteht keine Möglichkeit zu gezielten Schiffsausfahrten, so empfiehlt es sich, in den Beifängen der Fischer (gleich nach deren Ankunft, beim Netzesäubern) oder am Fischmarkt nach Einsiedlerkrebsen Ausschau zu halten. – Der im Mittelmeer in 60–100 m Tiefe relativ häufig vorkommende *Dardanus arrosor* bewohnt meist Gehäuse von Purpurschnecken *(Truncculariopsis trunculus, Murex brandaris)* und ist stets mit der Seeanemone *Calliactis parasitica* vergesellschaftet; man erkennt den Großen Einsiedlerkrebs an der vergrößerten linken Schere, schwarzbraunen «Fingerspitzen» und quer verlaufenden, gezähnten

Schuppenreihen auf den Pereiopoden 1–3. Diese Merkmale fehlen den beiden deutlich kleineren Arten, dem Gekielten Einsiedlerkrebs *Pagurus alatus* Fabr. (= *Eupagurus excavatus*), der einen glatten Kiel auf beiden Scheren trägt, und dem in geringeren Tiefen (15–30 m) lebenden Augenfleck-Einsiedler *Paguristes oculatus* (Fabr.) (= *Pagurus maculatus*), der einen großen dunkelvioletten Augenfleck auf der Innenseite der «Handgelenke» (Merus) beider Scheren aufweist; auch diese beiden Mittelmeer-Arten findet man in Muriciden-Gehäusen und in Symbiose mit *Calliactis parasitica*. Die folgenden Versuchsbeschreibungen handeln zwar von *Dardanus arrosor*, über dessen symbiontische Lebensweise umfangreiche Literatur vorhanden ist; doch können die Beobachtungen gegebenenfalls auch an den beiden kleineren Arten durchgeführt werden.

Um das Ablösen und Aufsetzen der Aktinie zu beobachten, genügt bereits ein Krebs mit Aktinie(n). Hat man zwei oder mehr Exemplare zur Verfügung (z.B. Tiere unterschiedlichen Geschlechts, verschiedener Größe oder Artzugehörigkeit), so lassen sich auch noch andere Fragestellungen untersuchen. So sollen zum Beispiel weibliche *Dardanus* beim Aufsetzen der Aktinie mehr Aktivität entfalten als männliche; bei letzteren muß deshalb die Aktinie einen größeren Beitrag für das Zustandekommen der Lebensgemeinschaft leisten (Ross & Sutton 1961 b). Und die Körpergröße der Einsiedler (derselben Art oder zweier verschiedener Arten) hat Auswirkungen auf Dominanz und Erfolg beim Stehlen von Aktinien (Ross 1979). Das Vorhandensein eines Kraken der Gattungen *Octopus* oder *Ozaena* (= *Eledone*) ermöglicht zusätzlich Versuche mit dem natürlichen Freßfeind der Einsiedler. – Die Haltung der Tiere für die erforderliche Zeit bereitet im allgemeinen keine Schwierigkeiten. Steht kein Durchflußaquarium zur Verfügung, so genügt auch eine einfache, vom Meerwasser durchströmte oder mit einer Aquarienpumpe belüftete Kunststoffwanne (30 × 30 cm oder größer). Arbeitet man mit mehreren Tieren gleichzeitig, empfiehlt sich ein wasserunlöslicher Schreibstift zu deren Kennzeichnung. Für die Versuche mit dem Kraken benötigt man eine wasserdurchlässige Trennwand (z.B. aus Plexiglas oder Drahtgitter) im Versuchsbecken.

1.3.21.2 Versuchsanleitungen und Beobachtungen

A. Ablösen und Aufsetzen der Aktinie

Hierfür muß man die beiden Symbiosepartner voneinander trennen und sie vorübergehend einzeln halten. Man löst (z.B. mit einer stumpfen Pinzette) die Aktinie(n) mit sanfter Gewalt vom Schneckenhaus ab; dabei wird sich diese sofort zusammenziehen und Akontien ausstoßen. Den Einsiedlerkrebs setzt man in ein zweites vom Meerwasser durchströmtes oder belüftetes Becken. Schon wenige Minuten nach Beendigung der Störung setzt sich die Aktinie am Aquarienboden fest und entfaltet wieder ihre Tentakelkrone. Beide Partner hält man nun für wenigstens 5–6 Stunden getrennt. – Danach setzt man den Krebs in das Aquarium mit der Aktinie zurück und beobachtet und protokolliert das weitere Geschehen in seinem zeitlichen Verlauf.

Die erste sichtbare, aber meist nur kurze Kontaktaufnahme des Krebses mit der Seeanemone kann schon nach wenigen Minuten erfolgen. Brock (1927) gelang es durch einfache Versuche zu zeigen, daß Einsiedler eine Seeanemone (wie auch ihre Nahrung) chemorezeptiv über den Wasserstrom wahrnehmen können. Bis es zum Ablösen und Aufsetzen der Seeanemone kommt, können jedoch 1–2 Stunden vergehen, wobei dann der Vorgang selbst oft nur 20–30 Minuten dauert. – Von individuell bedingten Abweichungen abgesehen, läßt sich der Ablauf etwa folgendermaßen beschreiben: Nachdem der Einsiedlerkrebs die Seeanemone entdeckt hat, geht er direkt auf sie zu und beginnt, sie mit seinen Antennen, Scheren und Pereiopoden zu bearbeiten; oft besteigt er sie hierzu. Die Aktinie zieht sich daraufhin zunächst einmal zusammen. Nach weiterem Betasten und Beklopfen öffnet sie sich aber wieder und streckt ihre Tentakel; als ob sie jetzt die Situation begriffen habe, reagiert sie damit völlig anders als beim vorausgegangenen Ablösen durch den Versuchsleiter. Der Krebs beklopft und bestreicht nun verstärkt das Mauerblatt der Aktinie und versucht, mit seinen Scheren die Seeanemone wegzudrücken. Diese Behandlung trägt deutlich zur weiteren Entspannung und zum Längerwerden der Aktinie bei. Nun suchen und finden ihre ausgestreckten Tentakel Kontakt mit dem Schneckenhaus und bleiben daran haften; man weiß, daß ein (in seiner chemischen Struktur noch unbekannter) sogenannter «Schalenfaktor» diese Reaktion auslöst (Ross & Sutton 1961a, b). Mit seinen Scheren hilft nun der Krebs der Seeanemone beim Ablösen ihrer Fußscheibe vom Aquarienboden. Ist dies gelungen, so wird die Seeanemone unter starkem Krümmen ihres Körpers mit der Fußscheibe auf dem Schneckenhaus «Fuß fassen». Während des nun folgenden Festsaugens der Fußscheibe lösen die Tentakeln einzeln ihre Anheftung und verkürzt sich der Körper der Seeanemone wieder auf seine Ausgangsgröße; die Tentakel bleiben dabei ausgestreckt.

Befinden sich noch weitere Aktinien im Aquarium, wird sich der Vorgang in der gleichen Weise wiederholen. Stehen mehrere Einsiedlerkrebse zur Verfügung, so lassen sich in Parallelversuchen möglicherweise geschlechts- oder artspezifische Unterschiede im Verhaltensablauf beobachten. Übrigens läßt sich das Beklopfen der Aktinie durch die Krebsbeine auch mit Hilfe eines Pfeifenreinigers nachahmen.

B. Das Stehlen von Seeanemonen

Einsiedlerkrebse können – zumindest beobachtet man dies in Gefangenschaft – sich gegenseitig Seeanemonen wegnehmen und diese sich selbst aufpflanzen (Ross 1979). Die für diesen Versuch benötigten Tiere können von derselben Art sein; günstiger ist es, wenn die beiden Tiere von zwei verschieden großen Arten stammen (z.B. *Dardanus arrosor* und *Paguristes oculatus* oder *Pagurus alatus*). Von einem der beiden Krebse entfernt man auf die zuvor beschriebene Weise die Seeanemone(n) und hält ihn mehrere Stunden oder Tage alleine. Nach dem erneuten Zusammensetzen wird er versuchen, dem anderen Krebs die Aktinie(n) abzunehmen. Dabei zeigen die Einsiedler unter Einsatz ihrer Scheren und Antennen eindrucksvolle Drohgebärden und kämpferische Auseinandersetzungen. Als Sieger wird sich der größere der beiden erweisen; das heißt, es kommt in der Regel nur dann zu einem Umpflanzen von Aktinien, wenn man zuvor den **größeren** Krebs von seinen Aktinien befreit hatte; kleinere und damit schwächere Exemplare ziehen sich nämlich bald in eine Ecke und völlig in ihr Schneckenhaus zurück und kämpfen nicht mehr. Schwierigkeiten kann bei diesem Versuch auch die Aktinie bereiten, ist sie doch aufgrund des Schalenkontaktes voll zufrieden und «begreift» nicht, weshalb sie umziehen soll. Der Krebs muß dann mehr Kraft aufwenden, um sein Ziel zu erreichen; und er wird es nur, wenn die Aktinie auch bereit ist, ihre Tentakel auf seinem Schneckenhaus anzuheften.

C. Einsetzen eines Kraken

Man kann die Aktivität von (zuvor von ihren Seeanemonen befreiten) Einsiedlern deutlich steigern, indem man ihren natürlichen Freßfeind, einen Kraken (durch eine Gitterwand getrennt) in das Aquarium mit den Einsiedlern setzt. Einsiedlerkrebse sind in der Lage, Kopffüßer chemorezeptiv wahrzunehmen (Ross & v. Boletzky 1979), daher muß die Trennwand wasserdurchlässig sein. Unter einem solchen «Feinddruck» sind die Einsiedler bestrebt, sich möglichst rasch (und wenn vorhanden auch mehrere) Aktinien aufzusetzen. Man wendet diese Methode auch in öffentlichen Schauaquarien an, um Einsiedler, die nach längerer Hälterung das Interesse an ihren Aktinien verloren haben, zu «reaktivieren». – Stehen mehrere Einsiedlerkrebse zur Verfügung, kann man die tatsächliche Schutzwirkung der Aktinien eindrucksvoll vor Augen führen, indem man einem hungrigen Kraken sowohl Einsiedler **mit** als auch solche **ohne** Seeanemonen (ohne Trennwand!) anbietet.

1.3.21.3 Fragen und weitere Aufgaben

Fragen: Warum kann *Dardanus* bei entsprechendem Angebot mehrere Aktinien aufsetzen und mit sich herumtragen, ohne unter deren Last zusammenzubrechen?

Welche biologischen Vorteile hat der Einsiedlerkrebs, welche die Aktinie aus dieser Lebensgemeinschaft?

Über welche evolutiven Zwischenstufen könnte sich diese Vergesellschaftung allmählich entwickelt haben?

Weitere Aufgaben: Die geschilderten Versuche sind ohne großen technischen Aufwand durchzuführen; weitere lassen sich ausdenken. So kann man z.B. zuvor in Natron- oder Kalilauge gekochte und danach wieder neutralisierte Schneckenschalen (Schalenfaktor!) anbieten: Wie verhalten sich daraufhin die Einsiedlerkrebse, wie die Seeanemonen?

Das so beeindruckende Zusammenwirken **beider** Symbiosepartner beim Ablösen der Aktinie von der Unterlage und Aufsetzen auf das Schneckenhaus läßt sich zwar am besten bei den genannten Arten am Mittelmeer studieren; nicht weniger interessant sind aber auch vergleichende Beobachtungen an Atlantik oder Nordsee mit dem dort meist in Gehäusen der Wellhornschnecke *(Buccinum undatum)* anzutreffenden Bernhardskrebs *Eupagurus bernhardus (= Pagurus b.)*; auch dieser kann (vor allem an den Küsten der Britischen Inseln) mit *Calliactis parasitica* vergesellschaftet sein, wenn auch nicht regelmäßig wie *Dardanus arrosor* im Mittelmeer. Hier klettert nämlich die Aktinie alleine auf das Schneckenhaus, der Krebs verhält sich dabei überwiegend passiv. Zuerst heftet sich die Seeanemone mit Tentakeln und Mundscheibe auf dem Schneckenhaus fest, um nach Ablösen ihrer Fußscheibe vom Untergrund durch eine Art «Purzelbaum» ganz überzusiedeln (Ross & Sutton 1961 a). Von *Hydractinia echinata* besiedelte *Buccinum*-Gehäuse werden von *Calliactis* nicht angenommen. Schließlich sei noch darauf verwiesen, daß das Gehäuse nicht selten auch von einem Kommensalen, dem Polychaeten *Nereis fucata* bewohnt wird, der sich ebenfalls an den Mahlzeiten des Einsiedlers beteiligt.

Literatur

Brock, F. (1927): Das Verhalten des Einsiedlerkrebses *Pagurus arrosor* während des Aufsuchens, Ablösens und Aufpflanzens seiner Seerose *Sagartia parasitica*. – Roux' Arch. 112, 204–238.

Ross, D.M. (1979): «Stealing» of the symbiotic anemone, *Calliactis parasitica*, in intraspecific and interspecific encounters of three species of Mediterranean pagurids. – Can. J. Zool. 57/6, 1181–1189.

Ross, D,M. & v. Boletzky, S. (1979): The association between the pagurid *Dardanus arrosor* and the actinian *Calliactis parasitica*. Recovery of activity in ‹inactive› *D. arrosor* in the presence of cephalopods. – Mar. Behav. Physiol. 6, 175–184.

Ross, D.M. & Sutton, L. (1961 a): The response of the sea anemone *Calliactis parasitica* to shells of the hermit crab *Pagurus bernhardus*. – Proc. Roy. Soc. (London) B **155**, 266–281.

Ross, D.M. & Sutton, L. (1961 b): The association between the hermit crab *Dardanus arrosor* (Herbst) and the sea anemone *Calliactis parasitica* (Couch). – Proc. Roy. Soc. (London) B **155**, 282–291.

1.3.22 *Inachus phalangium*: eine Gespensterkrabbe in Assoziation mit der Wachsrose *(Anemonia sulcata)*

Peter Wirtz und Rudolf Diesel

Die Wachsrose *(Anemonia sulcata)* ist eine der am stärksten nesselnden Seeanemonen im Mittelmeer und im östlichen Atlantik. Tiere, denen es gelingt, sich trotzdem in der Nähe der Wachsrose aufzuhalten, sind vor der Annäherung vieler Raubfeinde geschützt.

Mehr als 30 Krebsarten wurden in Assoziation mit der Wachsrose gefunden; einige Arten können Kontakt mit den Tentakeln und Nesselzellen der Anemone haben und werden i.d.R. nicht genesselt, andere halten sich zwar im Tentakelbereich auf, müssen aber den Kontakt mit den Tentakeln vermeiden. Einige Arten leben obligat mit *Anemonia sulcata* oder anderen Seeanemonen, andere suchen nur kurzfristig ihre Nähe auf.

Inachus phalangium (Fabricius, 1775) (Fam. Majidae) ist der häufigste dekapode Krebs an *Anemonia sulcata*. An vielen Orten im Mittelmeer, wie auch im östlichen Atlantik (von der Isle of Man bis Madeira) wurde *Inachus phalangium* in Assoziation mit der Wachsrose gefunden. Die Krabben, die bis zu 2 cm Carapaxlänge erreichen, sitzen tagsüber meist an der Basis der Anemonen (also unterhalb des Tentakelkranzes), gelegentlich auch auf der Anemone mitten zwischen den Tentakeln, ohne genesselt zu werden. Durch die Tentakel der Anemone werden die Krabben vor Raubfeinden geschützt (aus der Anemone genommene und auf kahle Felsen gesetzte Krabben werden schnell von Fischen entdeckt und gefressen). Ob auch die Anemone einen Vorteil von den an ihr sitzenden Krebsen hat, ist noch unbekannt. Da der Körper von *Inachus*, wie bei vielen Majiden, mit kleinen Algenstückchen «dekoriert» ist, sind die Tiere für den Ungeübten schwierig zu erkennen. Hat man sich aber erst einmal eingesehen, sieht man, daß sie in Wirklichkeit sehr häufig sind. An über 60% von 544 bei Banyuls-sur-Mer (Südfrankreich) untersuchten Anemonen wurde diese Art registriert. Tagsüber sitzen die Tiere vergleichsweise inaktiv an den Anemonen; nachts verlassen sie die Anemonen zum Fressen.

1.3.22.1 Untersuchungsobjekte und Materialbedarf

Definitionen: Sowohl einzelne Individuen als auch die (häufigeren) Felder von eng stehenden Anemonen, deren Tentakel einen dichten Teppich bilden, werden im Folgenden als «Anemonen» bezeichnet.

Geschlechtsbestimmung und Altersbestimmung: Nach einer planktischen Larvenphase führen junge *Inachus phalangium* eine Reihe von Wachstumshäutungen und schließlich eine Reifehäutung durch, mit der sie geschlechtsreif werden. Eine Besonderheit der Majidae ist, daß die Reifehäutung die letzte Häutung ist; danach können Extremitäten nicht mehr regeneriert werden und die Krebse wachsen nicht mehr. Die Kopula ist nicht (wie bei vielen anderen dekapoden Krebsen) an eine unmittelbar vorhergehende Häutung des Weibchens gebunden, sondern nach der Reifehäutung können Weibchen jederzeit kopulieren.

Mit der Reifehäutung gestalten die Weibchen das Pleon zu einer geräumigen Brutkammer um, in der die Eier an den Pleopoden getragen werden. Adulte Weibchen lassen sich deshalb von juvenilen Weibchen an der Form des Pleons unterscheiden (Abb. 1.35 a u. b). Daran kann man auch die Männchen (unabhängig von ihrem Reifezustand) von den Weibchen unterscheiden: Bei Männchen läuft das Pleon schmal und spitz zu (Abb. 1.35 b u. c). Ob ein Männchen die Reifehäutung durchgeführt hat, erkennt man an der Form der Scherenglieder: Sie sind bei adulten Männchen deutlich dicker als bei juvenilen (Abb. 1.35 d u. e).

Ausrüstung: a) Um im Wasser schreiben zu können, nehmen wir ein weißes, mit feinem Schmirgelpapier leicht aufgerauhtes Kunststoffbrett oder ein Küchen-Schneidebrett mit gleichmäßig heller Farbe und einen Bleistift. Was man im Wasser auf dieses Brett geschrieben hat, wird an Land in ein Datenbuch übertragen. Mit einem Lappen und etwas Scheuermittel löscht man dann das Geschriebene. Der Bleistift kann mit einer Schnur an einer kleinen Bohrung im Brett befesteigt werden; er sollte nicht zu kurz sein, damit man ihn auch als Instrument benutzen kann, um die Tentakel der Anemone behutsam anzuheben und nach an der Basis sitzenden Krebsen zu suchen.

b) Eine 5 m lange Leine, an deren Ende zwei Bleigewichte oder Steine geknotet sind, und ein Stock von 1 m Länge sind für die Versuche B bis D vorteilhaft, aber nicht unbedingt notwendig.

c) Zur individuellen Markierung eignen sich am besten Cyanoacrylat-Kleber und numerierte Opalithplättchen von 3 mm ∅ (aus dem Imkerei-Fachhandel). Einige Gläschen (z.B. alte *Drosophila*-Gläschen) dienen zum Transport der Tiere, da diese zum Markieren aus dem Wasser genommen werden müssen. Um auch ganz sicher diejenige Anemone wieder zu finden, von der man ein Tier genommen hat und an der man das markierte Tier wieder ausgesetzt hat, empfiehlt es sich, einige faustgroße Steine mit wasserfestem Filzstift zu numerieren und neben die jeweilige Anemone zu legen.

d) Tauchanzug und Tauchgerät sind nützlich und erhöhen die mögliche Aufenthaltsdauer im Wasser (und damit die Menge der Erhebungen); im Mittelmeer und im Hochsommer können die hier beschriebenen Erhebungen aber auch mit einer ABC-Ausrüstung (Maske, Flossen, Schnorchel) durchgeführt werden.

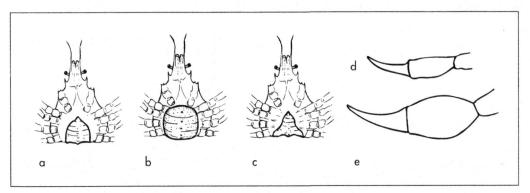

Abb. 1.35: Geschlechts- und altersspezifische Körperformen von *Inachus phalangium*. Abdomen von a) juvenilem Weibchen, b) adultem Weibchen, c) Männchen; Scherenform von d) juvenilem Männchen, e) adultem Männchen

1.3.22.2 Versuchsanleitungen

A. Vorbeobachtungen

Als erstes sollte man das Erkennen der Tiere üben: Anemonen antauchen und sorgfältig nach Krebsen absuchen. Um die Tentakeln der Anemonen hochzuheben oder beiseite zu schieben, benutzt man den Bleistift, weil die Hände sonst bald mit abgerissenen und an den Händen klebenden Tentakeln bedeckt sind. Durch die Haut der Hände nesselt *Anemonia* nicht, aber wehe, wenn man sich mit Tentakelresten an den Fingern an die Lippen oder gar an die Augen faßt! Zum Kennenlernen nimmt man sich einige der an *Anemonia* gefundenen Krebse mit. In Glasküvetten kann man sie in aller Ruhe betrachten und photographieren. Die Bestimmung der anderen gefundenen Arten wird meistens nur bis zum Gattungsniveau gelingen, da viele in der gängigen Bestimmungsliteratur nicht erfaßt sind. Außer *Inachus phalangium* findet man an dekapoden Krebsen noch relativ häufig *Pisa tetraodon*, *Maia verrucosa*, *Pilumnus hirtellus*, *Xantho poressa* und verschiedene schwer unterscheidbare *Macropodia*-Arten. An brandungsexponierten Küsten sind die Anemonen im flachen Wasser wenig oder gar nicht besiedelt und man muß auf 2–3 m Tiefe tauchen, um nennenswerte Dichten von Krebsen zu finden; an geschützten Küstenabschnitten können schon in 1 m Tiefe an der Hälfte aller Anemonen kommensalische Krebse sitzen. Im ganz flachen Wasser (weniger als 1 m Tiefe) ist zwar die Anemonen-Dichte manchmal enorm hoch, die Besiedlung durch Krabben aber meist sehr niedrig.

B. Bestimmung der Häufigkeit der Assoziation von *Anemonia sulcata* und *Inachus phalangium*

Hat man das Erkennen geübt, kann man zunächst die Häufigkeit der Assoziation von *Anemonia sulcata* und *Inachus phalangium* im Untersuchungsgebiet bestimmen. Dazu werden möglichst viele (mindestens 50) Anemonen angetaucht und nach Krebsen abgesucht. Wieviele der Anemonen enthalten mindestens einen *Inachus phalangium*? Wie oft findet man einen einzelnen *Inachus* an einer Anemone, wie oft zwei Tiere, wie oft andere Gruppengrößen?

Eine Aussage über die Dichte der Anemonen und der Krebse erhält man, wenn man eine 5 m lange Schnur über den Boden spannt und mit einem 1 m langen Stock diese Transektstrecke abschwimmt und alle Anemonen und Krebse auf dieser 5 m² großen Fläche zählt.

C. Verteilung der Geschlechter

Bei dem gerade beschriebenen Versuch war es nicht notwendig, die Krebse aus den Anemonen zu holen. Ein viel genaueres Bild der Sozialstruktur erhält man, wenn man das Alter (juvenil/adult) und das Geschlecht der gefundenen Tiere bestimmt. Dazu «pflückt» man die Tiere vorsichtig von der Anemone ab, schaut ihnen auf Bauch und Scheren (s. o.) und setzt sie wieder an die gleiche Stelle zurück. Wie ist das Geschlechterverhältnis in der Population? Wie hoch ist der Anteil Jungtiere? Unterscheiden sich juvenile Tiere, adulte Männchen und adulte Weibchen in der Häufigkeit, mit der sie alleine an einer Anemone sitzen?

D. Ortstreue und Wanderungen

Um herauszufinden, wie dauerhaft die Beziehung eines *Inachus* zu einer bestimmten Anemone ist, müssen wir die Tiere individuell markieren. Auf den mit der Pinzette von seiner Maskierung gereinigten und mit etwas Zellstoffpapier oberflächlich trocken getupften Rücken der Krabbe wird mit Cyanoacrylat-Kleber ein numeriertes Plättchen aufgeklebt. Dazu können die Tiere problemlos für etwa eine Minute aus dem Wasser genommen werden. Danach werden sie an die Anemone zurückgesetzt, aus der sie entnommen wurden. Täglich wird nun kontrolliert, ob sich die Tiere noch an dieser Anemone befinden oder vielleicht an einer anderen in der Umgebung. In einer Skizze des Untersuchungsgebietes lassen sich die Ortsveränderungen darstellen. Für jede Ortsveränderung kann die minimale Wanderstrecke (direkte Linie von Anemone zu Anemone) mit einer Schnur ausgemessen werden. Gibt es zwischen den Geschlechtern Unterschiede in der Häufigkeit und Streckenlänge von Wanderungen?

Wie läßt sich nach den Ergebnissen der Versuche B bis D die Sozialstruktur von *Inachus phalangium* beschreiben?

1.3.22.3 Andere Krebsarten

Die Versuche B bis D können auch an anderen im Untersuchungsgebiet an *Anemonia* gefundenen Arten durchgeführt werden. Zu beachten ist aber, daß die Gefahr, in der zur Verfügung stehenden Zeit nicht zu befriedigenden (gesicherten) Ergebnissen zu kommen, um so größer ist, je seltener die untersuchte Art ist.

Literatur

Diesel, R. (1985): Fortpflanzungsstrategie und Spermienkonkurrenz der Seespinne *Inachus phalangium* (Decapoda Majidae). Verh. Dtsch. Zool. Ges. 78, 205.

Diesel, R. (1986): Population dynamics of the commensal spider crab *Inachus phalangium* (Decapoda: Majidae). Marine Biology 91, 481–489.

Diesel, R. (1986): Optimal mate searching strategy in the symbiotic spider crab *Inachus phalangium* (Decapoda). Ethology **72**, 311–328.

Diesel, R. (1988): Male-female association in the spider crab *Inachus phalangium*: The influence of female reproductive stage and size. J. Crust. Biol. **8**, 63–69.

Wirtz, P. & Diesel, R. (1983): The social structure of *Inachus phalangium*, a spider crab associated with the sea anemone *Anemonia sulcata*. Z. Tierpsychol. **62**, 209–234.

1.3.23 *Carcinus maenas*: Parasiten

Gerhard Lauckner

Bei der Präparation von *Carcinus maenas* stößt man häufig auf metazoische Kommensalen sowie auf Ekto- und Endoparasiten. Exoskelett und Kiemen sind gelegentlich – besonders bei postlarvalen und juvenilen Individuen – mit gestielten peritrichen Ci-liaten, *Zoothamnium carcini* (Abb. 1.36 a), besetzt. Dichte Ciliatenkolonien auf den Kiemenblättern behindern die Ventilationsströmung und damit die Atmung.

Unter den auf den Kiemen kommensalistisch oder «semiparasitisch» lebenden Copepoden zeichnet sich *Choniosphaera* (syn. *Lecithomyzon*) *maenadis* durch einen mit der Biologie des Wirtes synchronisierten Entwicklungskreislauf aus. Das sich von *Carcinus*-Hämolymphe ernährende Copepodit-Stadium (Abb. 1.36 b) besiedelt die Kiemen adulter Krabben, die erwachsenen *Choniosphaera*-Weibchen parasitieren die Eier trächtiger Krabbenweibchen; die Copepoden-Nauplii schlüpfen synchron mit den Zoea-Larven des Wirtes (s. Fischer 1956).

Seltener sind Infestationen mit dem Rhizocephalen *Sacculina carcini*; sie werden vom ungeübten Beobachter meist erst erkannt, wenn das terminale Stadium, die «Sacculina externa», erreicht ist. *S. carcini* kastriert ihren Wirt und verursacht – schon als

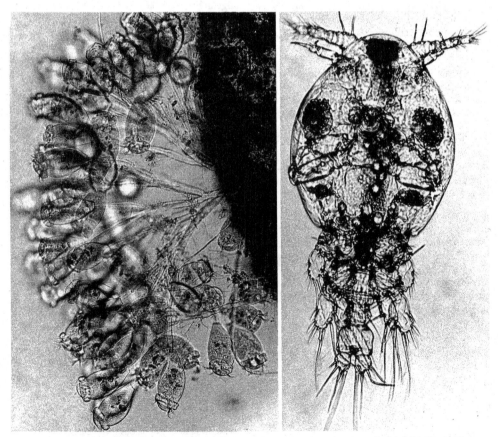

Abb. 1.36: (a) *Zoothamnium carcini*. Dichte Kolonie auf dem Carapax einer juvenilen Strandkrabbe. (b) *Choniosphaera maenadis*. Copepoditstadium auf den Kiemen einer adulten Strandkrabbe

frühe «Sacculina interna» – profunde Veränderungen in der Physiologie der Krabbe (wichtig bei physiologischen und biochemischen Untersuchungen an *Carcinus maenas*!) (Entwicklungskreislauf von *Sacculina*: s. Day 1935).

In der Mitteldarmdrüse adulter Strandkrabben findet sich das Larval- (Cystacanth)-Stadium des Acanthocephalen *Profilicollis* (syn. *Polymorphus*) *botulus*. Die weißlichen Cysten sind stets an die Darmwand angelagert. Voll entwickelt erreichen sie eine Länge von 2 mm und einen Durchmesser von 1,3 mm und sind somit bei der Sektion kaum zu übersehen. Adulte *Carcinus* beherbergen *P. botulus*-Larven in geringer Zahl (Größenordnung 0–20 Cystacanthen pro Wirt). Bei kleinen Tieren (ca. 15 mm Carapaxbreite) füllt ein einziger Cystacanth bereits den größten Teil der Leibeshöhle aus! Weibchen sind i. d. R. stärker infestiert als Männchen. Schon geringer Befall beeinträchtigt die Häutung (geringere Größenzunahme bei der Häutung, Verlängerung der Häutungsintervalle). Sehr hohe Larvendichten wirken letal. Alleiniger (spezifischer) Endwirt von *P. botulus* ist die Eiderente (*Somateria mollissima*). Starker Befall des Darms mit adulten *P. botulus* verursacht gelegentlich Eiderenten-Massensterben (Rayski & Garden 1961).

Regelmäßig werden in der Mitteldarmdrüse, bei sehr hoher Befallsintensität auch im Abdomen, in der Muskulatur des Cephalothorax und sogar in den Augenstielen (!) encystierte Trematoden-Metacercarien angetroffen. Es handelt sich fast ausschließlich um larvale Microphalliden. Ihre Vorstadien (Sporocysten, Cercarien) parasitieren in Wattschnecken (*Hydrobia* spp.) und Strandschnecken (*Littorina saxatilis*, *L. obtusata*, nicht jedoch *L. littorea*); Endwirte sind crustaceenfressende Küstenvögel.

Die Systematik der Microphallidae ist problematisch: Einer großen Zahl aus dem Darm von Vögeln beschriebener Adulti steht eine nicht minder große Zahl aus Evertebraten bekannter Larvalstadien gegenüber, wobei die Zuordnung der Cercarien und Metacercarien zu bekannten Adultstadien mit Hilfe exakter Infestationsexperimente bisher nur in wenigen Fällen lückenlos vollzogen wurde. Microphalliden-Metacercarien wachsen im Crustaceen-Zwischenwirt außerordentlich stark; manche erreichen ein subadultes Entwicklungsstadium. Eine zuverlässige Artbestimmung der in *Carcinus* encystierten Metacercarien anhand ihres Durchmessers ist daher nicht möglich (außer bei gezielten Infestationsexperimenten).

Man kann jedoch davon ausgehen, daß die größeren, ovalen, in *Carcinus maenas* aus dem flachen Watt oft in extremer Anzahl auftretenden Cysten (ca. 460 × 370 μm) nahezu ausschließlich zu *Microphallus claviformis* und die kleinen, kugeligen (ca. 190 μm ∅) zu *Maritrema subdolum* gehören (Abb. 1.37 c, d). Beide Arten sind weit verbreitet. Von der französischen Mittelmeer- und Atlantikküste über

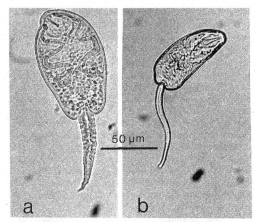

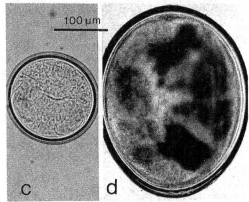

Abb. 1.37: Cercarien von *Maritrema subdolum* (a) und *Microphallus claviformis* (b); Metacercarie von *M. subdolum* (c) und *M. claviformis* (d). Man beachte die starke Größenzunahme vom Cercarien- zum Metacercarienstadium. Außerdem: Aus der kleineren Cercarie von *M. claviformis* geht die größere Metacercarie hervor!

die Britischen Inseln bis Finnland sind sie die häufigsten, *Hydrobia* spp. als Primärwirte benutzenden Microphalliden. In Strandkrabben aus exponierten Bereichen des Sand-, vor allem aber des Felswatts (hohe Abundanz von *Littorina saxatilis* bzw. *L. obtusata*, Fehlen von *Hydrobia*) ist dagegen mit dem (zahlenmäßig eher geringeren) Auftreten der Metacercarien von *Microphallus similis* (ca. 500 μm ∅) zu rechnen.

Die Vertreter der Microphallidae sind sehr erfolgreiche Parasiten, was in erster Linie auf ihre geringe Endwirtsspezifität zurückzuführen sein dürfte. So wurde beispielsweise *Maritrema subdolum* in bisher 35 verschiedenen Vogelarten aus 9 Familien gefunden; vermutlich ist das Endwirtsspektrum noch erheblich weiter. Innerhalb ihres Verbreitungsgebietes (Camargue bis Finnland) benutzt *M. subdolum* 4 *Hydrobia*-Arten (Mittelmeer: *H. acuta*; Atlantik, Nordsee: *H. ulvae*; Ostsee: *H. ventrosa*, *H. neglecta*, *H. ulvae*) als Erste Zwischenwirte (Primärwirte) und mindestens 15 Crustaceenarten (Vertreter der Amphipoda, Isopoda,

Cirripedia und Decapoda) als Zweite Zwischenwirte (Sekundärwirte). In der Literatur wurden die Cercarie und Metacercarie von *M. subdolum* fälschlich unter einer ganzen Reihe verschiedener Namen beschrieben!

Die Larvenstadien der Microphallidae stellen ein hochwirksames (Wirts-)Populationsregulativ dar; sie sind daher von außerordentlicher (wenngleich von der konventionellen Wattbiologie nicht erkannter) ökologischer Bedeutung. Von Wattvögeln frequentierte geschützte Wattbereiche der Nordsee sowie flache Buchten der Ostsee und der Mittelmeer-Étangs verwandeln sich in den Sommermonaten in regelrechte «Microphalliden-Epidemiotope», d.h. in Biotope, in denen diese Parasiten in epidemischem Umfang auftreten und hier regelmäßig sommerliche Massensterben von *Carcinus* und anderen Crustaceen (Amphipoda: *Corophium, Gammarus*; Isopoda: *Jaera, Idotea, Sphaeroma*) verursachen (Lauckner 1988).

Ökologisch sind solche von Parasiten verursachten Massensterben von besonderer Bedeutung, denn hier kehrt sich die geläufige Ordnung «Räuber tötet Beute, aber Beute kann dem Räuber nichts anhaben» geradezu um. Als Räuber und Beutegreifer ernährt sich *Carcinus* u.a. auch von *Hydrobia*, einem harmlosen Weidegänger. Mit der Molluskennahrung nehmen die Krabben so aber auch einen Teil ihrer lebensbedrohenden Parasitenfracht auf. Im Experiment lassen sich kleine *Carcinus* direkt mit Microphalliden-Sporocysten und -Cercarien füttern. Die im Magen-Darmtrakt freigesetzten Cercarien dringen nach Durchbohren der Darmwand in die Mitteldarmdrüse der Krabbe ein und schädigen sie letal. Hier bringt also die «Beute» (die Sporocysten und Cercarien des Parasiten) den «Räuber» (*Carcinus*) um!

1.3.23.1 Untersuchungsobjekte

Man sammle bevorzugt größere, rötlich gefärbte Exemplare von *Carcinus maenas* und solche, deren Carapax stark mit Balaniden besetzt ist – das sichere Zeichen für eine lange zurückliegende letzte Häutung (starker Parasitenbefall beeinträchtigt die Häutungsfrequenz!), zum Vergleich aber auch grünliche Individuen (die sich bei der nachfolgenden Sektion meist als weniger stark befallen erweisen werden).

Einen ersten Anhaltspunkt für die in einem Gebiet zu erwartende Befallssituation ergeben parallel durchgeführte Untersuchungen zur Häufigkeit des Auftretens der ersten Larvalstadien in den Primärwirten, *Hydrobia* spp. bzw. *Littorina saxatilis* und/oder *L. obtusata*. Außerdem lassen sich mit den aus den Primärwirten isolierten Cercarien interessante Infestationsexperimente an postlarvalen oder juvenilen *Carcinus* durchführen (sofern, jahreszeitlich bedingt, solches Material zur Verfügung steht; s.u.).

Anfang Juli bis Ende August, wenn die metamorphosierenden *Carcinus*-Megalopa-Larven zum Bodenleben übergehen, sowie in den darauffolgenden Wochen, wenn die postlarvalen Krabben unter schnell aufeinanderfolgenden Häutungen heranwachsen, kann man vor allem im *Hydrobia*-Watt regelmäßig wiederkehrende Massensterben juveniler *Carcinus* beobachten.

Man sammle, möglichst sobald das ablaufende Wasser die oberen Wattbereiche freigegeben hat, unter Zuhilfenahme einer Pinzette kleine (< 5 mm Carapaxbreite) bis kleinste (1,5 mm = erstes Krabbenstadium nach der Megalopa) *Carcinus*, lebende wie tote, von der Sedimentoberfläche sowie von Algen *(Chaetomorpha, Enteromorpha)*-Polstern ab. Bei der nachfolgenden Sektion unter dem Stereomikroskop wird sich nur ein Teil dieser Kleinstadien als Exuvien erweisen; der wahrscheinlich größere Teil wird dagegen aus toten Individuen bestehen.

1.3.23.2 Versuchsanleitung

Zum Lebendtransport ins Labor wird das Tiermaterial zwischen durchfeuchtete Algen gebettet; keinesfalls Transport unter voller Wasserbedeckkung! Bei längerem Transport ins Binnenland empfiehlt sich unbedingt ausreichende Kühlung. Stark parasitierte Strandkrabben sind gegenüber hohen Temperaturen bedeutend empfindlicher als gesunde Exemplare. Im Labor läßt sich *Carcinus* in gut belüfteten und gefilterten Meerwasseraquarien problemlos über längere Zeitspannen (>2 Jahre) halten. Im Binnenland Fütterung mit Fisch, Miesmuscheln oder tiefgefrorenen Garnelen aus dem Fischhandel. Zur Vermeidung von Verlusten durch Kannibalismus (!) Krabben unbedingt in Einzelbekken oder in durch Trenngitter unterteilten größeren Aquarien unterbringen. Kleinere Exemplare (max. 15 mm Carapaxbreite) lassen sich für begrenzte Zeit in Petri-Schalen mit täglich gewechseltem, unbelüftetem Meerwasser halten. *Carcinus* ist eines der dankbarsten Objekte für den binnenländischen Experimentator!

Materialbedarf: Einzelaquarien (Kunststoff, ca. 4 l Inhalt) für die getrennte (Langzeit-)Hälterung adulter Strandkrabben, Petri-Schalen (55–140 mm ⌀, am besten mit durchlöchertem Deckel) für die Kurzzeithälterung juveniler Individuen; eine Serie Kristallisierschälchen (40–90 mm ⌀) oder andere, zum kontrollierten Dekantieren geeignete Glasgefäße; Präparierbesteck; feine Präpariernadeln (am besten in Schaschlikstäbchen eingeklebte Insektennadeln); Präparierlupe (mindestens 10 ×) oder Stereomikroskop für Auf- und Durchlicht; Mikroskop mit 35–400facher Vergrößerung und Okularmikrometer; weiterhin die Enzyme Pepsin und Trypsin (letzteres in geringer Menge) sowie Salzsäure und Natronlauge, pH-Meter bzw. Indikatorpapier zur pH-Kontrolle.

Untersuchung: Vor der Sektion werden die Krabben durch Einlegen in Süßwasser (je nach Temperatur und Größe der Tiere für 1 bis mehrere Std.) betäubt bzw. getötet. Keinesfalls Narkosemittel wie Chloroform o.ä. verwenden, da einige Anaesthetika die bei der nachfolgenden Gewebe-Mazeration verwendeten Enzyme inhibieren!

Nach erfolgter Betäubung wird die Carapaxdecke mittels Schere und Pinzette vorsichtig abpräpariert oder aber – besser! – Carapax-«Ober»- und «Unterteil» werden im «Schnellverfahren» voneinander getrennt. Dazu umfasse man die Krabbe derart mit der linken Hand, daß Zeigefinger und Daumen oberhalb der Extremitäten liegen und als Widerlager dienen. Zeigefinger und Daumen der rechten Hand umfassen das Carapax-Oberteil. Mit einer kräftigen, hebelnden Bewegung werden Ober- und Unterteil vom abdominalen Ende des Carapax her auseinandergezogen. Im Carapax-Oberteil verbleiben die lateralen Äste der Mitteldarmdrüse, der Magen und ein Teil der Gonaden, im Unterteil die Kiemen, das Herz, der zentrale Teil der Mitteldarmdrüse mit Darm und Darmdivertikeln sowie der restliche Teil der Gonaden.

Durch vorsichtiges Abpräparieren des Herzens und Entfernen des Gonadengewebes wird der Darm freigelegt. Man achte auf an den Darm angelagerte Cystacanthen von *Profilicollis botulus*. Der im Carapax-Oberteil verbliebene Teil des Weichkörpers wird herausgelöst, in einer Petri-Schale zerzupft und in Meerwasser ausgeschüttelt. Im Bodensatz findet sich ein Teil der Metacercarien. Daneben fertige man Zupf- und Quetschpräparate kleinster(!) Portionen von Mitteldarmdrüsen-Gewebe an und mikroskopiere diese unter starkem Deckglasdruck bei 35–250facher Vergrößerung. Neben den großen, ovalen Cysten von *Microphallus claviformis* (ca. 460×370 µm) findet man die kleineren, kugeligen Metacercarien von *Maritrema subdolum* (ca. 190 µm ⌀) Abb. 1.37c, d).

Der relative Anteil beider Cystentypen, wie überhaupt die Stärke des Gesamtbefalls, variieren sehr stark mit dem Standort, vor allem aber mit der Siedlungsdichte der Primärwirte *(Hydrobia, Littorina)* und deren Befallsextensität. Von Bedeutung ist auch die Jahreszeit. Im Winter erfolgt keine Neuinfestation; die Befallsintensität der Zwischenwirte geht dann deutlich zurück.

Microphallidenbefall kann bei *Carcinus* epidemische (epizootische) Proportionen annehmen. Große, rötlich gefärbte Individuen, die im Spätsommer im Königshafen-Watt bei List auf Sylt gesammelt werden, können Tausende bis Zehntausende Microphalliden-Metacercarien beherbergen. Derart stark parasitierte Tiere überleben den

kommenden Winter nicht. Im darauffolgenden Frühjahr, d.h. vor Einsetzen einer neuen Cercarien-Invasionsperiode gesammelte Krabben zeigen eine um Zehnerpotenzen niedrigere Befallsdichte. Die stärker befallenen Krabben sind im Laufe des Herbstes und Winters ihrem Parasitenbefall erlegen.

Starker Metacercarienbefall führt zu einer massiven Zerstörung des Mitteldarmdrüsen-Gewebes. Bei stärkerer Vergrößerung erkennt man, daß das die Cysten umgebende Wirtsgewebe atrophiert und über weite Bereiche zu einem funktionslosen, faserigen Bindegewebe degeneriert ist. Im Extremfall bricht die gesamte Architektur des Organs zusammen. In derart zerstörtem Gewebe finden sich häufig auch degenerierte oder sogar tote, bereits teilweise phagocytierte Metacercarien. Das funktionslos gewordene Wirtsgewebe ist nicht mehr in der Lage, die Parasiten zu ernähren; sie sterben ab und werden ganz allmählich resorbiert, falls der Wirt selbst nicht vorher stirbt.

Die in die Krabbe eindringenden Cercarien von *Microphallus claviformis* sind kleiner als jene von *Maritrema subdolum*, produzieren aber die größeren Metacercarien (Abb. 1.37). Nach Erreichen ihrer Endgröße haben die Cysten von *M. claviformis* das ca. 10fache Volumen jener von *M. subdolum*. Damit entfalten sie eine deutlich höhere Pathogenität (stärkere mechanische Zerstörung des Wirtsgewebes). Unter Umständen überlebt eine postlarvale Krabbe anfänglich eine stärkere natürliche Invasion (oder experimentelle Infestation) der kleineren *M. claviformis*-Cercarien, stirbt aber Tage oder Wochen später, wenn die an Volumen zunehmenden Metacercarien den Gewebeverband der Mitteldarmdrüse sprengen («Zeitbombeneffekt»). Für den unerfahrenen Beobachter ist dann der Zusammenhang zwischen Wirtstod und Parasitenbefall nicht mehr erkennbar!

Die extrem pathogene Wirkung beider Microphallidenarten auf postlarvale und juvenile Strandkrabben wird besonders deutlich bei der Untersuchung von im Watt tot aufgefundenen *Carcinus* dieses Größenspektrums (1,5–ca. 15 mm Carapaxbreite). Schon bei der Eröffnung des Carapax zeigt sich, daß das Mitteldarmdrüsen-Gewebe nahezu vollständig zerstört und durch eine dichtgepackte Masse von Cysten ersetzt ist. Im Quetschpräparat erkennt man Metacercarien unterschiedlichen Durchmessers – kleine, frisch encystierte Exemplare mit dünner Wandung sowie größere, ältere mit zunehmend dickerer Cystenmembran. In Präparaten von getöteten oder frisch gestorbenen Krabben findet man darüber hinaus noch freie (unencystierte) Larven unterschiedlicher Größe, die sich spannerartig bewegen: Nach dem Eindringen verbleiben die Cercarien zunächst noch etwa 4 Tage (bei 20° C) unencystiert im Haemocoel des Wirtes, wobei sie auf das Mehrfache ihrer Anfangsgröße heranwachsen. Erst danach suchen sie einen geeigneten Situs auf (fast ausschließlich die Mitteldarmdrüse, seltener Muskulatur, Augenstiele oder Bindegewebe des Abdomens), wo sie sich encystieren, um dann nochmals – teils um mehr als das Zehnfache ihres Anfangsvolumens – weiterzuwachsen.

Stehen kleine (möglichst postlarvale: 1,5 bis 3 mm Carapaxbreite) *Carcinus* sowie die ersten Larvalstadien von *Microphallus claviformis* und/oder *Maritrema subdolum* beherbergende Hydrobien zur Verfügung, läßt sich die letale Wirkung einer massiven Cercarien-Invasion experimentell in sehr eindrucksvoller Weise demonstrieren:

Zur Untersuchung auf Cercarienbefall verwende man möglichst Hydrobien von mehr als 3 mm Spindelhöhe. Größere Schnecken sind zu einem höheren Prozentsatz infestiert als kleinere. Man zerdrücke die Gehäuse der Schnecken zwischen den Schenkeln einer Pinzette und spüle die Weichkörper einzeln mittels einer feinen Pipette in kleine Wassertropfen auf dem Boden einer trockenen (!) Petri-Schale. Anschließend erfolgt eine Durchmusterung der einzelnen, die zerquetschten *Hydrobia*-Weichkörper enthaltenden Wassertropfen unter dem Stereomikroskop. Je nach Jahreszeit und Herkunftsort der Hydrobien sieht sich der Beobachter möglicherweise einer verwirrenden Vielfalt verschiedener Cercarientypen gegenüber. Allein *Hydrobia ulvae* aus dem deutschen Wattenmeer beherbergt die Larvenstadien von mehr als 15 verschiedenen Trematodenarten! Unter allen möglichen Cercarientypen sind jene der Microphalliden die kleinsten. Die sehr charakteristischen Larven von *Maritrema subdolum* und *Microphallus claviformis* lassen sich anhand der Abb. 1.37 leicht identifizieren. Liegt ein reifer Befall mit einer der beiden Arten vor, schwärmen nach kurzer Zeit Unmengen von Cercarien in den Wassertropfen aus.

Man verbringe postlarvale Strandkrabben direkt in diese, Massen von Cercarien enthaltenden Wassertropfen, rücküberführe sie nach ca. 5 Min. in Petri-Schalen mit cercarienfreiem Meerwasser und beobachte ihr Verhalten im Vergleich zu jenem uninfestierter Kontrolltiere. Während die gesunden Krabben in ihren Petri-Schalen lebhaft umherlaufen und dargebotene Nahrung (Schnipsel von *Mytilus*-Fleisch) sofort ergreifen, verharren die Versuchstiere wie erstarrt in einer «froschähnlichen» Haltung und verweigern die Nahrungsaufnahme. Nach einigen Stunden, spätestens Tagen, tritt der Tod ein. Bei der Sektion zeigt sich eine regelrechte Überschwemmung der Mitteldarmdrüse mit Hunderten bis Tausenden noch unencystierter Microphalliden-Metacercarien.

Encystierte Metacercarien lassen nur wenig morphologische Einzelheiten erkennen. Eine mechanische Zerstörung der Cystenmembran mittels Deckglasdruck oder Präpariernadeln gelingt bei Microphalliden-Metacercarien selten. Durch «künstliche Verdauung» kann man jedoch die Larven dazu veranlassen, sich «freiwillig» zu excystieren. Man gebe ca. 40 ml eines Leitungswasser/Meerwasser-Gemisches (4:1) in eine Kristallisierschale, füge eine Messerspitze Pepsin sowie wenige Tropfen n/10-Salzsäure hinzu und erwärme auf 35–40° C. In einer Reihe weiterer Schalen gebe man zu einer gleichen Menge temperierten Leitungs/Meerwasser-Gemischs je eine Messerspitze Trypsin oder Pankreatin und einige Tropfen n/10-Natronlauge (Ausflockungen stören den Versuch nicht). Mit diesem experimentellen Ansatz wird der Verdauungsvorgang (Passage des sauren Milieus des Magens, Weitergabe des Nahrungsbreis an das basische Milieu des Darms), wie er natürlicherweise im Endwirt abläuft, simuliert. Obgleich hierfür in der experimentellen Parasitologie in der Regel komplexere Medien verwendet werden, gelingt es mit diesem einfachen Ansatz, zumindest einen Teil der Microphalliden-Metacercarien zur Excystation zu bringen.

Im Gegensatz zu den Microphalliden-Metacercarien lassen sich die Cystacanthen von *Profilicollis botulus* durch einfaches Überführen in Leitungswasser (20 °C) zur Evagination bringen – ein lohnender Versuch, der zu erstklassigen Präparaten führt!

Mit Hilfe einer Pipette werden die aus dem Wirtsgewebe herauspräparierten Cysten zunächst in das Pepsin/Salzsäure-Medium gebracht. Nach 2minütigem Aufenthalt in diesem Medium – und weiter in etwa 1minütigen Abständen – werden sie sodann portionsweise in die Schalen mit dem temperierten Trypsin/Natronlauge-Medium hinüberpipettiert. Bei einer Kontrolle unter dem Stereomikroskop zeigt sich, daß die eingeschlossenen Larven in heftige Bewegung geraten sind. Die Cystenmembran quillt auf, um sich schließlich aufzulösen und die Metacercarien freizugeben. Mißlingt der Versuch, lasse man den Aufenthalt im sauren Pepsin-Medium entfallen und bringe die Cysten direkt in basisches Trypsin. Wichtig ist die Temperatur (35–40° C). Einige Larven excystieren sich unter Umständen bereits bei bloßer Temperaturerhöhung ohne Zugabe von Verdauungschemikalien. Zur weiteren (Lebend-)Untersuchung überführe man die Larven in verdünntem (neutralen!) Meerwasser auf Objektträger.

Zur quantitativen Gewinnung der encystierten Metacercarien (ohne anschließende Excystation) gebe man das freipräparierte Mitteldarmdrüsen-Gewebe in eine mit unverdünntem Meerwasser (20 °C) gefüllte Kristallisierschale, zerzupfe das Gewebe so weit wie möglich, setze anschließend eine reichliche Spatelspitze Pepsin zu, säure mit Salzsäure auf pH 1,6–2,5 an und rühre in Minutenabständen mit einer Präpariernadel kräftig um. Für diesen Versuch verwendete Krabben sollten nicht mit Äther oder Chloroform betäubt worden sein (Inhibition des Enzyms Pepsin!). Bereits nach 30 bis 60 min ist der größte Teil des Mitteldarmdrüsen-Gewebes zersetzt. Man dekantiere den trüben Überstand vorsichtig ab und wasche den Bodensatz mehrfach mit Meerwasser aus. Ist noch nicht alles Wirtsgewebe zersetzt (Stereomikroskop-Kontrolle!), erneuere man das saure Pepsin-Medium und mazeriere weitere 30 bis 60 Min. Am Ende bleibt ein nahezu reiner, nur aus Metacercarien bestehender Bodensatz zurück. Durch den langen Aufenthalt im sauren Medium sind die Metacercarien abgestorben. Für die Lebendbeobachtung excystierter Metacercarien oder Cystacanthen wende man daher die oben beschriebene Excystationsmethode an.

Literatur

Day, J.H. (1935): The life-history of *Sacculina*. Q.J. microsc. Sci. 77, 549–583.

Deblock, S. et Rosé, F. (1965): Contribution à l'étude des Microphallidae Travassos, 1920 (Trematoda) des oiseaux de France. XI. Identification de la cercaire de *Microphallus claviformis* (Brandes, 1888). Bull. Soc. zool. Fr. 90, 299–314.

Deblock, S., Capron, A. et Rosé, F. (1961): Contribution à l'étude du Microphallidae Travassos, 1920 (Trematoda). Le genre *Maritrema* Nicoll, 1907: Cycle évolutif de *M. subdolum* Jaegerskioeld, 1909. Parassitologia 3, 105–119.

Fischer, W. (1956): Untersuchungen über einen für die Deutsche Bucht neuen parasitären Copepoden: *Lecithomyzon maenadis* Bloch & Gallien (Familie Choniostomatidae) an *Carcinus maenas* Pennant (Crustacea Decapoda). Helgoländer wiss. Meeresunters. 5, 326–352.

Lauckner, G. (1988): Effects of parasites on juvenile Wadden Sea invertebrates. Proc. 5th Int. Wadden Sea Symposium, Esbjerg, 1986 (mit umfangreichem Literaturverzeichnis!).

Rayski, C. and Garden, E.A. (1961): Life-cycle of an acanthocephalan parasite of the Eider duck. Nature, Lond. 192, 185–186.

Stunkard, H.W. (1957): The morphology and life history of the digenetic trematode *Microphallus similis* (Jägerskiöld, 1900) Baer, 1943. Biol. Bull. mar. biol. Lab., Woods Hole 112, 254–266.

1.3.24 *Carcinus maenas*: Salinitätsbeziehungen zwischen dem aquatischen Lebensraum und der Hämolymphe

Dietrich Siebers und Andreas Winkler

Aquatische Biotope sind durch spezifische und erheblich unterschiedliche Konzentrationen von gelösten anorganischen Salzen gekennzeichnet. Limnische Habitate weisen niedrige Salzgehalte von bis zu 0,5‰ (g/l) auf. Die Salzkonzentrationen des Brackwassers liegen zwischen 0,5 und 30‰, und die mittleren Salinitäten der Weltozeane betragen etwa 35‰. Salzseen können Konzentrationen von einigen Hundert ‰ aufweisen.

Im Küstenlebensraum kommen Salzgehaltsänderungen und damit instabile Bedingungen häufiger vor. In Flußmündungen wechseln die Salinitäten im Rhythmus der Gezeiten und der Jahreszeiten sowie im Gefolge von gelegentlichen größeren Stürmen, und in der Gezeitenzone können stärkere Süßwassereinbrüche während und nach Regenfällen bei Ebbe erfolgen. Je nach der Niederschlagsmenge ändert sich der Salzgehalt im Bodenwasser sandiger und schlammiger Strände, während in Gezeitentümpeln und Küstenlagunen durch Evaporation regelmäßig hypersaline Bedingungen entstehen.

Der Salzgehalt und seine zeitlichen Veränderungen sind neben anderen abiotischen Faktoren wie z.B. Temperatur, hydrostatischer Druck oder gelöster Sauerstoff eine wichtige Kennzeichnungsgröße aquatischer Lebensräume, auf der Verbreitungsgrenzen von Mikroorganismen, Pflanzen und Tieren beruhen.

Die Salinitäten des Lebensraums und der Körperflüssigkeiten wasserbewohnender Tiere stehen in einem festen, artspezifischen Verhältnis zueinander. Das umgebende Meerwasser und die Körperflüssigkeiten der marinen Wirbellosen weisen gleiche Salzgehalte auf, die Tiere sind Osmoconformer, d.h. isosmotisch zum externen Milieu. Tierarten hingegen, die den Weg ins Brack- oder gar Süßwasser fanden, haben die Fähigkeit erworben, einen im Vergleich zum umgebenden Medium höheren Salzgehalt ihrer Körperflüssigkeiten aufrechtzuerhalten und externen Schwankungen eine gewisse interne Konstanz entgegenzusetzen. Diese Arten sind zur Osmoregulation befähigt. Euryhaline Arten tolerieren sehr unterschiedliche Salinitäten. Zu ihnen gehören z.B. die wandernden Arten wie Lachs, Aal und Wollhandkrabbe, während stenohaline Tiere auf enge Salinitätsgrenzen angewiesen sind. Unter den dekapoden Crustaceen sind z.B. Hummer, Taschenkrebs und Seespinne stenohaline Osmoconformer, die Strandkrabbe und die Wollhandkrabbe euryhaline, zur Regulation befähigte Spezies und die Flußkrebse sind stenohaline Arten mit wirksamer Osmoregulation.

In den folgenden Versuchen sollen die Salzgehalte im umgebenden Medium und in der Hämolymphe der Strandkrabbe untersucht werden. Da die relativen Anteile der Einzelsalze konstant sind, können sowohl die Gesamtsalinität (Dichte, Osmolalität, Leitfähigkeit) als auch Einzelkomponenten (Na$^+$- oder Cl$^-$-Konzentration) hierfür herangezogen werden. Die hier vorgeschlagenen Meßmethoden haben sich als schnell, genau und zuverlässig erwiesen.

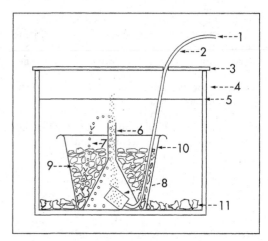

Abb. 1.38: Herstellung eines luftbetriebenen Kiesbettinnenfilters. 1 = Luftzufuhr, 2 = Luftschlauch, 3 = Abdeckung, 4 = Hälterungsbecken, 5 = Wasserstand, 6 = Trichter, 7 = Wasserzirkulation, 8 = Sprudelstein mit aufsteigenden Luftblasen, 9 = Innenkiesbett, 10 = Kunststoffschüssel, 11 = Bodengrund

1.3.24.1 Bestimmung der Salinität des Meerwassers mittels Dichteäraometer und Fluchtentafel

Untersuchungsobjekte und Materialbedarf

20–25 Strandkrabben und 4 Aquarien oder Kunststoffwannen (40–60 l) mit luftbetriebenen Kiesbettinnenfiltern, hergestellt unter Verwendung von Kunststofftrichtern (ca. 15 cm Innen-∅), Kunststoffschüsseln (2–3 l), Sprudelsteinen, Schläuchen, Grobkies (5–15 mm Korngröße), Luftpumpen oder -anschluß. Ferner: Deionisiertes Wasser, Meersalz, Rinderherz oder Miesmuscheln zum Füttern, Salzgehaltsspindel (Dichteäraometer aus dem Labor- oder Aquaristikhandel) und Fluchtentafel nach Gillbricht (1959) sowie Meßzylinder (500 ml), Thermometer und Lineal (40 cm).

Versuchsdurchführung

Einrichtung der Aquarien: Die im flachen Küstenwasser gesammelten oder vom Fischer bezogenen Strandkrabben werden in Aquarien (5–10 l Wasser pro Tier) gehalten. Das Wasser wird durch Innenfilter mechanisch und biologisch gereinigt. Hierzu wird in einer Kunststoffschüssel ein mit Schlauch verbundener Sprudelstein unter einen Trichter (Ablauf nach oben) gelegt und dadurch in seiner Lage fixiert, daß die Schüssel mit Kies aufgefüllt wird (Abb. 1.38). Jetzt wird sie ins Aquarium gestellt, und die durch den Trichterablauf aufsteigenden Luftblasen nehmen Wasser aus dem Kiesbett mit nach oben. Durch die Kiesbettoberfläche wird Aquarienwasser nachgesaugt, das bei seiner Passage durch den Kies mechanisch und nach einiger Zeit auch mikrobiell gereinigt wird.

Der Boden des Beckens wird 1 cm hoch mit Kies bedeckt. Um Verdunstung und damit Aufsalzung des Wassers zu vermeiden, wird das Becken mit einer durchsichtigen Platte abgedeckt. Die Krabben werden alle 2–3 Tage mit Rinderherz oder frischem Muschelfleisch gefüttert. Das Rinderherz wird stückeweise (4 cm) tiefgefroren gelagert. Noch vor dem endgültigen Auftauen wird das Fleisch in kleine Stücke (5 mm) geschnitten und dann verfüttert. Man füttere sparsam, so daß jedes Tier ein Stückchen Fleisch erhält und keine Reste im Becken bleiben.

Die Aquarien werden täglich mehrfach kontrolliert, um eventuell gestorbene Tiere sofort zu entfernen, damit die Wasserqualität nicht leidet.

Die Krabben werden in 4 Salinitäten gehalten (ca. 10, 20, 30, 40 ‰), die durch Verdünnen oder Aufsalzen von Meerwasser hergestellt werden. Nach dem Neueinrichten der Aquarien sollten 1–2 Tage verstreichen, bevor die Krebse eingesetzt werden.

Bestimmung der Salinität: Zur Bestimmung des Salzgehalts wird ein 500 ml-Meßzylinder mit Brack- oder Meerwasser aus den Aquarien gefüllt. Darin läßt man das Aräometer schwimmen. Je geringer der Salzgehalt, desto tiefer taucht die Spindel ein. Die an ihrer Skala abgelesene Dichte und die gleichzeitig mit einem Thermometer möglichst auf 0,1° C genau gemessene Temperatur werden protokolliert. Diese Werte werden auf den Skalen der Fluchtentafel aufgesucht und mit einem Lineal oder Zwirnsfaden miteinander verbunden. Die Verlängerung dieser Geraden gibt auf der dritten Skala den dazugehörigen Salzgehalt mit einer Genauigkeit von ± 0,1 ‰ genau an. Für noch höhere Genauigkeiten ist die Tafel nicht vorgesehen. Die Salzgehalte in den 4 Aquarien werden täglich kontrolliert und bei größeren Abweichungen vom Sollwert neu eingestellt.

1.3.24.2 Messung der Osmolalität des Meerwassers und der Hämolymphe

Materialbedarf

Elektronisches Halbmikroosmometer (Fa. Knauer) mit 0,05 ml Meßgefäßen und eine Tischzentrifuge; verschließbare Gefäße (ca. 1,5 ml); z.B. Eppendorf-Reaktionsgefäße, einige 5 ml-Spritzen aus Polyäthylen mit Luer-Anschluß und Kanülen (ca. 0,7 × 30 mm), Eppendorf-Pipetten (0,05; 1 ml) mit Spitzen, Pinzette, Schraubenzieher, Filterpapier, Kleenex-Tücher, Handtücher, NaCl-Eichlösung (400 mOsmol/kg), Aqua dest.

Versuchsdurchführung

Entnahme der Hämolymphe: Eine Krabbe wird sorgfältig und schonend abgetrocknet. Die Kanüle wird durch die Gelenkhaut an der Basis eines Laufbeins etwa 3–5 mm tief eingestochen. Mit der Spritze wird langsam ca. 1 ml Hämolymphe aufgezogen. Wenn nötig, kann die Kanüle leicht bewegt werden, um eine Verstopfung durch angesaugte Gewebeteile zu vermeiden. Zur Abtrennung von Zellen und koagulierter Hämolymphe wird die Probe bei Raumtemperatur. 5–8 min bei 3000–4000 g zentrifugiert. Die Osmolalität des überstehenden Serums wird am günstigsten direkt nach der Hämolymphentnahme bestimmt. Der Rest des Serums wird mit einer Pipette in ein verschließbares Gefäß überführt und für weitere Messungen tiefgefroren. Die Krabben überleben stets die Blutentnahme. Sie werden anschließend einzeln gesetzt und gefüttert.

Grundlagen: Oft stehen zur Ermittlung des Salzgehalts nur kleine Volumina zur Verfügung, so daß die Aräometrie auf Schwierigkeiten stößt. In diesen Fällen empfiehlt sich u.a. die Bestimmung des osmotischen Drucks (Osmolalität). Der osmotische Druck einer Lösung beruht auf der Konzentration gelöster Teilchen, nicht aber auf deren chemischer Natur. Eine Lösung hat gegenüber dem reinen Lösungsmittel eine der Konzentration proportionale Siedepunktserhöhung und Gefrierpunktserniedrigung. Mit dem Halbmikroosmometer werden Gefrierpunktserniedrigungen gemessen.

Reines Wasser gefriert bei $0°$ C. Eine ideale einmolale Lösung gefriert bei $-1,86°$ C und hat die osmotische Konzentration von 1 Osmol/kg. Die Gefrierpunktserniedrigung hängt somit von der Molalität des gelöstes Stoffes und seiner Dissoziation ab:
Gefrierpunktserniedrigung (ideal) in $°$ C $= 1,86 \times m \times n$, wobei $1,86$ = kryoskopische Konstante, m = Molalität der

gelösten Substanz, n = Anzahl der Teilchen, in die ein gelöstes Molekül bei vollständiger Dissoziation zerfällt. Lösungen höherer Konzentration weichen von den Gesetzen ideal verdünnter Lösungen ab. Der für sie nötige Korrekturfaktor, der osmotische Koeffizient g, ist für einige Substanzen tabelliert (siehe z.B. Geigy-Tabellen). Für ideal verdünnte Lösungen wird g = 1. Schließlich bedenke man, daß osmotische Konzentrationsangaben meist als Osmolalität (bezogen auf 1 kg Lösungsmittel) tabelliert sind, da die Molalität gegenüber der Molarität (bezogen auf 1 l Lösung) den Vorteil hat, temperaturunabhängig zu sein.

Meßmethode: Das verwendete Halbmikroosmometer ist ein elektrisches Kryometer, mit dem kleine Volumina mit Hilfe eines thermoelektrischen Elements gekühlt werden. Der in die Probe eintauchende Thermistor ändert seinen Widerstand mit der jeweiligen Temperatur. Die Widerstandsänderungen werden mit Hilfe einer Brückenschaltung in Spannungsänderungen umgeformt und an einem Voltmeter abgelesen (siehe Bedienungsanleitung).

Zunächst wird reines Wasser ohne zu rühren unter den Gefrierpunkt gekühlt. Hierbei kann das Wasser auf -5 bis $-8°$ C unterkühlt werden, ohne daß es gefriert. Durch Rühren mit dem Vibrator bei einer definierten Unterkühlungstemperatur wird das Gefrieren eingeleitet, und die Temperatur des Wassers stellt sich konstant auf den Gefrierpunkt von $0°$ C ein.

Meßvorgang: Nach dem Einschalten des Halbmikroosmometers und der Kühlung wird der Bereichsschalter auf Δ gestellt. Für die Messung werden 0,05 ml Serum mit einer Pipette in das Meßgefäß pipettiert und der Stopfen am Meßkopf mit dem Thermistor in das Meßgerät gesetzt. Dabei ist mit Vorsicht vorzugehen, damit der Thermistor nicht abbricht. Der Meßkopf mit Meßgefäß wird dann so auf das Gerät gestellt, daß das Meßgefäß in die Kühlöffnung eintaucht.

Wenn die Probe bis auf $0°$ C abgekühlt ist, beginnt der Zeiger über die Skala zu wandern. Sowie der Zeiger über dem Δ erscheint, wird der Rührkopf so lange gedrückt, bis das Gefrieren der Probe ausgelöst ist (der Zeiger wandert auf der Meßskala zu niedrigeren Werten). Zunächst stellt man auf den Meßbereich 400 mOsmol/kg. Wandert der Zeiger hierbei bis zum Anschlag, ist der nächste Bereich 800 zu wählen, ggf. der Bereich 1600. Der kleinste Wert, den der Zeiger nach dem Gefrieren der Lösung erreicht, wird direkt als Osmolalität der Probe abgelesen.

Der Zeiger zeigt nur für kurze Zeit den kleinsten Wert an und wandert dann wieder auf höhere Werte, d.h., daß die Temperatur der Probe wieder absinkt und die Messung beendet ist. Der Meßkopf mit dem Meßgefäß wird aus dem Kühlfach genommen, das gläserne Gefäß mit den Fingern erwärmt, und erst nach dem völligen Auftauen der Probe wird der Stopfen mit dem Thermistor aus dem Meßgefäß genommen (Vorsicht: Bruchgefahr!). Thermistor und Meßgefäß werden mit Aqua dest. gespült und mit einem Kleenex-Tuch getrocknet.

Die Eichung erfolgt wie beim Meßvorgang beschrieben unter Verwendung folgender Eichlösungen:

0 mOsmol/kg – frisches Aqua dest.
400 mOsmol/kg – 12,687 g NaCl p.a. – im Exsikkator getrocknet – werden in 1 kg Aqua dest. (= 1 l bei 20° C) gelöst (Aufbewahrung im Kühlschrank).

Für genaue Messungen ist dasselbe Meßgefäß für Eichung und Messung zu verwenden. Es ist wichtig, die Unterkühlung genau einzuhalten. Meerwasserproben sollten durch eine doppelte Lage von Papierfiltern filtriert oder zentrifugiert werden, um partikuläre Substanzen zu entfernen, die ein vorzeitiges Gefrieren der Probe bei der Unterkühlung auslösen können.

Auswertung: Nach mindestens 2tägiger Hälterung der Strandkrabben in den verschiedenen Salinitäten (10–40‰) messe und protokolliere man die Osmolalitäten in den Aquarien sowie in den Seren der Krebse. Um eine mögliche Drift in der Anzeige zu

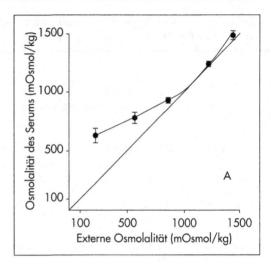

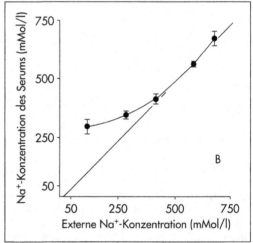

Abb. 1.40: *Carcinus maenas.* Die Osmolalität des Serums in Abhängigkeit von der externen Osmolalität (A), und die Na+-Konzentration des Serums in Abhängigkeit von der externen Na+-Konzentration (B). Die Daten sind Mittelwerte von 5–6 Messungen ± Standardabweichung (n. Siebers et al. 1982)

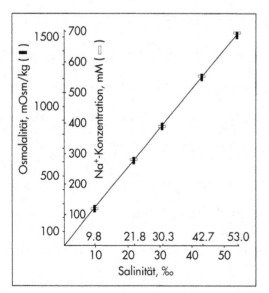

Abb. 1.39: Beziehung zwischen Salzgehalt, Osmolalität und Na+-Konzentration von Brack- und Meerwasser. Standardabweichungen wurden nicht eingezeichnet, da sie kleiner waren als die Symbole (n. Winkler et al. 1982)

erkennen, wiederhole man nach jeweils 5–10 Messungen die Eichungen mit Aqua dest. und 400 mOsmol/kg. Für die Meerwasserproben stelle man die Abhängigkeit der Osmolalität (Ordinate) von der aräometrisch gemessenen Salinität (Abszisse) dar (Abb. 1.39). In gleicher Weise wird für die Krebse der osmotische Druck der Hämolymphe in Abhängigkeit von dem des umgebenden Mediums dargestellt (Abb. 1.40). Man ermittle ähnliche Abhängigkeiten für weitere verfügbare Meerestiere.

1.3.24.3 Bestimmung der Natrium-Konzentrationen des Meerwassers und der Hämolymphe mit einer natriumselektiven Elektrode

Materialbedarf

Ein handelsübliches pH-Meter mit Millivoltanzeige (Empfindlichkeit $\pm$ 1 mV), eine Natrium- und eine Referenzelektrode (z.B. Beckman) oder eine Na^+-Einstabmeßkette (z.B. Schott), Elektrodenhalter, Magnetrührer mit Teflonstäbchen. Ferner: Bechergläser (25, 100 ml), Meßkolben (50, 100, 1000 ml), Pipetten (1 und 5 ml, variabel 0,1–1 ml), Kleenex-Tücher, Aqua dest.

Lösungen: 0,1 Mol/l $NaNO_3$-Eichlösung, 0,001 Mol/l $NaNO_3$ zur Aufbewahrung der Na-Elektrode, ges. KCl zum Nachfüllen der Referenz-Elektrode, 3,5 Mol/l KCl zum Füllen der Na^+-Einstabmeßkette sowie als Aufbewahrungslösung für die Referenz-Elektrode und die Einstabmeßkette, 1,0 Mol/l Tris/Tris HCl-Puffer pH 9,0 (15,144 g Tris – Tris-hydroxy-aminomethan – + 26,5 ml 0,5 Mol/l HCl, pH 9,0 + Aqua dest. ad 500 ml).

Versuchsdurchführung

Grundlagen: Mit den bisherigen Analyseverfahren wurden komplexe Größen wie Salinität und Osmolalität gemessen. Spezifisch können viele Stoffe, darunter anorganische Ionen, mit Hilfe ionenselektiver Elektroden analysiert werden. Der Vorteil dieser Verfahren liegt in der großen Anwendungsbreite, dem geringen Substanzbedarf sowie der Einfachheit des Meßvorgangs.

Eine Natrium-Elektrode wird im folgenden Versuch verwendet, um das hauptsächliche Kation in Meerwasser und extrazellulären Körperflüssigkeiten zu bestimmen. Die Methode beruht auf der Bestimmung von Spannungsänderungen einer ionensensitiven Meßkette, bestehend aus einer ionensensitiven Elektrode und einer Referenzelektrode. An der Grenzfläche zwischen Elektrolyt und Glas (Metall) treten Potentialdifferenzen auf, die von der Aktivität eines bestimmten Ions abhängen, das in der Lösungsphase und in der Elektrodenphase vorhanden ist und leicht zwischen beiden wechseln kann (Cammann, 1977). Die verwendeten Na^+-Elektroden sind Glaselektroden mit einem zu einer Halbkugel ausgeblasenen Spezialglas, das selektiv für Na^+-Ionen durchlässig ist.

Das Ergebnis der Na^+-Bestimmung in Meerwasser- und Serumproben ergibt sich durch Vergleich der gemessenen Na^+-Potentiale mit denen von mindestens 2 Standardlösungen. Wenn Standard und Probe auf mittlere Ionenstärken verdünnt und abgepuffert werden, ist die gemessene Ionenaktivität direkt proportional zur Konzentration. Die graphische Darstellung des Meßkettenpotentials E als Funktion der Na^+-Konzentration ergibt eine Gerade der Form:
$$E = E_o + S \cdot lg \, a_i$$
Hierbei sind E_o das Asymmetriepotential der Meßkette,

S die Steilheit der Elektrode und a_i die Ionenaktivität. Die Steilheit S der Elektrode ist die Änderung der Potentialdifferenz im Gefolge einer Konzentrationsänderung um eine Zehnerpotenz:
$$S = (R \cdot T/z \cdot F) \cdot ln \, c_1/c_2$$
Dabei sind R die Gaskonstante, T die absolute Temperatur, z die Ionenwertigkeit, F die Faraday-Konstante und c_1/c_2 das Konzentrationsverhältnis von 10:1. Unter Zusammenfassung der Konstanten ergibt sich für S der Wert von 58 mV/Dekade (Abb. 1.41).

Na^+-selektive Elektroden sind anfällig gegenüber Einflüssen von Störionen, besonders H^+. Deshalb wird durch den eingesetzten Puffer der pH-Wert der Probelösung in den basischen Bereich gebracht, damit der H^+-Einfluß gering gehalten wird. Der zugesetzte Puffer hat zudem den Vorteil, daß er die Hintergrundionenstärke stark erhöht, so daß für alle Proben ein in etwa gleiches Störimpulsniveau geliefert wird.

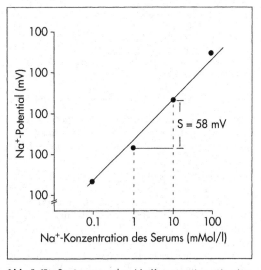

Abb. 1.41: Bestimmung der Na-Konzentration mit einer Na^+-selektiven Elektrode. Konzentrationsabhängige Potentiale und Steilheit der Na^+-Elektrode

Meßvorgang: Die Elektroden werden mit dem Meßgerät verbunden. Das Gerät wird angeschaltet und auf Standby gestellt. Die Elektroden werden den Aufbewahrungslösungen entnommen, mit der jeweils folgenden zu messenden Lösung gespült und mit einem Kleenex-Tuch trockengetupft. Sie dürfen nicht abgerieben werden, um elektrostatische Aufladung zu vermeiden.

Die Messungen erfolgen in 100 ml-Bechergläsern mit 50 ml Probevolumen unter magnetischem Rühren. Die Elektroden werden in die Probelösung abgesenkt, ohne den Magnetrührer zu berühren. Das Meßgerät wird von Standby auf Messen gestellt, der Meßwert stellt sich im Verlauf von 1–3 min ein.

Er wird protokolliert, wenn er konstant geworden ist. Der Meßvorgang ist für die Na$^+$- und die Referenzelektrode sowie für die Na$^+$-Einstabmeßkette identisch. Nach der Messung wird das Gerät wieder auf Standby geschaltet, die Elektroden werden gespült, trockengetupft und in die nächste Probe abgesenkt.

Eichung: Die Messungen beginnen mit der Bestimmung der Na$^+$-Potentiale der Eichlösungen. Stets wird mit der am stärksten verdünnten Na$^+$-Lösung begonnen.

Lösung a	1,0 ml Puffer	
	+ 0,1 Mol/l NaNO$_3$	
	+ Aqua dest. ad 50 ml	98 mMol/l Na$^+$
Lösung b	1,0 ml Puffer	
	+ 5,0 ml Lösung a	
	+ Aqua dest. ad 50 ml	9,8 mMol/l Na$^+$
Lösung c	1,0 ml Puffer	
	+ 5,0 ml Lösung b	
	+ Aqua dest. ad 50 ml	0,98 mMol/l Na$^+$
Lösung d	1,0 ml Puffer	
	+ 5,0 ml Lösung c	
	+ Aqua dest. ad 50 ml	0,098 mMol/l Na$^+$
Lösung e	2,0 ml Puffer	
	+ 3,0 ml 0,1 Mol/l NaNO$_3$	
	+ Aqua dest. ad 100 ml	3,0 mMol/l Na$^+$

Die Meßwerte der Lösungen a–d werden als Eichkurve graphisch dargestellt (mV-Werte linear, Na$^+$-Konz. logarithmisch), um die Steilheit S der Elektrode zu ermitteln (Abb. 1.41).

Messung der Proben: Das Hälterungswasser der Krebse (10–40‰ S) sowie das Serum der Krabben (s.o.) werden 1:100 verdünnt (0,5 ml Probe + 1,0 ml Puffer, + Aqua dest. ad 50 ml), um Na$^+$-Konzentrationen zwischen ca. 1,3 und 5,4 mMol/l zu erhalten. Die Na$^+$-Potentiale der Proben werden gemessen, und an der Eichkurve wird die zugehörige Konzentration abgelesen. Der 100fache Wert ist die Na$^+$-Konzentration des Wassers bzw. des Serums. Die Meßgenauigkeit kann wesentlich gesteigert werden, wenn nach jeder Probe der Standard von 3 mMol/l gemessen wird. Aus den Na$^+$-Potentialen der Standards wird mit Hilfe der Eichkurve die Konzentration ermittelt und mit dem Sollwert von 3 mMol/l verglichen. Mit der prozentualen Abweichung vom Sollwert wird die zwischen den Standards liegende Probemessung korrigiert. Überschreitet die Abweichung den Sollwert um mehr als 5–10%, dann sollte die Meßkette durch Aufnahme der Steilheit neu geeicht werden.

Besondere Hinweise: Man sorge durch Kontrolle mit einem Thermometer dafür, daß Eichlösungen und Proben bei derselben Temperatur gemessen werden. Man vermeide Konzentrationssprünge, die größer als 2 Dekaden sind. Sind diese unvermeidbar, messe man mehrfach.

Ist während der Messungen ein starkes Driften des Elektrodenpotentials zu beobachten, empfiehlt es sich, die Referenzelektrode ganz leer zu saugen, sie mit Aqua dest. zu spülen und erneut mit ca. 70° C heißer gesättigter KCl-Lösung luftblasenfrei zu füllen.

Bei Nichtbenutzung werden die Elektroden in die Aufbewahrungslösung gestellt und mit Parafilm abgedichtet. Bei kürzeren Meßpausen bleiben die Elektroden am besten konditioniert, wenn während der Pause der Standard gemessen wird.

1.3.24.4 Auswertung

Man trage die Na$^+$-Konzentrationen des Serums gegen die des umgebenden Brack- und Meerwassers auf (Abb. 1.39). Es wird deutlich, daß Na$^+$-Ionen in gleicher Weise hyperreguliert werden wie die Osmolalität. In das für den Versuch 1.3.24.2 (Osmolalität) erstellte Diagramm trage man für die Hälterungsmedien neben Salinität (Aräometer) und Osmolalität die Na$^+$-Konzentrationen ein und ermittle die Beziehung dieser 3 Größen zueinander. Winkler et al. (1982) fanden für Brack- und Meerwasser die Beziehung:

1‰ S = 29,4 mOsmol/kg = 13,2 mMol/l Na$^+$

Diese Beziehung erlaubt nunmehr die Umrechnung der Größen untereinander, wenn nur ein Parameter gemessen wurde.

1.3.24.5 Fragen

1. In welcher Beziehung stehen die Osmolalitäten der Körperflüssigkeiten und des umgebenden aquatischen Lebensraums zueinander bei
– einem in der Nordsee lebenden Taschenkrebs?
– einer in der Elbe (Geesthacht) lebenden Wollhandkrabbe?
– einem marinen Knochenfisch?

2. Schätzen Sie den Gefrierpunkt (° C) einer 0,1 molalen Glucoselösung und einer 0,1 molalen Kochsalzlösung!

3. Angenommen, Sie hätten bei einer Brackwasserprobe die Salinität von 12,8‰ gemessen. Wie groß sind die Osmolalität und die Na$^+$-Konzentration?

Literatur

Cammann, K. (1977): Das Arbeiten mit ionensensitiven Elektroden. Springer-Verlag, Berlin, Heidelberg, New York, 226 pp.

Geigy, Wissenschaftliche Tabellen, 7. Auflage (1979): Ciba-Geigy, Basel, 264–267.

Gillbricht, M. (1959): Fluchtentafeln zur Bestimmung des Salzgehalts mit Hilfe des Seewässeräometers. Helgoländer wiss. Meeresunters. **6**, 239–240.

Hanke, W., Hamdorf, K., Horn, E. & Schlieper, C. (1977): Praktikum der Zoophysiologie. 4. Aufl. Gustav Fischer Verlag, Stuttgart, New York, 350 S.

Nachtigall, W. (1981): Zoophysiologischer Grundkurs. 2. Aufl. Verlag Chemie, Deerfield Beach, Florida, Basel, 274 S.

Siebers, D., Leweck, K., Markus, H. & Winkler, A. (1982): Sodium regulation in the shore crab *Carcinus maenas* as related to ambient salinity. Mar Biol. **69**, 37–43.

Winkler, A., Siebers, D. & Leweck, K. (1982): Zur Bestimmung von Natrium in Meerwasser mit ionensensitiven Elektroden. GIT Fachz. Lab. **26**, 228–229.

1.3.25 *Carcinus maenas*: Messung von Potentialdifferenzen an künstlich durchströmten Kiemen

*Dietrich Siebers und
Andreas Winkler*

Die vorangegangenen Experimente haben verdeutlicht, daß die Strandkrabbe *Carcinus maenas* in Meer- und Brackwasser zu leben vermag (s. Abschn. 1.3.24). In brackigen Biotopen wird der osmotische Druck der Körperflüssigkeiten im Vergleich zum umgebenden Milieu hyperreguliert. Dieser Prozeß beruht auf spezifischen, energieverbrauchenden Ionenpumpen, die vermehrt in den hinteren Kiemen der Krabbe lokalisiert sind. Sie pumpen laufend Salze aus dem Wasser gegen erhebliche Konzentrationsgradienten «bergauf» durch die Kieme ins Blut. Die aktiven Ionentransporte sind darauf ausgerichtet, die permanenten passiven Salzverluste zu kompensieren, die durch Diffusion in umgekehrter Richtung vom Blut durch weiche Teile der Körperoberfläche ins verdünnte Außenmedium entstehen.

Die aktive Aufnahme von Na^+ beruht mit großer Wahrscheinlichkeit auf der Aktivität der Na^+-Pumpe, die Bestandteil der basolateralen Membran der Kiemenepithelzelle ist. Es wird angenommen, daß die Ouabain-sensitive Na-K-ATPase die zentrale Rolle beim aktiven Transport des im Meerwasser häufigsten Kations Na^+ spielt. Diese Annahme beruht auf den Befunden, daß die spezifische Aktivität dieses Enzyms in den transportaktiven Kiemen im Vergleich zu anderen Organen besonders hoch ist und daß der Salzgehalt die Akti-

vitäten drastisch zu modifizieren vermag. Um diese Annahme weiter abzusichern und einen Einblick in die Wirkungsweise der Na^+-Pumpe zu erhalten, benutzt man das Präparat der isolierten, künstlich durchströmten Kieme der Strandkrabbe. Das vorgestellte Präparat ist eine Weiterentwicklung der von Péqueux & Gilles (1978) verwendeten Technik. Hierbei werden das afferente und efferente Gefäß einer isolierten Kieme mit Hilfe feiner Polyäthylenschläuche an einen künstlichen Hämolymphkreislauf angeschlossen. Dieses isolierte Organpräparat überlebt i.d.R. mehrere Stunden und erlaubt die Messung von Potentialdifferenzen (PD) zwischen dem umgebenden Medium und dem Hämolymphraum mit Hilfe von Elektroden in Verbindung mit einem empfindlichen Millivoltmeter.

1.3.25.1 Untersuchungsobjekte und Materialbedarf

Das Sammeln und Hältern der Strandkrabben wurde bereits beschrieben (s. Abschn. 1.3.24). Um die Mechanismen der Ionenaufnahme zu aktivieren, werden die Krabben einige Wochen in Brackwasser von 10‰ Salzgehalt gehalten. Es empfiehlt sich, möglichst große Strandkrabben zu verwenden.

An Geräten werden benötigt: Stereomikroskop, peristaltische Pumpe mit Schläuchen aus Tygon oder Silikongummi, Förderleistung 0,12–0,15 ml/min (bei Verwendung eines hydrostatischen Gefälles von 15–25 cm Wassersäule kann auf die Peristaltikpumpe verzichtet werden), Millivoltmeter mit 0,1 mV Anzeigegenauigkeit («Multimeter»), 2 Ag/AgCl-Bezugselektroden (Typ 373-S7 der Fa. Ingold, Frankfurt/M.), Belüftungspumpe für Aquarien mit Verbindungsschläuchen.

Sonstiges Material: 4–6 Bechergläser (50 ml), ca. 5 Reagenzgläser oder Tablettenröhrchen (2 cm Innendurchmesser) mit Reagenzglasständer, 2 Petri-Schalen, einige Pasteur-Pipetten, gebogene Pinzette, kleine Schere, Uhr mit Sekundenanzeige, wasserfester Filzstift, Nähseide o.ä., Polyäthylenschlauch mit 2–4 mm Innendurchmesser (kann nach Erwärmen in einigen cm Entfernung über kleiner Flamme zu feinen Kapillaren ausgezogen werden). Agarbrücken (Abb. 1.42) leiten den Strom zwischen den Lösungen: Es handelt sich um U-förmig gebogene Glas- oder Kunststoffrohre mit 3–5 mm Innendurchmesser (Schenkellänge 7–10 cm, Schenkelabstand 3–4 cm). 3 g Agar werden mit 100 ml 3 M KCl-Lösung unter Erhitzen im Wasserbad und dauerndem Rühren gelöst und luftblasenfrei in die U-Rohre gefüllt. Zur Aufbewahrung der Agarbrücken dienen geschlossene Mar-

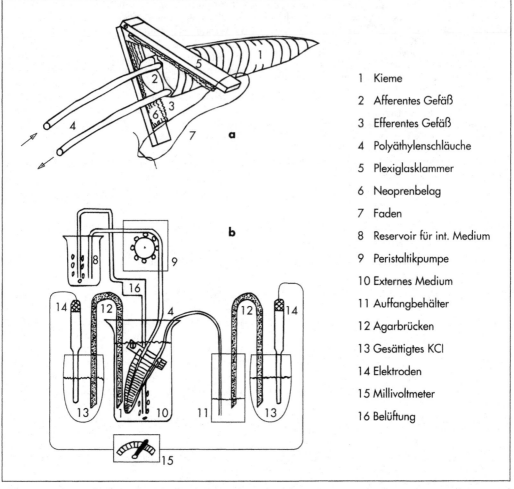

1 Kieme

2 Afferentes Gefäß

3 Efferentes Gefäß

4 Polyäthylenschläuche

5 Plexiglasklammer

6 Neoprenbelag

7 Faden

8 Reservoir für int. Medium

9 Peristaltikpumpe

10 Externes Medium

11 Auffangbehälter

12 Agarbrücken

13 Gesättigtes KCl

14 Elektroden

15 Millivoltmeter

16 Belüftung

Abb. 1.42: Schematische Darstellung des Präparats der künstlich durchströmten Kieme. a = Verbindung der Gefäße mit Polyäthylenschläuchen und Plexiglasklammer, b = Perfusionsanordnung

meladengläser, die ca. 2–3 cm mit gesättigter KCl-Lösung gefüllt sind. Vor der Verwendung werden die Brücken gründlich mit Aqua dest. gespült und mit Kleenex-Tüchern trockengetupft, damit kein zusätzliches KCl in die Perfusions- und Badlösung gelangt.

Plexiglasklammern dienen der Befestigung der feinen Schläuche in den Gefäßen der Kieme. Die Klammern bestehen aus 2 Plättchen aus Plexiglas oder anderem Kunststoff (25 mm lang, 6–8 mm breit, 3 mm dick), die durch ein Gelenk oder ein eingeklebtes flächiges elastisches Material (Gummi, Kunststoff) miteinander verbunden sind. Innen ist eine 2 mm dicke Schicht aus weichem Material (Moosgummi, Neopren, Schaumstoff) eingeklebt,

um die eingeführten Schläuche ohne Verletzung des Kiemengewebes zu fixieren.

Weiterhin werden benötigt: Brackwasser, d. h. ca. halbkonzentriertes Meerwasser, 445 mOsm/kg = 200 mM Na^+, Aqua dest., gesättigte und 3 M KCl-Lösung, ca. 200 mg NaCN oder KCN, ca. 1 g Ouabain, ca. 1 g Amilorid. Die Reagenzien sind handelsüblich; Amilorid kann bei der Fa. Merck, Sharp & Dohme (München) erbeten werden. Statt Amilorid kann auch Triamteren (Sigma) verwendet werden. NaCN, Ouabain, Amilorid und Triamteren sind giftig und sollten daher nur in kleinen Mengen am Arbeitsplatz vorhanden sein.

1.3.25.2 Versuchsanleitung

Perfusionsanordnung: Der Versuchsaufbau erfolgt nach der in Abb. 1.42 dargestellten Anordnung. Die Elektroden (14) befinden sich in Reagenzgläsern, die 3–4 cm hoch mit gesättigter KCl-Lösung gefüllt sind. Sie werden mit dem Meßgerät (15) verbunden. Die in Abb. 1.42 b links dargestellte Elektrode ist mit der Referenzbuchse und die rechte Elektrode mit der Meßbuchse zu verbinden, da im Experiment das Innenpotential als Differenz gegen das Außenpotential (Bezugspotential) gemessen wird.

Aus der gesättigten KCl-Lösung führen Agarbrücken in 30–50 ml externes Medium (10) und in den Auffangbehälter (11) für die durch die Kieme geströmte Hämolymphersatzflüssigkeit. Dieses Innenmedium wird über die Pumpe (9) aus einem Reservoir (8) mit einer Rate von ca. 0,13 ml/min gefördert. Der Silikonschlauch in der Pumpe wird mit einem dünn ausgezogenen Polyäthylenschlauch verbunden, der den Übergang ins afferente Gefäß herstellt. Sehr feine Schlauchverbindungen kann man sich mit Hilfe von Injektionsnadeln herstellen, die in vielen Stärken erhältlich sind. Sie können nach vorsichtigem Anfeilen gebrochen werden. Die Bruchstelle wird mit feinem Sandpapier geglättet. Der so erhaltene Abschnitt der Injektionsnadel dient als Bindeglied zwischen den Schlauchenden.

Die beiden gesättigten KCl-Lösungen (13) werden nun durch eine weitere Agarbrücke kurzgeschlossen, um eine mögliche Elektrodendifferenz zu messen, die in der Regel unter 2–3 mV plus oder minus liegt und bei der späteren Messung von Potentialdifferenzen (PD) als Korrekturfaktor verwendet wird. Als externes Medium, internes Medium sowie zur Aufbewahrung der Kieme wird halbkonzentriertes Meerwasser (445 mOsm/kg = 200 mM Na^+) verwendet.

Präparation der Kieme: Die Carapaxbreite der Krabbe, ihr Geschlecht sowie der Hälterungssalzgehalt werden protokolliert. Mit einem Einschnitt zwischen den Augenstielen, ca. 2 cm in den Cephalothorax, wird das Oberschlundganglion durchtrennt und der Krebs schmerzlos getötet. Stets wird das Vorderteil des Cephalothorax nach unten gehalten, um möglichen Kontakt mit der Magenflüssigkeit mit den Kiemen zu vermeiden. Der Carapax wird vorsichtig abgehoben, so daß die inneren Organe und die beiden seitlichen Kiemenreihen freiliegen.

Die hinteren Kiemen werden mit einer gebogenen Pinzette vorsichtig am Körperansatz erfaßt, abgetrennt und in eine Petri-Schale mit 50% Meerwasser überführt. Am besten eignen sich die vorletzte Kieme (Nr. 8), sowie Kieme 6 und 7. Noch nach 3–4 Std. Lagerung bei 10–15 °C kann eine Kieme zur Perfusion verwendet werden. Die abgetrennte Kieme wird nun mit der Pinzette an der Basis erfaßt und mit einer Schere wird parallel zu den Kiemenplättchen so viel Gewebe abgeschnitten, daß die beiden Gefäße in einer Ebene freiliegen. Zunächst wird die Kapillare, aus der Innenmedium gefördert wird, in das afferente Gefäß eingeführt, um die Hämolymphe aus der Kieme herauszuspülen und so Verstopfung durch geronnene Hämolymphe zu vermeiden. Dies geschieht unter dem Stereomikroskop in einer zweiten Petri-Schale mit 50% Meerwasser, wobei die Kieme mit der Pinzette vorsichtig unter Wasser festgehalten werden muß. Unter dem Stereomikroskop kann auch der Kapillarendurchmesser auf das Gefäß abgestimmt werden. Das vordere Ende der Kapillare kann über ca. 3 mm mit einem dunklen Filzstift eingefärbt werden. So kann die Eindringtiefe in das Gefäß unter dem Stereomikroskop besser kontrolliert werden. Zum Spülen der Kieme kann der Durchfluß für ca. 1 min auf 0,3–0,5 ml/min erhöht werden. Am Ausgang des efferenten Gefäßes wird austretende Hämolymphe sichtbar. Nach der Spülung wird die afferente Kapillare wieder entfernt.

Jetzt wird (wiederum unter vorsichtigem Festhalten der Kieme) mit einer Pinzette eine ca. 10 cm lange Kapillare ca. 4 mm in das efferente Gefäß eingeführt. Danach wird auch die afferente Kapillare erneut ca. 4 mm tief eingeführt. Beide Kapillaren werden, ca. 1 cm von der Kiemenbasis entfernt, mit der Pinzette erfaßt und mit der Kieme aus dem Wasser gehoben. Jetzt faßt man beide Kapillaren mit der Kieme mit Daumen und Zeigefinger der rechten Hand und hält die Kiemenspitze nach oben, damit die Kieme nicht abfällt. Nun wird die offene, angefeuchtete Klammer mit der linken Hand über die Kiemenbasis mit den beiden eingeführten Kapillaren gehalten (Abb. 1.42 a) und mit Daumen und Zeigefinger vorsichtig zusammengepreßt. Meist tritt jetzt Innenmedium aus dem efferenten Schlauch, und man kann aus der Zeitfolge der austretenden Tropfen (ca. 1 Tropfen/10 sec) auf ungehinderte Durchströmung schließen. Nun wird, während die linke Hand die Klammer weiterhin zusammengepreßt, ein bereitgelegter Faden (7) mit der rechten Hand mehrfach um die freien Schenkel der Klammer gewickelt und verknotet. Nach Abschneiden der freien Enden wird die nunmehr durchströmte präparierte Kieme mit der Klammer ins externe Badmedium überführt und der efferente Schlauch mit dem Auffangbehälter (11) verbunden. Das externe Badmedium (10) wird über eine Pasteur-Pipette, die mit der Aquarienpumpe verbunden ist, belüftet. Mit den aufsteigenden Luftblasen wird zugleich die Badflüssigkeit in Zirkulation versetzt, so daß stets externes Medium an den Kiemenplättchen vorbeiströmt. Auch die interne Lösung (8) kann belüftet werden. Dabei ist darauf zu achten, daß keine Luftblasen angesaugt werden und über die Pumpe in die Gefäße der Kieme gelangen. In der Regel kann aber auf Belüftung der internen Lösung verzichtet werden. Das Präparieren der Kieme erfordert Fingerspitzengefühl, Geduld und Übung.

1.3.25.3 Auswertung

Mit dem Überführen der Kieme ins externe Medium und dem Durchströmen mit Hämolymphersatzflüssigkeit ändert sich die Kurzschluß-PD noch nicht. Nehmen wir an, daß sie + 1,5 mV beträgt. Jetzt wird die Kurzschlußagarbrücke zwischen den beiden Elektroden vorsichtig entfernt, damit kein gesättigtes KCl in die Lösungen tropft. In der Regel stellt sich spontan die transepitheliale PD ein, die − 5,5 mV betragen möge. Die korrigierte PD beträgt somit − 5,5 mV − 1,5 mV = − 7 mV. Man notiere diese PD über ca. ½–1 Std. im Abstand von 5 min in das Protokoll. I.d.R. bleibt sie mit etwa 1–2 mV Änderung pro Std. relativ konstant. Jetzt stoppt man kurzzeitig die Pumpe und ersetzt die Innenlösung durch dieselbe Lösung, allerdings unter Zusatz von 10^{-3} M NaCN. Die PD bricht zusammen und verbleibt bei etwa 0 mV (Abb. 1.43 a). Wenn die PD sich ändert, muß im Minutenabstand oder noch kürzeren Intervallen protokolliert werden.

In einem zweiten Experiment werden nach Einstellen der Kontroll-PD die Elektroden wieder kurzgeschlossen, um das Außenmedium durch eine Lösung mit $5 \cdot 10^{-3}$ M Ouabain zu ersetzen. Nach Entfernen der Agarbrücke zwischen den Elektroden ist das Kontrollpotential kaum verändert. Die Ouabainwirkung setzt erst nach Applikation im Innenmedium ein (Abb. 1.43 c). Ouabain wirkt langsamer als CN⁻, der Effekt ist erst nach 0,5–1 Std. vollständig. Nach Entfernung des Ouabains stellt sich die ursprüngliche PD in 0,5–1 Std. wieder ein, d.h., die Wirkung ist weitgehend reversibel.

In einem weiteren Experiment wird nach Einstellen der Kontroll-PD die Wirkung einer Lösung von 10^{-4} M Amilorid getestet (Abb. 1.43 b). Man stelle fest, ob Amilorid von der Bad- oder der Blutseite wirkt und wie sich der Hemmeffekt zu der Wirkung von CN⁻ von Ouabain verhält. Auch der Frage der Reversibilität der Amiloridwirkung gehe man nach.

Durch Veränderung der Hemmstoffkonzentration können Dosis-Wirkungskurven aufgestellt werden, um die K_i des Hemmstoffs zu ermitteln, nämlich die Konzentration, bei der halbmaximale Wirkung erzielt wird.

Zur Deutung der Versuche: Wird die Kieme der Strandkrabbe mit identischen Lösungen gebadet und durchströmt, dann handelt es sich bei den beobachteten Potentialdifferenzen zwischen Bad (außen) und Hämolymphraum (innen) um aktive Transportpotentiale (Siebers et al. 1985). Diese können nicht auf passiven Ionenbewegungen beruhen, da keine Konzentrationsunterschiede zwischen außen und innen vorliegen. Passive, auf Diffusion von Salzen beruhende Potentiale stellen sich sogleich ein, wenn z.B. die Außenlösung mit Aqua dest. verdünnt wird.

Das gemessene aktive Transportpotential ist eng an die aktive NaCl-Aufnahme gekoppelt, da z.B. NaCN und Ouabain den NaCl-Transport hemmen (Siebers et al. 1986). Daß das aktive Transportpotential auf dem Stoffwechsel der lebenden Zelle beruht, wird durch den CN⁻-Effekt deutlich (Winkler 1986). Daß es aus der Aktivität der ATP verbrauchenden Na⁺-Pumpe resultiert, wird durch die Ouabainwirkung verständlich, da die Na-K-ATPase der einzige bekannte Wirkort dieser Droge ist. Deren basolaterale Lokalisation in der Epithelzelle wird durch die Versuche nachgewiesen. Auch eine apikale Komponente der aktiven Salzaufnahme wird untersucht, der Amilorid-sensitive Na⁺-Kanal. Hatten CN⁻ und Ouabain die mit ca. 4 bis 9 mV negative PD in Richtung auf +/− 0 mV verändert, so verstärkt Amilorid die interne Negativität von 4 bis 9 mV auf 9 bis 14 mV. Das liegt daran, daß der Na⁺-Eintritt in die Zelle inhibiert wird.

Das Präparat der isolierten Kieme kann zur Lösung verschiedener Fragestellungen beitragen, darunter aktive Ionenaufnahme, Exkretion stickstoffhaltiger Substanzen, Energetik der Osmoregulation, Säure-Basen-Gleichgewicht und Atemgastransport. Aus dem hier geschilderten Versuch wird deutlich, daß die aktive Ionenaufnahme bei hyperregulierenden Crustaceen ein komplexer Vorgang ist, an dem u.a. apikale und basolaterale Komponenten der Kiemenzelle beteiligt sind.

1.3.25.4 Fragen

1. Weshalb kann bei dem geschilderten Versuch auf aktive Transportpotentiale geschlossen werden?
2. Welche Bausteine des Ionentransports durch die

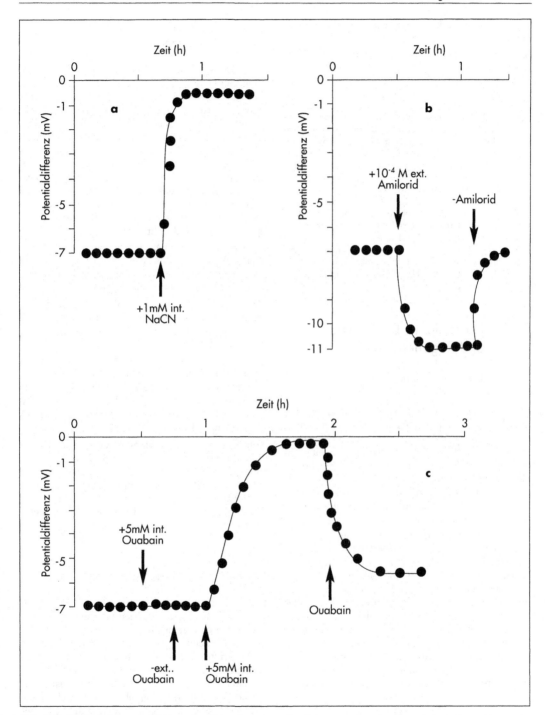

Abb. 1.43: Der Einfluß von NaCN (a), Amilorid (b) und Ouabain (c) auf die transepitheliale Potentialdifferenz (PD) der Kieme 8 der Strandkrabbe *Carcinus maenas* (Schema). Die Kieme wurde in 50% Meerwasser (445 mOsm/kg, 200 mM Na⁺) gebadet und mit derselben Lösung künstlich durchströmt

Kieme der Strandkrabbe sind in dem Experiment zutage getreten?

3. Welche spezifischen Hemmstoffe wurden für diesen Nachweis verwendet?

Literatur

Péqueux, A. & Gilles, R (1978): Na⁺/H⁺ co-transport in isolated perfused gills of the chinese crab *Eriocheir sinensis* acclimated to fresh water. Experientia **34**, 1593–1594.

Siebers, D., Winkler, A., Lucu C., Thedens, G. & Weichart, D. (1985): Na-K-ATPase generates an active transport potential in the gills of the hyperregulating shore crab *Carcinus maenas*. Mar. Biol. **87**, 185–192.

Siebers, D., Lucu, C., Winkler, A., Dalla Venezia, L. & Wille, H. (1986): Active uptake of sodium in the gills of the hyperregulating shore crab *Carcinus maenas*. Helgoländer Meeresunters. **40**, 151–160.

Winkler, A. (1986): The role of the transbranchial potential difference in hyperosmotic regulation of the shore crab *Carcinus maenas*. Helgoländer Meeresunters. **40**, 161–175.

1.3.26 Phoroniden: Bau, Verhalten und Regeneration

Christian C. Emig

Die Phoroniden gehören wie die Brachiopoden und Bryozoen zu den Tentaculata (Lophophorata); sie leben in selbstsezernierten, pergamentartigen, oft sandinkrustierten Wohnröhren, zuweilen in dichten Populationen, sowohl in Sedimentböden als auch bohrend in oder festgeheftet auf Hartsubstraten. Von den beiden bekannten Gattungen *Phoronis* und *Phoronopsis* kommt nur die erstere in europäischen Gewässern vor.

Phoroniden sind ohne Schwierigkeiten im Aquarium zu züchten. Sie sind in der Regel farblos transparent; so läßt sich ihre innere Organisation gut im Leben unter dem Stereomikroskop beobachten und bietet einen guten Einblick in die Baueigentümlichkeiten dieser noch unzureichend erforschten Gruppe. Zudem kann man leicht eine Reihe einfacher Experimente mit ihnen anstellen, etwa die Sekretion und den Bau ihrer Wohnröhre verfolgen, ihre Körperorientierung zur Strömung untersuchen, die Regeneration ihrer Tentakelkrone sowie ihren Blutkreislauf im Leben beobachten.

1.3.26.1 Untersuchungsobjekte und Materialbedarf

Beschaffung von Versuchstieren: Schon im strandnahen Flachwasser kann man zuweilen an Sandküsten von Mittelmeer und Atlantik mehrere Phoronidenarten finden. *Phoronis psammophila* lebt in senkrecht im Boden steckenden Röhren in sublitoralen Feinsanden (Sables fins bien calibrés = S.F.B.C.) oder schlickigen Sanden (Sables vaseux de mode calme = S.V.M.C.) Die Tiere sind leicht einzusammeln, indem man durch rasches Abwedeln mit der Hand auf kleinen Flächen die obersten 5–10 cm der Feinsedimentschicht abträgt und dann die so freigelegten, zerbrechlichen Röhren vorsichtig aus dem Grund zieht.

Phoronis hippocrepia baut Röhren auf oder bohrt in allerlei Hartsubstraten wie Muschelschalen und Kalkstein. Diese muß man zur Gewinnung der Tiere mit dem Meißel zerschlagen.

Phoronis australis lebt in *Cerianthus*-Röhren. Namentlich in der Gegend von Almeria an der spanischen Mittelmeerküste findet man diese Art regelmäßig in Massen.

Hälterung: In einem gut belüfteten Aquarium mit einer 8–10 cm hohen Schicht sandigen Bodengrundes und darüber mindestens 10 cm Wasserhöhe lassen sich die gesammelten Tiere bei regelmäßigem Wasserwechsel (2mal die Woche) problemlos in größerer Zahl über Wochen halten.

Versuchsausrüstung: Mehrere Glas- oder Kunststoffaquarien (ca. 25 × 15 × 20 cm); Belüftungspumpen und -fritten, Silikonschlauch, Stereomikroskop, Mikroskop, Objektträger und große Deckgläser; feine Pinzette, Skalpell, feine Präparierschere; einige Boveri-Schälchen oder kleine Petri-Schalen.

1.3.26.2 Versuchsbeschreibungen

1. **Ausrichtung zur Strömung:** 5–10 Tiere in ihren Röhren werden in Aquarienmitte in 1–2 cm Abstand voneinander in den Bodengrund gesteckt, und die Belüftungsfritte wird in einer Ecke des Aquariums unmittelbar über der Sedimentoberfläche befestigt. Am folgenden Tag protokolliere man die Verteilung der Tiere im Versuchsbecken und die Orientierung ihrer Tentakelkronen. Dann fixiere man die Belüftungsfritte in der gegenüberliegenden Aquarienecke und stelle nach 1 Std. erneut die Ausrichtung der Tentakelkronen fest. Phoroniden sind Strudler; die Tentakelkrone – ein Trichter, an dessen Grund die

Mundöffnung und außerhalb dessen der After liegt – wird immer der Strömung entgegengerichtet.

2. **Röhrenbau**: Man setze ein Dutzend Tiere in ihren Röhren in ein meerwassergefülltes Versuchsbecken ohne sandigen Bodengrund, in den sich die Tiere eingraben könnten. In regelmäßigen Abständen über etwa 24 Std. sehe man nach, ob Tiere ihre Röhren verlassen haben.

Leere Röhren entferne man sogleich und beobachte, wieder über 24 Std., den Verlauf der Sekretion einer neuen durchsichtigen Wohnröhre. Man achte zugleich darauf, in welcher Körperregion der Röhrenbau beginnt (Stereomikroskop).

Auf frisch gebildete Röhren lasse man etwas Sand herabrieseln und beobachte, was mit den Sandkörnern geschieht. Man vergleiche die

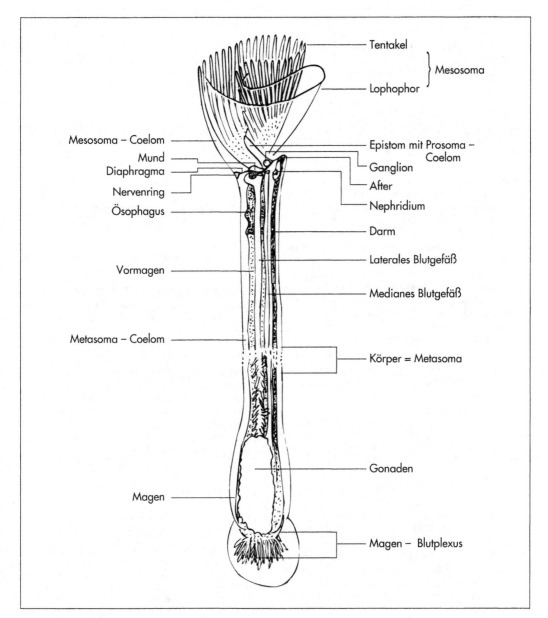

Abb. 1.44: Schematische Darstellung des Aufbaus eines Phoroniden

Struktur solcher Wohnröhren mit der der ursprünglichen Röhren. Zum Schluß setze man ein röhrenloses Tier auf Sandgrund und verfolge, wie es sich in diesen eingräbt.

3. **Beobachtung der Lophophor-Regeneration:** Man entferne bei einem Dutzend Tiere die vordere Röhrenhälfte (Röhre zwischen den Fingern vorsichtig oberhalb der rötlich durchscheinenden Ampulle zerbrechen) und setze diese in ein Versuchsbecken ein. Am nächsten Tag lese man solche Tiere aus, die ihre Tentakelkrone abgeworfen haben, beobachte nun in regelmäßigen Abständen über etwa 2 Tage deren Regeneration unter dem Stereomikroskop und skizziere die Regenerationsstadien. Bei einer weiteren Versuchsgruppe amputiere man mit einem scharfen Skalpell die Tentakelkronen ca. 1 mm unterhalb ihrer Basis und verfolge gleichfalls deren Regeneration. Man protokolliere und vergleiche Dauer und Stadien der Lophophorregeneration bei beiden Versuchsgruppen.

4. Man sehe sich die **äußere** und **innere Organisation** eines aus seiner Wohnröhre befreiten Versuchstieres an, zuerst in einem Boveri-Schälchen mit wenig Meerwasser, dann, nachdem man das Tier unter einem großen Deckglas leicht gepreßt hat, unter dem Mikroskop (Blutkreislauf) und vergleiche das Gesehene mit der Schemadarstellung (Abb. 1.44).

5. Man bestimme das **Geschlecht der Tiere**, falls reife Gonaden entwickelt sind (*P. psammophila* ist getrenntgeschlechtlich, *P. hippocrepia* und *australis* sind Zwitter.), und überprüfe, ob in der Lophophoröffnung zwischen Mund und After Sexualdrüsen – sogen. Lophophororgane bei ♂ ♂, Nidamentaldrüsen bei ♀ ♀ – ausgebildet sind. Alle drei Arten betreiben Brutpflege; die Larven entwickeln sich festgeheftet im mütterlichen Lophophor.

Falls man abgelöste reife Actinotrocha-Larven aus Planktonfängen isolieren kann, läßt sich an ihnen sehr eindrucksvoll unter dem Stereomikroskop die in wenigen Minuten ablaufende Metamorphose verfolgen. Hälterung der Larven in Boveri-Schälchen mit frischem Meerwasser.

6. Man presse ein röhrenloses Tier ganz leicht unter einem großen Deckglas und beobachte unter dem Mikroskop **Gefäßsystem** und **Blutkreislauf** (Erythrocyten mit Hämoglobin), die Längsgefäße im Rumpf und den Magengefäßplexus in der Ampulle, ebenso die Fließrichtung des Blutes in den Gefäßstämmen, die Gefäßkontraktionen und ihre Dauer sowie den Blutstrom in den Tentakelgefäßen. Beachten Sie die Formveränderungen der Erythrocyten in der Strömung und den Blutstrom vom Lophophorgefäß in die Tentakelkapillaren und zurück.

Literatur

Emig, C.C. (1966): Anatomie et écologie de *Phoronis psammophila* Corti (Golfe de Marseille et environs; Etang de Berre). Rec. Trav. Stn. mar. Endoume **40**, 161–248.

Emig, C.C. (1972): Régénération de la région antérieure de *Phoronis psammophila* Cori (Phoronida). Z. Morph. Tiere **73**, 117–144.

Emig, C.C. (1973): Écologie des Phoronidiens. Bull. Ecol. **4** (4), 339–364.

Emig, C.C. (1979): British and other Phoronids. Synopsis of the British Fauna, **13** (Eds. D,M. Kermack and R.S.K. Barnes), 57 pp., Academic Press: London, New York.

Emig, C.C. (1982): The Biology of Phoronida. Adv. mar. Biol. **19**, 1–89.

Emig, C.C. et F. Béchérini (1970): Influence des courants dans l'éthologie alimentaire du Phoronidiens. Etude par séries de photographies cycliques. Mar. Biol. **5**, 239–244.

Pourreau, C. (1979): Morphology, distribution and role of the epidermal gland cells in *Phoronis psammophila* Cori. Téthys **9**, 133–136.

1.3.27 Seeigel: Embryogenese und Larvalentwicklung

Helmut Vollmar

Nachdem Oskar Hertwig 1875 erstmals die Befruchtung am Seeigelei beobachtete, wurden diese Tiere ein bevorzugtes Objekt der Entwicklungsbiologie. Für ihre Verwendung in einem meeresbiologischen Praktikum sprechen folgende Vorteile:

– Zu unterschiedlichen Jahreszeiten stehen jeweils verschiedene Arten in geschlechtsreifem Zustand zur Verfügung.

– Seeigel treten in der Regel mit hohen Populationsdichten auf, so daß ausreichend Versuchstiere vorhanden sind.

– Die hohe Ausbeute an Geschlechtsprodukten liefert die Voraussetzung für mannigfache Untersuchungen mit hoher statistischer Absicherung der Ergebnisse.

– Die Entwicklung läßt sich durch künstliche Besamung leicht in Gang setzen.

– Die Transparenz der Eihüllen bietet beste Möglichkeit zur Beobachtung der Entwicklung.

Normalentwicklung: Nach der Besamung des Seeigeleies finden mehrere Kortexreaktionen statt, die mit der sichtbaren Abhebung einer Befruchtungsmembran enden und ein weiteres Eindringen von Spermien verhindern. Das Seeigelei teilt sich innerhalb von 60–120 min zum erstenmal entlang einer Ebene, die durch den animalen und vegetativen Pol des Eies verläuft. Nachfolgende Furchungszeiten betragen 30–50 min. Die zweite Furchung ist gleichfalls meridional und senkrecht zur ersten, so daß vier gleich große, etwas gestreckte Zellen entstehen (Abb. 1.45 b). Durch die dritte, äquatoriale Furchung bilden sich acht Zellen (Abb. 1.45 c). Die vierte Teilung schneidet das obere, animale Quartett meridional in acht Zellen, die Mesomeren, während eine horizontale Furchungsebene, die mehr zum vegetativen Pol hin gelegen ist, das untere Quartett in vier große Makromeren und vier kleine Mikromeren teilt (Abb. 1.45 d). Nach den nächsten beiden Teilungsschritten unterscheidet man die Zell-

kränze Animal 1 und 2, entstanden aus den Mesomeren, Vegetativ 1 und 2, entstanden aus den Makromeren, und die Mikromeren.
Über ein Morulastadium entwickelt sich der Keim weiter zur Blastula (Abb. 1.45 g). Hier sind die Zellen einschichtig in Form einer Hohlkugel angeordnet. Cilien wachsen aus. Der Embryo beginnt innerhalb der Befruchtungsmembran zu rotieren. Diese bricht bald darauf auf und entläßt die frei schwimmende Blastula. Am animalen Pol entsteht ein Schopf langer Stereocilien, welche das sensorische «Apikalorgan» bilden (Abb. 1.45 h).

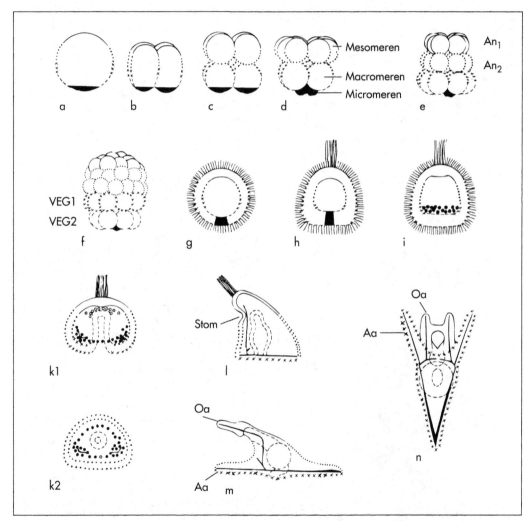

Abb. 1.45: Schema der Normalentwicklung von *Paracentrotus lividus*. (Zukünftiges) Entwicklungsschicksal der Schichten: **An 1** durchgezogene Linien; **An 2** gepunktet; **Veg 1** gekreuzt; **Veg 2** gestrichelt; **Micromeren** schwarz; **a** Ungefurchtes Ei; **b** 4-Zell-Stadium; **c** 8-Zell-Stadium; **d** 16-Zell-Stadium; **e** 32-Zellstadium; **f** 64-Zell-Stadium; **g** junge Blastula; **h** späte Blastula mit Wimperschopf; **i** Blastula nach Bildung des primären Mesenchyms; **k 1** Gastrula mit sekundärem Mesenchym; **k 2** gleiche Gastrula im optischen Querschnitt; **l** Prismenstadium in Seitenansicht mit Mundbucht; **m** Pluteuslarve von der linken Seite; **n** Pluteus von der Analseite. Stom Stomodaeum; Oa Oralarm; Aa Analarm. (n. Hörstadius 1939)

Der Bereich des vegetativen Poles flacht sich ab und die Abkömmlinge der Mikromeren wandern in das Innere des Blastocoels (Abb. 1.45 i). Während der nun folgenden Gastrulation stülpt sich hier auch der Urdarm ein. Um diesen herum formieren die primären Mesenchymzellen einen Ring (Abb. 1.45 k1 u. k2). Sie bauen später die kristallinen, dreistrahligen Skelettelemente der Larve auf. Eine zweite Seite, die Oralseite des Keimes, flacht sich ab und bildet eine Einsenkung, die Mundbucht (Stomodaeum, Abb. 1.45 i). Über Filopodien nehmen die Zellen der Mundbucht und der Spitze des Urdarms miteinander Kontakt auf und wachsen aufeinander zu. Vor der Vereinigung von Urdarm und Mundbucht wandern sekundäre Mesenchymzellen aus der Urdarmkuppe aus. Aus ihnen entwickeln sich die Coelome. Nachdem Urdarm und Mundbucht miteinander verschmolzen sind und die Membran zwischen beiden durchbrochen ist, differenziert sich der Verdauungstrakt in Ösophagus, Magen und Darm. Der Urmund wird zum After. Nach Ausbildung von zwei Oral- und zwei Analarmen entsteht der Pluteus, die Larve der Seeigel (Abb. 1.45 m/n).

Die Metamorphose zum Seeigel beginnt an der linken Seite der Larve. Aus einem Teil des Coeloms, dem Hydrocoel, und einer ektodermalen Einstülpung bildet sich die pentamer gegliederte, radiärsymmetrische Imaginalanlage. Fünf Ambulacralfüßchen (Primärtentakel) und erste

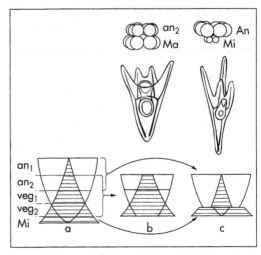

Abb. 1.47: Entwicklung annähernd normaler Plutei durch Aufbau des animalen und vegetalen Gradienten nach Kombination verschiedener Zellkränze. **a** Normalzustand im Ganzkeim; **b** an2 + Makromeren; **c** An (an1 + an2) + Micromeren. (aus Kühn 1965)

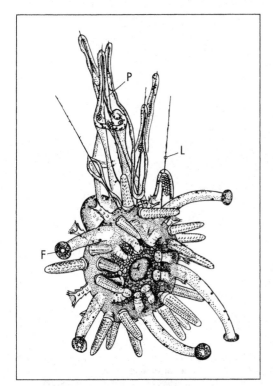

Abb. 1.46: Junger Seeigel *Psammechinus miliaris* mit Rest der Larve. F Ambulacralfüßchen; L Larvalskelett; P Pluteus. (n. Czihak)

Stacheln wachsen aus. Die Larve sinkt zu Boden. Ihre Arme werden zurückgebildet. Schließlich werden die restlichen Teile des Pluteus resorbiert. Ein kleiner Seeigel ist entstanden (Abb. 1.46).

Theoretischer Hintergrund: Schon vor etwa 100 Jahren erkannte H. Driesch, daß isolierte Blastomeren des 2- und 4-Zellstadiums sich zu verkleinerten, vollständigen Plutei entwickeln. Die Blastomeren des 8-Zellstadiums dagegen haben, wie sich später zeigte, die volle Regulationsfähigkeit verloren, da aus ihnen, einzeln kultiviert, nur Teilembryonen entstehen. Durch Vitalfarb-Markierungen einzelner Zellkränze des 32-Zellstadiums wurde ihre prospektive Bedeutung ermittelt und ein Anlagenplan erstellt (Abb. 1.45). So bilden die Zellen der Region An 1 und An 2 (An = animal) das Ektoderm der Larve bis auf einen Teil der Analseite, welches aus Veg-1-Zellen (Veg = vegetal, neue Terminologie n. Czihak) hervorgeht. Aus Veg-2 entwickelt sich der Darm, sekundäres Mesenchym und die Coelomsäckchen. Allein aus den Mikromeren entsteht das Larvalskelett. – Isolierung und Kultivierung dieser Zellkränze zeigen ähnliche Ergebnisse, wenn auch die prospektive Potenz der Zellen größer ist als ihre Bedeutung: Aus isolierten An-1-Zellen- entstehen Dauerblastulae ohne Darm. Aus Veg-2, dem präsumtiven Entomesoderm entwickeln sich Larven mit Ektoderm, Skelettelementen und großem Darm, der manchmal aus Platzmangel zur «Exogastrula» nach außen gestülpt sein kann; eine vegetalisierte Larve entsteht. In der Folge der Kränze vom animalen zum vegetalen Pol zeigt sich eine graduelle Abstufung, in der eine animale Tendenz abnimmt und eine vegetale Tendenz zunimmt.

Runnström leitete 1928 hieraus seine Gefälle-Hypothese ab. Sie besagt, daß zwei gegensinnige morphogenetische Gradienten, die sich gegenseitig durchdringen, von den

Polen ausgehen. Die Maxima liegen bei den Polen. Das jeweilige Mischungsverhältnis der Gradienten in einer Schicht bestimmt ihre Entwicklung zu animalisierten oder vegetalisierten Larven. – Bestätigt wurde diese Hypothese durch Kombinationsexperimente von Hörstadius. Kultiviert man den Zellkranz An-1 zusammen mit den Mikromeren, so entwickeln sich die Gradienten dem Verhältnis im ganzen Keim entsprechend. Es entsteht ein nahezu normaler Pluteus (Abb. 1.47).

In bestimmten sensiblen Entwicklungsphasen können die Wirkungen der Gradienten durch eine Vielzahl chemischer Substanzen beeinflußt werden. Vegetalisierende Substanzen sind z.B. Chloramphenicol, Isonikotinsäure-Hydrazin aber auch Mukose aus Schweinedarm und Lithiumsalze. Animalisierende Wirkung haben Natriumrhodanit und Jodide (gelöst in Ca-freiem Meerwasser), Zinkionen, Evansblue und einige proteolytische Enzyme wie Trypsin und Papain.

neues Zucht- oder Behandlungsgefäß übertragen werden.

Sollen die Plutei sich weiter entwickeln, müssen sie gefüttert werden. Als Nahrung sind planktische Mikroorganismen (Diatomeen, Algen etc.) geeignet.

Laborausstattung: Glaszylinder oder Bechergläser (∅ geringer als ∅ der Seeigel); Zuchtschalen (∅ 10 cm, Höhe 5 cm); Petri-Schalen (∅ 10 cm); Pipetten; Einwegspritzen (5 ml); meerwasserfester Markierstift, Mikroskop.

Lösungen: gefiltertes Meerwasser (5 l); LiCl-Lösung (in Meerwasser), Konzentrationen: 5 mM, 15 mM, 45 mM (je 1 Liter); 0,5 M KCL-Lösung; Ca-freies Meerwasser: H_2O 1000,00 g; NaCl 27,00 g; $MgCl$ 3,00 g; KCl 1,00 g; $MgSO$ 1,75 g; KNO Spur. Janusgrün (Diazingrün) 0,5 % in Meerwasser.

1.3.27.1 Untersuchungsobjekte und Materialbedarf

Seeigel sind an allen europäischen Küsten heimisch. Als Beispiele werden hier 4 Arten mit Hauptverbreitungsgebiet, Jahreszeit der Geschlechtsreife und Zuchttemperatur aufgeführt:
Psammechinus miliaris, Atlantik/Nordsee, Sept.–Okt., 16–18° C;
Echinus esculentus, Atlantik/Nordsee, April–Juni, 16° C;
Paracentrotus lividus, Atlantik/Mittelmeer, Okt.–Febr., 18–20° C;
Sphaerechinus granularis, Atlantik/Mittelmeer, Juni–Aug., 18–20° C.

Die meisten Seeigel sind zwar getrenntgeschlechtlich, jedoch zeigen nur wenige Arten eindeutig einen äußeren Geschlechtsdimorphismus. Bei *Psammechinus miliaris* sind die fünf Genitalporen im männlichen Geschlecht mit bräunlich-rot gefärbten, rundlichen Papillen besetzt, bei weiblichen Tieren weisen sie bläulich-weiße, längliche Vertiefungen auf. Bei *Echinus esculentus* lassen sich die Geschlechter dagegen äußerlich nicht unterscheiden, so daß man Eier und Spermien nur nach «Versuch und Irrtum» erlangen kann. Es ist daher ratsam, mehrere Tiere zu sammeln und zur Gametenabgabe zu bringen. – Eier und Spermien lassen sich bei allen Arten gut unterscheiden. Das Umsetzen der Keime erfolgt mit Hilfe von Plastikröhrchen, in die ein Gaze-Netz (70 nm) eingesetzt wurde. Diese «Siebröhrchen» werden auf den Boden einer mit Meerwasser gefüllten Schale gestellt und das Wasser mitsamt den Keimen langsam durch das Röhrchen gegossen. Die Keime sedimentieren dabei schonend und können dann auf der Gaze in ein

1.3.27.2 Versuchsanleitungen und Beobachtungen

Gewinnung der Gameten: Seeigel werden mit der Oberseite (aboraler Pol) nach unten auf einen enghalsigen, mit Meerwasser gefüllten Glaszylinder gelegt, so daß die Genitalporen in das Wasser eintauchen. Mit einer Injektionsspritze wird 0,5 ml der KCl-Lösung in die Leibeshöhle injiziert. Dabei wird die Spitze der Nadel an der Oralseite, seitlich neben dem Kauapparat, durch dessen weichhäutige Aufhängung eingeführt.

Kurz darauf geben die Tiere durch einen oder mehrere Genitalporen ihre Geschlechtsprodukte ab, welche in Form eines dünnen Stranges auf den Boden des Glaszylinders absinken. Konnte man die Geschlechter der Seeigel bisher nicht unterscheiden, sind nunmehr Eier und Spermien deutlich zu unterscheiden. Der Spermienstrang ist fein milchig. Der abfließende Strang der Eier erscheint granuliert und bei einigen Arten durch Carotinoide schwach rötlich gefärbt.

Die Eier lassen sich im Kühlschrank (9° C) mehrere Stunden lagern, ohne ihre Entwicklungsfähigkeit einzubüßen. Das unverdünnte Spermienkonzentrat ist einige Tage haltbar. (Erst in einer mit Meerwasser stark verdünnten Suspension erlangen die Spermien ihre volle Beweglichkeit, verlieren dann allerdings sehr schnell ihre Funktionsfähigkeit).

Bei geschlechtsreifen Seeigeln haben die meisten Eier die Meiose vollzogen und werden haploid, mit kleinem Kern, abgelegt. Unreife, diploide Eier haben einen sehr großen Kern mit Nucleolus *(Psammechinus miliaris)*.

Umgeben wird das Ei von einer dicken Gallerthülle, die im Wasser hyalin erscheint. Um sie sichtbar zu machen, werden einige Eier wenige Minuten in die Janusgrün-Lösung eingelegt und unter dem Mikroskop betrachtet. Auch die typische Struktur der Spermien kann schon bei mittlerer Vergrößerung unter dem Mikroskop beobachtet und ihre Beweglichkeit geprüft werden.

Befruchtung und Normalentwicklung: Bevor Eier besamt werden, ist streng darauf zu achten, daß Pipetten und Glasgefäße getrennt für männliche oder weibliche Geschlechtsprodukte benutzt werden. Schon der geringste Kontakt der Kulturgefäße mit Spermienflüssigkeit führt zum Beginn der Entwicklung.

Um den Befruchtungsvorgang verfolgen zu können, überträgt man eine Anzahl Eier auf einen Objektträger und legt ein Deckgläschen auf, welches man mit kleinen Plastilinfüßchen oder mit Paraffin unterstützt. Dazu gibt man von der Seite her einen kleinen Tropfen der nunmehr mit Meerwasser stark verdünnten (1:20) Spermiensuspension (Verhinderung der Polyspermie). Kurz danach kann man das Abheben der Befruchtungsmembran beobachten. Der Vorgang beginnt an der Stelle, an der ein Spermium mit der Eimembran Kontakt aufgenommen hat und ist nach 1–2 min abgeschlossen.

Die restlichen Eier werden auf mehrere große Glasschalen verteilt (bis zu 500 Eier je Schale) und nach Bedarf befruchtet, indem einige Tropfen der bereits verdünnten Spermiensuspension hinzugegeben werden.

Der Erfolg der Befruchtung wird überprüft, indem Stichproben unter dem Mikroskop ausgezählt werden. Eine Eipopulation kann dann als normal angesehen werden, wenn 80% der Eier eine Befruchtungsmembran ausgebildet haben.

In Abständen von 30 min werden weitere Stichproben unter dem Mikroskop beobachtet; die Furchungsteilungen werden registriert. Restliche Eier sollten zwischen den Beobachtungen immer wieder in die Brutschränke gestellt werden, damit die artspezifisch optimale Entwicklungstemperatur erhalten bleibt.

Blastomerentrennung, Zwillings- und Vierlingsbildung: In diesem Experiment wird die Entwicklungspotenz von Blastomeren geprüft. Zu Beginn der ersten und später der zweiten Furchungsteilung werden Eier isoliert (Absiebung) und in Ca-freiem Meerwasser gespült und in diesem Wasser ca. 10 min in einem Reagenzglas von Hand leicht geschüttelt (bis in den phasengleichen Kontrollen die Furchung beendet ist). Danach werden die Eier mit normalem Meerwasser zweimal gewaschen und hierin weiter kultiviert. Ein großer Teil der Blasto-

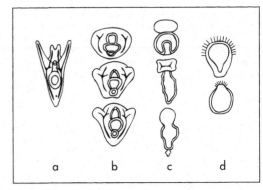

Abb. 1.48: Durch LiCl-Behandlung vegetalisierte Seeigel-Larven. **a** normaler Pluteus; **b** subnormale Plutei; **c** Exogastrulae; **d** nicht gastrulierte, ovoide Keime. (n. Hörstadius)

meren bleibt getrennt und entwickelt sich zu normalen, jedoch proportional verkleinerten Plutei, wie aus einem späteren Vergleich mit Kontrolltieren leicht zu erkennen ist.

Vegetalisierung des Keimes: Durch den Einfluß von LiCl wird der Keim in seiner Entwicklung beeinflußt. Es bilden sich keine normalen Plutei, sondern Keime, die sich so differenzieren, als ob sich nur vegetale Zellen entwickelten. Im Extremfall entstehen Keime, bei denen der Darm so stark ausgebildet ist, daß er keinen Raum im Inneren der Blastula findet, nach außen wächst und eine Exogastrula bildet.

Da unterschiedliche Lösungen und Einwirkzeiten graduell abgestufte Ergebnisse zeigen, werden für diese Experimente Versuchsreihen in LiCl-Konzentrationen von 5 mM, 15 mM und 45 mM mit Behandlungsdauer von 0–5, 5–10 und 10–15 Stunden ab der Befruchtung durchgeführt.

Nach Ende der Behandlung werden die Keime zweimal in filtriertem Meerwasser gewaschen und darin auch kultiviert.

Die Auswertung erfolgt nach 2 Tagen durch Auszählung von Stichproben nach morphologischen Typen (Abb. 1.48), wobei die evtl. beweglichen Keime durch vorsichtiges Andrücken eines Deckgläschens festgelegt werden müssen (s. o.).

Literatur

Czihak, G. (1975): The Sea Urchin Embryo – Biochemistry and Morphogenesis. Springer Verlag, Berlin Heidelberg.

Guidice, G. (1986): The Sea Urchin Embryo. Springer Verlag, Berlin Heidelberg.

Groepler, W. (1985): Das Experiment: Entwicklung von *Echinus esculentus* L. Biologie in unserer Zeit, Nr. 5.

Kühn, A. (1965): Vorlesungen über Entwicklungsphysiologie. Springer Verlag, Berlin Heidelberg, 2. Aufl.

Runnström, I. & J. Immers (1971): Treatment with Lithium as a tool for the study of animal-vegetal interactions in the sea urchin emryo. W. Roux' Arch. Entw.-Mech. Org. 167.

Uhlig, G. (1979): Entwicklung beim Seeigel *(Psammechinus miliaris)* I. u. II. Publ. Wiss. Film, Göttingen, Nr. 23/C 1187 u. Nr. 24/C 1188.

1.3.28 Ascidien: Entwicklung

Martin Wahl und
Françoise Lafargue

Die Bedeutung der Seescheiden für ein Zoologisches Praktikum ergibt sich aus der phylogenetischen Schlüsselstellung der Manteltiere (Tunikaten) im Übergangsbereich zwischen Wirbellosen und Wirbeltieren.

Seescheiden sind hochorganisierte Deuterostomier, welche sich von den Evertebraten durch das **gemeinsame** Auftreten von Kiemendarm (schon bei den Enteropneusten), dorsalem Nervenstrang (wie bei Pogonophoren und Hemichordaten) und einer Chorda dorsalis unterscheiden. Die letzten beiden Merkmale sind nur in der Larve anzutreffen und werden bei der Metamorphose zurückgebildet. Die Ascidien zeichnen sich (wie die übrigen Tunikaten) innerhalb der Chordaten durch den vom Ektoderm abgeschiedenen, das cellulose-ähnliche «Tunicin» enthaltenden Mantel und die verbreitete, oft zur Kolonialität führende asexuelle Vermehrung durch Knospung aus. Fast alle Seescheiden sind Zwitter.

Die rein marinen Ascidien sind in ihrer großen Mehrzahl festsitzende Filtrierer, deren Vertreter in allen Weltmeeren anzutreffen sind. Sie stellen einen wesentlichen Bestandteil der litoralen Hartbodenfauna; einige Formen sind aber auch im Weichboden, im Sandlückensystem und in der Tiefsee bis in über 8000 m Tiefe zu finden.

Im folgenden wird ein Versuch vorgeschlagen, der erlaubt, einige der wichtigsten Eigenheiten der Ascidien kennenzulernen: Befruchtung, Teilungsmodus, Embryonalentwicklung, Anatomie und Schwimmverhalten der Larve, Festsetzen und Metamorphose, Anatomie des Jungtieres sowie Filtration und Herzaktivität desselben.

1.3.28.1 Untersuchungsobjekte

Am einfachsten zu handhaben sind große, solitäre Formen wie *Ciona, Phallusia, Ascidia* etc. Hier arbeiten wir mit *Phallusia mammillata*. Diese Seescheide hat bezüglich dieses Experiments mehrere Vorzüge.

1) Sie kommt im Sublitoral der meisten europäischen Meere vor und ist vor allem in schlickigen Hafenbecken leicht zu sammeln. 2) Ihre Fortpflanzungsperiode (Sommerhalbjahr) ist lang und kann sich in großen Individuen über das ganze Jahr erstrecken (Berrill 1950). 3) Die Tiere sind gut aus der Tunika zu lösen, Ei- und Samenleiter sind leicht zugänglich. 4) Die farblosen und klaren Eier ermöglichen ein gutes Beobachten der synchron verlaufenden Teilungen. 5) Die Entwicklung ist schnell: die Larven schlüpfen bereits nach 13–14 Std., die Metamorphose findet ungefähr 24 Std. nach der Befruchtung statt. 6) Am durchsichtigen Jungtier sind Nahrungsaufnahme und Blutkreislauf leicht zu erkennen.

(Sollte an einer Station *Phallusia* nicht gefunden werden können, ist ein ähnlicher Versuch mit der kosmopolitischen *Ciona intestinalis* möglich.)

Sammeln und Hältern: *P. mammillata* lebt auf verschiedenen Hartsubstraten (Steine, Muscheln, Autoreifen etc.) auf schlickigen Böden in Lagunen, Hafenbecken, aber auch im offenen Meer. Die Tiere sollten möglichst von Tauchern gesammelt werden, weil sie durch andere Fangmethoden, wie Dredschen, verletzt oder zumindest mehr als nötig gestreßt werden können. Wenn immer möglich, sind die Seescheiden mit ihrem Substrat zu nehmen und bis zu Versuchsbeginn in fließendem Meerwasser (Temperatur und Salzgehalt wie im natürlichen Habitat) zu hältern. Zwei reife Individuen liefern gewöhnlich mehr als genug Material (viele hundert Eier) für einen ganzen Kurs. Obwohl *Phallusia* bedingt autofertil ist, führt eine gekreuzte Befruchtung zu besseren Resultaten.

Versuchsdauer: 1 Tag (14 Std.) bis zur Larve, ca. 1 Vormittag zur Beobachtung von Schwimmen, Festsetzen und Metamorphose, anschließend täglich 15 min für das Verfolgen der Entwicklung des Jungtieres (Tab. 1.3).

Zeitplanung: Es folgt ein Vorschlag, wie der Versuch in einen Kurs eingepaßt werden könnte. Eine erste Besamung eines Teiles der Eier sollte frühmorgens durchgeführt werden, um die Embryonalentwicklung im Laufe des Tages beobachten zu können. Eine zweite Besamung der verbleibenden Eier abends erlaubt das Studium des Schlüpfens, Schwimmens, Festsetzens und der Metamorphose am nächsten Morgen.

1.3.28.2 Versuchsanleitungen

Vorsichtsmaßnahmen: Da es sich bei Seescheiden um Zwitter handelt, kann ein Individuum sowohl reife Eier, als auch Spermien enthalten. Um eine

Tabelle 1.3: Vorschlag zur Einplanung des Ascidienversuches (Die Buchstaben in der Tabelle entsprechen den einzelnen Versuchsschritten.)

Kurstag	vormittags	nachmittags	abends
1			
2			A
3	B	C	B
4	D		
5	E		
6	E		
7	E		

Selbstbefruchtung zu verhindern, dürfen die Gonaden beim Öffnen des Mantels nicht verletzt werden, für das Absaugen der Gameten sind verschiedene Pipetten zu verwenden, die Eier sollten entnommen werden, bevor der Samenleiter geöffnet ist. Alle Arbeitsgeräte sollten sehr sauber sein. Pipetten und Eppendorf-Röhrchen sind nur einmal zu verwenden. Es ist darauf zu achten, daß die Arbeitstemperatur 25° C nicht überschreitet.

A. Entnahme der Gameten

Da die Gonaden bei *Phallusia* links liegen, darf diese Körperhälfte auf keinen Fall verletzt werden. (Die Dorsalseite der Ascidien ist durch die Position des Ausströmsiphos definiert.)

Mit einem scharfen Skalpell wird der Mantel entlang einer Linie geöffnet, die vom Atrialsipho über den Mundsipho, median über die Ventralseite bis zur Haftfläche und schließlich entlang der **rechten** Peripherie derselben bis zu einem Punkt unterhalb des Ausströmsiphos läuft (gestrichelte Linie in Abb. 1.49). Dann wird der Mantel aufgeklappt und die Seescheide, welche nur an den Siphorändern mit dem Mantel verwachsen ist, vorsichtig herausgelöst und mit gefiltertem (0,8 μm) Meerwasser abgespült. Durch behutsames Abtupfen mit gut saugendem Papier werden Meerwasser und ausgetretene Körperflüssigkeiten (saurer pH!) entfernt. Auf der linken Körperseite erkennt man nun «unten rechts» das in dieser Art sehr lange schlauchförmige Herz (rhythmische Umkehrung der Pumprichtung!) und – in reifen Individuen – Samen- und Eileiter. Beide treten auf Höhe des oberen Darmbogens aus der braunen Masse der Nierenbläschen hervor, um dann parallel zum Rektum bis in den Atrialsipho zu laufen.

Ein voller Eileiter ist gelblich und im ersten Drittel sehr viel voluminöser als der weiße, gleichmäßig dünne Samenleiter.

Mit einer feinen Nadel wird nun der Eileiter im proximalen Teil angestochen. Dann führt man eine Pasteurpipette mit erweiterter Spitze ein und saugt langsam den Inhalt des Eileiters auf. (Die Innenwände der Pipette sind zuvor mit gefiltertem Meerwasser benetzt worden, um ein Ankleben der Eier zu verhindern.) Ein leichtes Zurückmassieren der Eier zur Pipettenspitze erhöht die Ausbeute. Sodann gibt man die gesammelten Eier in ein Becherglas mit 100 ml 0,8 μm-gefiltertem Meerwasser.

Nach erneutem Abspülen und Abtupfen der Seescheide werden nun (mit neuer Nadel und Pipette) auf dieselbe Weise die Spermien dem Samenleiter entnommen, allerdings diesmal im distalen Teil (Atrialsipho), um einen Kontakt mit eventuell noch austretenden Eiern zu vermeiden. In diesem Fall wird die Pipette nicht zuvor benetzt und die Samen werden «trocken» in ein Eppendorf-Röhrchen gegeben. Der Grund hierfür ist, daß die Spermien zu schwimmen anfangen, sobald sie mit Meerwasser in Berührung kommen, dadurch ihre Reserven aufbrauchen und wesentlich weniger lang befruchtungsfähig bleiben, als wenn man sie im Samenleitermilieu beläßt. Die Samen werden im Eppendorf-Röhrchen auf Eis gelagert.

Sobald die Eier im Becherglas sedimentiert sind, saugt man das überstehende Meerwasser ab (Netzvorsatz!) und ersetzt es durch neues. Dieses Waschen sollte 3–4mal wiederholt werden. Gewaschene Eier halten sich länger und entwickeln sich besser.

Bei 4° C können «trockene» Spermien 3–4 Tage, gewaschene Eier 2 Tage bis zur Besamung aufgehoben werden.

B. Besamung

Zur Besamung werden die Spermien unter starker

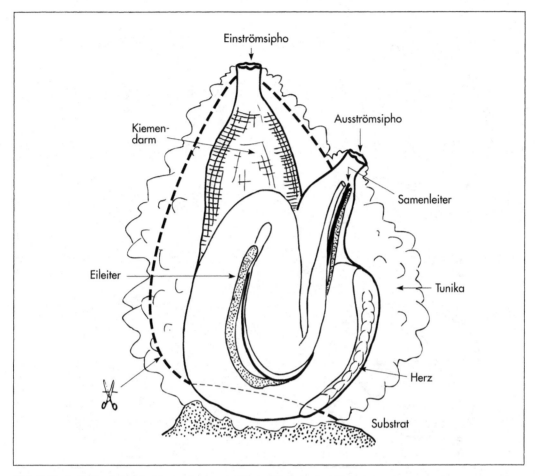

Einströmsipho

Ausströmsipho

Kiemen-
darm

Samenleiter

Eileiter

Tunika

Herz

Substrat

Abb. 1.49: Aufsicht auf die linke Körperseite einer geöffneten *Phallusia mammillata*

Verdünnung (ca. 1/10000) mit gefiltertem Meerwasser in das Becherglas gegeben (z.B. 100 μl trockenes Sperma in 10 ml Meerwasser, davon 1 ml in 100 ml Ei-Suspension). Nach kurzem Schwenken läßt man die Zygoten sedimentieren und ersetzt nach 15–30 min die überstehende Spermiensuspension durch gefiltertes Meerwasser.

Für *C. intestinalis* wird ein anderer Weg vorgeschlagen, da in dieser Seescheide die manuelle Entnahme der Gameten aus anatomischen Gründen schwieriger wäre: Mehrere Individuen in ein kleines Aquarium mit gefiltertem Meerwasser geben und eine Nacht bei kontinuierlichem Licht stehen lassen. Eine Verdunkelung des Beckens löst dann das Ablaichen aus. (Achtung: einige *Ciona*-Populationen laichen beim Wechsel Dunkel → Hell ab.) Die Keime können anschließend aus dem Beckenwasser abgefiltert werden. Die Entwicklung ist in diesem Fall nicht synchron.

C. Embryonalentwicklung

Da erhöhte Raumtemperaturen zu anomaler Entwicklung führen können, ist die Temperatur des Versuchsgefäßes (evtl. durch ein Kühlbad) auf < 25° C, möglichst bei 20° C zu halten. Die Entwicklung ist unter dem Stereomikroskop oder Mikroskop zu verfolgen.

Anmerkungen zur Normalentwicklung: Einige typische Entwicklungsstadien sind nachstehend und in Abb. 1.50 schematisch dargestellt. Die Zeitangaben beruhen auf Beobachtungen an mediterranen (Banyuls-sur-Mer, Südfrankreich) *Phallusia* bei 21° C. Sie mögen zwischen Populationen und in Abhängigkeit von Temperatur oder Jahreszeit schwanken. Beispiel: 0 Std. – Befruchtung, 0,75 Std. – 2-Zellenstadium, 1 Std. – 4-Zellen, 3,5 Std. – Be-

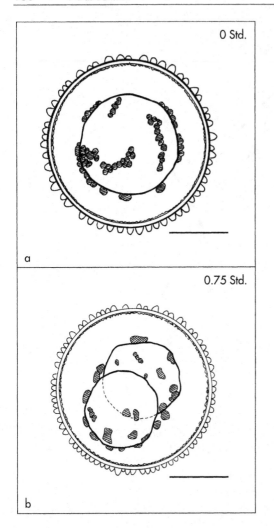

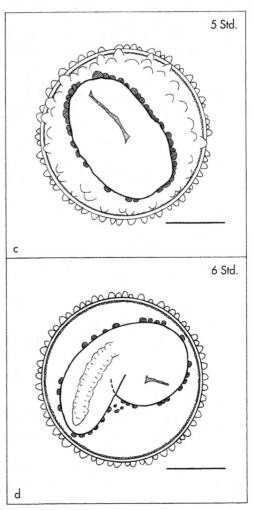

ginn Gastrulation, 5 Std. – Gastrula, 6 Std. – Schwanzknospe mit Chorda, 9 Std. – Erscheinen von Auge und Otolith, 12 Std. – Vollständige Larve, erste Bewegungen, 13,5 Std. – Synchrones Schlüpfen.

Das Becherglaswasser braucht in dieser Zeit nicht belüftet oder erneuert zu werden.

D. Festsetzen, Metamorphose

Ein rechteckiges Ganzglasbecken (1 l) wird so hoch mit gefiltertem Meerwasser gefüllt (ca. 6 cm), daß senkrecht an den Wänden stehende Glas-Objektträger noch etwa 1–2 cm über die Wasseroberfläche ragen. Der dünne Wasserfilm zwischen diesem oberen Teil der Glasplättchen und der Aquarienwand gewährleistet eine ausreichende Haftung.

Das Becken wird auf diese Weise rundum mit sauberen Objektträgern ausgekleidet. Letztere sollten an ihrem oberen Rand numeriert werden, um Innen- und Außenseite, sowie ihre jeweilige Position im Becken erkennen zu lassen. Das Verdunkeln der einen Hälfte der Aquarienwand (schwarzes Tuch, Farbe, Klebeband) erlaubt, phototaktische Präferenzen der Larven beim Festsetzen zu erfassen.

Kurz nach dem Schlüpfen gibt man die Larven in das Becken und stellt dieses abgedeckt ohne Durchfluß bei ca. 20° C in den Halbschatten. Nach etwa 4 Std. haben sich die ersten Larven festgesetzt und durchlaufen die Metamorphose. Durch Herausnehmen der Objektträger können diese Vorgänge beobachtet und photographiert werden.

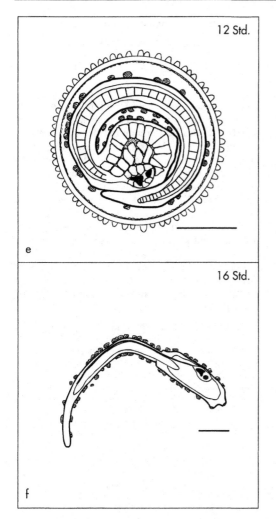

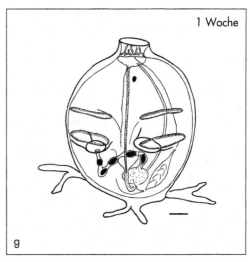

Abb. 1.50: Entwicklung von *Phallusia mammillata* (schematisch) **a** Zygote; **b** 2-Zellenstadium; **c** Gastrula; **d** Erste Schwanzknospe; **e** Vollständige Larve kurz vor dem Schlüpfen; **f** Schwimmlarve; **g** Junge Seescheide (Länge des Maßstabes = 100 µm)

E. Entwicklung der Jungtiere

Nach der Metamorphose sollte das Aquarium mit einem Durchfluß versehen werden (ca. 300–400 ml/min), weil die jungen Ascidien nun anfangen zu filtrieren. Für die weitere Entwicklung genügt eine kurze Beobachtung (Stereomikroskop) pro Tag. Gut zu erkennen sind das Verankern der Seescheide am Substrat mit Mantelfortsätzen («Ampullae»), das Durchbrechen der Protostigmata, der Nährpartikeltransport entlang der Dorsalfalte, Darm- und Herzaktivität, die beiden Peribranchialöffnungen, welche später zum Atrialsipho verschmelzen. Die Filtrierströme sind durch Auslassen von Schlickpartikeln in der Nähe des Mundsiphos leicht kenntlich zu machen.

1.3.28.3 Auswertung

Dieser Versuch zur Entwicklung von Seescheiden hat gegenüber dem klassischen Experiment an Seeigeleiern gewisse Vorzüge:
– Er veranschaulicht die Ontogenese einer unter phylogenetischen Gesichtspunkten möglicherweise interessanteren Tiergruppe (welche z.B. als eine der ersten eine cilienlose (sekundäre?) Schwimmlarve aufweist).
– Die Entwicklung läuft wesentlich (3–4mal) schneller ab, als bei den Echinoiden (innerhalb von 14 Std. bis zur Larve) und kann länger verfolgt werden, nämlich bis zum festsitzenden Jungtier.
– Verhaltensweisen der Larve bei der Substratwahl in Abhängigkeit von Oberflächenparametern, Lichtverhältnissen etc. lassen sich untersuchen (eine wichtige Fragestellung in der Fouling-(= Aufwuchs-)Problematik).
– Die Umbildungen während der Metamorphose sind einfach zu verfolgen.

– Der Versuch ermöglicht Beobachtungen zur Anatomie und Biologie am festsitzenden, lebenden Jungtier, welche an adulten Seescheiden aufgrund des dicken Mantels normalerweise unmöglich sind (Ausnahme: *Clavelina*).

Nachstehend einige Fragen, auf die dieser Versuch (und Erweiterungen desselben) eine Antwort geben kann:

– Gibt es Unterschiede in der Entwicklung nach Selbst- und Kreuzbefruchtung?
– Zu welchen Zeitpunkten treten welche Entwicklungsstadien auf? Besteht eine Abhängigkeit von der Versuchstemperatur?
– Wie befreit sich die Larve aus der Eihülle? Reißt diese immer im selben Bereich? Existiert eine «Sollbruchstelle»?
– Wie verändert sich das phototaktische Verhalten der Larve in dem Zeitraum zwischen Schlüpfen und Festsetzen? Was hat dies für ökologische Konsequenzen (Verbreitung, Standort der Adulten)?
– Auf welche Substrate setzt sich die Larve bevorzugt fest? (Anbieten von Materialien mit unterschiedlichen Oberflächenspannungen: Glas, PVC, Plexiglas, Parafilm u. a.)
– Wann beginnt das Jungtier zu filtrieren, in welcher Reihenfolge erscheinen die Protostigmata, wann verschmelzen die Peribranchialöffnungen zum Atrialsipho?
– Welches ist der Umkehrrhythmus der Herzpumprichtung?

Literatur

Berrill, N.J. (1950): The Tunicata. With an Account of the British Species. Roy Society, London, 354 pp.
Berrill, N.J. (1955): The Origin off Vertebrates. Clarendon Press, Oxford, 257 pp.
Cloney, R.A. (1978): Ascidian Metamorphosis: Review and Analysis in: «Settlement and Metamorphosis of Marine Invertebrate Larvae.» (Chia, F.-S. and M. Rice, eds.) Elsevier, N.Y., Oxford, 255–282.
Goodbody, I. (1974): The Physiology of Ascidians. Adv. Mar. Biol. **12**, 1–149.
Katz, M. (1983): Comparative Anatomy of the Tunicate Tadpole, *Ciona intestinalis*. Biol. Bull. **164**, 1–28.
Millar, R.H. (1971): The Biology of Ascidians. Adv. Mar. Biol. **9**, 1–100.
Reverberi, G. (1971): Ascidians. In: «Experimental Embryology of Marine and Fresh-Water Invertebrates» (G. Reverberi, ed.) Amsterdam, North-Holland, 507–550.

Danksagung Viele nützliche Ratschläge von C. und G. Lambert (Fullerton, California, USA) waren uns bei der Entwicklung dieses Versuches sehr hilfreich.

1.3.29 *Branchiostoma lanceolatum*: Lichtorientiertes Verhalten

Werner Funke

Branchiostoma lanceolatum (Acrania) liegt i.d.R. mit dem Rücken nach unten schräg abwärts orientiert im Substrat. Das Vorderende mit dem Cirrenapparat ragt ins freie Wasser. In dieser Körperstellung wird Nahrung herbeigestrudelt. Spontane Schwimmbewegungen sind selten. Nur nach mechanischer Reizung und nach plötzlicher Belichtung kommt es gelegentlich zum Verlassen des Sandes. Die Tiere schwimmen dann meist mit dem Vorderende voran wenige Sekunden umher. Bei Bodenkontakt kommt es oft zu einer blitzschnellen Umkehr der Schlängelbewegungen und zum Einbohren in das Substrat mit dem Hinterende voran. Nicht selten bohren sich die Tiere allerdings auch mit dem Vorderende voran ein (Franz 1927, Roschmann 1975).

Im Rückenmark liegen rechts und links sowie unterhalb des Längskanals einfache Pigmentbecherocellen (bestehend aus je einer Sinnes- und einer Pigmentzelle). Die Augen unter dem Rückenmarkskanal blicken nach ventral. Die lateralen Augen schauen im Vorderkörper rechts nach rechts unten, links nach rechts oben, im Mittelkörper nach rechts bzw. nach links, im Hinterkörper rechts nach links oben, links nach links unten (in Pietschmann 1929, nach Franz 1927). Möglicherweise ist diese Stellung der Augen auch für die Rotationen der Tiere um ihre Längsachse beim Schwimmen und für die o. g. Ruhelage im Substrat mitverantwortlich.

Über optische Orientierungsreaktionen an *Branchiostoma* wurden bereits vor vielen Jahren einfache Untersuchungen durchgeführt (Franz 1927), die 1959 nach dem Wiederaufbau der Biologischen Anstalt Helgoland in einigen Punkten ergänzt wurden.

1.3.29.1 Untersuchungsobjekte

Branchiostoma lanceolatum lebt in mit Muschelschill durchsetzten Sanden (bei Helgoland im sog. «Amphioxus-Sand»). Von einem Forschungskutter aus werden mit einem Bodengreifer Sandproben an Bord gebracht. Die Tiere werden hier vorsichtig freigelegt und in mit Meerwasser gefüllte Behälter überführt.

1.3.29.2 Versuchsanleitungen und Beobachtungen

1. Mehrere Tiere befinden sich in einer Dunkelkammer bei Rotlicht am Boden eines Aquariums von ca. 40 cm Länge und ca. 20 cm Breite ohne Substrat.

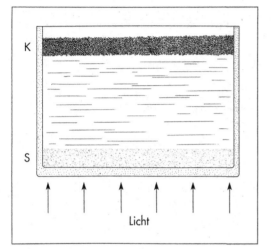

Abb. 1.51: Versuchsanordnung zu Versuch 2–4, K – Korkschicht, S – Silicagelschicht

– Wie reagieren die Tiere auf plötzliche Belichtung?
– Wo kommen sie zur Ruhe, wenn eine Hälfte des Aquariums abgedunkelt bleibt?

2. Mehrere Tiere liegen im Aquarium (ca. 25 × 25 cm) in einer ca. 3 cm hohen Schicht aus lichtdurchlässigem feinkörnigen Silicagel (aus dem die kleinsten Partikel herausgewaschen worden waren).

3. Mehrere Tiere befinden sich am Boden eines Aquariums (ca. 25 × 25 cm, ohne Substrat). Auf der Wasseroberfläche schwimmt eine ca. 3–5 cm dicke Schicht körnigen Korks (der mit einem Reibeisen z.B. aus Flaschenkorken hergestellt wurde). Der Abstand zum Boden sollte ca. 15–20 cm betragen.

4. Kombination von Versuch 2 und 3 (Abb. 1.51).
– Wie verhalten sich die Tiere bei plötzlicher Belichtung von unten?
– Unter welchen Bedingungen dringen sie (mit Vorder- oder Hinterende voran) in die Korkschicht ein (wie in Abb. 1.52)?
– Verlassen die Tiere aufgrund der ungewöhnlichen Lage im Schwerefeld die Korkschicht aktiv (bei andauernder Beleuchtung von unten oder bei Rotlicht)?

5. Aus einem hohlen Kunststoffwürfel von ca. 4–6 cm Kantenlänge werden die Wände herausgeschnitten. An ihre Stelle werden Kunststoffgitter

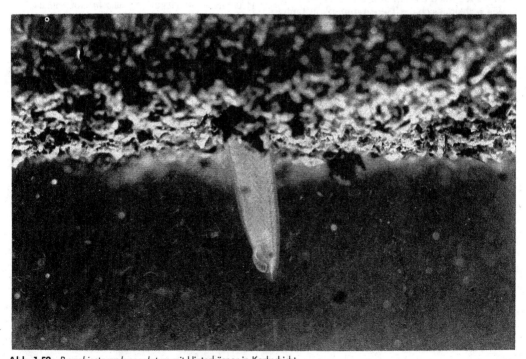

Abb. 1.52: *Branchiostoma lanceolatum* mit Hinterkörper in Korkschicht

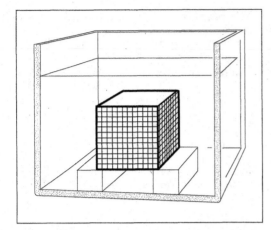

Abb. 1.53: Versuchsanordnung zu Versuch 5

von ca. 3 mm Maschenweite eingesetzt. Der Würfel wird mit grobkörnigem Silicagel gefüllt. Dann wird auch die Einfüllstelle mit Kunststoffgitter verschlossen. In einem Aquarium ohne Substrat von ca. 25 cm Kantenlänge werden 1–3 Tiere zum Einbohren in den Würfel gebracht. Der Würfel wird dann sehr vorsichtig – um das Herausfallen von Silicagel zu vermeiden – so auf zwei Stützen gestellt, daß die Vorderenden der Tiere unten, auf den Seiten oder oben hervortreten (Abb. 1.53).

– Wie verhalten sich die Tiere a) unter konstantem Rotlicht, b) bei Beleuchtung mit weißem Licht von unten, von oben oder von einer Seite?

Diskutieren Sie die Ergebnisse von Versuch 1–5. In welchem Umfang konkurrieren Phototaxis, Thigmotaxis und Geotaxis? Sind Lichteinfallsrichtung,

Schwerkraft und Berührungsreize gemeinsam für Einbohren und Ausrichtung im natürlichen Substrat verantwortlich?

6. Mehrere Tiere liegen bei Rotlicht einzeln am Grunde kleiner Küvetten aus optischem Glas ohne Substrat oder (für Beobachtungen unter dem Stereomikroskop) in Glasröhrchen. Noch besser geeignet sind selbst hergestellte Plexiglasröhrchen von ca. 8–10 cm Länge und rechteckigem Querschnitt (von ca. 3 × 5 mm Kantenlänge). Nach dem Einbringen je eines Tieres werden Glasröhrchen bzw. Plexiglasröhre vorn und hinten mit grober Müllergaze abgeschlossen.

Die Tiere werden in verschiedenen Regionen plötzlich belichtet (Punktlicht mit Lichtleitkabel), evtl. von verschiedenen Seiten.

– Wie reagieren die Tiere bei wiederholter Reizung a) derselben, b) verschiedener Körperstellen?

– Nimmt die Reaktionsbereitschaft in allen Fällen nach wiederholter Reizung ab?

– Prüfen Sie den Einfluß von Beleuchtungsstärke und Reizfrequenz, evtl. auch von verschiedenfarbigem, möglichst energiegleichem Licht.

Literatur

Franz, V. (1927): *Branchiostoma*. Die Tierwelt der Nord- und Ostsee 10, 1–46.

Pietschmann, V. (1962): Acrania. In: Kükenthal-Krumbach: Handbuch der Zoologie **6**, 3–124.

Roschmann, G. (1975): *Branchiostoma lanceolatum* (Acrania) – Schwimmen und Eingraben. IWF Göttingen; Begleittext zum Film E2059, 1–11.

Herrn Prof. Dr. Adolf Bückmann, dem ehem. Direktor der Biol. Anstalt Helgoland, in Dankbarkeit gewidmet.

2 Das Plankton

Plankton (gr. Treibgut) ist die Gemeinschaft solcher Organismen des **Pelagials**, also des freien Wasserraums, die – zu wirkungsvoller eigener Fortbewegung unfähig – im Wasser schwebend dem Spiel von Wellen und Strömungen preisgegeben sind; manche von ihnen führen allenfalls tagesperiodische, langsame Vertikalwanderungen aus. Dieses lebende «Treibgut» bildet die Nahrungsgrundlage für all die meist größeren Tiere, die als aktive Schwimmer, i.d.R. Räuber, unabhängig von Wellen und Strömungen den Freiwasserraum durchstreifen, die Gesellschaft des **Nektons**. Beide Organismengesellschaften bilden eine Großbiocönose, und fließende Übergänge verbinden beide.

Zum Unterschied von der lebenden Planktongesellschaft bezeichnet man totes bzw. unbelebtes Geschwebsel und Treibgut jeglicher Partikelgröße zuweilen etwas unglücklich auch als **Pseudoplankton**.

Dem Rahmen dieser Praktikumsanleitung entsprechend beschränken sich die folgenden Beobachtungen und Untersuchungen auf marines Plankton, das **Haliplankton**; das Süßwasserplankton, auch **Limnoplankton** soll folglich außer Betracht bleiben.

Das Pelagial bietet zwar nicht so vielerlei verschiedene Lebensräume wie das Benthal; aber auch in diesem dem ersten Anschein nach homogen und gleichmäßig besiedelten Freiwasserraum lassen sich Zonen grundlegend unterschiedlicher Lebensbedingungen mit jeweils an die prägenden physikalischen und chemischen Gegebenheiten angepaßten Lebensgemeinschaften abgrenzen.

Das auf Photosynthese angewiesene pflanzliche Plankton **Phytoplankton**, überwiegend Algen und Flagellaten einer Größenordnung zwischen 5 und 100 μm, ist auf die obersten lichtdurchfluteten Wasserschichten beschränkt, in nährstoffreicheren, kühleren Randmeeren (Nordsee) kaum mehr als bis zu 1–2 m Tiefe, in Mittelmeer und Atlantik aber u.U. bis zu 100 m. Der relative Anteil des Phytoplanktons am Gesamtplankton nimmt bereits in den obersten Metern unter der Wasseroberfläche in einem steilen Gradienten ab, während der relative Anteil tierischen Planktons, des **Zooplanktons**, mit der Tiefe zunimmt. Die oberste Tiefenzone bis zur maximalen Eindringtiefe letzter Reste von Tages-licht (etwa 200 m) ist die produktionsreichste im Pelagial, der Bereich des **Epiplanktons**. Darunter, im Dauerdunkel, folgt bis zum Meeresgrund die Zone des **Bathyplanktons**, ausschließlich tierischen Organismen in gewöhnlich geringer Individuendichte. Erst unmittelbar über dem Meeresboden, im **Hypoplankton**, nimmt die Individuendichte vor allem kleinerer Planktonorganismen, namentlich Bakterien und Protozoen, wieder zu.

Unter dem methodischen Aspekt der Probengewinnung unterscheidet man sechs Größenkategorien von Planktonorganismen: Das **Megalo-** oder **Megaplankton** (> 5 mm) besteht nahezu ausschließlich aus Metazoen, größeren planktischen Krebsen und Chaetognathen bis hin zu den ganz großen Coelenteraten, zu Medusen, Siphonophoren etc. Auch im **Makroplankton**, in einer Größenordnung zwischen 1 und 5 mm, trifft man weitaus überwiegend Tiere an, Krebse, Hydrozoenmedusen, den Großteil der Chaetognathen und – in den obersten Wasserschichten bis etwa 20 m Tiefe – die Hauptmasse der Fischbrut, Eier sowie junge Larven, zusammen auch als **Ichthyoplankton** bezeichnet. Das **Mesoplankton** (0,5–1 mm) besteht größtenteils aus Kleinkrebsen, namentlich Copepoden, und zuweilen einer Massenblüte einiger großer Dinoflagellaten wie etwa *Noctiluca*. Das **Mikroplankton** (50–500 μm) umfaßt neben Ciliaten den größten Teil der pflanzlichen Massenproduzenten, beherrschend unter ihnen die Dinoflagellaten und Diatomeen, während das kleinere Phytoplankton, Formen wie Coccolithophoriden und Silicoflagellaten, dem **Nanoplankton** (5–50 μm) zugerechnet wird. Noch kleinere Organismen unter 5 μm Größe, überwiegend Bakterien und kleinste Zoo- wie Phytoflagellaten, die ihre mit Abstand höchste Produktivität in den obersten 10–20 cm unter der Wasseroberfläche entfalten, werden als **Ultraplankton** zusammengefaßt.

Vor allem das Makro-, Meso- und in Grenzen das Mikroplankton werden vornehmlich in Planktonnetzen einer Maschenweite von 100–300 μm gefangen, während Nano- und Ultraplankton entweder in Schöpfproben gewonnen und durch anschließende Filtration durch sehr feine Gazenetze konzentriert oder mit einer Planktonpumpe und anschließender Zentrifugation in einer Durchlaufzentrifuge angereichert werden müssen, da Organismen solch geringer Größen derart feinmaschige Planktonnetze verlangten, daß diese zu rasch verstopften und das Wasser nicht mehr filtrierten. Das i.d.R. nicht allzu reiche Megaloplankton wird zwar auch in normalen Netzfängen erbeutet, dabei aber meist aufgrund des hohen Wasserdrucks bei der Netzfiltration und der entsprechend der Größe der Organismen auch großen Angriffsfläche sehr stark geschädigt. Kurze Netzschleppzeiten, besser jedoch der Fang in Schöpfproben von Bord aus mit weithalsigen Gefäßen können dieser Schwierigkeit begrenzt abhelfen.

Wiewohl definitionsgemäß eigentlich Tiefenverteilungsgruppen, so spielen zwei eng voneinander abhängige Plankton-Subpopulationen infolge ihrer besonders weitgehenden Anpassungen an Grenzlebensräume eine gewisse Sonderrolle: Das **Neuston** und das **Pleuston**. Die Organismen beider Gemeinschaften sind an einen überaus engen Lebensbereich gebunden, nämlich die Wasseroberfläche und eine nur wenige cm tiefe Wasserschicht unter dieser. Beide nehmen nicht an den tagesperiodischen Vertikalwanderungen des übrigen Planktons teil. Das **Neuston** ist eine recht heterogene Gesellschaft aus überwiegend mikro- bis ultraplanktischen Organismen, namentlich Bakterien und Ciliaten, die ausschließlich in den obersten 1–2 cm unter der Wasseroberfläche, also einer immer sauerstoffgesättigten und überaus nährstoffreichen Zone, leben und recht resistent gegen UV-Licht sein müssen. Auch bestimmte, nur vorübergehend in den Freiwasserraum aufsteigende Larvenstadien zahlreicher benthischer Wirbelloser sowie die Brut vieler Fischarten nutzen gehäuft das überreiche Nahrungsangebot dieses so begrenzten Lebensraumes, der infolgedessen zu den individuenreichsten des gesamten Pelagials gehört.

Eine Gemeinschaft unmittelbarer Grenzbewohner bildet das **Pleuston**, eine Selektion durchweg hochangepaßter, überwiegend megaloplanktischer Organismen, die entweder mit einem Teil ihres Körpers über die Wasseroberfläche hinausragend, etwa die Hydroiden *Velella* und *Porpita* und die Siphonophore *Physalia*, oder an einem aus Körpersekreten gebauten Schaumfloß hängend wie die Schnecke *Janthina* oder die Entenmuschel *Lepas fascicularis*, einem Segelboot ähnlich vor dem Winde driften und sich das produktionsreiche Neuston als reichliche Nahrungsquelle erschlossen haben.

Nur ein vergleichsweise geringer Teil namentlich der Zooplankter verbringt seinen ganzen Lebenszyklus als lebendes Treibgut, als **Holoplankton**.

Planktische Larven benthischer Tiere kehren mit Beginn ihrer Metamorphose in ihren Adultlebensbereich zum Meeresboden zurück, während Fischlarven oder die Larven pelagischer Cephalopoden allmählich in die Gemeinschaft des Nektons hinüberwechseln. Entsprechendes gilt im Bereich des Phytoplanktons z.B. für die Schwärmstadien benthischer Algen. In einzelnen Fällen können auch erwachsene Benthosorganismen sekundär wieder kurzzeitig zum planktischen Leben übergehen, etwa die geschlechtsreifen Schwärmstadien mancher Polychaeten. All diese nur vorübergehend planktisch lebenden Organismen bezeichnet man als **Meroplankton**.

Das gesamte Pelagial, bevölkert von Plankton und Nekton, bildet ein weitgehend in sich geschlossenes Ökosystem; sein Nährstoffaustausch mit dem Benthal ist mit Ausnahme von litoralen Flachwasserzonen und Randmeeren (etwa Ostsee) vernachlässigenswert gering. Dort, wo kein ständiger Zustrom von Nährstoffen, namentlich N und PO_4, vom Festland und Küsten her erfolgt, wird die primär produzierte Biomasse an Phytoplankton in der Regel bereits in den obersten Wasserschichten von den Primärkonsumenten, überwiegend Kleinkrebsen, Copepoden und Euphausiaceen, aufgezehrt, teils remineralisiert und der Primärproduktion unmittelbar wieder zugeführt, teils noch in den obersten Wasserschichten in der Nahrungskette von Sekundärkonsumenten aufgenommen. Auf diese Weise bleibt die Hauptmasse der Nährstoffe im Bereich des Epiplanktons fixiert. Wasserumwälzung durch Winde und großräumige, teils durch die marinen Bodenprofile hervorgerufene Vertikalströmungen, ebenso das Wechselspiel des Absinkens von Oberflächenwasser erhöhter Salinität aufgrund von Verdunstung und das kompensatorische Aufsteigen nährstoffreichen Tiefenwassers ergänzt ständig die Nährstoffverluste, die durch das Absinken absterbender Organismen aus den oberen produktionsreichen Schichten entstehen. In den produktionsreicheren kälteren Meeren schließlich unterliegen diese dynamischen Gleichgewichte des Nährstoffkreislaufs auch noch jahresperiodischen Schwankungen: Auf Zeiten hoher Produktion und starker Nährstoffverarmung (Frühsommer, Frühherbst) folgen Perioden hoher Absterberaten und der Nährstoffanreicherung (Spätsommer, Winter). Als Nahrung verwertbare organische Substanz erreicht den Meeresboden praktisch nie. In umgekehrter Richtung allerdings fließt ein gewisser Nahrungsstrom vom Benthal zum Pelagial in Form planktischer Larven und Schwärmstadien bodenlebender Tiere (Meroplankton).

Die Rolle der auffälligen tagesperiodischen Vertikalwanderungen namentlich kleinerer Zooplankter in diesem trophischen System und ihre Ursachen sind noch unklar. Bei geringeren Wanderungsamplituden innerhalb des Epiplanktons spielt sicherlich das sukzessive «Abweiden» verschiedener Tiefenschichten durch die Primärkonsumenten und die ihnen folgenden räuberischen Plankter eine gewisse Rolle; aber damit lassen sich Wanderungsamplituden von mehreren 100 m pro Tageszyklus, wie sie zu beobachten sind, nicht erklären. Hier mag die «Lichtflucht» vieler Tiere ausschlaggebend sein, also das Aufsuchen des Dauerdunkels während der Tageshelle zum Schutz vor Räubern.

Auch die horizontale Verteilung des Planktons ist keineswegs homogen. Areale mit dichten «Planktonwolken» wechseln in der Regel ab mit weiten Bereichen schütterer Planktondichte, was auf dem Schiff an Echolotkurven gut zu beobachten ist. Grund dafür sind einerseits Wasserbewegungen, mehr noch lokale «Produktionsexplosionen» aufgrund wechselnder örtlicher hydrographischer Bedingungen, etwa in einer aus der Tiefe aufströmenden Blase nährstoffreicheren Wassers, die zu lokal erhöhter Primärproduktion und sekundär einer starken Vermehrung des Zooplanktons führt.

Während sich das Phytoplankton mit wenigen Ausnahmen (Sargassum) auf einzellige Algen beschränkt, dominierend unter ihnen die Diatomeen und Dinoflagellaten, sind fast alle überhaupt im Meer lebenden Tierstämme im Plankton vertreten,

z. T. allerdings nur in ihren meroplanktischen Larvenstadien. Allen Planktonorganismen gemein, unabhängig von ihrer systematischen Stellung, ist als spezifische morphologische Anpassung an das Leben im freien Wasserraum der Besitz von Organellen oder Organen zur Erhöhung des Schwebevermögens oder zumindest zur Verhinderung eines zu raschen Absinkens und ebenso – mit Ausnahme natürlich photosynthetisch aktiver Phytoplankter – ein unpigmentierter, glasklar durchsichtiger Körper, der für Räuber nahezu unsichtbar bleibt. Das Schwebevermögen läßt sich beträchtlich erhöhen durch lange Körperanhänge, etwa die Hörner vieler Dinoflagellaten (Ceratium), die weitgespreizten Körperfortsätze der Ophiuridenpluti, ebenso die langen Antennen der Copepoden, oder durch überlange, bei Bedarf abspreizbare Schwebeborsten, wie die Larven vieler Polychaeten (Spioniden) und Myzostomiden sie besitzen. Bei vielen Larven, etwa von Krebsen wie den Euphausiaceen, werden die einander widersprechenden Erfordernisse von erhöhtem Sinkwiderstand und zugleich energiesparender Fortbewegungsmöglichkeit durch Stromlinienform des Körpers in der Hauptbewegungsachse und damit geringen Strömungswiderstand bei gleichzeitig erhöhter Reibung durch eine große Körperoberfläche (Körperlängsstreckung) miteinander in Einklang gebracht. Erhöhter Auftrieb kann auch – namentlich bei Einzellern und Fischeiern – durch Ölkugeln im Plasma oder ebenso durch gasgefüllte Schwimmblasen *(Physalia)* erzeugt werden.

2.1 Methoden

Gerald Schneider und Christian Stienen

2.1.1 Fang und Probenahme

Planktonnetz und Wasserschöpfer sind die Probenahmegeräte der Planktologie. Der Fang von Plankton mittlerer Größe (ca. 50 μm–5 mm) geschieht überwiegend mit Planktonnetzen, kegelförmigen Netzen aus feinmaschiger Nylon- oder Perlongaze (Müllergaze), die das abfiltrierte Plankton in ihrem verjüngten Ende anreichern. Die Netzmündung wird durch einen Stahlring offengehalten; das Netzende besteht manchmal aus dichterem, wasserundurchlässigem Gewebe zur Aufnahme des konzentrierten Fanges. Ein Ablaufhahn, ein Schlauchstück mit Quetsch-

hahn oder ein abnehmbarer Kunststoff-Becher mit Bajonetthalterung an der Netzspitze erlaubt das Abfüllen des Fanges in einen Sammelbehälter.

Mikro- und Ultraplankton müssen mit Wasserschöpfern – und dann selbstverständlich ohne Konzentrationseffekt in der ortsgemäßen Individuendichte – gefangen und anschließend durch Filtration über feine Gazefilter bzw. Membranfilter (Bakterioplankton) angereichert, zuweilen auch mittels einer Planktonpumpe in größerer Menge über ein weitlumiges Saugrohr gleich in eine Durchlaufzentrifuge gepumpt und so konzentriert werden. Lebende Proben zu Kulturzwecken lassen sich am besten ohne Schädigung der Organismen als Schöpfproben gewinnen. Größeres Megaloplankton schließlich läßt sich schonend nur mit weitlumigen Schöpfgefäßen fangen.

Planktonnetze werden je nach speziellen Bedürfnissen in mannigfachen Abwandlungen der oben beschriebenen Grundform eingesetzt, und die Art ihres Einsatzes richtet sich nach den jeweiligen Fragestellungen: Grundsätzlich kann der Fang stationär durch Absenken und senkrechtes Aufholen des Netzes geschehen (**Vertikalhol**). Der Vertikalhol liefert einen Mittelwert der Individuendichte und aller in der durchfischten Wassersäule unter einer definierten Oberfläche vorhandenen Arten unabhängig von ihrer Verteilung in den verschiedenen Tiefenzonen.

Besteht Interesse, bei einem Vertikalhol nur Plankton aus einer bestimmten Tiefenschicht (z.B. Bodennähe) zu erhalten, so muß ein Mechanismus vorhanden sein, das Netz in der gewünschten Tiefe zu schließen; das mag durch einen Seilzug geschehen, welcher den Netzhals hinter dem Öffnungsring zuschnürt (**Nansen-Netz**) oder durch einen Deckel, der die Netzöffnung verschließt (**Apstein-Netz**). Beide Verschlußmechanismen können mechanisch durch am Netztau entlanglaufende Fallgewichte ausgelöst werden. Um mehrere Tiefenschichten während eines einzigen Hols selektiv befischen zu können, wurden **Multinetze** konstruiert: In einen rechteckigen Metallrahmen werden fünf Netze eingehängt, die geschlossen bis zur Untergrenze der tiefsten zu befischenden Schicht gefiert werden und dann, eines nach dem anderen, Tiefenschicht für Tiefenschicht, elektronisch ausgelöst, geöffnet, d.h. innerhalb des Metallrahmens aufgespannt und wieder geschlossen werden. So lassen sich nacheinander alle fünf Netze in vorbestimmten Tiefenhorizonten öffnen und schließen, so daß das Plankton aus verschiedenen Schichten getrennt gewonnen werden kann. Da Plankton im Meer meist fleckenhaft verteilt in lokalen «Wolken» auftritt, sind Vertikalhols nur bedingt für quantitative Aussagen zu verwenden. In den meisten Fällen zieht man daher Schräghols vor. Das Netz wird vom Schiff bei langsamer Fahrt bis zur gewünschten Tiefe gefiert und gleich wieder gehievt; der Netzweg bildet ein breites V. Das auf diese Weise durchfischte Wasservolumen ist meist mehr als 10mal so groß wie bei einem Vertikalhol, so daß Flächen- und Tiefenverteilungsunterschiede «herausgemittelt» werden. Zu solchen Fängen wird gern ein Doppelnetz, das **Bongo-Netz**, eingesetzt; es besteht aus zwei miteinander verschweißten Netzrahmen von je 60 cm Öffnungsweite mit je einem etwa 3 m langen Netzbeutel. Solche Netze bieten gegenüber einem Einfachnetz gleicher Gesamtöffnungs-

weite eine erhöhte Filtrationsleistung (große Netzoberfläche) bei verhältnismäßig niedrigem Filtrationswiderstand. Bringt man in einer Netzöffnung einen Durchstrommesser an, ein propellergetriebenes Zählwerk, welches die Propellerumdrehungen während des Netzschleppens anzeigt, und stellt man zuvor im Blindversuch die Anzahl der Propellerumdrehungen pro m Zugstrecke fest, so kann die vom Netz durchfischte Strecke exakt bestimmt und die filtrierte Wassermenge genau berechnet werden. Schleppnetze sollten im allgemeinen mit einem Scherfuß, mit einer oder zwei Strömungsleitflächen zur Lagestabilisierung des Netzes, ausgestattet sein. Ähnliche Dimensionen wie das Bongo-Netz hat das **WP2-Netz**, es ist allerdings nur ein Einfachnetz. Sehr große Netze dieser Art sind die **Ringtrawls** mit Öffnungsdurchmessern von 1 m und mehr. Abwandlungen des Multinetzes für den fraktionierten Schleppfang in verschiedenen Tiefenschichten sind das große **Mocness-Netz** und der «**Hai**» (so benannt nach seiner stromlinienförmigen Außenverkleidung). Diese Netztypen können ähnlich wie das Multinetz in verschiedenen Tiefenschichten zu fraktionierten Fängen geöffnet und geschlossen werden; darüber hinaus tragen sie meist Sensoren zur elektronischen Aufzeichnung von Temperatur und Salzgehalt.

Neben diesen überwiegend in geringen Wassertiefen eingesetzten Geräten wurden auch Netze für speziellere Fragestellungen entwickelt, so der **Isaaks-Kidd-Midwater-Trawl**, ein Riesennetz mit einer Öffnungsweite von 6 oder mehr m^2 und 8 m Länge, welches zum Fang kleinerer Fische, Megaloplankton und nicht allzu rasch beweglichem Nekton eingesetzt wird.

Ein Spezialnetz schließlich zum Fang von Neuston und Pleuston ist der **Neustonschlitten**, ein Planktonnetz mit rechteckigem Öffnungsrahmen, das so zwischen zwei Schwimmkufen aufgehängt ist, daß nur die untere Öffnungskante wenige cm tief in das Wasser eintaucht, so daß beim Schleppen nur die Organismen der obersten etwa 10 cm unter der Wasseroberfläche abgesiebt werden. Der Fang mit dem Neustonschlitten setzt ruhige See voraus.

Wasserschöpfer: Der generelle Vorteil von Planktonnetzen, die Organismen aus einem großen Wasservolumen abzufischen und zu konzentrieren, läßt sich zum quantitativen Sammeln von kleinzelligem Phyto- und Mikrozooplankton nicht nutzen, da die Netze so feinmaschig sein müßten, daß sie rasch verstopfen. Hier benutzt man **Wasserschöpfer**. Sie bestehen aus einem Kunststoff- oder Metallrohr definierten Volumens, dessen obere und untere Öffnung mit einem Deckel (**Niskin-Schöpfer**) oder einem Drehverschluß (**Nansen-Schöpfer**) über einen mechanischen oder elektronischen Auslöser verschlossen werden können. Der Schöpfer wird geöffnet, in eine bestimmte Tiefe gefiert, geschlossen und wieder gehievt. So erhält man eine Wasserprobe bestimmten Volumens (in der Regel zwischen 1,8 und 30 l) mit einer dem Probennahmeort entsprechenden Artenzusammensetzung und Individuendichte. Häufig werden mehrere Schöpfer kranzförmig in einem Metallgestell angeordnet (**Kranzwasserschöpfer** oder **Rosette**). Sie können einzeln ausgelöst werden, so daß während eines Hols wie bei einem Multinetz mehrere Proben an verschiedenen Stellen – z.B. aus verschiedenen Tiefen – genommen werden können. Gewöhnlich sind an einer solchen Rosette zusätzlich Sensoren für Salzgehalt- und Temperaturmessungen angebracht. Der Vorteil des Schöpfers liegt in der schonenden Behandlung aller Organismen und in deren quantitativer Erfassung ohne Verluste in ihrer natürlichen ortsgemäßen Konzentration.

Lediglich größere Zooplankter werden wegen ihrer geringen Bestandsdichte nur selten gefangen. Sofern sie aus größerer Tiefe gefischt werden müssen, wählt man zu ihrer Untersuchung daher notgedrungen Netze. Sonst schöpft man sie von Bord aus. Ein Nachteil der Schöpfer ist, daß jede Probe nur aus einer definierten sehr engbemessenen Tiefenschicht stammt, während das Netz integrierend das Plankton einer ganzen durchfischten Wassersäule erfaßt.

2.1.2 Hälterung

Für längerfristige Untersuchungen an lebendem Plankton ist dieses so schonend wie möglich zu hältern, um so den Organismen außerhalb ihrer normalen Umwelt eine maximale Überlebensrate zu sichern.

Für Zooplankton stellt eine solche kurzzeitige Hälterung in der Regel kein sonderliches Problem dar. Es genügt ein mit Seewasser gefüllter Eimer oder ein zylindrisches Glasgefäß. Gefahr für die Tiere geht von schädigenden Kontakten mit den Gefäßwänden, sowie von der Anreicherung giftiger Stoffwechselprodukte (z.B. Ammonium) aus; auch soll durch hohe Besatzdichten erzeugter Streß schädigend wirken. Diese Probleme sind mit großvolumigen Gefäßen (5–10 Liter) für gewisse Zeit zu vermindern. Die Temperatur sollte im Bereich der Meerestemperatur oder etwas darunter liegen. Es hat sich weiterhin als vorteilhaft erwiesen, die Proben im Dunkeln zu hältern, da es sonst zu lichtbedingten Aggregationen von Organismen kommen kann. Ein weiteres Problem ist das Absinken der

Plankter im Hälterungsgefäß. Hiergegen ist wenig zu unternehmen, da z.B. die Verwendung von Magnetrührern oder das Durchblasen von Luft wiederum zu mechanischen Schädigungen der Organismen führen kann.

Vor den Versuchen müssen die Proben wieder konzentriert werden. Hierzu kann man einen Großteil des Wassers mittels eines Schlauches ablassen. Damit dabei kein Plankton verlorengeht, steckt man in den Schlauch einen Trichter, dessen weites Absaugende mit Gaze überspannt ist.

Für längere Hälterung lebender Tiere empfiehlt sich allerdings ein sogenannter Planktonkreisel. Hierbei handelt es sich um ein rundes Glasgefäß, in dem durch eine separate (!) Einheit zugeführte Luft einen kreisförmigen Wasserstrom erzeugt. Hierdurch wird das Schweben der Plankter erleichtert, die Wandkontakte werden verringert und bei Verwendung einer Sandfilter-Anordnung die Wasserqualität erhöht. [Zur Konstruktion des Planktonkreisels siehe Greve 1968 und 1970.] Die für das Zooplankton dargestellten Probleme bestehen verstärkt für das Phytoplankton, wobei das Absinken die größte Gefahr darstellt. Als Hälterungsgefäße lassen sich am besten 2 Liter-Rundkolben verwenden; allerdings sind für bestimmte Versuche Gefäße bis zu 10 Litern erforderlich.

Dem Absinken der Zellen begegnet man am besten durch Verwendung eines Schütteltisches. In Anlehnung an den Planktonkreisel ist auch ein «Phytoplanktonkreisel» entwickelt worden (Greve 1970), für Langzeitkulturen die beste Lösung.

2.1.3 Auswertung

A. Chlorophyll a-Bestimmung nach der UNESCO-Methode:

Der Chlorophyll a (CHL. *a*) -Gehalt ist ein Maß für die in Seewasserproben vorhandene Menge an Phytoplankton. Das Prinzip der Messung besteht in der Extraktion der Pigmente aus dem Phytoplankton in 90%igem Aceton und der nachfolgenden spektralphotometrischen Konzentrationsmessung der Pigmente.

Technischer Bedarf: 90%iges Aceton, Dispensette für mindestens 11 ml, Dosierlöffel für Glasperlen (Pinzette mit aufgespießtem Röhrchenboden), Glasperlen, Plastikzentrifugenröhrchen 14 ml mit Lamellenstopfen, Zellmühle, Kühlzentrifuge, Spektralphotometer. Für die Filtration: Filtrationsgestell mit Wasserstrahlpumpe, Pinzette, Glasfaserfilter (Whatman GF/C, 2,5 cm Durchmesser), 1 bzw. 0,5 Liter Enghals-Plastikflaschen.

Probennahme und Filtration: Seewasserprobe mit einem Wasserschöpfer nehmen, 0,5–1 Liter werden über die Glasfaserfilter bei möglichst geringem Unterdruck ($<$ 0,5 bar) filtriert und mit filtriertem Seewasser nachgespült.

Aufbewahrung der Filter: Die Filter werden in den Plastikröhrchen tiefgefroren, wenn keine unmittelbare Aufarbeitung der Proben erfolgt. Röhrchen und Filter nach Möglichkeit immer dunkel halten, da Licht die Chlorophyllmoleküle zerstört (Photooxidation).

Extraktion: Die Filter in den Plastikröhrchen werden mit Glasperlen überschichtet. Das am Boden des Röhrchens zusammengefaltet liegende Filter muß bedeckt sein. Zugabe von 11 ml 90%igem Aceton. Falls die «Zellmühle» nicht kühlbar ist, Röhrchen für 15 min in den Tiefkühlschrank stellen. Danach werden die mit einem Lamellenstopfen verschlossenen Röhrchen bis zur Zerstörung des Filters im Homogenisator geschüttelt (3–5 min). Danach Homogenat in Kühlzentrifuge klären (15 min bei 5000 UPM). Sollte keine Kühlzentrifuge zur Verfügung stehen, müssen die Röhrchen wieder für 15 min in den Tiefkühlschrank, da sonst die Gefahr der «Explosion» der Röhrchen infolge Überhitzung besteht. Nach Möglichkeit soll sofort danach die Extinktion der dekantierten Lösung im Spektralphotometer gemessen werden.

Messung der Extinktion: Bei jeder neu eingestellten Wellenlänge muß gegen 90%iges Aceton abgeglichen werden. Die Messungen erfolgen in der Reihenfolge 750, 663, 647 und 630 nm. Das ist wichtig, um schon bei der Trübungsmessung (Ext. bei 750 nm) festzustellen, ob die Lösung frei von Schwebstoffen (z.B. Filterresten) ist. Im Zweifelsfall (Ext. bei 750 nm $>$ 0,01) muß noch einmal zentrifugiert werden. Das Extinktionsmaximum für Chl. *a* liegt bei 663 nm, für Chl. *b* bei 647 nm und für Chl. *c* bei 630 nm.

Berechnung: Extinktionswert 750 nm von den anderen Ext. abziehen. E 663–E 750 = Ek 663, E 647–E 750 = Ek 647, E 630–E 750 = Ek 630.

$$\text{Chl. } a\ (\mu g/l) = \frac{(11,85 \times \text{Ek}\,663 - 1,54 \times \text{Ek}\,647 - 0,08 \times \text{EK}\,630) \times V}{P \times l}$$

mit V = Volumen des Lösungsmittels in ml (hier 11,0)

P = Volumen der filtrierten Wasserprobe in Litern (L)

l = Länge der Küvette in cm.

Bei Extinktionen $>$ 0,800 kann mit 90%igem Aceton verdünnt, oder eine kürzere Küvette gewählt werden.

B. Mikroskopische Auswertung

Für die qualitative und quantitative Analyse der Planktongemeinschaften, wie sie in dem Versuch beschrieben, dient i.A. das sogenannte umgekehrte oder Utermöhl-Mikroskop. Diese Methode, die im wesentlichen auf der Identifizierung, Vermessung und Auszählung von Zellen beruht, die aus einem bekannten Volumen auf den Boden einer speziellen Utermöhlkammer sedimentierten, liefert die zuverlässigsten Daten bezüglich des Artenspektrums und der Biomasse. Eine genaue Beschreibung der Methode findet man bei Utermöhl (1958). Ist allerdings kein Utermöhl-Mikroskop verfügbar, kann auch ein normales Mikroskop, bzw. Stereomikroskop benutzt werden. Die genaue Durchführung der Analysen sowie weitere Auswertungsmethoden sind bei den entsprechenden Versuchen aufgeführt.

Literatur

Greve, W. (1969): The «planktonkreisel», a new device for culturing zooplankton. Mar. Biol. **1**, 201–203.

Greve, W. (1970): Cultivation experiments on North Sea ctenophores. Helgoländer wiss. Meeresunters. **20**, 304–317.

2.2 Planktongemeinschaften

Gerald Schneider und Christian Stienen

Die Meere der gemäßigten und borealen Breiten zeichnen sich durch starke jahreszeitliche Schwankungen in Menge und Zusammensetzung des Planktons aus, wobei Temperatur und Lichtangebot sowie vertikale Wasserbewegungen eine entscheidende Rolle spielen (Abb. 2.1). Im Winter sind sehr niedrige Phyto- und Zooplanktondichten zu beobachten. Der Grund liegt in der vor allem durch Lichtmangel bedingten sehr niedrigen Produktion des Phytoplanktons, was auch ein geringes Nahrungsangebot für pelagische Tiere bedeutet. Dies ändert sich allerdings im Frühjahr. Die Zunahme der Tageslänge und die ersten Hochdruck-Wetterlagen führen zu einem starken Anstieg des Lichtangebotes. Wichtiger ist aber eine zunehmende Stabilisierung der Wassersäule infolge abnehmender Winde und ansteigender Erwärmung des Wassers. Die Zone der Durchmischung, in der die Plankter zwischen oberflächennahen und tieferen Schichten zirkulieren, wird flacher als die Eindringtiefe des Lichtes. Dadurch bleiben die Pflanzenzellen während der Zirkulation immer in einem ausreichenden Lichtklima. Diese Bedingungen erlauben eine geradezu explosionsartige Entfaltung des Phytoplanktons: Die Frühjahrsblüte. Ganz generell sind an dieser Massenentfaltung von Algen vor allem zentrische, kettenformige Diatomeen beteiligt, unter ihnen häufig *Skeletonema costatum*; andere sind *Detonula confervacea, Achnanthes taeniata* sowie diverse *Chaetoceros*-Arten.

Solche Frühjahrsblüten sind allerdings vergleichsweise kurze Erscheinungen von meist nicht länger als zwei bis drei Wochen. Man hatte früher angenommen, das Ende der Blüte werde durch den «Wegfraß» durch Zooplankton hervorgerufen. In einigen Meeresgebieten trifft dies wohl zu, doch in der Regel hat sich das Zooplankton bis zu dieser Zeit erst wenig entwickelt, so daß dessen Nahrungsbedarf sehr gering ist. Detaillierte Untersuchungen zeigten, daß der Zusammenbruch der Blüte durch die Erschöpfung der Nährstoffe, also der anorganischen Stickstoff- und Phosphorverbindungen in der euphotischen Zone bewirkt wird. Infolgedessen kommt es zu einem Massenabsinken der Phytoplanktonzellen auf den Meeresboden.

Direkt nach diesem Absinken des Phytoplanktons entwickeln sich starke Bestände von Protozooplankton (Ciliaten), deren Bedeutung für den Stoffkreislauf in der euphotischen Zone noch nicht endgültig geklärt ist. Der erste große Biomasseanstieg des Metazooplanktons findet etwa in den späten Frühling, also deutlich nach Zusammenbruch der Frühjahrsblüte statt. Hierbei spielen Copepoden eine entscheidende Rolle, daneben jedoch auch andere Crustaceen, meroplanktische Larven bodenlebender Tiere sowie Hydromedusen.

Die Produktionsbedingungen des nun folgenden Sommers werden in entscheidender Weise durch die biologische Entwicklung im Frühling und durch hydrographische Gesetzmäßigkeiten bestimmt. Am Ende des Winters sind die Phytoplanktonnährstoffe in nahezu gleichen Konzentrationen in der gesamten Wassersäule vorhanden (windbedingte Durchmischung bei nahezu ungeschichteter Wassersäule). Während der Frühjahrsblüte wird nun der größte Anteil dieser Nährstoffe in Phytoplanktonbiomasse eingebaut und somit in partikulärem Material festgelegt. Nach Zusammenbruch der Frühjahrsblüte sinken die Pflanzenzellen, und mit

ihnen die ehemals gelösten Nährstoffe zu Boden. Zwar findet dort der Abbau der Pflanzenzellen statt, wobei die Nährstoffe zu erheblichem Teil wieder freigesetzt werden, doch vollzieht sich während dieses Remineralisierungsprozesses eine entscheidende hydrographische Entwicklung: Die stetige Erwärmung der oberflächennahen Wasserschichten bedingt eine zunehmende Dichteschichtung innerhalb des Wasserkörpers, die schließlich zu einer «Zweiteilung» der Wassersäule führt. Eine «Sprungschicht» – in ihr ändern sich Temperatur und Dichte auf wenigen Metern Tiefendifferenz um viele Einheiten – trennt eine warme, lichtdurchflutete Oberflächenschicht von einer kühlen und häufig lichtarmen Tiefenschicht. Salzgehaltsunterschiede können die Sprungschicht noch verstärken. Die am Boden remineralisierten Nährstoffe akkumulieren sich daher in der lichtarmen Tiefenschicht und gelangen kaum in Oberflächennähe, da die Sprungschicht vertikale Austauschprozesse stark behindert. Die Produktion des Phytoplanktons ist daher vor allem auf die durch heterotrophe Organismen remineralisierten Nährstoffe angewiesen.

Das Zooplankton erreicht im Sommer seine größte Artenvielfalt. Die Copepoden stellen immer noch einen sehr großen Anteil, obwohl die Absolutwerte ihrer Biomasse (Masse der lebenden Substanz pro Wasservolumen) häufig deutlich zurückgehen können. Dies liegt an dem Auftreten karnivorer Arten, unter ihnen vor allem Medusen und Chaetognathen (Pfeilwürmer). Besonders die Scyphomedusen können sich in küstennahen Gewässern in derartigen Massen entwickeln, daß allein ihre Biomasse einen Großteil der Biomasse des Metazoen-Planktons ausmachen kann. In meist geringeren Zahlen trifft man Ostracoden, Cladoceren und Appendicularien. In atlantischen Wassermassen treten darüber hinaus auch Salpen, Siphonophoren, pelagische Schnecken (Thecosomata) und manchmal Larvenformen bestimmter Crustaceen südlicher Verbreitung, z.B. von Stomatopoden, und die bizarren Phyllosomalarven der Langusten auf.

Auch das Phytoplankton bildet im Sommer seine höchste Formenvielfalt aus, im Gegensatz zum Zooplankton allerdings in weit geringerer Bestandsdichte. Vorherrschende Organismen sind in der Regel kleine Flagellaten (Nanoflagellaten), im Laufe des Sommers in zunehmendem Maße auch Dinoflagellaten, namentlich der Gattungen *Gyrodinium, Gymnodinium, Scripsiella, Prorocentrum* und *Ceratium*. Die beiden erstgenannten Gattungen umfassen sowohl auto- als auch heterotrophe Formen.

Da viele Zooplankter herbivor sind, mag es zunächst seltsam erscheinen, daß ein kleiner Bestand

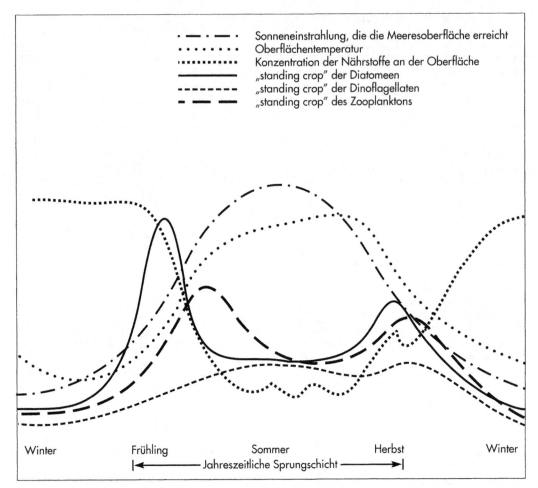

Sonneneinstrahlung, die die Meeresoberfläche erreicht
Oberflächentemperatur
Konzentration der Nährstoffe an der Oberfläche
„standing crop" der Diatomeen
„standing crop" der Dinoflagellaten
„standing crop" des Zooplanktons

Winter   Frühling   Sommer   Herbst   Winter

|◄———— Jahreszeitliche Sprungschicht ————►|

Abb. 2.1: Schematische Darstellung der jahreszeitlichen Fluktuation einiger abiotischer Parameter und Planktonkomponenten. Der heute nicht mehr verwendete Ausdruck «standing crop» ist mit den Begriffen «Bestand» bzw. «Biomasse» gleichzusetzen (aus Tait 1971, leicht verändert)

an pelagischen Pflanzen einen größeren Bestand an Zooplankton ernähren kann. Dies liegt an der hohen Primärproduktion der Phytoplankter und der damit verbundenen hohen Vermehrungsrate. Die Zellen teilen sich sehr schnell, doch führt dies nicht zu einer Biomasseakkumulation wie in der Frühjahrsblüte, da der größte Teil der Zellen vom Zooplankton gefressen wird. Die Zooplankter ihrerseits haben ebenfalls eine hohe Stoffwechselrate (Temperatur!), wodurch die im gefressenen Phytoplankton gebundenen Nährstoffe sehr schnell wieder ausgeschieden werden, so daß sie in gelöster Form ins Wasser gelangen, wo sie erneut von den Pflanzen aufgenommen werden können. Die sowohl beim Phytoplankton als auch beim Zooplank-

ton auftretenden hohen Umsatzgeschwindigkeiten ermöglichen einen hohen Stoffaustausch zwischen den Mitgliedern der pelagischen Gemeinschaft, der sich in hohen Produktionsraten widerspiegelt. Diese Austauschprozesse können aber nicht mit 100%iger Effizienz ablaufen, da es immer zu Verlusten für das Pelagial kommt. So wird z.B. ein Teil der Nährstoffatome über Wachstum und Reproduktion in Zooplanktonkörpern fixiert. Die abgestorbenen Tiere sinken in tiefere Wasserschichten bzw. zum Boden, was einen Nährstoffverlust für die produktive Schicht darstellt. Das nährstofflimitierte Sommersytem müßte sich mit der Zeit «totlaufen». Dies wird allerdings durch sporadische meteorologische Einflüsse (Stürme) verhindert, die zu «Injektionen» nährstoffreichen Tiefenwassers in die produktive Schicht führen. Wichtiger ist in Flachwassergebieten allerdings die Remineralisierungsleistung der Teile des Sediments, die oberhalb der Sprungschicht liegen und somit direkten Kontakt zu dem oberflächennahen Wasser haben.

Zum Herbst beginnt eine Umschichtung der Wassersäule. Die Abkühlung des Wassers und der steigende Einfluß der Winde brechen die Sprungschicht auf, so daß die Nährsalze über die ganze Wassersäule verteilt werden. Das Ergebnis ist meist

eine zweite Phytoplanktonblüte, jetzt aber vornehmlich durch Dinoflagellaten (vor allem *Ceratium*). Auch kann es zu einer zweiten Diatomeenblüte und zu einem nochmaligen Ansteigen der Zooplanktonbiomasse kommen. Diese Herbstblüte ist aber im Gegensatz zur Führjahrsblüte keine Erscheinung die jedes Jahr eintreten kann. Bei zu trübem Herbstwetter kann die Blüte auch ausfallen (Lichtlimitation). Mit dem weiteren Fortgang des Jahres stellt sich dann wieder die schon beschriebene Wintersituation ein, womit der Jahreszyklus der Planktonentwicklung geschlossen ist.

Tabelle 2.1: Relative Häufigkeit der Hauptgruppen des Planktons: Jahreszeitliche Veränderung. Die Klammern fassen die Gruppen zu methodischen Einheiten zusammen.

Saison	Nano-flagellaten	Dino-flagellaten	Diatomeen	Proto-zooplankton	Meta-zooplankton
Frühling	+	+	++++	++	+
Frühsommer	++	++	+	+++	++++
Sommer	++++	++	+	+++	++++
Herbst	+++	++++	++	++	+++
Spätherbst	+++	++	+++	+	++
Winter	+	+	+	+	+

Probennahme mit:	Netz 10 μm–20 μm, Wasserschöpfer	Netz 100 μm–200 μm
Laborgerät:	Mikroskop	Stereomikroskop

Das hier dargestellte Schema gilt im Grunde sowohl für die Gewässer der gemäßigten und borealen Breiten als auch für das Mittelmeer. Allerdings gibt es auch eine Reihe von Unterschieden. So ist das Mittelmeer insgesamt nährstoffarm. Dies liegt z.T. an dem nur geringen Austausch mit dem Weltozean; denn lediglich durch die Straße von Gibraltar findet ein Wassertransport zwischen dem Mittelmeer und dem angrenzenden Atlantik statt. Dabei verläßt relativ nährstoff- und salzreiches Tiefenwasser das Mittelmeer und wird durch nährstoff- und salzarmes Oberflächenwasser aus dem Atlantik ersetzt. Auch die allochthone Zufuhr von Nährstoffen über Flüsse findet nur in begrenztem Ausmaß statt, da das Mittelmeer in einer ariden bzw. semiariden Klimazone mit nur wenigen Flüssen liegt. Von diesem Umstand sind die östlichen Teile des Mittelmeeres allerdings stärker betroffen als die westlichen. Darüber hinaus ist den nordeuropäischen Gebieten ein breiter, relativ flacher Schelf vorgelagert, so daß es durch bestimmte Kombinationen von Bodentopographie und Hydrographie zu Austauschprozessen zwischen Boden und Wassersäule kommt. Das Mittelmeer dagegen ist ein tiefes Becken ohne nennenswerte

Flachwasserbereiche, was die Nährstoffversorgung der oberflächennahen Schichten in größerer Entfernung von der Küste erschwert. Obwohl die Eindringtiefe des Lichtes im Mittelmeer wesentlich größer ist als in den vorher besprochenen Gebieten sind daher die Primärproduktionswerte deutlich niedriger (Sommer: 0,5–1 g C/m^2/d im Norden verglichen mit < 0,1–0,2 g C/m^2/d im Mittelmeer). Trotzdem ist die grundsätzliche Abfolge der Ereignisse im Mittelmeer ähnlich wie in den gemäßigten und borealen Breiten: Diatomeenbestimmte Frühjahrsblüte, Sommerstratifizierung und Herbstblüte nach Aufbruch der Schichtung. Vereinfacht ausgedrückt: Es findet alles nur auf niedrigerem Biomasse-Niveau statt.

Es muß aber immer bedacht werden, daß regionale Sonderaspekte die in diesem Abschnitt erörterten Grundmuster stark variieren können. In der Nähe von Flußmündungen z.B. kann man durchaus auch einen anderen Ablauf und höhere Produktionswerte erwarten. Ähnlich ist es in flacheren Meeresgebieten, wo starke Gezeitenwirkungen die Ausbildung der sommerlichen Sprungschicht verhindern.

Fragen

1. Für die Entwicklung der Frühjahrsblüte ist es wichtig, daß die Durchmischungszone flacher ist als die Eindringtiefe des Lichtes. Warum? Was passiert im umgekehrten Fall? (Hinweis: Vergleichen Sie Respiration und Produktion einer Pflanzenzelle bzw. einer Population von Zellen; bedenken Sie dabei, daß die Produktion mit der Tiefe abnimmt, die Respiration aber konstant bleibt.)
2. Warum findet der Biomasseanstieg des Zoopolanktons nach der Frühjahrsblüte statt, obwohl während der Blüte für die Herbivoren viel mehr Nahrung vorhanden ist?
3. Eine Reihe von Copepoden stehen im Verdacht neben Phytoplankton auch Copepoden-Kotpillen zu fressen. Was könnte das für den Stoffhaushalt des sommerlich nährstofflimitierten Oberflächensystems bedeuten?
4. Welchen entscheidenden Vorteil haben Flagellaten in der beschriebenen Sommersituation bei der Nährstoffversorgung im Vergleich zu Diatomeen? (Hinweis: Flagellaten sind bekanntlich beweglich.)

2.3 Beobachtungen und Experimente zur Lebensweise von Planktonorganismen

2.3.1 Qualitative und semiquantitative Phyto- und Zooplanktonuntersuchungen

Gerald Schneider und
Christian Stienen

Die Beurteilung des Zustandes eines pelagischen Ökosystems setzt die Kenntnis des dort vorherrschenden Artenspektrums voraus. Dieses reicht – lassen wir die Bakterien außer acht – von einzelligen Pflanzen (Phytoplankton) und Tieren (Protozooplankton) in einer Größenordnung von wenigen µm bis zu größeren Metazoen im Größenbereich von cm. Das Phyto-, Protozoen- und Metazoenplankton bearbeitet man zweckmäßigerweise an verschiedenen Proben. Die Phyto- und Protozooplankter bilden die Grundlage für ein darauf aufbauendes weitverzweigtes Nahrungsnetz und sollten zuerst bearbeitet werden.

Phyto- und Protozooplankton: Die qualitative Planktonanalyse kleinerer Formen erfordert zuerst eine Unterscheidung zwischen auto- und heterotrophen Einzellern. Anhand der einschlägigen Bestimmungsliteratur (s.u.) sollte jeder wenigstens die 10–15 häufigsten Algen- und Protozoenarten erkennen können. Die Unterscheidung, ob auto- oder heterotroph, ergibt sich in den meisten Fällen bereits aus der Einordnung in die richtige Organismenklasse oder -familie. Allerdings geht die Grenze zwischen Pflanze und Tier innerhalb einiger Gruppen quer durch einzelne Gattungen (viele Dinophyceen). Hier sind Pflanzen und Tiere zuweilen schwer voneinander zu trennen. Erstes Ziel der mikroskopischen Planktonuntersuchungen ist, einen Überblick über die Artenstruktur des Phyto- und Protozooplanktons in einem Lebensraum und die relativen Anteile der beiden Gruppen zu erhalten. Besonders in den gemäßigten Breiten unterliegt das Spektrum der jeweils dominierenden Arten ausgeprägten jahreszeitlichen Schwankungen. In den Übergangsphasen (Frühsommer, Herbst) lassen sich in einem Zeitraum von 1–3 Wochen solche Verschiebungen im Artenspektrum gut verfolgen.

Zwei Algengruppen bilden die Hauptmasse des Phytoplanktons, die Bacillariophyceae (Diatomeen, Kieselalgen) und die mit 400 Millionen Jahren stammesgeschichtlich sehr alten Dinophyceae (Dinoflagellaten, Panzergeißler). Alle anderen Phytoplanktonarten gehören zu Gruppen, die allenfalls zu bestimmten Jahreszeiten und in bestimmten Meeresgebieten eine bedeutendere Rolle im Pelagial spielen.

2.3.1.1 Untersuchungsobjekte und Materialbedarf:

Je nach Versuchsansatz gehe man von Plankton-Netzfängen (10 oder 20 µm-Netz) oder von Wasserschöpferproben aus.

Technischer Bedarf: Mikroskop mit 10, 25 und 40er Objektiven, Stereomikroskop, einfache Zentrifuge, Objektträger und Deckgläschen, mehrere Bechergläser (ca. 250 ml), Standzylinder (ca. 250 ml), Pasteurpipetten, Spritzflasche, Tropfflasche mit Lugolscher Lösung, Tropfflasche mit gepuffertem 40%igem Formalin (Ansatz beider Lösungen nach Edler, 1984), eine Zählkammer, z.B. nach Thoma oder Fuchs-Rosenthal) mit entsprechenden Deckgläsern, mehrere Petri-Schalen (6–10 cm), Okularmikrometer, evtl. Objektmikrometer, gradierte Zentrifugenröhrchen, mehrere ca. 500 ml-Weithals-Kunststoff-Flaschen, mehrere etwa 100 ml fassende Glasflaschen mit Schraubverschluß.

2.3.1.2 Versuchsanleitungen und Beobachtungen

Die qualitative Auswertung eines Netzfanges geschieht am besten mit lebendem Material. Wenige Tropfen der rasch und schonend aus dem Netz gespülten und je nach Individuendichte in 300–500 ml frischen Meerwassers aufgenommenen Probe werden auf einen Objektträger pipettiert. Mikroskopische Durchmusterung zuerst bei schwacher, dann bei stärkerer Vergrößerung. Um eine zu schnelle Licht- und Wärmeschädigung des Planktons zu verhindern, benutze man einen Blau- oder Grünfilter oder stelle einfach eine wassergefüllte Petri-Schale in den Lichtweg des Mikroskops.

Man achte auf bewegliche und unbewegliche Formen, auf die manchmal überraschend schnellen Gleitbewegungen pennater Diatomeen (Wie entsteht die Bewegung?), Bewegungstypen von Flagellaten, vor allem die Trudelbewegungen von Dinoflagellaten (Ring- und Längsgeißel), und von Ciliaten. Phyto- und Zooplankter sind meist leicht an den deutlichen Chloroplasten der ersteren zu unterscheiden (grüne oder grün-gelbe Plastiden bei autotrophen, mehr bräunliche Färbung oder Farblosigkeit bei heterotrophen Dinoflagellaten). Man protokolliere die vorgefundenen Arten und schätze ihren relativen Anteil am Gesamtplankton ab.

Bestimmung der Biomasse: Zur semiquantitativen Auswertung von Planktonfängen und Abschätzungen der Biomasse geht man am besten von einer zuvor mit etwas Formol fixierten Planktonprobe aus. Das Artenspektrum ist bereits durch die vorhergehende qualitative Auswertung bekannt. Eine Wasserschöpfer-Unterprobe von 100 ml (Netzfang verändert die Planktondichte in unbekanntem Maße) wird mit Formol fixiert (ca. 5 ml 40 % Formalin auf 100 ml). Die Flasche mit der fixierten Probe wird zur gleichmäßigen Verteilung der Organismen 1–2 Min. hin und her um die Querachse gedreht; bevor das Plankton wieder abgesunken ist, werden mit einer Pipette einige gradierte Zentrifugenröhrchen jeweils bis zur gleichen Marke gefüllt und ca. 15 Min. bei 2000–3000 Upm zentrifugiert. Der Überstand wird bis auf etwa $\frac{1}{10}$ des Ursprungsvolumens mit einer Pasteurpipette abgesaugt und das Restvolumen genau bestimmt, um später den Konzentrierungsfaktor errechnen zu können. Aus der Restsuspension im Zentrifugenröhrchen werden 1–2 Tropfen in eine Zählkammer gegeben und die zuvor bereits nach ihren Arten bestimmten Planktonorganismen in möglichst vielen Zählkammerfeldern nach Arten gesondert ausgezählt. Das Zählergebnis wird bei bekannten Anfangsvolumen der jeweiligen Unterprobe (Volu-

men im Zentrifugenröhrchen) auf Zellzahl pro Liter umgerechnet. Für eine annähernde Bestimmung der Biomasse, angegeben als μg Kohlenstoff pro Liter, benötigt man die Plasmavolumina der Zellen. Diese lassen sich überschlagsmäßig aus den Zellmaßen (verschiedene Zelltypen mit geeichtem Okularmikrometer längs und quer bzw. im Durchmesser ausmessen und mitteln) nach Rückführung der z.T. bizarren Formen auf einfachere Körper (Quader, Würfel, Kugel, Kegel, Zylinder etc.) berechnen. Bei allen Flagellaten und Ciliaten ist das Zellvolumen gleich dem Plasmavolumen; bei Diatomeen muß die Zellvakuole berücksichtigt werden. Unter der Annahme, daß die Plasmaschicht rund um die Vakuole ca. 1 μm dick ist, ergibt sich ihr Plasmavolumen aus einem um 1 μm reduzierten mittleren Zellradius bzw. aus den jeweils um 2 μm reduzierten (Plasmaschicht beidseits der Vakuole) Zellmaßen. Das Plasmavolumen errechnet sich nach folgender Formel:

$$PV = ZV - (0.9 \times VV)$$

PV = Plasmavolumen, ZV = Zellvolumen, VV = Vakuolenvolumen.

Es hat sich herausgestellt, daß der Kohlenstoffgehalt gepanzerter Dinoflagellaten (in pg/Zelle) mit 13 % des Plasmavolumens gleichgesetzt werden kann; für nackte Dinoflagellaten, Nanoflagellaten, Diatomeen und Ciliaten beträgt der Kohlenstoffgehalt 11 % des Plasmavolumens.

Ein grobes Bild von der relativen saisonalen Biomasseverteilung vermittelt auch ein Vergleich der Zellzahlen einzelner Arten pro Wasservolumen; allerdings fallen die sehr unterschiedlichen Zellgrößen störend ins Gewicht, da zahlreiche kleine Zellen im mikroskopischen Bild stärker bewertet werden als der in Wirklichkeit höhere Biomasseanteil einer geringeren Anzahl größerer Zellen. Vergleicht man allerdings die Fluktuationen dominierender Arten innerhalb gleicher Zellgrößenklassen, so kann man auf dieser Weise relative Dominanzverschiebungen in der Biomasse feststellen.

Ein weiteres Ziel der semiquantitativen Biomasse- und Artenanalyse ist die Abschätzung von Veränderungen des relativen Anteils heterotropher Formen in einer Planktonbiocönose.

Das Metazooplankton: Die Untersuchung der meist aus größeren Formen bestehenden Metazoen im Plankton erfolgt zweckmäßigerweise zunächst an lebenden Proben. Der schonend aus dem Netz gespülte Fang wird in einem großen Becherglas oder Eimer mit genügend frischem Seewasser aufgenommen. Proben werden jeweils nach vorsichtigem Umrühren entnommen; Beobachtungen in einer Petri-Schale unter dem Stereomikroskop. Man findet Vertreter rein pelagischer Tierstämme, z.B. Pfeilwürmer (Chaetognathen), überwiegend aber Gruppen wie Crustaceen oder Mollusken mit einem reichen Spektrum planktischer Formen, das durch die Larven bodenlebender Arten noch bereichert wird. Stadien fast aller mariner Tierstämme tauchen im Plankton auf; mit ihren charakteristischen Merkmalen sollte man sich vertraut machen. Die Lebendbeobachtung bietet dazu reiche Gelegenheit, während in fixierten Proben viele Tiere nur in unnatürlichen Körperhaltungen zu beobachten sind. Man achte auf charakteristische Bewegungsformen wie das pulsierende Rückstoßschwimmen von Medusen, das springende Vorwärtsschießen von Copepoden, die trudelnde Vorwärtsbewegung vieler Larven durch Cilienkränze etc., man achte auch auf die typischen Bewegungen der Mundwerkzeuge bei Crustaceen (Nahrungsfang).

Parallel zur Lebendprobe sollte eine fixierte Probe (Zugabe von einigen Tropfen Formol) angesehen werden, da sich manche Formen der Lebendbeobachtung durch schnelle Bewegungen entziehen.

Biomasse-Bestimmung von Metazoenplankton: Zur Gesamtanalyse einer Planktonprobe gehört auch überschlagsweise die Erfassung der Biomasse. Bei schwacher Stereomikroskopvergrößerung (großes Gesichtsfeld) wird ein definiertes Volumen einer fixierten Planktonprobe nach Tiergruppen ausgezählt, wobei formenreiche Gruppen wie Crustaceen (Copepoden, Cladoceren, Ostracoden, Decapoden, Larven benthischer Arten etc.) feiner aufzuschlüsseln sind als formenarme Tiergruppen (z.B. Chaetognathen). Die relative Häufigkeit einzelner Formen wird nach einer einfachen Bewertungsskala von «sehr häufig» (++++) bis «vereinzelt» (+) protokolliert. Diese Mengenverteilungen können begrenzt zur relativen Biomasseabschätzung verwandt werden, wobei allerdings die unterschiedlichen Größen der Organismen in Betracht zu ziehen sind. Aus einzelnen Größenordnungen zahlenmäßig dominanter Tierformen (z.B. Copepoden oder Muschellarven) wird die Länge von je 10–15 Tieren vermessen (geeichter Okularmikrometer) und nach der Formel

$$\log \text{Gewicht} = 2{,}23 \log \text{Länge} - 5{,}58$$

(Ableitung siehe Rodriguez & Mullin, 1986) der C-Gehalt in μg/Individuum berechnet (Länge in μm).

Aus Mittelwert und Standardisierung der C-Gewichte für die untersuchten Organismen, multipliziert mit den Zähldaten ergibt sich annäherungsweise die Biomasse der betreffenden Zooplanktongruppe in μg C/Liter oder mg C/m³. Hierbei soll deutlich werden, daß sich die Individualgewichte der Tiere z.B. wie 100:1 zueinander verhalten kön-

nen, der reale Biomasseanteil einer Art an der Gesamtbiomasse also aus reinen Zähldaten nicht zu ersehen ist. Die oben genannte Beziehung zwischen Körpergewicht und C-Gehalt darf übrigens nicht auf Salpen und planktische Coelenteraten angewendet werden, da sie wegen ihres hohen Wassergehaltes deutlich niedrigere C-Gehalte/Körpergewicht aufweisen.

2.3.1.3 Aufgaben und Fragen

1. Erstellen Sie eine Liste der identifzierten Phyto- und Protozooplanktonarten, geordnet nach Familie und Gattungen und kennzeichnen Sie autotrophe und heterotrophe Formen.
2. Beschreiben Sie die verschiedenen Bewegungsweisen für die einzelnen taxonomischen Gruppen (alle Planktonformen).
3. Vermessen Sie unterschiedliche große Zooplankter und berechnen Sie die Biomasse (pro Tier, pro Wasservolumen). Führen Sie dies auch innerhalb einer Gattung bzw. Familie durch (z.B. kleine Copepoden, große Copepoden).
4. Copepoden enthalten in ihrem Körper oft bräunlich-rötliche, runde bis ovale lichtbrechende Strukturen (gesehen?). Es sind Öltröpfchen. Wodurch entstehen sie und welches ist ihre Bedeutung? Findet man sie das ganze Jahr über in den Tieren?

Literatur

Drebes, G. (1974): Marines Phytoplankton. – Thieme Verlag, Stuttgart, 186 pp. (Nordsee und angrenzende Gebiete, hier auch weitere Bestimmungsliteratur, vor allem Hustedt 1930 und 1959, Schiller 1933 und 1937.)

Edler, L. (1984): Phytoplankton. In: Baltic Sea environment proceedings No. 12. Guidelines for the Baltic Monitoring Programme for the second stage, 101–125.

Massuti, M., Margalef, R. (1950): Introducción al estudio del plankton marino. – Patr. «Juan de la Cierra» Inv. Téc. Sec. Biol. Mar., Barcelona, 182 pp. (Mittelmeer).

Newell, G.E., Newell, R.C. (1977): Marine plankton – A practical guide. – Hutchinson, London, 244 pp. (Nordatlantik und angrenzende Gebiete).

Rodriguez, J., Mullin, M.M. (1986): Relation between biomass and body weight of plankton in a steady state oceanic ecosystem – Limnol. Oceanogr. 31, 361–370.

Trégouboff, G., Rose, M. (1957): Manuel de planctonologie méditerranéenne – Bd. 1 und 2, Centre National de la Recherche Scientifique, Paris (Mittelmeer).

2.3.2 Entwicklung natürlicher Phytoplanktonpopulationen im Labor

*Gerald Schneider und
Christian Stienen*

Die Dynamik der pflanzlichen und tierischen Organismengesellschaften im Pelagial läßt sich in Laborkulturen gut darstellen. Dabei kann sowohl die Veränderung der Biomasse, als auch die Veränderung der Artenzusammensetzung des Phyto- und des Mikrozoo- und Mesozooplanktons gezeigt werden. Es wird deutlich, wie zwei der wichtigsten Kompartimente des pelagischen Ökosystems in ihrer Individuendichte und ihrer sich stetig wandelnden Artenzusammensetzung in Wechselwirkung miteinander stehen. Die Entwicklung im Kulturgefäß zeigt dabei eine mögliche, aber wahrscheinlich nicht die tatsächliche Entwicklung der Planktongemeinschaft im Pelagial am Probennahmeort.

Wiederholte Probennahme vor Ort und deren Auswertung parallel zum Laborversuch ermöglichen einen Vergleich der Entwicklungen. So kann gut die Dynamik in einem Ökosystem gezeigt werden.

2.3.2.1 Untersuchungsgebiet, Materialbedarf, Zeitaufwand

Mit einem Planktonnetz einer Maschenweite von nicht mehr als 20 μm wird vom Boot oder Bootssteg aus ein Vertikalhol durchgeführt. Je nach Planktondichte sollten für einen Versuchsansatz 5–20 m Wassersäule, während einer Planktonblüte auch weniger, durchfischt werden. Aus der Fläche der Netzöffnung multipliziert mit der maximalen Tiefe der Netzöffnung läßt sich das durchfischte Wasservolumen berechnen.

Unmittelbar nach dem Einholen des Netzes spült man, gegebenenfalls mit einer Spritzflasche, nicht zu kräftig und von außen, um eine Schädigung der gefangenen Plankter möglichst gering zu halten, das innen am Netzbeutel haftende Plankton in den Netzbecher und entleert diesen in ein Gefäß genügender Größe (ca. 500–750 ml Kautex-Flasche). Der konzentrierte Fang muß möglichst schnell in das zu $\frac{2}{3}$ mit Kulturlösung (s. u.) gefüllte Kulturgefäß überführt werden. Um größere, die Versuchsergebnisse verfälschende Zooplankter fernzuhalten, sollte der Fang dabei durch eine ca. 300 μm Gaze oder ein entsprechendes Sieb gegeben werden. Das Kulturgefäß stelle man vor Erwärmung und unmit-

telbarer Sonneneinstrahlung geschützt auf einem Magnetrührer in Fensternähe auf. Ein temperaturkonstanter Raum mit einem der Jahreszeit entsprechenden Lichtrhythmus – wie in den meisten meeresbiologischen Stationen vorhanden – ist von Vorteil.

Die **Versuchsdauer** hängt von der aktuellen Fragestellung und dem Volumen der Kultur ab und liegt zwischen einigen Stunden (z. B. Chlorophyll-Entwicklung im Tagesablauf) und mehreren Tagen (Veränderung von Biomasse und Artenzusammensetzung).

Geräte und Kulturlösungen: Kulturgefäß (3–5 l), zum Abdecken reicht ein Wattestopfen aus, 1 Magnetrührer mit einigen Rührmagneten, Kunststoffgaze 300 μm, Trichter, Zählkammern, Mikroskop, Objektträger und Deckgläser, Pasteurpipetten, $NaNO_3$ (Merck Nr. 6537), KH_2PO_4 (Merck Nr. 4877) und Natriumhexafluorosilikat (Fluka Nr. 71595). Meerwasser wird durch Whatmans GF/C Glasfaserfilter (2,5 cm) filtriert.

Ansatz der Kulturlösungen: F/2 Medium nach Guillard & Ryther (1962) oder 1,36 g $NaNO_3$, 13,16 g KH_2PO_4, 7,524 g Na-Hexafluorosilikat getrennt gelöst in je 250–300 ml filtrierten Meerwassers vom Probennahmeort und auf 1 l mit filtriertem Meerwasser aufgefüllt. Der Salzgehalt des nährstoffangereicherten Meerwassers entspricht dann dem am Probennahmeort ziemlich genau.

Das fertige Medium enthält jeweils 16 μmol NO_3-N, 1 μmol PO_4-P und 40 μmol SiO_4-Si pro ml mehr als im Meerwasser am Probennahmeort vorhanden, d. h. die Makronährstoffe werden in einem atomaren Verhältnis von 16:1:40 angeboten. Dies entspricht in etwa dem Bedarf des Phytoplanktons. In das filtrierte Meerwasser im Kulturgefäß werden von dieser Stammlösung 1 ml je Liter Meerwasser gegeben.

2.3.2.2 Versuchsanleitung

Nach einer qualitativen und quantitativen Anfangsbestimmung der Planktonzusammensetzung zu Beginn des Versuches durch die Bestimmung der vorherrschenden Organismenarten unter dem Mikroskop und Auszählung der Organismendichten in einer Zählkammer nach deren Fixierung (vgl. Abschn. 2.3.1.2) werden möglichst zweimal täglich Proben aus dem gut durchmischten Kulturgefäß mit einer Pasteurpipette entnommen und ebenso ausgewertet. Zur Absicherung der zu protokollierenden Ergebnisse sind jeweils 3–5 Parallelproben zu empfehlen.

Dominanzverschiebungen auf Artenniveau werden ebenso so deutlich wie Veränderungen in der Artenzusammensetzung. Namentlich die Dynamik seltener Formen, die nicht in jeder Zählprobe auftreten, bleibt bei Mehrfachproben nicht verborgen. Dies gilt vor allem für Phytoplankter, aber auch für Protozooplankter, die zu Versuchsbeginn nur in einem geringen Teil der Proben beobachtet wurden, später aber in der Kultur dominieren können.

Auswertung:

1. Man stelle für jede Probennahme eine Liste mit der Häufigkeitsverteilung der 10 häufigsten Arten zusammen (Tabellenform).
2. Welche 10 Arten machen den größten Teil der Biomasse aus? Sind es dieselben Arten wie unter 1?
3. Welche der identifizierten Arten sind autotroph, welche heterotroph? Wie verändert sich ihr Verhältnis zueinander?
4. Graphische Darstellung der Verschiebungen in den Häufigkeiten der Arten während der Versuchsdauer.
5. Welche Veränderungen in der Planktonpopulation ergaben sich in dieser Zeit am Ort der Probennahme?
6. Diskutieren Sie die Gründe für eine Veränderung am Probennahmeort. (Sukzession versus Advektion.)

Literatur

Guillard, R.R.L., Ryther, J.H. (1962): Studies of marine planktonic diatoms. I. Cyclotella ana Husted and Detonula converfacea (Cleve) Gran. – Can. J. Microbiol. 8, 229–239.

2.3.3 Phytoplankton: Bestimmung der Primärproduktion über die Sauerstoff-Entwicklung und die Chlorophyll a-Zunahme

Gerald Schneider und
Christian Stienen

Parallel zur Erfassung des augenblicklichen Zustandes in einem Biosystem kann man Veränderungen in einem Ökosystem, z.B. dem des Pelagials, durch Messung von Stoffwechselraten biochemisch verfolgen. Die mit Abstand wichtigste Ratenmessung in der marinen Ökosystemforschung bezieht sich auf die Primärproduktion, d.h. auf die Photosyntheserate.

Photosynthese bildet die Grundlage allen Lebens, so auch im Meer. Dabei ist deutlich zu unterscheiden zwischen der Primärproduktion, d.h. der Menge vorhandener Biomasse und der Primärproduktionsrate, d.h. der pro Zeiteinheit produzierten Menge an pflanzlicher Biomasse. Erstere wird angegeben in Gewicht pro Volumen (g/l), letztere in Gewicht pro Volumen pro Zeiteinheit ($g/l \times h$). Von den vielen Möglichkeiten, den Biomassezuwachs pro Zeiteinheit zu erfassen, soll hier nur auf zwei eingegangen werden: Die Messung der Sauerstofffreisetzung und der Chlorophyll a-Konzentration (Chl. a-Konz.).

Bei der O_2-Messung geht man davon aus, daß während der Photosynthese im Photosystem II Sauerstoff frei wird. Jedes freigesetzte Sauerstoffmolekül entspricht einem in die Zelle eingelagerten Kohlenstoffatom (Aufnahme CO_2, Abgabe O_2). Mißt man also über einen längeren Zeitraum die Veränderung der Sauerstoffkonzentration in einer Wasserprobe, so erhält man ein Maß für die Primärproduktion in eben dieser Zeitspanne (Primärproduktionsrate).

Man kann also aus der O_2-Zunahme die fixierte, aus der O_2-Abnahme die veratmete Kohlenstoffmenge ablesen. In Wasserschöpfproben, in denen normalerweise das Phytoplankton bei weitem überwiegt, wird man in der Regel eine Zunahme der O_2-Konzentration beobachten können. Trotzdem wird mit dieser Methode keineswegs die Brutto-Produktion, also die gesamte von der Pflanze aufgebaute Biomasse erfaßt, denn die in der Probe befindlichen heterotrophen Organismen (Bakterien, Proto- und Metazooplankton) veratmen einen Teil des freigesetzten Sauerstoffs unmittelbar wieder. Man erhält also in diesem Versuchsansatz nur die sog. Nettoprimärproduktionsrate, d.h. ein Maß für den Überschuß an Primärproduktion, die in situ den größeren Metazooplankton direkt (herbivore) oder indirekt (Nahrungskette) zur Verfügung stünden.

Die Bestimmung der Zunahme an Chl. a in einer Probe dagegen zeigt direkt den Zuwachs an autotrophen Planktonorganismen an, ist also unmittelbar ein Maß für die Bruttoprimärproduktion. Ein Mehr an Chl. a stellt in der Regel auch eine höhere Syntheseleistung dar. Allerdings gibt es keine unmittelbare Beziehung zwischen Chl. a-Gehalt und Kohlenstofffixierung. Das Verhältnis Kohlenstoff zu Chl. a unterliegt einerseits jahreszeitlichen Schwankungen, ist andererseits aber auch in den einzelnen großen taxonomischen Gruppen des Phytoplankter, den Diatomeen und den Dinoflagellaten, ganz unterschiedlich. Die C:Chl. a-Werte schwanken zwischen 30:1 bei einer Diatomeenblüte im Frühjahr und 150:1 bei Dominanz von gepanzerten Dinoflagellaten im Herbst. Dennoch gilt natürlich die relative Annahme: Erhöhung von Chl. a = Erhöhung der Primärproduktionsleistung. Allerdings empfiehlt es sich, in einer Planktonkultur experimentbegleitend stetig die Artenzusammensetzung in der Kultur zu verfolgen.

Während die Vorteile der Chl. *a*-Methode bei längeren Versuchszeiten (Tage–Wochen) liegen, eignet sich die O_2-Methode besser für Kurzzeitversuche (4–6 Stunden). Wichtig bei der Messung der Produktionsrate über O_2-Freisetzung ist es allerdings, möglichst alle größeren heterotrophen Organismen vor Versuchsbeginn durch Absieben aus dem Kulturansatz zu entfernen.

2.3.3.1 Untersuchungsobjekte und Materialbedarf

Für O_2-Bestimmungen: Durch 300 μm-Gaze filtrierte Wasserschöpfproben, in 1 l Steilbrust-Glasflaschen abgefüllt.

Für die Chl. a-Methode sind größere Volumina (7–10 l) notwendig, für jede Bestimmung 0,5–1 l Probevolumen.

Materialbedarf und Nachweismethoden vgl. Abschn. 2.1.3 und 2.3.4.

2.3.3.2 Versuchsanleitungen

O_2Messungen: Die Versuchsgefäße werden auf Magnetrührern an einem hellen Platz im Labor aufgestellt. Direktes Sonnenlicht sollte allerdings zum einen wegen einer möglichen Lichtschädigung (sog. Photoinhibition) der Pflanzenzellen, zum anderen wegen einer zu starken Erwärmung der Kultur vermieden werden.

Die Wasserschöpfproben werden an Bord (bzw. auf der Pier) direkt in die Versuchsgefäße überführt. Die Flaschen für die O_2-Methode werden möglichst luftblasenfrei gefüllt und verschlossen. Im Labor oder im Kühlraum wird die erste O_2-Bestimmung sofort durchgeführt. Sollten keine Kühlräume zur Verfügung stehen, muß unbedingt gewährleistet sein, daß sich die Proben nicht zu sehr erwärmen; schon 5° C Differenz zwischen der in-situ- und der Labortemperatur können die Ergebnisse der O_2-Messung verfälschen, da die Löslichkeit von Sauerstoff stark temperaturabhängig ist. Im weiteren Verlauf des Experimentes sollten die Messungen alle 2 Stunden vorgenommen werden.

Zum Vergleich der Nettoproduktion mit der Gesamtrespiration in den Organismen wird zu jeder Probenflasche eine Parallelprobe in vollständig lichtundurchlässiger gleich großer Flasche ange-

setzt, und in dieser ebenfalls alle 2 Stunden der O_2-Gehalt bestimmt.

Bei Lichtabschluß wird man eine O_2-Abnahme in der Probe feststellen, die Summe der Atmungsaktivitäten heterotropher und autotropher Organismen. Mit anderen Worten: Bevor in der «Hellflasche» eine Zunahme der Sauerstoffkonzentration festgestellt werden kann, muß die Photosyntheseleistung der Pflanzen erst einmal den Sauerstoffverbrauch durch die Tiere plus O_2-Bedarf ihrer eigenen Atmung decken.

Beide Raten, die O_2-Freisetzung pro Zeiteinheit sowie der O_2-Verbrauch pro Zeiteinheit, jeweils angegeben in mg O_2/l × h, ergeben zusammengefaßt ein Maß für die Bruttophotosyntheseleistung des Phytoplanktons. (Durchführung der O_2-Bestimmungen wie in Abschn. 2.3.4)

Besteht über den oben beschriebenen Versuchsansatz hinaus die Möglichkeit der Inkubation unter verschiedenen Lichtintensitäten (d.h. zwischen 100–1% der Oberflächeneinstrahlung), und kann man Wasserproben aus verschiedenen, diesen Lichtintensitäten entsprechenden Tiefen gewinnen, so ist es möglich, die Photosyntheseleistung in Abhängigkeit von der Lichteinstrahlung und somit von der Wassertiefe zu erfassen. In der Pflanzenphysiologie entspricht das Ergebnis den sog. Photosynthese gegen Einstrahlung-Kurven (P versus I). Die Versuchszeiten verlängern sich dadurch entsprechend.

Chlorophyll-a-Messung: Die Probennahme erfolgt einschließlich des Absiebens des größeren Zooplanktons wie für die O_2-Methode, allerdings mit der Ausnahme, daß hier größere Versuchsbehälter (7–10 l) benötigt werden. Für die Inkubation und die Temperaturkonstanz gilt oben Gesagtes. Die Bestimmung des Chl. *a*-Gehaltes sollte nicht öfter als alle 12 Std. erfolgen, um das Volumen im Kulturgefäß nicht zu schnell zu verringern. Durch die Bestimmung des Chl. *a*-Gehaltes im Wasser am Ort der Schöpferprobennahme gleich zu Anfang erhält man ein Maß für das zur Bestimmung des Chl. *a*-Gehaltes im Kulturgefäß notwendige Volumen der Unterprobe. Bei In-situ-Konzentrationen unter 1,5 μg Chl. *a*/l muß 1 Liter abgezapft werden, bei höheren Konzentrationen genügen 0,5 Liter. Dementsprechend sollte das Kulturgefäß dimensioniert werden. Für eine erfolgreiche Verfolgung der Entwicklung sollte der Versuch mindestens 3 Tage dauern. (Durchführung der Chl. *a*-Bestimmung siehe 2.1.3)

Auch hier können parallele Ansätze mit Wasserproben aus verschiedenen Tiefen ein geschlosseneres Bild liefern. Es empfiehlt sich die Chl. *a*-Methode gemeinsam mit dem Versuch 2.3.2 durchzuführen.

Dies gilt besonders, da die Chl. *a*-Konzentration pro Zelle in keinem konstanten Verhältnis zur Biomasse steht. Eine Dominanzverschiebung auf Arten- oder Gattungsniveau kann daher einen Einfluß auf die Chl. *a*-Konzentration haben. Informationen zum Artenspektrum und seiner Entwicklung sind daher zur Interpretation der Chl. *a*-Daten von großer Bedeutung.

Allgemein kann man sagen, daß die Chl. *a*-Konzentrationen pro Zellvolumen bei Diatomeen etwa doppelt so hoch sind wie bei Dinoflagellaten. Die Auswirkungen einer Dominanzverschiebung z.B. bei gleichbleibender Biomasse, auf die Chl. *a*-Konzentration können daher bedeutend sein.

2.3.3.3 Aufgaben

1. Berechnen Sie die Photosyntheseleistung in mg $O_2/l/h$ und in μmol $O_2/l/h$ für die einzelnen Zeitabschnitte zwischen den Messungen. 1 mg O_2 = 0,699 ml O_2 = 31,22 μmol O_2.
2. Berechnen Sie die Menge fixierten Kohlenstoffes in mg. Ein mol O_2 = 1 mol C.

2.3.4 Die Atmungsaktivität von Metazooplankton

Gerald Schneider und Christian Stienen

Sauerstoffverbrauch durch Atmung ist ein Maß für die Lebensaktivität von Zooplanktern. Er ist zunächst selbstverständlich von Menge und Zusammensetzung des Planktons abhängig; aber auch andere Faktoren, wie Temperatur, Organismengröße und das Nahrungsangebot bestimmen die Höhe der Respiration. Abgesehen von physiologischen Fragestellungen erlaubt die Messung der Atmungsaktivität den Grundnahrungsbedarf der Zooplankter in einem aquatischen Ökosystem abzuschätzen und mit den Aufbauraten von organischer Substanz (= Primärproduktion) zu vergleichen. Der Vergleich von Respiration und Primärproduktion vermittelt eine Vorstellung von dem Verhältnis zwischen Produktion und Konsumption in einem Gewässer.

2.3.4.1 Geräte und Materialbedarf

Sauerstoffsonde (WTW Oxical oder baugleiche Modelle), 6 × 1,2 l-Steilbrust-Glasflaschen mit Vollglasstopfen, 1 große Plastikwanne (ca. 50 cm × 30 cm × 20 cm), 1 Magnetrührer mit 6 «Fliegen», 4 Bechergläser à 750 ml, Pulvertrichter mit 25 cm Schlauch, 10 Liter filtriertes Seewasser. Bei Sauerstoffbestimmung mit der Winkler-Titration zusätzlich: 12 Weithals-Schliff-Flaschen, ca. 50 ml. Das Volumen der Flaschen muß bis auf 0,1 ml bekannt sein (mit Stopfen leer wägen, bis zum Überlaufen mit Wasser füllen, Stopfen luftblasenfrei aufsetzen, voll wägen), Glasbürette (Unterteilung mindestens 0,1 ml), Becherglas ca. 250 ml, Chemikalien: $MnCL_2$-Lösung: 40 g $MnCL_2$ × 5 H_2O auf 100 ml aqua dest. lösen; Alkal. Jodid Lsg.: 60 g KJ + 30 g KOH auf 100 ml aqua dest. (einzeln lösen, zusammengeben); verdünnte Schwefelsäure: 50 ml H_2SO_4 konz. vorsichtig in 50 ml aqua dest. mischen; Natriumthiosulfat-Lsg.: 49,5 g Natriumthiosulfat × 5 H_2O auf 1000 ml aqua dest., für Gebrauch 1:10 mit aqua dest. verdünnen; Stärke-Lsg.: Zinkjodidstärkelösung kaufen (z.B. Fa. Merck); Jodatstandard: 325 mg Kaliumhydrogendijodat bei 110° C trocknen, auf 1000 ml mit aqua dest. lösen, Normalität: 0,01 n.

2.3.4.2 Versuchsdurchführung

Es sollen vier Parallelproben aus vier Netzzügen gemessen werden. Fang in je ein Becherglas geben (nicht verdünnen) – 4 × 1,2 Liter-Glasflaschen (nominelles Volumen der Flaschen = 1000 ml, bei Füllung bis zum Überlaufen passen aber rund 1200 ml hinein) zur Hälfte und 2 Kontrollflaschen vollständig mit filtr. Seewasser füllen – Über Pulvertrichter mit aufgestecktem Schlauch Versuchsflaschen vorsichtig und ohne zu große Turbulenzen mit Zooplankton beschicken – Verbleibendes Restvolumen mit filtr. Seewasser vorsichtig auffüllen – «Fliegen» von Magnetrührer hineingeben, Flaschen auf Magnetrührer stellen, Sauerstoffsonde zur Hälfte einführen und bei geringen Umdrehungszahlen des Magnetrührers O_2-Gehalt und Temperatur bestimmen, Handhabung der Sonde nach Angaben des Herstellers, Einfachheit in der Handhabung ist übergroßer Präzision vorzuziehen; wird Winklertitration durchgeführt, werden statt dessen ca. 50 ml Probe entnommen (dünner Schlauch, ansaugen, zur Vermeidung, daß Zooplankter in Sauerstoff-Flasche gelangen, Stück Gaze vor Einsaugöffnung anbringen) – Nach Messung bzw. Probennahme Flasche bis zum Überlaufen auffüllen (Vorsicht, daß kein Zooplankton verlorengeht),

Vollglasstopfen **luftblasenfrei** einsetzen – Flaschen in seewassergefüllte Wanne stelle (Temperaturpuffer) und 4 Std. im Dunkeln inkubieren – nach 4 Std. Flaschen nacheinander auf Magnetrührer; Stopfen entfernen, Endkonzentration an O_2 und Temperatur ermitteln; für Winklertitration erneut ca. 50 ml Probe abziehen; Versuch beendet.

2.3.4.3 Auswertung

Der Sauerstoffverbrauch läßt sich nach folgender Formel berechnen:
$$VO_2 = ([O_2A] \times 1,2 - [O_2E] \times 1,2)/t$$
dabei bedeuten:

VO_2 = Sauerstoffverbrauch pro Stunde und Versuchsflasche
$[O_2A]$ = Sauerstoffkonzentration bei Versuchsbeginn
$[O_2E]$ = Sauerstoffkonzentration bei Versuchsende
$1,2$ = Flaschenvolumen in Liter
t = Versuchsdauer in Stunden

Dieser in den Versuchsflaschen berechnete Sauerstoffverbrauch muß noch korrigiert werden. Trotz der Filtration des Seewassers sind kleinere, nicht dem Metazooplankton zuzurechnende Organismen (z.B. Bakterien) in den Versuchsansatz gelangt, deren Atmung die Ergebnisse für das Metazooplankton verfälscht. Um diesen Fehler quantifizieren und korrigieren zu können, wurden die Kontrollen angesetzt. Zur Korrektur der Verbrauchsberechnung aus den Versuchsflaschen werden in gleicher Weise die Änderungen im O_2-Gehalt in den Kontrollen nach obiger Gleichung berechnet. Ein im Ergebnis auftretendes Minuszeichen deutet auf Sauerstoffnettoproduktion (warum?). Anschließend werden die aus den Versuchsflaschen ermittelten Werte um den Mittelwert aus den Kontrollflaschen korrigiert. Dabei gilt: Kontrollflasche: Sauerstoffzunahme – Versuchsflasche: Kontrollwert addieren; Kontrollflasche: Sauerstoffabnahme – Versuchsflasche: Kontrollwert abziehen (warum?).

Die so errechneten Respirationswerte pro Stunde und Versuchsflasche sind nicht miteinander zu vergleichen, da jede Flasche unterschiedliche Zooplanktonmengen enthalten kann. Es müssen daher die Daten auf eine vergleichbare Basis gestellt werden. Dazu dividiert man zunächst die Respirationswerte durch das mit dem Planktonnetz filtrierte Wasservolumen (Netzquerschnitt mal Zuglänge). Als Ergebnis erhält man einen Wert über die Respiration des Zooplanktons pro m³ Wasser. Mit diesen Daten kann man nach folgender Formel den

Nahrungsbedarf des Zooplanktons in Kohlenstoffeinheiten (mg C/m³) errechnen:
$$mg\ C/m^3 = mg\ O_2/m^3 \times 12/32 \times RQ\ bzw.$$
$$mg\ C/m^3 = ml\ O_2/m^3 \times 12/22,4 \times RQ$$
Hierbei sind 12 und 32 die Atom- bzw. Molekulargewichte von Kohlenstoff und Sauerstoff, 22,4 ist das Molvolumen eines idealen Gases und RQ ist der respiratorische Quotient. Der respiratorische Quotient geht als einzige nicht exakt bekannte Größe in die Berechnung ein. Der Quotient liegt je danach, ob überwiegend Proteine, Lipide oder Kohlenhydrate im Stoffwechsel umgesetzt werden, zwischen 0,7 und 1. Bei marinen Organismen liegt in der Regel ein Protein-Lipid-orientierter Stoffwechsel vor, so daß ein RQ von 0,8–0,85 angenommen werden kann.

Ausführung der Sauerstoffbestimmung nach Winkler: Die ausgewogenen Sauerstoff-Flaschen (ca. 50 ml) mit dem jeweiligen Probenwasser kurz spülen; dann mittels dünnem Schlauch vorsichtig und ohne jegliche Turbulenz von unten füllen. Proben überlaufen lassen. Zugabe von 0,5 ml $MnCl_2$ Lsg. und 0,5 ml alkalische Jodidlösung. Stopfen **luftblasenfrei** aufsetzen und Flaschen ruckartig schütteln (beste Technik: Daumen auf Flaschenboden, Zeige- und Mittelfinger auf Stopfen, Handgelenk ruckartig um 180° drehen). Entstehenden Niederschlag mind. 30 min absetzen lassen. Stopfen abnehmen und Niederschlag mit 1 ml H_2SO_4 unterschichten, Stopfen aufsetzen, schütteln bis Niederschlag aufgelöst ist. Probe in Becherglas überführen, Flasche und Stopfen abspülen (ins Becherglas). Becherglas auf Magnetrührer. Probe mit 0,02 n Thiosulfat titrieren, vor Verschwinden der gelben Färbung 1 ml Stärkelsg. zugeben und bis zur Farblosigkeit weitertitrieren. Für gute Beleuchtung sorgen, weißes Blatt Papier hinter Becherglas stellen!

Berechnung: Der Sauerstoffgehalt der Probe ergibt sich nach:

$$ml\ O_2/Liter = 112 \times a \times f/(b-1)$$

mit a = Verbrauch Thiosulfatlsg. in ml, b = Flaschenvolumen in ml, f = Faktor der Thiosulfatlsg. (muß getrennt bestimmt werden). Umrechnung auf mg O_2 pro Liter nach 1 mg O_2 = 0,7 ml O_2. **Faktor der Thiosulfatlsg.:** 50 ml aqua dest. + 1 ml verd. H_2SO_4 + 0,5 ml alkal. Jodidlsg. + 0,5 ml $MnCl_2$ Lsg. nacheinander zusammengeben, immer gut umrühren. 10 ml Jodatstandard hinzugeben, mischen und mit Thiosulfatlsg. unter Zugabe von Stärke nach farblos titrieren. **Faktorberechnung** nach f = 5/V mit V = Thiosulfatverbrauch für 10 ml Jodatstandard.

2.3.4.4 Aufgaben und Fragen

1. Diskutieren Sie die Auswirkungen von Organismengröße, Temperatur, Nahrungsangebot und Aktivität auf die Höhe der Respiration eines Zooplankters.
2. Im Pelagial des Meeres gibt es sehr viel mehr kleine als große Tiere. Wie ist das Verhältnis der Respirationen? Wer respiriert mehr, die «kleinen» Bakterien oder die «großen» Copepoden? Auf welcher Bezugsbasis?
3. Angenommen, es wird die Respiration in vier verschiedenen Organismen-Größenklassen gemessen: < 20 μm, 20-200 μm, 200-500 μm, 500-1000 μm. Die Summe der Respirationen der Heterotrophen aller Größenklassen wird gleich 100 % gesetzt. Welche Prozentanteile haben die einzelnen Größenklassen an der Gesamtrespiration in etwa? Denken Sie genau nach!
4. Wie groß ist die Gemeinschaftsrespiration in den Tropen im Vergleich zu polaren Gewässern? Nehmen Sie dabei vereinfachend an, daß pro Wasservolumen in beiden Systemen gleiche Biomassen vorhanden sind. Hinweis: In den Tropen sind die Vertreter einer systematischen Gruppe in der Regel kleiner als in den kalten Gebieten. Ist die angenommene Vereinfachung realistisch?

Literatur

Ikeda, T. (1974): Nutritional ecology of marine zooplankton. – Mem. Fac. Fish. Hokkaido Univ. **22**, 1–97.

2.3.5 Phytoplankton der Nordsee: Formwechsel von Planktonalgen

Gerhard Drebes

Das Phytoplankton der Nordsee wird von Diatomeen und Dinoflagellaten beherrscht. Im küstennahen Plankton können beide Algengruppen jedoch zeitweise von Gallertkolonien der Prymnesiophycee *Phaeocystis* überwuchert werden. Beim Zusammenbruch der *Phaeocystis*-Blüte türmen sich dann Schaumberge an den Stränden. Weitere Flagellatengruppen wie Coccolithophoriden, Silicoflagellaten, Cryptomonaden und andere Kleinflagellaten sind weniger auffällig und zu klein für eine ergiebige lichtmikroskopische Untersuchung.

Somit kommen für Kurszwecke nur Diatomeen und Dinoflagellaten als geeignet in Betracht. Meist stehen nur wenige Stunden für Lebenduntersuchungen an frischen Planktonnetzfängen zur Verfügung. In diesem Fall kann man nur einen Einblick in die Formenvielfalt gewinnen, während eine exakte Artbestimmung in der Regel nicht möglich ist. Sie setzt Spezialwissen und reichliche Erfahrung voraus. Zur bloßen Formenschau sollen nun Hilfen gegeben werden, zugleich auch Anregungen, den

Formwechsel der Phytoplankter zu erfassen. Formwechsel bedeutet hier soviel wie Lebenszyklus, der die vegetative Vermehrung, sexuelle Fortpflanzung und mögliche Dauerstadien einschließt. Ein geübtes Auge, Zeit und Geduld sind erforderlich, um die verschiedenen Stadien der Entwicklung zu erhalten, zu erkennen und entsprechend einzuordnen. Daher sind zusätzlich kurzzeitige Kulturexperimente und Beobachtungen über mehrere Tage hinweg unumgänglich.

2.3.5.1 Untersuchungsobjekte und Materialbedarf

Frische Planktonproben, ersatzweise Algenkulturen, wie sie in Meeresstationen zuweilen gehalten werden; Eimer, Schraubdeckelflaschen, mehrere Bechergläser, kleine Kunststoff-Petri-Schalen (∅ 5 cm), Pasteurpipetten, Kapillar-Mundpipetten mit Silikonschlauch, Objektträger, Deckgläser, ein Gemisch aus Paraffin und Vaseline, mehrere 300 ml Erlenmeyer-Kolben zur Algenkultur, Standard-Kulturlösung nach Schreiber + Vitamine und SiO_2, Spiegelbrenner u. destilliertes Wasser zum Sterilisieren, Stereomikroskop und Mikroskop mit meerwasserfesten Objektiven oder Objektiv-Tauchhülsen oder umgekehrtes Mikroskop nach Utermöhl, Lugolsche Lösung oder Formol zum Fixieren von Proben. Zählkammern nach Thoma oder Fuchs-Rosenthal.

2.3.5.2 Versuchsanleitungen

Untersuchungsmethoden: Aus den kühl und schattig abgestellten Probenbehältern werden nach sanftem Umschwenken zum Aufwirbeln des abgesetzten Planktons einige ml mit einer Pasteurpipette in Plastik-Petri-Schalen überführt und zunächst bei schwacher Vergrößerung unter dem Stereomikroskop im Durchlicht untersucht. Nach wenigen Minuten haben sich die Diatomeen und teilweise auch die motilen Dinoflagellaten überwiegend auf dem Schalenboden abgesetzt. Ein Teil von ihnen mag bereits tot oder geschädigt sein; zahlreiche Zellen, namentlich der Diatomeen, zeigen eine jedoch meist reversible Reizplasmolyse. Bei dieser Beobachtung kann man bereits wesentliche Entwicklungsstadien entdecken. Die weitere Analyse findet bei stärkerer Vergrößerung unter dem Kursmikroskop statt. Am besten legt man die betreffenden Entwicklungsstadien mit einer feinen Präpariernadel frei, überträgt sie mit einer kapillar ausgezogenen Mundpipette auf einen Objektträger und fertigt ein Deckglaspräparat an. Diese Methode erlaubt lediglich kurzzeitige Beobachtungen an lebenden Zellen. Für längere Untersuchungen müssen die Deckgläser mit einem Ring aus Paraffin/Vaseline abgestützt und umrandet werden.

Am besten jedoch lassen sich Lebend- und insbesondere Daueruntersuchungen in der Petri-Schale selbst mit meerwasserfesten Eintauchobjektiven oder durch eine Tauchhülse geschützten Objektiven durchführen, die man unmittelbar in die halb gefüllten Schälchen eintauchen kann.

Solche Objektive fehlen leider meist in der Kursausstattung und sind ohnehin im Handel nur schwer erhältlich. (Herstellung von Tauchhülsen s. Methoden der Biologie. S. 10.) Wertvolle Dienste kann auch ein umgekehrtes Mikroskop nach Utermöhl leisten.

Zur Herstellung von Roh- und Klonkulturen muß eine Standard-Nährlösung zur Verfügung stehen. Es ist ratsam, diese von zu Hause mitzubringen, da eine Unterstützung durch die meeresbiologischen Institute in der Regel nur begrenzt ist und sich mitunter nur auf die gelegentliche Mitbenutzung von Kulturenräumen beschränken dürfte.

A. Untersuchungen an Diatomeen

Diatomeen sind phototrophe, coccale Einzeller, die solitär oder in Kolonien auftreten (Abb. 2.2) Wesentliches Merkmal ist ihr schachtelartig zweiteiliger Kieselpanzer, der eine außerordentliche Vielfalt in Form und Ornamentierung aufweist. Diese artspezifischen Kieselskelette bilden die Grundlage für das System dieser Gruppe der Bacillariophyceen. Alle Diatomeen sind diploid und vermehren sich vegetativ durch Zweiteilung unter fortschreitender Verringerung der Zellgröße. Noch vor Erreichen der arttypischen Minimalgröße wird, ausgelöst durch sexuelle Fortpflanzung, der Größenschwund wieder aufgefangen. Die Zygoten verlassen ihre Kieselgehäuse und blähen sich zu **Auxosporen** (-zygoten) auf, die zu Zellen maximaler Ausgangsgröße zurückführen. Der Lebenszyklus der Diatomeen ist somit gekoppelt an einen Zellgrößenzyklus. Bei zahlreichen Planktonarten kann durch Ausbildung von **Dauersporen** die vegetative Vermehrung für längere Zeit unterbrochen werden.

Beobachtungen und Versuche: Bei der Durchsicht lebendfrischer Planktonfänge und einer zunächst groben Differenzierung nach Arten und Formen wird man feststellen, daß deren Zusammensetzung vom Wasserkörper und der Jahreszeit abhängt. Den reinen Planktonformen sind gelegentlich, im litoralen Wattenmeerplankton gar häufig, Bodenformen beigemischt. Vergleichen Sie beide Diatomeengruppen unter dem Gesichtspunkt der Anpassung an pelagische bzw. benthische Lebensweise.

Vegetative Vermehrung: Aus dem Artengemisch werden großzellige und häufige Arten ausgelesen und deren Zellteilung und Schalenneubildung untersucht. Messen Sie die wichtigsten Zellparameter und stellen Sie fest, welche von diesen sich während der Wachstums- und Vermehrungsprozesse verändern: Isolieren Sie dazu einzelne der vermessenen Zellen und legen Sie Roh- oder Klonkulturen an. Prüfen Sie, welche Arten unter den gegebenen Bedingungen überhaupt anwachsen. Innerhalb von 1–2 Tagen kann man im Erfolgsfall den vollständigen Vermehrungszyklus studieren. Im Verlauf einiger weiterer Tage lassen sich an normal wachsenden Kulturen zusätzlich täglicher Zuwachs und Zellteilungsrate bzw. die Generationszeit unter den gegebenen Bedingungen ermitteln. Dies geschieht entweder durch direkte Zählung aller Zellen im Versuchsschälchen oder, bei größeren Kulturen, an fixierten (Lugolsche Lösung oder Formol) Stichproben in Zählkammern. Untersuchen Sie neben der Zellteilung auch die Kolonieteilung bei kettenbildenden Arten *(Chaetoceros, Bacteriastrum).*

Sexuelle Fortpflanzung: Sexualstadien sind im Plankton nur gelegentlich anzutreffen, und ihre Ausbildung ist bei den jeweiligen Arten von der Jahreszeit und besonderen Umweltbedingungen abhängig. Gute Versuchsobjekte sind die im Pelagial dominierenden zentrischen Diatomeen, welche einen oogamen Fortpflanzungszyklus haben. Gestützt auf Abbildungen in der Literatur (Drebes 1974) suchen und erkennen Sie folgende Stadien: Spermatogonien, Oogonien, Auxosporen (Zygoten) und Erstlingszellen. Messen Sie die Zellen und stellen Sie fest, ob und welchen Einfluß die Zellgröße (Durchmesser, «Breite») auf die Auslösung der sexuellen Fortpflanzung hat. Isolieren Sie die im Plankton entdeckten Sexualstadien, und verfolgen Sie deren weitere Entwicklung in Kulturschalen. Legen Sie zusätzlich von den Planktonproben Rohkulturen an, und kontrollieren Sie in den folgenden 1–3 Tagen, ob neben vegetativer Vermehrung bei einigen Arten auch sexuelle Fortpflanzung stattfindet.

Bei folgenden Diatomeen der Nordsee ist mit jahreszeitlich gebundenem Auftreten von Sexualstadien in Planktonfängen zu rechnen.

Frühjahr: *Chaetoceros diadema, Ch. teres, Odontella aurita, Rhizosolenia setigera, Skeletonema costatum.*

Sommer: *Bacteriastrum hyalinum, Chaetoceros didymus, Coscinodiscus granii, Odontella mobiliensis, O. regia, O. sinensis.*

Im Wattenmeerplankton nach Sturmtagen auch bei den ins Pelagial aufgewirbelten Bodenformen *Odontella rhombus* und *O. granulata.*

Dauersporen: Immer wenn sich die Bedingungen für weiteres Wachstum offensichtlich verschlechtern, so erfahrungsgemäß am Ende von Diato-

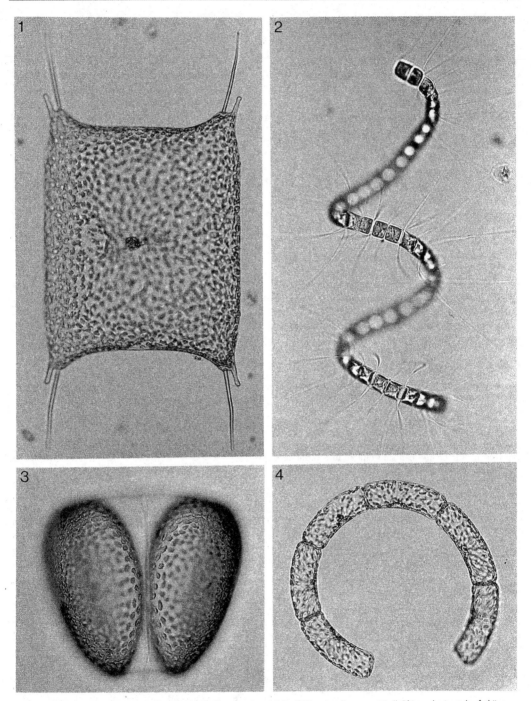

Abb. 2.2: I. Diatomeen. 1) *Odontella sinensis.* 2) *Chaetoceros debilis.* 3) *Coscinodiscus granii.* 4) *Rhizosolenia stolterfothii*

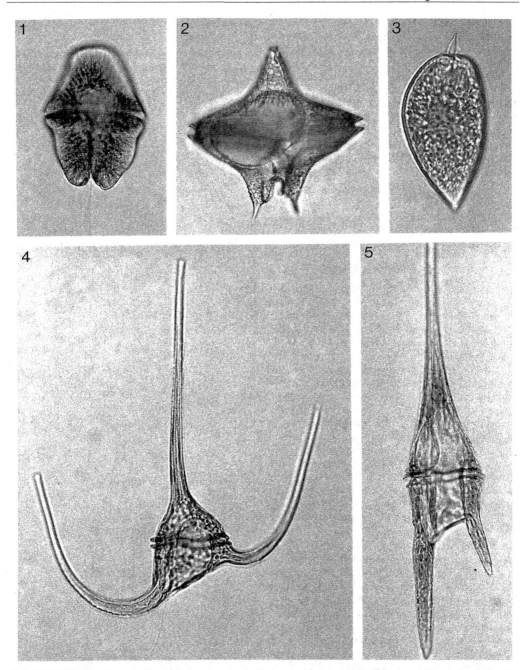

Abb. 2.3: II. Dinoflagellaten. 1) *Gymnodinium sanguineum*. 2) *Protoperidinium curtipes*. 3) *Prorocentrum micans*. 4) *Ceratium horridum*. 5) *C. furca*

meenblüten, bildet eine Reihe von Planktondiatomeen Dauersporen aus. Sie fallen als kompakte, dickwandige und dunkelpigmentierte Zellen auf, die meist in den Gehäusen ihrer Mutterzelle stecken. Suchen Sie in entsprechenden Planktonproben nach solchen Dauerstadien und studieren Sie deren Bildungsweise. Auch hier sind Kulturversuche hilfreich. Vergleichen Sie die modifizierten Zellteilungsschritte und den abweichenden Schalenbau bei der Dauersporenbildung mit der Zellteilungsweise bei vegetativer Vermehrung. Stellen Sie ferner fest, ob die Ausbildung von Dauersporen in Zusammenhang mit der Zellgröße und eventuell auch in einer zeitlichen Beziehung zur sexuellen Fortpflanzung steht. Soweit aus Plankton oder Kulturen gealterte Dauersporen zur Verfügung stehen, können durch Veränderung der Kulturbedingungen (Temperatur, Wechsel des Kulturmediums, Änderung der Lichtintensität) Keimungsversuche unternommen werden.

Folgende Arten bilden alljährlich regelmäßig Dauersporen:

Frühjahr: *Chaetoceros diadema, Ch. teres, Rhizosolenia setigera, Thalassiosira nordenskiöldii*
Sommer: *Bacteriastrum hyalinum, Chaetoceros spp.*

B. Untersuchungen an Dinoflagellaten

Die Dinoflagellaten sind überwiegend zweigeißlige Einzeller (Stamm Dinophyta), je nach Art gepanzert (thekat) oder ungepanzert (athekat) (Abb. 2.3). Im typischen Fall besitzen sie eine Längs- und eine Quergeißel, die in je einer entsprechenden Furche in der Zelloberfläche schlagen. Taxonomisch wichtige Merkmale sind die Formen der Zellen selbst und ihrer teils kompliziert gebauten Hüllen. Zu den zahlreichen Besonderheiten dieser formenreichen Gruppe zählt der Bau des Zellkerns (Dinokaryon), dessen nukleohistonfreie Chromosomen (Eukaryoten!) auch während der Interphase meist kontrahiert bleiben. Die Ernährungsweise der Dinoflagellaten ist vielseitig; es existieren ebenso photoautrophe wie mixotrophe und heterotrophe Formen. Neben der überwiegenden Zahl freilebender Arten kommen auch durch parasitische und symbiontische Lebensweise stark abgewandelte Formen vor.

Die vegetative Vermehrung erfolgt in der Regel durch Zweiteilung, bei parasitischen Arten durch Mehrfachteilung. Geschlechtliche Fortpflanzung ist bisher nur von wenigen Arten bekannt. In solchen Fällen erweisen sich die Dinoflagellaten als Haplonten mit Iso- oder Anisogamie. Die begeißelten Zygoten (Planozygoten) liefern nach der Meiosis wieder vier haploide, monadoide Zellen. Eine Meiose ist an der Rotation der Chromosomenmasse (**Kernzyklose**) während der Prophase deutlich zu erkennen. Bei einer Reihe von Arten verwandeln sich die Zygoten unmittelbar in Dauerzysten (Hypnozygoten), die erst später bei der Auskeimung eine Meiose durchlaufen. Beobachtungen an parasitischen Arten zeigen, daß auch die Gonen der Meiosis zu Dauerzysten werden können. Ob Dauerzysten ausschließlich im Zusammenhang mit Sexualvorgängen ausgebildet werden, bleibt noch zu untersuchen.

Beobachtungen und Versuche: Dinoflagellaten erscheinen in der Regel erst ab Mai in nennenswerter Zahl in Planktonproben, im Sommer dann oft massenhaft (red tides). Bei der Durchsicht von Plank-

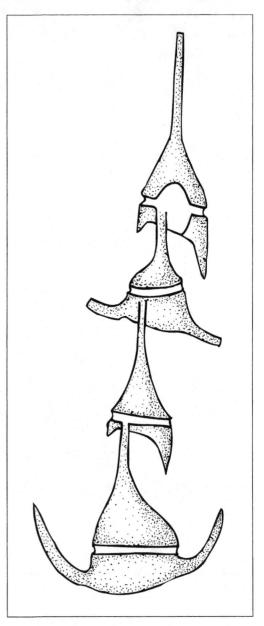

Abb. 2.4: Männliche Mikroschwärmer (-gameten) von *Ceratium tripos*. Die Schwärmer hängen anfangs noch kettenförmig zusammen (nach Tschirn)

tonfängen versuche man zunächst, Dinoflagellaten zu erkennen und einen Überblick über das Artenspektrum zu gewinnen. Differenzieren Sie auch nach photoautotrophen und farblosen, plastidenfreien heterotrophen Arten.

Ernährung und Vermehrung: Unser Wissen über die Ernährungsweise insbesondere heterotropher Dinoflagellaten ist noch sehr begrenzt. Versuchen Sie dennoch an ausgewählten größeren Formen zunächst durch Lebendbeobachtung die Art des Nahrungserwerbs und der Nahrungsaufnahme festzustellen. Lassen Sie Planktonproben 1–2 Tage stehen, ehe Sie erneut Artenspektrum und Zelldichte überprüfen. Düngen Sie dann einige solche Rohkulturen durch Zugabe von etwas Nährlösung (Schreiber-Lösung + Vitamine) und verfolgen deren weitere Entwicklung. Gezielte Fütterungsexperimente sind möglich, wenn für die betreffenden heterotrophen Arten das Nahrungssubstrat bekannt ist und zur Verfügung steht. Die Gattung *Paulsenella* z.B. ist auf bestimmte Diatomeenarten als Wirtsorganismen spezialisiert, auf deren Oberfläche sie lebt; die überall häufige *Oxyrrhis marina* verschlingt blitzschnell kleinere Flagellaten jeglicher Art z.B. *Cryptomonas*, und *Noctiluca scintillans* ist ein Allesfresser (vgl. Abschn. 2.3.6). Parallel zu den Fütterungsversuchen läßt sich der Zellteilungsmodus untersuchen. Achten Sie dabei darauf, was bei der Teilung mit der Zellhülle geschieht, und vergleichen Sie ungepanzerte mit gepanzerten Formen. Wird der Cellulosepanzer geteilt oder abgeworfen? Entstehen besondere Teilungszysten? Verfolgen Sie, ob die Zellteilungen an besondere Tag- oder Nachtzeiten gebunden sind.

Sexuelle Fortpflanzung und Dauerzysten: Wenngleich Beobachtungsanleitungen zu diesem Thema eher theoretisch sind, da entsprechende Entwicklungsstadien äußerst selten gefunden werden, ja bei vielen Arten überhaupt (noch?) nicht bekannt sind, ist sicher der Versuch reizvoll, solche zu entdecken. Achten Sie im Sommerplankton beim Auftreten von *Ceratium*-Blüten auf das mögliche Vorkommen von Mikro- und Makrogameten sowie Kopulationen (Abb. 2.4 und 2.5). Auch bei Massenansammlungen des Meeresleuchttierchens *Noctiluca scintillans* treten Schwärmstadien auf, die als Sexualstadien gedeutet werden.

Verschiedene Formen von Dauerzysten (Abb. 2.6) sind gelegentlich zu beobachten.

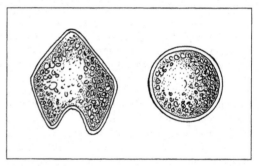

Abb. 2.6: Dauerzysten von Dinoflagellaten. Links eine gelbbraune Zyste von *Protoperidinium oblongum*, rechts eine rotbraune kugelförmige Zyste von *Protoperidinium sp.* (Original)

Solche, namentlich aus Winterplankton isolierte Zysten keimen, in Kulturschalen mit frischem Seewasser oder Nährlösung bei Raumtemperatur übertragen, meist innerhalb einer Woche aus. Neben der Feststellung der Artzugehörigkeit kann man in Einzelfällen (z.B. *Helgolandinium*) Keimstadien in Kernzyklose (Meiosis) antreffen.

Literatur

Drebes, G. (1974): Marines Phytoplankton – Eine Auswahl der Helgoländer Planktonalgen (Diatomeen, Peridineen). Georg Thieme, Stuttgart, 186 pp.

Ettl, H., Müller, D.G., Neumann, K., Stosch, H.A. v., Weber, W. (1967): Vegetative Fortpflanzung, Parthenogenese und Apogamie bei Algen. Handbuch Pflanzenphysiol. **18**, 597–776.

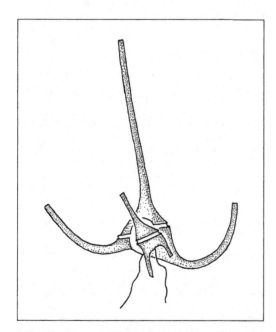

Abb. 2.5: Anisogame Kopulation bei *Ceratium horridum*. Ein männlicher Mikrogamet mit einem weiblichen Makrogameten vereinigt (nach v. Stosch)

van den Hoek, C. (1984): Algen – Einführung in die Phykologie. Georg Thieme, Stuttgart, 2. Aufl., 491 pp.

Sournia, A. (1978): Phytoplankton manual. Monogr. oceanogr. methodol. 6, UNESCO, Paris, 337 pp.

Stein, J.R. (1973): Handbook of Phycological Methods – Culture methods and growth measurements. Cambridge Univ. Press, Cambridge, 448 pp.

Taylor, F.J.R. (1987): The Biology of Dinoflagellates. Bot. Monogr. 21, Blackwell, Oxford, 785 pp.

Werner, D. (1977): The Biology of Diatoms. Bot. Monogr. 13, Blackwell, Oxford, 498 pp.

2.3.6 Noctiluca scintillans: Meeresleuchten

Gotram Uhlig und
Andrea Mühlhäusler

Seit Jahrhunderten erscheinen in der Literatur Berichte bekannter Naturwissenschaftler und Seefahrer über nächtliche Leuchterscheinungen an der Meeresoberfläche. Die «Brennende See» entstehe, so glaubte man bis ins 18. Jahrhundert, durch Absorption des Sonnenlichts, durch Phosphor, durch Reibung von Meersalzpartikeln oder auch durch Seebeben. Schon 1785 erkannte H. Baker, daß Lebewesen das schimmernde Licht im Seewasser verursachen. 50 Jahre später identifizierte C.G. Ehrenberg (1835) Noctiluca als Erreger des Meeresleuchtens in der Nordsee. Damit entstand unter dem zusammenhängenden Begriff der Biolumineszenz eine neue Arbeitsrichtung der Zoologie.

Biolumineszenz, die Erzeugung von kaltem Licht durch lebende Organismen, ist im Tierreich weit verbreitet. Sie beruht auf einer chemischen Reaktion, bei der Energie nicht in Form von Wärme, sondern als Lichtquanten abgegeben wird. Man bezeichnet den Stoff, der in einen angeregten Zustand überführt wird, als **Luziferin** und die Reaktion katalysierende Enzym als **Luziferase**. Beides sind jedoch Sammelbegriffe, die bei den einzelnen Organismen jeweils verschiedene Moleküle bezeichnen.

Am häufigsten finden sich Leuchtphänomene bei marinen Organismen ganz unterschiedlicher Ordnungen und Klassen, wobei der prozentuale Anteil von Leuchtorganismen mit zunehmender Wassertiefe bzw. abnehmendem Lichteinfall ansteigt. So verfügen in 700 m Tiefe bis zu 90 % aller Tiefseefische über Leuchtorgane, mit denen sie Feinde schrecken und Partner locken. Biolumineszenz wird häufig durch Leuchtbakterien hervorgerufen, die auf einer obligaten Endosymbiose mit lichtproduzierenden Bakterien beruhen. In der Nord- und Ostsee, an westeuropäischen Küstenstreifen sowie im Mittelmeer beruht das gemeinhin als «Meeresleuchten» bezeichnete Phänomen auf Massenansammlungen leuchtender Einzeller, meist Dinoflagellaten, die im Frühjahr und Herbst ausgedehnte Planktonblüten entfalten und somit weite Areale der Meeresoberfläche rötlich («red-tide») einfärben.

Dank auffälliger Zellgröße und Form nimmt Noctiluca scintillans unter den heterotrophen Dinoflagellaten eine Sonderstellung ein. Dieses «Meeresleuchttierchen» ist ein ideales Objekt zum Studium von Verhaltensweisen und Lebensaktivitäten mariner Mikroplankter bzw. Red-Tide-Organismen.

2.3.6.1 Untersuchungsobjekt und Materialbedarf

Biolumineszenz: Noctiluca scintillans syn. miliaris ist in Küstengewässern der Nordsee nur im Sommer in größerer Menge vertreten. Hier läßt sich das «Meeresleuchten» nur in den Monaten Juni bis August demonstrieren. Es wird durch jede Art mechanischer Reizung ausgelöst, seien es leichte Wellenbewegungen oder auch Fischschwärme. Bei stärkerer mikroskopischer Vergrößerung zeigt die Zellmembran ein granulöses Muster. Diese elektronenoptisch nicht nachweisbaren zytoplasmatischen Verdichtungen wurden als Mikroquellen des **lumineszierenden Systems** identifiziert. Sie emittieren bläulich phosphoreszierende Mikroblitze, die sich bei Reizung der Zelle zu einem einmaligen Aufleuchten des Zellkörpers summieren. Nach Emission eines Lichtblitzes bedarf die Zelle einer Ruhephase von wenigen Minuten bevor ein erneuter Blitz abgegeben wird. Die Biochemie des Leuchtens ist bei Noctiluca noch nicht analysiert, beruht aber offensichtlich auf dem Luziferin-Luziferase-System. Unklar ist ebenfalls, ob dem Leuchtvermögen der Dinoflagellaten, also auch Noctiluca, eine ökologische Bedeutung beizumessen ist.

Beschreibung und Biologie: Der kugelig bis ovale Zellkörper mißt im Schnitt 450 μm (Abb. 2.7). Die Zellgröße schwankt zwischen 200 μm und maximal 1000 μm (nicht aber 1–2 mm, wie häufig zitiert!). Eine Einkerbung kennzeichnet den Zytostombereich der Zelle, einseitig begrenzt durch das charakteristische Tentakel, an dessen Basis die unscheinbare Längsgeißel entspringt. Das extrem dehnbare Zytostom wird nur bei der Nahrungsaufnahme als plasmatischer Wulst sichtbar, wobei sich eine hauchdünne, klebrige Membran trichterförmig ins Zellinnere senkt. Der polyploide Zellkern liegt unterhalb der Tentakelbasis im dichteren Zentralplasma. Von hier aus durchzieht ein reichverzweigtes Plasmanetz den flüssigkeitserfüllten Zellkörper. Gegenüber der Zytostomfurche ist das sog. Staborgan ausgebildet, eine lineare Versteifung der Zellmembran. Es dient als Ansatzfläche für das zytoplasmatische Netzwerk und verleiht der Zelle eine ovoide Form. Der Wassergehalt der Zelle beträgt etwa 99 % des Zellvolumens (Hanslik 1987), der Zellsaft reagiert stark sauer (pH 3,5).

Die passive **Schwebefähigkeit** von Noctiluca beruht auf

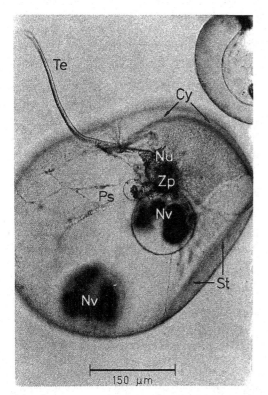

Abb. 2.7: *Noctiluca scintillans,* syn. *miliaris,* Lebendaufnahme im Interferenz-Kontrast. Cy: Cytostom-Furche, Nu: Nukleus, Nv: Nahrungsvakuole, Ps: Plasmastrang, St: Staborgan, Te: Tentakel, Zp: Zentralplasma

einer spezifischen Ionen-Zusammensetzung des Zellsaftes (Kesseler 1966). Die relativ schweren zweiwertigen Ionen fehlen, hingegen finden sich relativ hohe Konzentrationen an leichten Ammonium-Ionen. Auch dominieren die leichteren Natrium-Ionen über das schwerere Kalium. Der Auftrieb tritt nur bei hungernden Zellen in Erscheinung. Gutgenährte, mit Nahrungsvakuolen angefüllte Zellen sinken im Wasser ab und steigen erst nach Ausscheidung der unverdaulichen Fäzes (Defäkation) wieder zur Oberfläche auf.

Noctiluca scintillans verfügt über keinerlei **Nahrungsspezifität.** Ob verdaulich oder nicht, ob schädlich oder giftig, bei **direktem Kontakt** können Materialien unterschiedlichster Größe und Qualität vertilgt werden (etwa Luftblasen, Glassplitter, auch fädige Gebilde aus Nylon oder Baumwolle von mehrfacher Länge des Zelldurchmessers). Demgegenüber werden Mikropartikel über sezernierte Mukoidfäden eingefangen. Diese überaus effiziente, als «Schleimfiltration» bezeichnete Ernährungsweise ist ökologisch von besonderer Bedeutung: In einer Art sozialer Verhaltensweise produzieren größere Zellansammlungen ein umfangreiches, 3-dimensionales Schleimfadennetz. Das mit lebenden und toten organischen Partikeln ange-

reicherte Schleimnetz wird alsdann unter Tentakel-Beteiligung gemeinsam konsumiert.

Die Vermehrungsoptima liegen bei Temperaturen zwischen 22° –24° C und bei Salinitäten von 22‰–26‰. Die Zellteilungen folgen einer **diurnalen Rhythmik** mit maximaler Teilungsaktivität gegen Mitternacht. Der Prozeß der Zellteilung (Einschmelzung aller Organelle, Kernteilung und Abschnürung der Tochterzellen, Reorganisation von Zytostom, Tentakel, Staborgan und Längsgeißel) dauert bei 9° C mehr als 12 Stunden, bei 24° C etwa 3 Stunden. Bei Temperaturen < 5° finden keine Teilungen mehr statt, doch bleiben die Zellen auch ohne jede Nahrungsaufnahme über mehrere Wochen hinweg lebensfähig.

Zuweilen führen einzelne Zellen eine **Sporulation,** d.h. eine multiple Kernteilung durch. Nach Ablauf von 11 Kernteilungen werden in 1–2 Tagen über 2000 begeißelte Schwärmer gebildet, die sich von der alsdann kernlosen Mutterzelle abschnüren. Dieser Prozeß wird vielfach als Gametogenese interpretiert (Zingmark 1970), jedoch konnte bislang bei *Noctiluca* noch kein überzeugender Gameten-Nachweis erbracht werden. In der Nordsee machen die Sporulationsstadien in der Regel nur 1–5‰ der Gesamtpopulation aus.

Verbreitung: *Noctiluca scintillans* ist in allen Weltmeeren vertreten, jedoch nur in Küstengewässern und findet sich nur gelegentlich als Irrgast im freien Ozean. In der Nordsee, speziell in der Deutschen Bucht, ist die Verbreitung von einer jahreszeitlichen Rhythmik geprägt. Sie nimmt im Frühjahr (April–Juni) in den Watt- und Ästuarbereichen der südlichen Nordsee ihren Ursprung und breitet sich im Juni/Juli mit maximalen Abundanzen über die ganze Deutsche Bucht aus. Regelmäßig im August bricht die Population innerhalb weniger Tage zusammen. Eingeleitet wird diese Endphase, besonders auffällig bei ruhigen Wetterlagen, durch Entmischung innerhalb des Wasserkörpers: Die zuvor annähernd homogen verteilten Zellmassen steigen zur Meeresoberfläche auf, wo sie rötliche gefärbte Streifenareale bilden. Dieses Phänomen der «Roten Tide» wird vielfach fälschlicherweise als «Blüte» bezeichnet, doch handelt es sich hier um das plötzliche Absterben der Frühjahrspopulation. Im Herbst (September/Oktober) wird bei den ostfriesischen Inseln häufig (wenn nicht regelmäßig) eine zweite, sehr viel schwächere *Noctiluca*-Entwicklung registriert. Ein Teil dieser Zellen überdauert die rauhe Wintersaison und bildet die Startpopulation für die nächste Frühjahrsblüte.

Materialbedarf: Planktonnetz bzw. Käscher (150–200 μm), Wasserschöpfer, Siebröhre mit 125 μm-Gaze, Spritzflasche, feinfiltriertes Meerwasser, zur Hälterung 50–1000 ml Kristallisierschalen, 1 l-Meßzylinder mit Rührstab, 1 ml-Meßpipette, Pasteur-Pipetten, Binokular-Lupe mit Hell- und Dunkelfeld-Beleuchtung.

Probennahme: Für quantitative Untersuchungen sind Wasserschöpfer (3,5 l oder 5 l) erforderlich, notfalls auch Eimer zur Entnahme gleichvolumiger Oberflächenproben. In Netzfängen finden sich nur vereinzelt guterhaltene Zellen. Die Probennahme erfolgt entweder vom Boot aus, oder von einer möglichst dem direkten Tidenstrom ausgesetzten Mole. Im Winterhalbjahr müßte man gegebenenfalls auf Kulturen zurückgreifen.

Sammeln und Konzentrieren: In Netz- oder Schöpferproben reichert sich die Masse der gesunden, meist schwachgenährten Zellen, dank ihres Auftriebvermögens, an der Wasseroberfläche an. Die hier sich bildende Zellschicht sollte nicht dichter als 1–2 mm sei. Sie wird dekantiert oder abgesaugt und alsbald in frisches gefiltertes Meerwasser überführt. Bei küstennahen Schöpferproben findet sich im Frühjahr oft eine inverse Vertikalverteilung (Schöpfer Bodennähe > Schöpfer Oberfläche), die mit dem jeweiligen Ernährungszustand der Zellen korreliert ist. Werden größere Zellmassen gefangen (Juli/August), so sollte zunächst das Makroplankton durch Sieben über 1 mm, danach das Mikroplankton über 125 μm ausgewaschen werden. Der Siebrückstand mit den *Noctiluca*-Zellen wird mittels Spritzflasche in gefiltertes Meerwasser übergespült.

Isolieren und Zählung: Überschaubare Mengen (< 500 Zellen) werden unter der Binokular-Lupe mit einer feinen Pipette einzeln ausgezählt und in eine Kulturschale überführt. Zur schnellen Ermittlung der Dichte einer größeren Population hat sich die Meßpipetten-Methode bewährt. Die Gesamtpopulation oder eine Teilprobe derselben wird in einen 1 l-Meßzylinder gegeben und die Zellen durch leichte Auf- und Abwärtsbewegung eines mit breiter Endplatte versehenen Stabes homogen verteilt. Man saugt eine 1 ml-Meßpipette durch die weite Öffnung voll, legt sie unter die Binokular-Lupe und zählt direkt die im 1 ml-Meßbereich der Pipette liegenden Zellen aus.

Kultivierung: Wenn mehrere gesunde Zellen gefangen wurden und möglichst auch Mikroalgen (*Dunaliella, Skeletonema,* oder dergl.) als Futterorganismen verfügbar sind, lohnt sich ein Kultivierungsversuch. Je nach Dauer der vorausgegangenen Hungerphase nehmen frisch eingefangene Zellen erst nach zwei- bis mehrtägiger Anpassungsphase Futter an. Sie werden nach mehrmaligem Waschen in kleinere Schalen (50–100 ml gefiltertes Meerwasser) überführt und mit etwas Algensuspension gefüttert. Mangels Futteralgen kann man auch beliebiges, fein gesiebtes Trockenfutter (z.B. Fischfuttermehl) anbieten. Kurzzeitiges Umschwenken in $\frac{1}{4}$- bis $\frac{1}{2}$-stündlichen Intervallen (nicht aber permanentes Rühren) regt die Schleimsekretion und damit die Nahrungsaufnahme an. Die Hälterung erfolgt am besten bei Zimmertemperatur (20°–24° C) und normalem Hell-Dunkel-Rhythmus; direkte Sonneneinstrahlung ist zu vermeiden. Je nach Futterkonsum (Entfärbung des Mediums)

kann nachgefüttert werden. Bei dichteren Kulturen empfiehlt sich nach Tagen ein Schalen- und Wasserwechsel (Absieben). *Noctiluca* ist auch in künstlichem Meerwasser gut kultivierbar.

2.3.6.2 Versuchsanleitungen

Meeresleuchten: Im Freien ist das vielzitierte *Noctiluca*-Leuchten meist nur im Juli/August während ruhiger Nächte an möglichst lichtabgewandten Stellen zu beobachten (im Kielwasser fahrender Boote, bei Bedienung von Seewasser-Pump-WCs, in dunklen Hafenecken, beim Baden am unbeleuchteten Strand, etc.). Glückt ein reichhaltiger Planktonfang, so läßt sich das Leuchten im dunklen Raum jederzeit durch mechanische Reizung demonstrieren (Rühren, Um- oder Abschütten einer Kulturschale). Versetzt man eine Zellmasse mit etwas Säure oder Lauge, so zeigen die absterbenden Zellen über mehrere Minuten hinweg eine stetig abnehmende Dauerluminiszenz. Eine schwach genährte Population kann, eingeschweißt in einen Plastikbeutel, bei kühler Lagerung 2–3 Wochen als transportables «Leuchtpäckchen» dienen.

Diurnale Zellteilungsrhythmik: Wachstumsversuche erfordern guterhaltenes Zellmaterial. Gesunde Zellen aus Kulturen oder Planktonfängen sind charakterisiert durch normalen Tentakelschlag (ca. 20 Schläge min^{-1}), ovoide Form mit deutlicher Zytostomfurche, reichverzweigtes Plasmanetz und im Dunkelfeld glänzende Zellmembran.

Die tagesperiodische Zellteilungsaktivität von *Noctiluca* läßt sich (a) im Kulturexperiment, und/oder (b) durch wiederholte Planktonfänge in 1–2stündigen Intervallen ermitteln (Uhlig & Sahling 1982).

(a) Eine Kultur mit bekannter Zelldichte wird halbiert, die eine Hälfte im Tag/Nacht-Wechsel, die andere im Dauerlicht gehalten (Versuche im Dauerdunkel sind wegen Algenfütterung nicht repräsentativ). Über 2–3 Tageszyklen hinweg werden in mindestens 2stündlicher Folge die aufgetretenen Teilungsstadien ausgezählt und in eine neue Schale überführt. Die Auswertung ergibt eine deutliche Rhythmik der Teilungsaktivität bei den im Hell-Dunkel-Zyklus gehaltenen Kulturen, während bei Dauerlicht-Kulturen die anfängliche Periodik allmählich ausschwingt. Zeitbedarf: 3–4 Tage (+ Nächte).

(b) Stündliche Entnahme von Planktonproben mit Netz oder Eimer. Danach Auszählung der Gesamtprobe oder einer Teilprobe und Ermittlung des prozentualen Anteils an Teilungsstadien. Auch hier folgt die Teilungsaktivität einer diurnalen Rhythmik. Zusätzlich besteht meist eine tidenabhängige Verteilung: Steigende Zellzahlen bei ablaufendem Wasser von der Küste, fallende Zellzahlen bei auflaufendem Wasser aus küstenfernen Bereichen.

Literatur

Eckert, R. (1966): Subcellular sources of luminescence in *Noctiluca*. Science **151**, 349–352.

Hanslik, M. (1987): Nahrungsaufnahme und Nahrungsverwertung beim Meeresleuchttierchen *Noctiluca miliaris* (Dinoflagellata). Inaugural-Diss. Universität Bonn.

Kesseler, H. (1966): Beitrag zur Kenntnis der chemischen und physikalischen Eigenschaften des Zellsaftes von *Noctiluca miliaris*. Veröff. Inst. Meeresforschung, Bremerh. Sonderband **2**, 357–368.

Uhlig, G. & Sahling G. (1982): Rhythms and distributional phenomena in *Noctiluca miliaris*. Ann. Inst. Oceanogr., Paris, **58**, 277–284.

Uhlig, G. & Sahling, G. (1990): Long-term studies on *Noctiluca scintillans* in the German Bight; Population dynamics and red tide phenoma 1968–1988. Netherl. J. Sea Res. **25**, (1/2), 101–112.

Zingmark, R. G. (1970): Sexual reproduction in the dinoflagellate *Noctiluca miliaris* Suriray. J. Phycol. **6**, 122–126.

2.3.7 Meroplankton: Beobachtungen an planktischen Larven

Michel Bhaud

Als Meroplankton bezeichnet man alle die planktisch im Freiwasser lebenden, postembryonalen Entwicklungsstadien solcher mariner Tiere, deren Adultformen im allgemeinen dem Benthos, seltener dem Nekton angehören. Ihre planktische Entwicklungsphase vor ihrer Metamorphose und Rückkehr in die Adultbiozönose ist naturgemäß zeitlich beschränkt. Unberücksichtigt lassen wollen wir in diesem Zusammenhang Adultstadien solcher benthischer Tiere, die zuweilen kurzzeitig, z. B. während der Geschlechtsreife, zu planktischem Leben übergehen wie manche Polychaeten oder auch solche Organismen, die adult oder als Larven nachts oder während der Dämmerungszeiten vorübergehend in den pelagischen Raum aufsteigen. Zudem können diese größtenteils auch unabhängig von Strömungen aktiv schwimmen; man bezeichnet sie dann als *Nektobenthos* (s. Kap. 3).

Angesichts dessen, daß meroplanktische Larven überwiegend einen anderen Biotop besiedeln als die zugehörigen Adultstadien, läßt sich ihre Rolle im Produktionssystem mariner Biozönosen folgendermaßen charakterisieren:

1. Obwohl selbst planktische Organismen, geben sie doch einen Hinweis auf die Fortpflanzungsaktivität benthischer Tiere; und wenn man auch zu ihrer Erfassung planktologische Methoden anwendet, so gibt deren Ergebnis doch Auskunft über die Fortpflanzungsrate im Benthal.

2. Meroplanktische Larven stellen einen Sonderfall im Biomasseaustausch zwischen pelagischem und benthischem Ökosystem dar: Bei der Eiablage bedeuten sie einen starken Biomasseverlust für das Benthos, wohingegen die – wenn auch geringere – Anzahl zum Bodenleben zurückkehrender Individuen namentlich wegen ihres individuellen Wachstums während der planktischen Phase die aus dem Pelagial ins Benthos eingebrachte Biomasse beträchtlich vermehrt.

Bezogen allein auf ihren planktischen Lebensabschnitt gelten für meroplanktische Larven folgende Charakteristika:

1. Sie treten in überaus großer Zahl auf
2. Sie sind durchweg sehr klein und
3. verfügen über meist sehr geringe Energiereserven, weshalb sie sich ektotroph (= planktotroph) ernähren müssen.
4. Sie werden durch Strömungen überaus effektiv verbreitet und unterhalten so einen intensiven Genaustausch zwischen geographisch weit voneinander entfernten Populationen, was genetische Isolation, also Artbildung erschwert oder gar unterdrückt.

Im Entwicklungsablauf steht die Larve zwischen Schlüpfen und Metamorphose. Diese aber ist in der Regel zeitlich nicht genau abgrenzbar; ihre morphologischen, ethologischen und ökologischen Kriterien stellen sich nicht gleichzeitig ein. Das ist z. B. ganz ausgeprägt bei Polychaeten der Fall, bei denen der Umbau der Larval- in die Adultgestalt unverhältnismäßig rasch noch während der planktischen Phase und vor dem Übergang zum benthischen Leben ablaufen kann, während sich z. B. bei den Mollusken, namentlich den Gastropoden, die Metamorphose länger hinzieht und deutlicher in einzelnen Schritten verläuft, die später noch an ihrer stadientypischen Schalenornamentierung erkennbar bleiben (Abb. 2.8).

So ändert sich in den erstangelegten apikalen Windungen eines Schneckenhauses mit jedem Entwicklungsstadium deren Oberflächenmusterung von der Embryonalschale (Protokonche 1) über die Larvalschale (Protokonche 2) zur Adultschale (Telokonche), und die Untersuchung eines gut erhaltenen Schneckenhauses unter dem Rasterelektronenmikroskop (Abb. 2.9) oder – in günstigen Fällen – unter dem Stereomikroskop erlaubt es später noch, an dessen Apexstruktur festzustellen, ob die Art eine indirekte Entwicklung mit pelagischer Larvalphase, oder eine direkte Entwicklung ohne freies Larvenstadium durchge-

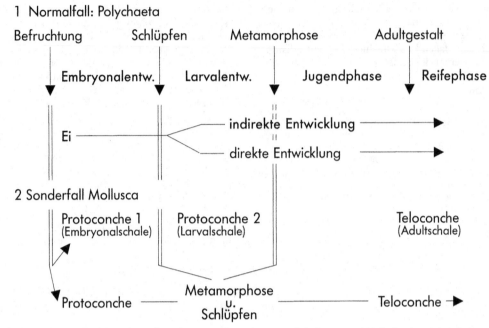

Abb. 2.8: Schematische Gegenüberstellung der Entwicklungsphasen von Polychaeten und Mollusken jeweils bei direkter und indirekter Entwicklung

macht hat, je nachdem ob in aufeinanderfolgenden Windungsabschnitten vor der Adultschale ein embryonales und ein larvales Schalenmuster zu erkennen ist, oder ob dem adulten Schalenmuster nur ein einziger anderer Musterabschnitt vorausgeht, jener der vor dem Schlüpfen ausgebildeten Embryonalschale. In günstigen Fällen erlaubt die Untersuchung der Gehäuseapices am Strand aufgesammelter Schneckenhäuser Rückschlüsse auf das im betr. Meeresgebiet zu erwartende Spektrum planktischer Gastropodenlarven.

Periodische Fluktuationen im Meroplankton: Das Gesamtaufkommen planktischer Larven, deren Artenspektrum und deren relative Verteilung auf verschiedene Altersstadien unterliegt jahreszeitlichen Schwankungen, nach denen sich geradezu ein Planktonkalender aufstellen läßt. Derartige Meroplankton-Analysen – hier vor allem bezogen auf die Polychaetenfauna des westlichen Mittelmeeres – führt man zweckmäßigerweise in folgenden Schritten durch:

1. Bestimmung der **Gesamtzahl** meroplanktischer Larven in definierten Wasservolumina.

Im westlichen Mittelmeer beobachtet man gewöhnlich je ein **Larvenmaximum** zwischen Januar und Mai und ein geringeres zwischen August und September.

2. Quantitative Differenzierung nach Larventypen, wo möglich sogar nach beteiligten Arten und deren monatlicher Variation.

Auch das *Artenspektrum* erreicht zweimal pro Jahr ein Maximum, im Januar/Februar und im August/September.

Je nachdem ob die Artenzusammensetzung in beiden Maxima übereinstimmt oder unterschiedlich ist, verfolge man im nächsten Schritt entweder im ersten Fall

3. die Dauer und zeitliche Aufeinanderfolge von Larvenmaxima der einzelnen beteiligten Tiergruppen oder -arten innerhalb eines Maximums

oder bestimme im zweiten Fall

4. die Zahl beteiligter Arten und die Artenverschiebung zwischen Frühjahrs- und Herbstmaximum.

Man erhält zwei Kurven für Arten und Formen unterschiedlicher biogeographischer Verbreitung: Vornehmlich Arten gemäßigter Breiten, deren Larvenbildung im Bereich des südlichen Skandinavien in die Sommermonate fällt, haben im Mittelmeer ihre Haupt-Fortpflanzungsperiode im Winter; Larven subtropischer Arten mit nördlicher Verbreitungsgrenze im Mittelmeer dagegen trifft man hier überwiegend im Sommer an (Abb. 2.10).

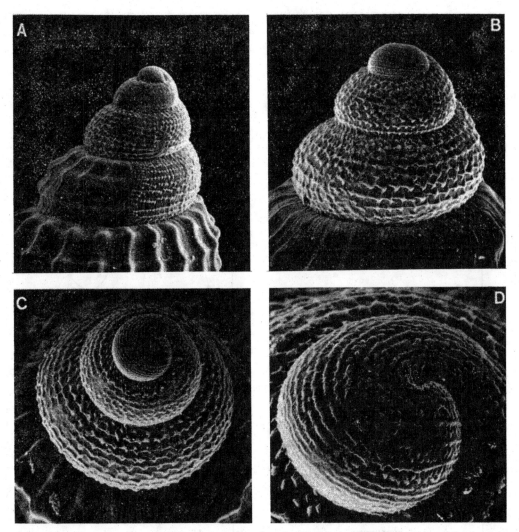

Abb. 2.9: Entwicklungsperioden von *Alvania cimicoides* (Prosobranchia, Rissoidae), abzulesen an der Musterfolge des Gehäuseapex. Embryonalschale mit feiner Längsstreifung (D), Larvalschale mit Noppenmuster (B, C) und grob quergerippte Teloconche (A) (nach Bouchet 1976)

2.3.7.1 Untersuchungsobjekte und Materialbedarf

Fanggeräte: Hyponeustonnetz, Standard-Larvennetz und Epibenthosschlitten; mehrere Eimer und große (2–3 l) Bechergläser; mehrere Kunststoff-Trichter (∅ ca. 15 cm), über deren Öffnung mit einem Gummiring je ein Stück (ca. 25 × 25 cm) 100 μm Planktongaze gespannt, und auf deren Auslaufstutzen ein Stück (ca. 60 cm) Silikonschlauch aufgesteckt ist; mehrere Stücke weitlumigen (ca. 6 mm) Silikonschlauchs (20 cm) mit aufgesteckten

dicken Pipettenbällen zur Probenentnahme; mehrere Petri- oder Boveri-Schälchen (∅ ca. 5 cm); Dolfuß- oder Bogorov-Zählkammern; einige hochwandige Glasschalen (ca. 300 ml), z.B. Kristallisierschalen; Belüftungspumpe mit Schlauch, Fritten und Verteilerstücken; Quetschhähne; Stereomikroskop mit Durchlicht- und Auflichtbeleuchtung; evtl. Mikroskop; 40% Formalin.

Probengewinnung: Larvenfänge können auf verschiedene Weise durchgeführt werden, in **Horizontalfängen**, bei denen nur eine bestimmte Tiefenzone unter Integration lokaler Verteilungsunter-

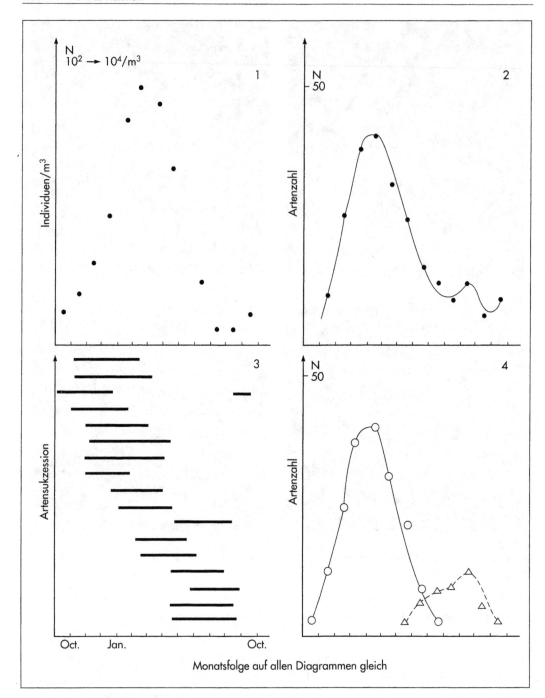

Abb. 2.10: Auswertung von Planktonfängen zu verschiedenen Jahreszeiten. Horizontalachse: Monate; Vertikalachse in 1 = Individuenzahl, in 2 und 4 = Artenzahl, in 3 = Artensukzession

schiede abgefischt wird, in **Vertikalfängen**, bei denen Unterschiede in der Tiefenverteilung der Larven unberücksichtigt bleiben, und in **Schrägfängen**, die beides miteinander vereinen und für unsere Zwecke am vorteilhaftesten sind, da sie den besten Konzentrierungseffekt haben und so auch verstreut auftretende Larven besser erfassen.

Wegen der Empfindlichkeit der meisten Larven sollte man Larvenfänge immer erst zum Schluß einer Schiffsausfahrt durchführen, den Fang sogleich in Gefäße mit genügend frischem Meerwasser aufnehmen, diese schattig und kühl halten und so rasch als möglich zum Labor zurückbringen.

Größere Fänge zu quantitativer Auswertung (gleich an Bord filtriertes Wasservolumen berechnen!) sollte man schon an Bord durch Zugabe von 40% Formol (Endkonzentration etwa 2,5%) fixieren.

Im **Labor** werden die Larven durch umgekehrte Filtration (Gazetrichter) konzentriert und Untersuchungsproben mit Hilfe eines Silikonschlauchs mit aufgestecktem Pipettierball oder durch eine umgekehrte Pasteurpipette entnommen und in die Beobachtungsschälchen übertragen. Untersuchung unter dem Stereomikroskop bei Durch- und Auflicht. Fixierte Proben werden in Dolfuß-Zählkammern oder Zählkammern nach Bogorov ausgewertet, wobei in der Regel die Auszählung weniger Fächer genügt. Vor der Zählprobenentnahme Fang durch langsames Rollen der Probenflasche gut aufwirbeln; Zählergebnis auf Ausgangsvolumen zurückrechnen und Konzentrierungsfaktor berücksichtigen.

2.3.7.2 Beobachtungen und Untersuchungen

Die Tiefenzonierung des Meroplanktons: Man führe Horizontalfänge in mehreren Wassertiefen zur gleichen Tageszeit durch und wiederhole die Fänge in der Tiefenschicht mit der reichsten Ausbeute zu verschiedenen Tageszeiten, eventuell auch bei verschiedenen Witterungsbedingungen, bei sonnigem und bewölktem Himmel. Man vergleiche die Gesamtlarvenzahlen und das jeweilige Spektrum an Arten und verschiedenen Altersstadien in den einzelnen Fängen.

Oberflächennah findet man z.B. in der Regel gehäuft die positiv phototaktischen Polychaeten-Trochophorae, in Bodennähe dagegen vermehrt metamorphosebereite Metatrochophorae. Fänge zu unterschiedlichen Tageszeiten geben Auskunft über tagesperiodische Vertikalwanderungen der Larven.

Bewegungsformen: Auf welche Weise vermögen planktische Larven passiv zu schweben oder aktiv zu schwimmen?

Cilienschlag (äquatoriale Wimpernkränze, verschlungene Wimpernbänder bei Echinodermen und Enteropneusten, dorsale und ventrale Wimpernfelder), in anderen Fällen Schlängelbewegungen und Parapodienschlag mit Hilfe der Rumpfmuskulatur (Metatrochophorae), verleihen manchen Formen eine begrenzte aktive Schwimmfähigkeit; unbewegliche Körperanhänge (Arme der Echinodermenlarven, Borsten der Spionidenlarven) wirken als Schwebfortsätze und verringern die Sinkgeschwindigkeit.

Ernährungsweisen: Larven mit langem planktischem Stadium sind generell ektotroph (planktotroph); meist sind sie Kleinplankton-Filtrierer und besitzen Filterapparate aus Cilien und Borsten, seltener bewegliche Tentakel zum Beutefang, wie die Mageloniden.

Synchronisation der Fortpflanzung: Das Spektrum gleichzeitig auftretender unterschiedlicher Altersstadien bestimmter Larventypen ermöglicht Aussagen über den Grad der Synchronisation von Geschlechtsreife und Eiablage in Populationen benthischer Tiere.

Schwarmbildung: Die Individuendichte, angegeben in N/m^3 filtrierter Wassersäule, sollte erwartungsgemäß für junge Larven höher sein als für ältere, deren Zahl durch Individuenverluste und deren Individuendichte durch räumliche Dispersion in einem bewegten Wasserkörper gewöhnlich erheblich abnimmt. Dies ist jedoch nicht immer zu beobachten, was auf ethologische Schwarmbildungsmechanismen schließen läßt, die einer Dispersion entgegenwirken (Vorteil?).

Larvenformen: Aufgrund welcher gruppentypischen morphologischen Merkmale lassen sich Larven welchen Tiergruppen zuordnen? Versuchen Sie, zu unterscheiden zwischen Larvalmerkmalen und bereits erkennbaren, gruppentypischen Adultmerkmalen.

Metamorphose: Vergleichen Sie meroplanktische Larven und die zugehörigen Adultformen und stellen Sie fest, inwieweit sich im Zusammenhang mit dem Überwechseln in eine andere ökologische Nische (Metamorphose) die **ökologischen Bedürfnisse**, die **Verhaltensweisen** (z.B. Art des Nahrungserwerbs) und der **Körperbau** (Abbau von Larval- und Neuentstehung von Adultorganen) ändern (Abb. 2.11; 2.12).

So ist der Seeigel-Pluteus z.B. noch bilateralsymmetrisch gebaut, er besitzt bewimperte Schwebfortsätze zu planktischem Leben, die Larvalarme, und strudelt seine Nahrung,

---

Abb. 2.11: Die Typen der Echinodermenlarven und ihre Differenzierung mit zunehmendem Alter   ▷

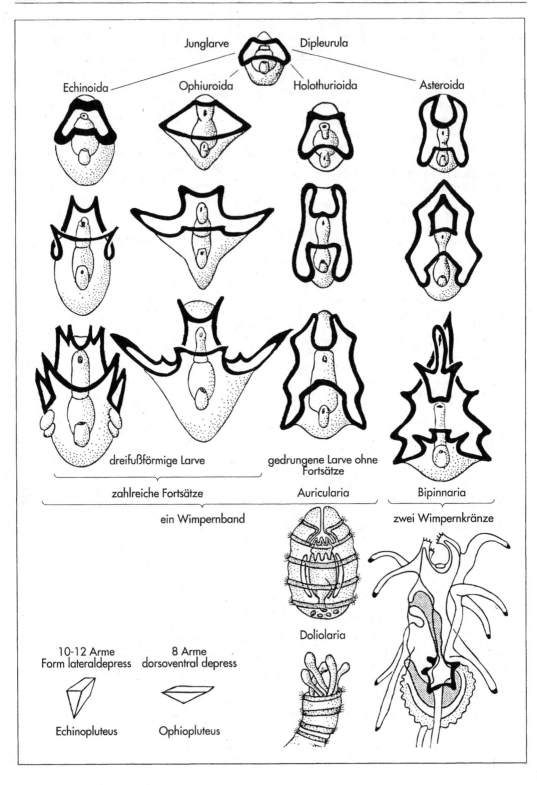

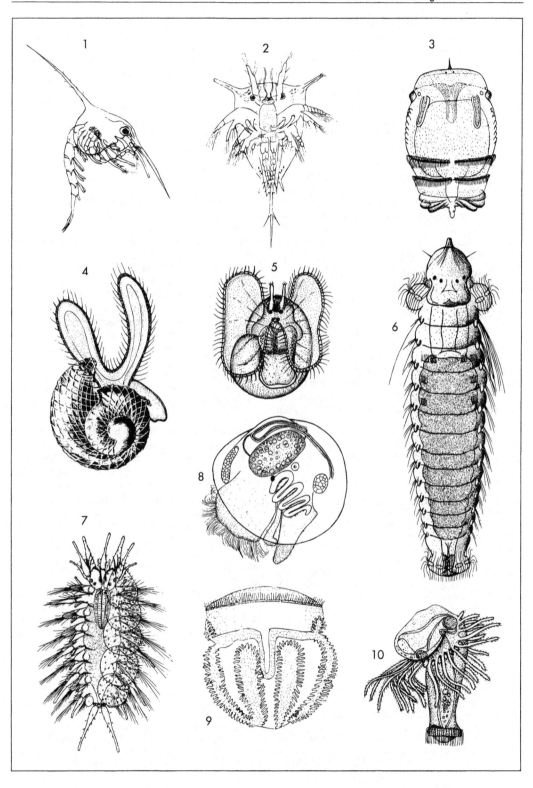

planktische Einzeller, mit Hilfe von Cilien herbei, während der radiärsymmetrische erwachsene Seeigel benthisch lebt, auf Ambulakralfüßchen kriecht und Algen und Bodensubstrat mit Hilfe seiner «Baggerzähne» in sich hineinschlingt.

Hälterungsversuche und Lebendbeobachtung: In Kristallisierschalen mit etwas geeignetem Bodengrund und frischem Meerwasser lassen sich Larven längere Zeit beobachten; Fütterung evtl. mit Algen aus frischem Planktonfang.

Schwimm- und Schwebverhalten: Man beobachte das Verhalten von Larven in ruhigem Wasser (Eigenbewegung, Schwebvermögen und Sinkgeschwindigkeit) und in leichter Strömung (Einhängen einer Belüftungsfritte an einer Schalenseite, Luft leicht perlen lassen; Strömungsverlauf ist durch Eintropfen einiger Tropfen dichter Algensuspension aus einem Planktonfang zu ermitteln).

Reaktionen auf Licht: In einer einseitig beleuchteten Schale untersuche man die Reaktionen junger und alter Larven einzelner Gruppen auf Licht (positive und negative Phototaxis).

Substratwahl: Man verfolge das Verhalten älterer, metamorphosebereiter Larven von Weich- und Hartbodenbewohnern in mehreren Beobachtungsschalen mit unterschiedlichem Bodengrund (Glasboden, Schill oder Steine, Schlick) und bestimme nach etwa einem Tag, wieviele der ursprünglich eingesetzten Larven bereits vom planktischen zum benthischen Leben übergegangen sind.

Mangel an geeignetem Siedlungssubstrat verzögert die Metamorphose bei vielen planktischen Larven.

Literatur

Bhaud, M., C. Cazaux, C. Watson Russel & M. Lefèvre (1988): Description and Identification of Polychaete larvae, their implications for current biological problems. Oceanis 13 (6): 596–753.

Cazaux, C. (1972): Développement larvaire d'Annélides Polychètes. Arch. Zool. exp. et gen. 113, 71–168.

Thiriot-Quiévreux, C. (1969): Contribution à l'étude écologique et biologique des mollusques du plancton de la région de Banyuls/Mer. Thèse de doctorat ès. Sciences Naturelles, Université P. et M. Curie, 156 pp.

Thorson, G. (1946): Reproduction and larval development of Danish marine bottom invertebrates, with special reference to the planktonic larvae in the Sound (Øresund). – Medd. Kommis. Danmarks Fiskeri-og Havunders. Ser. Plakton 4 (1), 1–523.

Trégouboff, G & M. Rose (1957): Manuel de Planctonologie Méditerranéenne. 2 tomes, T. 1, 587 pp, T. 2, 20 planches, CNRS, Ed. Paris.

2.3.8 Ichthyoplankton

Walter Nellen

Die Körpergröße von Knochenfischen schwankt je nach Art in weiten Grenzen: Die kleinste Art, eine Süßwassergrundel der Philippinen, mißt ausgewachsen gerade 11 mm, der atlantische Thun dagegen über 4 m. Unabhängig davon sind die i.d.R. kugelrunden Knochenfischeier durchweg ungewöhnlich klein, und ihre Größe variiert nur geringfügig: 1 mm Eidurchmesser beim nur 25 cm langen Zwergdorsch aus der Nordsee, 1,2 mm beim Thun. Unter 45 nordatlantischen Fischarten finden sich extreme Eigrößen nur bei zwei Plattfischen, der Lammzunge *(Arnoglossus laterna)* mit 0,67 mm und dem Heilbutt *(Hippoglossus hippoglossus)* mit 3,6 mm. Für alle übrigen Arten liegen die Eidurchmesser zw. 0,8 und 2 mm. Eine Korrelation zwischen Körper- und Eigröße ist nicht zu erkennen.

Ein Gewichtsunterschied von $1:10^7$, etwa zwischen einem frisch geschlüpften Steinbutt und seiner Mutter ist nicht ungewöhnlich. Wie bei manchen anderen Meerestieren, etwa Cephalopoden, geht die geringe Eigröße einher mit einer sehr großen Eizahl pro Eiablage. Ermöglicht eine solche Fruchtbarkeit auch bei kleinem Laichfischbestand trotzdem starke Jahrgänge, so bieten doch viele Laichfische noch keine Garantie für eine gute Rekrutierung; die Jahrgangsstärken von Fischpopulationen unterliegen gewöhnlich aufgrund der wechselnden Überlebensraten von Eiern und Larven großen Schwankungen, manchmal bis zu $1:100$. Die Brut kann Räubern zum Opfer fallen oder wegen der hohen Stoffwechselrate (kleine Eier, keine Energiereserven) während der Entwicklung bei zu geringem Futterangebot verhungern. Bis zur

---

◁ **Abb. 2.12:** Verschiedene im Mittelmeerplankton häufige Larventypen (nach verschiedenen Autoren) 1 Metazoëa von *Corystes crassivelanus* (Decapoda, Brachyura), Länge höchstens 0,8 mm; 2 Metanauplius von *Balanus balanoides* (Cirripedia), maximal 0,7 mm lang; 3 Annelidentrochophora von *Chaetopterus variopedatus*, ca. 0,6 mm; 4 Planktisches Stadium des Veligers von *Simnia spelta* (Prosobranchia, Ovulidae), größter Durchmesser der Larvalschale 0,4 mm; 5 Veliger von *Littorina neritoides* (Prosobranchia, Littorinidae), Höhe ca. 0,46 mm; 6 Metatrochophora von *Nerine (Laonice) cirrata* (Polychaeta, Spionidae), ca. 1,3 mm lang; 7 Nectochaeta-Larve von *Harmothoë imbricata* (Polychaeta, Polynoidae), ca. 1,4 mm lang; 8 Veliger von *Mytilus edulis* (Lamellibranchia), etwa 0,7 mm; 9 Tornaria-Larve eines Enteropneusten; 10 Actinotrocha einer Phoronis, ca. 0,8 mm lang

Metamorphose nimmt die Nachwuchszahl i. d. R. um etwa 3–4 Zehnerpotenzen ab, bleibt aber danach relativ stabil.

Voraussagen über Fischnachwuchs und Befischbarkeit bestimmter Meeresgebiete gehören zu den Aufgaben der Fischereibiologie; darum rücken Untersuchungen über die Aufwuchsbedingungen der Fischbrut zunehmend in den Mittelpunkt fischereibiologischer Arbeiten, z. B. Kurzzeitanalysen örtlicher Verteilungsunterschiede des Ichthyoplanktons sowie der wechselnden Dichte verfügbarer Nahrungsorganismen und potentieller Räuber in begrenzten Seegebieten, der Abhängigkeit dieser von allgemeinen ozeanographischen Gegebenheiten und, begleitend dazu, auch Untersuchungen über Darminhalt, Nahrungszusammensetzung, Ernährungszustand und Wachstumsraten der Fischlarven.

Marine Knochenfische beginnen ihr Leben als Plankton. Nur wenige auf dem Schelf lebende Fischarten haben benthische Eier (Hering); meistens werden die Eier vom Weibchen ins freie Wasser abgegeben und dort besamt. Ihr spezifisches Gewicht entspricht dem des Meerwassers; sie schweben also im Meer.

Die frisch geschlüpften Larven sind sog. Spätlarven, als Wirbeltiere schon erkennbar, jedoch mit spezifischen Larvalorganen ausgestattet, wie z. B. Augenstielen oder extrem großen Augen, sehr langen Därmen und primordialen Flossensäumen. Wegen der unvollkommen ausgebildeten Flossen ist ihre Schwimmleistung noch sehr gering; sie leben planktisch (Abb. 2.13).

Vor Abschluß der Metamorphose zeigen Fischlarven, abgesehen von der Zahl der Muskelsegmente, kaum endgültige taxonomische Merkmale; darum erfordert ihre Bestimmung spezielle larvalmorphologische Kenntnisse.

2.3.8.1 Materialbedarf und Untersuchungsobjekte

Fang und Fangkonservierung: Larvennetz (300–500 μm Maschenweite mit mindestens 0,2 m² Öffnungsweite, möglichst mit Durchstrommesser und Fangbecher am Netzende); Spritzflasche; feines Sieb (Kunststoffring $\emptyset$ 20 cm, Höhe ca. 10 cm mit 300 μm Planktongaze überspannt); Pulvertrichter ($\emptyset$ 15–20 cm); mehrere weithalsige 200–500 ml Kunststoff-Schraubdeckelflaschen; 1 l 40% Formaldehyd-Vorratslösung (neutralisiert mit Natriumborat, 20 ml gesättigte $Na_2B_4O_7 \cdot 10H_2O$-Lösung pro 1 l fixierter Probe); wasserfestes Protokollpapier; mehrere Federstahlpinzetten; mehrere Bogorov-Schalen; einige Plastiklöffel; mehrere große Plastikschalen ($\emptyset$ ca. 20 cm, Tiefe ca. 4–5 cm, evtl. Foto-

schalen); einige Präpariernadeln darunter einige möglichst feine (evtl. Nadelhalter mit Insektennadeln). Mehrere Probenfläschchen (5–10 ml Rollrandfläschchen mit Schnappdeckel); 1 l Isopropanol; 1 l vergälltes Äthanol; 1 l Glycerin; Stereomikroskope; Mikroskope.

Hälterungsversuche: Pipetten mit etwa 4 mm Öffnungsdurchmesser; 1 l Standzylinder; mehrere ca. 200 ml-Kristallisierschalen als Zuchtgefäße; 1 Wasserbad mit fließendem Meerwasser oder Konstantraum mit regelbarer Temperatur und beleuchtetem Kulturplatz; evtl. einige spezielle Kulturgefäße vgl. Abb. 3.

Skelettdarstellung: 3% H_2O_2; 1% KOH; Trypsin; gesättigte Borax-Lösung; Alizarin (Na-Alizarinsulfonat, Alizarin S Merck od. Alizarinrot S Fluka); Wasserstrahlpumpe; Exsikkator.

Günstigste Zeiten zum Fang von Ichthyoplankton: Nordsee: Januar bis Mai in gewissen Grenzen bis September; Mittelmeer: ganzjährig.

Bestimmungsliteratur für Fischlarven: Ehrenbaum; Halbeisen; Russel (vgl. Literaturverzeichnis).

2.3.8.2 Gewinnung von Fischbrut und quantitative Bestimmung ihrer Häufigkeit

In Nord- und Ostsee konzentriert sich die Laichzeit der Massenfische (Dorschartige, Hering, Plattfische, Makrele) auf die Monate Januar bis Mai. Bis in den September finden sich besonders in der Nordsee noch Eier und Larven anderer, weniger häufiger Arten. In wärmeren Meeren wie im Mittelmeer ist dagegen das ganze Jahr hindurch Fischbrut im Plankton zu finden.

Fast die gesamte Fischbrut hält sich in Tiefen von weniger als 100 m auf; ihren hohen Nahrungsbedarf können Fischlarven am besten in den obersten produktionsreichsten Wasserschichten decken (Nahrung: kleine Zooplankter wie Tintinniden, Nauplien, Muschellarven, Appendikularien). Die Konzentration von Ichthyoplankton im Wasser ist gew. gering, am höchsten meist in den oberen 20 m mit bis zu 25 Eiern/m³, allerdings erheblich weniger Larven. Für aussagekräftige Fänge bei annehmbarem Zeitaufwand wähle man möglichst Netze von mindestens 0,2 m² Öffnungsweite (300–500 μm Planktongaze).

Vertikalfänge aus max. 100 m Tiefe bis zur Oberfläche mit einem Netz bekannter Öffnungsweite erlauben eine recht präzise Abschätzung der Ei- und Larvenzahlen unter einem m² Wasseroberfläche

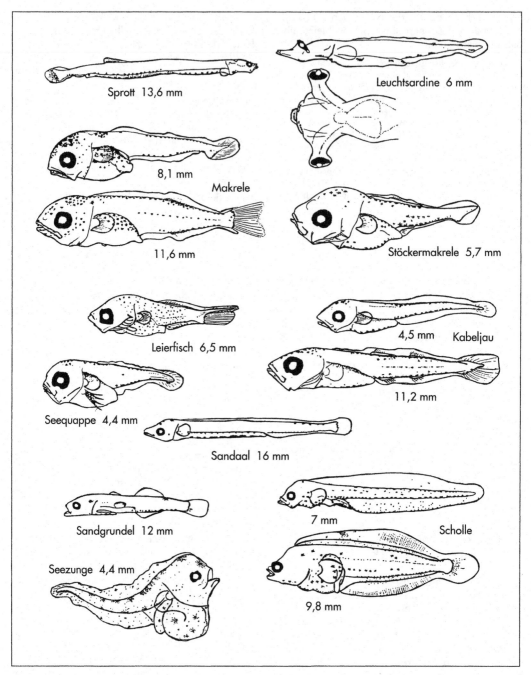

Abb. 2.13: Einige häufig im Plankton zu findende Fischlarven

(Eier/m²), die übliche Art der Biomasseangaben im Meer.

Filtrierte Wassermenge (m³) = Netzweg im m × m² Netzöffnung

$$\text{Eier (Larven)}/m^3 = \frac{\text{Gesamtzahl Eier im Fang}}{m^3 \text{ filtr. Wassers}}$$

$$\text{Eier (Larven)}/m^2 = \frac{\text{Anz. Eier}}{m^3} \times \text{max. Fangtiefe}$$

Bei Schräghols vom fahrenden Schiff ist das Ende des Schleppdrahtes mit einem Gewicht zu beschweren, um den Fahrtauftrieb des Netzes zu kompensieren (Abb. 2.14). Die auszufierende Schleppdrahtlänge zum Erreichen einer bestimmten Fangtiefe bemißt sich nach folgender Gleichung:

$$L = \frac{\text{Fangtiefe} + h}{\cos \alpha}$$

h = Höhe der Rolle («Block»), über die der Netz-

draht geführt wird, über der Wasseroberfläche; α = Winkel des Schleppdrahts zur Senkrechten; L = Länge des Schleppdrahts vom Block bis zum Befestigungspunkt am Netz.

Optimale Schleppgeschwindigkeit: 2 kn; Fieren mit 1 m/sec; Hieven nicht schneller als 0,3 m/sec.

Beim Schräghol wird die filtrierte Wassermenge am besten mit einem Durchstrommesser bestimmt; zur Vermeidung von störenden Einflüssen durch die zentrale Netzaufhängung muß dieser exzentrisch in die Netzöffnung eingespannt werden. Die Umdrehung des Strommessers pro m $\left(\frac{U}{m}\right)$ ist experimentell zu bestimmen, indem man diesen, in einen leeren Netzrahmen gespannt, eine bekannte Strecke durchs Wasser schleppt.

Die später beim Netzeinsatz gemessene Gesamt-

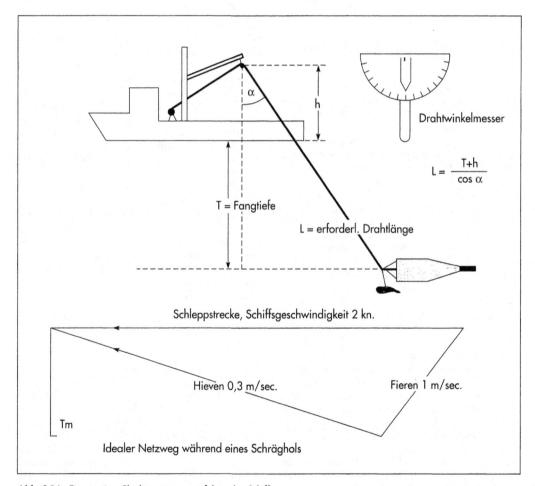

Abb. 2.14: Einsatz eines Planktonnetzes vom fahrenden Schiff aus

umdrehungszahl, dividiert durch $\dfrac{U}{m}$, ergibt die Schleppstrecke des Netzes, also die Länge der filtrierten Wassersäule. Die Ichthyoplanktonkonzentration und Produktivität errechnet sich wie beim Vertikalhol dargestellt.

Netze mit einer Maschenweite nicht unter 300 μm und einem Verhältnis von etwa 5:1 von Gazefläche zur Netzöffnung filtrieren fast 100% des einströmenden Wassers. Höhere Konzentrationen größeren Phytoplanktons im Wasser können die Netze verstopfen, was an relativ zur Schleppstrecke deutlich verminderten Strommesserumdrehungen kenntlich ist. Das Plankton wird dann nicht mehr quantitativ gefangen.

Fischlarven von mehr als 15–20 mm Länge entfliehen z.T. auch großen Netzen. Ihr quantitativer Fang ist nicht mehr möglich. Nachts lassen sich solche größeren Larven leichter erbeuten als tagsüber.

2.3.8.3 Untersuchungen und Experimente

Fangbearbeitung: Fischlarven sind sehr empfindlich und selten lebend aus einem Planktonfang zu gewinnen. Da ihr weicher Körper sich schnell zersetzt oder mit mitgefangenem Crustaceenplankton zerstört wird, muß der gesamte Fang rasch fixiert werden. Zur Gewinnung lebender Brut bedarf es besonderer Vorkehrungen beim Fang (s. Abschn. 2.3.8.2). Zur Fixierung wird der Inhalt des Netzbechers zuerst mit einer Spritzflasche in ein Sieb und aus diesem über einen entsprechend großen Pulvertrichter in eine Probenflasche gespült (200–500 ml Kunststoff-Weithalsflasche mit Schraubdeckel); die Probenflasche dann fast ganz mit Wasser auffüllen, etwa $\frac{1}{20}$ ihres Volumens an 40% Formol zugeben und das i.d.R. leicht saure Formaldehyd mit 20 ml gesätt. Na-Borat-Lösg. pro 1 fix. Probe neutralisieren. Die Planktonmenge selbst sollte nicht mehr als $\frac{2}{3}$–$\frac{3}{4}$ des Flascheninhaltes ausmachen. Für die Otolithenpräparation zur Altersbestimmung benötigt man in 70% Alkohol fixierte Proben. In jede Probenflasche einen Zettel aus wasserfestem Papier mit Fangposition, Datum, Fangtiefe, filtr. Wassermenge und Namen des Sammlers geben! Nach 1–2 Tagen ist das Plankton fixiert, und Fischeier und -larven können unter dem Stereomikroskop bei schwacher Vergrößerung mit einer Federstahlpinzette heraussortiert werden, am besten nach Auswaschen des Formalins in einem Sieb unter fließendem Wasser. Wenn man das Waschsieb mit dem Plankton in eine große Schale mit Wasser stellt, kann man die Proben portionsweise mit einem Plastiklöffel zur Durchsicht in kleine Petri-Schalen geben. Man achte unbedingt darauf, daß das Plankton nicht eintrocknet! Mit Präpariernadel und Pinzette schiebt man das Plankton in dünner Schicht durchs Blickfeld des Stereomikroskops und sortiert Fischlarven und -eier in 5 ml- oder 10 ml-Schnappdeckelgläschen mit Fixierlösung, jetzt am besten 70% Isopropanol, in dem sie sich unbegrenzt aufbewahren lassen.

Taxonomische Zuordnung: Fischeier können meist nur aufgrund ihres Durchmessers, der Anzahl und Größe eingeschlossener Ölkugeln sowie ihres jahreszeitlichen Auftretens bestimmt werden. Nur die verschiedenen Sardellenarten (Engraulidae) haben ovale Eier. Fischlarven sind sehr vielgestaltig und ändern Form und Aussehen im Laufe der Entwicklung stark. Zu ihrer Bestimmung ist die Verwendung von Speziallteratur unerläßlich (für Nord- und Ostsee s. Ehrenbaum, Halbeisen und Russell).

Nahrungsstudien, Alter und Wachstum: Von primär ökologischem Interesse ist die Nahrung der Fischlarven unter verschiedenen Lebensbedingungen. Die Präparation des aus sehr kleinen Teilchen bestehenden Mageninhalts bedarf einiger Geschicklichkeit. Namentlich unter starker Vergrößerung schwimmen die winzigen Nahrungspartikel unter dem Stereomikroskop leicht aus dem Gesichtsfeld und gehen verloren. Das läßt sich durch allmähliches Überführen der Fischlarven vor der Präparation in höherviskoses Glycerin verhindern. Die Präparation erfolgt mit sehr feinen Präpariernadeln. Bestimmung der Nahrungszusammensetzung unter dem Mikroskop.

Schwieriger noch ist die Bestimmung von Alter und täglicher Zuwachsrate der Fischlarven an ihren freigelegten Otolithen. An ihnen lassen sich unter dem Mikroskop (möglichst Polarisationsmikroskop!) Tageszuwachsringe abzählen und ausmessen. Hierzu müssen die Larven von vornherein in 70% Äthanol fixiert werden.

All solche Untersuchungen sind noch keineswegs fischereibiologische Routinearbeiten. Ihre Ergebnisse werden aber vermutlich wesentliche Erkenntnisse über die sehr unterschiedlichen Aufwuchsbedingungen von Fischlarven liefern können.

Embryonalentwicklung: Fischeier sind i.d.R. glasklar durchsichtig und eignen sich gut zum Studium der Wirbeltier-Frühentwicklung. Erst nach der Fixierung oder dem Absterben werden Fischeier gewöhnlich trübe. Eier sind leichter als Larven lebend aus Planktonfängen zu gewinnen. Dazu sammelt man den Fang in einem wasserundurchlässigen Fangbecher am Netzende, z.B. in einem festen und dichten Nylonbeutel, der nur im oberen Viertel über etwa den halben Umfang ein Fenster aus Planktongaze besitzt.

Um Larven und Eier nicht zu schädigen, darf man das Plankton auf keinen Fall einem erhöhten Druck aussetzen indem man es nach dem Fang trocken fallen läßt. Man gießt es insgesamt vorsichtig in eine größere Schale mit Meerwasser, sortiert dann portionsweise mit einer weiten Pipette (ca. 4 mm) in einer Petri-Schale unter dem Stereomikroskop die Eier aus und setzt sie in ein kleineres Erbrütungsgefäß mit frischem Meerwasser um.

Von laichreifen Fischen aus Netzfängen lassen sich auch reife Geschlechtsprodukte zur Besamung in vitro gewinnen. Hierzu werden zuerst aus einem reifen Weibchen durch leichten Druck mit Daumen und Zeigefinger auf die Bauchseiten des Fisches die Eier in eine Schale mit frischem Meerwasser abgestreift. Die Wassertemperatur soll der am Fangort entsprechen. Danach streift man auf gleiche Weise das Sperma eines Männchens in die gleiche Schale.

Nach etwa 10 min werden die besamten Eier mit

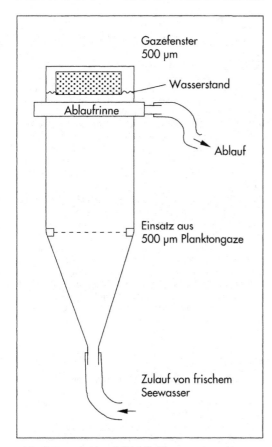

Gazefenster
500 µm

Wasserstand

Ablaufrinne

Ablauf

Einsatz aus
500 µm Planktongaze

Zulauf von frischem
Seewasser

Abb. 2.15: Aufzuchtgefäß für Fischlarven

einer Pipette in Inkubationsgefäße mit frischem, filtriertem Meerwasser übertragen, max. 20 Eier/l Meerwasser. Weite 1 l-Standzylinder eignen sich gut als Brutgefäße. Lebende Eier sammeln sich gew. an der Oberfläche. Eine Belüftung ist wegen des geringen O_2-Verbrauchs der Eier nicht erforderlich; die Temperatur sollte aber etwa der am Fangort entsprechen (Wasserbad mit zirkulierendem Meerwasser).

In der Nordsee lassen sich zw. Februar und März laichreife Schollen fangen; nordwestlich von Helogland und im Ärmelkanal liegen größere Laichgebiete. In der Kieler Bucht finden sich zwischen Februar und April laichreife Dorsche, namentlich im Tiefenwasser südlich Langeland.

Alle drei bis vier Stunden über mehrere Tage hinweg können der Entwicklungsverlauf unter Mikroskop und Stereomikroskop beobachtet, Entwicklungsstufen beschrieben und ihnen ein «physiologisches» Alter zugeordnet werden. Das letztere wird von der Entwicklungstemperatur bestimmt (Schlüpfzeiten: Scholle 20 Tage bei 6° C; Dorsch 16 Tage bei 6° C; Steinbutt 7 Tage bei 12° C; Sardine 2,5 Tage bei 17° C).

Manche Fischarten haben sehr geringe Temperaturtoleranzen während der Entwicklung, andere ertragen Temperaturdifferenzen von mehr als 10° C (Stint: zw. 3 u. 19° C; Schellfisch: zw. 4 u. 10° C).

Stehen ein Kühlraum und einige Aquarien mit Regelheizern zur Verfügung, so läßt sich an geeigneten Eiern, etwa Sardineneiern, der Temperatureinfluß auf deren Entwicklungsgeschwindigkeit experimentell verfolgen. Die Entwicklungszeit (E) verkürzt sich bei Erhöhung der Temperatur (T) nach der Gleichung $E = a \cdot T^b$ (b = negative Konstante); die Entwicklungsbeschleunigung wird mit steigender Temperatur immer geringer.

Man berücksichtige bei solchen Experimenten, daß außerhalb der Optimaltemperatur auch die Sterblichkeitsrate der Eier ansteigt und gehe von genügend großen Ansätzen (20–30 Eier pro Versuch) aus.

Während der Erbrütungsexperimente ist ein periodischer partieller Wasserwechsel angeraten, namentlich, wenn Eier absterben, kenntlich daran, daß sie milchig trübe werden und zu Boden sinken. Zur Vermeidung von Pilz- und Bakterienbefall müssen diese sofort entfernt werden.

Beobachtungen an Fischlarven: Frisch geschlüpfte Fischlarven zehren etwa 2–3 Tage von ihrem Dottersack; danach müssen sie Nahrung in Form von lebendem Zooplankton aufnehmen (sehr geeignet: Copepoden- oder Balaniden-Nauplien, die mit einem Planktonnetz von 50–80 µm Maschenweite in der See zu fangen oder, im März-

April, in großen Mengen aus adulten Seepocken zu gewinnen sind).

Artemia-Nauplien sind als Futter für Seefischlarven oft zu groß, und ihnen fehlen z. T. essentielle Fettsäuren; sie sind dann ungeeignet als Larvenfutter. Die Nahrungsdichte sollte bei der Fischlarvenaufzucht mindestens 100–500 Nahrungsorganismen pro Liter betragen. Zudem sollte die Beleuchtungsstärke 10–40 Lux nicht unterschreiten, da die Larven sonst ihr Futter nur schlecht finden.

Zur Beobachtung und Aufzucht der Fischlarven eignen sich gut zylindrische, unten konisch zugespitzte Gefäße aus Acrylglas, mit einem Zulauf von unten, einem Zwischenboden aus Planktongaze und einem ebensolchen oberen Kragen (Abb. 2.15), die langsam von Meerwasser durchströmt werden. Besatz: 15–20 Larven/Liter.

Die Zeit bis zur Metamorphose ist nahrungs- und temperaturabhängig: Steinbuttlarven verlieren unter guten Aufzuchtbedingungen etwa nach 3 Wochen ihre bilateralsymmetrische Gestalt und werden zu Plattfischen; Heringslarven erreichen erst nach 6–8 Wochen die Adultgestalt. Ganz abgeschlossen ist die Metamorphose erst, wenn das Schuppenkleid voll ausgebildet ist.

Präparation und Anfärben des Skeletts: Die Verknöcherung des knorpelig angelegten Larvalskeletts zu verfolgen, ist vergleichend morphologisch lehrreich und zudem für die Artbestimmung wichtig zur genauen Ermittlung der Zahl von Wirbeln und Flossenstrahlen als taxonomischen Merkmalen. Gute und beeindruckende Präparate lassen sich folgendermaßen herstellen:

1. In Formalin gut durchfixierte Larven werden 1–2 Tage gewässert.
2. In einer Mischung aus 3 Tl. 3% H_2O_2 und 8 Tl. 1% KOH werden die Hautpigmente gebleicht. Unter der Haut entstehende Gasblasen können unter Vakuum in einem Exsikkator entfernt werden.
3. In Trypsin werden die Larvengewebe glasklar transparent gemacht. Dazu tränkt man die Larven für 24 Std. mit einem Puffer aus 6 Tl. gesätt. Na-Boratlösg. und 40 Tl. aqua dest., erneuert dann den Puffer und setzt ¼ Teelöffel Trypsinpulver/400 ml zu. Bei 20° C sind die Präparate nach einigen Tagen bis Wochen nahezu durchsichtig. Geht die Aufhellung zu langsam vor sich, erneuere man die Trypsin-Puffer-Lösung wöchentlich, wiederhole u. U. auch zwischendurch die KOH-Behandlung für 1–2 Tage, wasche danach erneut aus und übertrage die Proben nach 1stündigem Waschen in Puffer wieder in die Trypsinlösung.
4. Sind die letzten Schwanzwirbel sichtbar, so färbt man die verknöcherten Skelett-Anteile nach

kurzem Spülen in aqua. dest. für 12–36 Std. in einer Lösung aus 1% KOH, der man bis zur tiefroten oder violetten Färbung Alizarin-S-Pulver zugibt.
5. Unverknöcherte Gewebe lassen sich schließlich durch erneute Trypsinbehandlung wieder entfärben, ebenso durch allmähliche Überführung der Präparate in Glycerin, und zwar stufenweise für je 5–24 Std. in
10 ml Glycerin + 90 ml 1% KOH
25 ml Glycerin + 75 ml 1% KOH
40 ml Glycerin + 60 ml 1% KOH
70 ml Glycerin + 30 ml 1% KOH
reines Glycerin.

In gut gelungenen Präparaten sind alle bereits verknöcherten Skelettanteile intensiv rotviolett angefärbt, einschließlich der ggf. schon angelegten Schuppen (die dann entfernt werden können) und heben sich deutlich von dem ansonsten glasklaren Körper ab. Aufbewahrung in Glycerin.

2.3.8.4 Bedeutung der Fischbrutuntersuchungen

Durch wiederholte quantitative Befischung eines über ein Laichgebiet einer Fischart gelegten Stationennetzes mit Planktonnetzen läßt sich die gesamte jährliche Eiproduktion eines Fischbestandes gut abschätzen. Bei Kenntnis der mittleren Fruchtbarkeit eines Weibchens und des Geschlechterverhältnisses im Bestand läßt sich so eine von der kommerziellen Fischerei unabhängige Berechnung der Bestandsgröße durchführen. Dies geschieht z. T. in internationaler Kooperation, da die Arbeiten einen intensiven Einsatz von Schiffen und viel Zeit für das Sortieren der Fänge beanspruchen.

Zahllose solche Untersuchungen haben ergeben, daß zwischen der Größe eines Laichfischbestandes bzw. der Anzahl von Eiern und Larven im Meer und der Stärke des daraus hervorgehenden Jahrgangs keine deutlichen Beziehungen bestehen. Welche ökologischen Faktoren einzeln oder in Kombination die Überlebensrate von Fischeiern und Larven bestimmen, ist im Detail noch wenig bekannt. Wegen der Bedeutung von Nutzfischbeständen befassen sich nahezu alle größeren fischereibiologischen Institute der Erde mit Forschungsarbeiten zur Syn- und Autökologie, zur Ökophysiologie, zum Verhalten und zur Funktionsgenese von Fischbrut.

Literatur

Bagenal, T. B. & W. Nellen (1980): Sampling eggs, larvae and juvenile fish. In: R. Backiel and R. L. Welcome (eds.): Guideline for sampling fish in inland waters. FAO/EIFAC T.P. **33**, 13–36.

Blaxter, J. H. S. (1981): The rearing of larval fish. In: A. D. Hawkins (ed.): Aquarium systems. Acad. Press, London, 303–325.

Ehrenbaum, E. (1905–1909): Eier und Larven von Fischen, in: Nord. Plankton I, Kiel, 413 S.

Halbeisen, H. W. (1988): Bestimmungsschlüssel für Fischlarven der Nordsee und angrenzender Seegebiete. In Überarbeitung von W. Schöfer. Berichte a. d. Institut für Meereskunde, Kiel.

Heincke, F. und E. Ehrenbaum (1900): Eier und Larven von Fischen der Deutschen Bucht II: Die Bestimmung der schwimmenden Fischeier und die Methodik der Eimessungen. Wissensch. Untersuchungen Abt. Helgoland **3**, 127–134.

Russel (1976): The eggs and planktonic stages of British marine fishes. Academic Press, London.

3 Das Nekton

Wie in den Binnengewässern umfaßt auch in den Meeren das Nekton (gr. schwimmend) alle aquatischen Tiere, die durch aktives und gerichtetes Schwimmen ausgezeichnet sind und folglich eine im wesentlichen von Strömungen und Wellen unabhängige Beweglichkeit und Schnelligkeit von längerer Dauer entfalten können. Dadurch sind sie zu großen jahreszeitlich abhängigen Wanderungen zwischen wärmeren Laichgebieten und kälteren, aber nahrungsreichen Regionen befähigt. Zudem können sie Schwärme («Schulen», Rudel, Herden) bilden, die vor allem der Feindabwehr und der Erhöhung der Fortpflanzungsrate dienen.

Die Schwimmleistung setzt einen hydrodynamischen Körperbau (Spindel- oder Torpedoform) sowie einen muskulösen Bewegungsapparat (Flossen, Extremitäten, Muskelmantel) voraus. Das hat zur Folge, daß die Nektonten im Vergleich zu den rel. kleinen und leichten Planktonten große und schwere Tiere sind. Ihr spez. Gewicht wird daher wesentlich auffallender verringert als bei den Planktonten. Dies geschieht durch Fett- und Öleinlagerungen (Fische, z.B. Makrelen; Haie, Wale), hydrostatische Organe wie Schwimmblasen (Knochenfische) und druckresistente Gaskammern (Kopffüßer) oder luftspeichernde Integumentbildungen wie Federn (Seevögel) oder Haare (Robben, Seeotter). In der Körperflüssigkeit werden schwere Ionen durch leichtere ersetzt, wenn auch sehr viel seltener als bei Planktonten.

Marine Nektonten finden sich folglich nur in den wenigen Tiergruppen, die große Formen hervorzubringen vermögen. Das sind die Kopffüßer (Tintenfische) unter den Weichtieren und alle Wirbeltiere mit Ausnahme der Amphibien. Den größten Anteil, sowohl hinsichtlich der Arten- als auch der Individuenzahl, stellen die Knochen- und Knorpelfische. Bei den Reptilien sind es die im allgemeinen auf die Tropen beschränkten Meeresschildkröten (Chelonidae), Krokodile *(Crocodylus acutus, C. porosus)* und die im Indik und Pazifik nicht seltenen Schlangen (Hydrophiidae), von denen allerdings unklar ist, ob sie wirklich aus eigener Kraft wandern oder doch eher driften. Von den Vögeln gehören alle die zum Nekton, die man aufgrund ihrer «Wassernähe» als «Seevögel» (s. Abschn. 3.3.7) bezeichnet. Die dem freien Meer am weitesten angepaßten Säuger sind die Wale und die, allerdings auf Küsten-

bereiche beschränkten, marinen Seekühe. Sie verbringen ihr gesamtes Leben im Wasser, während beim Seeotter die Geburt auf dem Trockenen stattfindet, und auch die Robben zur Fortpflanzung und zum Ausruhen an das Land gebunden sind. Der Seehund wird als Bewohner der Gezeitenzone kaum 100 m Tauchtiefe überschreiten, der Pottwal dagegen kann das Zehnfache erreichen.

Daß es im Gegensatz zu den häufig durchsichtigen Planktontieren keine wahrhaft transparenten Nektonten gibt, ist in Größe und Volumen ihres Körpers begründet. Während Bodenfische sich dem jeweiligen Untergrund in Farbe und Muster anzupassen vermögen (s. Abschn. 3.3.3), wird Tarnung bei den pelagischen Fischen weniger farblich als durch Helligkeitsangleichung und ventrale Kielbildung (Nybakken 1988) erreicht.

Da sich der Schall im Wasser wesentlich schneller und weiter als in Luft ausbreitet, ist verständlich, daß sich zur gegenseitigen Verständigung, zur Ortung von Hindernissen und Beute sowie zur Feindvermeidung Echoorientierung entwickelte. Nachgewiesen ist sie für Wale und Robben, den Seekühen scheint sie zu fehlen. Auch Kopffüßer bringen Töne hervor.

Gelegentlich werden noch einige große Krebse (z.B. Stein- und Tiefseegarnelen) zum Nekton gezählt. Die Kurzstreckenschwimmer von geringer Körpergröße (1–10 cm Länge) unter den Krebsen (z.B. Euphausiacea, Krill), Kopffüßern und Fischen können als **Mikronekton** (Blackburn 1968) betrachtet werden.

Nektonten leben im neritischen wie auch und v.a. im ozeanischen Bereich. Sie können der euphotischen Hochsee, dem Epipelagial, oder der aphotischen Tiefsee, dem Meso- und Bathypelagial, angepaßt sein. Entsprechend unterscheidet man **Epi**- von **Meso**- und **Bathynekton**, bzw. Epi- von Meso- und Bathynektonten.

Epinektonten sind die typischen Hochseefische (Heringsartige, Makrelenartige, Stachelmakrelen, Dorschartige), aber auch die riesigen Teufelsrochen (z.B. *Manta birostris*) und die großen Haie (Wal-, Riesen-, Hammer- und Blauhai) samt ihren sie begleitenden Pilot- oder Lotsenfischen (z.B. *Naucrates ductor*, Echeneidae.) Der v.a. in den gemäßigten Meeren verbreitete Riesenhai schwimmt dicht an der Wasseroberfläche (daher im Englischen «basking shark», der sich sonnende Hai). Nicht selten kann man ihn vom Schiff aus schon mit bloßem Auge an seiner aus dem Wasser herausragenden dreieckigen Rückenflosse erkennen.

Einige zumeist ozeanische Kopffüßer und Fische sind zu Sprüngen aus dem Wasser befähigt und können, bevor sie wieder eintauchen, mehrere Meter weit durch die Luft gleiten. Während fliegende Fische der tropischen Meere durch besondere Anpassungen von Brust-, Bauch-, Schwanzflossen Sprünge bis zu 40 m schaffen, genügen vielen Fischen der gemäßigten Breiten ein paar kräftige Schwanzschläge, um einige Meter über die Meeresoberfläche zu gleiten. Ein solches Herausschnellen aus dem Wasser ist häufig dann zu beobachten, wenn kleinere Tiere von einem größeren Raubfisch gejagt werden und diesem zu entgehen versuchen.

Meso- und **Bathynektonten** wird man in einem der üblichen Meeresbiologischen Praktika nicht begegnen. Wer sich aber für die faszinierenden Formen der Tiefseegarnelen, der meist mikronektonischen Kopffüßer und Tiefseefische interessiert, sei u. a. auf «Wunderwelt der Tiefsee» von K. Günther und K. Deckert verwiesen, 1950 erschienen und heute noch so spannend zu lesen wie vor 40 Jahren.

Als Begriff fließender Übergänge läßt sich Nekton weder vom Plankton und Pleuston noch vom Benthos streng abgrenzen. Ein und dieselbe Art kann juvenil dem Plankton, adult dem Benthos oder Nekton angehören (**Meronekton**). Nur wenige Tiere leben so gut wie von Geburt an nektonisch, sind also **Holonektonten** wie die lebendgebärenden Haie und die Wale; die meisten verbringen ihre ersten Lebensperioden planktisch (Knochenfische)

oder gar terrestrisch (Schildkröten, Pinguine, Robben). Ferner können Nektonten verdriftet werden oder während ihrer Ruhephasen zeitweilig treiben.

Bodenbewohner, wie einige Plattfische (Scholle, Seezunge) führen bei Tagesleistungen von 18–30 km große Wanderungen zwischen Laich- oder Brutplätzen, Kinderstube, Weide- und Überwinterungshabitaten durch. *Gadus morhua,* im Deutschen vor der Geschlechtsreife Dorsch, danach Kabeljau genannt, lebt in Grundnähe, aber auch pelagisch. Ältere Tiere ziehen nicht selten weit hinaus in die offene See. Sie alle können, gleich den am Boden aktiven Krebsen (z.B. Portunidae), als **Nektobenthos** betrachtet werden.

Meeresschildkröten, Pinguine, Wale und Robben werden als **Nektopleuston**, alle flugfähigen Vögel, die schwimmend (Möwen, Sturmvögel, Albatrosse), schwimmtauchend (Taucher, Tauchsturmvögel, Tauchenten, Säger, Alken, Kormorane) oder stoßtauchend (Seeschwalben, Tölpel, Braunpelikane) ihre Nahrung (v. a. Fische) erbeuten, als **Pteropleuston** zusammengefaßt. Auch können die Watvögel (Regenpfeifer, Strandläufer, Sanderling, Pfuhlschnepfe, Knutt), die in der Gezeitenzone bei Ebbe ihrer Nahrung nachgehen, hierzu gerechnet werden. Wie immer man sie einordnen mag, als **«Gäste des Nektons»** greifen sie in die Ökologie mariner Biotope ein.

Der Vollständigkeit halber sei noch der widersinnige, weil die Definition von Nekton geradezu aufhebende Begriff «passives Nekton» genannt. Als passives Nekton werden Ektoparasiten, wie viele Blutsauger an Fischen (z.B. Arten der Isopoden-Familie Cymothoidae), bezeichnet.

3.1 Methoden

Nekton wird im wesentlichen mit Netzen gefangen, wie sie aus der Erfahrung der Hochseefischerei als **Wadennetze (Ringwaden)** u. v. a. als pelagische **Schwimmschleppnetze (Flydetrawls)** entwickelt wurden.

Die inzwischen weniger gebräuchlichen **Ringwaden** wurden früher besonders zum Fang von Fisch- (z. B. Makrele, Hering, Thunfisch) und Kopffüßerschwärmen aus Oberflächenschichten der Hochsee eingesetzt. Der Schwarm wurde eingekreist, indem das Schiff ihn umfuhr und dabei, an einer Boje oder einem Beiboot beginnend, ein bis 500 m langes Netz um ihn auslegte. Der obere Rand des Netzes wurde durch Schwimmkörper an der Oberfläche gehalten, während der untere in die Tiefe sank. War das Schiff an seinem Ausgangspunkt, also an der Boje oder dem Beiboot, wieder angekommen, wurde das untere

Ende des Netzes mit Hilfe einer Schnürleine zusammengezogen. Damit war der Schwarm nahezu quantitativ vom Netz umschlossen, das nun eingeholt und ausgeschöpft werden konnte.

Die pelagischen **Schwimmschleppnetze**, die auf dem Prinzip des dänischen Larsen-Netzes heute in unterschiedlicher Größe und Ausführung hergestellt und bis zu 1000 m Tiefe und gegebenenfalls darüber hinaus eingesetzt werden können, sind wie die Grundschleppnetze (Abb. 3.1) große trichterförmige Beutel, die an Zugleinen (Kurrleinen) nachgeschleppt werden. Ihr Netzmund wird durch an den Kurrleinen befestigte Scherbretter offen gehalten.

Die Flydetrawls können mit akustischem Rezeptor

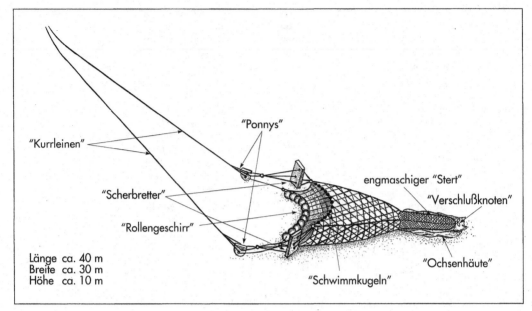

Abb. 3.1: Schema eines Grundschleppnetzes oder Trawls (Original P. Emschermann)

und Tiefenmesser ausgerüstet sein und durch entsprechende Signale von Bord aus in der gewünschten Tiefe ebenso geöffnet wie nach Beendigung des Fangs geschlossen werden.

Eine besonders erfolgreiche Form eines Schleppnetzes, der **Isaaks-Kidd-Midwater Trawl**, wurde schon vorgestellt (s. Abschn. 2.1).

3.2 Die Lebensgemeinschaft des Nekton

Trotz ihrer Fähigkeit zu weiträumigen Ortsveränderungen sind auch die meisten Nektonten an bestimmte Bedingungen gebunden und folglich auf entsprechende Meeresregionen und Tiefen beschränkt. Kosmopoliten sind nur wenige Haie (z.B. Riesenhai) und einige Wale (z.B. Blauwal). Weltweit in allen warmen und gemäßigten Meeren verbreitet finden wir Delphin *(Delphinus delphis)* und Großen Tümmler *(Tursiops truncatus)*.

Aufgrund der Mobilität der Nektontiere wie der Tatsache, daß sie in ihrem natürlichen Lebensraum nicht gefangen gehalten, kaum oder gar nicht im Experiment studiert werden können, ist im Vergleich zu Plankton und Benthos und trotz ständig verbesserter Fang- und Beobachtungsmethoden die Ökologie des Nektons immer noch zu wenig bekannt und das Bild einer Nektongemeinschaft entsprechend lückenhaft. Hinzukommt, daß die Kenntnisse über Lebens- und Verhaltensweise vieler Nektonten nicht selten ausschließlich auf anatomischen und/oder physiologischen Studien an gefangenen Tieren beruhen.

Außer Zweifel steht jedoch, daß Nektonten auf fast allen Stufen der Nahrungsketten und Nahrungsnetze sowohl im neritischen als auch im ozeanischen Bereich der kalten wie der warmen Meere als Planktonjäger, Planktonfiltrierer und karnivore Räuber eingreifen. Auch sind in allen marinen Futterketten und -netzen Nektonten die Endverbraucher, zumal sie als große Tiere meist keine oder nur wenige Feinde haben. Da Nekton also keine Primär-, sondern nur Sekundärproduzenten, gleichsam nur Konsumenten enthält, stellt es keine selbständige Lebensgemeinschaft dar. Zudem gibt es nur in ganz wenigen Ausnahmen Primärkonsumenten, die sich von Phytoplankton ernähren.

Der offensichtlich einzige Meeresfisch, der sich ausschließlich von Pflanzen, Kieselalgen und Algen, ernährt, ist der fast 2 m lange, heringsähnliche Milchfisch *(Chanos chanos)* des tropischen und subtropischen Indopazifiks. Nektobenthische Fische, die festsitzende Algen abweiden, gibt es in den kälteren Regionen nicht, wohl aber an einigen Stellen der warmen Meere (südl. Kalifornien) und vor allem in den Tropen.

Im wesentlichen leben die Nektonten karnivor. Als Sekundärkonsumenten sind die kleinen Nektonten (bis 30–40 cm Körperlänge) Zooplanktonjäger. Heringe ernähren sich von Krebslarven, Copepoden und Pteropoden, die sie nicht nur filtrieren, sondern auch einzeln, Stück für Stück schnappen. Die größten Nektonten (z.B. Riesenhai, Bartenwale) dagegen sind Zooplanktonfiltrierer. Offensichtlich sind sie durch ihr großes Körpervolumen und das dadurch bedingte träge Verhalten zu einer schnellen und Wendigkeit erfordernden Beutejagd nicht in der Lage.

Planktivore Nektonten sind weniger der Art als der Größe der Planktonorganismen angepaßt. Hauptbestandteil des je nach Region und Jahreszeit unterschiedlichen Planktons sind Crustaceen (Euphausiacea, Copepoda, Amphipoda).

Die Bartenwale ernähren sich v.a. von Krill, der im Sommer im südlichen Eismeer in Unmengen auftritt, weshalb sie sich um diese Zeit dort einfinden. Eine Ausnahme bildet der im nördl. Pazifik beheimatete Grauwal. Er filtert neben pelagischen Krebsen auch Sediment, dem er überwiegend Polychaeten, Amphipoden und Gastropoden entnimmt.

Für fast alle mittelgroßen (über 30–40 cm Körperlänge) Nektonten (Fische, Vögel, Säuger) gilt, daß sie sich als Tertiär- bzw. Quartärkonsumenten in der Regel von kleineren Nektonten als sie selbst ernähren, und es gilt, je größer der Räuber, um so größer kann die Beute sein.

Der größte Räuber der Ozeane, der Pottwal, lebt fast nur von Kopffüßern, die sich hauptsächlich in größeren Tiefen aufhalten, darunter auch der Riesenkalmar *(Architeuthis princeps)*. Seehunde (Phocidae) fangen überwiegend Fische; antarktische Robben vor allem Krill, zeitweise auch Pinguine. Seevögel fischen meist nur an der Oberfläche. Möglicherweise beeinflussen sie den Fisch- und Kopffüßer-Bestand des Epipelagials weit mehr als bisher angenommen.

Die pelagischen Knochenfische ernähren sich von Krebsen, Kopffüßern und anderen Fischen. Offenbar nehmen sie alles an Nahrung, was von entsprechender Größe ist. Bedeutende Räuber, die hauptsächlich in Fischschwärmen Beute machen, sind der in allen warmen und gemäßigten Meeren, folglich auch in Mittelmeer und Nordsee, verkommende Rote Thun *(Thunnus thynnus)* und der im gleichen Verbreitungsgebiet lebende Schwertfisch *(Xiphias gladius)*. Ihre Nahrung ist die gleiche: Heringe, Makrelen, Hornhechte. Während mehrere Thune, zu Schulen vereint, gleichzeitig in den Schwarm eindringen, wild um sich schlagen und dabei die Beute verletzen oder wenigstens betäuben, gelingt dem Schwertfisch als Einzeljäger ähnliches, indem er mit dem degenartig umgebildeten Oberkiefer beim Durchstoßen des Fischschwarms kräftig nach den Seiten schlägt. Als Allesfresser ernährt sich der Dorsch von Würmern, Weichtieren, mit zunehmendem Alter auch von anderen Fischen. Als Zugfisch folgt er den Laichwanderungen der Heringe.

In den kalt-gemäßigten Breiten leben die Zooplanktonten (Euphausiiden, Copepoden, Pteropoden) v.a. von Kieselalgen und sind selbst Nahrung der mesopelagischen Fische. Diese wiederum werden von den kleineren Räubern gefressen, die ihrerseits zur Beute der Endverbraucher (Haie, Seevögel, Robben, Wale) werden.

In den warmen Meeren sind die Primärproduzenten Dinoflagellaten und einzellige Kalkalgen (Coccolithophoriden). Das Zooplankton enthält im wesentlichen Euphausiaceen, Copepoden und Garnelen und dient den meisten meso- und auch vielen epipelagischen Fischen als Nahrung. Diese werden von Kopffüßern und den kleineren bis mittelgroßen Raubfischen erbeutet. Endverbraucher in den warmen Gewässern sind die mittelgroßen und großen Haie sowie die großen Raubfische (z.B. Thun).

Entsprechend der größeren Artenzahl, der Nischenvielfalt und der höheren Variabilität in der räumlichen Verteilung sind die Nahrungsnetze im Pelagial der warmen Meere wesentlich komplexer als in denen der kalt-gemäßigten Breiten. Zur stärkeren Verflechtung innerhalb der Nahrungsnetze dienen in den warmen Meeren auch die hier zahlreicheren Verbindungen über Nahrungsstufen hinweg. Der Thun z.B. lebt von kleineren Räubern, Planktonjägern und -filtrierern und Phytoplanktonfressern.

3.3 Beobachtungen und Experimente zur Lebensweise von Nektonorganismen

Während eine meeresbiologische Exkursion Benthos und Plankton durchaus umfassend bearbeiten kann, läßt sich ein Bild der Lebensgemeinschaft des Nekton aus im wesentlichen methodischen Gründen (s. Abschn. 3.2) kaum vermitteln. Doch sind Beobachtungen und Experimente möglich, mit denen sich Organismen aus den Hauptgruppen (Kopffüßer, Fische, Vögel) über eine nur eidonomische und systematische Betrachtung hinaus vorstellen lassen.

3.3.1 Kopffüßer: Schlüpfprozesse

Sigurd v. Boletzky

Die Kopffüßer (Cephalopoda) bilden die wohl eigenartigste Gruppe der Mollusken. In der Embryogenese, die durch partielle, nichtspiralige Furchung gekennzeichnet ist, wird im Laufe der epibolischen Gastrulation in zunehmender Abwandlung des für schalentragende Weichtiere typischen Bauplanes die Körpergrundgestalt des Cephalopoden realisiert. Alle typischen Merkmale wie Mantel, Trichter, Arme, Kiefer, Radula, Augen, Chromatophoren, Tintenbeutel sind im frisch aus den Eihüllen geschlüpften Jungtier bereits ausdifferenziert. Unter Streß ist sogar der «Tintenwurf» schon innerhalb der Eihüllen zu beobachten.

Spätembryonale Stadien und frisch geschlüpfte Jungtiere, gleich welcher Cephalopodenart, bieten ein faszinierendes Beobachtungsmaterial. Hier soll allerdings nur ein Prozeß vorgestellt werden, der im allgemeinen unbeachtet bleibt, welcher aber reizvolle Möglichkeiten für einfache Experimente bietet und zu weiterführenden Überlegungen anregt.

3.3.1.1 Untersuchungsobjekte und Materialbedarf

Für die Beobachtung des Schlüpfprozesses eignen sich v.a. die gallertigen Laichkapseln von Kalmaren der Loliginiden. Geradezu ideale Verhältnisse für Direktbeobachtung ohne experimentelle Eingriffe bieten die 5–7 cm langen, glasig erscheinenden Laichkapseln des Zwergkalmars *Allotheuthis*, die nach Abstreifen der etwas getrübten (häufig auch mit Sedimentpartikeln verklebten) Hüllschicht völlig durchsichtig sind. Obwohl *A. media* v.a. an den Mittelmeerküsten sehr häufig ist (*A. subulata* hier

eher selten, dafür häufig in Ärmelkanal und Nordsee), bereitet die Beschaffung des sehr empfindlichen Laichs einige Schwierigkeiten. Es bietet sich deshalb überwiegend das Gelege von *Loligo vulgaris* an, das im küstennahen Bereich v.a. im Frühjahr, im Mittelmeer auch im Herbst und Winter zu finden ist. In Tiefen jenseits der 100 m-Isobathen ist im Mittelmeer auch *L. forbesi* anzutreffen, allerdings nicht so häufig wie im küstennahen Bereich der Nordsee und des Ärmelkanals. Die Eier von *L. forbesi* messen ca. 3,2 × 1,9 mm und sind damit deutlich größer und länglicher als die Eier von *L. vulgaris*, die beim Verlassen des Ovars ca. 2,2 × 1,6 mm messen.

Für die hier beschriebenen Beobachtungen und Versuche ist bereitzustellen:

A. Eine möglichst große Anzahl von Laichpatronen von *Loligo vulgaris* mit überwiegend späten Embryonalstadien, die nach den Normentafeln von Naef (1923, 1928) bestimmt werden können. Als begleitende Literatur genügt die Darstellung der Cephalopoden-Morphogenese von Fioroni (1978).

B. Stereomikroskop und als Präparierbesteck Pinzetten und feine Schere; Glaspipetten, die mit Stahlfeile oder Schleifstein angeritzt und auf gewünschten Mündungsdurchmesser (ca. 1,5 mm) gebrochen werden; Gummiampulle oder Saugschlauch für Pipetten; Petri-Schalen; Objektträger; Deckgläser.

Zeitbedarf: Für eine gründliche Bearbeitung des Themas sollte ein halber Kurstag vorgesehen werden. Eine gut vorbereitete Kurzdemonstration kann in ½ bis 1 Std. gegeben werden.

3.3.1.2 Versuchsanleitung

Zu Beginn sollte man sich mit der Struktur der Laichpatrone vertraut machen. Dazu wird eine der finger- bis wurstförmigen Patronen aus dem Laichbüschel herausgetrennt, evtl. schon von seiner (oft verunreinigten) Außenhaut befreit (bei geschicktem Zugriff läßt sich diese Haut wie ein eng anliegender Handschuhfinger «abziehen») und in eine durchsichtige Schale in Meerwasser gelegt. Unter der Lupe erkennt man, daß die Embryonen in einer weiträumigen Blase, dem Chorion, liegen (nur in frühen Embryonalstadien liegt die Chorionhülle dem Embryo noch eng an). Einige Dutzend solcher

Eier sind in einer Spiralwendel aufgereiht, indem die gallertigen Nidamentalhüllen eine wendeltreppenartige Architektur darstellen.

Bei schlüpfreifen Tieren wird sich über kurz oder lang ein «spontan» erfolgender Schlüpfvorgang beobachten lassen (im allgemeinen durch Lichteinfluß und Erwärmung des umgebenden Wassers ausgelöst). Es können folgende Abläufe beobachtet werden:

A. Ein innerhalb seines prall aufgetriebenen Chorions auf dem Rücken liegendes Tier zeigt plötzlich Streckbewegungen im hinteren Mantelbereich. An der ausgestreckten Mantelspitze, die zwischen den ausgebreiteten Flossen hervortritt, wird aus den aufreißenden Drüsenzellen des sog. Holyeschen Organs Schlüpfenzym freigesetzt (Denucé & Formisano 1982). Dieser Vorgang ist allerdings nicht direkt beobachtbar, sondern läßt sich erst aufgrund der Auswirkungen erkennen, die an der Kontaktstelle zwischen Mantelspitze und Chorion festzustellen sind: Das Chorion bricht durch, worauf die Mantelspitze in den umgebenden Gallertmantel einzudringen beginnt. Dieses Eindringen erscheint als passive Bewegung, deren «Motor» nicht ohne weiteres zu erkennen ist.

B. Bei Durchdringen der Gallertschichten, die das Tier von der Kapseloberfläche trennen, ist zu erkennen, daß die Streckbewegungen der Mantelspitze sich häufig wiederholen, ohne daß dadurch der gleitende Bewegungsablauf erkennbar beeinflußt wird. Auch sporadische Kontraktionen der Mantelmuskulatur verändern diese Bewegung nicht.

C. Erst bei Übertritt ins freie Wasser haben diese Mantelkontraktionen lokomotorische Wirkung: Das frisch geschlüpfte Tier schwimmt sofort mit raschen Stößen durch das Beobachtungsgefäß.

Wir «sperren» nun eines dieser Tierchen in einen großen Tropfen Meerwasser, den wir auf einem geschliffenen Objektträger oder am Boden eines Schälchens aufgetragen haben. Mit einem Deckglas wird das Tier leicht gequetscht und so weitgehend stillgelegt. Bei Beobachtung mit höherer Lupenvergrößerung (bes. aber unter dem Mikroskop) läßt sich eine Vielzahl von Cilienbüscheln und -bändern an der Hautoberfläche erkennen. Am Hinterende des Mantels erkennt man auf der Dorsalseite ein ankerförmiges Gebilde, dessen seitliche Schenkel auf die Flossenanheftungen übergreifen, die Schlüpfdrüse. Zum Vergleich befreien wir nun ein Tier mit Schere und Pinzette aus seiner Hülle und prüfen seine Hautstruktur ebenfalls unter dem Mikroskop. Der einzig feststellbare Unterschied besteht allenfalls in einer verschieden prallen Füllung der Drüsenleisten mit Sekret; bes. im hinteren Bereich, wo sich die drei Schenkel des Drüsenkomplexes treffen, wird eine mehr oder weniger vollständige Leerung der Zellen bei normal geschlüpften Tieren auffallen. Es handelt sich tatsächlich um «fehlendes» Schlüpfenzym.

Um sich näher Rechenschaft über das Zusammenwirken der Schlüpfdrüse und der ununterbrochen schlagenden Cilien abzulegen, empfiehlt es sich, frei präparierte Tiere mit noch intakter Schlüpfdrüse unter dem Stereomikroskop in eine Laichpatrone einzuführen. Dazu wird ein Tier Kopf voran in eine Pipette eingesaugt, deren Innendurchmesser im Mündungsbereich etwas größer ist als der Manteldurchmesser des Tieres. Die Pipettenspitze wird dann leicht in die Gallertoberfläche gedrückt, am besten in einen vorbereiteten Einschnitt. Gleichzeitig wird mit einer Pinzette etwas Gallerte um die Pipettenmündung gezogen, um seitliches Entweichen des Pipetteninhalts zu verhindern. Das Tier wird nun vorsichtig (mit dem Mantelende voran) in die Gallerte «injiziert». Sobald es die Pipettenmündung hinter sich gelassen hat, wird hinter der ausgestoßenen Flüssigkeit, in der sich das Tier noch befindet, mit der Pinzette zugeklemmt, so daß der Eingang des Injektionskanals verklebt. Diese Operation gelingt selten auf Anhieb!

Ist das Tier rings von Gallerte umschlossen, wird nach kurzer Zeit die Streckbewegung der Mantelspitze zu beobachten sein, worauf das Einsetzen der Gleitbewegung zu erkennen ist. Bei Annäherung an die Oberfläche der Laichpatrone kann das Tier wieder in tiefere Schichten «gezwungen» werden, indem man mit der Pinzette Gallerte über die zu erwartende Austrittsstelle zieht. Bei Wiederholung dieser Umleitung ist festzustellen, daß das Tier ein mehrfaches der normalen Schlüpfdistanz zurücklegen kann (Boletzky 1979). Über kurz oder lang wird die Bewegung zum Stillstand kommen. Die nähere Untersuchung der Schlüpfdrüse wird dann zeigen, daß das Schlüpfsekret «aufgebraucht» ist. Die weiterhin aktiven Cilien genügen nicht, die Lokomotion aufrechtzuerhalten, die sie im Zusammenwirken mit der Schlüpfdrüse erzielen können.

Ein Blick auf noch nicht geschlüpfte Tiere läßt erkennen, daß die Schlagrichtung aller Cilien, sei es in den Cilienbüscheln oder in den Cilienbändern der dorsalen und ventralen Mantelfläche, schon lange vor dem Schlüpfen im Hinblick auf diesen noch ausstehenden Vorgang bereits optimiert erscheint. Das gilt für alle Decapoden-Arten. Bei Octopoden existiert ein völlig anderer Prozeß, bei dem unter der cilienfreien Hautoberfläche liegende Stäbchen (von den sog. Köllikerschen Organen ausgebildet) sich schindelartig anordnen und dank einer rel. harten Kante des Schlupfloches Bewegung in nur einer Richtung, nämlich auswärts gerichtet, zulassen (Boletzky 1986).

Abgesehen von der etwas heiklen Injektionstechnik läßt sich der Schlüpfvorgang auch gezielt einleiten, indem ein Chorion von außen künstlich perforiert wird. Durch Einspritzen von Meerwasser in das perforierte Chorion kann das Tier zusätzlich aktiviert werden, indem der «Tranquillizer»-Effekt der perivitellinen Flüssigkeit dadurch abgeschwächt oder sogar aufgehoben wird (Marthy et al. 1976). Sobald die Gleitbewegung einsetzt, kann das Tier, wie o.b. in beliebige Richtungen «gesteuert» werden. Der Automatismus dieser Cilienlokomotion, die mit dem Auflösen der Gallerte durch das Schlüpfenzym möglich wird, kann dadurch demonstriert werden, daß dekapitierte Mantelkomplexe im Versuch eingesetzt werden. Dieser, wenn auch unschöne Eingriff, zeigt deutlich, daß das Zentralnervensystem für den Schlüpfprozeß nicht benötigt wird. Wie weit die Mantelganglien beteiligt sind, ist auf diesem Wege nicht zu klären.

Sofern Laich verschiedener Kalmararten vorhanden ist, kann durch heterologe Kombination gezeigt werden, daß das Schlüpfenzym nicht artspezifisch wirkt. Ja selbst in ein Chorion von *Sepia* eingeschlossene *Loligo*- und *Alloteuthis*-Junge, die schlüpfbereit aus ihren Hüllen genommen wurden, befreien sich mit Hilfe ihres Schlüpfapparates (Boletzky 1986). Mit *Eledone*-Chorion durchgeführte Versuche haben bisher negative Resultate ergeben, was den Schluß nahelegt, daß zwischen Decapoden und Octopoden gruppentypische Unterschiede im Schlüpfenzym bestehen. Der Gegenversuch (Octopoden-Jungtier in Decapoden-Chorion eingeschlossen) hat ebenfalls nur negative Befunde gezeitigt.

3.3.1.3 Fragen

Mit den hier gegebenen Anregungen lassen sich eine Reihe von Fragen angehen:
1. Wie wirkt sich die Körperform und Steifigkeit des Tieres auf den Verlauf der Schlüpfbahn aus?
2. Welche Veränderungen der Gallertstruktur ermöglichen erst den normalen Schlüpfprozeß (autolog-heterochrone Kombinationen, d.h. schlüpffähige Tiere in Gallerten verschiedener «Reifegrade» injiziert)?
3. Von welchem Embryonalstadium an ist die Schlüpfdrüse funktionstüchtig?
4. Fällt das Eintreten der Funktionstüchtigkeit der Schlüpfdrüse mit dem Erreichen eines bestimmten Reifegrades der Gallerthüllen zusammen?
5. Können schlüpfende Tiere in ein benachbartes Chorion eindringen?
6. Wie lange nach Ausschlüpfen bleibt die Schlüpfdrüse noch funktionstüchtig?

Literatur

Boletzky, S. v. (1979): Ciliary locomotion in squid hatching. Experientia 35, 1051–1052.
Boletzky, S. v. (1986): Encapsulation of cephalopod embryos: a search for functional correlations. Amer. Malac. Bull. 4, 217–227.
Denucé, J.M., Formisano, A. (1982): Circumstantial evidence for an active contribution of Hoyle's gland to enzymatic hatching of Cephalopod embryos. Arch. internat. Physiol. Biochim. 90, B, 185–186.
Fioroni, P. (1978): Cephalopoda, Tintenfische. In: Seidel, F. (Hrsg.): Morphogenese der Tiere. VEB Gustav Fischer Verlag, Jena.
Marthy, H.-J., Hauser, R., Scholl, A. (1976): Natural tranquillizer in cephalopod eggs. Nature 261, 496–497.
Naef, A. (1928): Die Cephalopoden. Fauna Flora Golf: Neapel, Monogr. 354 (II), 1–357.

3.3.2 Fische: Nischen benthischer Kleinfische

C. Dieter Zander

Die ökologische Nische ist ein dynamisches System zwischen Organismus und seiner belebten und unbelebten Umwelt. Sie umfaßt die Fähigkeit des Organismus seine Umwelt auszunutzen (Pianka 1980). Dabei wird die Nische, die gemäß den Anpassungen des Organismus eingenommen werden könnte (fundamentale Nische), immer dann eingeschränkt, wenn Konkurrenten um die gleiche Lebensquellen (Ressourcen) wetteifern; dadurch entsteht die realisierte Nische (Hutchinson 1957), die einer Analyse offen steht.

Die Konkurrenz ist um so stärker, je ähnlicher die Anpassungen verschiedener Organismen an ihre Umwelt sind. Das ist häufig bei nahe verwandten Formen der Fall. Aufgrund der vielen Faktoren, die die Nische bestimmen, handelt es sich um ein multidimensionales System (Hutchinson 1957), dessen Hypervolumen die menschliche Vorstellungskraft übersteigt. Daher werden v.a. die drei Hauptdimensionen Habitat, Nahrung, Zeit in Nischenanalysen berücksichtigt (Pianka 1980).

3.3.2.1 Untersuchungsobjekte und Materialbedarf

Bestens geeignet für eine praktische Analyse der ökologischen Nische sind benthische Kleinfische aus den Familien Blenniidae, Tripterygidae und Gobiidae (Abb. 3.2). Sie sind mit einer großen Artenzahl auf marinen Hartböden in 0–2 m Wassertiefe vertreten und daher ohne Schwierigkeiten beim Schnorcheln zu beobachten. Besonders zahlreich sind diese Fische an den Felsküsten des Mittelmeeres, z.B. im Bereich der Stationen von Banyuls-sur-Mer/Frankreich oder Rovinj/Jugoslawien (Zander 1972, 1980, 1983).

Die folgende Liste umfaßt nur die häufigsten Arten der mediterranen, flachen Hartböden (Abb. 3.2).

Blenniidae
Aidablennius sphynx (Val.)
Coryphoblennius galerita (L.)
Lipophrys adriaticus (Steindachner) (nur Adria!)
Lipophrys canevae (Vinciguerra)

Tripterygiidae
Tripterygion tripteronotus Risso

Gobiidae
Gobius bucchichii Steindachner

Lipophrys pavo
Lipophrys trigloides (Val.)   *Gobius paganellus L.*
Parablennius incognitus (Bath)
Parablennius sanguinolentus (Pallas)

Unerläßlich ist eine Schnorchelausrüstung, bestehend aus Maske, Schnorchel und Schwimmflossen. Da die eindeutige Erkennung der Fischarten im Biotop eingeübt werden muß, empfiehlt sich das wasserdichte Einschweißen einer Kopie der Abb. 3.2 in Plastikfolie. Weitere wichtige Hilfsmittel sind eine Schreibtafel aus Hartplastik und ein Bleistift für Notizen während der Freiwasserbeobachtungen. Ferner sind Handkäscher und Plastikbeutel für den Fang von Fischen für die Nahrungsanalyse notwendig.

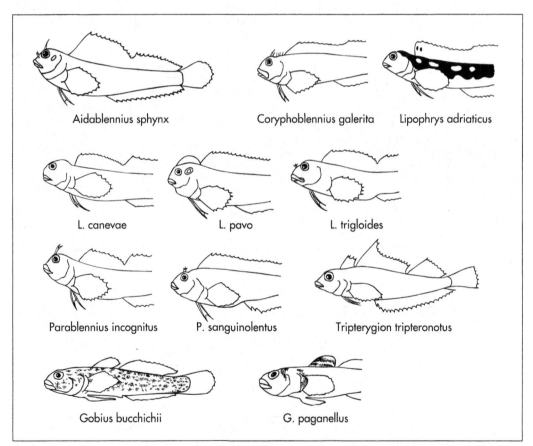

Abb. 3.2: Schematische Darstellung der häufigsten benthischen Kleinfische im oberen Litoral des Mittelmeeres mit ihren charakteristischen Merkmalen: Blenniidae – einheitliche Rückenflosse, Tripterygiidae – dreigeteilte Rückenflosse, Gobiidae – zweigeteilte Rückenflosse, verwachsene Bauchflossen. Zeichnung: Monika Hänel

3.3.2.2 Beobachtungen

Die Unterwasserbeobachtungen umfassen die Einzelanalyse von Individuen. Die folgenden Parameter und Meßeinheiten können während der Beobachtungen berücksichtigt werden:

A. Aktivitätszeit

Alternativen: Tag (sonnig), Tag (bedeckt), Dämmerung, Dunkelheit.

B. Habitat

Wassertiefe. Alternativen: Über 0,0–0,5, 0,5–1, 1–2 m.
Struktur. Alternativen: Ohne Bewuchs, filamentöser, krustider, baumartiger (arboroider) Bewuchs; optische, haptische Höhlen.
Wellenexposition. Alternativen: Exponiert, abgeschirmt.
Substratneigung. Alternativen: horizontal (0-30°), schräg/vertikal (30-90°), Höhlendecke (135-180°).

C. Nahrung

Herkunft. Alternativen: Epibenthal, Suprabenthal, Phytal.
Größe. Alternativen: Meiofauna/-flora, Makrofauna/-flora.
Während die Analyse der Zeit- und Habitatdimensionen auf Freiwasserbeobachtungen beruhen werden, wird die Nahrung an gefangenen und abgetöteten Tieren untersucht. Jedes beobachtete Individuum wird alternativ einer Meßeinheit je Parameter zugeordnet. Diese werden während der Schnorchelgänge auf der Schreibtafel notiert. Die Nahrungsanalyse, bei der Gemische verschiedener Nahrungskomponenten in jedem Individuum zu erwarten sind, verwendet am besten die Stückzahlen der jeweiligen Nahrungsorganismen; zur Auswertung wird dann deren rel. Häufigkeit von allen untersuchten Individuen einer Fischart (Populationsmaß) verwendet.

3.3.2.3 Auswertung

Die Beobachtungen bzw. Analysen können je Parameter graphisch dargestellt werden, wie es Abb. 3.3 beispielhaft für die Substratneigung zeigt. Der nächste Schritt führt zu einem Vergleich verschiedener Fischarten, wobei je Parameter die geringste Gemeinsamkeit (Rekonensche Zahl) festgestellt wird. Bei Berücksichtigung der Ergebnisse aus Abb. 3.3 beträgt die Rekonensche Zahl beim Vergleich von *Lipophrys trigloides* und *Aidablennius sphynx* 38% oder 0,38 (geringste Gemeinsamkeit bei 0–30° = 0,18, bei 30–90° = 0,20, bei den übrigen Kategorien = 0). Die gefundenen Werte werden tabellarisch aufgelistet (Tab. 3.1). Die Übereinstimmungen zwischen zwei Arten je Nischendimension ergeben sich dann aus dem geometrischen Mittel der zugehörigen Parameter (Tab. 3.1).

Da die drei Nischendimensionen Zeit, Habitat, Nahrung gleich gewichtet werden sollen, ergibt ihr geometrisches Mittel die Überlappung der ökologischen Nischen. Bei einem Wert, der größer als 0,6 ist, kann mit einem hohen Maß an gemeinsamer Ressourcennutzung gerechnet werden.

3.3.2.4 Weitere Aufgaben und Fragen

1. Welche Fluchtdistanz haben die verschiedenen Fischarten und welche Fluchtrichtung wird bevorzugt?
2. Welche morphologischen Anpassungen befähigen bestimmte Arten zu Aufenthalten oberhalb der Wasserlinie?
3. Welche morphologischen Anpassungen besitzen Arten, die im Brandungsbereich leben?

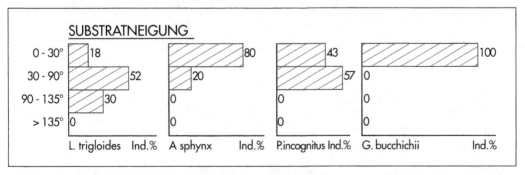

Abb. 3.3: Verteilung (% der Individuen) von vier benthischen Kleinfischen auf die Meßeinheiten des Parameters «Substratneigung». Daten nach J. Melander & A. Pfrommer von Banyuls-sur-Mer, September 1987. Zeichnung: Monika Hänel

Tabelle 3.1: Rekonensche Zahl als Maß der geringsten Übereinstimmung für drei Parameter (oberer Teil) und die Habitat-Dimension (unterer Teil) im Vergleich von vier benthischen Kleinfischen. Skala: 0 = keine, 1 = volle Übereinstimmung. Daten nach J. Melander & A. Pfrommer von Banyuls-sur-Mer, September 1987

Habitat	Tiefe Versteck Neigung	L. trigloides	A. sphynx	P. incognitus	G. bucchichii
L. trigloides	–		0.85 0.59 0.38	0.74 0.62 0.71	0.49 0.49 0.18
A. sphynx	0.57		–	0.63 0.50 0.63	0.33 0.27 0.80
P. incognitus	0.68		0.58	–	0.47 0.77 0.43
G. bucchichii	0.35		0.41	0.54	–

4. Gibt es Korrelationen zwischen Körpergröße der Fische und Größe der Nahrungskomponenten?
5. Gibt es direkte Beziehungen zwischen dem Aufenthaltsort der Fische und ihrer Nahrung?
6. Konstruieren Sie Küstenprofile mit den typischen Habitaten der von Ihnen gefundenen Fischarten (Heymer & Zander 1975, Zander 1972, 1980)!

Literatur

Heymer, A., Zander, C.D. (1975): Morphologische und ökologische Untersuchungen an *Blennius rouxi,* Cocco 1833 (Pisces, Perciformes, Blenniidae). Vie Milieu **25 A,** 311–333.

Hutchinson, G.E. (1957): Concluding remarks. Cold Spring Harbor Symp. Quant. Biol. **22,** 415–426.

Pianka, E.R. (1980): Konkurrenz und Theorie der ökologischen Nische. In: Theoretische Ökologie (R.M. May, Ed.), Verlag Chemie, Weinheim, 105–128.

Zander, C.D. (1972): Beiträge zur Ökologie und Biologie von Blenniidae (Pisces) des Mittelmeeres. Helgoländ. wiss. Meeresunters. **23,** 193–231.

Zander, C.D. (1980): Morphological and ecological investigations on sympatric *Lipophrys* species (Blenniidae, Pisces). Helgoländ. Meeresunters. **34,** 91–110.

Zander, C.D. (1983): Terrestrial sojourns of two Mediterranean blennioid fish (Pisces; Blennioidei, Blenniidae). Senckenbergiana marit. **15,** 19–26.

3.3.3 Fische: Farbwechseluntersuchungen

Friedel Wenzel

Für Farbwechseluntersuchungen an Fischen empfehlen sich im Bereich der Nordsee Plattfische (Pleuronectiformes), im Mittelmeerraum Lippfische (Labridae). Wir beschränken uns hier auf Plattfische.

Plattfische passen sich dem jeweiligen Untergrund in Farbe und Muster an (Mimese, Tarnung beim Beutefang). Bei diesem physiologischen Farbwechsel werden farbstoffhaltige Organelle in den Pigmentzellen (Chromatophoren) aggregiert oder dispergiert. Verschiedene Chromatophorentypen (Melanophoren, Xanthophoren, Erythrophoren) unterliegen dabei einer Kombination von schneller nervöser Steuerung (Min.) über das vegetative Nervensystem und einer langsameren hormonellen Steuerung (Std.) durch Nebenniere und Hypophyse. Lichtverhältnisse sowie Farbe, Muster und Helligkeit des Untergrunds beeinflussen das Zusammenspiel der Chromatophoren und somit Helligkeitsgrad und Muster des Farbkleids.

3.3.3.1 Untersuchungsobjekte und Materialbedarf

Objekte: Gängige Vertreter für Farbwechseluntersuchungen sind die Scholle *(Pleuronectes platessa),* die Rotzunge *(Microstomus kitt),* die Seezunge

(Solea solea) und der Steinbutt *(Scophthalmus maximus)*. Vertreter einer Art sollten einem begrenzten Fanggebiet entstammen, um biotopbedingte Farbvariationen gering zu halten.

Hälterung erfolgt in großen Aquarien mit kontinuierlichem Meerwasserdurchfluß; Wassertemperatur und Beleuchtungsdauer werden den natürlichen Bedingungen angeglichen. Als Nahrung bevorzugt die Scholle dünnschalige Mollusken, die Rotzunge Polychaeten, der Steinbutt Crustaceen und Bodenfische. Ein Vorrat an Belüftungsschläuchen, -steinen, T-Stücken und Schlauchklemmen sowie eine Rotlichteinrichtung für Dunkelversuche sind von Vorteil.

In-vitro-Versuche: Material: Pipetten, Dumont-Pinzetten, Blockschälchen, Objektträger mit Vertiefung, physiologische Salzlösung: 128 mM NaCl; 2,7 mM KCl; 1,8 mM CaCl$_2$; 1,8 mM MgCl$_2$; 5,6 mM D-Glucose; als Puffer 5 mM Tris-HCl (pH 7,2–7,4) oder 2,5 mM NaHCO$_3$ (pH 7,2–7,4 mit 95 % O$_2$–5 % CO$_2$ einstellen).

3.3.3.2 Versuchsanleitungen

Adaptation und Umsetzen auf einen neuen Untergrund: Fische gleicher Größe und gleichen Geschlechts werden 3 bis 5 Tage einzeln in belüfteten Durchflußaquarien an einen bestimmten Untergrund adaptiert, bevor sie in einer neuen Umgebung ausgesetzt werden. Burton (1979), De Groot et al. (1969), von Frisch (1912) und Holmberg (1968) beschreiben einfache Versuchsanordnungen für den Vorgang.

Plattfische verhalten sich unter diesen Bedingungen weitgehend ruhig und zeigen nur selten ein erregtes Umherschwimmen; beim Ein- oder Umsetzen sowie der Schuppenentnahme sind die Versuchstiere schonend zu behandeln, um Streßsituationen abzuschwächen.

Beurteilung der Farbveränderungen: Makroskopische Dokumentation eines Farbwechsels erfolgt durch photographieren unter standardisierten Bedingungen und Auswertung nach Lanzing (1977). Für eine mikroskopische Begutachtung werden einzelne Schuppen oder Teile des Flossensaumes entnommen, in flüssigem Stickstoff schockgefroren und in Bouin-Lösung fixiert; die Beschreibung der Chromatophoren erfolgt mittels **Melanophorenindizes** (MIs, Fernando & Grove 1974). Die Quantität des Probenumfangs sollte eine statistische Auswertung ermöglichen, doch die Gesundheit des Versuchstieres hat immer Vorrang. Neben der Mikrophotographie kann ein Farbwechsel durch die Veränderung des jeweiligen MI in Abhängigkeit

von der Zeit (oder der Konzentration eines Effektors, der Lichtintensität, der Wellenlänge) graphisch belegt werden.

3.3.3.3 Versuchsdurchführung

Vorbeobachtungen: Die individuelle Reaktionsbereitschaft bei wechselndem Untergrund kann erheblich variieren. Daher werden die vorhandenen Fische ohne längere Adaptation auf ihr Farbwechselvermögen getestet und schlecht oder abnorm reagierende Tiere ausgesondert. Diese ersten makroskopischen Eindrücke von Farbwechseln werden ergänzt durch die Beobachtung des (Farb-)verhaltens der Tiere bei psychischer Erregung (Umsetzen, Bewegungen, Schuppenentnahme, Einfluß der Versuchsdurchführung). Die Herstellung von Schuppenpräparaten und die Anwendung der MIs wird geübt.

Maximale Adaptation: Ein Versuchstier wird erst an einen schwarzen, dann an einen weißen Untergrund adaptiert und der jeweilige Endzustand photographiert. Welche Abweichungen/Übereinstimmungen der beiden Farbkleider lassen sich feststellen? Wie sind die markanten Chromatophorenflecken verteilt? Gibt es erkennbare Symmetrien zwischen dorsaler und ventraler Körperseite sowie intraspezifische, individuell bedingte Unterschiede? Die Auswertung von Schuppenpräparaten aus verschiedenen Bereichen eines jeden Farbmusters ergibt unterschiedliche MIs. Bei einer Versuchswiederholung werden die zeitlichen Veränderungen der MIs durch das Anfertigen von Schuppenpräparaten zu definierten Zeiten verfolgt und die Ergebnisse für den Schwarz-Weiß-Wechsel sowie den Weiß-Schwarz-Wechsel graphisch dargestellt und verglichen. Erlauben sie Aussagen über die jeweilige Art der Farbwechselsteuerung?

Untergründe mit verschiedener Schwarz-Weiß-Aufteilung: Fische mit guter maximaler Adaptation werden auf verschiedenen schwarz-weißen Untergründen getestet: Streifen- und Punktmuster, Schachbrettmuster, Variation des Schwarz-Weiß-Verhältnisses innerhalb eines Musters, Variation des Musters bei gleichbleibendem Schwarz-Anteil. Lassen sich bestimmte Grundmuster erkennen? Treten symmetrische Anordnungen im Farbkleid auf? Wie groß sind intra- und interspezifische Unterschiede bei gleichem Untergrund?

Untergründe mit verschiedenen Graustufen: Ein schwarz adaptiertes Tier wird über mehrere Graustufen auf weißen Untergrund gebracht, und umgekehrt (Dokumentation bei jeder Stufe). Wie spielen Grundtönung der Haut und Musterbildung zusammen? Wann treten Flecken und Bänder deutlicher auf bzw. verschwinden sie? An welche Graustufen kann sich der Fisch besonders gut/schlecht anpassen? Welche Rolle spielen dabei Xanthophoren und Erythrophoren? Die Bestimmung der verschiedenen MIs für einzelne Graustufen sollte zu einer Unterscheidung von musterbildenden und nicht musterbildenden Melanophoren herangezogen werden.

Farbige Untergründe: Welche Farben könnten mehr, welche weniger geeignet sein? Lassen sich derartige Vorhersagen experimentell bestätigen? Die Reaktionen der verschiedenen Chromatophorentypen auf farbigem Untergrund werden mittels ihrer MIs mit denen auf schwarz-weißem oder grauem Untergrund verglichen, um die Bedeutung der verschiedenen Pigmentzellen für die Farbanpassung zu diskutieren. Dabei ist zu bedenken, daß jede Farbe eine bestimmte Helligkeitsstufe darstellt, die wiederum einem spezifischen Grauton entspricht.

Einfarbige Kartons und PVC-Folien sind polychromatisch. Eine Wiederholung des Versuches mit oligochromatischen Lösungen ist empfehlenswert; Karl von Frisch (1912) gibt dazu interessante Anregungen.

Natürliche Untergründe: Verschiedene natürliche Untergründe (Variationen in Materialzusammensetzung und Farbmuster) werden genutzt, um die ⟨Tarnungsmöglichkeiten⟩ der Fische zu beobachten. Wie reagieren unterschiedlich adaptierte Tiere? Einen im Sand getarnten Fisch zu entdecken, ohne ihn aus seinem Versteck aufzustöbern, stellt ein interessantes Suchspiel dar.

Wahlversuche: In einem größeren Aquarium werden dem Versuchstier mehrere verschiedene Untergründe zur Wahl angeboten; variierende Kombinationen von künstlichen und natürlichen Untergründen sollten nacheinander von mehreren Tieren getestet werden. Wird ein Untergrund bevorzugt? Bleibt der Fisch auf dem einmal gewählten Boden bzw. kehrt er zurück, wenn man ihn aufscheucht?

Chromatophorenreaktion auf lokale Reize: An einem auf schwarzem Untergrund adaptierten Tier kann die Reaktion auf verschiedene lokale Reize getestet werden: sanftes Berühren der Fischhaut mit einer stumpfen Sonde; Beleuchten einzelner Hautbereiche mit einer Punktleuchte im abgedunkelten Aquarium; lokaler Sauerstoffmangel (den Wasserspiegel bis unter die Körperoberfläche absenken und Deckgläschen mit und ohne Luftblasen auflegen). Welche Reaktionen sind makroskopisch zu erkennen? Sind sie reversibel? Die einzelnen dokumentierten Ergebnisse werden durch mikroskopische Beobachtungen der Chromatophoren an Schuppenpräparaten ergänzt. Die jeweiligen Arten der Reizung sollten diskutiert werden.

Wirkung von Catecholaminen: Adrenalin, Noradrenalin und Dopamin sind wichtige Neurotransmitter bei der Erregungsleitung und wirken pigmentaggregierend auf Chromatophoren. Dies kann bereits bei äußerer Anwendung demonstriert werden. Der Wasserspiegel in einer belüfteten, mit einem dunkel adaptierten Plattfisch besetzten Glasschale wird gesenkt, bis die Körperoberfläche teilweise wasserfrei ist. Mit einem trockenen Pinsel wird ein Neurotransmitter auf die Haut und zur Kontrolle mit einem zweiten Pinsel etwas Meerwasser daneben gestrichen. Wie schnell reagieren die Chromatophoren? Wie lange hält die Wirkung an? Ist die Reaktion konzentrationsabhängig? Der Aufhellungsgrad wird durch MIs beschrieben, und die Beziehungen zwischen verschiedenen Konzentrationen und den jeweiligen MIs werden graphisch dargestellt.

In-vitro-Beobachtungen an isolierten Fischschuppen: Bei diesen Beobachtungen können hormonale und neurale Beeinflussung weitgehend ausgeschlossen werden. Die entnommenen Schuppen werden in einem Blockschälchen mit physiologischer Lösung bei konstanter Temperatur und Sauerstoffversorgung gehalten (elegante Alternative: Eine kleine regulierbare Durchflußkammer). Zugabe von NaCl (0,8 g/100 ml) bewirkt maximale Ausbreitung der Melanosomen und somit eine Ausgangssituation für quantitative Aussagen; maximale Aggregation erreicht man mit Norepinephrin (5 μM). Diese in-vitro-Ansätze sind mehrere Stunden haltbar und ergänzen in-vivo-Beobachtungen: Test verschiedener Lichtintensitäten und -wellenlängen; Einsatz von künstlichem Meerwasser mit definiert veränderter Ionenzusammensetzung; Kombination von Neurotransmittern und adrenergen Blockern (Fernando & Grove 1974). Tris-Puffer im Fischringer kann die kontrahierende Wirkung einiger Substanzen beeinflussen (Visconti & Castrucci 1985; Karbonatpuffer als Ersatz).

Für zeitlich ausgedehntere in-vitro-Ansätze beschreiben Obika & Negishi (1985) die Herstellung von Zellkulturen, die sich mehrere Tage halten. Untersuchungen zum zellulären Aspekt des Farbwechsels können nahezu beliebig ausgeweitet werden im Hinblick auf mögliche Steuermechanismen. Fujii & Oshima (1986) fassen den gegenwärtigen Wissensstand über die Kontrollmöglichkeiten der Chromatophoren zusammen.

Auf einer völlig anderen Stufe stehen Farbwechsel als Ausdruck von sozialen Verhaltensweisen, so das Farbenspiel des Stichlings während der Paarungszeit und bei der Revierverteidigung. Für die Analyse des Farbwechsels in Kombination mit Geschlechtsumwandlung sind im Mittelmeerraum *Coris julis, Crenilabrus ocellatus* und *Thalassoma pavo* aus der Familie der Labridae geeignet.

Literatur

Burton, D. (1979): Differential chromatic activity of melanophores in integumentary patterns of winter flounder (Pseudopleuronectes americanus Walbaum). Can. J. Zool. **57**, 650–657.

Fernando, M.M., Grove, D.J. (1974): Melanophore aggregation in the plaice (Pleuronectes platessa L.) 2. In vitro effects of adrenergic drugs. Comp. Biochem. Physiol. (A) **48**, 723–732.

Frisch, K. von (1912): Über farbige Anpassung bei Fischen. Zool. Jb. Abtl. allg. Zool. u. Physiol. **32**, 171–230.

Fujii, R., Oshima, N. (1986): Control of chromatophore movements in teleost fishes. Zool. Sci. **3**, 13–47.

Groot, S.J. De, Norde, R., Verheijen, F.J. (1969): Retinal stimulation and pattern formation in the common sole Solea solea (L.) (Pisces: Soleidae). Neth. J. Sea Res. **4**, 339–349.

Holmberg, K. (1968): Ultrastructure and response to background illumination of the melanophores of the atlantic hagfish, Myxine glutinosa (L.). Gen. Comp. Endocrin. **10**, 421–428.

Lanzing, W.J.R. (1977): Reassessment of chromatophore pattern regulation in two species of flatfish (Scophthalmus maximus; Pleuronectes platessa). Neth. J. Sea Res. **11**, 213–222.

Obika, M., Negishi, S. (1985): Effects of hexylene glycol and nocodazole on microtubules and melanosome translocation in melanophores of the medaka Oryzias latipes. J. Exp. Zool. **235**, 55–63.

Visconti, M.A., Castrucci, A.M.L. (1985): Tris buffer effects on melanophore aggregating responses. Comp. Biochem. Physiol. (C) **82**, 501–503.

3.3.4 Fische: Altersbestimmung und Wachstumsuntersuchungen

Ulrich Saint-Paul

Das Wachstum aller mehrjährigen, poikilothermen Organismen ist stark durch die jahreszeitl. Schwankungen unseres Klimas beeinflußt. Diese Periodizität führt bei Fischen zu entsprechend periodischen Ablagerungen von Interzellularsubstanzen, was sich im Aufbau der Skelettgewebe und anderer Hartstrukturen (Schuppe, Otolith, Knochen, Flossenstrahl) zeigt. So entstehen bei schnellem Wachstum breite und bei langsamem schmale Zuwachszonen, die sich zudem noch in ihrer Struktur unterscheiden, so daß man an diesen sog. Jahresringen (Annuli) Alter und Wachstum ablesen kann.

3.3.4.1 Untersuchungsobjekte und Materialbedarf

Technisches Zubehör: Meßbrett, Waage, Messer, Pinzette, kleine Papiertüten, Protokollheft, Millimeterpapier, Bleistift, Objektträger, Deckgläser (groß), Diarahmen mit Glas, Diaprojektor, Stereomikroskop mit Auflichtbeleuchtung und Okularmikrometer, Pril oder ein anderes Detergenz, Wasserbad, Glyceringelatine, schwarze Blockschälchen, dunkle Knetmasse, Xylol, Glycerin, KOH-Lösg. (5%), zerlegbare Acrylglasrahmen (5 × 5 cm), Klebefolie, Blitzzement, Trockenschrank, Sandpapier (Körnung 100–120), Taschenrechner.

Beschaffung geeigneter Fische: Das Fischmaterial versucht man möglichst unter Einsatz verschiedener Fangmethoden und Netze unterschiedlicher Maschenweiten zu sammeln. So ist gewährleistet, daß ein breites natürliches Größenspektrum zur Verfügung steht. Ist dies nicht möglich, so kann man sich das benötigte Material von Berufsfischern oder dem lokalen Fischmarkt beschaffen.

Nomenklatur des Alters. Das Alter wird in Wachstumsperioden angegeben. Fische im ersten Wachstumsjahr gehören dann in die Altersgruppe (AG) 0, die im zweiten in die AG 1, usw. Die in der Binnenfischerei häufig verwendete Angabe einsömmerig (1+) oder zweisömmerig (2+) bedeutet, daß die Fische im Sommer oder Herbst gefangen wurden und damit eine deutlich sichtbare diesjährige Sommerwachstumszone aufweisen. Unabhängig vom tatsächlichen Geburtstag eines Fisches wird dieser in der marinen Fischereibiologie auf der nördlichen Halbkugel auf den 1. Januar und auf der südlichen Halbkugel auf den 1. Juli festgelegt. Fische, die z.B. im April geschlüpft sind, rechnet man demnach ab dem unmittelbar folgenden 1. Januar (bzw. 1. Juli) zur Altersgruppe 1, obwohl sie erst 8 Monate (bzw. 2 Monate) alt sind.

3.3.4.2 Untersuchungsanleitungen

Altersbestimmung an Schuppen. Placoidschuppen unterteilt man in Ctenoid- (Kamm-) und Cycloidschuppen (Rundschuppen). Erstere besitzen im Caudalbereich zähnchenähnliche Oberflächenstrukturen und sind typisch für die Perciformes. Fische, wie z.B. die Cypriniden, verfügen in der Regel über Cycloidschuppen, die einen runden Rand haben. Um das Zentrum der Schuppe erkennt man unter dem Stereomikroskop konzentrische Ringe, die durch die gleichmäßig zeitliche Aneinanderlagerung von Ringleisten (Skleriten) geformt werden. Da die Schuppenzahl konstant bleibt und damit das Schuppenwachstum dem Körperwachstum folgen muß, bilden sich in Phasen schnellen Wachstums größere Abstände zwischen den Skleriten und deutlich kleinere Abstände bei langsamer Größenzunahme. Dieser Übergang von einer Zone enger zu einer Zone weiter Skleritenabstände wird als Jahresring bezeichnet (Abb. 3.4).

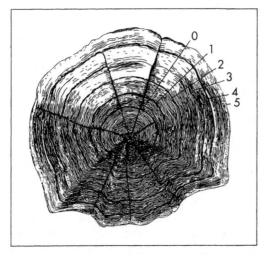

Abb. 3.4: Eine typische Cycloidschuppe einer Plötze *(Leuciscus rutilus)* der Altersgruppe 5

Altersbestimmung an Otolithen. Bei einigen Fischarten, wie z.B. dem Kabeljau oder bei Plattfischen, führt die Altersbestimmung anhand von Schuppen zu keinem befriedigenden Ergebnis. In diesem Fall empfiehlt sich die Altersbestimmung an Gehörsteinen (Otolithen). Von den jeweils drei Otolithen jeder Schädelseite wird in der Regel nur der größte verwendet, die Sagitta. Sie befindet sich im Sacculus des Labyrinthsystems und besteht aus Aragonit-Kristallen (rhombisch kristallinen $CaCO_3$), die in eine organische Matrix eingebettet sind.

Um einen opaken Kern (Nukleus) herum erkennt man im Stereomikroskop vor schwarzem Hintergrund konzentrische dunkle und weiße Ringe. Diese unterschiedlichen Ringe entstehen wieder als Folge des jahreszeitlich unterschiedlichen Fischwachstums. Dadurch werden zu Zeiten von Wachstumsverlangsamung schmale und durchsichtige (hyaline), und zu Zeiten schnellen Wachstums breite und undurchsichtige (opake) Bänder gebildet (Abb. 3.5). Die häufig verwendete Bezeichnung Winter- bzw. Sommerring ist insofern irreführend, als die Winterringe nicht im Winter, sondern häufig erst im Frühjahr oder Frühsommer angelegt werden. Der Zeitpunkt der Anlage ändert sich auch mit dem ontogenetischen Alter des Fisches.

Jedem zu untersuchenden Fisch werden mit Hilfe einer breiten Pinzette 5–10 Schuppen entnommen, am besten unterhalb des Ansatzes der Rückenflosse. Vor der Schuppennahme sind Totallänge (von der Schnauzenspitze bis zum äußersten Ende der Schwanzflosse) und Frischgewicht des Fisches festzustellen. Die entnommenen Schuppen werden dann in kleine Papiertüten gegeben, die mit den notwendigen Daten (Probenort, Artnamen, Länge, Gewicht, Geschlecht, evtl. Reifestadium) beschriftet sind. Man achte darauf, daß pro Längenklasse (1 cm-Klassen bei Fischen bis ca. 30 cm Maximallänge und 5 cm-Klassen bei größeren Arten) mindestens 10 Exemplare benötigt werden, da sonst der Fehler bei der Berechnung der mittleren Länge pro Altersgruppe zu groß wird.

Zur Altersanalyse müssen die Schuppen gesäubert werden. Hierzu reibt man sie zwischen zwei Fingern in warmem Wasser, dem einige Tropfen eines Detergenz zugesetzt werden oder gegebenenfalls in 5% KOH-Lösung. Da die Schuppe sich beim Trocknen wellt, sollte man sie zwischen die Glasplatten eines Diarahmens spannen. Eine andere brauchbare Methode ist das Einbetten der Schuppe in Glyceringelatine, die in einem Wasserbad erwärmt wurde. Ein Tropfen der erwärmten Glyceringelatine wird auf ein Deckglas gegeben, die Schuppe vorsichtig mit Hilfe einer spitzen Pinzette in diesen Tropfen hineingeschoben, und das Präparat mit einem Deckglas versiegelt. Beide Methoden sind geeignet, gute Dauerpräparate herzustellen. Für die Analyse benutzt man dann entweder einen Diaprojektor oder ein Stereomikroskop.

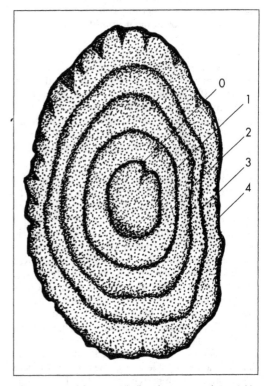

Abb. 3.5: Otolith einer Scholle *(Pleuronectes platessa)*. Vor dunklem Untergrund erscheinen die schmalen hyalinen Zonen des Otolithen dunkel und die breiteren opaken Zonen hell. Die Scholle wurde im Februar gefangen und gehört demnach in die Altersgruppe 4

Zur Otolithenentnahme muß man den Schädel, je nach Fischart, auf verschiedene Weise öffnen: Möglich sind laterale Schnitte unter dem Kiemendeckel, die die Opercularöffnung nach vorn verlängern. Der Fisch wird dabei äußerlich am wenigsten beschädigt (wichtig bei Marktuntersuchungen!). Auch durch das Entfernen der Schädeldecke mit Hilfe einer Säge oder eines starken Messers gelangt man an die Otolithen. Eine dritte Möglichkeit besteht darin, den Schädel durch einen transversalen Schnitt, der von oben hinter den Augen schräg nach vorn geführt wird, zu öffnen. Jede dieser Techniken bedarf aber einiger Übung, um zum gewünschten Erfolg zu führen. Es empfiehlt sich, für Vergleichszwecke, sowohl den linken als auch den rechten Otolithen zu entnehmen. Wichtig ist, daß der Fisch vorher gemessen und gegebenenfalls gewogen wird. Die entsprechenden Daten sind dann auf der Otolithentüte zu vermerken.

Die Otolithen werden trocken in kleinen Papiertüten oder, wenn sie sehr klein sind, in Glasröhrchen aufbewahrt. Da die in Formol sich bildenden Oxidationsprodukte die Otolithen angreifen, sollte man Alkohol zur Fixierung von Fischen verwenden, wenn die Proben nicht unmittelbar nach dem Fang aufgearbeitet werden können.

Die Otolithen, z. B. vom Hering oder von Plattfischen, können ohne weitere Präparation unter der Lupe betrachtet werden. Man lege sie dazu in schwarze Blockschälchen mit etwas Wasser. In schrägem Auflicht erkennt man um einen opaken Kern herum entsprechend den Winter- bzw. Sommerwachstumszonen dunkle und weiße Ringe, so daß eine Altersbestimmung ohne Schwierigkeiten möglich ist.

Die beträchtlich dickeren Otolithen größerer Fische sind ohne weitere Präparation nicht mehr «lesbar». Zudem ist das Dickenwachstum eines Otolithen nicht gleichmäßig und die vollständige Anzahl an Ringen nur auf der Unterseite zu finden. Betrachtet man also den intakten Otolithen von oben, ist eine sinnvolle Altersbestimmung nicht möglich. Führt Aufhellen in Xylol oder Glycerin zu keinem besseren Ergebnis, so bricht oder sägt man den Stein in der Mitte durch. Wichtig ist, daß der Bruch bzw. Schnitt genau durch die Mitte, den Kern, geht, da sonst mit Sicherheit einige Jahresringe zuwenig gezählt werden. Dann steckt man beide Hälften mit der Bruchfläche nach oben in dunkle Knetmasse. Wiederum im schrägen Auflicht oder Seitenlicht (durchscheinendes Licht) erscheinen die Winterringe heller und die Sommerringe dunkler (gegebenenfalls mit den Fingern leicht beschatten!).

Manche Otolithen (Aal oder Gadiden) werden besser «lesbar», wenn man sie brennt. Hierzu werden die Otolithen im Zentrum gebrochen, an der Bruchstelle plangeschmirgelt, in schnell abbindenden Zement, in einem zerlegbaren Acrylglasrahmen eingegossen und bei 200° C ca. 1–2 Stunden gebrannt. Die Wachstumszonen treten dabei deutlicher hervor, da die Winterringe wegen ihres höheren Protein- und Mukopolysaccharidgehalts dunkler als die Sommerringe werden.

Altersbestimmung an Skeletteilen. Ist die Altersbestimmung an Schuppen oder Otolithen nicht möglich, kann man auch andere Hartteile eines Fisches (Operculum, Wirbelkörper, Cleithrum, Flossenstrahlen) benutzen, die ähnliche Wachstumsringe aufweisen.

Die Skeletteile müssen nach der Entnahme in warmem Wasser von allen Haut- und Fleischresten gesäubert werden. Flossenstrahlen empfehlen sich besonders für die Altersanalyse bei Thunen, mit sehr kleinen Otolithen und bei allen Elasmobranchia, die keine brauchbaren calcifizierten Hartstrukturen besitzen. Zur Analyse schneide man 0,5–0,8 mm dicke Scheiben aus den zuvor in Kunstharz eingebetteten oder in ein Stückchen Siliconschlauch stramm eingewickelten Flossenstrahlen und betrachte diese bei schwacher Vergrößerung unter dem Mikroskop, wenn möglich in polarisiertem Licht oder im Auflicht unter dem Stereomikroskop. Wie bei den Otolithen erscheinen die Winterringe vor dunklem Untergrund dunkel und die Sommerringe hell.

Bei Perciden sind besonders Opercularknochen zur Altersbestimmung geeignet. Nach der Säuberung können Sommer- und Winterringe bei Auflicht vor dunklem Hintergrund häufig mit dem bloßen Auge unterschieden werden.

Altersbestimmung nach der Petersen-Methode. Die Petersen-Methode, eine indirekte Methode der Altersbestimmung, basiert auf dem Vergleich von Längenhäufigkeitsverteilungen. Unter der Annahme, daß die Längen innerhalb einer Jahrgangsklasse normal verteilt sind, ergibt sich bei der graphischen Darstellung der Längenhäufung einer Population eine ganze Serie von Normalverteilungen entlang der Abszisse, deren Gipfel der mittleren Länge der einzelnen Altersgruppen entsprechen (Abb. 3.6). Diese graphische Analyse ist aber lediglich für schnellwüchsige Fischarten aus gemäßigten Klimaten durchführbar, die in der Regel nur über eine einzige, zeitlich eng begrenzte Laichzeit verfügen dürfen. Vom Untersuchungsmaterial werden Längenmeßreihen aufgestellt. Bei Fischen > 30 cm werden cm-Klassen verwendet, bei kleineren Fischen 0,5 cm-Klassen. Man trägt dann den prozentualen Anteil einer Längenklasse am Gesamtfang gegen die Längenklassen auf Millimeterpapier auf.

Wachstumsanalyse durch Wachstumsrückberechnung. Diese Methode ermöglicht es, das individuelle Wachstum eines Fisches zurückzuberechnen. Hierzu werden die gleichen Strukturen benutzt, die bereits für die Altersbestim-

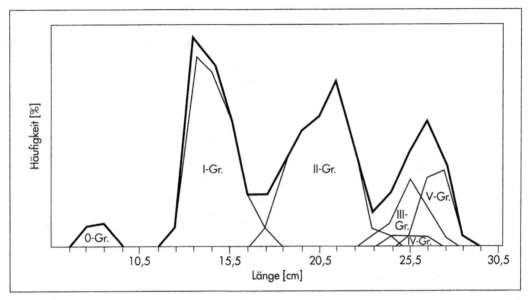

Abb. 3.6: Beispiel einer Altersbestimmung nach der Petersen-Methode. Die dicke Linie entspricht der Längenhäufigkeitsverteilung des Gesamtfanges. Die Längenfrequenzen der einzelnen Altersgruppen sind mit dünnen Linien wiedergegeben. Diese Methode liefert nur bis zum dritten Lebensjahr verläßliche Ergebnisse

mung verwendet wurden; besonders geeignet sind Schuppen. Hierbei macht man sich zunutze, daß die Annuli nicht nur zählbar sind, sondern auch einen meßbaren Abstand vom Kern haben. Die Länge der Schuppenradien steht für eine bestimmte Gruppe von Schuppen in einer konstanten, mathematisch faßbaren Beziehung zur jeweiligen Körperlänge. Dadurch ist es möglich, von der Radienlänge auf die zugeordnete Körperlänge zurückzuschließen.

Es werden die jeweils cranialen Radien vom Mittelpunkt bis zum Außenrand eines jeden Jahresrings gemessen. Da die Jahresringe nicht streng kreisförmig sind, ist darauf zu achten, daß immer die gleichen (z.B. cranialen oder caudalen) Radien vermessen werden. Die jedem Annulus zugeordneten Jahresendlängen lassen sich dann mit folgender Formel berechnen:

$$L_t = L \cdot S_t / S \qquad (1)$$

L_t = Länge des Fisches zur Zeit t; L = Endlänge des Fisches beim Fang; S_t = Teilradius für die Zeit t; S = größter Schuppenradius beim Fang.

Voraussetzung für eine solche Wachstumsanalyse ist selbstverständlich, daß zwischen Schuppenwachstum und Fischwachstum eine lineare Beziehung besteht. Da dies streng genommen nie erfüllt ist, bleibt die Rückberechnung immer mit gewissen Fehlern behaftet. Hat man jedoch zuvor aufgrund anderer Daten eine Eichkurve mit dem Längenwachstum der Schuppe als Funktion der Fischlänge

erstellt, so kann man die Rückberechnung direkt durchführen, oder man bestimmt Korrekturfaktoren für die o.g. Formel.

3.3.4.3 Auswertung

Man muß sich darüber im klaren sein, daß eine absolut richtige und zuverlässige Altersbestimmung oft nicht möglich sein wird. Zu groß ist die Zahl der Fehlerquellen, da jede Umweltveränderung ihre Marke auf dem Otolithen hinterläßt. Diese Fehlringe von den echten Jahresringen zu unterscheiden, ist auch für den geübten Fischereibiologen nicht immer möglich. Das Wachstum von Fischen hängt nicht nur von äußeren Faktoren ab, sondern es wird ebenso durch innere physiologische Veränderungen des Fisches z.B. während der Laichzeit, beim Wechsel des Lebensraumes (das Abwandern der Lachse ins Meer) oder bei Krankheit beeinflußt. Unter solchen Bedingungen können, wenn der Fisch seinen Calciumbedarf nicht mehr aus der Nahrung decken kann, Sklerite zurückgebildet werden. Das führt auf den Schuppen zu sogenannten Resorptionsmarken, die leicht mit einem Winterring verwechselt werden können. Solche Sekundärringe sind auch auf Otolithen und anderen Hartteilen sichtbar. Ebenso haben Ersatzschuppen, die sich nach Schuppenverlust neu bilden, eine andere Oberflächenstruktur und zeigen keine Jahresmarken. Hinzu kommt, daß das Fischwachstum mit zunehmendem Alter abnimmt, so daß auch die sommerlichen Zuwachszonen auf den Schuppen oder Otolithen immer schmaler werden. Für den Ungeübten wird es dann schwierig, zwischen Sommer- und Winterring zu unterscheiden.

Längenwachstum. Altersbestimmungen sind Voraussetzung für Aussagen über das Wachstum von Fischen und somit ein wichtiges Instrument in der Fischereibiologie. Unumgänglich ist jedoch, daß alle Altersgruppen mit ausreichenden Daten besetzt sind. Daher sollte schon bei der Probennahme darauf geachtet werden, daß das Fischmaterial so gesammelt wird, daß ein breites Größenspektrum zur Verfügung steht.

Am häufigsten wird die v. Bertalanffy-Gleichung benutzt, um das Längenwachstum (Abb. 3.7) von Fischen mathematisch zu beschreiben. Sie hat den Vorteil, daß die Parameter der Beziehung biologisch deutbar sind:

$$L_t = L_\infty \cdot (1-e^{-K \cdot (t-to)}) \qquad (2)$$

L_t = Länge zur Zeit t; L_∞ = Die Asymptote der Wachstumskurve entspricht der mittleren theoretischen Endlänge; t = Alter; t_o = Anfangspunkt der Wachstumskurve; K = Wachstumskoeffizient, ein Maß für die relative Wachstumsgeschwindigkeit, bezogen auf die mögliche Endlänge L_∞.

Wenn die mittleren Längen verschiedener Altersklassen bekannt sind, lassen sich daraus die Parameter L_∞, K und t_o berechnen.

Zur Bestimmung von L_∞ wird die Länge l_t als Funktion von L_{t+1} graphisch dargestellt, und die Regressionsgerade durch die Meßpunkte berechnet (Ford-Walford-Plot). Der Schnittpunkt dieser Geraden mit der Winkelhalbierenden ist L_∞.

Durch Logarithmieren der Gleichung (2) erhält man einen Ausdruck, der einer linearen Regression der Form y = a + b · x entspricht:

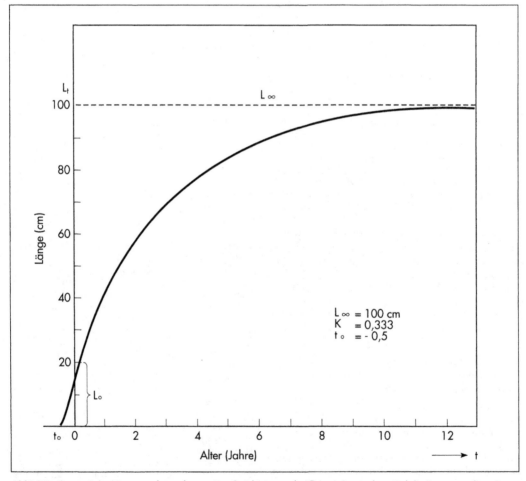

Abb. 3.7: Eine typische Längenwachstumskurve eines Steinbutts aus der Ostsee. Angegeben sind die Parameter der v. Bertalanffy-Wachstumskurve

$$\ln (L_{oo}-L_t) = (\ln L_{oo} + K \cdot t_o) - K \cdot t \qquad (3)$$

Zur Berechnung von K trägt man das Alter t als Funktion von $\ln (L_{oo}-L_t)$ auf. Die berechnete Steigung der Regressionsgeraden ist $-K$. Aus dem Schnittpunkt der Geraden mit Ordinate bei $t = 0$ läßt sich dann auch noch t_o nach einfacher Auflösung der Gleichung (3) berechnen:

$$t_o = (\ln (L_{oo}-L_t) - \ln L_{oo})/K \qquad (4)$$

Damit sind sämtliche Parameter der v. Bertalanffy-Wachstumsgleichung bestimmt.

Literatur

Bagenal, T. (1973): The aging of fish. Proc. Int. Symp. Unwin, London, 234 pp.

Bagenal, T. (1978): Methods for assessment of fish production in fresh waters. IBP Handbook No. 3. Blackwell Scientific Publication, Oxford, 365 pp.

Gulland, J.A. (1983): Fish stock assessment. A manual of basic methods. Wiley, New York, 223 pp.

Holden, M.J.; Raitt, D.F.S. (1974): Manual of fisheries science, Part. 2 – Methods of resource investigation and their application. FAO Fish. tech. Pap., 115 Rev. 1, 214 pp.

Nielsen, L.A.; Johnson, D.L. (1983): Fisheries techniques. Am. Fish. Soc., Bethesda,. Md. 496 pp.

Summerfield, R.C.; Hall, G.E. (1987): Age and growth of fish. Iowa State University Press, Ames. 544 pp.

3.3.5 Fische: Untersuchungen zum Mageninhalt

Tomas Gröhsler

Eine Beobachtung der Nahrungsaufnahme unter natürlichen Bedingungen ist bei Fischen – anders als bei Landtieren – nur eingeschränkt möglich. Daher kommt der Analyse ihres Magen- und Darminhalts eine bes. Bedeutung zu. Nahrungsuntersuchungen liefern Parameter zur Biologie einer Fischart (z.B. Wachstum, Wanderung) und sind eine wichtige Informationsquelle der (Fisch)Ökologie. Sie beinhalten sowohl quantitative als auch qualitative Bestimmungen der Art und Menge aufgenommener Nahrung und berücksichtigen den Einfluß biotischer (Habitat, Körpergröße, Tagesrhythmik, Konkurrenz etc.) und abiotischer Faktoren (Salz- und O_2-Gehalt, Temperatur etc.) auf das Freßverhalten.

3.3.5.1 Untersuchungsobjekte und Materialbedarf

Gewinnung des Probenmaterials: Die Methoden der Fischprobennahme sind abhängig von dem Aufenthaltsgebiet des zu untersuchenden Fischbestands. Freischwimmende (Sprotte, Hering etc.) ebenso wie bodenlebende Fische (Plattfische, Rochen etc.) kann man mit pelagischen bzw. Grund-Schleppnetzen fangen. Aufgrund der rasch fortschreitenden Verdauung sollte man die Schleppdauer von 30 min nicht überschreiten und eine Bearbeitung unmittelbar nach dem Fang gewährleistet sein. Eine Verfälschung der Ergebnisse einer Nahrungsanalyse kann durch «Netzfraß» sowie durch «Auswürgen» des Mageninhalts während des Schleppvorgangs auftreten. «Netzfraß» ist durch kurze Schleppzeiten vermeidbar. Das «Auswürgen» der Nahrung als Folge zu schnell überwundener Druckunterschiede kann man durch langsames Hieven des Netzes aus größeren Tiefen verringern. Für eine Versuchsplanung sind u.U. genaue Kenntnisse über die je nach Tageszeit unterschiedliche Freßaktivität (z.B. beim Kabeljau!) erforderlich. Man erhält sie durch eine 24 Std.-Fischerei. Dazu wird in regelmäßigen Abständen (z.B. alle drei Std.) ein definiertes Areal befischt. Biotische und abiotische Faktoren sollten dabei erfaßt werden. Zeitlich parallel zur Fischerei ist die Erstellung eines Temperatur-, Salzgehalt- und O_2-Profils sinnvoll. Wichtig ist auch die Kenntnis jahreszeitl. Unterschiede. Zur Feststellung einer selektiven Nahrungsaufnahme der Fische, z.B. Spezialisierung auf eine Beuteart oder -länge, muß man das vorhandene Nahrungsangebot durch eine Plankton- bzw. Benthosaufnahme ermitteln.

Untersuchungsobjekte: Aufgrund des Lebensraumes und der charakteristischen Nahrungsaufnahme sind folgende Fischtypen unterscheidbar und stellen interessante Untersuchungsobjekte dar:

A. Räuber (Boden) z.B. Seeteufel, Steinbutt, Heilbutt, Zackenbarsch, Meeraal, Wittling.

B. Nahrungsspezialist (Boden) z.B. Seewolf, Schellfisch, Lippfisch, Seezunge, Sandaal, Leierfisch, Knurrhahn, Seequappe, Meerbarben, Scholle, Rochen, Meeräschen, Stör.

C. Planktonfresser (Freiwasser) z.B. Hering, Sprotte, Maifisch, Sardine.

D. Räuber (Freiwasser) z.B. Pollack, Köhler, Leng, Seehecht, Stöcker.

Materialbedarf:

Für Fischfang: Grundschleppnetz, pelagisches Schleppnetz

für Umweltparameter: Temperatur-, Salzgehalt- und Sauerstoffsonde

für Nahrungsangebot: Planktonnetz (z.B. Bongo), Bodengreifer

für Fischdaten: Meßbrett, Waage, Messer

für Nahrungsuntersuchung: Pinzette, Petri-

Schalen, Stereomikroskop, Schere, Meßzylinder, Planktonteiler (oder Zählzelle)
für Fixierung: 8% mit Borax gepuffertes Formalin-Seewassergemisch, Tiefkühlschrank ($-30°$ C).

3.3.5.2 Untersuchungsanleitungen zur Analyse des Mageninhalts

Behandlung des Probenmaterials: Die Aufarbeitung des Fangs kann unmittelbar an Bord oder nach Fixierung (z.B. Einfrieren bei $< -30°$ C, Formolfixierung) im Labor erfolgen. Bei einer sofortigen Bearbeitung des Fangs werden Länge (cm), Gesamtgewicht (g), Schlachtgewicht (g), Geschlecht und, wenn möglich, der Reifegrad des Fisches bestimmt. An den Otolithen oder Schuppen ist auch das Alter des Fisches festzustellen (Kap. 3.3.4). Ein von der Fischgröße abhängiges Freßverhalten wird durch eine Einteilung in Größenklassen (z.B. 0–5 cm, $>$5–10 cm, $>$10–15 cm etc.) erfaßt. Je Größenklasse sollten statistisch repräsentative Fischanzahlen untersucht werden. Abschließend erfolgt die Entnahme des Magens für Laboranalysen. Der Magen, meist von anderen Darmabschnitten klar abgegrenzt, wird durch einen Schnitt im vorderen Schlundbereich und am Übergang zum Mitteldarm, erkennbar an den Pylorusanhängen, herausgetrennt. Zusätzlich zu der Magenentnahme kann als ergänzende Information der Füllungsgrad des Magens bzw. des Mittel- und Enddarms anhand einer subjektiven Skalierung (z.B. leer, ¼ voll, ½ voll etc.) erfaßt werden. Es lassen sich so längere Hungerperioden, wie auch die Art des Weitertransports der Nahrung aus dem Magen (z.B. sukzessiver Transport) feststellen. Aus der Betrachtung des Enddarminhalts kann man den Anteil unverdaubarer Nahrung ersehen. Die herausgetrennten Mägen werden mit Hilfe einer Schere vorsichtig geöffnet. Anschließend erfolgt die Identifizierung und Zählung der Nahrungsorganismen mit der Hilfe eines Stereomikroskops. Bei großen Individuenhäufigkeiten im Magen (z.B. Plankton beim Hering) ist die zeitraubende Zählung mit Hilfe einer Zählzelle oder durch eine Aufteilung in Unterproben (z.B. Planktonteiler) schneller erreichbar. Bei vollständig erhaltenen Individuen sollten die spezifischen Größenmaße erfaßt werden. Der Verdauungsgrad der Nahrungsbestandteile kann mit Hilfe einer willkürlich festgelegten Skalierung (z.B. 0 = unverdaut, 1 = leicht angedaut, 2 = stark angedaut) erfolgen und dient als Unterstützung zur Bestimmung der Freßaktivität. Schließlich sollte, wenn möglich, eine Wägung der verschiedenen Nahrungsposten im Magen durchgeführt werden.

Allgemeine Hinweise: Die Auswahl einer Bearbeitungsmethode richtet sich überwiegend nach der Art der Nahrungsaufnahme. Bereits der Bau eines Fischmauls gibt häufig Hinweise auf das, was der Fisch frißt. Ein vorgeschobenes Maul mit Reihen nadelspitzer Zähne charakterisiert einen Räuber (z.B. Wittling). Ein vorstehendes Untergebiß mit nach hinten gerichteten Zähnen eines Bodenfisches befähigt ihn, Fische zu schnappen und sie nicht entgleiten zu lassen (z.B. Seeteufel). Ein dominantes Obergebiß ermöglicht die Aufnahme von Bodentieren (z.B. Schellfisch). Kleine pflasterartig zu Zahnplatten im Maul angeordnete Zähne lassen Muscheln als Nahrung zu (z.B. Rochen). Durch ein zu einer Röhre verformbares Maul können Kleintiere und Pflanzenteile vom Boden aufgesaugt werden (z.B. Leierfisch, Stör). Bei filtrierenden Fischen dagegen (z.B. Hering, der allerdings auch Tiere einzeln schnappt) bilden die zahlreichen langen, dünnen Kiemenreusendornen ein Filter, das aus dem Wasser die Nahrungspartikel heraussieht. Die Art der Nahrung und ihr Verdauungszustand besitzen gleichfalls einen Einfluß auf die zu wählende Bearbeitungsmethode. Die Geschwindigkeit, mit der die Nahrung verdaut wird, variiert stark mit den spezifischen Eigenschaften der Nahrungsorganismen (z.B. Crustaceen, Fische, Polychaeten). Des weiteren üben Hungerperioden, der Anteil unverdaubarer Hartteile (z.B. Exoskelette), der Fettgehalt, sowie die umgebende Wassertemperatur im Habitat einen Einfluß auf die Verdauungsgeschwindigkeit aus.

In Tab. 3.2 wird für die verschiedenen Freßtypen eine Bearbeitungsmethode vorgeschlagen. Im Idealfall sollte eine numerische, in Kombination mit einer volumetrischen Methode angewendet werden. Wie aus der anschließenden Besprechung der einzelnen Methoden deutlich wird, sind auch andere Kombinationen als die in Tab. 3.2 vorgeschlagenen möglich.

Mit **numerischen Methoden** ist nur eine qualitative Auswertung der Nahrungszusammensetzung möglich. Sind die Häufigkeiten der verschiedenen Nahrungspartikel aufgrund nur noch vorhandener Bruchstücke nicht feststellbar, ist die Anwendung der ‹Occurrence›-Methode sinnvoll. Als Beispiel ist der Seewolf als ein am Boden lebender Nahrungsspezialist mit zermalmten Muscheln im Magen anzuführen. Die rel. Menge der verschiedenen Nahrungsposten wird hier nicht berücksichtigt. Damit werden die an der Nahrung beteiligten Arten, nicht jedoch ihre unterschiedlichen Anteile sichtbar. Tritt z.B. ein Nahrungsposten durchgängig in allen Mägen in geringen, ein anderer jedoch bei ähnlicher Größe, in wesentlich höheren Häufigkeiten auf, ist dieser Unterschied mit der ‹Occurrence›-Methode nicht feststellbar.

Die Anzahl der Fische, in der jeder Nahrungsposten auftritt, wird als Prozentsatz aller untersuchten Fische ausgedrückt (% Occurrence). Der Anteil der

Tabelle 3.2: Freßtyp und Bearbeitungsmethode

	FRESSTYP			
METHODE	Räuber (Boden)	Nahrungsspezialist (Boden)	Planktonfresser (Freiwasser)	Räuber (Freiwasser)
'Occurrence'*	–	–	–	+
Dominanz*	+	+	–	–
'Number'*	–	–	+	–
'volumetrisch'	+	+	+	+

+ = anzuwenden   – = nicht anzuwenden
* = numerische Methode

Tabelle 3.3: Anwendung der **'Occurrence'-Methode**

	Fischnummer				% 'Occurrence'	% Nahrungszusammensetzung
Nahrungsposten	1	2	3	4		
A	+	+	+	–	75	30
B	+	–	+	+	75	30
C	+	+	+	+	100	40

+ = vorhanden   – = nicht vorhanden

Nennungen eines Nahrungspostens an der Gesamtheit der Nennungen aller Nahrungsposten gibt die prozentuale Nahrungszusammensetzung wieder (s. Tab. 3.3).

Die **Dominanz-Methode** ist eine Ausweitung der ‹Occurrence›-Methode und beinhaltet eine grobe mengenmäßige Abschätzung der Nahrungsorganismen im Magen (nach Anzahl, Gewicht oder Volumen). Es wird somit nicht nur festgestellt welche Beutearten im Magen vorhanden sind (s. Occurrence), sondern darüber hinaus welcher Nahrungsposten relativ zu den anderen dominant auf tritt. Der Hering z.B. als ein im Freiwasser lebender Planktonfresser nimmt unterschiedliche Planktonorganismen auf, wobei durchaus eine Planktonart dominant im Magen vertreten sein kann.

Die Dominanz-Methode gibt gleichfalls nicht die vorhandene Menge oder Wertigkeit jedes Nah-

rungspostens wieder. Ein Problem besteht in der Auswahl eines Dominanz-Kriteriums (Anzahl, Volumen oder Gewicht). Die Häufigkeit als Kriterium überschätzt die Bedeutung hoher Anzahlen kleiner Beuteposten, wobei einzeln auftretende große Organismen nicht erfaßt werden. Bei der Volumenabschätzung (Gewichts-) werden zwei Beuteposten gleichen Volumens (Gewichts), aber mit unterschiedlicher Individuenzahl gleich bewertet. Aufgrund der Subjektivität bei der Auswahl der Dominanzkriterien sind die Resultate verschiedener Bearbeiter nur eingeschränkt vergleichbar.

Die Anzahl der Fische, in denen jeder Nahrungsposten dominant auftritt, wird als Prozentsatz aller untersuchten Fische dargestellt. Die prozentuale Nahrungszusammensetzung wird wie bei der ‹Occurrence›-Methode berechnet (s. Tab. 3.4).

Sind Zählungen der Beuteindividuen möglich, kann

Tabelle 3.4: Anwendung der **Dominanz-Methode**

Nahrungsposten	Fischnummer				% Dominanz	% Nahrungs-zusammensetzung
	1	2	3	4		
A	+	+	+	−	0	30
B	+	−	D	+	25	30
C	D	D	+	D	75	40

+ = vorhanden   − = nicht vorhanden
D = dominantes Auftreten

Tabelle 3.5: Anwendung der **'Number'-Methode**

Nahrungsposten	Fischnummer				% Nahrungs-zusammensetzung
	1	2	3	4	
A	5	2	3	−	10
B	5	−	20	5	30
C	20	10	10	20	60

− = nicht vorhanden

die ‹Number›-**Methode** angewendet werden. Sie bietet sich bei Räubern, die ihre Nahrung unversehrt herunterschlingen an (z.B. Wittling). Die ‹Number›-Methode berücksichtigt jedoch nicht die Größe der Beuteorganismen. Die Bedeutung großer Mengen aufgenommener kleiner Organismen wird dabei überschätzt. Sie liefert dann aussagekräftige Ergebnisse, wenn die Beuteposten ein ähnliches Größenspektrum besitzen (z.B. Plankton oder Fisch).

Für jeden Beuteposten wird die Individuenhäufigkeit als Prozentsatz aller gefundenen Organismen in allen untersuchten Mägen dargestellt und entspricht der prozentualen Nahrungszusammensetzung (s. Tab. 3.5).

Die Volumenbestimmung als *volumetrische Methode* stellt eine quantitative Analyse des Mageninhaltes dar. Speziell bei herbivoren und Mudd*)fressenden Fischen (z.B. Meeräsche), bei denen der Einsatz einer numerischen Methode aufgrund der Nahrungszusammensetzung wenig sinnvoll erscheint, liefert das Volumen einen wertvollen Beitrag über

den Wert der verschiedenen Nahrungsposten in der Diät. Die Bestimmung des **Verdrängungsvolumens** ist dabei eine **direkte Methode** der Volumenabschätzung. Für jeden Nahrungsposten wird mit Hilfe eines Meßzylinders das Volumen anhand der Wasserverdrängung abgelesen. Eine alternative Methode besteht in der Messung des abgesetzten Nahrungsvolumens in einem Meßzylinder. Eine **indirekte Volumenanalyse** kleiner Nahrungsposten ist durch den Vergleich mit Posten bekannten Volumens erreichbar. Bei Kenntnis des mittleren Umfanges und der Häufigkeiten der Beuteorganismen ist eine Berechnung des mittleren Volumens möglich. Bei vornehmlich kleinen Magenvolumen ist der Aufprallumfang des Inhaltes meßbar. Die Nahrungskategorie wird dabei von einer bestimmten Höhe auf eine Platte fallengelassen und der Durchmesser des Aufprallumfanges bestimmt.

Sonstige Methoden: Weitere bei Mageninhaltsuntersuchungen angewendete Methoden sind die gravimetrischen, die Punkte- und die chemischen Methoden. Gravimetrische Methoden führen, wie die volumetrischen, zu einer guten Abschätzung der Nahrungsmenge und sind bei großen Beuteposten leicht vorzunehmen (z.B. Kabel-

*) Mudd = Sediment mit organischen Resten

jau). Sie sind für nahezu alle Nahrungskategorien anwendbar. Schwere, nicht häufig auftretende Nahrungsposten in der Diät werden jedoch durch gravimetrische Messungen in ihrer Bedeutung überschätzt. Die gravimetrische Methode beinhaltet die Wägung der einzelnen Nahrungsposten. Die ermittelten Gewichte werden als prozentualer Anteil am Gesamtgewicht des Mageninhaltes oder des Fisches ausgedrückt. Die Punkte-Methode versucht, den Nachteil, der durch die Verwendung einer einzigen Methode entsteht, durch die Kombination einer numerischen und volumetrischen Bestimmung zu reduzieren. Die Bewertung der in geringen Mengen auftretenden kleinen Organismen sowie das Vorkommen schwerer Beuteposten ist problemlos. Die schwierige Erfassung der Anzahlen kleiner und zerbrochener Nahrungsposten ist nicht erforderlich. Aufgrund der Größe und Abundanz einer Nahrungskategorie erfolgt eine Rangzuweisung. Der bedeutende Nachteil besteht in der vorhandenen subjektiven Abschätzung. Eine Punkte- oder Rangzuweisung ist schwer zu standardisieren. Chemische Methoden ermöglichen es, das Ausmaß der Energienutzung verschiedener Nahrungskategorien und damit ihren Einfluß auf den Gesamtstoffwechsel zu ermitteln. Der Energiegehalt der Nahrung, d.h. die Versorgung des Fisches mit Proteinen, Fetten und Kohlenhydraten, besitzt einen entscheidenden Einfluß auf den Betriebsstoffwechsel (z.B. Bewegung) und Baustoffwechsel (z.B. Wachstum, Gonadenreifung) eines Fisches.

3.3.5.3 Auswertung und Fragen

Der Gebrauch einer einzigen Bearbeitungsmethode gibt nur unzureichend die Bedeutung der Nahrungskomponenten wieder. Die Kombination einer numerischen und volumetrischen (gravimetrischen) Methode liefert befriedigende Ergebnisse. Die numerischen Bestimmungen ermöglichen Aussagen über die Zusammensetzung der Nahrung. Volumetrische (gravimetrische) spiegeln die Menge aufgenommener Nahrung wider. Die Auswahl einer Methode ist stark von der Art der Nahrungsaufnahme und dem Erhaltungszustand der Beuteposten abhängig. Volumetrische und gravimetrische Methoden liefern vergleichbare Ergebnisse und sind im Gegensatz zu den numerischen mit weniger Fehlerquellen behaftet. Die Verwendung der Punkte-Methode, bereits eine Kombination der numerischen und volumetrischen Methoden, ist aufgrund ihrer subjektiven Abschätzung wenig sinnvoll. Zusammenfassend sei festgestellt, daß jede der dargestellten Methoden für sich genommen nur eine begrenzte Aussagekraft besitzt. Daher muß die Fragestellung einer Nahrungsuntersuchung fest umrissen und die Bearbeitungsmethode darauf abgestimmt werden.

Folgende Fragen sollten vor einer Mageninhaltsuntersuchung beantwortet werden:
1. In welchem Gebiet soll das Untersuchungsmaterial gesammelt werden?
2. Welche Fischarten kommen dort vor und können gefangen werden?
3. Welche Fischarten sollen untersucht werden?
4. Welches Fanggerät ist dabei einzusetzen?
5. Wie lautet das Ziel der Untersuchung?
6. Welche Bearbeitungsmethode ist für die gestellte Fragestellung am besten anzuwenden?
7. Welches Material ist zur Durchführung einer Untersuchung notwendig?

Literatur

Hynes, H.B.N. (1950): The food of fresh – water sticklebacks *(Gasterosteus acculatus* and *Pygosteus pungitius),* with a review of methods used in studies of the food of fishes. J. Anim. Ecol. **19**, 36–58.

Hyslop, E.J. (1980): Stomach contents analysis – a review of methods and their application. J. Fish Biol. **17**, 411–429.

Phillipson, J. (1970): Methods of study in soil ecology. UNESCO, Paris, 303 pp.

Pillay, T.W.R. (1952): A critique of the method of study of food of fishes. J. Zool. Soc. India **4**, 185–200.

Windell, J.T. (1971): Food analysis and rate of digestion. In: Fish production in fresh waters, W.E. Ricker (Ed.). I.B.P. Handbook **3**, 215–226.

Windell, J.T., Bowen, S.H. (1978): Methods for study of fish diet based on analysis of stomach contents. In: Methods for assesment of fish production in fresh waters, 3rd edn., T.Bagnel (Ed.), 219–226.

3.3.6 Fische: Parasitische Nematoden in der Muskulatur

Heino Möller

In nordatlantischen Meeresfischen kommen v.a. zwei Nematodenarten vor: Der «Heringswurm», *Anisakis simplex,* und der «Kabeljauwurm», *Pseudoterranova decipiens.* Sie werden als Larven mit der Nahrung (Crustaceen) aufgenommen und gelangen später im Magen ihrer Endwirte, Robben und Walen, zur Geschlechtsreife (Möller und Anders 1986). Im menschlichen Verdauungstrakt sind sie nicht entwicklungsfähig, doch können sie dort schmerzhafte Entzündungen verursachen. Zahlreiche Krankheitsfälle sind aus Japan bekannt (Oshima 1972), einige Dutzend auch aus Europa (Möller & Schröder 1987). Das Auftreten von Würmern im Filet oder in der Leibeshöhle von Fischen kann beim Verbraucher Ekel hervorrufen und stellt zudem ein Gefährdungspotential dar, falls diese Parasiten lebend verschluckt werden (Williams & Jones 1976).

Die folgenden Übungen sollen mit dem Erscheinungsbild dieser Parasiten vertraut machen und an lebensmittelhygienische Aspekte des Nematodenbefalls bei Meeresfischen heranführen.

3.3.6.1 Untersuchungsobjekte und Materialbedarf

Die Beschaffung der Versuchsobjekte ist in Küstenorten problemlos. *Anisakis*-Larven treten sehr häufig in der Leibeshöhle von Heringen (ab 20 cm) und Dorschartigen (Kabeljau, Wittling, Köhler) auf. Auch die Untersuchung nicht genutzter Beifangarten ist lohnend. *Pseudoterranova*-Larven sind in fast allen Fischarten (bes. Stint, Seeskorpion, Kabeljau; nicht jedoch Hering) anzutreffen, die einen Teil ihres Lebens in der Nähe von Robbenkolonien verbracht haben. Sie siedeln sich vorzugsweise in der Muskulatur der Fische an und sind gelegentlich bereits durch deren Haut zu erkennen.

Zur Präparation werden benötigt: Filetiermesser, Federstahlpinzette, Präpariernadel mit häkelnadelförmig umgebogener Spitze, Milchglasscheibe (ca. 20 × 30 cm), Lichtquelle (Schreibtischlampe oder starkes Sonnenlicht), Petri-Schalen, Stereomikroskop, handelsübliches Kochsalz, Waage, Meßbecher.

3.3.6.2 Versuchsanleitung

Präparation: Die Leibeshöhle des Fisches wird geöffnet, ohne den Magen-Darmtrakt zu verletzen. Die Nematoden liegen entweder frei zwischen den Organen oder spiralig aufgerollt in einer dünnen Bindegewebshaut auf deren Oberfläche oder an der Leibeshöhlenwand. Sie sind ca. 7 mm lang, wenn sie in den Fisch gelangen. Meist erreichen sie dort eine Länge von 15–40 mm, sind also mit bloßem Auge gut zu erkennen. In physiol. Salzlösung (ca. 10–20 ‰ oder entsprechend verd. Meerwasser) übertragen, bleiben sie im Kühlschrank monatelang am Leben. Erwärmung der Flüssigkeit oder Ansäuerung (einige Tropfen Essigsäure oder Zitronensaft) steigert ihre Aktivität und fördert ihre Selbstbefreiung aus den Bindegewebskapseln.

Zur Nematodensuche im Fleisch können sowohl auf dem Markt erstandene Filets (möglichst mit Bauchlappen) als auch komplette Fische verwendet werden. Letztere werden zunächst filetiert (beidseitig der Wirbelsäule je ein durchgehender Längsschnitt vom Rücken bis zur Bauchkante, beginnend am Kopf) und dann enthäutet. Um die Parasiten vollständig zu erfassen, müssen Filets über 8 mm Dicke nochmals unterteilt werden. Vor eine starke

Lichtquelle gehalten, fallen Gräten, Parasiten und Fremdkörper durch Schattenbildung im Filet auf. Für Routineuntersuchungen eignet sich ein Durchleuchtungssystem, welches sich schnell und einfach aus einer von unten beleuchteten Milchglasscheibe konstruieren läßt (Vorsicht vor Überhitzung und Wassereinleitung in elektrische Anlagen!). Die Nematoden lassen sich mit einer Hakennadel aus dem Filet herauspräparieren. Die Durchleuchtungsmethode eignet sich für dunkle Filets (Hering) nur bedingt. Hier sollte die Suche durch eine langsam durch das Filet gezogene Gabel mit eng stehenden Zinken ergänzt werden. Sind Nematoden vorhanden, bleiben sie an den Zinken hängen.

Identifizierung: Neben Nematoden können bei diesen Untersuchungen noch die Larven von Trematoden (Metacercarien), Cestoden (Plerocercoide) und Acanthocephalen gefunden werden. Nematoden sind durch ihre schlanke und drehrunde Gestalt eindeutig gekennzeichnet. In der Regel sind sie farblos, doch kann *Pseudoternova* auch eine auffällig rote oder braune Färbung annehmen.

Anisakis erreicht im Fisch 15–30 mm Länge und ist deutlich schlanker als der meist 20–40 (bis zu 65) mm lange *Pseudoterranova*. Tote *Anisakis* nehmen stets eine vom Hinterende ausgehende Spiralform an, während tote *Pseudoterranova* verschiedene Körperstellungen aufweisen.

Eine eindeutige Gattungsdiagnose gestattet bei schwacher Stereomikroskopvergrößerung die Form des Übergangsbereiches zwischen Ventrikel und Mitteldarm (Möller & Schröder 1987). Dieser Ventrikel ist bei *Anisakis* rel. kräftig ausgebildet und beim lebenden Parasiten schon mit bloßem Auge an seiner weißen Färbung leicht zu erkennen. Weder Ventrikel noch Mitteldarm tragen Blindsäcke. Bei *Pseudoterranova* dagegen geht vom Vorderdarmanfang ein nach vorn gerichteter Blindsack aus.

Wanderverhalten von *Anisakis*: *Anisakis*-Larven wandern nach dem Tod des Wirtsfisches vermehrt von der Leibeshöhle in die Bauchlappen ein. Der Fischerei wird daher empfohlen, die Fische unmittelbar nach dem Fang auszuweiden oder aber zu kühlen, um diesen Wandervorgang zu verzögern.

Anhand von frisch gefangenen Heringen läßt sich dieser Vorgang gut demonstrieren, indem das Verhältnis der in der Leibeshöhle verbliebenen zu den in die Bauchlappen eingedrungenen *Anisakis* bestimmt wird. Empfohlen werden Probenaufnahmen (a) sofort nach dem Tod der Fische, (b) 2 Std. später und (c) 24 Std. später bei einer Lagerung bei ca. 15° C. Sofern keine frischen Heringe zur Verfügung stehen, kann auch auf Stinte, Seeskorpione oder Kabeljaue ausgewichen werden. Durch weitere Kombinationen von Lagerungstemperatur und -dauer ergeben sich interessante weitere Versuchsansätze.

3.3.6.3 Fragen zu lebensmittelhygienischen Aspekten

Einige Versuchsansätze eignen sich v.a. für Arbeitsgruppen mit Selbstverpflegung. Sie lassen viel Spielraum für die Entwicklung von Fragestellungen durch die Praktikanten selbst.

1. In unausgeweidet verarbeiteten Heringen (Bücklinge, Matjes) verbleiben die *Anisakis*-Larven in der Leibeshöhle. Während des Verarbeitungsprozesses dringt ein Teil von ihnen in die Muskulatur ein. Bei Einhaltung der in Deutschland gültigen Verarbeitungsrichtlinien (Tieffrieren, Erhitzen, Salzen) werden alle Nematoden abgetötet.
Wie hoch ist die Nematodenzahl in den von lokalen Verkaufsstellen erworbenen Bücklingen und Matjesheringen? Wieviel % davon sind in den verzehrfähigen Fischteil eingewandert?

2. Nematodenlarven sind nicht gleichmäßig im Fischfleisch verteilt. *Anisakis* kommt fast ausschließlich, *Pseudoterranova* nur gelegentlich im Bereich der Bauchlappen vor. Durch Entfernung der Bauchlappen vor Verkauf der Filets kann die Fischwirtschaft das Nematodenproblem deutlich mindern. Der Begriff «Bauchlappen» ist jedoch nicht eindeutig definiert.
Wie stellt sich die Verteilung von *Anisakis*- und *Pseudoterranova*-Larven in der Leibeshöhle und in den verschiedenen Bereichen des Filets von Kabeljau oder Köhler (= Seelachs) dar?

3. In mehreren Ländern gilt rohes oder in Zitronensaft leicht mariniertes Fischfleisch als Delikatesse. Hierbei besteht die Gefahr der Aufnahme lebender Nematoden.
Welche am Praktikumsort verfügbaren Fischarten sind unter diesem Gesichtspunkt am besten für solch ein Gericht geeignet?

4. Salzung ist eines der Verfahren, mit denen Fische bedingt haltbar gemacht werden. In der Fischverarbeitung wird davon ausgegangen, daß z.B. eine 10tägige Lagerung von Heringen bei einem Mindestsalzgehalt im Fischgewebswasser von 20% (!) alle Nematoden abtötet. Die bemerkenswerte Salzresistenz der Nematoden läßt sich in einer Versuchsreihe demonstrieren, bei der das Verhalten freipräparierter Parasiten in Petri-Schalen mit unterschiedlichen Salzlösungen beobachtet wird.
Bei welchem Salzgehalt des Umgebungsmediums sterben in einer vorgegebenen Zeit 50 bzw. 100% der darin befindlichen *Anisakis* ab?

Literatur

Möller, H., Anders, K. (1986): Diseases and parasites of marine fishes. Möller, Kiel.

Möller, H., Schröder, S. (1987): Neue Aspekte der Anisakiasis in Deutschland. Arch. Lebensmittelhyg. **38**, 123–128.

Oshima, I. (1972): Anisakis and anisakiasis in Japan and adjacent areas. In: Morishita, K., Komiya, Y., Matsubayashi, H. (Ed.): Progress in medical parasitology in Japan. Vol. 5, 300–393. Meguro Parasitol. Museum, Tokyo.

Williams, H.H., Jones, A. (1976): Marine helminths and human health. Commonwealth Inst. Helminth. misc. Publ. **3**, 1–47.

3.3.7 Vögel

Gottfried Vauk

Es ist noch nicht lange her, daß die Vögel für einen Meeresbiologen keine Objekte seines Beobachtens und Handelns waren. So gibt es immer noch kein deutschsprachiges Buch – sieht man einmal vom «Strandwanderer» (Kuckuck 1957) ab –, in dem Vögel der Küsten- und Wattenmeerfauna gleichrangig neben anderen Faunenelementen behandelt werden. Erst in neuerer Zeit erkannte man, v.a. im Zusammenhang mit der zunehmenden Bedeutung ökologischer Forschungen, daß die «*Seevögel*» sowohl ein wichtiges Mitglied des marinen Ökosystems als auch wichtige Bio-Indikatoren sind.

3.3.7.1 Anleitungen zum Beobachten

«Seevögel»: Da sich Vögel in allen Meeresgebieten (tauchend sogar zeitweise unter Wasser) aufhalten und in den verschiedenen marinen Lebensräumen zu verschiedenen systematischen Einheiten gehören, ist der Begriff «Seevögel» eine Hilfskonstruktion, die sich eingebürgert und bewährt hat. Man faßt unter diesem Begriff heute sowohl Vögel der Küstenregionen, des Watts, der Felsküsten und der offenen See zusammen, ohne daß dabei über die Tatsache der «Wassernähe» hinaus etwas über die ökologische und/oder systematische Stellung der Arten gesagt wäre. Zur Bestimmung von Seevögeln aller Gattungen und Arten sei empfohlen: Tuck & Heinzel 1980: «Die Meeresvögel der Welt».

Da bei den im Folgenden genannten Vögeln der deutsche Name eindeutig ist, wird auf die Beifügung des wissenschaftlichen Namens verzichtet.

Auf der offenen See wird man v.a. **pelagisch lebende Arten** antreffen, die nur zur Brutzeit die meist felsigen Küsten aufsuchen, wie z.B. alle Sturmvögel, Sturmtaucher und Albatrosse. Regelmäßig und zahlreich ist der Eissturmvogel im Bereich der Nordsee und des Nordatlantiks, v. a. von fischenden Kuttern und Forschungsschiffen aus zu beobachten. Seit über einem Jahrzehnt ist er auch Brutvogel in der Westklippe Helgolands und bietet dort Gelegenheit, ihn zu studieren. Zu den pelagisch lebenden Arten sind ferner die Alken und von den Möwen im Bereich der Nordsee und des Nordatlantiks v. a. die Dreizehenmöwe zu rechnen. Neben vielköpfigen Kolonien an den Felsküsten Großbritanniens, Norwegens, Frankreichs, Islands und Grönlands ist auch die Felsküste Helgolands mit dem Naturschutzgebiet «Lummenfelsen Helgoland» ein wichtiges Brut- und damit Beobachtungsgebiet für Trottellumme (über 1000 Brutpaare), Tordalk (ca. 8 Brutpaare) und Dreizehenmöwe (über 3000 Brutpaare) (Vauk 1986).

Der **Lummenfelsen Helgoland** bietet mit seiner, aus historischer Sicht, einmaligen Arten- und Individuenfülle die Möglichkeit, im Rahmen marinbiologischer Kurse sich auch mit dem Leben und Treiben dieser Seevogelarten zur Brutzeit vertraut zu machen. Selbst kurzzeitige Beobachtungen können dabei zu interessanten Ergebnissen führen.

Je mehr man sich den Küsten nähert – dies gilt v. a. auch für den einzigartigen Bereich des Wattenmeeres der südlichen Nordsee, desto beachtlicher wird die Zahl der zu beobachtenden Vogelarten und -individuen. In einer Übergangszone werden neben den genannten pelagisch lebenden Seevögeln auch die Arten festzustellen sein, die stärker an die Küste gebunden sind. An erster Stelle wären hier die **Möwen** (außer der pelagischen Dreizehenmöwe) zu nennen.

Allerdings zeigen gerade die Möwen, wie durch anthropogene Vorgänge beeinflußte (z.B. Intensivierung der Fischerei) Anpassungsvorgänge ablaufen, wie aus Vögeln des Küstenbereichs mindestens zeitweise Vögel der offenen See werden können. Besonders die sog. Großmöwen, Mantel-, Silber- und Heringsmöwe, folgen oft in großen Scharen den Fischerei-Fahrzeugen weit auf See hinaus, um von den Fischabfällen und dem Beifang zu profitieren, der über Bord geht.

Während im Sommerhalbjahr diese Möwenschwärme v. a. aus nicht brutreifen Jungvögeln bestehen, gesellen sich im Winter auch viele ausgefärbte Altvögel dazu. Ebenso tauchen während der Zugzeit und des Winters (Sept. bis April) auch die sog. Kleinmöwen, v. a. Sturm- und Lachmöwen in den küstennahen Gewässern und den vorgelagerten Meeresgebieten auf und schließen sich den Großmöwenschwärmen an. Bei diesen Kleinmöwen handelt es sich v. a. um Tiere, die aus ihren nord- und nordosteuropäischen Brutgebieten zur Überwinterung in den westeuropäischen Raum wandern (Vauk & Prüfer 1987).

Auf der Suche nach ungestörten Mauserplätzen – während der Großgefiedermauser sind die Tiere zeitweise flugunfähig – kommt bereits Ende des Sommers eine große Zahl von **Entenvögeln** in küstennahe Gewässer, so Brandgänse in den Bereich des der niedersächsischen Küste vorgelagerten Großen Knechtsands und Eiderenten ins nordfriesische Wattenmeer.

Während des Winterhalbjahres nimmt die Zahl der Vogelarten, die im hochproduktiven Wattenmeerbereich die kalte Jahreszeit überstehen, ständig zu, v. a. sind es die **Meeresenten**, die hier reiche Schnecken- und Muschelnahrung finden. Neben den vielen Trauer- und Eiderenten (z.B. im Bereich der Elbmündung) sind Tauch-, Schell-, Berg- und Reiherenten zu sehen.

Auch **Seetaucher** gehören zu den zahlreichen Überwinterern in diesem Gebiet. In harten Wintern, wenn die Binnengewässer zufrieren, bevölkern sich die eisfrei bleibenden küstennahen Meeresgebiete zusätzlich mit Arten, die sonst das Meer nur rel. selten aufsuchen, wie Lappen-, Hauben-, Rothalstaucher, Schwimmenten, wie Stock- und Krickente und Gänse- und Mittelsäger.

Mit fortschreitender Jahreszeit verlassen die meisten dieser Vögel das Gebiet des Wattenmeeres. Ab April/Mai bestimmen v. a. die aus ihren afrikanischen Winterquartieren zurückkehrenden Seeschwalben das Bild. Daneben sind es wieder die Möwen (im Nordseebereich v. a. Silber-, Herings- und Lachmöwe; an der Ostsee noch die Sturmmöwe), die das Gros der Brutvögel auf Sandinseln und Halligen stellen.

Die letzten noch erhaltenen, weil rechtzeitig zu Naturschutzgebieten erklärten **Brutplätze der Seeschwalben** an der deutschen Nordseeküste sind Hallig Norderoog/Nordfriesland (betreut vom «Verein Jordsand zum Schutz der Seevögel und der Natur e.V.»), Insel Trischen/Dithmarschen («Deutscher Bund für Vogelschutz»), Insel Scharhörn/Elbmündung («Verein Jordsand») und Insel Oldeoog/Ostfriesland («Mellumrat»).

Für den Wattwanderer ist besonders die Großzahl von **Limicolen** verschiedener Arten eindrucksvoll, die die Sand- und Schlickwattflächen bevölkern. Während diese Vögel sich zur Zeit des Niedrigwassers über die trockengefallenen, weit ausgedehnten Schlick- und Sandwattgebiete verteilen, werden sie durch das auflaufende Hochwasser auf den vom Wasser unbedeckten Sanden in Massen (z.B. Scharhörn-Sand) zusammengedrängt, wobei eine gewisse Sortierung nach Arten erfolgt. Die Hauptmasse dieser Vögel bilden, neben vielen anderen, Austernfischer, Knutt, Großer Brachvogel und Alpenstrandläufer.

Praktisch halten sich das ganze Jahr über große

Limicolen-Mengen im Wattenmeer auf: Im Sommer sind es nichtbrütende Tiere, im Frühjahr und Herbst Durchzügler und Rastvögel, im Winter (es sei denn, das Watt ist zugefroren) Überwinterer. Die Tatsache, daß das Wattenmeer derart intensiv genutzt wird, stellt die Bedeutung dieses Naturraumes für die Bestände der Wattvögel aus einem Einzugsbereich der von Grönland/Island im Westen bis Nordost-Rußland im Osten reicht, unter Beweis.

Erwähnt sei noch, daß zur Zeit des **Vogelzuges** (v. a. März bis Mai und Sept./Okt.) große Mengen ziehender Kleinvögel bei Tag und Nacht die Nord- und Ostsee auf der Wanderung in ihre Brut- bzw. Überwinterungsgebiete überqueren. Unter bestimmten Voraussetzungen kann das Vogelzuggeschehen auf vorgelagerten Inseln (Helgoland) sehr eindrucksvoll sein und gut beobachtet werden. Häufig rasten dann auch große Mengen von Vögeln der verschiedenen Landvogelarten auf den Inseln und manchmal auch auf Schiffen.

Vogelbeobachtungen auf und am Meer: Da Vögel zu schnellem Ortswechsel in der Luft, auf dem Land, aber auch auf und unter der Wasseroberfläche befähigt sind, bleibt zwischen Beobachter und Vogel in der Regel eine gewisse Entfernung, die mit optischen Hilfsmitteln überbrückt werden muß.

Hierzu genügt meist ein *binokulares Fernglas*. Die Vergrößerung sollte nicht zu klein, aber auch nicht zu groß gewählt sein. Ist die Vergrößerung zu gering, bleiben dem Beobachter oft Details des Gefieders verborgen, die eine Artbestimmung erst ermöglichen. Ist die Vergrößerung zu stark, ist der «Wackel»-Effekt zu groß, der durch den im Küsten- und Meeresbereich fast ständig mehr oder minder starken Wind bedingt ist und ein klares Bild nicht entstehen läßt. Bewährt haben sich Ferngläser von etwa Vergrößerung/Lichtstärke 7 × 50 bis 10 × 50. Kann von Land aus gearbeitet werden, so ist eine noch genauere Beobachtung einzelner Vögel oder auch weit entfernter Vogelschwärme mit stark vergrößernden monokularen Ferngläsern (sog. Spektiven) zu empfehlen, die allerdings auf einem stabilen Stativ montiert sein müssen.

Das erste **Ziel der Vogelbeobachtung** wird im allgemeinen, als Voraussetzung zur Bearbeitung aller weiteren Fragen, die **Artbestimmung** sein.

Die Artbestimmung scheint beim ersten Hinsehen ein einfaches Unterfangen zu sein. Wird man sich aber einmal der Fülle der Arten und der Vielfalt der Merkmale bewußt, so tauchen zunächst schier unüberwindlich scheinende Schwierigkeiten auf. Aber es gibt einen und nur einen Weg, den zu gehen viele Biologen heute verlernt haben: beobachten und noch einmal beobachten und anschließend über das Beobachtete nachdenken. Aus diesem Nachdenken über das Gesehene (Größe des Vogels, Körperform, Gefiedermerkmale, Flug, Nahrungssuche, Alter, Geschlecht) gewinnt man bald einen Blick für das Wesentliche, das schließlich ein Erkennen der Art und eine Einordnung in größere Zusammenhänge erlaubt.

Aus der Fülle der **Bestimmungsliteratur** seien neben dem o. g. Tuck & Heinzel (1980) empfohlen: Peterson et al. (1979): Die Vögel Europas. Parey Verlag, Berlin, 12. Aufl., Bezzel & Gidstam (1978): Vögel Mittel- und Nordeuropas. BLV Verlagsges., München und Colston & Burton (1989): Limicolen, BLV Verlagsges. München.

Neben der Artbestimmung sind **Beobachtungen zur Nahrungsökologie** von besonderer Bedeutung, will man die Einordnung der Vögel in das marine Ökosystem verstehen. Läßt man sich für die Beobachtung etwas mehr Zeit, so sind, rel. einfach, bestimmte Formen der Nahrungssuche nach dem Verhalten der Vögel auseinanderzuhalten:

Oberflächensammler: Vögel, die in langsamem Flug von der Meeresoberfläche meist kleine Beute absammeln: Sturmschwalben, Sturmvögel, aber auch die Dreizehenmöwe (pelagisch) und andere Möwenarten (küstennah und pelagisch). Möwen können bei der Nahrungssuche, sozusagen entgegen ihren angeborenen Fähigkeiten, lernen, auch Beute (Kleinfische) durch ungeschicktes Tauchen bis zu einigen cm Tiefe zu ergreifen.

Stoßtaucher: Vögel, die im Suchflug das Meer absuchen, um ihre Beute dann im Sturzflug, der in Stoßtauchen übergeht, zu fangen: Auf See und vor den Kolonien (während der Brutzeit) v.a. Baßtölpel. Die Beute besteht immer aus Fischen bis zu beachtlicher Größe, die von dem messerscharfen, mit kleinen Widerhaken versehenen Schnabel der Tölpel gut festgehalten werden können. Während des Sommerhalbjahres sind es im Wattenmeerbereich v. a. die Seeschwalben (Brand-, Küsten-, Fluß- und Zwergseeschwalbe), die oft im großen Schwarm, alternierend herabstürzend ihre Beute aus oberflächennahen Kleinfisch-Schwärmen fangen.

Schwimmtaucher: Vögel, die aus dem Schwimmen heraus, sich von der Wasseroberfläche abstoßend, bis in erhebliche Tiefen tauchen und entweder Fische erbeuten oder vom Grunde Schnecken und Muscheln aufnehmen. In die erste Gruppe gehören alle Alkenvögel, in der Nordsee v. a. die Trottellumme und, nur im Winter und in Einzelexemplaren, der Krabbentaucher. Im Winterhalbjahr kommen die See- und Lappentaucher hinzu. Die Meer- und Tauchenten können sich, wie z.B. die Eiderenten, über Muschelbänken aufhalten, wo sie reichlich Nahrung finden. Während die Alken im Winter über die ganze Nordsee verteilt vorkommen, sind die Enten an den Wattenmeerbereich gebunden.

Große **Limicolenbestände** finden sich v. a. im freifallenden Bereich des Wattenmeeres, um hier den Reichtum an Würmern, Muscheln und Schnecken zu nutzen. Für die Art der Nahrungssuche ist die Länge und Form des Schnabels charakteristisch. So nehmen kurzschnäbelige Regenpfeifer Beute von der Oberfläche, während die langschnäbeligen Schnepfenvögel (z.B. Brachvögel, Alpenstrandläufer) im Boden stochern, um an ihre Nahrung zu gelangen. Zwischen diesen beiden Gruppen gibt es viele Übergänge. Im Flachwasser des Wattenmeerbereiches ist der Säbelschnäbler eine Besonderheit. Mit seinem langen, nach oben gebogenen Schnabel «säbelt» er seitwärts durch das Wasser, um v.a. kleine Krebse zu erbeuten. Während die Möwen einerseits als Oberflächensammler auf dem freien Meer zu beobachten sind, nutzen sie andererseits (außer der Dreizehenmöwe) auch die freifallenden Flächen und Flachwasserzonen des Wattenmeeres bis hin zum Strand.

Seevögel als Bio-Indikatoren: Da Seevögel zu den Endverbrauchern gehören (Kap. 3.3.2) reichern sie Schadstoffe in ihrem Körper, v.a. im Fettgewebe an. So sind sie hervorragende Bio-Indikatoren für Schadstoffbelastungen im Meer, z.B. für **Schwermetalle, chlorierte Kohlenwasserstoffe, polychlorierte Biphenyle** etc.

Hohe bis sehr hohe Belastungswerte konnten bei Seevögeln aus der Deutschen Bucht bereits in den 70er Jahren nachgewiesen werden.

Während die Belastung von Vögeln mit Schwermetallen und Pestiziden nur durch aufwendige Sammel- und Analysenmethoden festgestellt werden kann, werden dem aufmerksamen Beobachter zwei andere gravierende Belastungen der Weltmeere durch Vögel angezeigt: **Öl** und **Müll**. Besonders im Winter sieht man häufig Möwen, deren Gefieder nicht mehr weiß, sondern schwarz-ölverschmutzt ist, über Meer, Strand und Watt fliegen oder man findet auf und am Wasser sterbende oder bereits tote verölte Seevögel.

Der tot aufgefundene Vogel stellt für den Biologen ein lohnendes Studienobjekt dar. Dies gilt ebenso für Teile von Vögeln (Federn, Knochen). Je nach Möglichkeit werden sich diese Studien nur auf äußere (makroskopische) oder/und innere (makroskopische/mikroskopische) Merkmale richten. Ein erster Schritt wird auch hier die Art- und darüber hinaus die Geschlechts- und Altersbestimmung sein, soweit letztere nach äußeren Merkmalen möglich sind. Ebenso am ganzen Vogel lassen sich aus dem Bau des Schnabels (Entenschnabel, Stocherschnabel, Greifschnabel), der Füße (Ruderfuß, Lappen-Ruderfuß, Schreitfuß) und des Gesamthabitus, Schlüsse auf die Lebensweise ziehen. Ölflecken oder Behinderungen durch Müllteile (z.B. Plastikringe) zeigen uns den Vogel als Bio-Indikator.

Ist der Vogel noch nicht stark in Verwesung übergegangen, so können die inneren Organe (Schlund, Magen, Darm, Leber, Lunge, Herz) in ihrer Anordnung und Lage in der Körperhöhle betrachtet und herauspräpariert werde. Zur Anatomie des Vogels sei auf Romer 1971, Herzog 1968, Pettingill 1970 verwiesen.

Beim Herauspräparieren des Schlundes (Speiseröhre, Vormagen, Magen) sollte eine Präparierschale bereitstehen, um hierin die Nahrungsreste aufzubereiten. Bei Möwen wird man dann leicht Otolithen (Kap. 3.3.4) als unverdauliche Reste von Fischnahrung-, Muschel- und Schneckenschalenstücke als Reste von Molluskennahrung erkennen. Bei Öffnung des Magen-Darmtraktes werden zudem Endoparasiten (Cestoden, Nematoden) hervortreten.

Absonderungen und Spuren: Wie andere Strand- und Wattbewohner hinterlassen auch Vögel Spuren, die zu *lesen* nützlich und hilfreich beim Erfassen der Zusammenhänge sind.

Um aus dem Wattboden v.a. Muscheln freizuspülen, haben Möwen und Brandgänse das sog. «Trampeln» entwickelt, indem sie die Füße abwechselnd anheben und dann in den Boden niederdrücken. So entstehen charakteristische **Trichter** im Wattboden.

Möwen sondern zudem für sie unverdauliche Nahrungsreste in sog. **Speiballen** ab. Diese können eingesammelt und auf ihren Inhalt untersucht werden. Sie enthalten in der Regel Reste von Polychaeten (Kiefer), Muscheln, Schnecken, Seesternen, Krebsen, Fischen (Otolithen), die je nach Jahreszeit und Örtlichkeit in unterschiedlicher Zusammensetzung auftreten. Zu bedenken ist, daß in den Speiballen ja nur unverdauliche Reste zu finden sind, eine Nahrungsanalyse über sie also unvollständig bleibt. Nacktschnecken z.B. sind in Speiballen nicht nachzuweisen.

Auch die **Abdrücke von Vogelfüßen** (Geläufe) im Sand und Schlick können Hinweise auf Besucher und Nutzer des Lebensraumes geben. Kothäufchen oder weiße Kotflecken lassen Schlüsse auf die Dichte des Vorkommens von Vögeln zu.

Literatur

Bezzel, E., Gidstam, B. (1978): Vögel Mittel- und Nordeuropas. BLV Verlagsges., München.

Colston, P., Burton, P. (1989): Limicolen. BLV Verlagsges., München.

Herzog, K. (1968): Anatomie und Flugbiologie der Vögel. Gustav Fischer Verlag, Stuttgart.

Peterson, R.T., Mountfort, G., Hollom, P.A.D. (1979): Die Vögel Europas. Parey Verlag, Hamburg.

Pettingill, O.S. (1970): Ornithology in Laboratory and Field. Burgess Publ. Comp., Minneapolis.

Romer, A.S. (1971): Vergleichende Anatomie der Wirbeltiere. Parey Verlag, Hamburg.

Tuck, G., Heinzel, H. (1980): Die Meeresvögel der Welt. Parey Verlag, Hamburg.

Vauk, G. (1972): Die Vögel Heloglands. Parey Verlag, Hamburg.

Vauk, G. (1986): Naturdenkmal Lummenfelsen Helgoland. Niederelbe Verlag, Otterndorf.

Vauk, G., Prüter, J. (1987): Möwen: Arten, Bestände, Verbreitung, Probleme. Niederelbe Verlag, Otterndorf.

4 Weitere Anregungen und Empfehlungen

Während des Aufenthalts an einer Meeresstation sollte man auch die Möglichkeit nutzen, einige **Situs-Präparationen** durchzuführen, da an frisch abgetöteten Tieren wesentlich mehr zu erkennen ist als an fixiertem Material, mit dem man sich an den Ausbildungsstätten im Binnenland in der Regel begnügen muß. Tiere der folgenden Gruppen stehen häufig ausreichend zur Verfügung: Cephalopoden, Echinodermen, Ascidien, Knorpelfische, Knochenfische. Eine Präparation sollte von ein oder zwei Kursteilnehmern mit Hilfe entsprechender Anleitungen (z.B. Renner 1984) gründlich vorbereitet und danach allen Teilnehmern vorgeführt werden.

Weiterhin bieten zahlreiche Organismen, an die man während eines meeresbiologischen Kurses gezielt oder durch Zufall gelangt, Gelegenheit, bis dahin nur in der Theorie bekannte biologische **Besonderheiten** am Objekt zu studieren. Auf einige wenige solche Beispiele, die weder großen Aufwand noch eine detaillierte Versuchsbeschreibung erfordern, wird im folgenden hingewiesen:

4.1 Algen

1. Im Gezeitenbereich stellen Algen-Thalli ein leicht zu beschaffendes und lohnendes Material für **Aufwuchs**-Untersuchungen dar. Auf ihnen siedeln z.B. Kalkalgen, Hydrozoen, Bryozoen, Ascidien.

2. Küstennahe Algenbüschel (z.B. *Cystoseira* spp.) dienen auch vielen vagilen Kleinlebewesen, vor allem **Crustaceen** (Anisopoda, Isopoda, Caprellidae) aber auch **Pantopoden** (!) als Lebensraum. Diese kommen häufig erst nach längerer Hälterung (Klimaverschlechterung) oder Zerpflücken unter dem Stereomikroskop zum Vorschein.

4.2 *Geodium cydonium*

Nach Aufschneiden dieses großwüchsigen Schwammes entdeckt man in dessen Hohlräumen zahlreiche **Endozoen**, z.B. Sipunculiden, Polychaeten, *Pilumnus hirtellus*.

4.3 Seeanemonen

1. Charakteristische Strukturen der Cnidaria sind die Nesselzellen. Sie bringen als komplizierte Sekretionsprodukte die durch ihre Konstruktions- und Wirkungsweise so faszinierenden **Nesselkapseln** (Nematocysten) hervor. Man unterscheidet ca. 20 verschiedene Formen, die Bedeutung für die Systematik dieser Gruppe haben. Anhand von kleinen Tentakelstücken oder Nesselfäden (Akontien) lassen sich unter dem Mikroskop (Quetschpräparat) verschiedene Nesselkapsel-Typen, vor und nach Entladung, betrachten. (Zeichnung!)

2. In Tentakelstücken vieler Arten (z.B. *Anemonia sulcata*) kann man unter dem Mikroskop symbiontische Algen, sog. **Zooxanthellen** (meist Dinoflagellaten der Gattung *Symbiodinium*), in großer Anzahl beobachten.

4.4 Sipunculida

1. Sowohl am Peritonealepithel als auch frei in der Coelomflüssigkeit umherschwimmend findet man (Mikroskop!) die sog. **Wimperurnen**, mehrzellige bewimperte Gebilde, welche Exkret- und Chloragogenzellen einfangen und transportieren. Gibt man ein wenig Tusche in ein Schälchen mit Coelomflüssigkeit, so findet mit Hilfe der Wimperurnen in wenigen Minuten eine Entfärbung statt.

2. Ebenso wie bei Holothurien so kann man auch bei diesen Sedimentfressern mit Hilfe eines Stereomikroskops den **Darminhalt** auf seine Bestandteile hin untersuchen.

4.5 Prosobranchia

Funktionsmorphologische Vergleiche der **Radulae** verschiedener Prosobranchier-Arten zeigen Beziehungen zwischen dem Bau der Radula und der Art der Nahrungsaufnahme. Die freipräparierten Radulae können in Natron- (NaOH) oder Kalilauge (KOH) ausgekocht werden. Nach dem Bau der einzelnen Zähnchen läßt sich die Radula einem bestimmten Fraßtyp zuordnen. Danach haben Weidegänger: breite, schaufelförmige Zähnchen mit Verstärkungsleisten, Strudler: feine, an den Seitenkanten gezackte Zähnchen, Reißer und Bohrer: glatte, einspitzige, meißelförmige Zähnchen, Schlinger: glatte, einspitzige, dünne Zähnchen mit gebogener Spitze.

Eine andere Art der Klassifizierung bezieht sich auf den Bau der ganzen Radula. Eine **docoglosse** Radula (Starrzahnradula), die ähnlich wie eine Raupenschlepperkette arbeitet, haben vor allem Weidegänger, z.B. *Patella* spp. Vielseitiger einsetzbar ist offensichtlich der **taenioglosse** Radulatyp (Spreizzahnradula), bei dem die Zähnchen passiv beweglich sind; man findet ihn außer bei Weidegängern (z.B. *Littorina* spp.) auch bei Strudlern *(Apporrhais pes pelicani, Capulus hungaricus)*, Schlammfressern, Pflanzenfressern, Räubern und Schleimnetzstellern *(Vermetus)*. Die **rhipidoglosse** Radula ist durch besonders zahlreiche und fächerartig angeordnete Randzähnchen gekennzeichnet; Beispiele: *Emarginula elongata, Diodora italica*. **Stenoglosse** Radulae mit relativ robusten Zähnchen kommen bei Reißern und Bohrern vor, so bei *Murex trunculus* und *Pisania maculosa* (Aasfresser). Als **toxogloss** bezeichnet man die stark spezialisierte Radula der räuberisch lebenden *Conus*-Arten. (Zeichnung!)

4.6 *Elysia viridis*

In küstennahen Phytalbeständen des Mittelmeeres ist diese grüne Nacktschnecke nicht selten. Sie lebt auf verschiedenen Grünalgen *(Ulva, Bryopsis, Codium)*, von denen sie sich auch ernährt. Ihr grünes Aussehen beruht auf einer besonderen Form von **«Zoochlorellen»**: in der Schnecke photosynthetisch aktiven Algen-Chloroplasten, welche aus ihrer Nahrung stammen («Kleptoplasten»). Die Übernahme von Photosyntheseprodukten durch die Schnecke ist erwiesen.

4.7 Nudibranchia

Vor allem Vertreter der Aeolidacea (im Felsküsten-Phytal des Mittelmeeres z.B. *Flabellina affinis*), die sich von Hydropolypen ernähren, können Nesselkapseln (Nematocysten) ihrer Beutetiere über Fortsätze der Mitteldarmdrüse in ihre Rückenanhänge einlagern und bei Gefahr die Nesselfäden abschießen. Um diese sog. **«Kleptocniden»** unter dem Mikroskop betrachten zu können, genügt die Entnahme des Endstückes eines Rückenanhangs.

4.8 Kopffüßer

In den Nieren von *Sepia, Octopus, Loligo* leben **Mesozoa** (Dicyemida). Man schneidet die Nierenbeutel hinter der Ausfuhröffnung auf, entnimmt den Harn mit einer Glaspipette und bewahrt ihn in einem Reagenzglanz auf. Es empfiehlt sich auch, Nierengewebe im Harn zu mazerieren. Im allgemeinen überleben die Mesozoa in der Flüssigkeit wenigstens 5–8 Std. Die mikroskopische **Untersuchung der Nierenflüssigkeit** erfolgt unter einem Deckglas, wenn möglich im Phasenkontrast. Da Formol die Tiere bis zur Unkenntlichkeit verändert, wähle man zur Fixierung das Chrom-Osmium-Eisessig-Gemisch nach Flemming.

4.9 *Polydora ciliata*

Die je nach Alter bis über 1 mm großen **Larven** dieses Polchaeten (Spionidae), die man sowohl im Mittelmeer- als auch im Nordsee-Plankton zur Verfügung hat, sind **lichtempfindlich**. Das läßt sich morphologisch, unter dem Mikroskop, am Vorhandensein von Augen erkennen und physiologisch höchst einfach dadurch belegen, daß man über einer mit *Polydora*-Larven besetzten Kulturschale einen Lichtstrahl (Punktleuchte!) bewegt, dem die Larven dann folgen. Man kann sie so zu einem «Schwarm» vereinigen und diesen durch die Schale führen.

4.10 *Sphaeroma*

Kugelasseln (Mittelmeer: *S. serratum*, Nordsee: *S. rugicauda*, Ostsee: *S. hookeri*) findet man häufig unter Steinen des seichten Küstengrundes; sie schwimmen in Rückenlage. Männliche Tiere tragen weibliche für mehrere Stunden bis Tage (bis zur Parturialhäutung) in **Praecopula** mit sich herum. In den Sommermonaten findet man bei weiblichen Asseln Eier und Embryonen in den Bruttaschen (**Brutpflege**). (Lebendbeobachtung mit Stereomikroskop)

4.11 Bryozoa

Bryozoen besitzen neben typisch ausgebildeten Zooiden (Autozooide) in Bau und Funktion stark abgewandelte Heterozooide ohne Darm und Tentakelkrone. Hierzu gehören die bei vielen Cheilostomata vorkommenden schnabelähnlichen Greiforgane, **Avicularien,** und steif bewegliche Borstenformen, **Vibracularien.** Beide dienen vermutlich dazu, ein Zusedimentieren oder Überwachsen der Kolonie durch andere Organismen zu verhindern. (Zeichnung!)

4.12 *Antedon mediterranea*

Exemplare des Mittelmeer-Haarsterns sollten mit Hilfe eines Stereomikroskops nach **Myzostomiden** abgesucht werden. *Myzostoma glabrum* lebt auf der Mundscheibe von *Antedon* festgeheftet, *Myzostoma cirriferum* kriecht auf den Armen des Haarsterns umher. Das Zusammenleben von Myzostomiden mit Crinoiden ist durch fossile Spuren bereits aus dem Devon bekannt.

4.13 Holothuria

1. Analyse des **Darminhalts** von Sedimentfressern. Der Darminhalt wird entweder durch Präparation gewonnen, oder man untersucht die von den Tieren abgegebenen Kotschnüre (Stereomikroskop). Inhalt: Foraminiferengehäuse, Bruchstücke von Molluskenschalen, Skeletteile von Bryozoen, Seeigelstacheln usw.

2. Durch Auskochen von Hautstückchen in Natron- (NaOH) oder Kalilauge (KOH) lassen sich die artspezifischen **Skelettelemente** der Holothurien isolieren und mikroskopisch betrachten. (Zeichnung!)

3. In der Coelomflüssigkeit mancher Holothurien leben 1–2 mm große **Turbellarien** der Gattung *Anoplodium* (Fam. Umagillidae).

4. Durch Tusche-Injektion läßt sich das **Ambulacralsystem** darstellen. Die Betäubung des Tie-

res geschieht mit 5–10%igem Alkohol oder 5%iger Urethanlösung. Man öffne den Hautmuskelschlauch durch einen medianen Längsschnitt auf der Bauchseite, entferne den Verdauungstrakt und die beiden Kiemenbäume. Die konz. Tusche injiziert man vorsichtig in jeden der 5 blind endenden Radialkanäle, welche sich unter den Längsmuskelbändern befinden.

4.14 *Stichopus regalis*

In der Leibeshöhle der Königsholothurie lebt (vereinzelt) der **Nadelfisch**, *Fierasfer acus (= Carapus a.)*, als Endoparasit. Entdeckt man einen Nadelfisch bei der Präparation von *Stichopus*, so sollte man auf keinen Fall versäumen, die Art und Weise seines Eindringens in eine (zweite) Königsholothurie genau zu beobachten. Geduld, auch wenn der Nadelfisch nicht sofort handelt! Wie bereitet der Fisch die Holothurie vor? Mit welchem Körperende dringt er zuerst ein?

4.15 Seeigel

1. Innerhalb der Stachelhäuter haben nur die Seesterne und (in besonderer Vielfalt) die Seeigel spezielle kleine Greiforgane entwickelt, die sog. **Pedicellarien,** welche dem Freihalten der Körperoberfläche von Aufwuchs dienen. Die unterschiedliche Konstruktionsweise der zwischen den Stacheln gelegenen Pedicellarien läßt sich nach deren Entnahme mikroskopisch betrachten und durch Zeichnen festhalten.

2. Den Kauapparat eines Seeigels, die «**Laterne des Aristoteles**», trenne man nach Betäuben des Tieres mit 5%iger Urethanlösung durch einen kreisförmigen Schnitt im Außenrand des Mundfeldes heraus. Zur Mazeration lege man den Kauapparat etwa 1 Stunde in konz. Wasserstoffperoxid (H_2O_2) und danach etwa 1 Stunde in kochendes Wasser, worauf dieser in 35 Skeletteile zerfällt. Nachdem die Teile trocken sind, versuche man, sie mit farblosem Modellkleber und etwas Geduld wieder richtig zusammenzusetzen.

4.16 *Phallusia mammillata, Ciona intestinalis*

Das im Tierreich einzigartige Phänomen der **Schlagumkehr des Herzens** kann man an diesen Ascidien nach vorsichtigem Aufpräparieren des Mantels eindrucksvoll in situ beobachten und in seinem zeitlichen Verlauf registrieren (z. B. Anzahl der Herzschläge bis zur Schlagumkehr, Dauer der Schlagpause, Herzschlagfrequenz, in Abhängigkeit von der Wassertemperatur). Durch Injektion von Tusche in ein zuführendes Gefäß lassen sich die Kontraktionswellen und der Bluttransport verdeutlichen.

4.17 *Clavelina lepadiformis*

Wegen ihres völlig durchscheinenden Körpers ist diese Art ohne Präparation hervorragend zum Studium des **Ascidien-Bauplans** geeignet. Man findet *Clavelina* auf Helgoland im Felswatt unterhalb der mittleren Niedrigwasserlinie, im Mittelmeer in entsprechender Tiefe an überhängenden Felsen, an Hafenmauern oder an der Unterseite von Bojen. Die Entnahme einiger Individuen geschieht am besten mitsamt einem Stück Substrat. Die Tiere sollten sich auch beim Transport in den Kursraum stets unter Wasser befinden (Kunststoffbeutel).

4.18 *Microcosmus sulcatus*

Diese Ascidie ist ein lohnendes Objekt für **Aufwuchs**-Untersuchungen, da ihre Manteloberfläche stets von zahlreichen anderen Organismen (Algen, Bryozoen-Kolonien, anderen Ascidien usw.) dicht besiedelt ist (Name!).

4.19 Molguliden

In den Speichernieren bestimmter Ascidien-Arten *(Molgula* spp., *Ctenicella appendiculata)* lassen sich regelmäßig pilzartige Zellen (mikroskopisch) nachweisen. Es handelt sich dabei um den **Endosymbionten** *Nephromyces*.

4.20 Katzenhaie, Rochen

Anhand eines kleinen Stückchens Hai- oder Rochenhaut kann man nach Auskochen in Natron- (NaOH) oder Kalilauge (KOH) die den Zähnen homologen **Placoidschuppen** einzeln darstellen. (Zeichnung!) (s. Abschn. 3.3.4)

4.21 Dorschfische (Gadidae)

Der ektoparasitische (blutsaugende) Copepode **Lernaeocera branchialis** heftet sich als Larve (Copepodit) an die Kiemen von Plattfischen (Zwischenwirt). Nach der Kopula sterben die Männchen. Die Weibchen suchen die Kiemen eines Dorschfisches (Endwirt) auf und vollziehen hier die Metamorphose. Da sie mit einer Körperlänge von etwa 4 cm relativ groß und durch ein haemoglobinartiges Pigment auffallend rot gefärbt sind, lassen sie sich durch einfache Kiemenpräparation leicht auffinden. Sie bieten ein schönes Beispiel für einen in Anpassung an parasitische Lebensweise extrem veränderten Bauplan. Als Copepoden sind sie durch Eiersäckchen ausgewiesen; im übrigen fehlt ihnen nahezu jegliche Ähnlichkeit mit einem Krebs. In der Nordsee ist nicht selten jeder dritte Dorsch von *L. branchialis* befallen; im Mittelmeer steht meist *Merluccius merluccius* (Seehecht) zur Verfügung.

4.22 *Phocaena phocaena*

Der bis 2 m lange Kleine Tümmler (Braunfisch, Meerschwein), ein Bewohner von Nordpazifik und Nordatlantik, ist auch in der Nordsee heimisch und kommt gar nicht selten so dicht an die Küste heran, daß er aus nächster Nähe beobachtet werden kann. Hin und wieder werden tote Tiere an den Strand gespült. Auch wenn sie – weil schon in Verwesung übergegangen und gasaufgetrieben – sich für eine Totalpräparation meist nicht mehr eignen, läßt sich der **Schädel** noch freipräparieren. Das ist insofern interessant, weil als morphologischer Ausdruck der Fähigkeit zur Schallortung (Sonar) Felsenbein (Perioticum, Petrosum) und Paukenbein (Tympanicum) nicht mit der Schädelkapsel verwachsen, nur durch Bänder mit ihr verbunden und zudem in eine dicke Schicht von Binde- und Fettgewebe eingelagert sind. Auf diese Weise wird die akustische Isolierung des Mittelohrs von den übrigen Schädelknochen gesichert.

5 Anhang

5.1 Weiterführende Literatur

Aus dem umfangreichen Literaturangebot zur Meeresbiologie sind neben allgemeiner Literatur hier vor allem solche Werke aufgeführt, welche in monographischer Darstellungsform größere Lebensräume, Lebensgemeinschaften oder marine Tier- bzw. Pflanzengruppen der im Rahmen dieses Exkursionsführers betrachteten Meeresgebiete betreffen. Nicht genannt sind die klassischen Werke der Systematischen und der Speziellen Zoologie bzw. Botanik, welche selbstverständlich auch während eines meeresbiologischen Praktikums zur Verfügung stehen sollten.

Meeresbiologie, Meeresökologie

Barnes, R.S.K., Hughes, R.N. (1988): An introduction to marine ecology. 2nd ed., Blackwell, Oxford.

Blackburn, M. (1968): Micronecton of the Eastern Tropical Pacific Ocean: Family composition, distribution, abundance and relationships to tuna. Fish Bull. 67.

Bougis, P. (1976): Marine Plankton Ecology. North Holland Publ. C., Amsterdam.

Cushing, D.H.: The Vertical Migrations of Planktonic Crustacea. Biol. Rev. **26**, 158–192.

Cushing, D.H., Walsh, J.E. (eds.) (1984): The ecology of the seas. Blackwell, Oxford.

Dawes, C.J. (1981): Marine botany. Wiley, New York.

Delamare Deboutteville, C. (1960): Biologie des eaux souterraines littorales et continentales. Hermann, Paris.

Dietrich, G., Kalle, K., Krauss, W., Siedler, G. (1975): Allgemeine Meereskunde. Bornträger, Berlin/Stuttgart.

Eltringham, S.K. (1971): Life in mud and sand. Crane, Russak & Comp., New York.

Estrada, M., Vives, F., Alcaraz, M. (1985): Life and the productivity of the open sea. In: Margalef, R. (ed.). Key environments: Western Mediterranean. Pergamon Press, Oxford, 148–197.

Fioroni, P. (1981): Einführung in die Meereszoologie. Wiss. Buchgesellschaft, Darmstadt.

Fraser, J. (1965): Treibende Welt. Verständliche Wissenschaft, Springer Verlag, Berlin/Heidelberg.

Fretter, V, Graham, A. (1962): British prosobranch molluscs. Their functional anatomy and ecology. Bartholomew Press, Dorking.

Friedrich, H. (1965): Meeresbiologie. Bornträger, Berlin.

Gerdes, G., Krumbein, W.E., Reineck, H.-E. (Hrsg.) (1989): Mellum. Porträt einer Insel. W. Kramer Verlag, Frankfurt.

Gerlach, S.A. (1981): Marine Pollution. Diagnosis and Therapy. Springer Verlag, Berlin/Heidelberg.

Götting, K.-J., Kilian, E.F., Schnetter, R. (1982 u. 1988): Einführung in die Meeresbiologie, Bde. 1 u. 2, F. Vieweg & Sohn, Braunschweig/Wiesbaden.

Gray, J.S. (1984): Ökologie mariner Sedimente. Springer Verlag, Berlin/Heidelberg.

Günther, K., Deckert, K. (1950): Wunderwelt der Tiefsee. F.A. Herbig Verlagsbuchhandlung, Berlin.

Hardy, A. (1962): The open sea. Its natural history. I. The world of plankton. Collins, London.

Janke, K. (1986): Die Makrofauna und ihre Verteilung im Nordost-Felswatt von Helgoland. Helgoländer Meeresunters. **40**, 1–55.

Keegan, B.F., Ceidigh, P.O., Boaden, P.J.S. (eds.) (1977): Biology of benthic organisms. Pergamon Press, Oxford.

Kellog, W.N. (1958): Echo ranging in the porpoise. Science **128**, 982.

Kinne, O. (Ed. (1970–1984): Marine ecology. A comprehensive, integrated treatise on life in oceans and coastal waters. 5 vols., Wiley, London.

Levinton, J.S. (1982): Marine Ecology. Prentice Hall, Englewood Cliffs N.J.

Lewis, J.R. (1964): The ecology of rocky shores. English University Press, London.

Lobban, C.S., Wynne, M.J. (Eds.) (1981): The biology of seaweeds. Blackwell, Oxford.

Lüning, K. (1985): Meeresbotanik. Verbreitung, Ökophysiologie und Nutzung der marinen Makroalgen. Thieme Verlag, Stuttgart.

Magaard, L., Rheinheimer, G. (Hrsg.) (1974): Meereskunde der Ostsee. Springer-Verlag, Berlin/Heidelberg/New York.

Mann, K.H. (1982): Ecology of Coastal Waters. Blackwell, Oxford.

McRoy, C.P., Helfferich, C. (Eds.) (1977): Seagrass ecosystems. Dekker, New York.

Moore, P.G., Seed, R. (eds.) (1985): The ecology of rocky coasts. Hodder and Stoughton, London.

Moraitou-Apostolopoulou, M., Kiortsis, V. (eds.) (1985): Mediterranian marine ecosystems. Plenum, N.Y., London.

Newell, R.C. (1979): Biology of intertidal animals. 3rd ed. Marine ecological Surveys Ltd., Faversham.

Nichol, J.A.C. (1967): The biology of marine animals. 2nd ed., Pitman & Sons Ltd., London.

Nybakken, J.W. (1988): Marine biology. An ecological approach. 2nd ed., Harper & Row, New York.

Ott, J. (1988): Meereskunde. Einführung in die Geographie und Biologie der Ozeane. Verlag E. Ulmer, Stuttgart.

Raymont, J.E.G. (1980, 1983): Plankton and productivity in the oceans. Vol. I: Phytoplankton 589 pp., Vol. II: Zooplankton, 824 pp., Pergamon Press, Oxford.

Reineck, H.-E. (Hrsg.) (1982): Das Watt. 3. Aufl., W. Kramer Verlag, Frankfurt.

Reise, K. (1985): Tidal flat ecology. Springer Verlag, Berlin/Heidelberg.

Riedl, R. (1966): Biologie der Meereshöhlen. Parey, Hamburg/Berlin.

Schäfer, W. (1962): Aktuo-Paläontologie nach Studien in der Nordsee. W. Kramer Verlag, Frankfurt.

Sematcek, V. (1988): Plankton characteristics. In: Postma, H., Zijlstra, J.J. (eds.): Continental shelves (Ecosystems of the world 27). Elsevier, Amsterdam, 93–130.

Slijper, E.J. (1962): Riesen des Meeres. Eine Biologie der Wale und Delphine. Springer Verlag, Berlin/Heidelberg.

Stephenson, T.A., Stephenson, A. (1972): Life between tidemarks on rocky shores. Freeman, San Francisco.

Tait, R.V. (1971): Meeresökologie. Thieme Verlag, Stuttgart.

Tait, R.V. (1981): Elements of marine ecology. An introductory course. 3rd ed., Butterworths, London/Boston.

Tardent, P. (1979): Meeresbiologie. Thieme Verlag, Stuttgart.

Thorson, G. (1972): Erforschung des Meeres. Eine Bestandsaufnahme. Kindler Verlag, München.

Voipio, A. (ed.) (1981): The Baltic Sea. Elsevier, Amsterdam.

Zucchi, H., Bergmann, H.-H., Hinrichs, K., Stock, M. (1989): Watt. Lebensraum zwischen Land und Meer. Maier, Ravensburg.

Versuche und Methoden

Barnes, H. (1959): Oceanography and marine biology. A book of techniques. Allen & Unwin, London.

Derenbach, J. (1969): Zur Homogenisation des Phytoplanktons für die Chlorophyllbestimmung. Kieler Meeresforsch. 25, 166–171.

Emmerich, H. (1980): Stoffwechselphysiologisches Praktikum. Thieme, Stuttgart.

Frei, H. (1988): Blitzlichtphotographie unter Wasser. Verlag S. Nagelschmid, Stuttgart.

Gerlach, D. (1969): Botanische Mikrotechnik. Thieme, Stuttgart.

Grashoff, K. (1976): Methods of seawater analysis. Verlag Chemie, Weinheim.

Greve, W. (1969): The «planktonkreisel», a new device for culturing zooplankton. Mar. Biol. 1, 201–203.

Greve, W. (1970): Cultivation experiments on North Sea ctenophores. Helgoländer wiss. Meeresunters. 20, 304–317.

Hanke, W., Hamdorf, K., Horn, E., Schlieper, C. (1977): Praktikum der Zoophysiologie. Fischer, Stuttgart.

Holme, N.A., McIntyre, A.D. (eds.) (1984): Methods for the study of marine benthos. 2nd ed. IBP Handbook 16, Blackwell, Oxford.

Jeffrey, S.W, Hemphrey, G.F.: New spectrophotometric equations for determining chlorophylls a, b, c1 and c2 in higher plants, algae and natural phytoplankton. Biochem. Physiol. Pflanzen 167, 191–194.

Longhurst, A.R. (Ed.) (1978): Analysis of marine ecosystems. Academic Press, London.

Metzner, H. (1982): Pflanzenphysiologische Versuche. G. Fischer Verlag, Stuttgart.

Müller, M. (1977): Experimente mit Kleinkrebsen. Aulis Verlag, Köln.

Omori, M., Ikeda, T. (1984): Methods in marine zooplankton ecology. Wiley, London.

Parsons, T.R., Maita, Y., Lalli, C.M. (1984): A Manual of Chemical and Biological Methods for Seawater Analysis. Pergamon Press, New York.

Patzner, R.A. (1989): Meeresbiologie. Anleitung zu praktischen Arbeiten. Verlag S. Nagelschmid, Stuttgart.

Price, J.H., Irvine, D.E.G., Farnham, W.F. (eds.) (1980): The shore environment. Vol. 1: Methods, Vol. 2: Ecosystems. Academic Press, London.

Renner, M. (1984): Kükenthals Leitfaden für das Zoologische Praktikum. 19. Aufl., G. Fischer Verlag, Stuttgart.

Rieder, N., Schmidt, K. (1987): Morphologische Arbeitsmethoden in der Biologie. VCH Verlagsgemeinschaft, Weinheim.

Schlieper, C. (Hrsg.) (1968): Methoden der meeresbiologischen Forschung. Fischer, Jena.

Schwoerbel, J. (1980): Methoden der Hydrobiologie. Fischer, Stuttgart.

Thiess, M. (1985): Biologie des Wattenmeeres. Praxis Schriftenreihe Biologie. Bd. 32, Aulis Verlag, Köln.

Uhlig, G. (1964): Eine einfache Methode zur Extraktion der vagilen, mesopsammalen Mikrofauna. Helgoländer wiss. Meeresunters. 11, 178–185.

Uhlig, G. (1968): Quantitative methods in the study of interstitial fauna. Trans. Amer. Microsc. Soc. 87, 226–232.

Unesco (1966): Determination of photosynthetic pigments in the sea water. Monographs on oceanographic methodology 1, 66 pp, Paris.

Unesco (1968): Zooplankton Sampling. Unesco Press, Paris.

Utermöhl, H. (1958): Zur Vervollkommnung der quantitativen Phytoplankton-Methodik. Mitt. Int. Ver. Limnol. 9, 1–38.

Weiss, C. (1979): Unterwasserphotographie. Verlag Busset, Herford.

Bestimmungsliteratur

D'Angelo, G., Gargiullo, S. (1978): Guida alle conchiglie mediterranee. Fabbri, Mailand.

Bauchot, M.L., Pras, A. (1980): Guide des poissons marins d'Europe. Delachaux & Niestlé, Neuchâtel/Paris.

Bini, G. (1968): Atlante dei pesci delle coste italiane. 9 vols. Mondo Sommerso, Rom.

Bini, G. (1965): Catalogo dei nomi dei peschi, dei molluschi et dei crostacei d'importanza commerciale nel Mediterraneo. FAO, Rom (auch anderssprachige Ausgaben).

Brandt, K., Apstein, C. (Hrsg.) (1964): Nordisches Plankton. 8 Bde., Asher & Co., Amsterdam (Neudruck).

Bucquoy, E., Dautzenberg, Ph. , Dollfus, G.: Les mollusques du Roussillon. 2 tomes. Baillière & Fils, Paris o.J.

Campbell, A.C. (1977): Der Kosmos-Strandführer. Franckh/Kosmos, Stuttgart.

Campbell, A.C. (1983): Was lebt im Mittelmeer? Pflanzen und Tiere der Mittelmeerküsten in Farbe. Franckh/Kosmos, Stuttgart.

Colston, P., Burton, P. (1989): Limicolen. BLV Verlagsges., München.

Drebes, G. (1974): Marines Phytoplankton. Thieme, Stuttgart.

Ebersoldt, M. u. F. (1985): Unterwasserwelt des Mittelmeeres. Birkhäuser, Basel/Boston/Stuttgart.

Erwin, D., Picton, B. (1987): Guide to inshore marine life. Immel, London.

Fechter, R., Grau, J., Reichholf, J. (1985): Lebensraum Küste. Pflanzen und Tiere europäischer Küsten (Ostsee, Nordsee, Atlantik, Mittelmeer). Hrsg.: G. Steinbach, Mosaik Verlag, München.

Gabel, B. (1971): Die Foraminiferen der Nordsee. Helgoländer wiss. Meeresunters. 22, 1–65.

Göke, G. (1963): Meeresprotozoen. Franckh/Kosmos, Stuttgart.

Grimpe, G., Wagler, E., Remane, A. (1925–1940): Die Tierwelt der Nord- und Ostsee. 6 Bde. Akad. Verlagsges. Becker & Erler, Leipzig.

Harant, H., Jarry, D. (1967): Guide du naturaliste dans le Midi de la France. I. La mer, le littoral. Delachaux/Niestlé, Neuchâtel.

Janke, K., Kremer, B.P. (1988): Düne, Strand und Wattenmeer. Tiere und Pflanzen unserer Küsten. Franckh/Kosmos, Stuttgart.

Jesperson, P., Russel, F.S. (1949): Fiches d'identification du zooplancton. Kopenhagen.

Johnstone, J., Scott, A., Chadwick, H.C. (1934): The Marine Plankton. A Handbook for Students and Amateur Workers. Univers. Press, Liverpool.

Kornmann, P., Sahling, P.-H. (1977 u. 1983): Meeresalgen von Helgoland. Helgoländer wiss. Meeresunters. 29, 1–289 und 36, 1–65.

Kuckuck, P. (1980): Der Strandwanderer. 11. Aufl., Hrsg.: Gerloff, J., Jung, I., Jung, D., Parey Verlag, Hamburg/Berlin.

Lohmann, H. (1908): Untersuchungen zur Feststellung des vollständigen Gehaltes des Meeres an Plankton. Wiss. Meeresunters. Kiel, N.F. 10, 129–320.

Luther, G. (1987): Seepocken der deutschen Küstengewässer. Helgoländer Meeresunters. 41, 1–43.

Luther, W., Fiedler, K. (1967): Die Unterwasserfauna der Mittelmeerküsten. 2. Aufl., Parey Verlag, Hamburg/Berlin.

Lythgoe, J., Lythgoe, G. (1974): Meeresfische, Nordatlantik und Mittelmeer. BLV, München.

Möller-Christensen, J. (1977): Die Fische der Nordsee. Franckh/Kosmos, Stuttgart.

Muus, B.J., Dahlström, P. (1965): Meeresfische in Farben. BLV, München.

Newell, G.E., Newell, R.C. (1979): Marine Plankton. A practical guide. 5th ed., Hutchinson, London.

Nordsieck, F. (1969): Die europäischen Meeresmuscheln (Bivalvia). Fischer, Stuttgart.

Nordsieck, F. (1972): Die europäischen Meeresschnecken (Opisthobranchia mit Pyramidellidae; Rissoacea). Fischer, Stuttgart.

Nordsieck, F. (1982): Die europäischen Meeres-Gehäuseschnecken (Prosobranchia): Vom Eismeer bis Kapverden, Mittelmeer und Schwarzes Meer. 2. Aufl. Fischer, Stuttgart.

Pankow, A. (1971): Algenflora der Ostsee, I. Benthos. Fischer, Stuttgart.

Pankow, A. (1976): Algenflora der Ostsee, II. Plankton. Fischer, Stuttgart.

Riedl, R. (Hrsg.) (1983): Fauna und Flora des Mittelmeeres. 3. Aufl., Parey Verlag, Hamburg/Berlin.

Synopsis of the British Fauna (New Series), versch. Hrsg., versch. Verlage, bisher 40 vols.

Terofal, F. (1986): Meeresfische in europäischen Gewässern. Hrsg.: G. Steinbach, Mosaik-Verlag, München.

Trégouboff, G., Rose, M. (1957): Manuel de Planctonologie méditerranéenne, Tome I et II. CNRS, Paris.

Valentin, C. (1986): Faszinierende Unterwasserwelt des Mittelmeeres. Einblicke in die Meeresbiologie küstennaher Lebensräume. Pacini (Parey), Ospedaletto/Pisa (Hamburg, Berlin).

Wickstead, J.H. (1976): Marine zooplankton. Arnold, London.

Willmann, R. (1989): Muscheln und Schnecken der Nord- und Ostsee. Neumann-Neudamm, Melsungen.

Wimpenny, R.S. (1966): The plankton of the sea. Faber & Faber, London.

Ziegelmeier, E. (1957): Die Muscheln (Bivalvia) der deutschen Meeresgebiete. Helgoländer wiss. Meeresunters. 6, 1–64.

Ziegelmeier, E. (1966): Die Schnecken (Gastropoda, Prosobranchia) der deutschen Meeresgebiete und der brakkigen Küstengewässer. Helgoländer wiss. Meeresunters. 13, 1–61.

5.2 Europäische Meeresbiologische Stationen mit Aufnahmemöglichkeit für Studentenexkursionen

Deutschland

Biologische Anstalt Helgoland
Meeresstation
D-2192 Helgoland
Tel. 04725/791
Fax: 04725/79283
Ausstattung: 2 Kurssäle mit 20 u. 25 Plätzen und entspr. Unterkunft für insges. 45 Pers. im Gästehaus.
Kursoptik: vorhanden
Schiffe: 1 Fischereischiff, 30 m, 25 Pers. und 2 Motorboote (13 u. 9 m).

Biologische Anstalt Helgoland
Litoralstation List
D-2282 List/Sylt
Tel. 04652/1011
Fax: 04652/7544
Ausstattung: 1 Kurssaal mit 20 Plätzen und entspr. Unterkünfte
Kursoptik: vorhanden
Schiffe: 17,5 m-Schiff für Arbeiten in Küstengewässern, 12 Pers.

Wissenschaftsbereich Meeresbiologie d. Universität Rostock
Fachbereich Biologie
Freiligrath-Str. 7/8
O-2500 Rostock
Tel. 0037-81-34037 od. 34036
Exkursionen finden Aufnahme mit Unterkunft nach vorheriger Absprache. Ausstattung vereinbaren.

Biologische Station der Ernst-Moritz-Arndt Universität
D-2346 Kloster-Hiddensee
erreichbar über Zoologie/Biologie der E-M-A-Universität
Joh.-Seb.-Bach-Straße 11/12
D-2200 Greifswald
Tel. 0037-822-2143 od. 5271
Exkursionen werden aufgenommen mit Unterbringung; Eigenverpflegung; frühzeitige Anmeldung notwendig. Alle weiteren Bedingungen auf Absprache.

Dänemark

Marin Biologisk Laboratorium Helsingør
Strandpromenaden
Dk-3000 Helsingør
Tel. 0045-0321 6644 od. 49213344
Fax: 0045-49-261165
Ausstattung: Kurssaal mit 28 Plätzen und entspr. Unterkunft im Gästehaus
Kursoptik: vorhanden
Schiffe: 15,5m – Boot für alle Fangarbeiten, 20 Pers.

Finnland

Tvärminne Zoological Station
University of Helsinki
SF-10900 Hanko
Tel. 00358-11-88161
Ausstattung: Kurssaal mit 12 (Sommer) bzw. 20 (Winter) Plätzen und entspr. Unterkunft
Kursoptik: vorhanden
Schiffe: 15 m-Schiff mit voller Fangausrüstung, Brackwasserbiologie. Im Sommerhalbjahr Exkursionsmöglichkeiten für Gäste nur nach langer Voranmeldung für kurze Zeiten; im Winterhalbjahr i. d. R. jederzeit Aufnahme von Exkursionsgruppen.

Frankreich

Atlantikküste

Institut de Biologie Marine
2, rue du Professeur Jolyet
F-33120 Arcachon
Tel. 0033-56-837883
Ausstattung: Kurssaal mit 30 Plätzen u. entspr. Unterkünfte
Kursoptik: vorhanden
Schiffe: 2 11 m-Boote mit einfacher Fangausrüstung

Archimex Parc. Innov. Bretagne Sud
Station de Biologie Marine de Bailleron/Morbihan
56 Séné
F-56000 Vannes
Tel. 0033–97–470600
Fax: 0033–97–475690
Ausstattung: Kursraum mit 12 Plätzen u. entspr. Unterkünfte
Kursoptik: vorhanden

C.R.I.C. Station Marine Luc-sur-Mer (Calvados)
Rue Dr. Charcot
F-14530 Luc-sur-Mer
Tel. 0033–31–973154
Ausstattung: Kurssaal mit 40 Plätzen u. entspr. Unterkünfte
Kursoptik: vorhanden
Schiffe: 1 Motorboot für kleinere Fangarbeiten; Studentenexkursionen werden nicht zu jeder Jahreszeit aufgenommen.

Station Biologique de Roscoff (Bretagne)
Place G. Teissier
F-29211 Roscoff
Tel. 0033–98–697230
Ausstattung: 2 Kurssäle mit je ca. 20 Plätzen u. entspr. Unterkünfte im Gästehaus.
Kursoptik: vorhanden
Schiffe: 1 Schiff mit voller Fischereiausrüstung, ca. 20 Plätze, und 1 Boot für einfache Fangarbeiten. Bei extrem hohem Tidenhub sind fast alle Litoralbiotope bei Ebbe vom Felswatt aus zugänglich.

Institut de Biologie Maritime et Regionale (Pas de Calais)
Station Marine Université Ville
28, Avenue de Maréchal Foche
F-62930 Wimereux
Tel. 0033–32–4114
Ausstattung: Kurssaal mit ca. 30 Plätzen und entspr. Unterkünfte
Kursoptik: vorhanden
Schiffe: 1 Boot für einfachere Fangarbeiten

Mittelmeer

Observatoire Océanologique de Banyuls
Université P. et. M. Curie
Laboratoire Arago
F-66650 Banyuls-sur-Mer
Tel. 0033–68–880040
Fax: 0033–68–881699
Ausstattung: 2 Kurssäle mit je ca. 20 Plätzen und entspr. Unterkünfte im Gästehaus
Kursoptik: vorhanden

Schiffe: 1 Schiff mit voller Fischereiausrüstung, ca. 8–10 Plätze und 1 Motorboot für einfache Fangarbeiten

Station de Biologie Marine et Lagunaire
Quai de Bosque prolongé
F-34200 Sète
Tel. 0033–67–463370
Ausstattung: Kurssaal mit ca. 25–30 Plätzen und entspr. Unterkünfte
Kursoptik: vorhanden
Schiffe: 10 m-Boot mit voller Fischereiausrüstung und 4 m-Boot für einfachere Fangarbeiten

Station Zoologique
F-06230 Villefranche-sur-Mer
Tel. 0033–93–763770
Fax: 0033–93–763893
Ausstattung: 1 Kurssaal mit 15–20 Plätzen und entspr. Unterkünfte im Gästehaus
Kursoptik: vorhanden
Schiffe: 20 m-Schiff mit voller Fangausrüstung und zwei 7 m-Boote für einfachere Fangarbeiten

Großbritannien

The Plymouth Marine Laboratory
Citadel Hill
GB-Plymouth, Devon
Tel. 0044–752–222772
Ausstattung: Kurssaal mit 24 Plätzen, keine institutseigene Unterkunftsmöglichkeit
Kursoptik: vorhanden
Schiffe: Motorboot für einfachere Fangarbeiten
Exkursionen ganzjährig möglich außer September

Department of Marine Biology, University of Liverpool
GB-Port Erin, Isle of Man
Tel. 0044–624–83–2027
Ausstattung: Kurssaal mit 30 Plätzen, keine institutseigene Unterkunftsmöglichkeit
Kursoptik: vorhanden
Schiffe: 20 m-Forschungsboot u. 8 m-Boot für einfachere Fangarbeiten

University Marine Biological Station
GB-Millport, Isle of Cumbrae KA 28 OEG
Scotland
Tel. 0044–475–530581
Ausstattung: 3 Kursräume mit 42, 30 u. 26 Plätzen und entsprechende Unterkünfte im Gästehaus
Kursoptik: vorhanden
Schiffe: 2 voll ausgerüstete Forschungsboote von 15 u. 11 m für je 12 Personen

Italien

Laboratorio di Biologia Marina
Strada Costiera n° 336
I-34010 Santa Croce/Trieste
Tel. 0039–40–224400 od. 224464
Ausstattung: Station z. Zt. im Umbau, Kurstermine und Möglichkeiten auf Anfrage

Stazione di Biologia di Aurisina
Dip. di Biologia Trieste
Via Alfonso Valerio, 32
I-34127 Trieste
Ausstattung: unbekannt, nur Sommerkurse

Jugoslawien

Institut «Ruđer Bošković»
OOUR Centar za istraživanje mora
52210 Rovinj, Hrvatska
Tel. 0038–52–811544 od. 811567
Ausstattung: Zwei Kurssäle mit 25 und 15 Plätzen und entspr. Unterkünften

Kursoptik: bis auf 10 sehr alte Mikroskope keinerlei Ausrüstung vorhanden
Schiffe: 1 Boot mittlerer Größe mit voller Fischereiausrüstung
Exkursionen werden von April bis Oktober aufgenommen; Anmeldung mindestens ein Jahr vorher.

Norwegen

Department of Marine Biology
N-5065 Blomsterdalen
Tel. 0047–5–226200
Ausstattung: nähere Angaben auf Anfrage

Schweden

Kristinebergs Marinbiologiska Station
Kristineberg 2130
S-45034 Fiskebäckskil
Tel. 0046–523–22008
Ausstattung: nähere Angaben auf Anfrage; Institutsneubau geplant.

Sachregister